Datenvisualisierung mit R

Thomas Rahlf

Datenvisualisierung mit R

111 Beispiele

2., erweiterte Auflage

Thomas Rahlf
Rheinische Friedrich-Wilhelms-Universität Bonn
Bonn, Deutschland

Ergänzendes Material finden Sie auf
http://www.springer.com/de/book/9783662548196.
oder auf
http://extras.springer.com.

ISBN 978-3-662-54819-6   ISBN 978-3-662-54820-2 (eBook)
https://doi.org/10.1007/978-3-662-54820-2

Die Deutsche Nationalbibliothek verzeichnet diese Publikation in der Deutschen Nationalbibliografie; detaillierte bibliografische Daten sind im Internet über http://dnb.d-nb.de abrufbar.

Springer Spektrum
Ursprünglich erschienen bei Open Source Press, München, 2014
© Springer-Verlag GmbH Deutschland 2018
Das Werk einschließlich aller seiner Teile ist urheberrechtlich geschützt. Jede Verwertung, die nicht ausdrücklich vom Urheberrechtsgesetz zugelassen ist, bedarf der vorherigen Zustimmung des Verlags. Das gilt insbesondere für Vervielfältigungen, Bearbeitungen, Übersetzungen, Mikroverfilmungen und die Einspeicherung und Verarbeitung in elektronischen Systemen.
Die Wiedergabe von Gebrauchsnamen, Handelsnamen, Warenbezeichnungen usw. in diesem Werk berechtigt auch ohne besondere Kennzeichnung nicht zu der Annahme, dass solche Namen im Sinne der Warenzeichen- und Markenschutz-Gesetzgebung als frei zu betrachten wären und daher von jedermann benutzt werden dürften.
Der Verlag, die Autoren und die Herausgeber gehen davon aus, dass die Angaben und Informationen in diesem Werk zum Zeitpunkt der Veröffentlichung vollständig und korrekt sind. Weder der Verlag noch die Autoren oder die Herausgeber übernehmen, ausdrücklich oder implizit, Gewähr für den Inhalt des Werkes, etwaige Fehler oder Äußerungen. Der Verlag bleibt im Hinblick auf geografische Zuordnungen und Gebietsbezeichnungen in veröffentlichten Karten und Institutionsadressen neutral.

Planung: Iris Ruhmann

Gedruckt auf säurefreiem und chlorfrei gebleichtem Papier

Springer Spektrum ist Teil von Springer Nature
Die eingetragene Gesellschaft ist Springer-Verlag GmbH Deutschland
Die Anschrift der Gesellschaft ist: Heidelberger Platz 3, 14197 Berlin, Germany

Vorwort zur zweiten Auflage

Die Rückmeldungen zu der vergriffenen, 2014 im open source press Verlag publizierten ersten Auflage sowie zu der zwischenzeitlich erschienenen englischen Ausgabe waren so erfreulich, dass ich dem Angebot des Springer Verlages, das Buch in aktualisierter Neuauflage wieder verfügbar zu machen, gerne nachgekommen bin. Das Konzept der Erläuterung vollständiger Beispiele sowie die Beschränkung auf Base Graphics wurden beibehalten. Gegenüber der ersten Auflage wurden 11 Beispiele neu aufgenommen, so dass der Untertitel nun „111 Beispiele" lautet. Der Haupttitel wurde der englischen Ausgabe angepasst. Zwei wesentliche Ergänzungen haben sich ergeben. Zum einen wurde das Kapitel zu kategorialen Daten um einen Abschnitt zur Visualisierung von Netzwerkbeziehungen erweitert. Neben Beispielen für klassische Netzwerkdiagramme, einer angepassten Heatmap und einem multiplen Balkendiagramm findet man hier auch ein Chord-Diagramm und einen Riverplot. Auf den ersten Blick ungewöhnlich erscheinend, haben sie mittlerweile aber auch Eingang in Publikationen von angesehenen Wissenschaftszeitschriften wie *Science*, *Nature* oder *Cell* gefunden.

Das Kapitel zu Karten wurde um ein Beispiel zur Verwendung von georeferenzierten Rasterformaten sowie eines zu Cartograms erweitert. Weiterhin wurden drei Beispiele für die Einbindung von mit R erstellten Daten in interaktive JavaScript-Abbildungen ergänzt. R stellt mittlerweile mehrere Konzepte bzw. Pakete bereit, mit denen mehr oder weniger direkt JavaScript-Visualisierungen erzeugt werden können. Solche Pakete bilden letztendlich eine Art Container in R, bei dem eine jeweils spezifische und eigens entwickelte Syntax die so geschriebenen Skripte in die notwendige Notation der JavaScript-Bibliothek übersetzt. Man ist dadurch auf den Sprachumfang des R-Paketes sowie die Qualität und Flexibilität der Übersetzungsroutinen angewiesen. Ich bin nicht sicher, ob das der richtige Weg ist. Hier wurde ein anderer gewählt. In Kapitel 12 werden in drei Beispielen die Daten mit R so aufbereitet, dass sie in vorhandenen, nur leicht angepassten JavaScript-Code eingebunden werden. Dafür werden Highcharts und Mapael verwendet, zwei JavaScript-Bibliotheken, mit denen bei geringem Änderungsaufwand „out of the box" sehr ästhetische Abbildungen erzeugt werden können.

Vorrangiges Ziel des Buches ist weiterhin die Erläuterung der Erstellung von Präsentationsgrafiken. Für die explorative Visualisierung im Rahmen der Datenanalyse sei auf das nunmehr erschienene Buch von Antony Unwin „Graphical Data Analysis with R" (CRC Press, 2015) verwiesen.

Mein erster Dank geht an Agnes Herrmann und Iris Ruhmann vom Springer-Verlag, die die vorliegende Auflage ermöglicht haben. Für hilfreiche Anregungen, Hinweise und Gedankenaustausche zu dieser Auflage danke ich darüber hinaus Alberto Cairo, Martin S. Fischer, Sebastian Jeworutzki, Nikola Sander, Antony Unwin, January Weiner und wiederum Stefan Fichtel.

January Weiner hat freundlicherweise eine Anregung in seinem Paket riverplot aufgenommen, die Beispiel 6.4.4 zugute kommt.

Bonn, Juni 2017 Thomas Rahlf

Vorwort zur ersten Auflage

Als ich vor fast zwanzig Jahren eine Reihe von Büchern zur statistischen Grafik und grafisch gestützten Datenanalyse rezensiert habe, war alles noch ganz anders: Formate waren proprietär, Betriebssysteme und ihre Zeichensätze inkompatibel, Grafik- und Statistiksoftware teuer. Seit der Jahrtausendwende änderte sich die Lage grundlegend: Das Internet war den Kinderschuhen entwachsen, Open-Source-Projekte gewannen unter diesem neuen Begriff immer mehr Anhänger und eine Handvoll Enthusiasten stellte Version 1.0 der freien Statistik-Programmierspache R zur Verfügung. Viele Entwickler ließen sich für eine Mitarbeit an diesem Projekt begeistern. 2013 hat R die Versionsnummer 3 erreicht, neben der Basis-Software gibt es aktuell über 4000 frei verfügbare Erweiterungspakete. Firmen und Organisationen wie Google, Facebook oder die CIA verwenden R zur Datenanalyse. Als besondere Stärke werden immmer wieder die Grafikfähigkeiten hervorgehoben. Praktisch alle für die Datenvisualisierung relevanten Technologien werden zeitnah in R integriert. Man kann mit zahlreichen Funktionen jede nur erdenkliche Abbildung detailgenau konstruieren, Karten erstellen und vieles mehr.

Man muss nur wissen, wie – und dazu möchte dieses Buch einen Beitrag leisten.

Was dieses Buch sein möchte – und was nicht Das vorliegende Buch ist *keine* Einführung, die systematisch die Garfikwerkzeuge von R erläutert. Es möchte vielmehr anhand von 100 vollständigen Skript-Beispielen in die Grundlagen der Gestaltung von Präsentationsgrafiken einführen und zeigen, wie Balken-und Säulendiagramme, Bevölkerungspyramiden, Lorenzkurven, Boxplots, Streudiagramme, Zeitreihendarstellungen, Radialpolygone, Gantt-Diagramme, Heatmaps, Bumpcharts, Mosaik- und Ballonplots sowie eine Reihe verschiedener thematischer Kartentypen mit dem *Base Graphics System* von R erstellt werden.[1] Jedes Beispiel verwendet reale Daten und erläutert die Abbildung und deren Programmierung Schritt für Schritt. Die Auswahl orientiert sich an meinem persönlichen Erfahrungsschatz – sicher wird der ein oder andere die eine oder andere Abbil-

---

[1] Für die anderen in R verfügbaren Grafikansätze wie `grid` und, darauf aufbauend, `lattice` und `ggplot2` sei auf bereits vorhandene Einführungen verwiesen.

dung vermissen, anderes als zu ausführlich empfinden. Dennoch sollte ein großer Anwendungsbereich abgedeckt sein.

Das Buch richtet sich an R-Kenner: Für Sie sind insbesondere die Beispiele nützlich, besonders der Code. Teil I können Sie vermutlich überspringen.

Leserinnen und Leser, die von R schon gehört, es auch schon einmal ausprobiert und keine Angst vor dem Programmieren haben; Sie profitieren von beiden Teilen.

Anfänger: Ihnen helfen vor allem die fertigen und hier abgebildeten Grafiken. Sie sehen, was mit R möglich ist. Oder anders gesagt: Sie sehen, dass es R überhaupt gibt und dass sich damit Grafiken erzeugen lassen, die Sie schon lange einmal erzeugen wollten – Sie wussten bloß nicht, wie. Der Code ist Ihnen zwar zu kompliziert, aber Sie können evtl. andere damit beauftragen, Grafiken für Sie in R zu programmieren.

Windows, Mac und Linux Alle Skripte und Bearbeitungsschritte führen unter Windows , Mac OS X und Linux zu identischen Ergebnissen. Die Beispiele wurden mit Mac OS X erstellt und anschließend unter Ubuntu 12.04 sowie einer Evaluierungskopie von Windows 8.1 getestet.

Danksagung

Für Hinweise, Kommentare, Rückmeldungen, Daten, Diskussionsgelegenheiten oder Hilfe danke ich Gregor Aisch, Insa Bechert, Evelyn Brislinger, Giuseppe Casalicchio, Arnulf Christl, Katja Diederichs, Günter Faes, Mira Hassan, Mark Heckmann, Daniel Hienert, Bruno Hopp, Duncan Temple Lang, Uwe Ligges, Lorenz Matzat, Meinhard Moschner, Stefan Müller, Paul Murrell, David Phillips, Martijn Tennekes, Patrick R. Schmid, Thomas Schraitle, Valentin Schröder, Torsten Steiner, Michael Terwey, Katrin Weller, Bernd Weiss, Nils Windisch, Benjamin Zapilko und Lisa Zhang.

Ganz besonders hat das Manuskript vom Austausch mit einem Infografiker und einem Datenjournalisten profitiert. Stefan Fichtel hat alle Abbildungen angesehen und kritisch kommentiert. Für einzelne Abbildungen hat er eigene Vorschläge gestaltet. Das war mir eine unschätzbare Hilfe. Nicht in allen Fällen waren wir einer Meinung, und an der ein oder anderen Stelle habe ich mich über seinen Rat hinweggesetzt. Verbliebene Fehler und Unzulänglichkeiten gehen daher zu meinen Lasten.

Björn Schwentker hat sich die Mühe gemacht und große Teile des Manuskripts gründlich gegengelesen. Ihm verdanke ich wertvolle Hinweise, die den Text an einigen Stellen mit Sicherheit klarer und lesbarer gemacht haben.

Schließlich gilt mein Dank Markus Wirtz, dass er das Experiment gewagt hat, aus all dem am Ende doch ein Buch zu drucken.

Im Internet

Die Abbildungen sind für unterschiedlichste Endausgaben konzipiert. Insbesondere bei den Karten und Radialsäulendiagrammen ist manches aufgrund des Buchformates grenzwertig klein. Gerade für solche Fälle sei auf die Website des Buches verwiesen, auf der alle Abbildungen in hoher Auflösung bzw. als Vektorgrafik im PDF-Format bereitgestellt werden: http://www.datenvisualisierung-r.de

Inhaltsverzeichnis

1 Daten für alle 1
   1.1 Datenvisualisierung zwischen Wissenschaft und Journalismus ... 1
   1.2 Warum R? 3
   1.3 Das Konzept des Datendesigns 4

Teil I Grundlagen und Technik

2 Aufbau und technische Voraussetzungen 9
   2.1 Begriffe und Elemente 9
   2.2 Gestaltungsraster 9
   2.3 Perzeption 12
   2.4 Schriften 16
       2.4.1 Fonts 18
       2.4.2 Freie Schriften 19
   2.5 Symbole 20
       2.5.1 Symbolfonts 22
       2.5.2 Symbole im SVG-Format 24
   2.6 Farbe 24
       2.6.1 Farbmodelle 24
       2.6.2 Farbe in statistischen Abbildungen 26

3 Umsetzung in R 29
   3.1 Installation 29
   3.2 Grundkonzepte in R 30
       3.2.1 Datenstrukturen 31
       3.2.2 Import von Daten 35
   3.3 Grafikkonzepte in R 43
       3.3.1 Paper-Pencil-Prinzip des Base Graphics System:
               High-Level- und Low-Level-Funktionen 48
       3.3.2 Einstellung von Grafikparametern 51

		3.3.3	Randeinstellungen von Abbildungen und Grafiken	58
		3.3.4	Mehrfachgrafiken: Panels mit mfrow und mfcol	59
		3.3.5	Komplexere Anordnungen mit layout	60
		3.3.6	Schrifteinbindung	63
		3.3.7	Ausgabe mit cairo_pdf	65
		3.3.8	Unicode in Abbildungen	66
		3.3.9	Farbeinstellungen	70
	3.4	R-Pakete und -Funktionen in diesem Buch		72
		3.4.1	Pakete	73
		3.4.2	Funktionen	77
		3.4.3	Schematische Vorgehensweise	85
4	**Über R hinaus**			87
	4.1	Ergänzungen mit LaTeX		87
	4.2	Manuelle Nachbearbeitung und Symbolfonterstellung in Inkscape		92
		4.2.1	Nachbearbeitung	92
		4.2.2	Symbolfonterstellung	94
5	**Zu den Beispielen**			99
	5.1	Versuch einer Systematik		99
	5.2	Die Skripte zum Laufen bringen		101

Teil II Beispiele

6	**Kategoriale Daten**			105
	6.1	Balken- und Säulendiagramme		105
		6.1.1	Balkendiagramm einfach	106
		6.1.2	Balkendiagramm für Mehrfachantworten – die ersten beiden Antwortkategorien	111
		6.1.3	Balkendiagramm für Mehrfachantworten – alle Antwortkategorien	116
		6.1.4	Balkendiagramm für Mehrfachantworten – alle Antwortkategorien, Variante	119
		6.1.5	Balkendiagramm für Mehrfachantworten – alle Antwortkategorien (Panel)	121
		6.1.6	Balkendiagramm für Mehrfachantworten – Symbole für Individuen	124
		6.1.7	Balkendiagramm für Mehrfachantworten – alle Antwortkategorien, gruppiert	127
		6.1.8	Säulendiagramm mit zweizeiliger Beschriftung	133
		6.1.9	Säulendiagramm mit 45-Grad-Beschriftung	135
		6.1.10	Profildiagramm für Mehrfachantworten – Mittelwerte der Antworten	136
		6.1.11	Dotchart für drei Variablen	138

Inhaltsverzeichnis

- 6.1.12 Säulendiagramm mit Anteilen 142
- 6.2 Kreis- und Radialdiagramme 145
  - 6.2.1 Einfaches Kreisdiagramm 146
  - 6.2.2 Kreisdiagramme, Beschriftung innen (Panel) 148
  - 6.2.3 Sitzverteilung (Panel) 150
  - 6.2.4 Spie Chart 153
  - 6.2.5 Radialpolygone (Panel) 156
  - 6.2.6 Radialpolygone (Panel) – andere Spaltenanordnung 158
  - 6.2.7 Radialpolygone übereinander 159
- 6.3 Grafiktabellen 160
  - 6.3.1 Vereinfachtes Gantt-Diagramm 161
  - 6.3.2 Vereinfachtes Gantt-Diagramm – Farben nach Personen .. 165
  - 6.3.3 Bumpchart 167
  - 6.3.4 Heatmap 170
  - 6.3.5 Mosaikplot (Panel) 173
  - 6.3.6 Ballonplot 175
  - 6.3.7 Treemap 177
  - 6.3.8 Treemaps für zwei Ebenen (Panel) 180
- 6.4 Netzwerkbeziehungen 184
  - 6.4.1 Ungerichtetes Netzwerk 185
  - 6.4.2 Chord Diagram 190
  - 6.4.3 Gerichtetes Netzwerk 195
  - 6.4.4 Riverplot 198
  - 6.4.5 Heatmap für Beziehungen 201
  - 6.4.6 Multiple Barchart 204

7 Verteilungen 207
- 7.1 Histogramme und Boxplots 207
  - 7.1.1 Histogramme übereinander 207
  - 7.1.2 Säulendiagramme mit Colorbrewer gefärbt (Panel) 209
  - 7.1.3 Histogramme (Panel) 213
  - 7.1.4 Boxplots für Gruppen – absteigend sortiert 215
  - 7.1.5 Boxplots für Gruppen – absteigend sortiert, Vergleich zweier Erhebungen 219
- 7.2 (Bevölkerungs-)Pyramiden 223
  - 7.2.1 Pyramide mit mehreren Farben 225
  - 7.2.2 Pyramiden – Betonung der äußeren Bereiche (Panel) 228
  - 7.2.3 Pyramiden – Betonung der inneren Bereiche (Panel) 231
  - 7.2.4 Pyramiden mit eingezeichneter Linie (Panel) 234
  - 7.2.5 Pyramide mit Zusammenfassungen 235
  - 7.2.6 Balkendiagramme als Pyramiden (Panel) 238
- 7.3 Ungleichheit 241
  - 7.3.1 Einfache Lorenzkurve 242
  - 7.3.2 Lorenzkurven übereinander 244
  - 7.3.3 Lorenzkurven (Panel) 246

	7.3.4	Vergleich von Einkommensanteilen mit Balkendiagramm (Quintile) 249
	7.3.5	Vergleich von Einkommensanteilen mit Balkendiagramm (Dezile) 251
	7.3.6	Vergleich von Einkommensanteilen mit Panel-Balkendiagramm (Quintile) 253

8 Zeitreihen 257
- 8.1 Kurze Zeitreihen 257
  - 8.1.1 Säulendiagramm für Entwicklungen 257
  - 8.1.2 Säulendiagramm mit Anteilen für Wachstumsentwicklungen 260
  - 8.1.3 Quartalswerte als Säulen 263
  - 8.1.4 Quartalswerte als Linien mit Werte-Beschriftungen 265
  - 8.1.5 Kurze Zeitreihen übereinander 267
- 8.2 Flächen unter und zwischen Zeitreihen 269
  - 8.2.1 Flächen zwischen zwei Zeitreihen 269
  - 8.2.2 Fläche als Korridor mit Zeitreihen (Panel) 271
  - 8.2.3 Prognoseintervalle (Panel) 274
  - 8.2.4 Prognoseintervalle Index (Panel) 278
  - 8.2.5 Zeitreihen mit gestapelten Flächen 280
  - 8.2.6 Flächen unterhalb einer Zeitreihe 283
  - 8.2.7 Zeitreihen mit Trend (Panel) 286
- 8.3 Darstellung von Tages-, Wochen- und Monatswerten 289
  - 8.3.1 Tageswerte mit Beschriftungen 289
  - 8.3.2 Tageswerte mit Beschriftungen und Wochensymbolen (Panel) 291
  - 8.3.3 Tageswerte mit Monatsbeschriftung 296
  - 8.3.4 Zeitreihen aus Wochenwerten (Panel) 298
  - 8.3.5 Monatswerte (Panel) 301
  - 8.3.6 Monatswerte mit Monatsbeschriftung 303
  - 8.3.7 Monatswerte mit Monatsbeschriftung (Layout) ... 306
- 8.4 Sonderfälle und Spezielles 309
  - 8.4.1 Zeitreihen als Streudiagramm (Panel) 309
  - 8.4.2 Zeitreihen mit fehlenden Werten 311
  - 8.4.3 Saisonspannweiten (Panel) 315
  - 8.4.4 Saisonspannweiten übereinander 317
  - 8.4.5 Saisonfigur (Seasonal Subseries Plot) mit Datentabelle ... 319
  - 8.4.6 Zeitliche Spannweiten 323

9 Streudiagramme 325
- 9.1 Varianten 327
  - 9.1.1 Streudiagramm Variante 1: Vier Quadranten farblich unterschieden 327
  - 9.1.2 Streudiagramm Variante 2: Ausreißer farblich hervorgehoben 330

Inhaltsverzeichnis

9.1.3 Streudiagramm Variante 3: Bereiche farblich hervorgehoben 333
9.1.4 Streudiagramm Variante 4: Eingezeichnete Ellipse 335
9.1.5 Streudiagramm Variante 5: Verbundene Punkte 338
9.2 Sonderfälle und Spezielles 340
    9.2.1 Streudiagramm mit wenigen Punkten 340
    9.2.2 Streudiagramm mit selbst definierten Symbolen 343
    9.2.3 Karte von Deutschland als Streudiagramm 346

10 Karten 349
10.1 Einführende Beispiele 349
    10.1.1 Karten von Deutschland: Ortsnetzbereiche und Postleitzahlengebiete 349
    10.1.2 Gefilterte Postleitzahlenkarte 352
    10.1.3 Europakarte Nuts 2006 (Ausschnitt) 354
10.2 Punkte, Diagramme und Symbole in Karten 356
    10.2.1 Karte von Deutschland mit ausgewählten Orten und Umriss (Panel) 356
    10.2.2 Karte von Deutschland mit ausgewählten Orten (Kreisdiagramme) und Umriss 359
    10.2.3 Karte von Deutschland mit ausgewählten Orten (Säulen) und Umriss 362
    10.2.4 Karte von Deutschland als dreidimensionales Streudiagramm 365
    10.2.5 Karte von Nordrhein-Westfalen mit ausgewählten Orten (Symbole) und Umriss 369
    10.2.6 Karte von Tunesien mit selbst definierten Symbolen 371
10.3 Choroplethenkarten 374
    10.3.1 Choroplethenkarte von Deutschland auf Kreisebene 375
    10.3.2 Choroplethenkarte von Deutschland auf Kreisebene (Panel) 377
    10.3.3 Choroplethenkarte von Europa auf Länderebene 383
    10.3.4 Choroplethenkarte von Europa auf Länderebene (Panel) .. 386
    10.3.5 Weltchoroplethenkarte: Regionen 389
10.4 Sonderfälle und Spezielles 391
    10.4.1 Weltkarte mit Orthodromen 392
    10.4.2 Stadtkarten mit OpenStreetMap-Daten (Panel) 394
    10.4.3 Georeferenzierte Karte im Rasterformat 400
    10.4.4 Cartogram (Panel) 407

11 Illustratives 411
11.1 Tabelle mit Symbolen der Schrift „Symbol Signs" 411
11.2 Radialsäulendiagramme mit Beschriftung (Panel) 413
11.3 Radialsäulendiagramme ohne Beschriftung (Panel) 420
11.4 Radialsäulendiagramm (Poster) 423
11.5 Nacht-Karte von Deutschland als Streudiagramm 428
11.6 Streudiagramm Gapminder 430

11.7 Karte von Napoleons Rußlandfeldzug von 1812/13 von Charles
Joseph Minard, 1869 435

12 Interaktive Visualisierung mit JavaScript: Highcharts und Mapael . 439
    12.1 Streudiagramm in Highcharts 441
    12.2 Zeitreihe in Highcharts 449
    12.3 Choroplethenkarten mit Mapael 456
        12.3.1 Installation der Javascript-Bibliotheken von Mapael 458

Anhang A. Verwendete Daten 477

Literatur 483

Sachverzeichnis 487

Kapitel 1
Daten für alle

1.1 Datenvisualisierung zwischen Wissenschaft und Journalismus

Art und Umfang von Daten, unsere Einstellung zu ihnen sowie ihre Verfügbarkeit haben sich in den vergangenen Jahren grundlegend gewandelt. Noch nie gab es so viele Daten wie heute. Noch nie waren sie so leicht verfügbar. Und noch nie waren die Möglichkeiten der Analyse, Aufbereitung und Präsentation größer.

Manche Wissenschaftler, wie etwa der Mathematiker Stephen Wolfram, glauben, dass man den Prozess der Datenanalyse weitgehend automatisieren kann, und sprechen in diesem Zusammenhang sogar von einer Demokratisierung der Wissenschaft. Andere, wie Googles Chefökonom Hal Varian, meinen hingegen, dass dafür mehrere Fähigkeiten erlernt werden müssen und diese zukünftig zentrale Schlüsselqualifikationen darstellen: „The ability to take data – to be able to understand it, to process it, to extract value from it, to visualize it, to communicate it's going to be a hugely important skill in the next decades (...)".[1]

In den letzten Jahren ist eine Fülle von Websites, Büchern und anderen Publikationen entstanden, die sich der Visualisierung von Daten widmen. Dabei steht deren erzählende, nicht die explorative Visualisierung im Vordergrund. Eines der bekanntesten Beispiele ist die Mission von Hans Rosling, dem Autor und Erfinder von GAPMINDER, Statistiken zu weltweiten gesellschaftlichen Entwicklungen einem breiten Publikum eingängig zu veranschaulichen. Hans Rosling wurde 2012 vom *Time Magazine* zu den „100 Most Influential People in the World" gezählt. Nahezu in Vergessenheit geratene Sozialwissenschaftler, die sich mit der didaktischen Visualisierung von statistischen, gesellschaftlichen Zusammenhängen befasst haben, allen voran Otto Neurath, werden wiederentdeckt.[2]

---

[1] http://www.mckinsey.com/insights/innovation/hal_varian_on_how_the_web_challenges_managers.
[2] Eve, Matthew/Burke, Christopher (Hrsg.)/Otto Neurath (2010): From Hieroglyphics to Isotype: A Visual Autobiography. London: Hyphen Press.

Dabei ist es nicht so, dass das Rad neu erfunden wurde. In der Wissenschaft haben Datenvisualisierungen seit jeher und kontinuierlich eine wichtige Rolle gespielt. Bildgebende Verfahren gehören zum festen Bestandteil vieler Analysen in der Medizin, praktisch alle Naturwissenschaften nutzen bildliche Darstellungen von Daten zur visuellen Kommunikation von Ergebnissen. Die Zeitschrift *Nature* bietet Interessenten im Internet als Kaufanreiz für ihre Artikel neben einem Abstract kleine Voransichten der enthaltenden Abbildungen („Figures at a glance").

Im Rahmen der statistischen Methodik haben eine Reihe von Wissenschaftlern schon vor vielen Jahren Grundlagenforschung zur statistischen Grafik betrieben: Bahnbrechend war neben den Arbeiten von William S. Cleveland das Buch von Edward Tufte, *The Visual Display of Quantitative Information*. Das Buch erschien 1983 und erlebte bereits in der ersten Auflage sechzehn Nachdrucke. Zusammen mit zwei in der Folge erschienenen Werken, *Envisioning Information* und *Visual Explanations*, hat Edward Tufte damit den Maßstab für das Thema auf eine sehr genuine Weise definiert.

Auch in der Wirtschaft gibt es eine lange Tradition der Präsentation von Daten. Seit vielen Jahren werden in Unternehmen für interne Zwecke nicht nur Daten gesammelt und ausgewertet, sondern auch in Abbildungen umgesetzt. Nach außen werden in besonders aufbereiteten Publikationen Präsentationsgrafiken in Geschäftsberichten möglichst eindrucksvoll zur Schau gestellt.[3]

Schließlich bemüht sich die amtliche Statistik seit vielen Jahren erfolgreich, ihre Ergebnisse nicht nur in tabellarischer Form bereitzustellen, sondern auch grafisch aufzubereiten. Hier kann man sowohl national als auch international eine nahezu von Jahr zu Jahr fortschreitende Tendenz zur stärkeren Visualisierung des offiziellen Datenmaterials feststellen.

Die Flut von Daten, die auf uns einströmt und uns ihre Auswertung aufdrängt, hat einen Nebeneffekt: Mit ihrer neuen, potentiellen Verfügbarkeit und Offenheit geht ein Umdenken in Bezug auf die Nutzungsrechte und Einsichtmöglichkeiten einher. Zunehmend wird die Offenheit nicht nur von amtlichen, sondern auch von Unternehmensdaten gefordert. Umwelt- und Wetteraufzeichnungen, Verbrauchsdaten oder solche aus den Bereichen Gesundheit oder Bildung, Abstimmungen in Landtagen, Gesetzestexte, Daten zur Verkehrslage oder Fahrpläne sollen frei und offen zugänglich sein. Gegenüber den USA, Großbritannien oder auch der Schweiz hat Deutschland hier noch Nachholbedarf.[4]

Big Data und Open Data erfordern neue Methoden und neue Herangehensweisen. Eine innovative Variante, die sich die Bezeichnung *Data Science* zu eigen gemacht hat, versteht darunter eine Kombination aus Programmierfähigkeiten, mathematisch-statistischen Kenntnissen und substanzwissenschaftlicher Expertise. Drew Conway hat diese Kombination in Form eines Venn-Diagramms dargestellt, das uns auch sehr anschaulich die Schnittmengen veranschaulicht.

---

[3] In ihrer schönsten Form zusammengestellt bei Rädeker, Jochen/Dietz, Kirsten (2011): Reporting, Unternehmenskommunikation als Imageträger – ausgesuchte Finanz- und Nachhaltigkeitsberichte weltweit. Mainz: Hermann Schmidt Verlag.
[4] https://index.okfn.org.

Diese *Data Science* ist in aller Regel hochmathematisch und elaboriert. Aber auch der journalistische Bereich zeigt ein stark gewachsenes Interesse an Daten. Die allen voran von der *New York Times* und dem *Guardian*, in Deutschland von der *ZEIT* und anderen Medien angebotenen Recherchen und Visualisierungen sind unter dem Begriff *Datenjournalismus* im Aufwind.

So genannte Infografiken, häufig auch animiert und interaktiv, verbreiten sich geradezu explosionsartig im Internet. Seriöse und Maßstäbe setzende Angebote basieren dabei auf der Arbeit umfangreicher Experten-Teams und werden selbst Gegenstand der Forschung.

Daneben erfreuen sich individuelle Angebote von „Information Designern" wie Catherine Mulbrandon, Stephen Few, Robert Kosara, Ben Fry oder Nathan Yau großer Beliebtheit, die eigene Datenvisualisierungssoftware entwickeln, Consulting-Firmen gründen, weltweit Workshops anbieten oder Blogs mit zigtausenden registrierten Nutzern aufbauen.[5]

Aus Sicht der eher „traditionellen" statistischen Grafik schießt das eine oder andere dabei über das Ziel hinaus: So manches wird nicht nur als zu bunt, zu verspielt oder zu überladen empfunden, sondern auch als verwirrend oder gar verfälschend. Hier ist in jüngster Zeit eine Diskussion entstanden, von der am Ende sicher beide Seiten profitieren werden.[6]

1.2 Warum R?

In diesem Buch werden sämtliche Daten mit der freien Statistik-Software R visualisiert. Unter Wissenschaftlern ist die Programmiersprache inzwischen weit verbreitet und sehr beliebt. Doch jenseits der Forschung ist ihr Potenzial, maßgeschneiderte Grafiken zu produzieren, wenig bekannt. Das ist kein Wunder, denn Grafiker oder Journalisten tun sich mit dem Programmieren bekanntlich schwer. Es wäre sicherlich auch falsch zu behaupten, man lerne R so schnell, dass man in wenigen Minuten die erste ansprechende Grafik erstellt.

Andererseits: Der Einstieg ist leichter als in viele andere Programmiersprachen, weil R speziell für Daten und Statistik gemacht ist – und damit auch für deren Visualisierung. Es bietet einige Vorteile, die auch für Redakteure oder Datendesigner Gold wert sein können und die eine Software wie Excel nicht bietet:

- Alle Grafiken lassen sich im Vektorformat speichern (z. B. PDF, EPS oder SVG) und mit gängigen Vektorgrafikprogrammen wie Adobe Illustrator oder dem freien Inkscape sofort weiterverarbeiten, so dass jedes Grafikelement einzeln anpassbar ist.

---

[5] http://visualizingeconomics.com; http://www.perceptualedge.com; http://kosara.net; http://benfry.com; http://flowingdata.com.
[6] Gelman, Andrew/Unwin, Antony, Infovis and Statistical Graphics: Different Goals, Different Looks, in: Journal of Computational and Graphical Statistics 22/1 (2013), S. 2–28. Diskussionsbeiträge von Robert Kosara, Paul Murrell, Hadley Wickham S. 29–44, Antwort S. 45–49.

- Jedes Element der Grafik lässt sich durch R fast beliebig in Farbe oder Form verändern. Es lassen sich nach belieben Text, Symbole, Pfeile oder ganze Zeichnungen hinzufügen oder verschiedene Diagramme kombinieren.
- Die Grundformen der wichtigste Diagrammtypen, wie Säulen-, Linien- oder Kreisdiagramme, lassen sich für einen ersten Eindruck oft schnell durch einen einzigen Befehl erzeugen.
- R beherrscht auch Karten und lässt so beliebige Geo-Visualisierungen zu. Das Kartenmaterial dafür kann zum Beispiel im geläufigen Format von Shape-Dateien eingeladen werden.
- Da Grafiken in R komplett programmiert sind, lässt sich jeder Schritt nachvollziehen, jeder Fehler finden und Änderungen sind leicht möglich. Dies ermöglicht auch eine Qualitätskontrolle durch Dritte und eine Offenlegung des Grafik-Sourcecodes im Sinne maximaler Open-Data-Transparenz.
- R ist kostenlos.
- R ist offen.
- R ist durch viele Programm-Module (Packages) erweiterbar, um besondere Grafiktypen darzustellen oder fortgeschrittene Datenanalysen vorzuschalten. Eine wachsende internationale Community stellt im Internet immer mehr Eweiterungen zur Verfügung.
- R-Grafiken können auch als Grundlage für interaktive Online-Grafiken dienen, indem beispielsweise den als SVG gespeicherten Diagrammelementen mit einem JavaScript-Paket wie D3.js interaktives Leben eingehaucht wird. Alternativ gibt es inzwischen ein komplettes JavaScript-Paket namens *Shiny*[7], mit dem sich interaktive Datenanwendungen im Netz direkt in R schreiben lassen.

1.3 Das Konzept des Datendesigns

Das Buch verfolgt einen 100-Prozent-Ansatz: Alle Beispiele zeigen die vollständige Gestaltung einer konkreten Abbildung. Es wird immer vom Ergebnis ausgegangen: Die Ausgangsfragen waren jeweils: Wie muss eine bestimmte Grafik aussehen oder wie können vorhandene Daten am ehesten visualisiert werden? Dabei wurde unabhängig von einer konkreten Software stets mit einer Skizze begonnen. Erst der nächste Schritt bestand dann darin, sich nach den dafür benötigten Werkzeugen (Paketen und Funktionen) umzusehen und diese anzuwenden.

Die verwendeten Daten stammen ganz überwiegend aus der Sozialwissenschaft und der amtlichen Statistik, einige aus der Betriebswirtschaft, der Makroökonomie, der Politik, der Medizin, der Meteorologie oder den sozialen Medien. Mein Bestreben war, für alle ausgewählten Darstellungsformen geeignete Daten zu finden. Das ist sicher mal mehr, mal weniger gelungen. Die Daten wurden aber nicht „vorfrisiert", sondern in der Form verwendet, in der sie zur Verfügung standen. Dadurch ist zwar der Skriptumfang manchmal etwas größer als unter Laborbedingungen mit

---
[7] http://www.rstudio.com/shiny/.

1.3 Das Konzept des Datendesigns

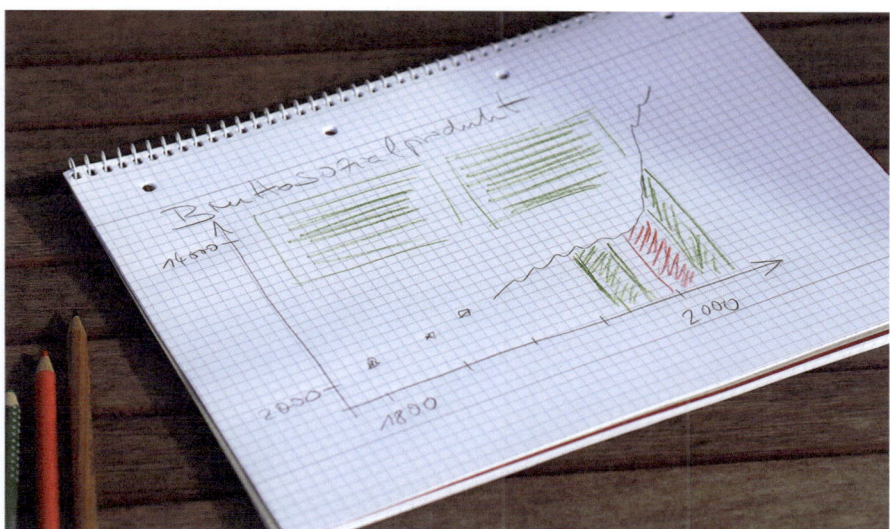

Abb. 1.1 Skizze einer Abbildung

jeweils für die Aufgabe schon optimal aufbereiteten Daten. Andererseite ist das lebensnäher und kann Ihnen bei dem ein oder anderen Ihrer Daten-Fallstricke nützlich sein.

Alle Abbildungen sind als PDF-Datei konzipiert, so dass sie möglichst verlustfrei und flexibel weiterzuverwenden sind.

Im Durchschnitt waren für die Erstellung des Ergebnisses 40 Zeilen Code nötig. Von der ersten Idee bis zur fertigen Umsetzung verging pro Abbildung in der Regel ein Tag, manchmal eine Woche. Wenn Sie mit Ihren Daten etwas kommunizieren möchten, lohnt es sich meiner Ansicht nach, diese Zeit zu investieren.

Teil I
Grundlagen und Technik

Kapitel 2
Aufbau und technische Voraussetzungen

Bevor wir uns der konkreten Umsetzung in R zuwenden, wollen wir zunächst einige Erläuterungen zum Aufbau von Abbildungen voranstellen. Nach zwei Beispielen für die unterschiedliche Perzeption von Grafiken folgt eine Definition der Elemente von Abbildungen anhand schematischer Übersichten, die wir in Anlehnung an das Grafikdesign als „Gestaltungsraster" bezeichnen. Anschließend folgen Erläuterungen zu wichtigen „Hilfselementen" von Abbildungen, den verwendeten Schriften und Symbolen sowie der Farbe.

2.1 Begriffe und Elemente

Eine Abbildung kann eines oder mehrere *Diagramme* oder *Grafiken* enthalten. Die beiden letzten Begriffe werden hier also synonym verwendet.

Ein Diagramm besteht aus einem *Datenbereich* (in R: *Plot Region*) und optional Achsen, Achsenbeschriftungen, Achsenbezeichnungen, Punktbezeichnungen, Legenden, Über- und Unterschriften.

Eine Abbildung kann mehrere Diagramme enthalten. In diesem Fall können in jedem Einzel-Diagramm Über- und Unterschriften, Achsen, Legende etc. vorhanden sein; darüber hinaus gibt es Über- und Unterschriften, die sich auf die gesamte Abbildung beziehen. Enthält eine Abbildung mehrere Diagramme, sprechen wir im folgenden in Ermangelung eines sinnvollen oder üblichen deutschen Begriffs von *Panel*.

2.2 Gestaltungsraster

Eine Abbildung besteht grundsätzlich aus einem Titel (1), einem Untertitel (2), einer Y-Achse (3) inklusive Beschriftung (4) und Namen (5), dem eigentlichen Datenbereich (6), einer Legende (7), einer X-Achse (8) inklusive Beschriftung (9) und

Abb. 2.1 Elemente einer Abbildung

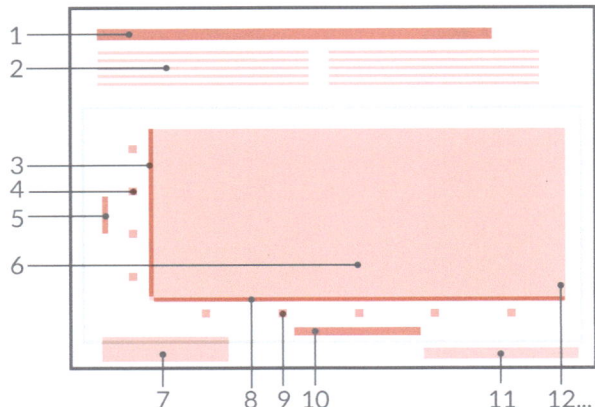

Namen (10), schließlich einer Quellenangabe (11). Darüber hinaus können Abbildungen weitere Elemente wie Annotationen, Linien oder Symbole enthalten.

Die erste Überlegung sollte das Seitenverhältnis der Abbildung betreffen. Wenn z. B. in einem Streudiagramm beide Größen Prozentangaben sind und der Wertebereich jeweils von 0 bis 100 dargestellt werden soll, dann ist es naheliegend, dass die Achsen gleich lang sind, der Datenbereich also quadratisch gezeichnet wird. In anderen Fällen ist eine Entscheidung nicht ohne weiteres möglich. In R haben Sie die Möglichkeit, bei der Erstellung einer Grafik diese Größen exakt anzugeben (Abschn. 3.3.3, Abschn. 3.3.7).

Braucht man eine Legende? Wann? Wohin? Am besten ist es, wenn man auf eine Legende verzichten kann. Das ist in aller Regel bei Zeitreihendiagrammen möglich, denn hier können die Bezeichnungen direkt an die Daten geschrieben werden: Diese sind ja per Linien verbunden und somit eindeutig. Das ist bei Punktdiagrammen nicht der Fall. Hier müssen die Bedeutungen der Farben bei Streudiagrammen mit einer Legende erläutert werden. Nahezu beliebige Einstellungsmöglichkeiten für die Form und Platzierung einer Legend bietet in R die Funktion `legend()`.

Abb. 2.2 Elemente einer Abbildung mit zwei Diagrammen

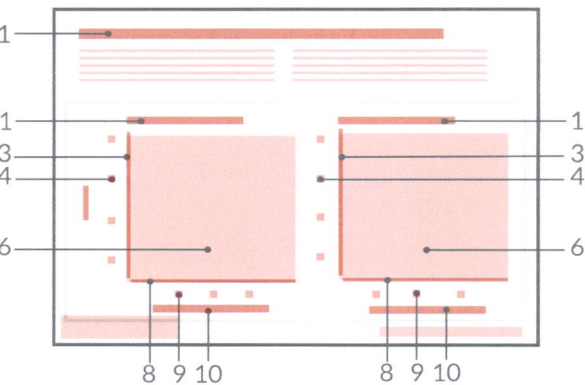

2.2 Gestaltungsraster

Abb. 2.3 Beispielhafte Anordnung einzelner Elemente

Wenn wir mehrere Grafiken in eine Abbildung aufnehmen, sprechen wir von einem *Panel*. In diesem Fall können bestimmte Elemente wiederholt auftreten (Abb. 2.2).

Die Anordnung der einzelnen Elemente kann variieren, ebenso die Anzahl der Grafiken, die in einer Abbildung enthalten sind (Abb. 2.3).

In dem vorliegenden Buch werden wir Beispiele für Abbildungen zeigen, die über 40 Grafiken enthalten. In R gibt es für die Definition solcher Panels verschiedene Möglichkeiten (Abschn. 3.3.4, Abschn. 3.3.5).

Man kann sicher keine universell gültigen Vorschriften für die Erstellung eines Gestaltungsrasters definieren. Die folgenden Hinweise sollten aber bedacht werden:

1. Es macht einen Unterschied, ob Grafiken *frei stehen* oder in einen Fließtext eingebunden sind. In letzterem Fall ist die Überschrift anders, die Schriftgrößen der einzelnen Elemente müssen angepasst werden, eine erläuternde Unterüberschrift sowie erläuternde Beschriftungen und Pfeile entfallen oder werden sparsamer verwendet.
2. In aller Regel gibt es nicht nur *eine* angemessene Darstellung der Daten, sondern *mehrere*. Ob man etwa Balken stapelt oder in einem Panel mehrere Balkendiagramme darstellt, muss im *konkreten* Einzelfall anhand der *konkreten* Daten entschieden werden.

3. Quellenangabe und Titel einer Abbildung innerhalb eines Aufsatzes, Buches oder einer Website können entfallen, wenn diese Angaben dort erfolgen, wo die Abbildung eingebunden wird.

2.3 Perzeption

Der wichtigste Aspekt bei der Gestaltung von Abbildungen ist die richtige Wahrnehmung der Daten. Diese kann durch eine unglückliche Darstellungsform stark beeinträchtigt werden. Zwei Beispiele:

Im ersten Beispiel werden die Körpergrößen ausgewählter prominenter Personen dargestellt (Abb. 2.4).[1]

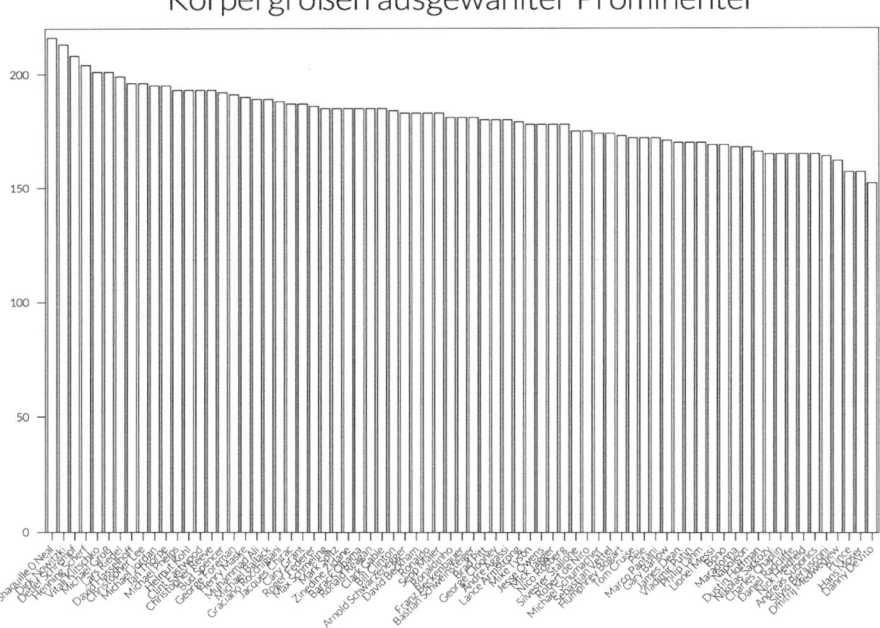

Abb. 2.4 Körpergrößen ausgewählter Prominenter

Die Skalierung der Y-Achse beginnt, wie häufig gefordert, bei Null. Insgesamt wird dadurch der Eindruck erweckt, als liegen die Körpergrößen dieser Personen recht nahe beieinander. Der Effekt wird verstärkt durch die – hier noch nicht einmal ausgefüllten – Säulen, deren Gesamtvolumen einen Großteil der gesamten Fläche der Abbildung einnimmt.

---

[1] Quelle: celebrityheights.com.

2.3 Perzeption   13

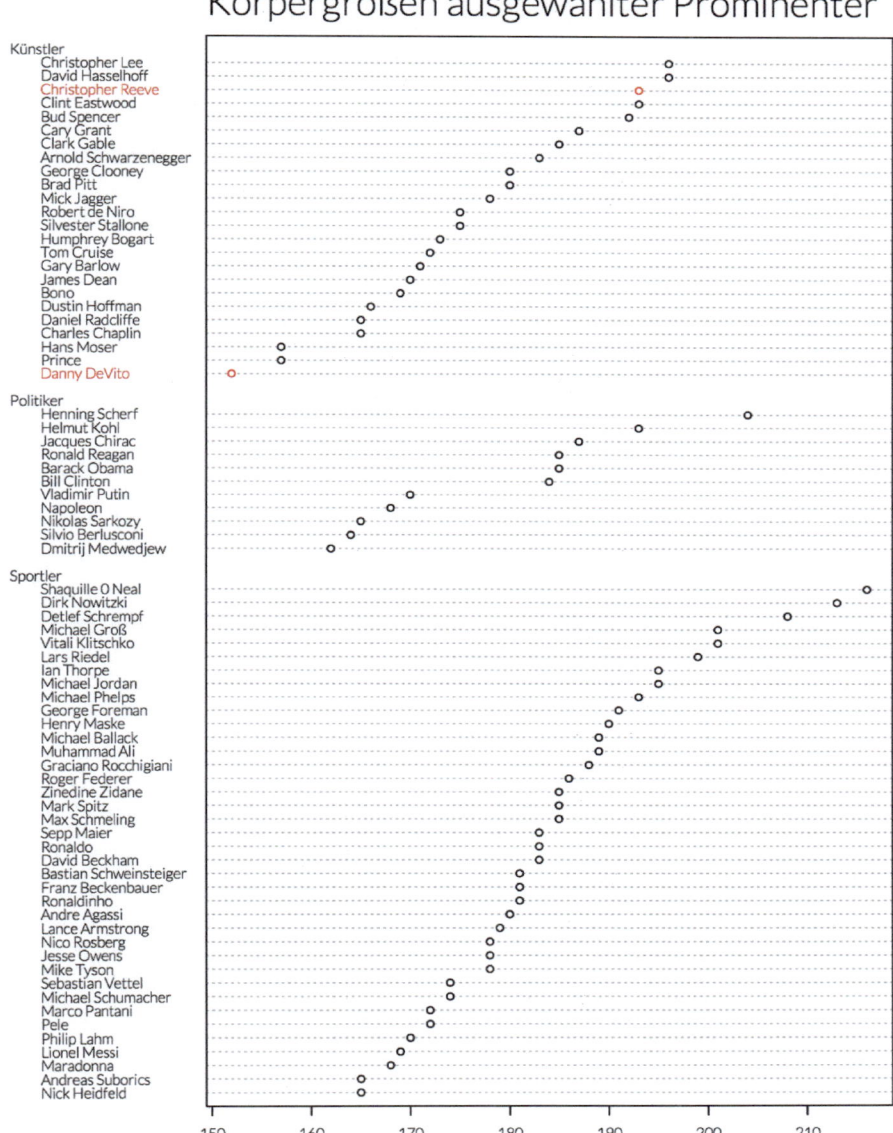

Abb. 2.5 Körpergrößen ausgewählter Prominenter als Dotchart

Das widerspricht unserer Alltagserfahrung, die doch beachtliche Unterschiede zwischen Körpergrößen wahrnimmt. Im Internet findet man ein Bild, auf dem Danny de Vito neben Christopher Reeve abgebildet ist. Vermutlich werden die meisten Betrachter dieses Bildes der Auffassung sein, dass das Säulendiagramm die Unterschiede in Körpergrößen nicht angemessen abbildet. Sinnvoller für diese Daten ist der folgende, vor allem von William S. Cleveland mehrfach empfohlene *Dotchart* (Abb. 2.5).

Vier Unterschiede zu dem Säulendiagramm verbessern die Wahrnehmung erheblich:

1. Anstelle von Säulen wird die Information der Körpergröße durch Punkte abgebildet.
2. Eine Gruppierung nach „Prominententyp" liefert eine zusätzliche Informationsebene und sorgt durch die Gruppierung insgesamt für eine größere Übersichtlichkeit.
3. Die Skalierung beginnt nicht bei Null, sondern bei den Daten.
4. Durch die horizontale Anordnung sind die Namen der Personen besser lesbar.

Ein zweites Beispiel betrifft Zeitreihen. William S. Cleveland hat mit dem Begriff „Banking" eine Vorgehensweise beschrieben, die für Liniendiagramme eine geeignete Darstellungsform sicherstellen soll. Die Grundidee ist, dass man das Charakteristische der Daten am besten wahrnimmt, wenn die Datenlinien im Mittel möglichst nahe bei einem 45-Grad-Winkel liegen. Wir illustrieren das an einem Beispiel, das die Monatstemperaturen in New Jersey von 1895 bis 2011 zeigt (Abb. 2.6).

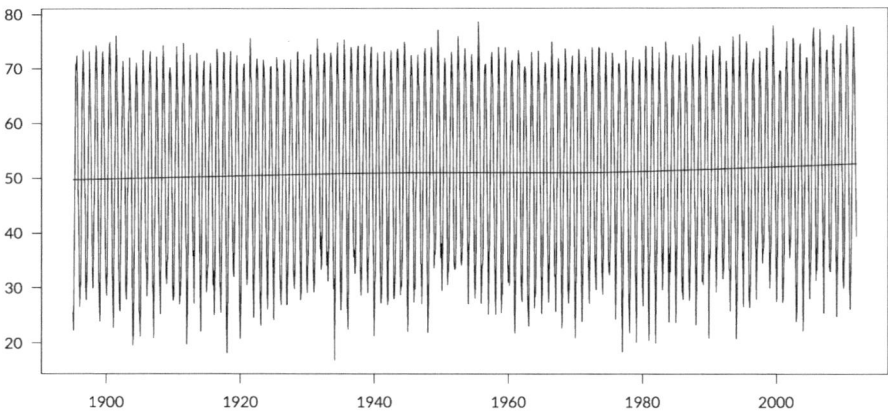

Abb. 2.6 Monatstemperaturen in New Jersey von 1895 bis 2011 mit Trend

Bei diesem bewusst extrem gewählten Beispiel sind die Linien so gestaucht, dass die genaue Verlaufsform *der eigentlichen Daten* praktisch nicht erkennbar ist. Sehr wohl kann man dagegen den Trendverlauf erkennen, der hier sehr leicht, aber dennoch eindeutig nach oben zeigt.

2.3 Perzeption 15

Einen ganz anderen Eindruck erhält man dagegen, wenn man die Abbildung „auseinanderzieht" und daraus einen so genannten Cut-and-Stack-Plot erstellt (Abb. 2.7).

Hier ist die zyklische Verlaufsform der Monatstemperaturen sehr gut erkennbar. Andererseits kann man dieser Abbildung keinerlei Trendverlauf mehr entnehmen. Es kommt also auch auf die gewünschte Aussage an, welche Abbildungsform vorzuziehen ist.

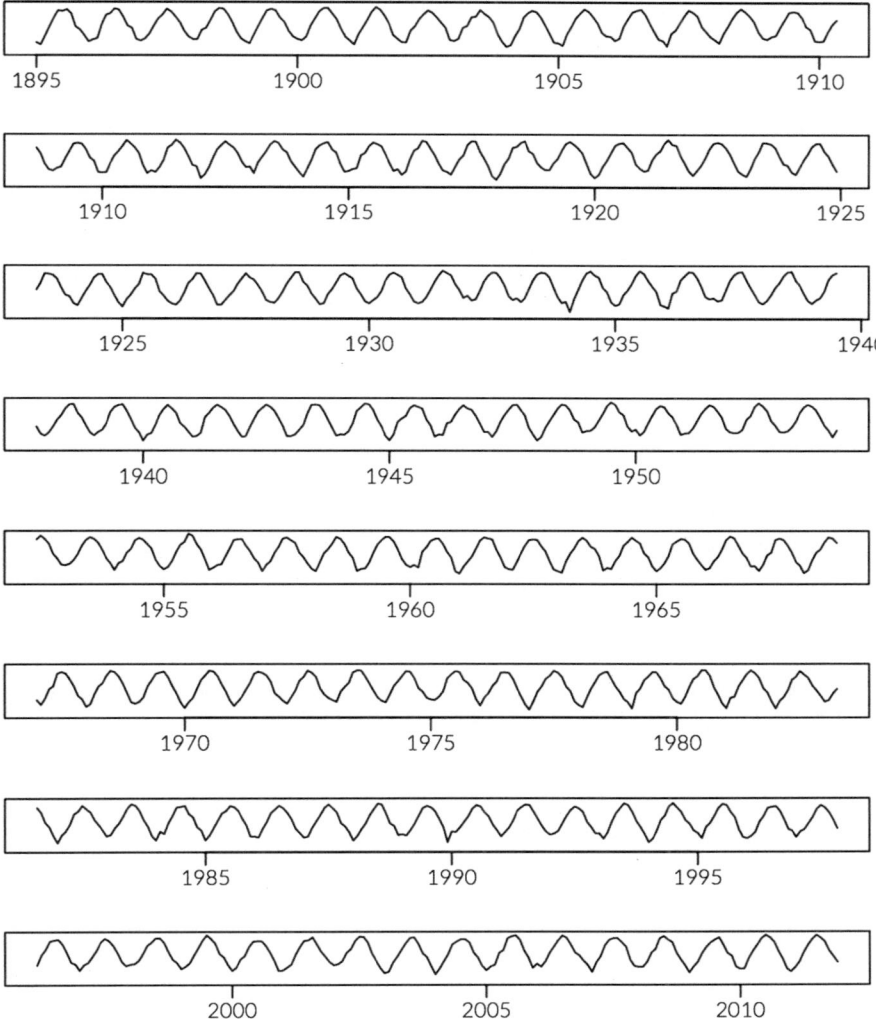

Abb. 2.7 Monatstemperaturen in New Jersey von 1895 bis 2011 als Cut-and-Stack-Plot

2.4 Schriften

Schriften bilden einen nicht unerheblichen Teil in Abbildungen. Leider werden sie in aller Regel sehr stiefmütterlich behandelt. Man kann aber mit der Verwendung der richtigen Schrift einen erheblichen Gewinn an Klarheit erzielen. Eine interessante Untersuchung verdanken wir Sven Neumann vom Fachbereich Gestaltung an der HTW Berlin. Er hat sich mit der Leserlichkeit von Schrift im öffentlichen Raum befasst und bei der Befragung von über 100 Personen festgestellt, dass der Abstand, ab dem eine Schrift lesbar ist, von Schrift zu Schrift deutlich variiert. Das ist nicht nur für Verkehrsschilder relevant, auch Abbildungen profitieren von lesbaren Schriften.[2]

Viele Anwender beschränken sich in der Auswahl ihrer Schriften für Texte und erst recht für Abbildungen auf die Vorgaben ihrer Software oder ihres Betriebssystems. Das hat nicht nur pragmatische, sondern auch finanzielle Gründe: Wenn Sie eine hochwertige Schrift wie die Frutiger jeweils in einer regulären, kursiven und fetten Variante in drei verschiedenen Stärken kaufen, müssen Sie schon mehrere hundert Euro ausgeben – bei unklarer Rechtslage, was Sie damit eigentlich machen dürfen.[3] Glücklicherweise gibt es eine ganze Reihe freier und qualitativ hochwertiger Alternativen, deren Einsatz auch bei der Erstellung von Abbildungen sinnvoll ist. Bevor wir uns diese näher ansehen, wollen wir zunächst einen Überblick über die wichtigsten Eigenschaften von Schriften geben.

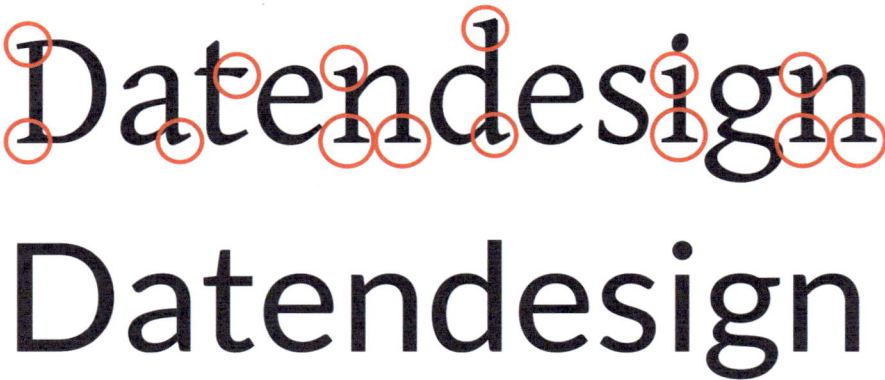

Abb. 2.8 Serifen- und serifenlose Schrift

Aktuell werden in Deutschland Schriften nach der DIN 16518 in elf Gruppen eingeteilt. Für den Hausgebrauch reicht jedoch eine gröbere Klassifikation. Grundsätzlich unterscheidet man *proportionale* und *nichtproportionale* Schriften. Insbesondere erstere werden noch einmal in *Serifen-* und *serifenlose* Schriften unterteilt.

---

[2] http://kd.htw-berlin.de/abschlussarbeiten/leserlichkeit-von-schriften/.
[3] http://www.typografie.info/2/content.php/152-Mythos-Schriftlizenzen.

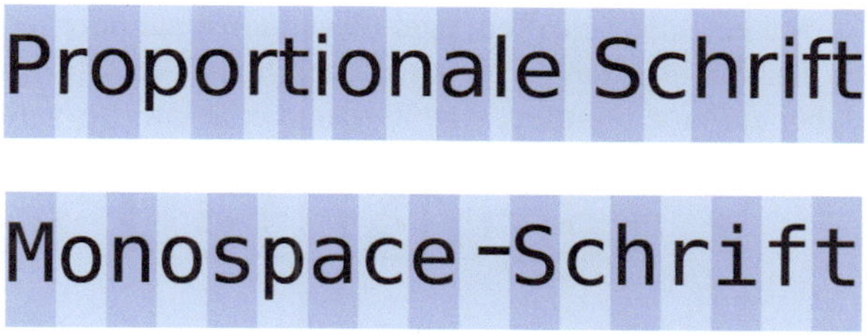

2.4 Schriften

Abb. 2.9 Proportionale und nichtproportionale Schrift

Proportionale Schrift

Monospace-Schrift

Serifen sind auf den ersten Blick so etwas wie Verzierungen eines Buchstabens: kleine, feine Linien, die quer zu den größeren Linien eines Buchstabens stehen.

Solche Schriften werden in aller Regel für lange Texte verwendet, da lange Texte in Serifenschriften erwiesenermaßen angenehmer zu lesen sind. Serifenlose Schriften verwendet man dagegen für Überschriften oder kurze Texte. Eine proportionale Schrift ist dadurch gekennzeichnet, dass die einzelnen Buchstaben unterschiedlichen Platz in der Breite beanspruchen. Ein kleines „l" oder „i" braucht weniger Platz als ein „m". Bei den nichtproportionalen Schriften ist dagegen jeder Buchstabe gleich breit.[4]

Die vermutlich bekannteste nichtproportionale (Serifen-)Schrift ist Courier, die man als Schreibmaschinenschrift kennt – die heute wohl bekannteste serifenlose Proportionalschrift die Helvetica von Max Miedinger und Eduard Hoffmann. Bereits ein Vierteljahrhundert zuvor wurde die bis heute bekannteste proportionale Serifenschrift, die Times von Stanley Morison und Victor Lardent gestaltet.

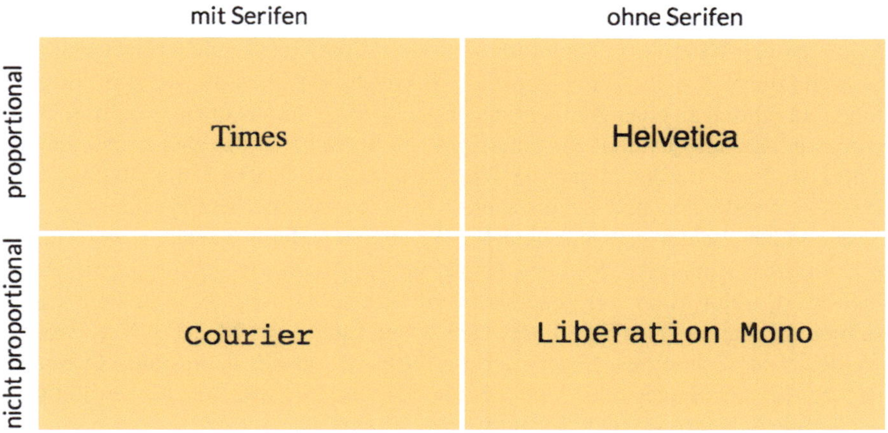

	mit Serifen	ohne Serifen
proportional	Times	Helvetica
nicht proportional	Courier	Liberation Mono

Abb. 2.10 Schriftenbeispiele

---

[4] Quelle: Wikipedia. Urheber: Algos.

Nahezu alle Schriften, egal ob proportional oder nichtproporional, mit oder ohne Serifen, werden in verschiedenen Schnitten konzipiert. Viele beschränken sich dabei auf eine reguläre, eine fette und eine kursive Variante.

regulär **fett** *kursiv*

Abb. 2.11 Regulärer, fetter und kursiver Schnitt (Linux Libertine)

2.4.1 Fonts

Obwohl die genannten Schriften seit Jahrzehnten omnipräsent sind, würde kaum jemand ihre Namen kennen, wenn sie nicht auch in Computern als „Fonts" Verwendung fänden. Während früher die Schriften fest im Drucker eingebaut waren, werden sie heute von den jeweiligen Betriebssystemen, zum Teil auch von Anwendungsprogrammen oder Webservern mitgeliefert.

Dabei gibt es bis heute nennenswerte Unterschiede zwischen den Betriebssystemen. Zum einen wurden eigene Schriften speziell entwickelt und lizenziert, zum anderen wurden mit leichten Namensvarianten „ähnliche" Schriften angeboten, um Lizenzprobleme zu umgehen.

Eine erste plattformübergreifende, hochwertige Fontbasis bildeten die 35 PostScript-Fonts, in den 1980er Jahren von Adobe entwickelt. Diese *Type 1*-Fonts umfassten nicht nur hochwertige Schriften, sondern verwendeten auch eine Technologie, die von Windows-, Macintosh- und Unix-Computern gleichermaßen benutzt werden konnte. Lange Zeit beherrschten Patentstreitigkeiten die weitere Entwicklung und führten zu einer Alternativtechnologie unter dem Namen *TrueType*. Diese galt zwar anfangs qualitativ als unterlegen, mittlerweile ist das aber nicht mehr so. TrueType-Fonts werden heute von Windows, Mac OS X und Linux als Standard-Fonts verwendet und sind technisch ohne weiteres zwischen den Betriebssystemen austauschbar. Leider geht die aktuelle Weiterentwicklung wieder in zwei unterschiedliche Richtungen: Während Apple die *Apple Advanced Typography* (AAT) favorisiert, treibt Microsoft gemeinsam mit Adobe die *OpenType*-Technik voran. Immerhin können OpenType-Fonts auch unter Linux und Mac OS X verwendet werden. Die Technologie bietet auch für Visualisierungen interessante Optionen, da hier Zahlenvarianten mit verschiedenen Ober- und Unterlängen ausgewählt werden können – sofern sie in dem Font vorhanden sind.

Im Acrobat Reader sind bis heute 14 ursprüngliche PostScript-Schriften enthalten: Courier (Regular, Oblique, Bold, Bold Oblique), Helvetica (Regular, Oblique, Bold, Bold Oblique), Symbol, Times (Roman, Italic, Bold, Bold Italic) und ITC Zapf Dingbats. In den jüngeren Versionen wurden Helvetica und Times durch Arial und Times New Roman ersetzt.

2.4 Schriften

	mit Serifen	ohne Serifen
proportional	Times Times New Roman Nimbus Roman Computer Modern Roman	Helvetica Arial Helvetica Neue Computer Modern Sans Serif
nicht proportional	Courier Courier New Computer Modern Typewriter	Liberation Mono

Abb. 2.12 Schriftenbeispiele mit „Varianten"

Helvetica galt als Schrift, die auf Monitoren in der Pionierzeit der Personal Computer nicht besonders gut aussah. Als eine Alternative bot sich die Schrift Arial an, die Anfang der 1990er Bestandteil des Betriebssystems Windows (3.1) wurde. Arial sieht nicht, wie oftmals behauptet, so aus wie die Helvetica, hat aber dieselbe Metrik. Man kann die Schriften also austauschen, ohne dass sich der Zeilen- und Seitenumbruch eines Textes ändert. Vor einigen Jahren wurde die Schrift um eine Unicode-Variante ergänzt, jedoch ohne fette oder kursive Varianten.

In Windows hielten mit Vista erstmals hochwertige Schriften wie Calibri (seit 2012 auch in zwei leichten Varianten) Einzug, von denen manche aber als Kopien vorhandener Schriften angesehen wurden (zum Beispiel die Schrift Suego als Clone von Frutiger).

2.4.2 Freie Schriften

Neben den von Betriebssystemen mitgelieferten oder käuflich zu erwerbenden Schriften gibt es mittlerweile eine ganze Reihe hochwertiger „freier" Schriften, deren Verwendung offene Font-Lizenzen regeln. Von der Google-Website können Sie eine sorgfältig ausgewählte Sammlung solcher Schriften herunterladen.[5] Die einzelnen Schritte sind dort beschrieben. Die Schriften werden als TrueType-Schriften

---

[5] http://www.google.com/fonts.

bereitgestellt und lassen sich in Windows, Mac und Linux einfach durch einen Doppelklick auf die TTF-Datei installieren.

Für die Beispiele dieses Buches wurde bis auf wenige Ausnahmen die Schriftfamilie „Lato" von Łukasz Dziedzic verwendet. Der Font hat auch eine eigene Website.[6]

Lato Hairline
Lato Hairline Italic
Lato Light
Lato Light Italic
Lato Regular
Lato Italic
Lato Bold
Lato Bold Italic
Lato Black
Lato Black Italic
1234567890

Gentium Plus Regular
Gentium Plus Italic
1234567890
ÁáÂâÅåÃãÄäÅåÃãÉéÈè

```
Liberation Mono Regular
Liberation Mono Italic
Liberation Mono Bold
Liberation Mono Bold Italic
1234567890
```

Abb. 2.13 Die freien Schriften Lato, Gentium Plus und Liberation Mono

2.5 Symbole

Von besonderem Interesse für unser Thema ist, dass mit Fonts nicht nur Schriften, sondern auch Symbole zur Verfügung stehen. Das ist vor allem darum interessant, weil sie damit in R ohne große Umwege Verwendung finden können. Mit der hier beschriebenen Vorgehensweise ist es möglich, beliebige Symbole in die von R erzeugten Abbildungen einzubetten, so dass sie auch im weiteren Bearbeitungsprozess erhalten bleiben.

Grundsätzlich und wenn immer möglich sollte hier auf Standards, insbesondere den Unicode-Standard, zurückgegriffen werden. Falls die gewünschten Symbole dort nicht zu finden sind, bieten sich spezielle, nicht Unicode-kodierte Symbolfonts oder sogar einzelne Symboldateien, die in Fonts eingebettet werden können, an.

---

[6] http://www.latofonts.com/lato-free-fonts/.

2.5 Symbole

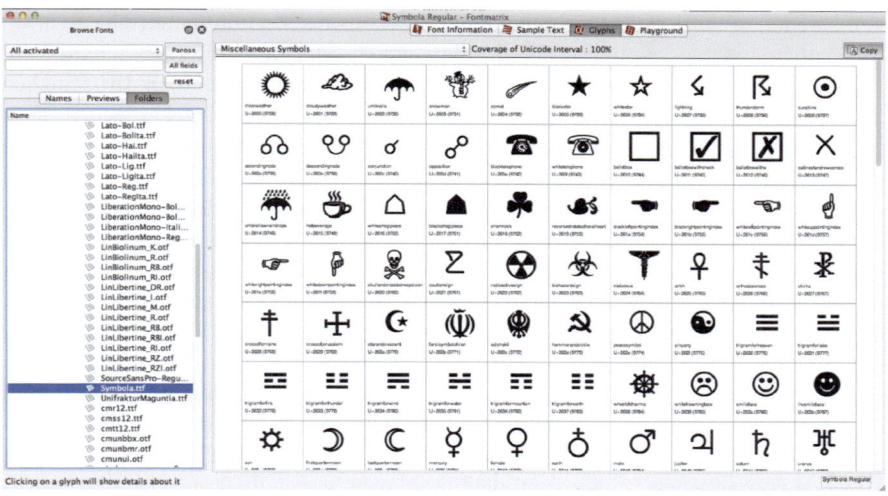

Abb. 2.14 Anzeige der Glyphen des Codeblocks „Miscellaneous Symbols" des Fonts Symbola mit fontmatrix

Symbole, Piktogramme, Ideogramme oder Icons gibt es vermutlich in allen Kulturen und seit Menschengedenken. Jeder kennt aus seiner eigenen Erfahrung Zeichen, deren Bedeutungen sich unmittelbar erschließen oder einer allgemeinen Übereinkunft unterliegen. Hier gibt es erste Hilfe, dort etwas zu essen, das darf man nur reinigen, nicht waschen. Solche Zeichen standen auch immer wieder im Interesse von Designern. Berühmte Beispiele sind etwa die Isotype-Bilder, die Gerd Arntz für Otto Neurath entworfen hat, oder die Sportpiktogramme von Otl Aicher, 1972 für die Olympischen Spiele in München gestaltet und bis heute unerreichte Klassiker.

Es war ein kurzer Weg, bis man auf die Idee kam, Symbole in „Schriften" (Fonts) einzubetten, und ein langer, bis man dazu überging, das nicht in Form separater Symbolfonts wie dem Urvater ITC Zapf Dingbats zu tun, die durch Betriebssysteme und Drucker dann irgendwie beim Ausdruck mit den „normalen" Schriften zusammengewürfelt wurden.

Die Symbolfonts belegten oftmals Buchstabenzeichen einfach um. Wenn man Zapf Dingbats als Font auswählte und ein „a" tippte, erschien spätestens auf dem Ausdruck ein Blume, beim Ausrufezeichen eine Schere. Die dahinter liegenden Techniken waren mannigfaltig und eher historisch gewachsen als systematisch entwickelt. Nach Dingbats kamen die drei aus der Lucida hervorgegangenen Wingdings-Fonts, ein paar Jahre später Webdings. Dingbats und Wingdings weisen eine große Schnittmenge hinsichtlich der enthaltenen Glyphen auf, kodierten sie aber an anderen Stellen.

Mit Unicode wurde die Ausgangslage grundlegend besser. Die Herkulesaufgabe, alle Schriftzeichen dieser Welt in einem verbindlichen Schema zu kodieren, musste früher oder später auch Bildzeichen umfassen. Erst im Oktober 2010, in der Version 6.0, hielten Symbole in großem Maßstab in Unicode Einzug. Da gab es an verschiedenen Stellen des monumentalen Zeichensatzes schon technische Symbole, Mathematisches, typografische Sonderzeichen oder den althergebrachten Zapf Dingbats, von dem schon in Version 1 in einem eigenen Codeblock 161 Zeichen aufgenommen wurden.

Was hier festgelegt wurde, war eher ein buntes Sammelsurium an Bildern, die da und dort schon immer mal verwendet wurden. Den für Unicode benötigten einheitlichen Darstellungen sieht man das auch ohne gestalterische Ausbildung an. Höflich formuliert: „Die Blocktabellen mit den jetzt fixierten Referenzglyphen veranschaulichen die Schwierigkeit, von lokalen Bezügen ausgehend hin zu einer global gültigen grafischen Formensprache zu gelangen. Oder anders ausgedrückt: die visuelle Uneinheitlichkeit (...) verweist auf die Größe der Gestaltungsaufgabe, die mit einer künftigen Font-Implementierung gegeben ist."[7]

Wie unterschiedlich Schriftdesigner selbst so einfache Symbole wie das Telefon definieren – wenn sie sich überhaupt die Mühe machen und für das in Unicode festgelegte Zeichen eine Glyphe entwickeln – zeigt das Aussehen der fünf bislang in Unicode vorhandenen Telefonsymbole für ein paar beispielhaft ausgewählte Schriften (Abb. 2.15).

Bei den identischen Symbolen handelt es sich entweder um schlichte „Übernahmen" des Schriftdesigners, oder das Betriebssystem verwendet einen so genannten *Fall Back Font*, wenn die Glyphe in der ausgewählten Schriftart nicht vorhanden ist.

Für weniger gebräuchliche Symbole können die Unterschiede noch weitaus drastischer ausfallen. Während die Glyphe für GRAPES (Weinbeeren) aus dem Codeblock „Verschiedene piktografische Symbole" in den Schriften Segoe UI Symbol und Symbola noch recht ähnlich ist, interpretieren beide das benachbarte Symbol MELON (Gelbe Kanarische, Honigmelone) völlig unterschiedlich.

Abb. 2.15 zu den Telefonsymbolen ist in der ersten Zeile zu entnehmen, dass Farbe Einzug in Fonts hält. Hierfür existieren aber bislang keine Standards, wiederum gehen Apple und Microsoft eigene Wege.

2.5.1 Symbolfonts

Mit Unicode 6.0 ist zwar die Anzahl der standardisiert kodierten Symbole deutlich gestiegen, aber natürlich gibt es nach wie vor zahllose weitere Symbole, deren Verwendung sich in Abbildungen anbietet. Zum einen liegen hierfür nichstandardisierte, aber dennoch hochwertige Symbolfonts vor, zum anderen gibt eine große Anzahl hochwertiger Symbole, die sich zur Verwendung in Abbildungen in einen Font einbetten lassen.

Ein gelungenes Beispiel für einen Symbolfont abseits der Unicode-Symbole (also mit einer anderen Zeichenbelegung) ist der Font „Symbol Sign" von Sander

---

[7] http://www.signographie.de/cms/front_content.php?idcat=137.

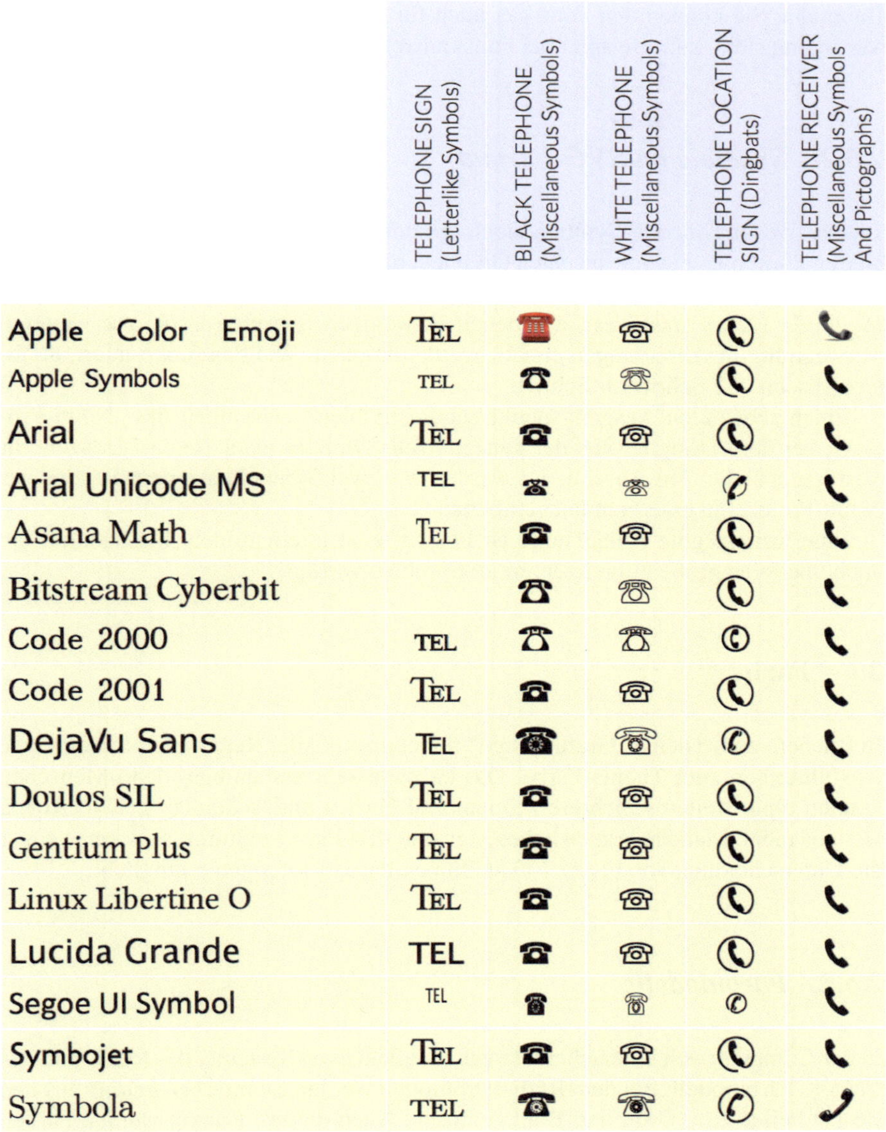

2.5 Symbole

	TELEPHONE SIGN (Letterlike Symbols)	BLACK TELEPHONE (Miscellaneous Symbols)	WHITE TELEPHONE (Miscellaneous Symbols)	TELEPHONE LOCATION SIGN (Dingbats)	TELEPHONE RECEIVER (Miscellaneous Symbols And Pictographs)
Apple Color Emoji	T℡	☎	☏	✆	📞
Apple Symbols	T℡	☎	☏	✆	📞
Arial	T℡	☎	☏	✆	📞
Arial Unicode MS	TEL	☎	☏	✆	📞
Asana Math	T℡	☎	☏	✆	📞
Bitstream Cyberbit		☎	☏	✆	📞
Code 2000	T℡	☎	☏	✆	📞
Code 2001	T℡	☎	☏	✆	📞
DejaVu Sans	T℡	☎	☏	✆	📞
Doulos SIL	T℡	☎	☏	✆	📞
Gentium Plus	T℡	☎	☏	✆	📞
Linux Libertine O	T℡	☎	☏	✆	📞
Lucida Grande	TEL	☎	☏	✆	📞
Segoe UI Symbol	TEL	☎	☏	✆	📞
Symbojet	T℡	☎	☏	✆	📞
Symbola	TEL	☎	☏	✆	📞

Abb. 2.15 Telefon-Glyphen in verschiedenen Schriftarten

Baumann. Sie können den Font, der auch für eine kommerzielle Nutzung frei zur Verfügung steht, zum Beispiel bei Fontsquirrel herunterladen.[8]

2.5.2 Symbole im SVG-Format

Liefern weder Unicode-Symbole noch spezielle Symbolfonts mit nicht standardisierten Symbolen die gewünschten Glyphen, bietet sich eine Suche nach geeigneten Einzelsymbolen an. Gute Voraussetzungen bieten hier Symbole im SVG-Format (*Scalable Vector Graphics*), aus denen in wenigen Schritten Fonts zur weiteren Verwendung in Abbildungen erstellt werden können. Wie das funktioniert, erläutert Abschn. 4.2 Schritt für Schritt.

Einen sehr guten Ausgangspunkt zur Suche bietet zum einen das „Noun Project", bei dem Designer aus der ganzen Welt Symbole unter freien Lizenzen zur Verfügung stellen. In Abschn. 4.2 werden wir zwei Symbole aus dem Fundus des Noun-Projekts in eine Fontdatei einbetten.

Eine weitere gute Anlaufstelle ist Fotalia, eine internationale Bildagentur, die auch über eine große Fülle lizenzfreier Symbole verfügt.

2.6 Farbe

In Büchern zum Thema „Grafikdesign" findet man in aller Regel sehr umfangreiche Ausführungen zum Thema Farbe. Das ist nicht sehr erstaunlich, denn Menschen können ohne weiteres mehrere zehntausend Farben unterscheiden, geübte Augen weitaus mehr. Manche Frauen haben vier statt drei Farbrezeptoren, was ihnen sogar die Unterscheidung von bis zu 100 Millionen Farbabstufungen ermöglicht.

2.6.1 Farbmodelle

In der Computerwelt unterscheidet man vor allem zwei Systeme, das RGB- und das CMYK-Farbmodell. Bei dem RGB-Farbmodell werden Lichtfarben *additiv* aus den Bestandteilen Rot, Grün und Blau gemischt. Nach diesem Prinzip werden Farben bei aktiven Lichtquellen, also Displays oder Monitoren, erzeugt. Für jede Farbe ist ein Wert wischen 0 und 255 möglich. Damit ergeben sich $256 \times 256 \times 256 = 16{,}7$ Millionen Farben. Beim CMYK-Farbmodell werden die Farben Cyan, Magenta, Gelb und Schwarz *subtraktiv* zusammengesetzt. Nach diesem Prinzip werden Farben auf passiven Ausgabemedien, also zum Beispiel auf Papier, erzeugt. Beide Farbsysteme weisen in bestimmten Bereichen starke Unterschiede auf. So können

---
[8] http://www.fontsquirrel.com/fonts/Symbol-Signs.

2.6 Farbe

etwa metallische Farben (Gold und Silber) oder verschiedene Reflexionsarten (matt und glänzend) nur sehr schlecht auf dem Bildschirm abgebildet werden. Zwar können gute Tintenstrahldrucker erheblich mehr Farben drucken, als ein mittelmäßiger Monitor darstellen kann, andererseits ist der ausgegebene *Farbraum* bei RGB-Farben deutlich höher als bei CMYK-Farben. Das hat zur Folge, dass manche Farbe, die auf einer Webseite sehr schön leuchtet, im Ausdruck sehr viel blasser wirkt. Vor allem Türkis und Orange sind hiervon betroffen. Bei Verwendung dieser Farben sollte also auf jeden Fall getestet werden, ob der Ausdruck zum gewünschten Ergebnis führt.

Das kann man ganz anschaulich der so genannten CIE-Normfarbtafel (*Commission internationale de l'éclairage*) bzw. einem Diagramm entnehmen, das verschiedene Farbpaletten in einem Farbraum vergleicht: Eine schuhsohlenartige Form stellt das Erfassungsvermögen des menschlichen Auges dar, darin enthaltene Vielecke die Farbmöglichkeiten verschiedener Geräte oder Farbmodelle. Abb. 2.16 zeigt die Farbräume des RGB- und CMYK-Farbmodells.[9]

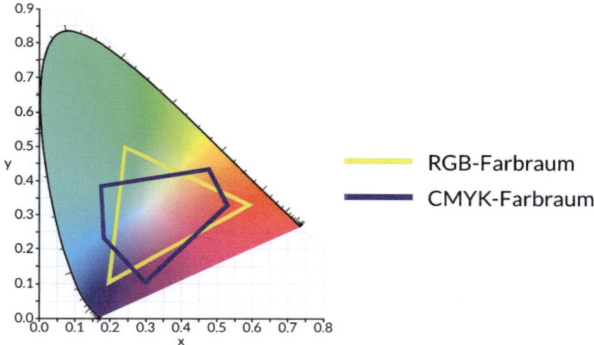

Abb. 2.16 RGB- und CMYK-Farbräume

Praktisch alle Geräte erzeugen darüber hinaus Farben unterschiedlich, so dass gerätespezifische Anpassungen notwendig sind. Hierzu werden von den Geräteherstellern ICC-Profile (*International Color Consortium*, unter Windows: ICM, *Image Color Matching Profile*) bereitgestellt, die mit den Farbprofilen der anzuzeigenden oder zu druckenden Dateien abgeglichen werden. Theoretisch erhält man so auf dem Ausgabegerät „natürliche" Farben, praktisch ist in den meisten Fällen eine mehr oder weniger umfangreiche Kalibrierung notwendig.

Windows, Mac OS X und Linux stellen Hilfsmittel bereit, um RGB- in CMYK-Bilder umzuwandeln. Unter Mac OS X zum Beispiel ist das mit dem Programm ColorSync möglich, das Teil des Betriebssystems ist (Abb. 2.17).

Zu Demonstrationszwecken haben wir bei einigen Beispielen in diesem Buch bewusst Farben gewählt, bei denen sich die RGB- von der CMYK-Version unterscheidet, so dass Sie beide hier im Ausdruck und auf der Website des Buches vergleichen können.

---

[9] Quelle: http://commons.wikimedia.org/wiki/File:CIE1931xy_blank.svg.

Abb. 2.17 Umwandlung der TIFF-Version eines Beispiels von RGB nach CMYK mit ColorSync (Mac OS X)

2.6.2 Farbe in statistischen Abbildungen

Wenn man die klassischen Bücher zur Datenvisualisierung aufschlägt, stellt man überrascht fest, dass dem Thema „Farbe" im Vergleich zu anderen Themen eher wenig Beachtung geschenkt wird. In den letzten Jahren hat es dagegen in der Statistik, sicher auch erleichtert durch die technische Entwicklung, stärkere Aufmerksamkeit erfahren. Wichtige Anregungen kamen unter anderem aus der thematischen Kartographie. So hat insbesondere Cynthia A. Brewer eine Reihe von Ratschägen entwickelt, die starke Verbeitung gefunden haben.[10] Maßgeblich zur Verbreitung hat eine von ihr betriebene Website[11] beigetragen, die eine einfache Auswahl vorgefertigter Farbpaletten nach den von ihr entwickelten Grundsätzen erlaubt.

---

[10] Brewer Cynthia A. (1999), Color Use Guidelines for Data Representation, in: Proceedings of the Section on Statistical Graphics, American Statistical Association, S. 55–60. http://www.personal.psu.edu/faculty/c/a/cab38/ColorSch/ASApaper.html.
[11] http://colorbrewer2.org/.

2.6 Farbe

Speziell für statistische Grafiken haben Achim Zeileis, Kurt Hornik und Paul Murrell vor einigen Jahren den Ansatz von Cynthia Brewer weiterentwickelt. Ihre Vorschläge basieren auf dem so genannten „Farbton-Sättigung-Luminanz-" (Hue-Chroma-Luminance) Farbraum, der ihrer Ansicht nach eine bessere Wahrnehmung von Farben ermöglicht als der RGB-Farbraum.[12] Anders als bei den Brewer-Farbpaletten, können die Farben hier individuell zusammengestellt werden. Die dafür vorgesehene Software ist ebenso wie die Brewer-Farbpaletten in R implementiert (siehe Abschn. 3.3.9).

In der Praxis wird die Wahl der richtigen Farben in aller Regel – wie die Konstruktion von Abbildungen allgemein – ein iterativer Prozess sein. Man wird diese oder jene Kombination ausprobieren, Zusammenstellungen ändern oder sich für eine ganz andere Palette entscheiden. Die hier genannten Hilfsmittel bieten dafür eine unschätzbare Hilfe.

---

[12] Zeileis, Achim/Hornik, Kurt/Murrell, Paul (2009): Escaping RGBland: Selecting Colors for Statistical Graphics. In: Computational Statistics & Data Analysis 53/9, S. 3259–3270.

Kapitel 3
Umsetzung in R

Auf den offiziellen Internet-Plattformen von R lassen sich mittlerweile über 12.000 Pakete, also Zusammenstellungen spezieller Funktionen und Erweiterungen, herunterladen. Manche Pakete stellen über tausend Funktionen bereit. Manche Funktionen, wie zum Beispiel die für unser Thema so wichtige Funktion `par()`, können über 80 Argumente entgegennehmen. Am Anfang mutet ein solches System daher wie ein Dschungel oder Labyrinth an.

Wir werden in diesem Buch eine sehr gezielte Auswahl daraus verwenden, die sich für die Erstellung der Beispiele als notwendig oder hilfreich erwiesen hat. Natürlich können wir keine vollständige Einführung in R geben. Dafür gibt es mittlerweile eine Vielzahl guter Bücher und Webseiten.[1]

3.1 Installation

R kann für Windows, Mac OS X und Linux als vorkompiliertes Installationspaket von der Website des Projekts heruntergeladen werden.[2]

R wird standardmäßig mit einer Reihe von Paketen installiert. Weitere können dann bei Bedarf innerhalb von R – per Funktionsaufruf oder über ein Menü – nachinstalliert werden. Für das tägliche Arbeiten mit R bietet sich die grafische Benutzeroberfläche *RStudio* an,[3] die ebenfalls frei verfügbar ist und für Windows, Mac OS X und Linux eine identische Arbeitsumgebung schafft.

---

[1] Ein guter Einstiegspunkt ist die Seite „Quick-R" von Robert I. Kabacoff: http://www.statmethods.net oder die im Anhang aufgenommenen Bücher von Joseph Adler, Michael Crawley sowie von Adrie de Vries und Joris Meys. Weiterhin überaus hilfreich sind die R-Foren http://blog.revolutionanalytics.com/ und http://stackoverflow.com/questions/tagged/r sowie http://r.789695.n4.nabble.com.
[2] http://www.r-project.org.
[3] http://www.rstudio.com.

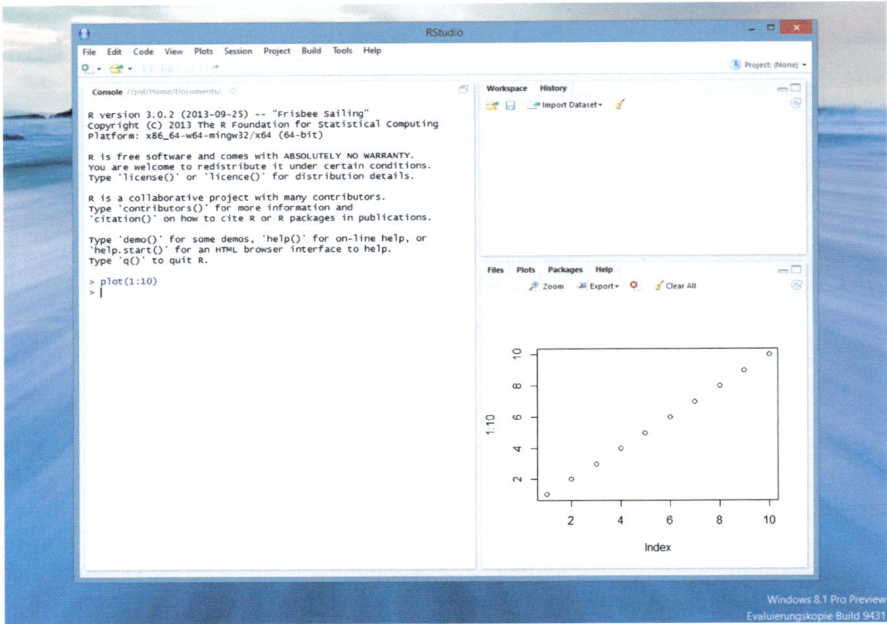

Abb. 3.1 RStudio für Windows

3.2 Grundkonzepte in R

R ist ein Interpreter. Das heißt, dass alle Eingaben direkt und Zeile für Zeile verarbeitet werden. Wenn Sie an der Eingabeaufforderung etwas eingeben, wird die Eingabe nach Beenden der Zeile (also Drücken der Enter-Taste) ausgeführt. Wenn Sie also 3+1 eingeben, erhalten Sie unmittelbar das Ergebnis 4 angezeigt. Zusätzlich erhalten Sie noch die Information, dass diese 4 ein Element eines Objekts an der Position 1 ist.

```
> 3+1
[1] 4
>
```

Über die Kommandozeile erhalten Sie auch Zugang zu der ausgezeichneten Hilfe von R. Sie erhalten zu jeder Funktion durch Angabe von help() ausführliche Erläuterungen, also zum Beispiel

```
> help(plot)
```

Daraufhin öffnet sich ein neues Fenster mit dem Hilfetext (Abb. 3.2).

3.2 Grundkonzepte in R

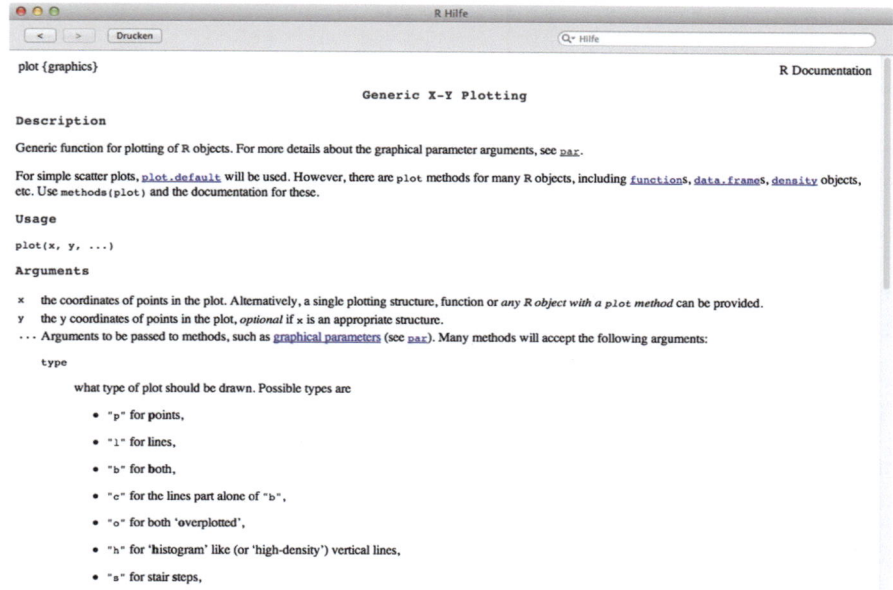

Abb. 3.2 R-Hilfe

3.2.1 Datenstrukturen

R kennt verschiedene Datenstrukturen. Zum einem sind dies Vektoren, Matrizen und Arrays. Diese unterscheiden sich in ihrer Dimension. Umgangssprachlich könnte man sagen: Ein Vektor ist eine Zahlen- oder Zeichenfolge, eine Matrix eine Tabelle mit Zeilen und Spalten und ein Array eine „mehrdimensionale" Tabelle. Bei drei Dimensionen also etwa mehrere Tabellen mit der gleichen Anzahl von Zeilen und Spalten hintereinander. Die einzelnen Elemente der Objekte lassen sich in allen Datenstrukturen auf einheitliche Weise ansprechen, und zwar mit Hilfe eckiger Klammern.

Die einfachste Form, einen Vektor in R zu erzeugen, ist die Zuweisung über die Funktion c():

```
> x<-c(3, 5, 3, 9, 1, 7)
> x
[1] 3 5 3 9 1 7
```

Will man statt eines Vektors eine Matrix erstellen, verwendet man die Funktion array(). Hier muss die Dimension angegeben werden. Im folgenden Beispiel wird eine Tabelle mit 2 Zeilen und 3 Spalten erzeugt:

```
> y<-array(c(3, 5, 3, 9, 1, 7), dim=c(2,3))
> y
     [,1] [,2] [,3]
[1,]   3    3    1
[2,]   5    9    7
```

Auf diese Weise erzeugt man auch höherdimensionale Arrays; davon machen wir aber in diesem Buch keinen Gebrauch.

Die Ausgabe des letzten Beispiels zeigt auch, wie man Elemente eines Vektors oder Arrays ansprechen kann: durch Angabe des Objektnamens, gefolgt von eckigen Klammern.

```
> x[2]
[1] 5
```

und

```
> y[2, 2]
[1] 9
```

Ein Hilfssatz lautet: „Zeilen zuerst, Spalten später." Gibt man vor oder hinter dem Komma keinen Wert an, wird die gesamte Spalte oder Zeile zurückgegeben.

```
> y[, 2]
[1] 3 9
```

Lassen Sie sich nicht dadurch verwirren, dass die Werte hier in einer Zeile, nicht in einer Spalte stehen.

```
> y[1, ]
[1] 3 3 1
```

Sie können auch auszugebende Bereiche definieren:

```
> y[, 2:3]
     [,1] [,2]
[1,]   3    1
[2,]   9    7
```

Sowohl Spalten als auch Zeilen in Arrays können Namen erhalten:

```
> colnames(y)<-c("V1", "V2", "V3")
> rownames(y)<-c("Fall 1", "Fall 2")
> y
       V1 V2 V3
Fall 1  3  3  1
Fall 2  5  9  7
```

3.2   Grundkonzepte in R   33

Datensätze

Die Elemente von Vektoren oder Matrizen müssen stets vom selben Typ sein, also etwa nur Zahlen. Will man unterschiedliche Typen in einem Objekt speichern, zum Beispiel Zahlen und Buchstaben, bietet R den Objekttyp „Datensatz" (*Data Frame*) an. Ein Datensatz kann zum Beispiel aus einem Array erstellt werden:

```
> z<-as.data.frame(y)
> z
       V1 V2 V3
Fall 1  3  3  1
Fall 2  5  9  7
```

Das Ergebnis sieht genau so aus wie die Matrix. Wenn man sich jedoch die Struktur des Objekts anzeigen lässt:

```
> str(y)
 num [1:2, 1:3] 3 5 3 9 1 7
 - attr(*, "dimnames")=List of 2
  ..$ : chr [1:2] "Fall 1" "Fall 2"
  ..$ : chr [1:3] "V1" "V2" "V3"
```

und diese mit der Struktur des Datensatzes vergleicht:

```
> str(z)
'data.frame':    2 obs. of 3 variables:
 $ V1: num  3 5
 $ V2: num  3 9
 $ V3: num  1 7
```

sieht man, dass statt „Dimensionen" nun „Beobachtungen" (`obs.`) und „Variablen" (`variables`) definiert sind. Variablen von Datensätzen können über ihren Namen ausgegeben werden, indem man an den Namen des Objekts ein Dollarzeichen, gefolgt von dem Namen der Variablen, anfügt:

```
> z$V2
[1] 3 9
```

Um nun einen Datensatz mit unterschiedlichen Datentypen zu erzeugen, können Sie z.B. an den Datensatz z eine Textspalte anfügen:

```
> z$V4<-c("Ja", "Nein")
> z
       V1 V2 V3   V4
Fall 1  3  3  1   Ja
Fall 2  5  9  7 Nein
```

Einzelne Zeilen oder Spalten können Sie aber auch wie bei einer Matrix ansprechen:

```
> z[2, ]
       V1 V2 V3   V4
Fall 2  5  9  7 Nein
```

und

```
> z[,2]
[1] 3 9
```

Zeitreihen

Ein spezieller Objekttyp, der auch für Abbildungen sehr nützlich ist, ist für Zeitreihen vorgesehen.

```
> ts(1:20, frequency = 12, start = c(1950, 1))
     Jan Feb Mar Apr May Jun Jul Aug Sep Oct Nov Dec
1950   1   2   3   4   5   6   7   8   9  10  11  12
1951  13  14  15  16  17  18  19  20
```

Listen

Anders als man vermuten könnte, sind Datensätze keine Spezialfälle einer Matrix, sondern eines eher ungewöhnlichen Datentyps: der sogenannten „Listen". Hierbei handelt es sich um eine Zusammenstellung von Elementen unterschiedlicher Art – im Falle eines Datensatzes können so numerische und alphanumerische Vektoren zusammengestellt werden. Listen erlauben ganz allgemein die Zusammenstellung von Objekten unterschiedlichen Typs. So kann zum Beispiel das erste Element einer Liste eine Zeichenkette sein, das zweite ein Vektor, das dritte ein Datensatz:

```
> beispielliste<-list("A", x, daten)
> beispielliste
[[1]]
[1] "A"
```

3.2 Grundkonzepte in R

```
[[2]]
[1] 3 5 3 9 1 7

[[3]]
    V1 V2 V3
1 Peter  2  3
2  Paul  3  2
3  Paul  2  2
4 Marie  1  3
```

Der Objekttyp „Listen" ist ganz nützlich, wenn in einer Grafikfunktion mehrere Objekte übergeben werden. Davon machen wir in diesem Buch in einigen Beispielen Gebrauch.

Objekte für Karten: SpatialPolygonsDataFrame

Ein *SpatialPolygonsDataFrame* ist eine spezielle Form von Datensätzen, die neben einem Datensatz vor allem eine Liste mit Polygonen enthalten, mit denen Karten gezeichnet werden können.

3.2.2 Import von Daten

Häufig wird man Daten nicht innerhalb des Skripts angeben, sondern aus einer externen Datei importieren. R bietet hierzu zwei „hauseigene" Möglichkeiten: Zum einen gibt es ein eigenes, binäres Datenformat. In eine solche Datei können Sie alle Typen von R-Objekten speichern. Vorhandene Dateien speichern und öffnen Sie wie folgt:

```
> save(daten1, daten2, daten3, file="daten/Testdaten.RData")
> datensaetze<-load("daten/Testdaten.RData")
> datensaetze
[1] "daten1" "daten2" "daten3"
> daten1
  V1 V2 V3
1  1  2  3
2  2  3  2
3  2  2  2
4  3  1  3
```

Beachten Sie, dass das Objekt `datensaetze` ein Zeichenketten-Vektor mit den Namen der drei Datensätze ist. Sie können dennoch die drei in der Datei `Testdaten.RData` abgespeicherten Datensatz-Objekte unmittelbar abrufen.

Eine weitere Möglichkeit ist die Verwendung der Funktion `data()`. Diese lädt, abhängig von der Endung der als Argument übergebenen Datei, entweder eine binäre R-Datendatei (Endung `.RData` oder `.rda`), eine Skript-Datei (Endung `.r`) oder eine txt- bzw. csv-Datei mit der Funktion `read.table()`.

Beim Import von Dateien im Excel- oder CSV-Format können Sie angeben, ob Zeichenkettenspalten als Faktoren (s. u.) oder als Zeichenkettenvariablen eingelesen werden sollen. Zum Import einer Excel-2007-Datei können Sie entweder die Funktion `read.xls()` aus dem Paket `gdata` oder die Funktion `read.xlsx` aus dem Paket `xlsx` verwenden. `gdata` setzt eine Installation vom Perl voraus, `xlsx` eine Installation von Java. Beide Pakete bieten eine Reihe von Optionen.

```
> library(gdata)
> daten1<-read.xls("daten/daten1.xlsx")
> daten2<-read.xls("daten/daten2.xlsx")
> daten1
  V1 V2 V3
1  1  2  3
2  2  3  2
3  2  2  2
4  3  1  3
> daten2
     V1 V2 V3
1 Peter  2  3
2  Paul  3  2
3  Paul  2  2
4 Marie  1  3
```

	A	B	C
1	V1	V2	V3
2	1	2	3
3	2	3	2
4	2	2	2
5	3	1	3

	A	B	C
1	V1	V2	V3
2	Peter	2	3
3	Paul	3	2
4	Paul	2	2
5	Marie	1	3

Abb. 3.3 Zwei Beispiele für Excel-Daten

R kennt numerische, ganzzahlige (Spezialfall der numerischen), logische, Zeichenketten-, Datums- und sogenannte „Faktor"-Vektoren:

```
> f1<-factor(daten2$V1)
> f1
[1] Peter Paul Paul Marie
Levels: Marie Paul Peter
```

Ein Faktor ist also eigentlich nichts anderes als eine kategoriale Variable. Sie können auch Bezeichnungen für die Faktorausprägungen vergeben:

3.2 Grundkonzepte in R

```
> daten1$V1<-factor(daten1$V1, labels=c("Peter", "Paul", "Marie"))
> daten1
     V1 V2 V3
1 Peter  2  3
2  Paul  3  2
3  Paul  2  2
4 Marie  1  3
```

Die `labels` müssen in alphabetischer Reihenfolge *der Werte* eingegeben werden. Bei größeren Datensätzen können Sie sich eine solche Liste für einen zu faktorisierenden Vektor x mit `sort(unique(x))` erstellen.

Umgekehrt kann man einen Faktor- auch wieder in einen Zeichenketten-Vektor umwandeln.

```
> as.character(f1)
[1] "Peter" "Paul" "Paul" "Marie"
```

Für den Import von SPSS-Dateien kann man entweder die Funktion `spss.get()` aus dem Paket `Hmisc` von Frank E. Harrell Jr. verwenden oder `spss.system.file()` aus dem Paket `memisc` von Martin Elff, die einen effizienten Import eines Teilbereiches einer größeren SPSS-Datei ermöglicht. Umgekehrt können Sie beim Import von SPSS-Dateien angeben, ob aus den Labels der dort vorhandenen Faktorvariablen Zeichenketten-Variablen erstellt werden sollen.[4]

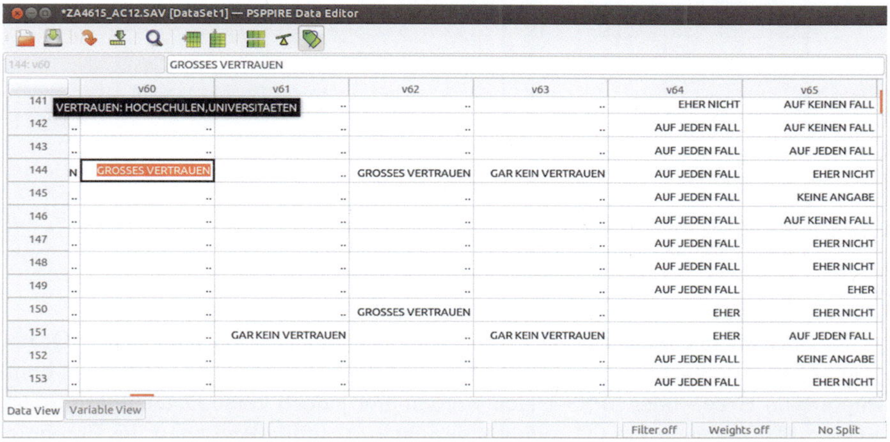

Abb. 3.4 SPSS-Daten

---

[4] http://cran.r-project.org/doc/manuals/R-data.pdf.

Mit Hmisc:

```
> library(Hmisc)
> daten5<-spss.get("daten/ZA4615_AC12.SAV")
> table(daten5$V9)

 1 - UNWICHTIG      ..     ..     ..     ..     .. 7 - SEHR WICHTIG
           48     755      0      0      0      0              2672
```

Oder mit `memisc`:

```
> library(memisc)
> daten <- spss.system.file("daten/ZA4615_AC12.SAV")
> daten5 <- subset(daten, select = c(v60, v61))
> codebook(daten5$v60)
 -----------------------------------
  daten5$v60  'VERTRAUEN: HOCHSCHULEN,UNIVERSITAETEN'
 -----------------------------------

Storage mode: double
Measurement: nominal
Missing values: 97-Inf

         Values and labels       N    Percent
 1    'GAR KEIN VERTRAUEN'       36    1.1    1.0
 2    '..'                       46    1.4    1.3
 3    '..'                      207    6.3    5.9
 4    '..'                      603   18.2   17.3
 5    '..'                     1166   35.3   33.5
 6    '..'                     1001   30.3   28.8
 7    'GROSSES VERTRAUEN'       247    7.5    7.1
99 M  'KEINE ANGABE'            174           5.0
```

Für Stata stehen entsprechende Mechanismen zur Verfügung.

R stellt auch Pakete für die Verbindung zu Oracle-, MySQL- und SQLite-Datenbanken sowie über eine ODBC-Schnittstelle zur Verfügung. Anders als beim Import von Excel- oder SPSS-Daten werden hier jedoch keine Dateien importiert, sondern Anfragen an eine Datenbank gerichtet. Anschließend kann die Ergebnismenge der Abfrage importiert werden. MySQL-Daten zeigt Abb. 3.5.

3.2 Grundkonzepte in R

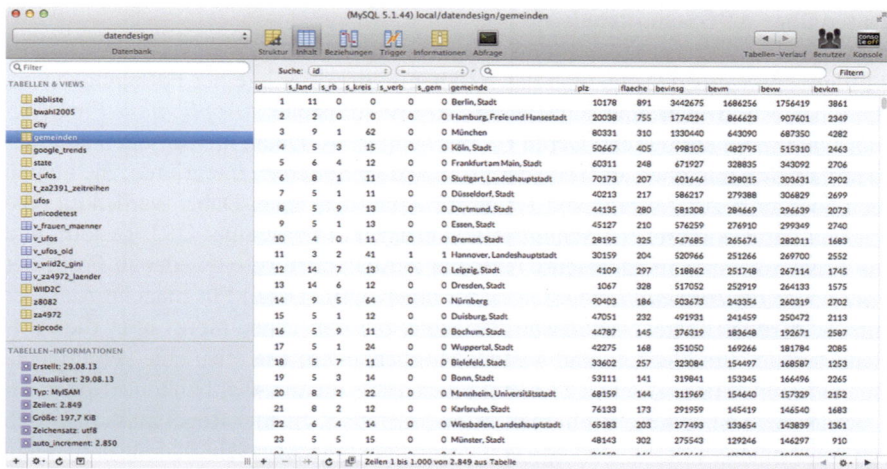

Abb. 3.5 MySQL-Daten

Eingebunden werden sie mit (XX ist durch echte Angaben zu ersetzen):

```
> library(RMySQL)
> con <- dbConnect(MySQL(),user="XX",password="XX",dbname="XX",host="XX")
> sqlbefehl<-"select gemeinde, plz, flaeche from gemeinden limit 2"
> daten4<-dbGetQuery(con,sqlbefehl)
> daten4
                   gemeinde   plz flaeche
1             Berlin, Stadt 10178     891
2 Hamburg, Freie und Hansestadt 20038     755
```

Werden die Daten aus einer lokalen Datenbank abgerufen, muss man statt `host` einen Socket mit dem Pfad zu der Datei `mysql.sock` angeben. In meinem Fall ist das:

```
con <- dbConnect(dbDriver("MySQL"),
username="datendesign",
password="datendesign",
dbname = "datendesign",
unix.socket="/Applications/XAMPP/xamppfiles/var/mysql/mysql.sock")
```

Beachten Sie, dass Ihnen in MySQL ab Version 5.5.3 (also seit 2010) der volle Unicode-Umfang, nicht nur die Basic Multilingual Plane (Ebene), zur Verfügung steht.

Daten über API-Schnittstellen

Mittlerweile werden Daten über das Internet immer öfter in einer Form angeboten, die einen Abruf über eine sogenannte „API-Schnittstelle" (*Application Programming Interface*) ermöglicht. Deren Hautpzweck ist es, Daten in Webseiten automatisiert abzufragen, etwa um Teile daraus in andere Seiten zu integrieren. Sie eignen sich aber auch zur Abfrage von Daten für Analysezwecke. Dabei werden an eine speziell dafür vorgesehene Schnittstelle Anfragen in Form einer URL gestellt, und als Ergebnis wird eine spezielle Textdatei zurückgeliefert: entweder in Form der *JavaScript Object Notation* (JSON) oder einer XML-Datei. Für manche Anbieter gibt es darüber hinaus spezifische R-Pakete, die den Datenimport über die API-Schnittstelle vereinfachen, und weitere Möglichkeiten, wie etwa eine vereinfachte Suche bereitstellen, so etwa die Bibliothek `WDI` für die Weltbankdaten oder für Google Spreadsheets die Bibliothek `RGoogleDocs`. In aller Regel muss man sich bei den Anbietern für die Abfrage von Daten über eine API-Schnittstelle anmelden. Der Umfang der über diese Schnittstellen bereitgestellten Daten ist darüber hinaus häufig begrenzt. Das folgende (gekürzte) Beispiel von Bryan Goodrich verwendet die Pakete `RJSONIO` und `RCurl` von Duncan Temple Lang und illustriert die Abfrage von Daten mit R über eine API-Schnittstelle, die keine Anmeldung erfordert.[5] Das Ergebnis sind in diesem Fall Geokoordinaten zu einer angegebenen Adresse.

```
library(RJSONIO)
library(RCurl)
json<-getURL("http://maps.googleapis.com/maps/api/geocode/
       json?sensor=false&address=6000+J+Street,+Sacramento,+CA")
x<-fromJSON(json)
x$results[[1]]$geometry$location
```

Als Ergebnis wird im Erfolgsfall für die letzte Zeile

```
    lat       lng
38.56443  -121.42622
```

zurückgeliefert. Für die Einzelheiten sei auf den angegebenen Thread verwiesen.

RDF-Daten

Eine noch recht junge Variante des Datenzugangs, der zunehmend für Statistikdaten verwendet wird, ist das RDF-Format (*Ressource Description Framework*). RDF-Daten werden zum Beispiel von Eurostat, der Weltbank oder dem Open Data Portal der US-amerikanischen Regierung (data.gov) angeboten. Bei RDF kann mit SPARQL eine Abfragesprache verwendet werden, die stark an SQL angelehnt ist.

---

[5] http://www.talkstats.com/showthread.php/23058-Import-JSON-example.

3.2 Grundkonzepte in R

Für R haben Willem Robert van Hage und Tomi Kauppinen das Paket SPARQL bereitgestellt, mit dem RDF-Daten mittels SPARQL in R importiert werden können. Folgendes Beispiel zeigt die Verwendung mit einem Datenangebot von data.gov:[6]

```
library(SPARQL)
endpoint <- "http://services.data.gov/sparql"
query <-
"PREFIX dgp1187: <http://data-gov.tw.rpi.edu/vocab/p/1187/>
SELECT ?ye ?fi ?ac
WHERE {
?s dgp1187:year ?ye .
?s dgp1187:fires ?fi .
?s dgp1187:acres ?ac .
}"
qd <- SPARQL(endpoint,query)
df <- qd$results
sort.df<-df[order(df$ye) ,]
attach(sort.df)
plot(ye, fi, type="b")
```

Als Ergebnis wird die Anzahl der Waldbrände in den USA von 1960 bis 2008 zurückgeliefert.

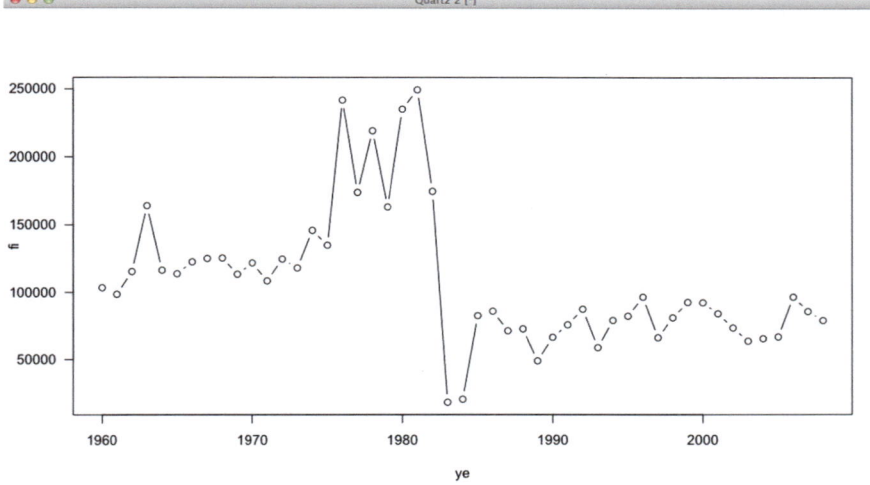

Abb. 3.6 Ergebnis der SPARQL-Abfrage

---

[6] Leicht verändert übernommen von http://www.r-bloggers.com/sparql-with-r-in-less-than-5-minutes/.

Kartendaten

Geodaten, vor allem Länder-, Regionen- oder Verwaltungsgrenzen, werden sehr häufig in sogenannten *Shapefiles* abgespeichert. Dabei handelt es sich um ein schon sehr altes Datenformat, bei dem die Karteninformationen und zugehörige Attribute in einer Reihe von Dateien mit gleichem Namen, aber unterschiedlichen Endungen gespeichert werden. Die Verwaltungsgrenzen von London werden zum Beispiel in der folgenden Form bereitgestellt:[7]

```
greater_london_const_region.shp
greater_london_const_region.prj
greater_london_const_region.dbf
greater_london_const_region.shx
```

In der shp-Datei befinden sich die eigentlichen Geometriedaten. Das sind entweder Punkte oder Linien oder Flächen in Form von Polygonen. Die prj-Datei enthält lediglich einen sogenannten Projektionssatz, also eine Zeichenkette mit Angaben, in welcher Form die eigentlich dreidimensionalen Daten in der shp-Datei zweidimensional abgebildet worden sind. Die dbf-Datei enthält einen Datensatz, in dem „Sachdaten", also zum Beispiel Statistiken zu den einzelnen Geometrien, in Form eines Datensatzes gespeichert werden. Die shx-Datei schließlich verknüpft Sach- und Geometriedaten. Darüber hinaus können weitere Dateien mit festgelegten Endungen weiterführende Informationen enthalten. Ein nicht unerheblicher Nachteil des dbf-Dateityps für die Sachdaten ist, dass darin nicht ohne weiteres Unicode-Daten abgespeichert werden können. Daher ist es oft sinnvoll, sich auf die Verwendung der Geometriedaten zu beschränken und diese mit Daten aus anderen Dateien zu verknüpfen.

Wir werden in diesem Buch Shapefiles zur grafischen Darstellung von Karten verwenden. Zwar kann man mit R auch umfangreiche Bearbeitungen und Untersuchungen von Kartendaten sowie geostatistische Analysen vornehmen, dafür sei jedoch auf die weiterführende Literatur verwiesen.[8] Sehr hilfreich für unsere Zwecke ist ein Programm zur Anzeige von Shapefiles, wie etwa das Open-Source-Programm Quantum GIS, das für Windows , Mac OS X und Linux verfügbar ist. Mit Quantum GIS können Sie zum Beispiel einzelne Polygone eines Shapefiles anklicken und sich die zugehörigen Informationen ansehen oder sich Informationen über die verwendete Projektion anzeigen lassen (Abb. 3.7).[9]

Shapefiles werden in R mit der Funktion `readShapeSpatial()` aus dem Paket `maptools` eingelesen.

---

[7] http://mysociety.org.
[8] Das Standardwerk zur Bearbeitung und Analyse von Geodaten mit R ist Bivand, Roger S./Pebesma, Edzer J./Gómez-Rubio, Virgilio (2008): Applied Spatial Data Analysis with R. New York: Springer Verlag.
[9] Systematische Ausführungen zum Thema Projektion würden den Rahmen dieses Buches sprengen. Nathan Yau nennt Kartenprojektionen in R nicht umsonst „finicky", http://flowingdata.com/2011/05/11/how-to-map-connections-with-great-circles/.

3.3 Grafikkonzepte in R   43

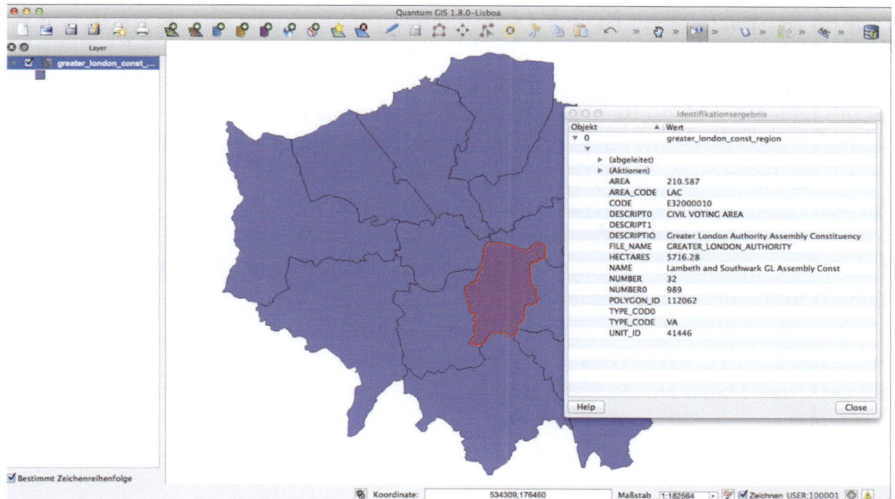

Abb. 3.7 Shapefile von London in Quantum GIS

Wie man eigene Daten mit den Polygonen in der richtigen Reihenfolge verbindet, erläutert Abschn. 10.3 ausführlich.

3.3 Grafikkonzepte in R

Die Grafikmöglichkeiten von R verteilen sich auf zwei unterschiedliche Ansätze.

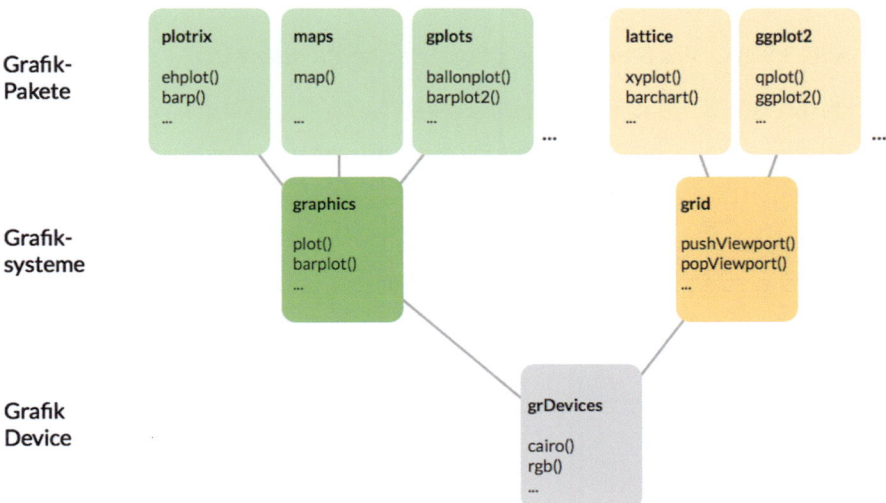

Abb. 3.8 Grafikorganisation in R (nach Murrell)

44   3 Umsetzung in R

Alle Beispiele dieses Buches verwenden das traditionelle Grafiksystem von R, „Base Graphics". Daneben gibt es das von Paul Murrell entwickelte `grid`, das sehr flexible Möglichkeiten bietet, aber auf einer anderen Konstruktionsweise basiert. Beide bauen auf denselben Grafik-Device-Funktionen auf, sind aber weitgehend inkompatibel. Es existieren zwar Brücken zwischen diesen beiden Welten, da sich ihre Vorgehensweisen jedoch grundlegend unterscheiden, sollte man sich entweder für den einen *oder* den anderen Ansatz entscheiden.

Auf `grid` bauen die populären Pakete `lattice` und `ggplot2` auf. Manche Pakete wie `sp` stellen Funktionen (oder Methoden für die Erweiterung von Funktionen) für beide Ansätze bereit.

Um die Funktionsweise der Grafik von R besser zu verstehen, sehen wir uns zunächst die Ergebnisse des Aufrufs der zentralen Funktion `plot()` mit unterschiedlichen Daten an. `daten1` und `daten2` sind die Testdaten aus dem vorigen Abschnitt.

Noch einmal zur Erinnerung die Testdaten:

```
> daten1
  V1 V2 V3
1  1  2  3
2  2  3  2
3  2  2  2
4  3  1  3
> daten2
     V1 V2 V3
1 Peter  2  3
2  Paul  3  2
3  Paul  2  2
4 Marie  1  3
```

Abb. 3.9 zeigt das Ergebnis von `plot(daten1, cex=2)`.

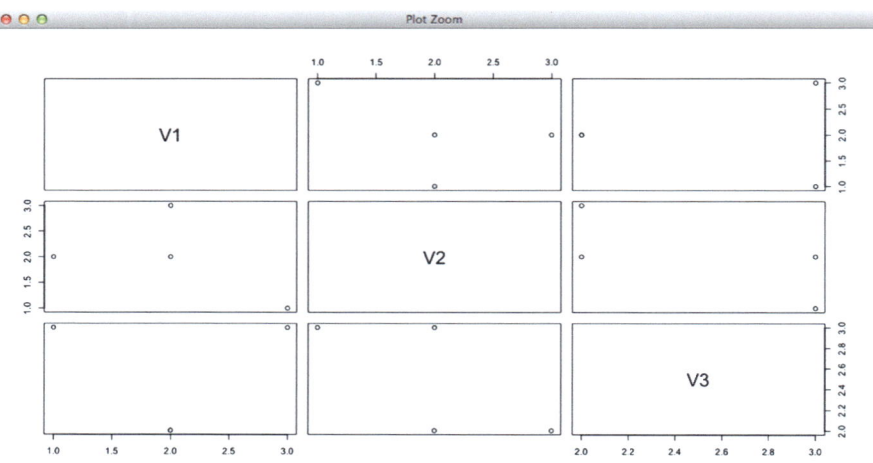

Abb. 3.9 Ergebnis von plot(daten1, cex=2)

3.3 Grafikkonzepte in R

Abb. 3.10 zeigt das Ergebnis von `plot(daten2$V1)`.

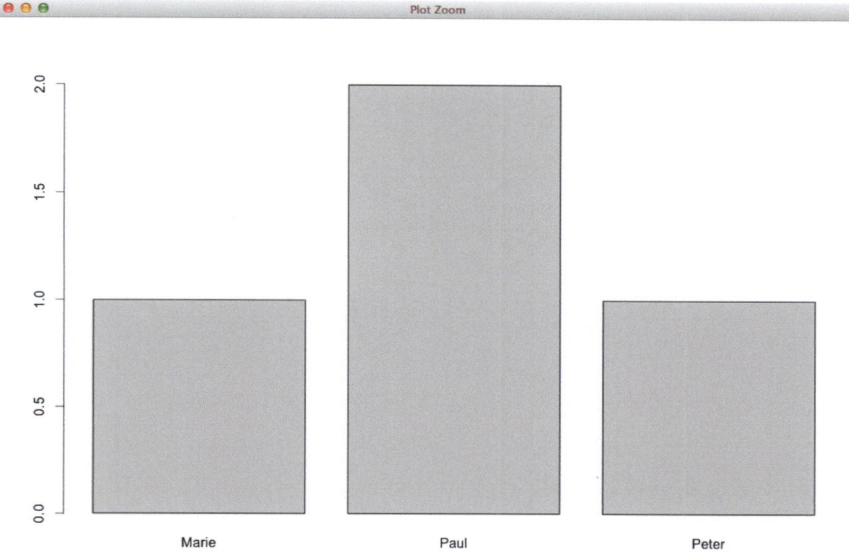

Abb. 3.10 Ergebnis von plot(daten2$V1)

```
library(maptools)
daten3<-readShapeSpatial("daten/london/greater_london_
const_region.shp")
plot(daten3)
```

`daten3` ist hier vom Typ „SpatialPolygonsDataFrame". Für diesen Typ werden standardmäßig keine Achsen gezeichnet.

`plot` ist eine sogenannte *generische Funktion*. Das heißt, dass es sich eigentlich um eine ganze Gruppe von Funktionen handelt, von denen jeweils eine geeignete ausgewählt wird. Tatsächlich gibt es aktuell weit über 30 Funktionen innerhalb von `plot()` (genauer gesagt: Methoden), die für zahlreiche Objekte die geeignete Darstellung liefern. Wenn Sie also `plot(x)` aufrufen, dann sucht R zunächst nach einer Funktion, die für den Objekttyp von x geeignet ist. Wird keine gefunden, wird eine Methode `plot.default` gewählt. Vieles in R funktioniert auf diese Weise.

Im ersten Fall hatten wir R eine Matrix übergeben, so dass das Ergebnis des Aufrufes von `plot()` eine multivariate Abbildung ist. Im zweiten Fall war es eine einzelne kategoriale Variable, daraus wurde ein Balkendiagramm erstellt. Im letzten Fall wurde die Methode vom Paket `sp` bereitgestellt, das automatisch vom Paket `maptools` geladen wurde. Vorhandene Funktionen können also von Paketen, die nachträglich geladen werden, um Methoden ergänzt werden.

Abb. 3.11 Ergebnis von plot(daten3)

Das Paket sp stellt nicht nur eine Methode für plot(), sondern neben vielen anderen auch eine eigene Funktion spplot() zur Darstellung von Geodaten zur Verfügung. Wenn wir im letzten Beispiel statt der Funktion plot() die Funktion spplot() verwenden (die noch ein zweites Argument benötigt):

```
spplot(daten3, "NAME")
```

erhalten wir eine ganz andere Darstellung der Karte.

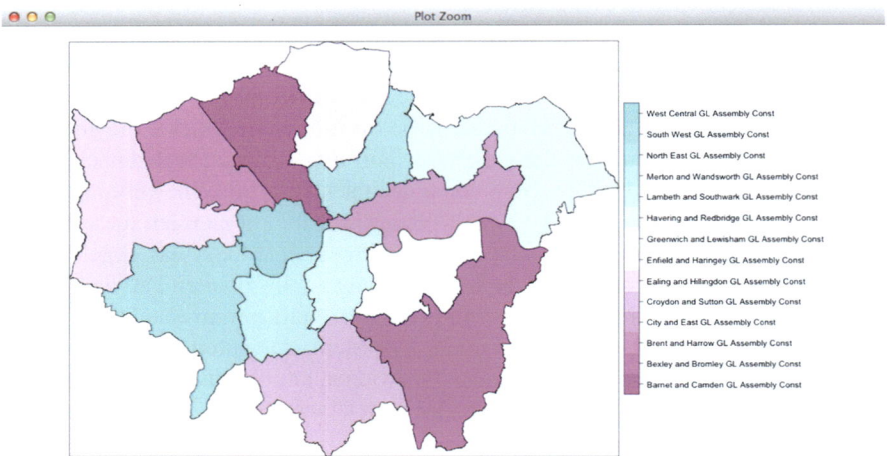

Abb. 3.12 spplot

3.3 Grafikkonzepte in R

Auch `spplot()` basiert auf vorhandenen Elementen von R, in diesem Fall auf einer Funktion `xyplot()` aus dem Paket `lattice`. `lattice`, das auf `grid` aufbaut, verwendet ein völlig anderes Konzept als `graphics`. Auch die Syntax unterscheidet sich. Anders als bei `plot()` muss man bei `xyplot()` genau angeben, welche Variablen geplottet werden sollen. Hierzu ist eine Formelnotation anzuwenden. Wenn wir unsere Beispieldaten V1 und V2 aus dem Datensatz `daten2` mit `xyplot()` darstellen, erhalten wir folgende Darstellung, die die Werte von V2 mit V1 als Beschriftung zeichnet.

```
library(lattice)
xyplot(daten2$V2 ~ daten2$V1, cex=2)
```

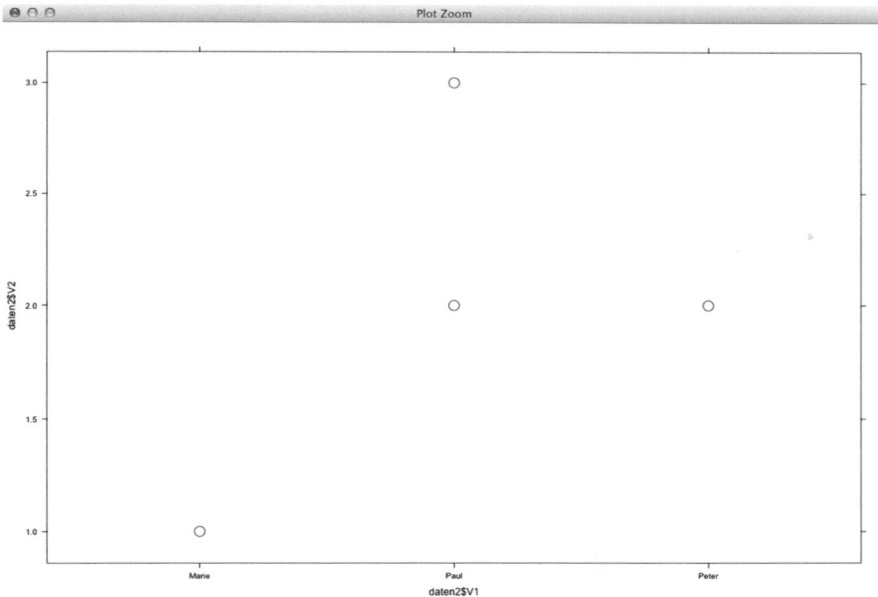

Abb. 3.13 Ergebnis von xyplot(daten2$V2 daten2$V1, cex=2)

Wiederum ein anderes Erscheinungsbild und eine abweichende Syntax für die Erstellung kennzeichnen die Funktionen der Pakete `ggplot` bzw. `ggplot2` von Hadley Wickham. Diese werden als System für „Elegant Graphics" beschrieben. Elegant, weil sie sich bemühen, selbständig geeignete Entscheidungen für die Dimensionen einzelner Elemente, Skalierungen, Farben usw. zu treffen. Die Ausgabe orientiert sich an der *Grammar of Graphics* von Leland Wilkinson.

```
library(ggplot2)
qplot(daten2$V1)
```

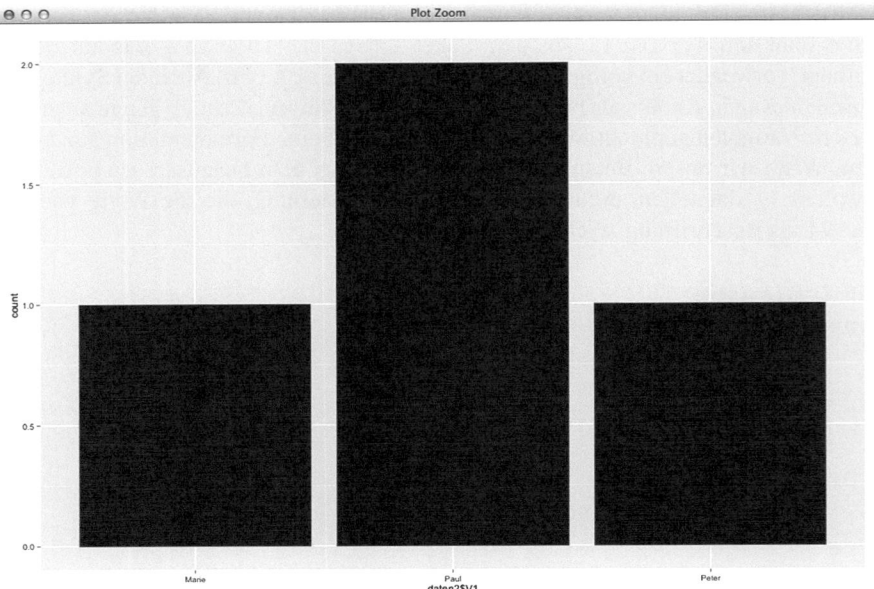

Abb. 3.14 Ergebnis von qplot(daten2$V1)

3.3.1 Paper-Pencil-Prinzip des Base Graphics System: High-Level- und Low-Level-Funktionen

Grafiken mit dem Base Graphics System werden immer nach demselben Prinzip erstellt: Zuerst muss mit einer High-Level-Funktion (zum Beispiel plot() oder barplot()) eine Abbildung erstellt werden. Diese kann dann mit Low-Level-Funktionen (zum Beispiel lines() oder points()) angereichert werden.

Beginnen wir mit einem Beispiel.

```
par(bg="lightyellow")
balken<-c(1,4,3,4)
linie<-balken/2
bp<-barplot(balken)
lines(linie, col="red")
lines(bp, linie, col="blue")
```

3.3 Grafikkonzepte in R

Das Ergebnis zeigt Abb. 3.15:

Abb. 3.15 Ein Minimalbeispiel

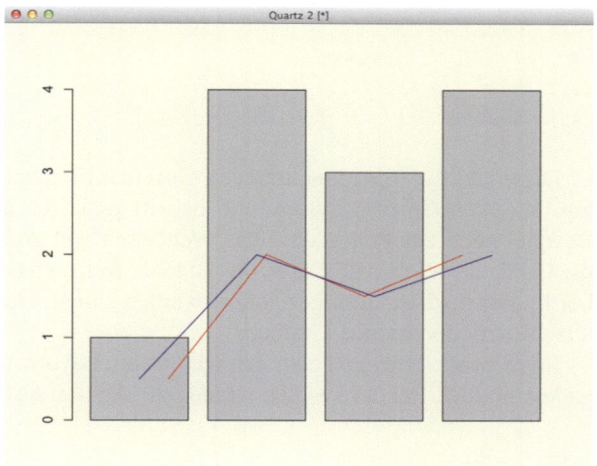

Zunächst stellen wir für den Hintergrund als Farbe ein helles Gelb ein. Dann definieren wir einen Vektor balken, der vier Werte enthält. Danach wird ein Vektor linie definiert, wobei wir alle Werte des Vektors balken durch 2 teilen. Den Aufruf des Balkendiagramms mit barplot() speichern wir in eine Variable bp. barplot() ist eine High-Level-Funktion, die eine neue Grafik erstellt, unabhängig davon, ob der Aufruf in eine Variable abgespeichert wird oder direkt erfolgt. bp<-barplot(balken) und barplot(balken) führen also zum gleichen Ergebnis.

In der nächsten Zeile ruft lines() das Zeichnen einer Linie auf. lines() ist eine Low-Level-Funktion, die keine neue Grafik erstellt, sondern zu einer vorhandenen Grafik etwas hinzufügt. Da wir der Funktion als Daten *einen* Vektor übergeben, werden diese Werte als Y-Werte für die Grafik verwendet und für die X-Werte ein laufender Index 1, 2, 3, 4 automatisch ergänzt. Mit col="red" wird die Linie rot. Wie wir der Abbildung entnehmen, passt die Linie aber nicht so ganz zu den Balken: Der erste Punkt ist deutlich rechts von der Mitte des ersten Balkens, der zweite etwas rechts von der Mitte des zweiten Balkens, der dritte etwas links von der Mitte des dritten Balkens und der vierte Punkt deutlich links von der Mitte des vierten Balkens.

Beim zweiten Aufruf übergeben wir bp und linie. Das mag zunächst seltsam wirken, denn bp ist ja das in eine Variable gespeicherte Balkendiagramm. Das funktioniert aber, weil wir mit bp ein *Objekt* gespeichert haben, das unter anderem eine Eigenschaft „X-Werte" besitzt. Diese Eigenschaft wird von R automatisch verwendet, wenn wir das Objekt innerhalb der Funktion lines() verwenden. Und wie man sieht, sind nun die X-Positionen „richtig": Denn hier werden nicht nur die Anzahl der Balken, sondern auch deren Breiten berücksichtigt. Davon können wir uns überzeugen, wenn wir uns die Werte mit print(bp) ausgeben lassen:

```
> print(bp)
     [,1]
[1,]  0.7
[2,]  1.9
[3,]  3.1
[4,]  4.3
```

Diese additive Zusammensetzung einzelner Elemente ist das grundlegende Prinzip des *Base Graphic System* und betrifft praktisch alle Bereiche. Das hat zum Beispiel auch zur Folge, dass das Weglassen von Achsen keine Auswirkung auf die Größe des Plots hat. R lässt diesen Platz frei, so dass mit der Funktion axis() bei Bedarf noch Achsen gezeichnet werden sollen. Das ist ein grundlegender Unterschied zu den Lattice-Grafiken.

Im folgenden Beispiel erstellen wir erst ein Layout, das zwei Grafiken nebeneinander abbildet. Bei der zweiten werden die Achsen nicht gezeichnet:

```
> par(mfcol=c(1, 2))
> plot(1:10)
> plot(1:10, axes=FALSE)
```

Die Positionen der einzelnen Elemente sind jedoch in beiden Grafiken identisch:

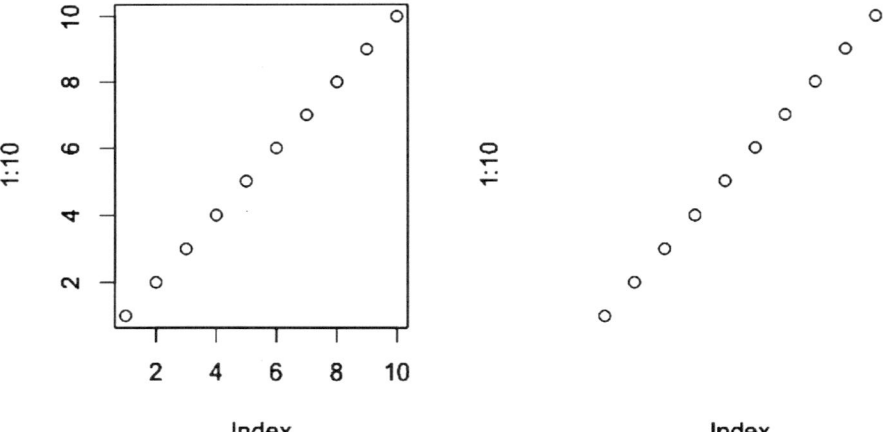

Abb. 3.16 Aufruf von plot() mit und ohne Achsen

3.3 Grafikkonzepte in R

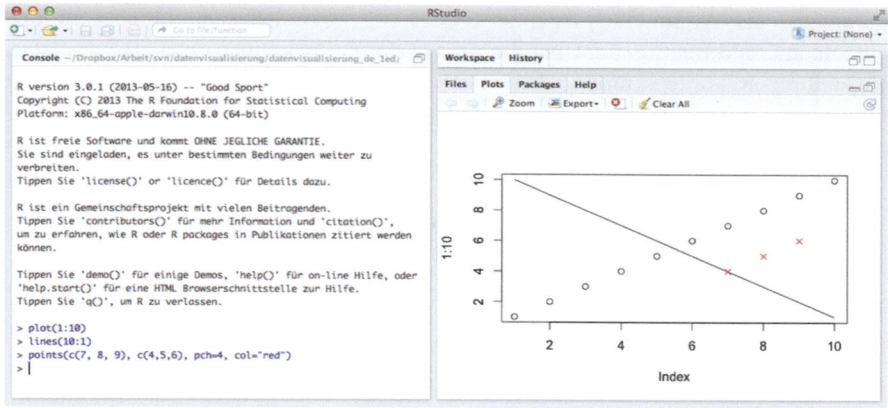

Abb. 3.17 Additive Ergänzung einer Grafik mit lines() und points()

Wenn Sie nun noch in der rechten Abbildung mit

```
> axis(1)
> axis(2)
> box(lty="solid")
```

die Achsen sowie einen Rahmen hinzufügen, erhalten Sie exakt die gleiche Abbildung wie links.

Wir verwenden in diesem Buch die folgenden 14 High-Level-Plot-Funktionen: `barp()`, `barplot()`, `boxplot()`, `dotchart()`, `dotchart2()`, `hist()`, `monthplot()`, `pie()`, `plot()`, `profile.plot()`, `radial.pie()`, `radial.plot()` und `scatterplot3d()`.

Viele High-Level-Funktionen haben einen Parameter `add=TRUE`, so dass sie wie Low-Level-Funktionen zu einer vorhandenen Grafik hinzugefügt werden können.

3.3.2 Einstellung von Grafikparametern

Beschriftungen von Abbildungen werden dynamisch skaliert, wenn man die Größe des Ausgabe-Fensters verändert, weil sie in der Voreinstellung als Faktor der Gesamtgröße der Abbildung definiert sind. Für viele Anwendungsfälle sind die Voreinstellungen ungünstig. Glücklicherweise lässt sich buchstäblich jede Kleinigkeit über Parameter einstellen.

Grafikparameter werden stets als Argumente in Form von `Parameter=Wert`-Kombinationen einer Funktion übergeben. Das kann auf zwei Arten geschehen: Entweder durch Aufruf der Funktion `par()`, die ausschließlich diese Grafikparameter als Argumente akzeptiert, oder als zusätzliche Argumente in den einzelnen Grafikfunktionen. Über die `par()`-Funktion können etwa 80 Parameter-Einstellungen vorgenommen werden. Welche davon auch als Argument einer Grafikfunktion verwendet werden können, hängt von der Methode bzw. dem Objekttyp ab.

So erzielen Sie zum Beispiel dasselbe Ergebnis mit

```
plot(1:10, lwd=3)
```

und

```
par(lwd=3)
plot(1:10)
```

Der Parameter `lwd` bedeutet „Line Width". Es gibt Parameter, die Sie nur in spezifischen Grafikfunktionen verwenden, aber nicht über `par()` einstellen können. So wird zum Beispiel ein Liniendiagramm mit

```
plot(1:10, type="l")
```

erzeugt, während

```
par(type="l")
plot(1:10)
```

nicht das gewünschte Ergebnis bringt. Dafür könnten Sie obige Linie sowohl mit `lines(1:10)` als auch mit `points(1:10, type="l")` erstellen, während `lines(1:10, type="p")` eine Reihe von Punkten statt einer durchgezogenen Linie erzeugt. Das ist sehr systematisch, aber nicht unbedingt einleuchtend.

Leider gibt es auch den Fall, dass ein Parameter unterschiedliche Auswirkungen hat, je nachdem, ob Sie ihn über `par()` oder eine Grafikfunktion einstellen. So versteht R zum Beispiel ganz Unterschiedliches unter „Hintergrund", je nachdem, ob Sie das Argument `bg` (Background) in der Funktion `par()` oder `plot()` verwenden. Während der Aufruf innerhalb von `par()` erwartungsgemäß den Hintergrund des gesamten Abbildungsfensters mit der ausgewählten Farbe[10] versieht, bewirkt ein Aufruf innerhalb von `plot()`, dass der Hintergrund von Punkten in der Abbildung in der ausgewählten Farbe gefüllt wird – falls Sie als Argument für `type` den Wert p eingestellt haben (was standardmäßig der Fall ist) und Sie als Wert für das Plot-Symbol `pch` (Plotting Character) die Nummer für ein sogenanntes offenes Symbol gewählt haben. Offen sind alle Symbole, deren Nummer zwischen 21 und 25 liegt.[11] Um den Effekt etwas deutlicher zu zeigen, haben wir in den folgenden beiden Abbildungen mit `cex=3` die Punktgröße gegenüber der Standardeinstellung verdreifacht.

---

[10] Zu den Farben siehe Abschn. 3.3.9.
[11] Eine vollständige Übersicht über die Plot-Symbole finden Sie weiter unten.

3.3 Grafikkonzepte in R

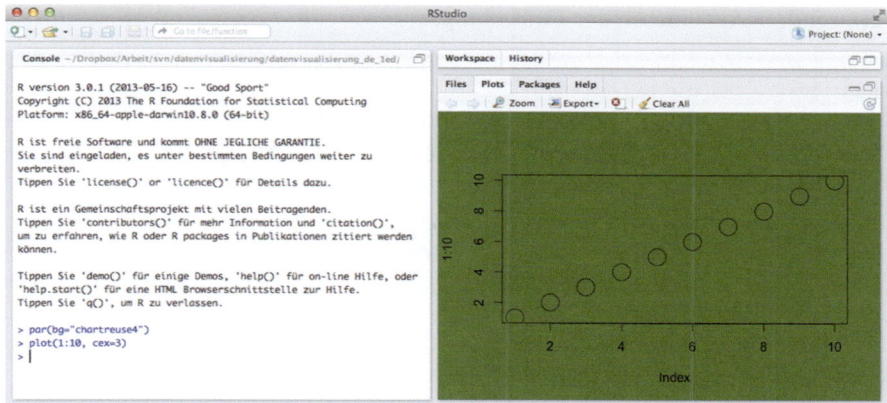

Abb. 3.18 Argument bg in der Funktion par

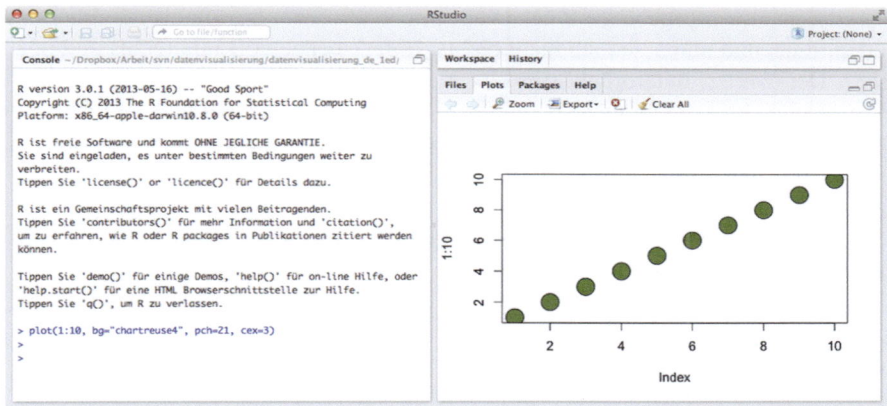

Abb. 3.19 Argument bg in der Funktion plot

Wichtig ist, dass ein Aufruf mittels `par()` so lange gültig ist, bis die Einstellung geändert wird, während ein Aufruf innerhalb einer Grafikfunktion wie `plot()` nur für diese Funktion gilt.

Von den etwa 80 möglichen Argumenten verwenden wir im vorliegenden Buch rund 50. Diese werden wir im folgenden kurz erläutern. Eine vollständige Übersicht erhalten Sie durch Aufruf `help(par)`. Falls ein Argument nur bei `par()` angegeben werden kann, wird hinter dem Argument darauf hingewiesen.

Verwendete Argumente der Funktion par()

`adj`
Horizontale Aurichtung von Textelementen bei den Funktionen `text()` (Text innerhalb der Abbildungen), `mtext()` (für Randtexte) und `title()` (Titelangaben). Werte zwischen 0 (ganz links) und 1 (ganz rechts) sind möglich.

`bg`(unterschiedliche Bedeutung)
Bei Verwendung innerhalb von `par()`: Farbe des Hintergrundes der gesamten Abbildung. Eine Verwendung innerhalb von `par()` erzeugt immer eine neue Abbildung. Die Farben können als Name, Wert oder Funktion angegeben werden (s.u.). Bei Verwendung innerhalb von `plot()` wird nicht der Hintergrund des Plots, sondern der Hintergrund einzelner Symbole in der angegebenen Farbe gezeichnet.

`bty`
Der um die Abbildung gezeichnete Boxtyp. Hier können folgende Werte angegeben werden: `o` (Voreinstellung), `l`, `7`, `c`, `u` oder `]`. Es wird eine Box erzeugt, deren Aussehen dem angegebenen Zeichen entspricht, also zum Beispiel bei `c` eine Linie oben, links und unten, jedoch nicht rechts. Eine `7` bedeutet: Linie rechts und oben usw. Der Wert `n` unterdrückt die Box, dann werden nur die Achsen gezeichnet. Wir machen kaum Gebrauch von dieser Möglichkeit, da sich der gleiche Effekt flexibler mit `plot(x, type="n")`, gefolgt von Aufrufen der Funktion `axis(n, ...)`, erzielen lässt.

`cex`
Der Faktor, um den Text und Symbole gegenüber der Standardeinstellung vergrößert werden.

`cex.axis`, `cex.lab`, `cex.main`, `cex.sub` Der Faktor, um den Achsenbeschriftungen, Achsentitel, Abbildungstitel und Abbildungsuntertitel gegenüber der Standardeinstellung vergrößert werden.

`col`
Farbe(n) der Daten. Die Achsen sowie die Beschriftungen sind hiervon nicht betroffen. Bei mehreren Variablen kann ein Vektor angegeben werden. Farben können als Name, Wert oder Funktion angegeben werden (s.u.)

`col.axis`, `col.lab`, `col.main`, `col.sub`
Farbe der Achsenbeschriftungen, Achsentitel, Abbildungstitel und Abbildungsuntertitel.

`family`
Angabe der zu verwendenden Schrift.

`fg`
Farbe des Vordergrundes („Foreground") der Abbildung. Beim Aufruf innerhalb von `plot()` sind damit die Achsen und die Box gemeint, bei Aufruf über `par()` auch die Farbe der Daten. Die Achsenbeschriftungen werden in beiden Fällen davon nicht beeinflusst.

3.3 Grafikkonzepte in R

fin (nur par())
Umfang der Abbildungsausdehnung in Inch. In aller Regel gibt man in der Praxis diese Ausdehnung nicht ausdrücklich an, sondern sie ergibt sich aus den Randeinstellungen.

las
Winkel der Achsenbeschriftungen. 0: parallel zu den Achsen (heißt für die Y-Achse: um 90 Grad gegen den Uhrzeigersinn gedreht). 1: alle horizontal. 2: alle senkrecht (heißt für die X-Achse: um 90 Grad gegen den Uhrzeigersinn gedreht). 3: alle vertikal (heißt für die X- und Y-Achse: um 90 Grad gegen den Uhrzeigersinn gedreht).

lend
Linienende. 0: rund, 1: abgeschnitten, 2: quadratisch. Den Unterschied sieht man in aller Regel nur bei sehr dicken Linien.

lheight
Zeilenhöhe bei Text.

lty Linientyp. Die gängigsten sind 0: blank, 1: durchgehend (Voreinstellung), 2: gestrichelt, 3: gepunktet, 4: abwechselnd gepunktet und gestrichelt, 5: langer Strich, 6: abwechselnd langer und kurzer Strich.

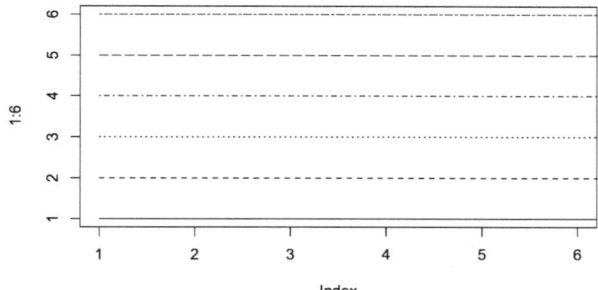

Bei mehreren Variablen kann ein Vektor angegeben werden. Weitere Optionen und Varianten entnehmen Sie der Hilfe. Mit den folgenden zwei Zeilen

```
> plot(1:6, type="n")
> for (i in 1:6) lines(rep(i, 10), lty=i)
```

können Sie sich die einzelnen Linientypen ansehen.

lwd
Linienstärke. Voreinstellung: 1. Bei mehreren Variablen kann ein Vektor angegeben werden.

mai, mar
Randeinstellung. Als Wert wird ein Vektor mit den vier Angaben c(unten, links, oben, rechts) benötigt. Bei mai werden die Ränder in Inch („Margins in Inch")

angegeben, bei `mar` als Anzahl der Linien. In diesem Buch werden wir in aller Regel von den absoluten Angaben in Inch Gebrauch machen.

`mfcol, mfrow` (nur `par()`)
Anzahl der Grafiken in einer Abbildung. Das Ergebnis ist jeweils eine Matrix mit m Zeilen und n Spalten. Bei `mfcol` wird spaltenweise, bei `mfrow` zeilenweise gezählt. `par(mfcol=c(2,3))` heißt also: 2 Zeilen, 3 Spalten, spaltenweise Zählung. Die Reihenfolge der Grafiken ist somit: oben lins, unten links, oben mitte, unten mitte, oben rechts, unten rechts. `par(mfrow=c(2,3))` bedeutet ebenfalls 2 Zeilen und 3 Spalten, die Reihenfolge ist aber: oben links, oben mitte, oben rechts, unten links, unten mitte, unten rechts.

`mgp`
Achsen- und Achsenbeschriftungsabstand. Anzugeben ist ein Vektor mit drei Werten, von denen der erste den Abstand der Achsentitel, der zweite den Abstand der Achsenbeschriftungen und der dritte den Abstand der Achsenlinien (jeweils in „mex-Einheiten") definiert.

`new` (nur `par()`)
bewirkt, dass `plot.new` entweder eine neue Abbildung erstellt (irreführenderweise bei `new=FALSE`, was die Voreinstellung ist) oder die Grafik in die vorhandene Abbildung zeichnet. Von diesem Argument werden wir mehrfach Gebrauch machen.

`oma, omd, omi` (nur `par()`)
Der äußere Rand der Abbildung (nicht: der Grafik(en)), der durch einen Vektor c(unten, links, oben, rechts) angegeben wird. Die Einheiten sind bei `oma`: Anzahl der Textlinien, `omd`: Anteil an der Gesamtgröße der Abbildung, `omi`: Inch. In diesem Buch wird fast ausschließlich die Form der Angabe in Inch verwendet.

`pch`
Zu verwendendes Punktsymbol. Die Zahlen 1 bis 25 definieren jeweils ein bestimmtes Symbol, darüber hinaus können einzelne Zeichen als Symbol verwendet werden (siehe unten). Bei mehreren Variablen kann ein Vektor verwendet werden. Die verfügbaren Symbole können Sie sich mit

```
plot(1:25, rep(1,25), pch=1:25, axes=FALSE, xlab="",
    ylab="", ylim=c(0.75,1.5))
text(1:25, rep(1.25,25), 1:25)
```

anzeigen lassen.

1	2	3	4	5	6	7	8	9	10	11	12	13	14	15	16	17	18	19	20	21	22	23	24	25
○	△	+	×	◇	▽	⊠	∗	⊕	⊙	⊞	⊠	⊗	⊠	■	●	▲	♦	●	•	○	□	◇	△	▽

Abb. 3.20 plot-Symbole von R

21 bis 25 sind „offene" Symbole, die mit der Hintergrund-Farbe (`bg`) gefüllt werden.

3.3 Grafikkonzepte in R

srt
Winkel beim Einfügen von Text mit der Funktion text().

tck
Länge der Teilstriche der Achsen. Die Angabe erfolgt als Anteil an der Länge der kürzeren Seite der Daten-Region. Negative Werte bewirken, dass die Teilstriche nach außen gerichtet werden. Ist die Datenregion 15 cm breit und 10 cm hoch, so bedeutet eine Einstellung von tck=0.1 also 10 cm mal 0.1 = 1 cm lange, nach innen gerichtete Teilstriche. Standardmäßig wird in R ein anderes Argument verwendet, nämlich:

tcl
Die Länge der Teilstriche als Anteil der Linienhöhe des Textes. Standardwert ist -0.5, also nach außen gerichtete Teilstriche, die eine halbe Länge der Texthöhe der Beschriftung bedeuten.

xaxp
Bei nichtlogarithmischen Skalen: kleinster und größter Wert der Beschriftung sowie die Anzahl der Intervalle in der Form c(x1, x2, n). Bei logarithmischen Skalen ein Code zwischen 1 und 3, der in der Hilfe näher erläutert wird.
In aller Regel werden durch die Vorgehensweise von R sehr brauchbare Abstände bestimmt. Da R versucht, auf jeden Fall Überschneidungen der Teilstrich-Beschriftungen zu vermeiden, führt dies manchmal zu fehlenden Beschriftungen an Positionen, an denem man gerne eine Beschriftung hätte. In diesen Fällen ist oft die einfachste Alternative eine manuelle Positionierung und Beschriftung der Teilstriche mit den Argumenten at und labels der Funktion axis().

xaxs
Art, wie die Spannweite der Achsen berechnet werden soll. Möglich sind r und i. Bei i wird die Spannweite so gewählt, dass das Aussehen der Achsenendbeschriftungen „hübsch" ist. Bei r wird der Datenbereich vorher noch an beiden Enden um 4 Prozent verlängert.

xaxt
X-Achsentyp. n bedeutet: keine Achse, jeder andere Wert bewirkt eine Anzeige.

xlog (nur par()) Verwendung einer logarithmischen X-Achsenskala. Innerhalb von plot() ist log="x" zu verwenden.

xpd
Logisches Argument, das ein Hinausragen der gezeichneten Elemente aus der Datenregion erlaubt. Im Falle von xpd=FALSE werden alle Elemente außerhalb der Datenregion abgeschnitten.

`yaxp`
Siehe `xaxp`.

`yaxs`
Siehe `xaxs`.

`yaxt`
Siehe `xaxt`.

`ylog`
Siehe `xlog`.

3.3.3 Randeinstellungen von Abbildungen und Grafiken

Ein zentrales Thema für unsere Beispiele ist die passgenaue Einstellung der Ränder. Dabei ist es wichtig, zwischen einem *inneren* und einem *äußeren* Rand zu unterscheiden. Für beide Ränder können Sie die Abstände entweder relativ oder absolut angeben. Relative Angaben haben den Vorteil, dass die Abstände bei einer Größenänderung des Ausgabefensters automatisch angepasst werden. Bei den von uns verwendeten Beipielen, die eine Ausgabe in eine fest definierte Datei vorsehen, verwenden wir ausschließlich absolute Angaben. Die absoluten Angaben werden immer in Inch angegeben, die Parameter sind `mai` (Margins in Inch) für die inneren sowie `omi` (Outer margins in Inch) für die äußeren Ränder. Für beide werden jeweils vier Werte angegeben, die Reihenfolge ist jeweils „unten, links, oben, rechts". Ein innerer Rand mit jeweils einem und ein äußerer Rand mit jeweils einem halben Inch wird also so eingestellt:

```
par(mai=c(1,1,1,1), omi=c(0.5,0.5,0.5,0.5))
```

Innerhalb dieser vorgegebenen Ränder wird die Abbildung mit vorgegebenen Abständen für die einzelnen Elemente von R positioniert. So werden etwa bei `plot()` die Achsentitel an die innere Kante des inneren Randes gesetzt, der mit dem `plot()`-Parameter `main` erzeugte Titel der Abbildung vertikal mittig zwischen den oberen Rand des Datenbereichs und dem oberen inneren Rand. Auch für die Funktion `mtext()` definieren die so angegebenen Ränder die Ausgangspositionen: Der damit erzeugte Randtext wird auf die mit `line` angegebene Zeile *außerhalb* des Randes geschrieben, und zwar an der Seite, die durch `side=1, 2, 3` oder 4 festgelegt wird. Dabei bewirkt der Parameter `adj=0` eine Ausrichtung am linken, `adj=1` eine Ausrichtung am rechten Rand.

3.3 Grafikkonzepte in R

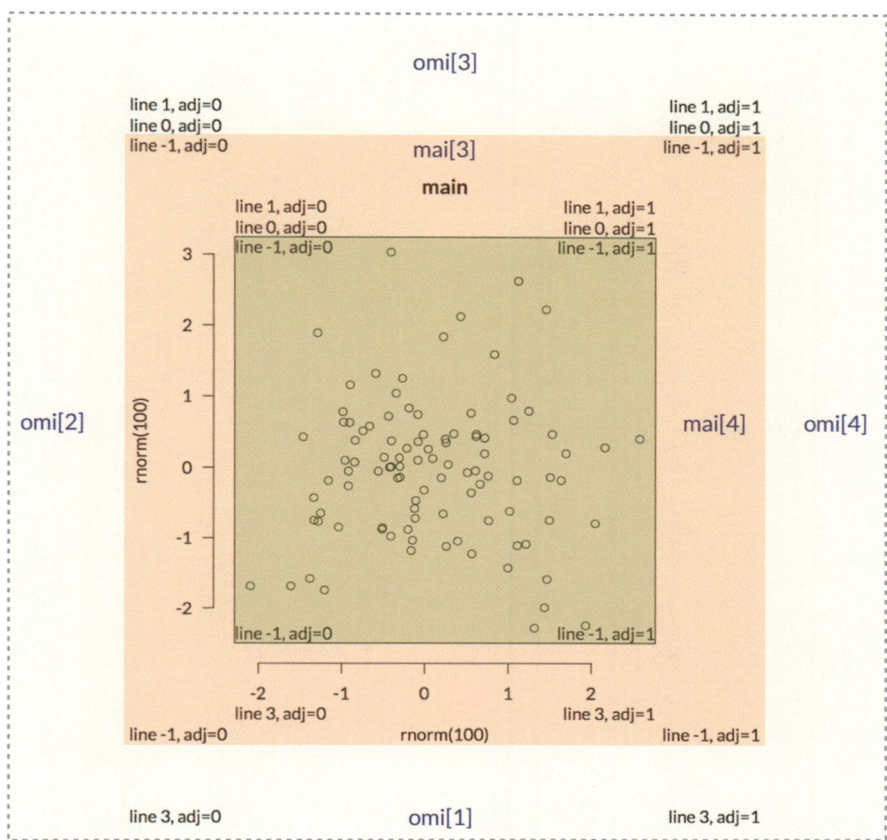

Abb. 3.21 Randeinstellungen einer Grafik

Abb. 3.21 zeigt für einen plot()-Aufruf die Randeinstellungen und beispielhaft Positionen ausgewählter Elemente. Gelb ist der äußere Rand, rot der innere und grün der Datenbereich, dessen Höhe und Breite innerhalb des inneren Randes durch fin=c(Breite, Höhe) angegeben werden kann.

3.3.4 Mehrfachgrafiken: Panels mit mfrow und mfcol

Die Unterscheidung von inneren und äußeren Rändern ist insbesondere bei Mehrfachgrafiken hilfreich. Wenn wir mit der Angabe von

```
par(mfcol=c(2,2))
```

insgesamt vier Grafiken (zwei Zeilen und zwei Spalten) in einer Abbildung definieren, dann können wir für jede der vier Grafiken die inneren Ränder definieren, jedoch nur einen äußeren Rand:

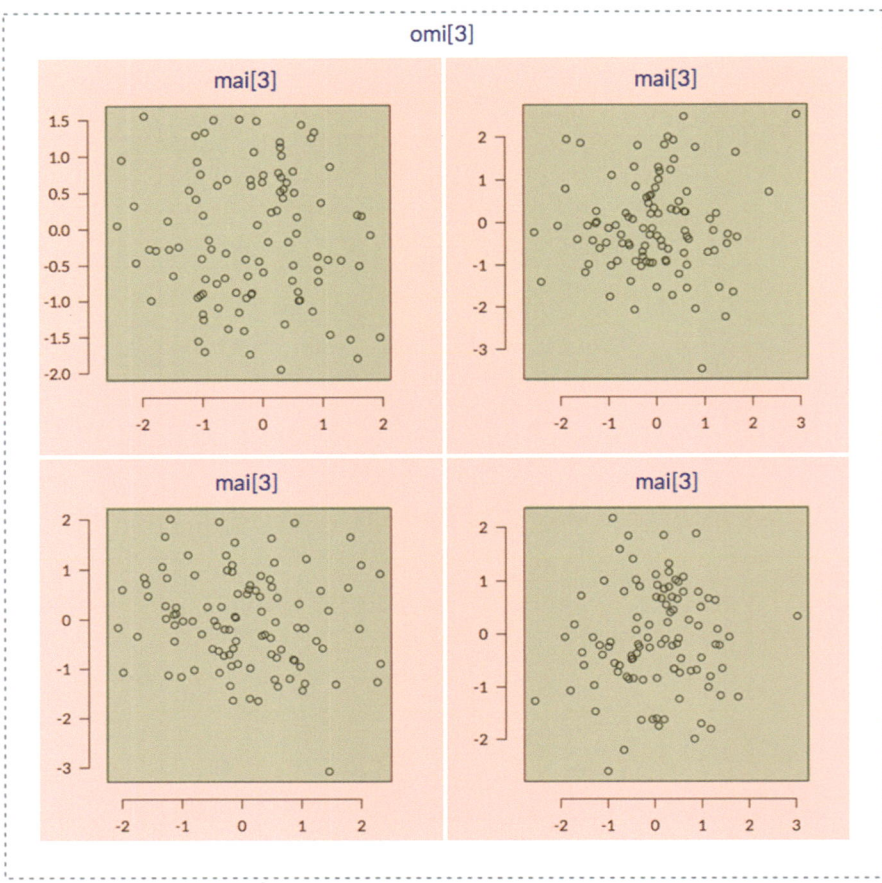

Abb. 3.22 Randeinstellungen bei Panels – exemplarisch ist jeweils der obere Rand ausgewiesen

Beschriftungen, die die ganze Abbildung betreffen, können dann mit der Funktion `mtext()` und dem Parameter `outer=T` in den äußeren Rand gesetzt werden.

3.3.5 Komplexere Anordnungen mit layout

Mit den Parametern `mfrow` bzw. `mfcol` lassen sich Abbildungen mit mehreren Grafiken erzeugen, die die Grafikausgabe in mehrere Zeilen und Spalten unterteilen. Dadurch entstehen aber immer gleich große Rechtecke. Flexiblere Möglichkeiten bietet die Funktion `layout()`, die die Ausgabe in unterschiedlich große Rechtecke aufteilen kann. Die Hilfe von R liefert ein schönes Beispiel: Damit lassen sich

3.3 Grafikkonzepte in R

Streudiagramme erzeugen, deren rechter und oberer Rand durch Histogramme ergänzt werden:[12]

```
nf <- layout(matrix(c(2,0,1,3),2,2,byrow=TRUE), c(3,1), c(1,3), TRUE)
x <- pmin(3, pmax(-3, stats::rnorm(50)))
y <- pmin(3, pmax(-3, stats::rnorm(50)))
xhist <- hist(x, breaks=seq(-3,3,0.5), plot=FALSE)
yhist <- hist(y, breaks=seq(-3,3,0.5), plot=FALSE)
top <- max(c(xhist$counts, yhist$counts))

par(mai=c(1,1,0.2,0.2))
plot(x, y, xlim=c(-3,3), ylim=c(-3,3), xlab="", ylab="")

par(mai=c(0,1,0.2,0.2))
barplot(xhist$counts, axes=FALSE, ylim=c(0, top), space=0)

par(mai=c(1,0,0.2,0.2))
barplot(yhist$counts, axes=FALSE, xlim=c(0, top), space=0, horiz=TRUE)
dev.off()
```

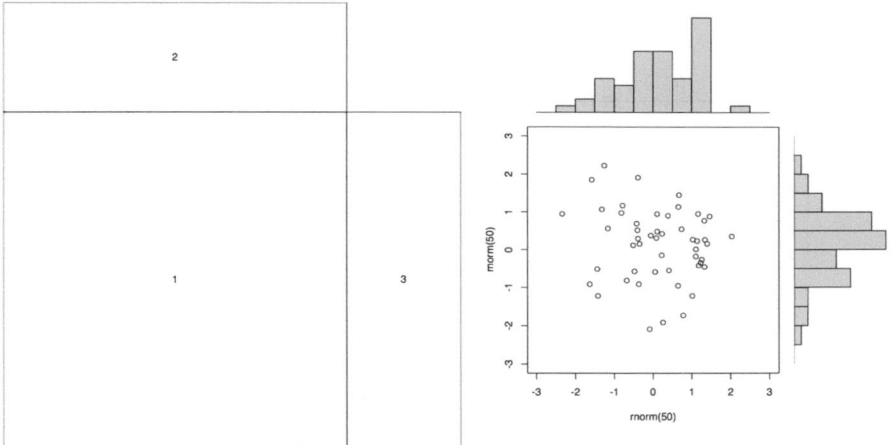

Abb. 3.23 Beispiel für ein komplexeres Layout

Die linke Abbildung in Abb. 3.23 zeigt das erzeugte Layout, die rechte die darin erstellten Grafiken.

Die Funktion layout() eignet sich insbesondere dann, wenn mehrere Abbildungen in einem Panel dargestellt werden sollen. Wenn man zum Beispiel bei einem

---

[12] Die etwas seltsam aussehende Konstruktion zur Generierung der normalverteilten Zufallsvariablen x und y stellt sicher, dass nur Werte zwischen -3 und 3 generiert werden (sonst würde die anschließende Berechnung der Histogramme zwischen diesen Werten mit breaks=seq(-3,3,0.5) eine Fehlermeldung produzieren).

Streudiagramm den Zusammenhang zwischen zwei Variablen nach den fünf Ausprägungen einer dritten differenzieren möchte, kann man das Layout so gestalten, dass alle fünf Streudiagramme unmittelbar aneinander grenzen. Lediglich für die erste Grafik muss mehr Platz vorgesehen werden, da hier die Y-Achsenbeschriftung angebracht wird.

Schauen wir uns dazu folgendes Beispiel an:

```
layout(matrix(data=c(1,2,3,4,5),nrow=1,ncol=5),
       widths=c(2,1,1,1,1),heights=c(1,1))
par(mai=c(0.5,1,0.5,0),omi=c(0.25,0.25,0.25,0.25))
x<-rnorm(50)
y<-rnorm(50)
plot(x,y,axes=F,col=1,xlim=c(-3,3),ylim=c(-3,3),
     xlab="",ylab="y-Achsen-\nBeschriftung")
axis(1)
axis(2)
box(lty='solid',col='darkgrey')
par(mai=c(0.5,0,0.5,0))
for (i in 2:5)
{
x<-rnorm(50)
y<-rnorm(50)
plot(x,y,axes=F,col=i,xlim=c(-3,3),ylim=c(-3,3),xlab="")
if (i %% 2 == 0) {axis(3)} else {axis(1)}
box(lty='solid',col='darkgrey')
}
```

3.3 Grafikkonzepte in R 63

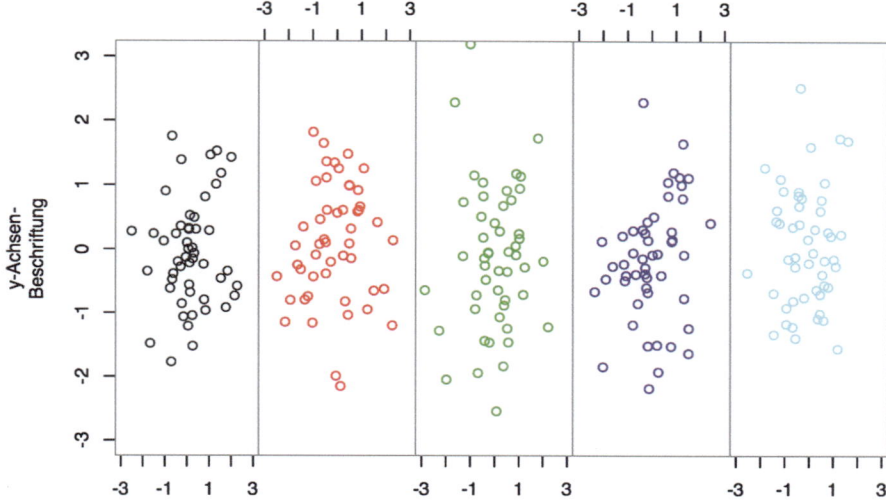

Abb. 3.24 Layout

In diesem Fall definieren wir ein Layout mit 5 Spalten, bei dem aber die erste den doppelten Umfang der anderen Spalten haben soll. Nach den Randdefinitionen und dem Erstellen des ersten `plot()` sowie den Achsen unten und links werden die linken und rechten inneren Ränder auf Null gesetzt. Das gilt ab dem Aufruf so lange, bis es wieder geändert wird. In einer Schleife werden dann die zweite bis fünfte Grafik gezeichnet, wobei die X-Achse alternierend oben und unten angebracht wird. Das Ergebnis zeigt Abb. 3.24.

3.3.6 Schrifteinbindung

Bei der Schrifteinbindung in Abbildungen von R ist zunächst eine betriebssystemspezifische Besonderheit zu beachten, die wir mit einigen Beispielen verdeutlichen. Laden Sie dazu die freie Schrift „Indie Flower" herunter[13] und installieren Sie diese durch einen einfachen Doppelklick auf den Dateinamen. Geben Sie anschließend

```
par(family="Indie Flower")
plot(1:10, main="Hello World", cex.main=3)
```

in R ein. Arbeiten Sie mit Linux oder Mac OS X, erhalten Sie daraufhin die Ausgabe aus Abb. 3.25:

---

[13] http://www.google.com/fonts/.

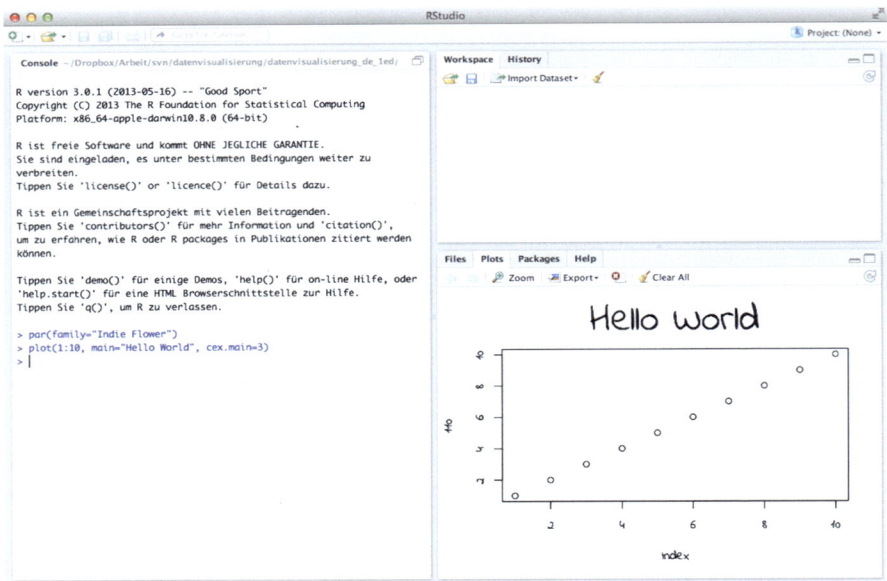

Abb. 3.25 Plot mit Schrifteinbindung in RStudio (Mac OS X)

Das gleiche unter Windows führt zum Ergebnis in Abb. 3.26.

Wenn Sie die Warnungen wie vorgeschlagen mit `warnings()` abrufen, erhalten Sie eine Reihe von Meldungen, die jeweils mit „font family not found in Windows font database" enden. Zum Glück gibt es eine Lösung des Problems, nämlich den Weg über den PDF-Export der Abbildungen mit der Funktion `cairo_pdf()`.

3.3 Grafikkonzepte in R

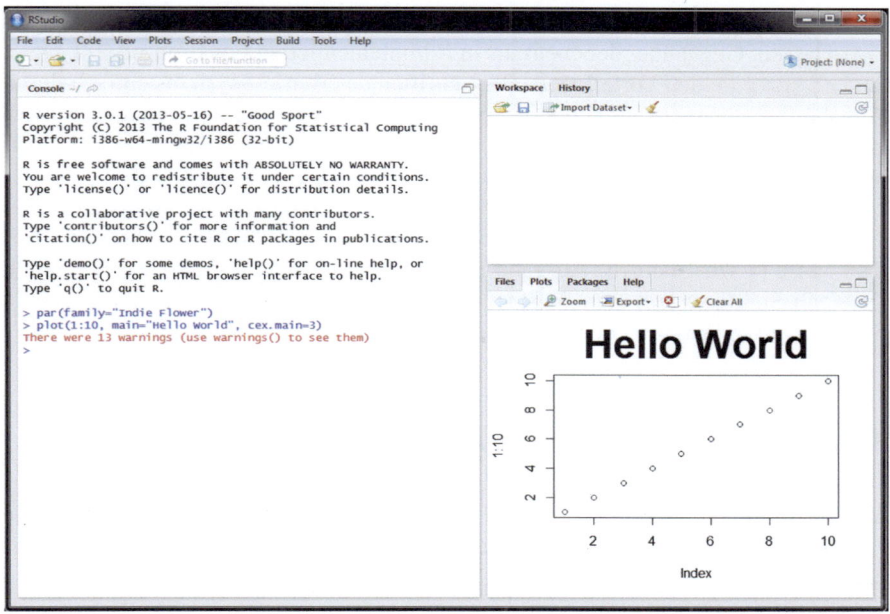

Abb. 3.26 Plot mit Schrifteinbindung in RStudio (Windows)

3.3.7 Ausgabe mit cairo_pdf

Ohne den Umweg über den PDF-Export funktioniert die Schrifteinbindung nur, wenn das Betriebssystem „mitspielt". Sobald Sie eine High-Level-Grafikfunktion in R aufrufen, wird das Ergebnis des Aufrufs in ein Ausgabefenster geschrieben. Die genaue Spezifikation dieses Fensters hängt von dem jeweiligen Betriebssystem ab. Wenn Sie zum Beispiel R auf Mac OS X verwenden, dann wird ein sogenanntes Quartz-Fenster geöffnet. Quartz ist die Grafikschicht des Betriebssystems Mac OS X und baut auf dem PDF-Format auf, so dass Sie dessen Möglichkeiten wie die Einbindung von Betriebssystemschriften oder von transparenten Farben in der Grafikausgabe von Mac OS X nutzen können. Im Rahmen eines Skriptes kann eine entsprechende Ausgabedatei direkt mit der Funktion quartz() erzeugt werden. Der Nachteil ist jedoch, dass solche Skripte dann nur auf Computern mit Mac OS X lauffähig sind, da weder Windows noch Linux die Funktion quartz() verarbeiten können. Unter Windows wird dagegen ein *Device* mit Namen „Windows" geöffnet, das nicht auf PDF basiert.

Eine plattformübergreifende Möglichkeit bietet die Funktion cairo_pdf(), die auf der verbreiteten PDF-Bibliothek basiert.[14] Das PDF-Format bietet sich als universelles Ausgabeformat an, da sich damit alle Inhalte inklusive aller Schrif-

---

[14] http://cairographics.org.

ten und Transparenzwerte verlustfrei und weiterverarbeitbar in einer Datei abspeichern lassen. Gegenüber der ebenfalls in R implementierten Funktion pdf() bietet cairo_pdf() den Vorteil, dass alle Schriften des Betriebssystems einfach durch Angabe ihres Namens an beliebiger Stelle in die Abbildung eingebunden werden können. Das ist bei pdf() nicht der Fall. Voraussetzung ist jeweils, dass die Schrift auf dem Betriebssystem installiert ist.

Wenn Sie also den beiden Zeilen des letzten Beispiels den Aufruf der Funktion cairo_pdf() voranstellen, leiten Sie die Ausgaben in eine PDF-Datei um. Mit dev.off() wird dann die Ausgabe geschlossen und die PDF-Datei von R erzeugt.

Wenn Sie diese nun zum Beispiel mit dem Reader öffnen, sehen Sie, dass die Schrift auch in Windows korrekt eingebunden wurde.

3.3.8 Unicode in Abbildungen

Bei Verwendung der cairo_pdf()-Ausgabe steht Ihnen in R grundsätzlich die Ausgaben des kompletten Umfangs der Unicode-Zeichen zur Verfügung. Wir speichern dazu Unicode-Zeichen in einer XLSX-Tabelle:

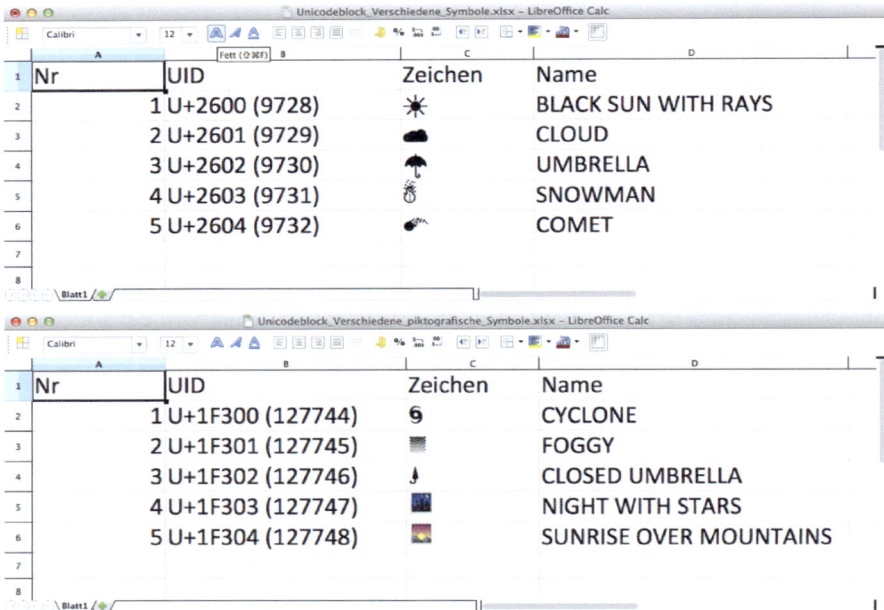

Abb. 3.27 Unicode-Daten in einer XLSX-Datei

3.3 Grafikkonzepte in R

Die Unicode-Zeichen werden alle mit ihren Glyphen angezeigt.[15] Wenn wir diese Dateien nun in R einlesen und daraus mit der Funktion `cairo_pdf()` eine PDF-Datei erzeugen,

```
cairo_pdf(filename="unicode_symbole_r_xlsx.pdf", width=9, height=3)
par(family="Symbola", mfcol=c(1,2), mai=c(0.25,0,0.25,0),
omi=c(0.25,0,0.25,0), bg="aliceblue")
dateien<-"Unicodeblock_Verschiedene_Symbole.xlsx"
dateien<-c(dateien, "Unicodeblock_Verschiedene_
piktografische_Symbole.xlsx")
for (i in 1:2)
  {
data<-read.xls(paste("daten/", dateien[i], sep=""))
print(data)
attach(data)
plot(Nr, -1:-5, type="n", axes=FALSE, xlab="", ylab="")
text(1, -Nr, i-1, cex=1.5, xpd=T)
text(1.5, -Nr, Zeichen, cex=1.5, xpd=T)
text(2, -Nr, Name, adj=0, xpd=T)
}
dev.off()
```

so wird diese Abbildung ohne Fehlermeldung erzeugt:

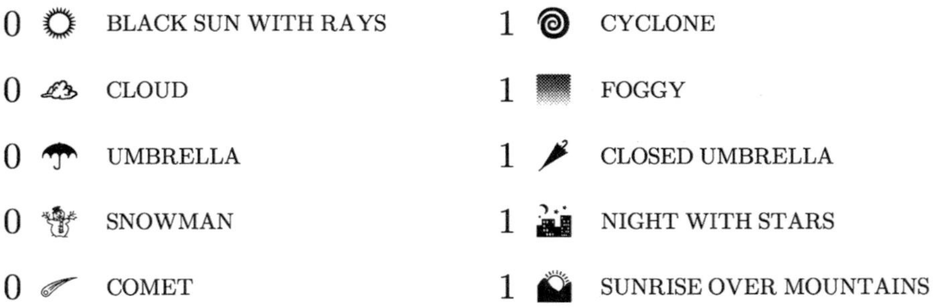

0	☀	BLACK SUN WITH RAYS	1	🌀	CYCLONE
0	☁	CLOUD	1	▨	FOGGY
0	☂	UMBRELLA	1	🌂	CLOSED UMBRELLA
0	☃	SNOWMAN	1	🌃	NIGHT WITH STARS
0	☄	COMET	1	🌄	SUNRISE OVER MOUNTAINS

Abb. 3.28 Unicode-Symbole in R (XLXS)

Die Ausgabe der `print()`-Funktion sieht so aus:

```
> print(data)
  Nr       UID Zeichen                 Name
1  1 U+2600 (9728)        ☀  BLACK SUN WITH RAYS
2  2 U+2601 (9729)        ☁                CLOUD
3  3 U+2602 (9730)        ☂             UMBRELLA
```

---

[15] Das gilt auch dann, wenn die voreingestellte Schrift das Zeichen nicht enthält. In diesen Fällen verwenden die Betriebssysteme ungefragt eine Ersatzschrift.

```
4   4 U+2603 (9731)             ☃              SNOWMAN
5   5 U+2604 (9732)             ☄              COMET
   Nr               UID     Zeichen                     Name
1   1 U+1F300 (127744) \U0001f300                    CYCLONE
2   2 U+1F301 (127745) \U0001f301                      FOGGY
3   3 U+1F302 (127746) \U0001f302             CLOSED UMBRELLA
4   4 U+1F303 (127747) \U0001f303            NIGHT WITH STARS
5   5 U+1F304 (127748) \U0001f304        SUNRISE OVER MOUNTAINS
```

Es werden also in beiden Fällen die Unicode-Zeichen ausgegeben. Die Zeichen der *Basic Multilingual Plane* (Plane 0) werden als Glyphen ausgegeben, diejenigen der *Supplementary Multilingual Plane* (Plane 1) dagegen in kodierter Form.[16]

Ebenso ist es möglich, Unicode-Symbole aus einer MySQL-Datenbank in R zu übernehmen. Ab Version 5.5.3 werden dort auch Zeichen der Supplementary Multilingual Plane unterstützt, wenn der Zeichensatz `utf8mb4` ausgewählt wurde.

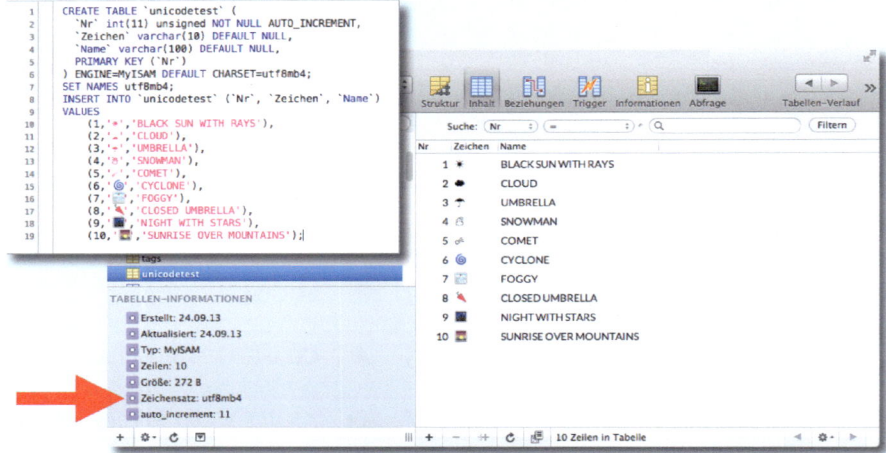

Abb. 3.29 Unicode-Daten aus einer utf8mb4-kodierten Tabelle einer MySQL-Datenbank

Bevor die Daten in R mit dieser Kodierung eingelesen werden können, muss in der aktuellen Verbindung dieser Zeichensatz mit `SET NAMES utf8mb4` ausgewählt werden:

```
library(RMySQL)
con <- dbConnect(MySQL(),
        user="xxx",
        password="xxx",
```

---

[16] Eine Erläuterung der Ebenen findet man zum Beispiel hier: http://en.wikipedia.org/wiki/Plane_(Unicode).

3.3 Grafikkonzepte in R

```
            dbname = "xxx",
            host="xxx")
sqlset<-"SET NAMES utf8mb4"
do<-dbGetQuery(con,sqlset)

sqldaten<-"select * from unicodetest"
data<-dbGetQuery(con,sqldaten)

cairo_pdf(filename="unicode_symbole_r_mysql.pdf", width=9, height=3)
par(family="Symbola", mai=c(0.25,0,0.25,0), omi=c(0.25,0,0.25,0),
    bg="aliceblue")
print(data)
attach(data)
plot(1:1, type="n", axes=F, xlim=c(0,4), ylim=c(-8,0), xlab="", ylab="")
text(1.5, -Nr, Zeichen, cex=1.5, xpd=T)
text(2, -Nr, Name, adj=0, xpd=T)
dev.off()
```

Das Ergebnis zeigt Abb. 3.30.

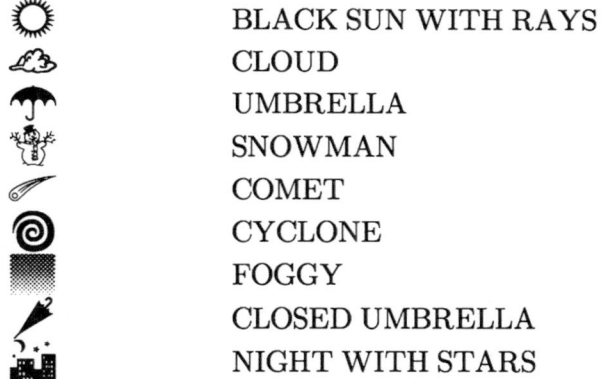

Abb. 3.30 Aus MySQL importierte Unicode-Symbole in R

Die Ausgabe der Funktion `print()` zeigt wiederum die Zeichen der Basic Multilingual Plane (Plane 0) als Glyphen, diejenigen der Supplementary Multilingual Plane (Plane 1) dagegen in kodierter Form.

```
> print(data)
   Nr  Zeichen                       Name
1   1        *        BLACK SUN WITH RAYS
2   2        ▲                      CLOUD
3   3        ☂                    UMBRELLA
4   4        ☃                     SNOWMAN
5   5                               COMET
6   6  \U0001f300                  CYCLONE
7   7  \U0001f301                    FOGGY
8   8  \U0001f302           CLOSED UMBRELLA
9   9  \U0001f303          NIGHT WITH STARS
10 10  \U0001f304      SUNRISE OVER MOUNTAINS
```

3.3.9 Farbeinstellungen

Es gibt mehrere Möglichkeiten in R, Farben anzugeben. Wir verwenden in den Beispielen dieses Buches zwei von ihnen: Zum einen bietet R eine umfangreiche Liste von insgesamt 657 Farbnamen, zum anderen können Farben als RGB-Werte mit der Funktion `rgb()` definiert werden. Die RGB-Funktion bietet die Möglichkeit, mit einem vierten Wert semi-transparente Farben zu erzeugen, die die `cairo_pdf()`-Funktion unterstützt.

Weiterhin bietet R eine Reihe vorgefertigter Farbpaletten an. Ohne spezifische Auswahl einer Palette verwendet R ein Standardset von Farben, die im `plot`-Befehl einfach mit `col=1`, `col=2` usw. angegeben werden können. Die Namen der Farben können Sie sich mit

```
> palette()
[1] "black" "red" "green3" "blue" "cyan" "magenta" "yellow" "gray"
```

anzeigen lassen. Wenn Sie in einer anderen Anwendung die RGB-Werte dieser Farben verwenden möchten, können Sie dazu die Funktion `col2rgb()` verwenden:

```
> col2rgb(palette())
      [,1] [,2] [,3] [,4] [,5] [,6] [,7] [,8]
red      0  255    0    0    0  255  255  190
green    0    0  205    0  255    0  255  190
blue     0    0    0  255  255  255    0  190
```

Von großem Nutzen für unsere Beispiele haben sich Brewer-Farbpaletten erwiesen (vgl. Abschn. 2.6), die in R im Paket `RColorBrewer` von Erich Neuwirth implementiert sind. Damit werden 18 sequentielle, 8 qualitative sowie 9 divergierende Paletten bereitgestellt. Je nach ausgewählter Palette können damit bis zu 12 aufeinander abgestimmte Farben ausgewählt werden:

3.3 Grafikkonzepte in R

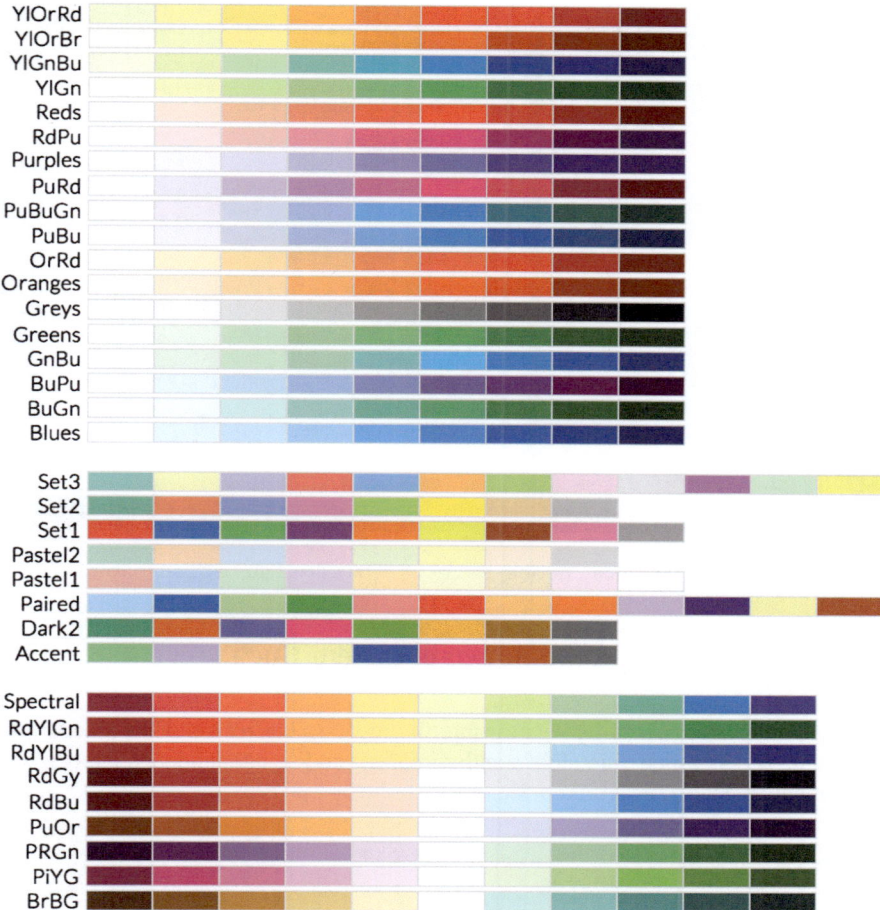

Abb. 3.31 In R verfügbare ColorBrewer-Farbpaletten

Werden mehr Farben benötigt oder andere Paletten, bietet das Paket `colorspace` von Achim Zeileis, Kurt Hornik und Paul Murrell eine ausgezeichnete Hilfe. Das Paket enthält sogar eine eigene GUI (grafische Benutzeroberfläche), mit der Farbpaletten interaktiv erstellt und ausprobiert werden können. Davon haben wir sehr profitiert.

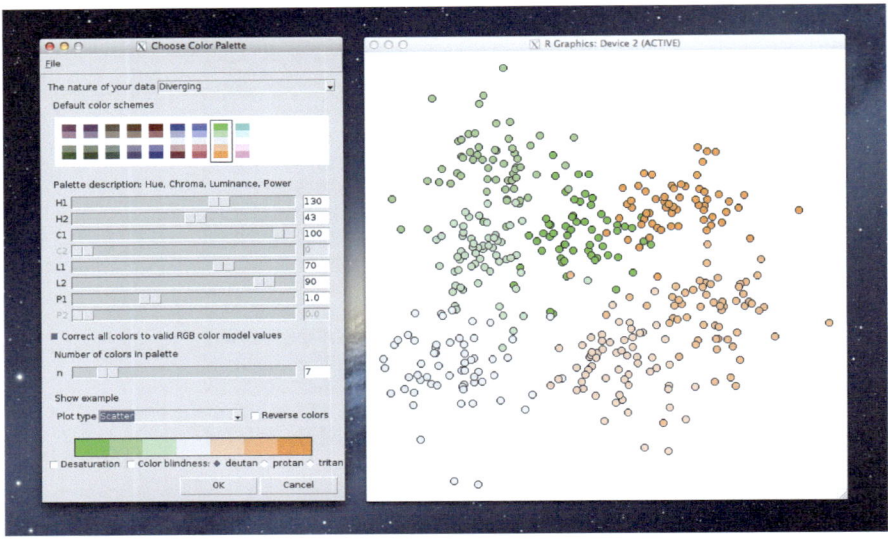

Abb. 3.32 Aufruf der Funktion choose_palette() aus dem Paket colorspace

3.4 R-Pakete und -Funktionen in diesem Buch

Im Folgenden stellen wir die wichtigsten für die Beispiele verwendeten Pakete und Funktionen zusammen. Die nicht standardmäßig von R eingebundenen Pakete, wie zum Beispiel ineq, installieren Sie mit

```
install.packages("ineq", dependencies = TRUE)
```

Der Aufruf erfolgt jeweils mit

```
library(ineq)
```

RStudio bietet unter dem Menüpunkt *Tools* ebenfalls die Möglichkeit, Pakete zu installieren. Dort können Sie auch angeben, welches Repository als Quelle verwendet werden soll. Das ist standardmäßig das offizielle CRAN-Repository.

Eine der häufigsten Fehlerursachen bei dem Ablauf eines Skriptes ist ein fehlendes Paket. In diesen Fällen also das in der Fehlermeldung angegebene, fehlende Paket, wie oben beschrieben, installieren und das Skript einfach noch einmal laufen lassen.

3.4.1 Pakete

Grundpakete

Die Grundpakete werden standardmäßig bei der Installation von R mitinstalliert.

`base`
Das `base`-Paket bildet, wie der Name sagt, die Basis von R. Es stellt über tausend Funktionen für nahezu alle denkbaren Probleme zur Verfügung. Wir werden in diesem Buch etwa lediglich 50 davon verwenden.

`utils`
Weiterhin für alle möglichen Problemstellungen unverzichtbar ist das Paket `utils`, das über 250 Funktionen bereitstellt, unter anderem `data()` oder `read.csv()` zum Einlesen von Daten.

`stats`
Das zentrale Statistik-Paket enthält über 600 Funktionen mit statistischen Berechnungen. Für dieses Buch werden wir knapp 10 davon verwenden.

`graphics`
Knapp 100 Funktionen für das traditionelle Grafiksystem von R. Die zentrale Bibliothek für dieses Buch.

`grid`
Rund 200 Funktionen, die das von Paul Murrell entwickelte, alternative Grafiksystem von R bilden. Auf `grid` bauen die Pakete `lattice` und `ggplot` auf.

Datenverwaltung und -bereitstellung

`RMySQL`
Import von Daten aus MySQL-Datenbanken. R verfügt auch über die Möglichkeit, eine Reihe weitere Datenbanken direkt anzusprechen oder über eine ODBC-Schnittstelle abzufragen; wir beschränken uns hier aber auf dieses Paket. Mit RMySQL können auch Daten aus MySQL-Datenbanken eingelesen werden, die den vollen Unicode-Umfang unterstützen (ab MySQL Version 5.5).

`HistData`
Dieses von Michael Friendly zusammengestellte Paket enthält eine Reihe kleinerer Datensätze, die für die Geschichte der Datenvisualisierung von großer Bedeutung sind, wie etwa die Straßen von London 1854 mit Angaben zu den Orten des Ausbruchs der Cholera von Charles Snow, Francis Galtons Messungen zur Regressionsrechnung oder die Daten, die der Karte von Charles Joseph Minard zu Napoleons Russlandfeldzug zugrunde liegen. Letztere werden hier in Abschn. 11.7 verwendet.

`memisc`
Das Paket `memisc` von Martin Elff ist eine nützliche Zusammenstellung von rund 50 Funktionen für das Management von Umfragedaten. Insbesondere die Verwendung von SPSS-Datensätzen wird mit dem Paket erheblich erleichtert.

`reshape, reshape2`
Das kleine, aber mächtige Paket `reshape` von Hadley Wickham erleichtert die Umstrukturierung von Daten. Dazu dienen die Funktionen `melt()` und `cast()`, mit denen Daten in ein „langes" oder „weites" Format transformiert werden:

```
> x
  ID V1 V2
1  1  3  4
2  2  4  3
3  3  1  9
> y<-melt(x, id="ID")
> y
  ID variable value
1  1       V1     3
2  2       V1     4
3  3       V1     1
4  1       V2     4
5  2       V2     3
6  3       V2     9
> cast(y)
  ID V1 V2
1  1  3  4
2  2  4  3
3  3  1  9
```

Zusätzlich können bei `cast()` statistische Formeln angegeben werden, wodurch sich auch komplexe Restrukturierungen von Daten auf kompakte Weise realisieren lassen. Das Paket hat 2006 zusammen mit dem ebenfalls von Hadley Wickham entwickelten Paket `ggplot` den John Chambers Award for Statistical Computing gewonnen. `reshape2` ist eine neuprogrammierte Fassung von `reshape`, die schneller ist, hinsichtlich der Funktionalität aber `reshape` entspricht.

`sqldf`
Üblicherweise verwendet man in R die Sprache SQL für die Abfrage von Datenbankinhalten. Dabei wird eine SQL-Anweisung an eine Datenbank geschickt und das Ergebnis der Abfrage in R eingelesen. Das unscheinbare Paket `sqldf` von Gabor Grothendieck erlaubt es, SQL-Anweisungen direkt in R und bezogen auf R-Datensätze zu formulieren. Die Daten werden in eine temporäre SQLite-Datenbank geschrieben, die SQL-Anweisung dort ausgeführt, das Ergebnis an R zurückgeliefert und die Datenbank wieder gelöscht. Damit bestehen sehr mächtige Datenmanipulationsmöglichkeiten, die hier für die Erstellung des Datensatzes `fortune.RData` verwendet wurden (Abschn. 6.3).

Grafik

`gplots`
stellt rund 25 Funktionen zur Erstellung von Grafiken oder Grafikelementen zur Verfügung. Wir verwenden es für unser Beispiel zur Erstellung eines Ballonplots in Abschn. 6.3.6 sowie für die Funktion `barplot2()` in Abschn. 8.1.3, die gegenüber der im Paket `graphics` enthaltenen Funktion `barplot()` weitere Möglichkeiten bietet.

`gridBase`
Das Paket `gridBase` von Paul Murrell enthält lediglich eine Funktion, `baseViewports()`, die eine Verbindung zwischen dem traditionellen Grafiksystem von R und seinem `grid`-System herstellt. Im vorliegenden Buch machen wir keine direkte Verwendung davon.

`plotrix`
Das von Jim Lemon bereitgestellte Paket `plotrix` enthält eine bunte Mischung aus knapp 150 Funktionen zur Erstellung unterschiedlichster Grafiken oder Grafikelemente. Wir machen davon in verschieden Beispielen Gebrauch.

`RColorBrewer`
Das Paket stellt lediglich eine gleichnamige Funktion zur Verfügung. Es gehört zu den Top Ten der am häufigsten heruntergeladenen Pakete von R. Mit der Funktion werden ColorBrewer-Farbpaletten (siehe Abschn. 3.3.9) in R zur Verfügung gestellt. Von dieser Möglichkeit machen wir hier in diversen Beispielen Gebrauch.

`Hmisc`
Auch `Hmisc` von Frank E. Harrell Jr. gehört zu den sehr häufig heruntergeladenen Paketen. Mit über 130 Funktionen und mehr als 360 Seiten Dokumentation gehört es zu den Schwergewichten unter den 4000 R-Paketen. Im vorliegenden Buch verwenden wir es zum einen für den Import von SPSS-Daten (die aber auch mit dem Paket `memisc` importiert werden könnten) sowie die Funktion `dotchart2()`, die gegenüber den Funktion `dotchart()` aus dem Basis-Grafikpaket erweiterte Möglichkeiten bietet (Abschn. 6.3).

Weitere Pakete

`ellipse`
Das Paket dient, wie der Name vermuten lässt, dem Zeichnen von Ellipsen, wovon wir in Abschn. 9.1.4 Gebrauch machen.

`fBasics`
Das Paket `fBasics` gehört zu der Gattung der Lehrpakete. Es stellt Funktionen zur Finanzmarktanalyse bereit. Aus diesem Paket benötigen wir lediglich die Funktion `seqPalette()` zur Erstellung von Farbabstufungen einzelner Segmente in Balkendiagrammen.

ineq
Zur Berechnung der notwendigen Daten von Lorenzkurven (Abschn. 7.3.1) eignet sich das Paket ineq von Achim Zeileis.

sfsmisc
Bei sfsmisc handelt es um ein Paket, das am Seminar für Statistik ETH Zürich entstanden ist und verschiedene Themen umfasst. Im vorliegenden Buch wurde Abb. 2.7 mit der Funktion p.ts() aus diesem Paket erstellt.

zoo
Das vorbildlich dokumentierte Paket zoo („Zeisel's Ordered Observations") von Achim Zeisel und Gabor Grothendieck bietet zahlreiche Möglichkeiten der Verarbeitung von Zeitreihendaten. Es gehört zu den Top Ten der am häufigsten heruntergeladenen Pakete. In Abschn. 8.3.6 verwenden wir es für eine alternative Achsengestaltung.

Für Karten

geoR
Eine Reihe von Funktionen zur geostatistischen Analyse bietet das Paket geoR. Wir verwenden daraus in Abschn. 10.2.1 die Funktion jitterDupCoords(), die die Sichtbarkeit überlagerter Punkte in einem Streudiagramm oder einer Karte verbessert.

mapdata
Bei mapdata handelt es sich um ein Paket, das keine Funktionen, sondern lediglich Daten bereitstellt. Ergänzend zu dem Paket maps werden Kartendaten für China, Japan, Neuseeland, für zahlreiche Flüsse sowie eine Weltkarte in höherer Auflösung als in maps bereitgestellt.

maps
Das Paket maps bietet die Funktion map() zum Zeichnen von Karten sowie dazugehörige Kartendaten in Form von „Datenbanken" für die Welt, eine Reihe von Städten und eine kleine Auswahl von Ländern.

maptools
Rund 50 Funktionen zur Unterstützung raumbezogener Analysen und des Zeichnens von Karten bietet das Paket maptools von Roger Bivand. Für die Kartenbeispiele verwenden wir daraus die Funktion readShapeSpatial() zum Einlesen der Kartendaten im ESRI-Shapeformat sowie legend.bubble() für das Zeichnen von Legenden.

sp
Ebenfalls von Roger Bivand sowie von Edzer Pebesma ist das Paket sp, das R um Klassen und Methoden für räumliche Daten erweitert. sp ergänzt die Funktion plot() um eine Methode zum Zeichnen von Karten. Das Paket stellt mit spplot auch eine eigene Funktion zur Abbildung von Karten zur Verfügung; diese basiert

3.4 R-Pakete und -Funktionen in diesem Buch 77

jedoch auf dem Grafiksystem `grid` und ist zur Verwendung bei lattice-Grafiken geeignet.

`rgdal`

`rgdal` ist ein Paket, das die Verbindung von R zur *Geospatial Data Abstraction Library* herstellt.[17] Für unsere Kartenbeispiele nutzen wir daraus die Funktion `spTransform()`, mit der wir die Karten in eine Mercator-Projektion transformieren. Das Paket setzt eine Installation von GDAL und PROJ.4 voraus.

3.4.2 Funktionen

Diese Liste soll Ihnen auch als Nachschlagewerk dienen. Insgesamt wurden in dem Buch etwa 120 Funktionen verwendet. Eine ausführliche Beschreibung sowie konkrete Beispiele finden Sie in der Hilfe von R durch Aufruf von `help ('Funktionsname')`.

Alle Verwendungen fast aller Funktionen sind im Register am Ende des Buches aufgeführt. In aller Regel wird die Verwendung einer Funktion bei ihrem ersten Gebrauch ausführlicher erläutert, so dass hier auch insbesondere auf die ersten Verweisangaben hingewiesen sei.

In geschweiften Klammern steht jeweils der Name des Pakets, das die Funktion enthält.

`abline {'graphics'}`
Zeichnen von Linien in eine Grafik. Wir verwenden hier nur die Argumente v und h, um bei Balkendiagrammen, Boxplot, Dotcharts und Zeitreihen vertikale und horizontale Linien einzuzeichnen.

`abs {'base'}`
Berechnung absoluter Werte.

`aggregate {'stats'}`
Aggregation von Daten. Verwendung bei den Boxplots.

`agrep {'base'}`
Wörtlich: „Approximate Global Regular Expression Print". Gibt die Position der Elemente zurück, in denen der Suchbegriff gefunden wurde.

```
> x<-c("Peter", "Paul", "Maria", "Paula")
> agrep("Paul", x)
[1] 2 4
```

`arctext {'plotrix'}`
Schreibt Text um einen (imaginären) Kreisbogen herum. In diesem Buch lediglich bei den Radialsäulendiagrammen verwendet.

---

[17] http://www.gdal.org.

`arrows {'graphics'}`
Pfeile bzw. Linien – wenn die Enden weggelassen werden. Verwendet u.a. bei der mehrfarbigen Bevölkerungspyramide bei zwei Lorenzkurven-Beispielen und zwei Zeitreihenbeispielen.

`as.factor {'base'}/as.matrix {'base'}/as.numeric {'base'}`
Funktionen zur Umwandlung von Datentypen. In knapp der Hälfte aller Beispiele verwendet.

`attach {'base'}`
Fügt dem Suchpfad von R einen Datensatz hinzu. Das hat lediglich praktische Gründe: Dadurch muss der Name des Datensatzes nicht mehr der Variable vorangestellt werden, wenn eine Variable dieses Datensatzes verwendet wird. Falls man in einem Skript also häufiger auf die Variable zugreifen möchte, spart man sich somit Tipparbeit.

`axis {'graphics'}`
Zeichnen von Achsen. Oftmals ist es flexibler, bei einem Aufruf von `plot()` die Achsen mit `axes=FALSE` zu unterdrücken und diese dann hinterher separat zu zeichnen.

`barp {'plotrix'}`
Zeichnen eines Balkendiagramms. Bietet andere Einstellungsmöglichkeiten als die konventionelle `barplot()`-Funktion, insbesondere das Argument `staxx`, das zweizeilige Achsenbeschriftungen erlaubt.

`barplot {'graphics'}`
Die Standardfunktion zum Zeichnen von Balkendiagrammen.

`box {'graphics'}`
Zeichnen einer Box um die Daten. Der Linientyp wird über den Parameter `lty` festgelegt. Bei `plot()` wird standardmäßig eine Box gezeichnet.

`boxplot {'graphics'}`
Standardfunktion zum Zeichnen von Boxplots. Der Boxplot ist eher eine explorative Grafik, die sich an Spezialisten wendet. In einer reduzierten Form, wie in den beiden von uns verwendeten Beispielen (Abschn. 7.1.4, Abschn. 7.1.5), ist sie unserer Ansicht nach aber auch durchaus allgemeinverständlich.

`bumpchart {'plotrix'}`
Funktion zum Zeichnen von Bumpcharts (siehe Abschn. 6.3.3).

`c {'base'}`
Eine generische Funktion, die ihre Argumente kombiniert. Beispiel: `x<-c("A", "B", "C")` erzeugt einen Vektor x mit den Elementen A, B und C. Das ist nicht nur die Funktion mit der kürzesten Bezeichnung, sondern auch die von uns am häufigsten verwendete (über 150 mal).

`cairo_pdf {'grDevices'}`
Öffnet eine PDF-Ausgabe für die folgenden Abbildungsvorgänge. Die Funktion ermöglicht die Einbettung aller auf dem Betriebssystem installierten Schriften vom Format OTF oder TTF. Die Ausgabe muss am Ende mit `dev.off()` geschlos-

3.4 R-Pakete und -Funktionen in diesem Buch   79

sen werden, um die in der Funktion als Argument angegebene Datei verfügbar zu machen.

Im Gegensatz zu der Funktion `pdf()` bietet `cairo_pdf()` keinen Parameter `colormodel`, mit dem unmittelbar eine CMYK-Datei erstellt werden könnte. Das ist aber kein echter Nachteil, da man die erzeugten Dateien bei Bedarf an anderer Stelle konvertieren kann (siehe Abschn. 3.3.9).

cbind {'base'}
Spaltenweise Verbindung von zwei Objekten zu einem neuen Objekt. Zeilenweise Verbindung siehe `rbind()`.

close {'base'}
Schließen einer Verbindung, die zum Beispiel mit `url()` geöffnet wurde.

colnames {'base'}
Abfragen oder definieren von Spaltennamen für eine Matrix. Zeilennamen werden entsprechend mit `rownames()` abgefragt oder definiert.

cumsum {'base'}
Kumulative Summen des Arguments:

```
> x<-c(3, 7, 2)
> cumsum(x)
[1]  3 10 12
```

curve {'graphics'}
Zeichnen einer Funktion. Wird in diesem Buch bei einem Streudiagramm-Beispiel verwendet (Abschn. 9.1.3).

cut {'base'}
Funktion zur Klassifikation einer kontinuierlichen Variable in n Klassen. Hierzu werden *alle* Klassengrenzen angegeben, also auch die oberste und unterste, und nicht nur die Grenzen zwischen den einzelnen Klassen. Liegt ein Wert unter der untersten oder über der obersten Grenze, wird ein Missing Value erzeugt:

```
> Z <- stats::rnorm(5)
> K <- cut(Z, breaks = -1:1)
> daten<-data.frame(Z)
> daten$K<-K
> daten
           Z       K
1   0.6427941   (0,1]
2  -0.9235626  (-1,0]
3  -0.4714838  (-1,0]
4   0.6211350   (0,1]
5  -1.3534794    <NA>
```

Diese Funktion benötigen wir zum Beispiel bei den Choroplethenkarten.

data.frame {'base'}
Umwandlung eines Objekts (in der Regel einer Matrix) in einen Datensatz.

data {'utils'}
Laden eines im System vorhandenen Datensatzes. Dateien werden dagegen mit load() geladen.

dbGetQuery {'RMySQL'}
Übergabe einer SQL-Anweisung an eine MySQL-Datenbank.

dev.off {'grDevices'}
Schließen der Grafik-Ausgabe.

dotchart {'graphics'}
Standardfunktion zur Erstellung eines Dotcharts.

dotchart2 {'Hmisc'}
Eine „verbesserte" Version von dotchart() mit einigen zusätzlichen Optionen. Für unsere Zwecke ist vor allem die Option add=TRUE hilfreich, die im Dotchart-Beispiel Abschn. 6.1.11 verwendet wird.

ellipse {'ellipse'}
Zeichnen einer Konfidenzregion als Ellipse. Wird in diesem Buch bei einem Streudiagramm-Beispiel verwendet (Abschn. 9.1.4).

exists {'base'}
Prüft, ob ein Objekt existiert.

factor {'base'}
Umwandlung einer Variable in einen Faktor (siehe oben).

fitted {'stats'}
Gibt die geschätzten Werte eines Modells für die vorhandenen Daten zurück, also zum Beispiel eine Regressionsgerade.

floating.pie {'plotrix'}
Kreisdiagramm, bei dem angegeben werden kann, wo es in einem Koordinatensystem gezeichnet werden soll. In Verbindung mit der Möglichkeit, über eine Datenregion herausragende Teile abzuschneiden, können wir damit Abbildungen zu Sitzverteilungen (Halbkreise) erstellen.

format {'base'}
Formatierung eines Objekts, zum Beispiel Anzeige von Dezimalzahlen mit zwei Dezimalstellen.

hist {'graphics'}
Zeichnen eines Histogramms.

is.na {'base'}
Prüfung, ob ein Element ein fehlender Wert ist.

lapply {'base'}
Die Funktionen apply(), lapply() und sapply() bilden jeweils eine Art Schleife: Eine Funktion wird auf jedes Element eines Objekts (Vekoren, Arrays, Listen) angewendet.

3.4 R-Pakete und -Funktionen in diesem Buch

`layout` {'graphics'}
Aufteilung der Abbildung in mehrere Teilbereiche, in denen jeweils eigene Grafiken gezeichnet werden können. Gegenüber `par(mfrow=c(n,m))` bzw. `par(mfcol=c(n,m))` sind auch Aufteilungen ungleicher Größe möglich.

`Lc` {'ineq'}
Berechnen der Werte, die zum Zeichnen einer Lorenzkurve benötigt werden.

`legend` {'graphics'}
Zeichnen einer Legende.

`length` {'base'}
Ermitteln der Länge eines Objekts. Beachten Sie: Die Länge eines Datensatzes ist für R die Anzahl seiner Variablen bzw. Spalten.

```
> daten1
  V1 V2 V3
1  1  2  3
2  2  3  2
3  3  2  2
4  1  1  3
> length(daten1)
[1] 3
```

Die Anzahl der *Zeilen* wird über `nrow()` ermittelt.

```
> nrow(daten1)
[1] 4
```

`levels` {'base'}
Abfrage bzw. Definition von Bezeichnungen der Kategorien einer Variable.

`library` {'base'}
Laden eines Pakets.

`lines` {'graphics'}
Zeichnen von Daten als Linie.

`list` {'base'}
Erstellung eines Objekts vom Typ „Liste".

`lm` {'stats'}
Funktion zur Anpassung eines linearen Modells an Daten. Wird zur Berechnuung der Regressionsgeraden in einem Streudiagramm-Beispiel verwendet.

`load` {'base'}
Laden einer R-Datendatei.

`matrix` {'base'}
Erstellt aus den angegebenen Werten eine Matrix.

`merge` {'base'}

Entspricht der Funktionalität des `join`-Parameters einer SQL-Anweisung: Verknüpfung zweier Datensätze durch verschiedene Bedingungen.

`monthplot {'stats'}`
Erstellung eines sogenannten *Seasonal Subseries Plot*.

`mtext {'graphics'}`
Randtext für Grafiken und Abbildungen.

`na.omit {'stats'}`
Ausschluss fehlender Werte.

`nrow {'base'}`
Ermitteln der Anzahl der Zeilen eines Arrays oder Datensatzes (siehe auch `length()`).

`order {'base'}`
Sortierung von Daten. Die Funktion gibt die Positionen der Elemente in einem sortierten Vektor zurück:

```
> y<-c("a", "c", "b")
> order(y)
[1] 1 3 2
```

`par {'graphics'}`
Setzen von Grafikparametern.

`paste {'base'}`
Aneinanderhängen von Zeichenketten.

`pie {'graphics'}`
Zeichnen eines Kreisdiagramms.

`plot {'graphics'}`
Die zentrale Funktion zur Erstellung von Grafiken.

`points {'graphics'}`
Zeichnen von Datenpunkten in eine Grafik.

`polygon {'graphics'}`
Zeichnen von Polygonen in eine Grafik.

`print {'base'}`
Druck oder Anzeige eines Objekts.

`profile.plot {...}`
Zeichnen eines Profildiagramms.

`radial.pie {'plotrix'}`
Zeichnen eines Radialsäulendiagramms.

`radial.plot {'plotrix'}`
Zeichnen eines Radialpolygons.

`rbind {'base'}`

3.4 R-Pakete und -Funktionen in diesem Buch

Zeilenweise Verbindung von zwei Objekten zu einem neuen Objekt. Spaltenweise Verbindung siehe `cbind()`.

`read.csv {'utils'}`
Import einer Datei im CSV-Format.

`read.xls {'gdata'}`
Import einer Datei im Excel-Format.

`readShapeSpatial {'maptools'}`
Import eines Karten-Shapefiles.

`rect {'graphics'}`
Zeichnen eines Rechtecks.

`rep {'base'}`
Wiederholung eines Ausdrucks.

`residuals {'stats'}`
Ausgabe der Residuen eines zuvor an Daten angepassten Modells.

`rev {'base'}`
Umdrehung der Elemente eines Vektors oder eines anderen Objekts, dessen Elemente in ihrer Reihenfolge umgedreht werden können. Bei einer Matrix oder einem Datensatz wird die Datei zeilenweise umgeordnet.

`rgb {'grDevices'}`
Erzeugung von Farben nach dem RGB-Farbmodell.

`round {'base'}`
Rundung eines Objekts.

`rownames {'base'}`
Abfragen oder definieren von Zeilennamen für eine Matrix. Spaltennamen werden entsprechend mit `colnames()` abgefragt oder definiert.

`rowSums {'base'}`
Berechnung der Zeilensummen für Arrays oder Datensaätze.

`sapply {'base'}`
Siehe `lapply()`.

`scatterplot3d {'scatterplot3d'}`
Erstellung eines 3D-Streudiagramms. In diesem Buch zur Erstellung eines Kartenbeispiels verwendet (Abschn. 10.2.4).

`seqPalette {'fBasics'}`
Funktion zur Erstellung einer sequentiellen Farbpalette.

`sort {'base'}`
Sortierung eines Objekts.

`source {'base'}`
Einbindung eines (Teil-)Skriptes aus einer Datei.

`spss.system.file {'memisc'}`
Import eines SPSS-Datensatzes aus einer Datei.

spTransform {'sp'}
Transformation einer Kartenprojektion in eine andere.
sqldf {'sqldf'}
Anwendung einer SQL-Anweisung auf Datensätze.
strsplit {'base'}

```
> x<-c("Stimme nicht zu", "Stimme zu")
> strsplit(x, " ")
[[1]]
[1] "Stimme" "nicht" "zu"

[[2]]
[1] "Stimme" "zu"
```

strwrap {'base'}

```
> x<-"Das ist ein Satz, der mehr als nur wenige Worte enthält."
> strwrap(x, width=20)
[1] "Das ist ein Satz," "der mehr als nur" "wenige Worte"
 "enthält."
```

Aufteilung einer Zeichenkette in mehrere Teilzeichenketten.
subset {'base'}
Auswahl einer Teilmenge eines Datensatzes, einer Matrix oder eines Vektors.
substr {'base'}
Ausgabe eines Teils einer Zeichenkette.
t {'base'}
Transponierung eines Datensatzes oder einer Matrix.
text {'graphics'}
Zeichnen von Text in eine Grafik.
title {'graphics'}
Zeichnen eines Titels in eine Grafik.
ts {'stats'}
Erstellung eines Zeitreihenobjekts.
unique {'base'}
Ausgabe der verschiedenen Elemente eines Vektors, Arrays oder Datensatzes.
url {'base'}
Öffnen einer Verbindung mit Angaben einer Internet-Adresse.
which {'base'}
Gibt die Positionen der Elemente eines Objekts zurück, auf die die als Argument übergebene Bedingung zutrifft.

3.4 R-Pakete und -Funktionen in diesem Buch

```
> x<-c(4, 3, 1)
> which(x>1)
[1] 1 2
```

`xline {'fields'}`
Einzeichnen vertikaler Linien in eine Grafik.

`yline {'fields'}`
Einzeichnen horizontaler Linien in eine Grafik.

Ein gemeinsames Erscheinungsbild

R bietet die Möglichkeit, Befehle, die zu Beginn und zum Ende einer Arbeitssitzung ausgeführt werden sollen, in zwei Profildateien zu schreiben. Beim Start des Programms wird zunächst der Inhalt einer Datei mit Namen `Rprofile.site` überprüft, die sich im R-Programmverzeichnis befindet. Ist darüber hinaus eine Datei `.Rprofile` entweder im aktuellen Arbeitsverzeichnis oder im Home-Verzeichnis des angemeldeten Accounts vorhanden, wird anschließend diese Datei vom Programm bearbeitet. In diese Datei können wir zwei Funktionen integrieren: Die Funktion `.First` und deren Inhalt wird zu Beginn der R-Sitzung ausgeführt, die Anweisungen in der Funktion `.Last` am Ende der Sitzung.

Das können wir nutzen, um immer wiederkehrende Grundeinstellungen auszuführen.

```
.First<-function(){
library(grDevices)
library(graphics)
library(gdata)
dev.off(2)
}

.Last<-function(){
# Hier Funktionen, die zuletzt ausgeführt werden sollen
}
```

3.4.3 Schematische Vorgehensweise

Abschließend wollen wir anhand Abb. 3.33 noch einmal die grundsätzlichen Schritte bei der Erstellung einer Abbildung illustrieren.

Schritt 1:
`cairo_pdf("meinedatei.pdf",width=9,height=6)`

Schritt 2:
`cairo_pdf("meinedatei.pdf",width=9,height=6)`
`par(mfcol=c(1,2))`

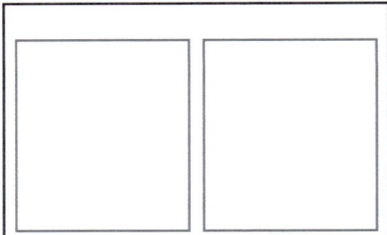

Schritt 3:
`cairo_pdf("meinedatei.pdf",width=9,height=6)`
`par(mfcol=c(1,2))`
`barplot(x)`
`barplot(y)`

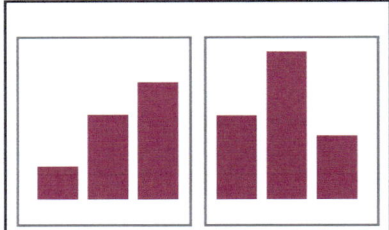

Schritt 4:
`cairo_pdf("meinedatei.pdf",width=9,height=6)`
`par(mfcol=c(1,2))`
`barplot(x)`
`barplot(y)`
`mtext(side=3, "Hello World", outer=T, adj=0.5)`

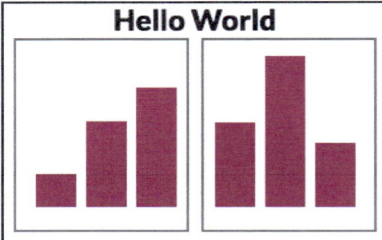

dev.off() ⟶ meinedatei.pdf

Abb. 3.33 Ablaufschema der Abbildungserstellung durch die Skripte

Kapitel 4
Über R hinaus

R bietet umfassende Möglichkeiten zur Gestaltung statistischer Abbildungen. Dennoch ist es sinnvoll, zur ergänzenden Bearbeitung der Abbildungen gelegentlich zwei weitere Programme hinzuzuziehen: LaTeX und Inkscape. Beiden Programme sind unter Open-Source-Lizenzen frei verfügbar.

4.1 Ergänzungen mit LaTeX

Mit LaTeX „programmieren" Sie Text. Das hört sich komplizierter an, als es ist. Zugegebenermaßen ist das etwas gewöhnungsbedürftiger als die Verwendung eines Textverarbeitungsprogramms wie Word oder OpenOffice, bei denen auch Anfänger sofort loslegen können; aber für unser Thema gilt, was auch Nathan Yau ganz unmissverständlich formuliert hat: Programmierkenntnisse sind außerordentlich hilfreich. Mit LaTeX ist es möglich, mit wenigen Zeilen Code Abbildungen um typographisch ansprechende Erläuterungen zu ergänzen, wie in diesem Beispiel (Abb. 4.1).

Der Vorteil der hier beschriebenen Lösung besteht darin, dass die Erläuterungen Teil der Abbildung sind und nicht separat behandelt werden müssen.

Die Software LaTeX baut auf dem Textsatzprogramm TeX auf. Sowohl TeX als auch LaTeX wurden in den vergangenen Jahrzehnten permanent weiterentwickelt und bieten sehr ausgereifte Möglichkeiten zur Gestaltung von Dokumenten. Die Regeln zum Umbruch von Zeilen und Seiten sind den meisten anderen Programmen überlegen. Aktuelle Versionen von TeX, wie pdfTeX oder XeTeX, produzieren unmittelbar PDF-Dateien als Ausgabe, verwenden auch mikrotypografische Regeln wie etwa Adobe InDesign und bieten native Unicode-Unterstützung. Mit diesen aktuellen Versionen können alle auf dem Betriebssystem installierten TrueType- und OpenType-Fonts direkt verwendet werden.[1]

---

[1] David J. Perry hat eine schöne und moderne Einführung geschrieben: http://scholarsfonts.net/xetextt.pdf. Empfehlenswert ist auch die umfassende Einführung von Voß, Herbert (2012): Ein-

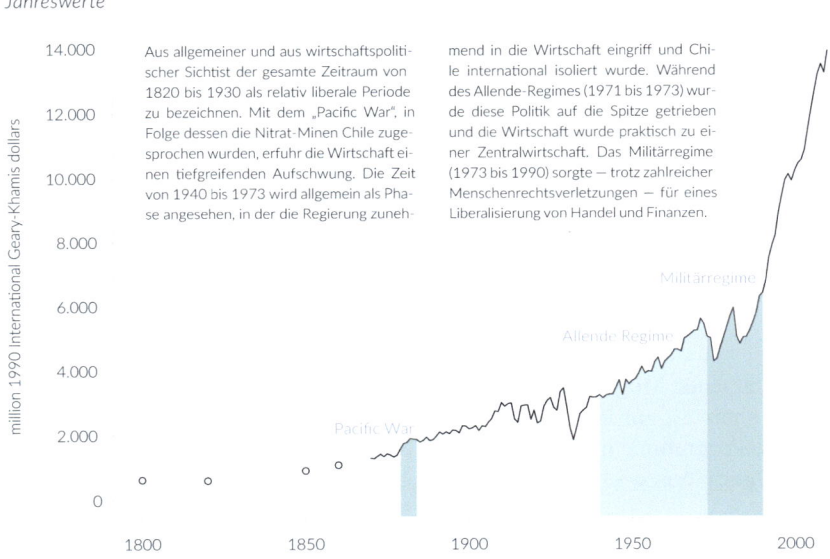

Abb. 4.1 Beispielabbildung mit Textergänzung durch LaTeX

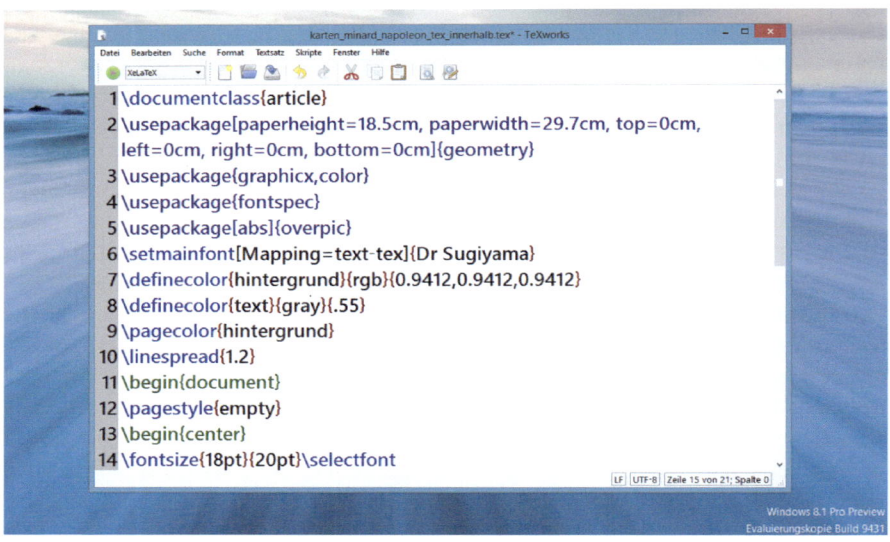

Abb. 4.2 TeXworks in Windows 8.1

4.1 Ergänzungen mit LaTeX

Die Windows-Version von LaTeX wird in Deutschland von der *Deutschsprachigen Anwendervereinigung TeX e.V.* (dante) zur Verfügung gestellt, die auch deren Installation erläutert.[2]

Für Windows, Mac OS X und Linux stehen freie, komfortable Editoren/Arbeitsumgebungen zur Verfügung, wie zum Beispiel TeXworks,[3] das auf allen drei Plattformen identisch aussieht und funktioniert.

R bietet eine Reihe von Exportmöglichkeiten in das LaTeX-Format. Wir werden die Software jedoch dazu nutzen, die von R erzeugten PDF-Dateien in XeLaTeX-Dateien einzulesen, mit wenigen Befehlen um Textelemente zu ergänzen und wiederum als PDF-Datei abzuspeichern. Wir benutzen LaTeX ausschließlich, um einseitige PDF-Dokumente zu erzeugen. Die Verwendung von LaTeX folgt dabei immer dem gleichen Schema.

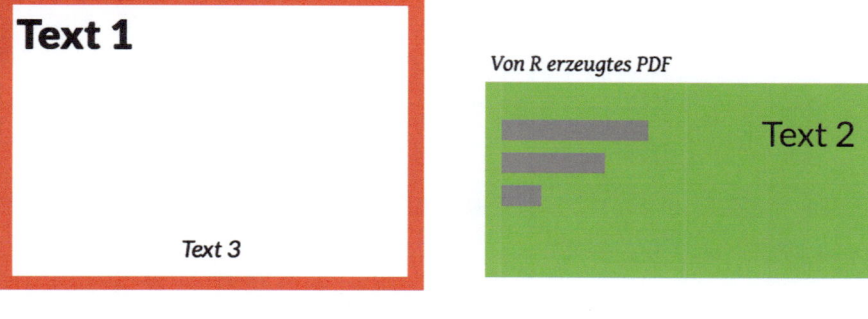

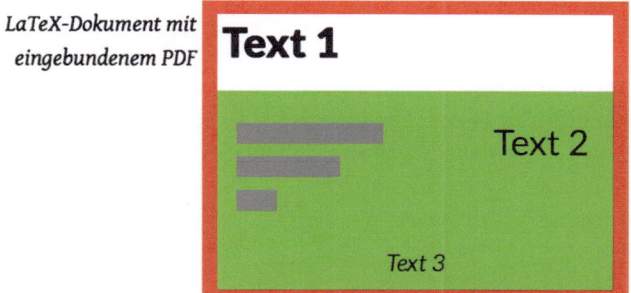

Abb. 4.3 Verbindung von R und LaTeX

---

führung in LaTeX unter Berücksichtigung von pdfLaTeX, XeLaTeX und LuaLaTeX, Berlin: Lehmanns.
[2] http://www.dante.de/tex/tl-install-windows/installation-einfach.html. Noch einfacher ist die Installation der Mac-Version: http://www.tug.org/mactex/.
[3] http://www.tug.org/texworks/.

LaTeX-Anweisungen werden immer mit einem Backslash eingeleitet. Parameterinhalte werden in geschweifte Klammern gesetzt, Optionen in eckige Klammern. Konkret sieht das wie folgt aus:

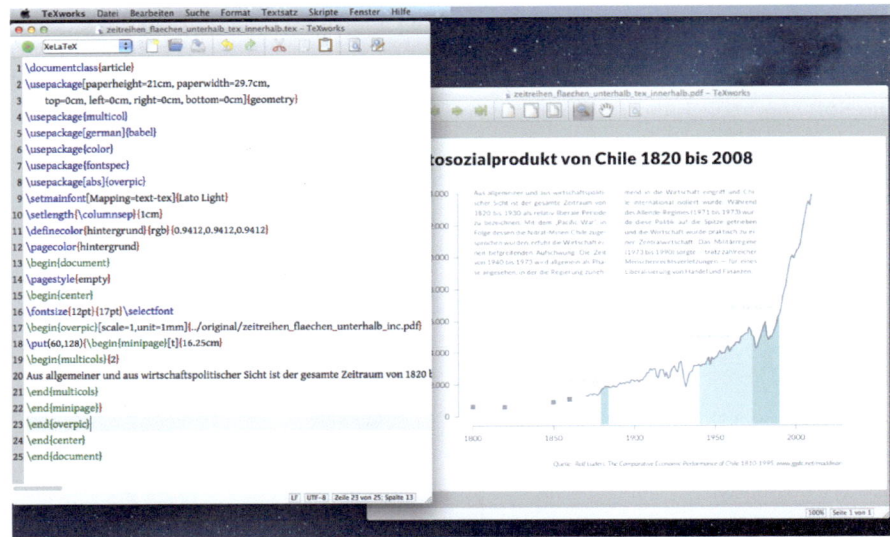

Abb. 4.4 TeXworks in Mac OS X

Betrachten wir dazu das obige Beispiel Zeile für Zeile:

\documentclass{article}

Definition des Dokumententyps. Diese Angabe ist obligatorisch und bewirkt eine Reihe von Voreinstellungen im Dokument. Für unsere Zwecke benötigen wir keinen speziellen Dokumenttyp, da wir aber einen angeben müssen, wählen wir article.

\usepackage[paperheight=21cm, paperwidth=29.7cm, top=0cm,
left=0cm, right=0cm, bottom=0cm]{geometry}

Mit dem Paket geometry können wir die Abmessungen der „Seite" (= Abbildung) exakt angeben. In diesem Fall wird die Abbildung 21 cm hoch und 29.7 cm breit. Das entspricht einer DIN-A4-Seite quer. Weiterhin setzen wir alle vier Ränder auf 0.

\usepackage{multicol}

Laden des Pakets multicol für mehrspaltigen Satz.

\usepackage[german]{babel}

4.1 Ergänzungen mit LaTeX

Laden des Paketes `babel` zur Berücksichtigung sprachspezifischer Besonderheiten. Mit der Option `german` werden zum Beispiel die Titel der Verzeichnisse eines Dokuments in deutscher Sprache ausgegeben. Wir benötigen das Paket nur, weil damit auch die deutschen Trennungsregeln geladen und angewendet werden.

`\usepackage{color}`

Laden des Pakets `color`, mit dem wir den Hintergrund des Dokuments bzw. der Seite in einer beliebigen Farbe setzen können.

`\usepackage{fontspec}`

Laden des Pakets `fontspec`, mit dem alle Systemschriften im TTF- oder OTF-Format in das LaTeX-Dokument eingebunden werden können.

`\usepackage[abs]{overpic}`

Laden des Pakets `overpic`, mit dem an beliebiger Stelle auf der Seite durch Angabe von Koordinaten eine Abbildung platziert werden kann.

`\setmainfont[Mapping=text-tex]{Lato Light}`

Angabe der zu verwendenden Schriftart.

`\setlength{\columnsep}{1cm}`

Definition des Spaltenabstands für den zweispaltigen Text.

`\definecolor{hintergrund}{rgb}{0.9412,0.9412,0.9412}`

Definition einer Farbe mit Namen `hintergrund`.

`\pagecolor{hintergrund}`

Einstellung der Hintergrundfarbe.

`\begin{document}`

Angabe, dass nun das Dokument beginnt. Das Ende des Dokumentes muss mit `\end{document}` angegeben werden (Zeile 25).

`\pagestyle{empty}`

Auf der Seite sollen keine Seitennummern oder Kopf- bzw. Fußzeilen erscheinen. Das wäre standardmäßig bei der Dokumentenklasse `article` der Fall.

```
\begin{center}
```

Der Inhalt der Ausgabe wird zentriert. Ein \begin{center} muss immer mit \end{center} abgeschlossen werden (Zeile 24).

```
\fontsize{12pt}{17pt}\selectfont
```

Angabe der Schriftgröße und des Grundlinienabstands.

```
\begin{overpic}[scale=1,unit=1mm]{zeitreihen_flaechen_unterhalb_inc.pdf}
```

Einbindung der von R erzeugten Abbildung. Ein \begin{overpic} muss immer mit \end{overpic} abgeschlossen werden (Zeile 23).

```
\put(60,120){\begin{minipage}[t]{16.25cm}
```

Absolute Positionsangabe für den Beginn des zweispaltigen Textes mit \put(). Die Breite des Textbereichs wird mit dem Befehl minipage angegeben.

```
\begin{multicols}{2}
```

Definition von zwei Spalten.

```
\end{multicols}
\end{minipage}}
\end{overpic}
```

Schließende Textauszeichnungen.

Mit dieser einfachen Methode lassen sich beliebige Kombinationen von Texten und Abbildungen realisieren. Einzige Voraussetzung ist eine mit pdf_cairo() erzeugte Abbildung, mit geeigneten Angaben für die Höhe und Breite (Abschn. 3.4.3), dann muss nur noch ein LaTeX-Rahmen „herumgebaut" werden, mit dem der Text beliebig neben oder innerhalb der Abbildung positioniert wird.

4.2 Manuelle Nachbearbeitung und Symbolfonterstellung in Inkscape

4.2.1 Nachbearbeitung

Als weitere sinnvolle Ergänzung in zweierlei Hinsicht bietet sich das Programm Inkscape an:[4] Das Programm, das unter einer Open-Source-Lizenz frei erhältlich

---

[4] http://inkscape.org.

4.2 Manuelle Nachbearbeitung und Symbolfonterstellung in Inkscape

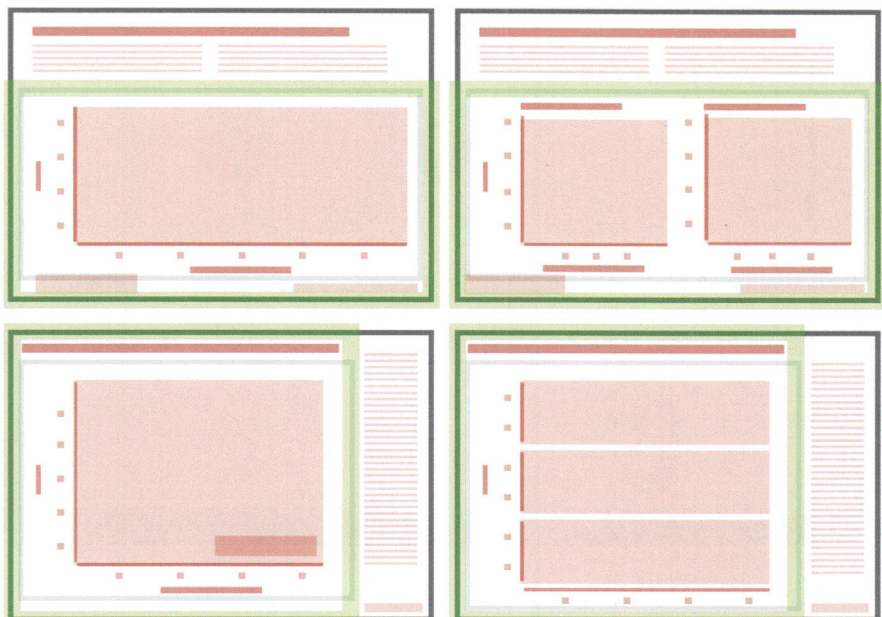

Abb. 4.5 Dimensionen der R-Abbildungen (*grüne Ränder*) und Ergänzung durch LaTeX

ist, bietet wie Adobe Illustrator die Möglichkeit, Vektorgrafiken zu bearbeiten. Das Programm kann PDF-Dateien öffnen, bearbeiten und wieder im PDF-Format abspeichern. Damit können einzelne Elemente der von R oder von R und LaTeX erzeugten PDF-Dateien bei Bedarf manuell korrigiert werden.

Inkscape können Sie auch als „Retter in der Not" auffassen: Man kann hier alles noch ändern, die Dicke und Position von Linien und Zahlen, die Farben, den Farbmodus umrechnen von RGB in CMYK, Fonts ändern und vieles mehr. Man kann sogar ganze Spalten an Text hinzufügen (wobei ich hierfür LaTeX eindeutig den Vorzug geben würde).

Der entscheidende Unterschied zu R ist, dass man hier nun ein Programm hat, mit dem man nicht mehr programmieren muss. Vielleicht darf man an dieser Stelle einräumen, dass die Dinge manchmal sehr viel schneller mit einem WYSIWYG-Programm gehen, die so etwas Praktisches wie Auto-Alignment haben.

Gerade wenn man einer Redaktion oder einem Drucker zuliefert, hat man mit solch einem Programm die Möglichkeit, wirklich alles noch einmal auf die Bedürfnisse der „nächsten Instanz" zu trimmen. Ob Sie das Feintunig am Ende mit Klicks in Inkscape vornehmen oder mit geeigneten Skript-Befehlen in R, bleibt natürlich Ihnen und der konkreten Situation überlassen.

Für den Rahmen dieses Buches bietet sich Inkscape insbesondere bei der Verschiebung von Beschriftungen in Streudiagrammen oder Karten an (Abb. 4.6).

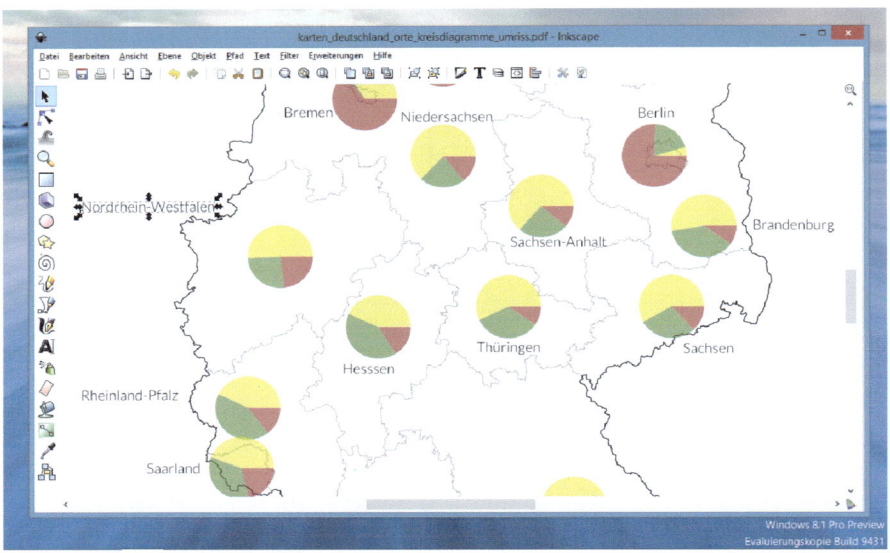

Abb. 4.6 Manuelle Nachbearbeitung mit Inkscape

Inkscape bietet darüber hinaus noch eine weitere hervorragende Ergänzung: die Möglichkeit aus Symbolen, die in Dateien im SVG-Format gespeichert sind, Fonts zu erstellen. Das werden wir im folgenden Schritt für Schritt erläutern.

4.2.2 Symbolfonterstellung

Haben Sie weder unter den Unicode-Zeichen noch in vorhandenen Fonts geeignete Symbole gefunden, können Sie sich in wenigen Schritten mit dem Programm Inkscape einen eigenen Symbolfont erstellen und die Symbole damit in R verfügbar machen. Zu diesem Zweck gibt es bereits eine Reihe Anleitungen im Netz, die zur ergänzenden Lektüre empfohlen sind, so zum Beispiel von Heydon Pickering[5] oder von Kay Hall[6]. Kay Hall hat ihre Anleitung auch als Video auf YouTube gestellt.[7]

1. Laden Sie sich zunächst eine leere SVG-Datei herunter, die bereits die richtigen Abmessungen für den Import von Glyphen hat, zum Beispiel die Datei `fontstarter.svg` von Kay Hall.[8] Die Datei benennen Sie zunächst in `datendesign.svg` um.

---

[5] http://www.webdesignerdepot.com/2012/01/how-to-make-your-own-icon-webfont/.
[6] http://cleversomeday.wordpress.com/2010/02/09/inkscape-dings/.
[7] http://www.youtube.com/watch?v=_KX-e6sijGE.
[8] https://app.box.com/shared/ohvifhn2ox.

4.2 Manuelle Nachbearbeitung und Symbolfonterstellung in Inkscape

2. In Inkscpape öffnen Sie die Datei mit *Datei ▶ Öffnen...*. Anschließend legen Sie sich noch drei Fenster auf den Desktop: *Objekt ▶ Füllen und Kontur...* sowie *Objekt ▶ Ausrichten und Abstände ausgleichen...*, schließlich noch *Text ▶ SVG-Schrift-Editor...*.
3. Laden Sie von der Seite des Noun Projekts das Icon „Protest" von Jakob Vogel.[9] Dazu müssen Sie angemeldet sein und bestätigen, dass Sie auf die Verwendung des Icons mit dem Satz „Protest designed by Jakob Vogel from The Noun Project" hinweisen. Das Icon wird dann als zip-Datei heruntergeladen. Die entpackte Datei hat den Namen noun_project_2376.svg. Diese importieren (nicht: öffnen) Sie mit *Datei ▶ Importieren...* und vergrößern das importierte Symbol bei gedrückter Strg -Taste durch Ziehen an einem der Randpfeile, bis es in etwa die Größe des Dateirahmens erreicht. In der Palette *Ausrichten und Abstände ausgleichen...* wählen Sie im Pulldown-Menü *Relativ zu: ▶ Seite*, markieren das Symbol und klicken in der Palette die Symbole für vertikales und horizontales Zentrieren an. Zuletzt müssen Sie noch *Objekt ▶ Gruppierung aufheben* und *Pfad ▶ Vereinigung* anklicken.
4. Im SVG-Schrift-Editor darüber klicken Sie anschließend auf *font 1* und überschreiben unter *Font-Familienname* die Voreinstellung „SVGFont 1" mit „Datendesign". Klicken Sie anschließend auf den Karteireiter *Glyphen* sowie die erste Zeile „glyph1 a" und *Kurven von der Auswahl erhalten*. Um das Ergeb-

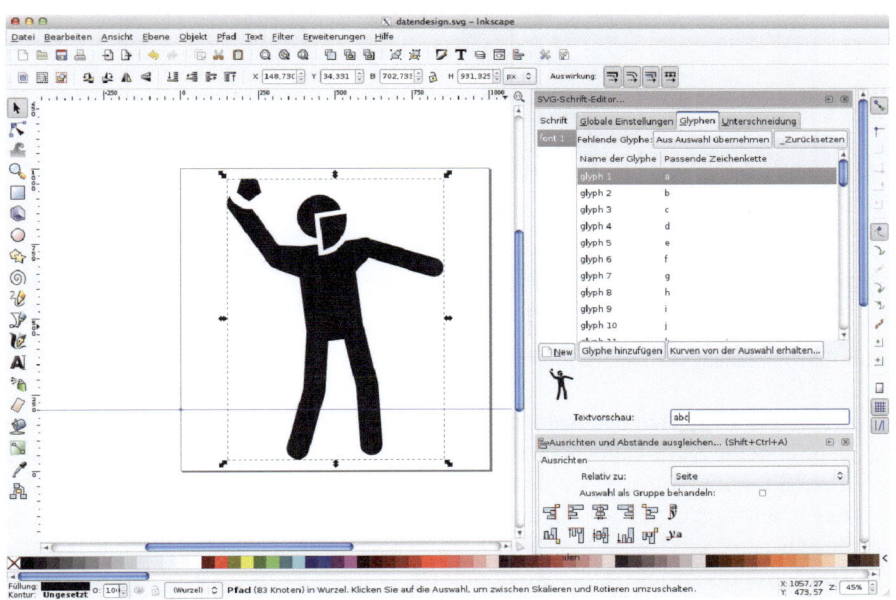

Abb. 4.7 Zuordnung der ersten Protest-Glyphe

---

[9] http://thenounproject.com/noun/protest/#icon-No2376.

nis sehen zu können, müssen Sie bei *Textvorschau* noch den Eintrag ersetzen. Schreiben Sie dort zum Beispiel „abc". Sie sollten nun das Protest-Symbol als erste Glyphe sehen, die dem Buchstaben „a" zugeordnet ist.

Anschließend können Sie das Symbol auf dem Zeichenblatt wieder löschen.

5. Laden Sie als zweites Protest-Symbol ein im Rahmen der Iconathon-Workshops erstelltes Icon herunter. Es hat die ID 758.[10] Die entpackte Datei hat den Namen `noun_project_758.svg`. Gehen Sie wie beim ersten Icon vor. Nach *Gruppierung aufheben* müssen Sie noch die vier Teileelemente des Symbols bei gedrückter ⇧-Taste anklicken und anschließend auf *Pfad ▶ Vereinigung* klicken. Klicken Sie auf „glyph2 b" und anschließend wieder auf *Kurven von der Auswahl erhalten*. In der Textvorschau sehen Sie nun die erhobene Faust als zweite Glyphe. Speichern Sie die Datei.

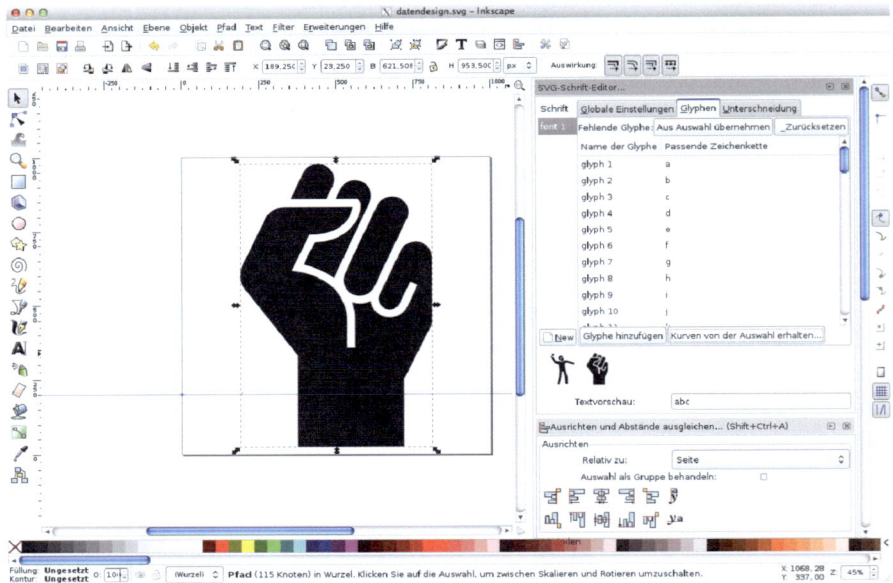

Abb. 4.8 Zuordnung der zweiten Protest-Glyphe

6. Damit der Font auch den Namen „Datendesign" erhält, müssen wir die von Inkscape erstellte SVG-Datei noch editieren. Öffnen Sie sie dazu in einem beliebigen Texteditor und suchen Sie den `font`-Tag. Ändern Sie hier und im darunter liegenden `font-face`-Tag die Einträge, wie in Abb. 4.9 markiert, in „Datendesign".

Das Ergebnis speichern Sie wiederum ab.

---

[10] http://thenounproject.com/noun/protest/#icon-No758.

4.2 Manuelle Nachbearbeitung und Symbolfonterstellung in Inkscape

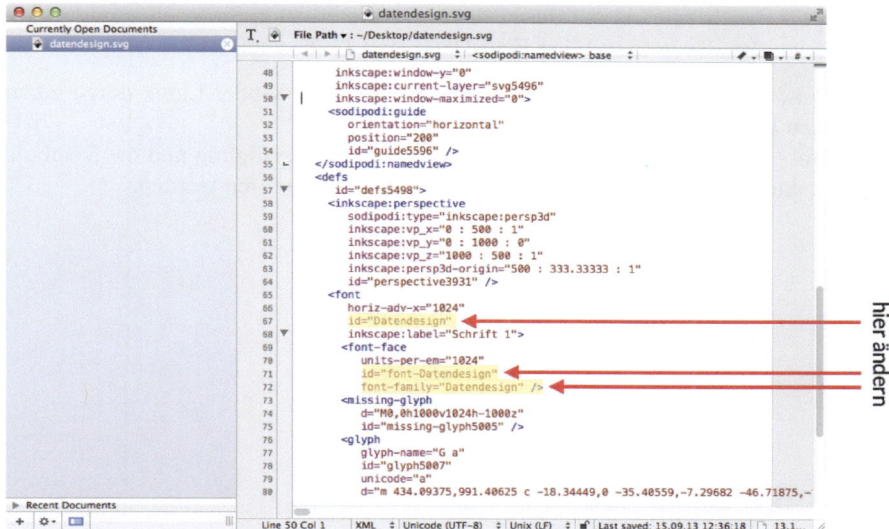

Abb. 4.9 SVG-Fontdatei im Editor

7. Die Konvertierung der SVG- in eine TTF-Datei, die dann als Schriftart auf Ihrem Betriebssystem installiert werden kann, übernehmen Online-Konvertierungsdienste.[11] Hier wählen Sie Ihre Datei aus und wählen als Zielformat „ttf (True

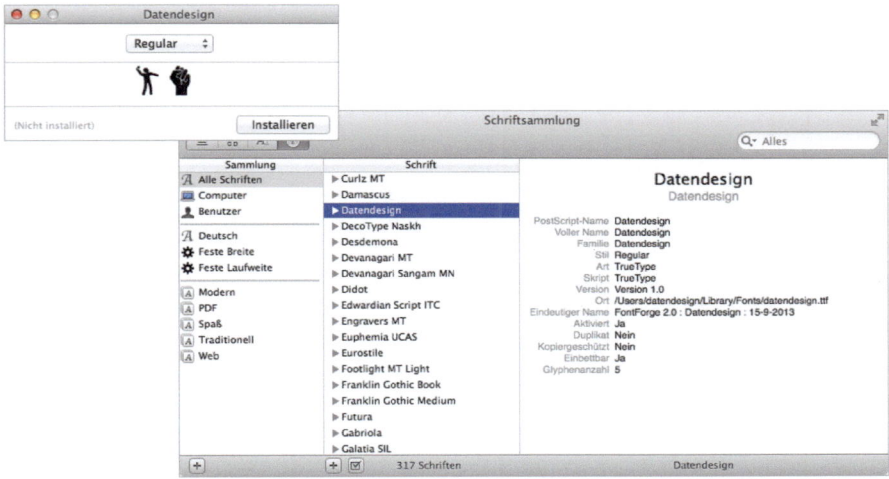

Abb. 4.10 Installation des Fonts in Mac OS X

---

[11] Zum Beispiel http://www.freefontconverter.com.

Type)". Nach Klicken auf den Convert-Button erhalten Sie nach wenigen Sekunden zum Downlowad Ihre Font-Datei im TTF-Format.

Nun können Sie den Font unter Windows, Mac OS X oder Linux durch einen einfachen Doppelklick installieren.

Damit steht der Font jetzt allen Anwendungen zur Verfügung und die Symbole können durch Auswahl der Buchstaben „a" und „b" abgerufen werden.

Kapitel 5
Zu den Beispielen

5.1 Versuch einer Systematik

Versucht man eine Systematisierung statistischer Visualisierungen, liegt es nahe, entweder von der Anzahl der dargestellten Variablen und ihrem Skalenniveau auszugehen oder von der Geometrie. Schauen wir uns dazu skizzenartig einige gängige Darstellungsformen in Abb. 5.1 an.

Die ersten drei Grafiken zeigen Säulen oder Balken. Damit können eine oder mehrere Variablen dargestellt werden, sowohl kategoriale Variablen, wie Anzahlen, als auch metrische, wie z. B. Durchschnitte. Gleiches gilt für Linien, die in Form eines Profildiagramms (4) Punkte von Kategorien abbilden, oder Zeitreihen (5), die Anzahlen oder statistische Kenngrößen im Zeitverlauf darstellen. Streudiagramme (6) setzen zwei metrische Variablen zueinander in Beziehung, sie können aber auch eine dritte kategoriale Variable enthalten, die farblich oder durch verschiedene Symbole gekennzeichnet wird. Weiterhin kann mit der Variation der Punktgröße eine dritte metrische Variable Berücksichtigung finden. Bei Diagrammen auf radialen Achsen (7, 8 und 9) können sowohl Linien als auch Flächen verwendet werden; damit werden sowohl eine Ausprägung mehrerer Variablen als auch mehrere Ausprägungen einer Variablen abgebildet.

Die Lorenzkurve (10) ist ein Liniendiagramm, das sich in keine der bisher genannten Kategorien so richtig einordnen lässt, ebenso wenig eine Reihe von Visualisierungen von Kontingenztabellen, wie zum Beispipel die so genannten Heatmaps (11). Und dann haben wir schließlich noch Geodaten (12), deren Visualisierung ebenfalls in mehrfacher Hinsicht möglich ist: als Flächen, mit Symbolen oder Linien, uni- oder multivariat. Viele Darstellungsformen können darüber hinaus mit jeweils anderen kombiniert werden.

Vermutlich ist es nicht möglich, eine konsistente und vollständige Systematik zu erstellen. Jaques Bertin hat in seiner Semiologie Diagramme mit zwei oder drei „Komponenten" unterschieden und für diese jeweils nichtquantitative und quantitative „Probleme" differenziert, darüber hinaus „Probleme, die mehr als drei Komponenten beinhalten".

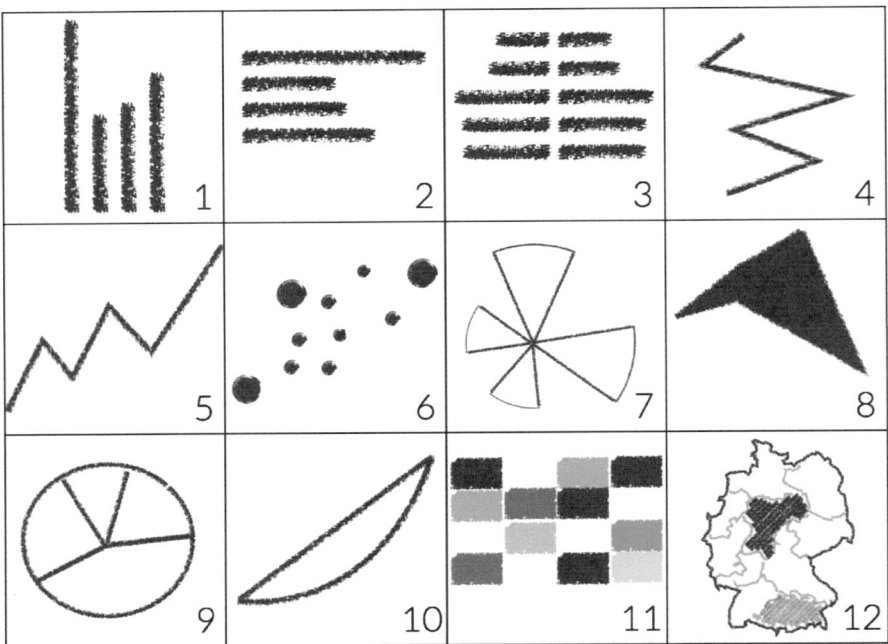

Abb. 5.1 Beispiele für Grafikarten (schematisch)

William S. Cleveland geht nicht von der Darstellung, sondern den Daten aus und unterscheidet univariate, bivariate, trivariate, hypervariate und „Multiway Data". Leland Wilkinson beschränkt sich in seiner Grammatik auf eine abstrakte Systematik, Edward Tufte verzichtet ganz auf eine Klassifikation und behandelt immer nur einzelne Aspekte.

Wir wählen daher eine pragmatische Systematisierung und beginnen mit der Darstellung kategorialer Daten (Kap. 6). Darunter fallen zunächst Balken- und Säulendiagramme (Abschn. 6.1), anschließend Kreis- und Radialdiagramme (Abschn. 6.2). Dem folgt ein Abschnitt „Grafiktabellen", in dem solche Abbildungen einsortiert werden, die auf Kontingenztabellen beruhen oder bei denen die Darstellungsform tabellenartig ist (Abschn. 6.3). Beides trifft strenggenommen für die letzten beiden Beispiele dieses Abschnittes, die Treemaps, nicht zu. Hinsichtlich der verwendeten Daten sind sie eigentlich eher mit Balkendiagrammen verwandt, hinsichtlich ihres Erscheinungsbildes passen sie meiner Ansicht nach eher in diesen Abschnitt.

Abschn. 6.4 erläutert die Darstellung von Beziehungen zwischen Beobachtungseinheiten. Eine gängige, jedoch alles andere als einfach zu interpretierende Möglichkeit ist dabei die Visualisierung mithilfe von Netzwerkdiagrammen. Als weitere Möglichkeiten werden hier Beispiele für Chord-Diagramme und Riverplots gezeigt sowie Varianten von Heatmaps und multiplen Barcharts.

Den Grafiktabellen schließt sich ein Kapitel zu Verteilungen an (Kap. 7). Neben rein statistischen Darstellungsformen, wie Histogrammen und Boxplots, sind das auch so althergebrachte wie Bevölkerungspyramiden (Abschn. 7.2) oder Lorenzkurven (Abschn. 7.3). Natürlich lassen sich nicht nur Bevölkerungen in Pyramidenform darstellen, und natürlich lässt sich das, was eine Lorenzkurve üblicherweise darstellt, nämlich Ungleichheit, auch in anderer Form darstellen. Für beides zeigen wir daher alternative Beispiele.

Kap. 8 widmet sich Zeitreihen. Hier werden ebenfalls typische Anwendungsfälle unterschieden. Zunächst schauen wir uns an, wie „kurze" Zeitreihen abgebildet werden. Dabei finden auch Säulen Verwendung. Häufig findet man unter, zwischen oder über Zeitreihen Flächen. Solchen Beispielen widmet sich Abschn. 8.2. Etwas tückisch erweisen sich in der Praxis unserer Erfahrung nach immer wieder Darstellungen von Tages-, Wochen- und Monatswerten, die in Abschn. 8.3 behandelt werden. Einige der oben nicht zuzuordnenden Sonderfälle schließen das Kapitel ab.

In Kap. 9 werden zunächst fünf Varianten von Streudiagrammen vorgestellt, die jeweils einen anderen Aspekt und dessen Umsetzung illustrieren. Dem schließen sich wiederum „Sonderfälle" an. Das letzte Beispiel leitet dann zum Thema *Karten* über (Kap. 10).

Hier unterscheiden wir nach einführenden Beispielen zunächst solche, die Punkte, Symbole oder ganze Diagramme in Karten visualisieren, und schließlich so genannte Choroplethenkarten, bei denen die Flächen innerhalb der Karten die Information abbilden (Abschn. 10.3). Auch hier gibt es zwei unserer Ansicht nach relevante Beispiele, die sich nicht den beiden obigen Kategorien zuordnen lassen und die daher gesondert aufgeführt werden (Abschn. 10.4).

Als nächstes Kapitel folgen schließlich einige wenige, eher „illustrative" Abbildungen (Kap. 11). Hier ist der Erstellungsaufwand höher und der Erkenntniswert möglicherweise geringer als in den vorangegangenen Kapiteln.

Kap. 12 schließlich bietet einen Ausblick auf interaktive Visualisierungen mit JavaScript. Der Aufwand solcher Darstellungen ist ungleich höher, so dass das Thema hier nur angerissen werden kann.

5.2 Die Skripte zum Laufen bringen

Die Skripte der nun folgenden Beispiele setzen voraus, dass Sie die angegebenen Daten unterhalb Ihres Arbeitsverzeichnisses in einem Verzeichnis `daten` abgelegt haben. Wenn Sie RStudio verwenden und R damit starten, können Sie unter dem Menüpunkt *Preferences* das Standard-Arbeitsverzeichnis einstellen.

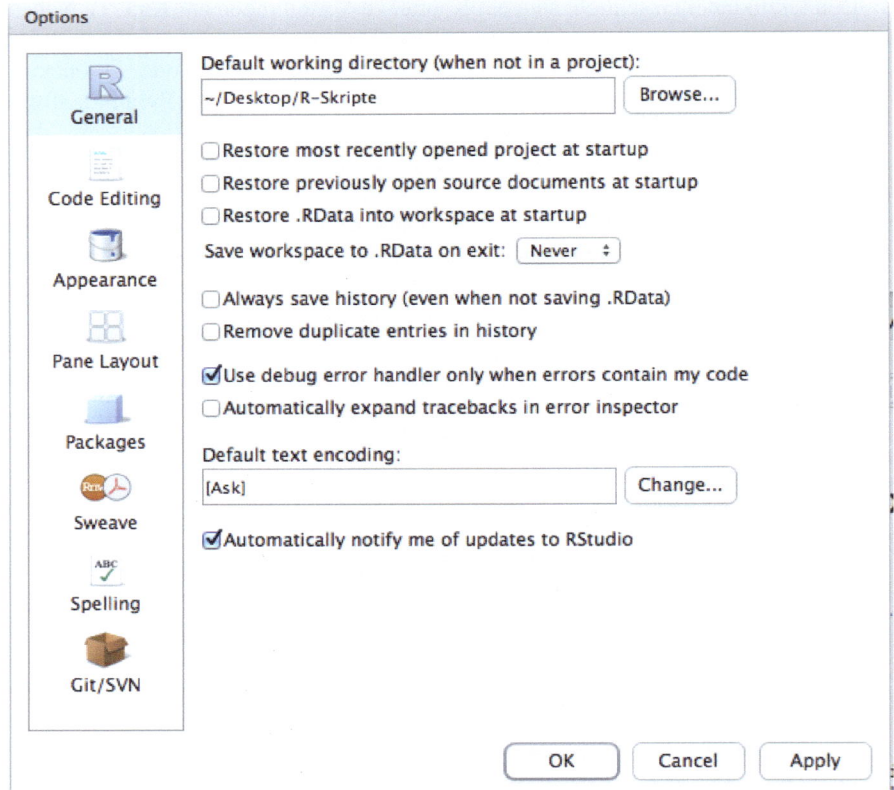

Abb. 5.2 Grundeinstellungen in RStudio

Unterhalb des dort angegebenen *Default working directory* (das Sie mit *Browse* verändern) sollte also Ihr Datenverzeichnis liegen.

Die von den Skripten erzeugten PDF-Dateien werden in das angegebene Arbeitsverzeichnis gespeichert. Sie können die PDF-Dateien auch in ein Untervereichnis abspeichern lassen, wenn Sie in den folgenden Beispielen dem Dateinamen den Namen des Unterverzeichnisses voranstellen, also im ersten Beispiel statt

```
pdf_datei<-"balkendiagramme_einfach.pdf"
```

eine Angabe wie folgt schreiben:

```
pdf_datei<-"unterverzeichnis/balkendiagramme_einfach.pdf"
```

Teil II
Beispiele

Kapitel 6
Kategoriale Daten

Die Abbildung einfacher Häufigkeiten oder von Kennwerten wie Prozenten oder Mittelwerten gehört sicher zu den am weitesten verbreiteten Visualisierungen. Daher wollen wir hiermit beginnen.

6.1 Balken- und Säulendiagramme

Ausprägungen nominaler Werte (Häufigkeiten, Anteile etc.) sollten als Balken dargestellt werden und Säulen ordinalen oder metrischen Variablen vorbehalten bleiben.[1] Auch das sollte man aber nicht als unumstößliche Regel auffassen. Wenn Sie der Ansicht sind, dass sich in Ihrem konkreten Fall aus einem konkreten Grund ein Säulendiagramm besser eignet als ein Balkendiagramm, dann dürfen Sie das auch so umsetzen.

Obwohl Balkendiagramme allgegenwärtig sind, ist ihre Gestaltung alles andere als einfach. Die folgenden, scheinbar einfachen Beispiele zeigen recht gut, wie man mit R nahezu beliebigen Gestaltungsanforderungen gerecht wird. Bereits im ersten Beispiel erläutern wir eine Reihe von Grundprinzipien, denen wir in diesem Buch folgen.

---

[1] Falls das unklar sein sollte: Balken sind horizontal, Säulen vertikal.

6.1.1 Balkendiagramm einfach

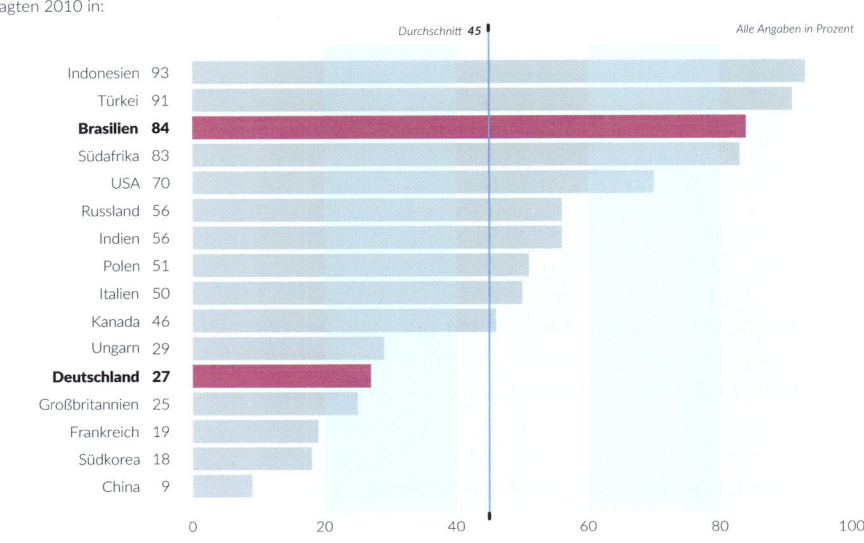

Die **Abbildung** zeigt das Ergebnis einer Befragung aus dem Jahr 2010 in verschiedenen Ländern: Wie viel Prozent der Befragten stimmen der Aussage „Ich glaube fest an Gott oder ein höheres Wesen" zu?

Es gibt keine allgemeine Vorgabe zum Seitenverhältnis von Balken- oder Säulendiagrammen; die ästhetisch optimale Gestaltung hängt von Faktoren wie den konkreten Werten, der Anzahl der Ausprägungen, ihrer Spannweite und Varianz ab, so dass man im Einzelfall den besten Wert durch Ausprobieren ermitteln muss. Bei Balkendiagrammen bietet es sich meistens an, die Balken in absteigender Reihenfolge zu sortieren. Das ist aber nicht zwingend. Genau so gut könnte man die Balken etwa alphabetisch anordnen. Das hängt ganz von der Aussage ab, die man treffen möchte. Die Balken sollten in einer Farbe gestaltet werden. Einzelne Balken/Werte können farblich hervorgehoben werden.

Wenn die Balken linksbündig angeordnet werden, sollte die Beschriftung rechtsbündig sein, mit einem optisch ansprechenden Abstand. Die Schriftgröße sollte der Balkendicke entsprechen, es sei denn, dass man sehr lange Beschriftungen verwendet und diese daher mehrzeilig anordnet (siehe Abschn. 6.1.3). Es ist oft sinnvoll, neben den Bezeichnungen auch noch die abgebildeten Werte zu schreiben. Wenn statt Anzahlen Prozentwerte abgebildet werden, kann auf die Wiederholung der Angaben „%" verzichtet werden, es muss nur an geeigneter Stelle eine Hinweis „Alle Angaben in Prozent" erfolgen. Ein Teil der Werte kann besonders hervorge-

6.1 Balken- und Säulendiagramme

hoben werden, hier durch die Farbe Magenta. Die Farbe sollte sich dann eindeutig von den anderen Balken abzeichnen. Es ist auch sinnvoll, die Hervorhebung in der Beschriftung zu kennzeichnen. Dazu sollte eine Schrift verwendet werden, die nicht nur einen regulären und einen fetten Schnitt hat, sondern mehrere Stufen. Hier werden dafür die Schnitte „Light" und „Black" der Schrift Lato verwendet, die fünf Gewichte anbietet. Weiterhin bietet es sich gelegentlich an, als Referenzwert eine Durchschnittslinie mit aufzunehmen. Diese Variante ist der Verwendung einer künstlichen Kategorie „Durchschnitt" als zusätzlicher Balken vorzuziehen. Die Linie sollte durch eine Beschriftung erläutert werden. Als Unterteilung für eine Skalierung der X-Achse von 0 bis 100 Prozent können entweder 20- oder 25-Prozentpunkt-Schritte gewählt werden. In beiden Fällen sollte jedoch eine Hintergrundmarkierung, deren Fläche den Markierungen auf der Achse entsprechen, die Orientierung erleichtern. Alternativ können, wie in den folgenden Beispielen, auch Hilfslinien verwendet werden. Im vorliegenden Fall ist die Hintergrundfläche abwechselnd mit hellen Blautönen gefärbt.

Die **Daten** entstammen einer Ipsos-Umfrage, die zwischen dem 7. und 23. September 2010 in 23 Ländern im Auftrag von Thompson Reuters News Service durchgeführt wurde. Die teilnehmenden Länder waren Argentinien, Australien, Belgien, Brasilien, Kanada, China, Frankreich, Deutschland, Großbritannien, Ungarn, Indien, Indonesien, Italien, Japan, Mexiko, Polen, Russland, Saudi Arabien, Südafrika, Südkorea, Spanien, Schweden, Türkei und die USA. Für die Studie wurde eine internationale Stichprobe von Erwachsenen zwischen 18 und 64 Jahren in den USA und Kanada und zwischen 16 und 64 Jahren in allen anderen Ländern gezogen. Die ungewichtete Basis der Befragten betrug 18.531 Personen. Etwa 1000 Personen wurden pro Land befragt, mit Ausnahme von Argentinien, Indonesien, Mexiko, Polen, Saudi Arabien, Südafrika, Südkorea, Schweden, Russland und der Türkei, in der die Stichproben etwa bei 500 lagen. Die Daten wurden der Website des *Open Mind Journal* entnommen und in eine XLSX-Tabelle getippt.

```
pdf_datei<-"balkendiagramme_einfach.pdf"
cairo_pdf(bg="grey98", pdf_datei,width=9,height=6.5)

par(omi=c(0.65,0.25,0.75,0.75),mai=c(0.3,2,0.35,0),mgp=c(3,3,0),
    family="Lato Light", las=1)

# Daten einlesen und Grafik vorbereiten

ipsos<-read.xls("daten/ipsos.xlsx")
sort.ipsos<-ipsos[order(ipsos$Wert) ,]
attach(sort.ipsos)

# Grafik erstellen

x<-barplot(Wert,names.arg=F,horiz=T,border=NA,xlim=c(0,100),
    col="grey", cex.names=0.85,axes=F)
```

```
# Grafik beschriften

for (i in 1:length(Land))
{
if (Land[i] %in% c("Deutschland","Brasilien"))
      {schrift<-"Lato Black"} else {schrift<-"Lato Light"}
text(-8,x[i],Land[i],xpd=T,adj=1,cex=0.85,family=schrift)
text(-3.5,x[i],Wert[i],xpd=T,adj=1,cex=0.85,family=schrift)
}

# weitere Elemente

rect(0,-0.5,20,28,col=rgb(191,239,255,80,maxColorValue=255),border=NA)
rect(20,-0.5,40,28,col=rgb(191,239,255,120,maxColorValue=255),border=NA)
rect(40,-0.5,60,28,col=rgb(191,239,255,80,maxColorValue=255),border=NA)
rect(60,-0.5,80,28,col=rgb(191,239,255,120,maxColorValue=255),border=NA)
rect(80,-0.5,100,28,col=rgb(191,239,255,80,maxColorValue=255),border=NA)
wert2<-c(0,0,0,0,27,0,0,0,0,0,0,0,0,84,0,0)
farbe2<-rgb(255,0,210,maxColorValue=255)
x2<-barplot(wert2,names.arg=F,horiz=T,border=NA,xlim=c(0,100),
        col=farbe2,cex.names=0.85,axes=F,add=T)
arrows(45,-0.5,45,20.5,lwd=1.5,length=0,xpd=T,col="skyblue3")
arrows(45,-0.5,45,-0.75,lwd=3,length=0,xpd=T)
arrows(45,20.5,45,20.75,lwd=3,length=0,xpd=T)
text(41,20.5,"Durchschnitt",adj=1,xpd=T,cex=0.65,font=3)
text(44,20.5,"45",adj=1,xpd=T,cex=0.65,family="Lato",font=4)
text(100,20.5,"Alle Angaben in Prozent",adj=1,xpd=T,cex=0.65,font=3)
mtext(c(0,20,40,60,80,100),at=c(0,20,40,60,80,100),1,line=0,cex=0.80)

# Betitelung

mtext("'Ich glaub...",3,line=1.3,adj=0,cex=1.2,family="Lato Black",outer=T)
mtext("...sagten ...",3,line=-0.4,adj=0,cex=0.9,outer=T)
mtext("Quelle: ww...",1,line=1,adj=1.0,cex=0.65,outer=T,font=3)
dev.off()
```

Im **Skript** wird zunächst die Größe des Fensters auf eine Breite von 9 Inch und eine Höhe von 6.5 Inch festgelegt, äußerer (`omi`) und innerer (`mai`) Rand sowie der Abstand der Achsenbeschriftungen (`mgp`) festgelegt. Der linke innere Rand wird etwas breiter gewählt, damit wir Platz für die Beschriftungen haben. Die Daten werden aus einer XLSX-Tabelle eingelesen und der Variable `ipsos` zugeordnet. Anschließend sortieren wir die Werte mit `ipsos[order(ipsos$Wert),]`. Das sieht auf den ersten Blick ungewöhnlich aus: Sortiert wird, indem man einen neuen Datenbereich erzeugt, der aus dem alten hervorgeht, und die Indexwerte anders anordnet. Die Funktion `order()` mit dem Argument `ipsos$Wert` gibt die Reihenfolge der sortierten Zeilen zurück, hier 24, 23, 21, 22, ... Dadurch, dass sie

6.1 Balken- und Säulendiagramme

innerhalb der eckigen Klammern von `ipsos` aufgerufen wird, gefolgt von einem Komma und einer Leertaste, wird der gesamte Datensatz, also alle Variablen, in der sortierten Reihenfolge zurückgegeben.

Beachten Sie, dass die Funktion `barplot()` die Balken von unten nach oben zeichnet. Das widerspricht unserer Intuition, ist aber nicht anders als bei Tabellenkalkulationsprogrammen. Mit `attach()` hängen wir den sortierten Datensatz an den Suchpfad von R, so dass wir im weiteren Ablauf des Skriptes die Variablen des Datensatzes direkt ansprechen können. Es reicht also die Angabe von `Land` anstelle von `sort.ipsos$Land`.

Nun kann das eigentliche Balkendiagramm erstellt werden. R verwendet die Funktion `barplot()` sowohl für Balken- als auch für Säulendiagramme. Letzteres ist die Voreinstellung. Möchte man Balken statt Säulen, muss `horiz=T` angegeben werden. Weil wir die Werte der vertikalen Position der Balken weiter unten noch benötigen, weisen wir das Ergebnis von `barplot()` als Objekt einer Variable x zu. Die Angaben der in `barplot` verwendeten Parameter und Werte sind schnell erläutert: Die eigentlichen Zahlen als erstes durch den Vektor `Wert`, die Beschriftungen werden unterdrückt, indem der Parameter `names.arg` den logischen Wert F erhält. `horiz=T` erstellt, wie erläutert, Balken statt Säulen, `border=NA` führt dazu, dass keine Ränder um die Balken gezeichnet werden, die Werte-Achse geht von 0 bis 100, die Farbe der Balken ist grau, die Schriftgröße wird um den Faktor 0.85 verkleinert, es sollen keine Achsen gezeichnet werden. Damit haben wir zunächst einmal ein ziemlich sparsames Balkendiagramm erzeugt:

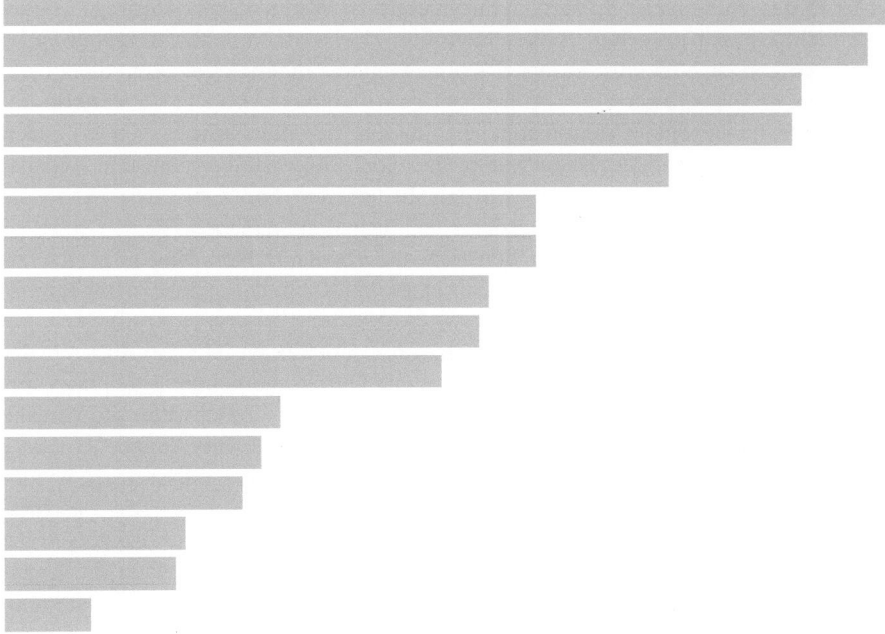

Das gibt uns nun aber die Möglichkeit, die noch fehlenden Elemente individuell angepasst zu ergänzen. Zunächst folgt die Beschriftung der Balken. Dazu wird eine Schleife definiert, die jeden Wert von `Land` durchläuft und die Schrift auf „Lato Black" wechselt, wenn das Land Deutschland oder Brasilien ist.[2] Für die Beschriftung verwenden wir die Funktion `text()`. Der jeweilige Ländername sowie der Prozentwert werden in horizontaler Richtung an den Stellen -8 sowie -3.5 positioniert. Für die vertikale Positionierung greifen wir nun auf das Objekt x zurück, in das wir zuvor das Ergebnis des `barplot()`-Aufrufes gespeichert haben. Die Y-Position des `i`-ten Balkens ist dann einfach der Wert `x[i]`. R nimmt aus dem Objekt automatisch den benötigten Wert, nämlich die vertikale Position des Balkens. Da die X-Werte außerhalb der eigentlichen Grafik liegen (die Prozentwerte beginnen ja erst bei 0), müssen wir mit `xpd=T` die Beschriftung außerhalb der Grafik ausdrücklich ermöglichen. Andernfalls würde R die Ausgabe unterdrücken. Weiterhin geben wir eine rechtsbündige Ausrichtung an (`adj=1`), eine Schriftgröße, die wiederum um den Faktor 0.85 verkleinert ist, sowie die Schrift als Vektor, der entweder den Wert „Lato Light" oder „Lato Black" enthält. Als nächstes werden die Hintergrundflächen gezeichnet. Das geschieht durch Verwendung der Funktion `rect()`, die einen Blauton in unterschiedlichen Transparenztönen abwechselnd *über* das Balkendiagramm legt. Anschließend wird ein zweiter Wertebereich sowie als zweite Farbe ein Magenta-Ton definiert. Der Übersichtlichkeit halber weisen wir die Farbdefinition durch `rgb()` einer Variable `farbe2` zu. `wert2` enthält nur an den Positionen von Deutschland und Brasilien die entsprechenden Prozentwerte, sonst die Werte Null. Mit `x2` erfolgt ein zweiter `barplot()`-Aufruf, der mit `add=T` das vorhandene Balkendiagramm ergänzt. Warum dieser Umweg? Hätten wir nicht einfach im ersten Balkendiagramm zwei Balken in der Magenta-Farbe zeichnen können? Technisch wäre das ohne weiteres möglich gewesen, dann hätte man nur im ersten `barplot`-Aufruf bei dem Parameter `col=...` anstelle der Konstante `grey` einen Vektor angeben müssen, der die Farbangaben für jeden einzelnen Balken enthält. Dann wären aber auch diese Balken von den transparenten blauen Flächen überdeckt worden. In unserem Fall haben wir *zuerst* die grauen Balken abgebildet, *darüber* dann die transparenten blauen Flächen und *darüber* schließlich die beiden deckenden magentafarbenen Balken. Hier zeigt sich das Grundprinzip des traditionellen Grafikansatzes von R, der damit nahezu unbegrenzte Möglichkeiten der Gestaltung bietet.

Abschließend folgt lediglich eine Reihe von Annotationen: Mit drei Aufrufen der Funktion `arrows()` wird bei 45 % eine blaue Durchschnittslinie gezeichnet, aus optischen Gründen mit schwarzen Enden. Die Linie wird beschriftet, die Angabe „Alle Angaben in Prozent" wird nach oben rechts gesetzt. Die Angabe `font=3` bewirkt eine kursive Schrift, `font=4` eine fette. Auch hier müssen wir wieder mit `xpd=T` ein Zeichnen außerhalb des Grafikbereichs zulassen. Die Beschriftung der Werteachse erfolgt mit der Funktion `mtext()`, bei der die anzuzeigenden Werte und deren Positionen angegeben werden müssen. Zuletzt folgen die Angabe der Über- und Unterüberschrift oberhalb und die Angabe der Quelle unterhalb

---

[2] Das dient hier nur Illustrationszwecken und entspricht nicht einer Aussage der Ipsos-Umfrage.

6.1 Balken- und Säulendiagramme

der Grafik, wiederum jeweils mit der Funktion `mtext()`. Alle drei werden in den äußeren Rand ausgegeben. Der Platz hierfür wurde am Anfang durch den Parameter `omi=c(0.65,0.25,0.75,0.75)` der Funktion `par()` definiert. Zu guter Letzt schließt `dev.off()` die Grafikausgabe, und damit wird die Abbildung in die eingangs angegebene PDF-Datei geschrieben.

6.1.2 Balkendiagramm für Mehrfachantworten – die ersten beiden Antwortkategorien

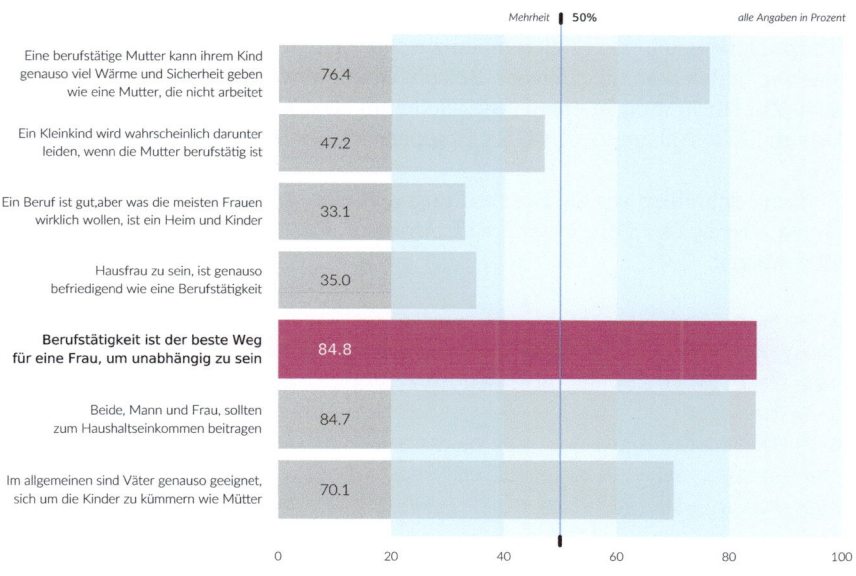

Die **Abbildung** zeigt das Ergebnis einer Umfrage. Die abgebildeten Daten basieren auf der European Values Study, einer Langzeitstudie zu Werten und Einstellungen von Europäerinnen und Europäern, hier der Befragung von 2008–2010.[3] Die Studie wird seit Anfang der achtziger Jahre durchgeführt und alle neun Jahre wiederholt. Neben einer Reihe von Fragen zur Werteorientierung werden auch sozioökonomische Merkmale erhoben. Zu dem Thema „Man spricht ja oft davon, dass sich heutzutage die Rollen von Mann und Frau verändern" wurden den Befragten eine Reihe von Aussagen vorgelegt. Sie konnten auf die einzelnen Aussagen „stim-

---

[3] http://de.wikipedia.org/wiki/European_Values_Study.

me voll und ganz zu", „stimme zu", „stimme nicht zu", „stimme überhaupt nicht zu" und „weiss nicht" antworten.

Das Erscheinungsbild der Abbildung entspricht hier annähernd dem vorherigen Beispiel. Es gibt jedoch ein paar Unterschiede. Der erste Unterschied liegt in den Daten: Während bislang die einzelnen Ausprägungen einer Variable das Diagramm definierten, sind hier mehrere Variablen zusammengefasst: Jeder Balken zeigt den Wert einer Variable. Bei einer solchen Fragebatterie zu einem Themenkomplex haben wir es in aller Regel mit längeren Beschriftungen der Balken zu tun, da man die einzelnen Aussagen abbilden möchte. Als Überschrift bietet sich dann die Aussage des Themenkomplexes an, die Unterüberschrift bezeichnet die Auswahl, die aus den Fragen getroffen wurde. Im vorliegenden Fall handelt es sich um die Prozentangaben der jeweils ersten beiden Kategorien, „stimme voll und ganz zu" und „stimme zu". Neben der Wiedergabe der kompletten Aussagen, zu denen die Zustimmung erfolgt, ist es hier aufgrund der umfangreichen Beschriftungen sinnvoll, die Prozentangaben in die Säulen hineinzuschreiben. Weiterhin werden die Säulen wieder wie in den vorangegangenen Beispielen mit abwechselnden blauen Flächen ergänzt. Zur Illustration ist eine Frage wiederum besonders hervorgehoben.

Daten: Siehe Anhang A, ZA4753: European Values Study 2008: Germany (EVS 2008).

Zunächst schreiben wir die Beschriftungen in eine separate Datei unter dem Dateinamen `skripte/inc_beschriftungen_za4753.r` (für den Ausdruck leicht gekürzt):

```
f_v159<-"Eine berufstätige Mutter kann ihrem Kind..."
f_v160<-"Ein Kleinkind wird wahrscheinlich darunter\nleiden, ..."
f_v161<-"Ein Beruf ist gut,aber was die meisten\nFrauen ..."
f_v162<-"Hausfrau zu sein,ist genauso\nbefriedigend wie eine ..."
f_v163<-"Berufstätigkeit ist der beste Weg\nfür eine Frau, ..."
f_v164<-"Beide,Mann und Frau,sollten\nzum Haushaltseinkommen beitragen"
f_v165<-"Im allgemeinen sind Väter genauso geeignet,\nsich um ..."
f_v166<-"Männer sollten für das zu Hause und für die Kinder ..."
namen<-c(f_v165,f_v164,f_v163,f_v162,f_v161,f_v160,f_v159)
```

Nun folgt das Skript für die Abbildung:

```
pdf_datei<-"balkendiagramme_mehrfach.pdf"
cairo_pdf(bg="grey98",pdf_datei,width=13,height=10.5)

par(omi=c(0.65,0.75,1.25,0.75),mai=c(0.9,3.85,0.55,0),lheight=1.15,
    family="Lato Light",las=1)
source("skripte/inc_beschriftungen_za4753.r")
library(memisc)

# Daten einlesen und Grafik vorbereiten

ZA4753<-spss.system.file("daten/ZA4753_v1-1-0.sav")
daten<-subset(ZA4753,select=c(v159,v160,v161,v162,v163,v164,v165))
```

6.1 Balken- und Säulendiagramme

```
attach(daten)
z<-NULL
y<-table(as.matrix(v165))
z<-c(z,100*(y["1"]+y["2"])/sum(y))
y<-table(as.matrix(v164))
z<-c(z,100*(y["1"]+y["2"])/sum(y))
y<-table(as.matrix(v163))
z<-c(z,100*(y["1"]+y["2"])/sum(y))
y<-table(as.matrix(v162))
z<-c(z,100*(y["1"]+y["2"])/sum(y))
y<-table(as.matrix(v161))
z<-c(z,100*(y["1"]+y["2"])/sum(y))
y<-table(as.matrix(v160))
z<-c(z,100*(y["1"]+y["2"])/sum(y))
y<-c(0,table(as.matrix(v159)))
z<-c(z,100*(y["1"]+y["2"])/sum(y))

# Grafik erstellen

bp<-barplot(z,names.arg=F,horiz=T,border=NA,xlim=c(0,100),
       col="grey",axes=F,family="Lato")
f4<-rgb(255,0,210,maxColorValue=255)
rect(0,-0.1,20,8.6,col=rgb(191,239,255,80,maxColorValue=255),border=NA)
rect(20,-0.1,40,8.6,col=rgb(191,239,255,120,maxColorValue=255),border=NA)
rect(40,-0.1,60,8.6,col=rgb(191,239,255,80,maxColorValue=255),border=NA)
rect(60,-0.1,80,8.6,col=rgb(191,239,255,120,maxColorValue=255),border=NA)
rect(80,-0.1,100,8.6,col=rgb(191,239,255,80,maxColorValue=255),border=NA)
z2<-c(0,0,84.81928,0,0,0,0)
bp<-barplot(z2,names.arg=F,horiz=T,border=NA,xlim=c(0,100),
       col=f4,axes=F,add=T)

# weitere Elemente

for (i in 1:length(namen))
{
if (i == 3) {schrift<-"Lato Bold"} else {schrift<-"Lato Light"}
text(-3,bp[i],namen[i],xpd=T,adj=1,family=schrift,cex=1.1)
text(10,bp[i],format(round(z[i],1),nsmall=1),family=schrift,cex=1.25,
       col=ifelse(i==3,"white","black"))
}
arrows(50,-0.1,50,8.8,lwd=1.5,length=0,xpd=T,col="skyblue3")
arrows(50,-0.25,50,-0.1,lwd=5,length=0,xpd=T)
arrows(50,8.8,50,8.95,lwd=5,length=0,xpd=T)
text(48,8.9,"Mehrheit",adj=1,xpd=T,cex=0.9,font=3)
text(52,8.9,"50%",adj=0,xpd=T,cex=0.9,family="Lato Bold",font=3)
text(100,8.9,"alle Angaben in Prozent",adj=1,xpd=T,cex=0.9,font=3)
mtext(c(0,20,40,60,80,100),at=c(0,20,40,60,80,100),1,line=0.75)
```

```
# Betitelung
mtext("Man sprich...",3,line=2.2,adj=0,cex=1.8,family="Lato Black",outer=T)
mtext("Stimme vol...",3,line=0,adj=0,cex=1.5,outer=T)
mtext("Quelle: Eu...",1,line=0,adj=1,cex=0.95,outer=T,font=3)
dev.off()
```

Im **Skript** muss, um die Abbildung zu erstellen, zunächst ein Skript eingelesen werden, das die Fragetexte enthält, die wir für die Beschriftungen der Balken benötigen. Diese stehen nicht in der SPSS-Datei, sondern nur im ebenfalls im ZACAT-Portal der GESIS bereitgestellten Original-Fragebogen. Wir haben die Fragen per Copy&Paste übernommen, sie kompakten Variablen (f_v159, f_v160,...) zugewiesen und an geeigneten Stellen einen Zeilenumbruch (\n) eingefügt. Die eigentlichen Daten werden mit Martin Elffs Paket memisc eingelesen. Der Vorteil des Pakets besteht darin, dass durch den Import der SPSS-Datensatz nicht komplett eingelesen wird, sondern nur der benötigte Teil. Mit dem select-Parameter der Funktion subset() lesen wir die Variablen v159, v160, v161, v162, v163, v164 und v165 ein. Die Ausprägungen der Variablen können wir uns mit der Funktion codebook() ansehen, also z.B.

```
> codebook(v159)

   v159 'working mother warm relationship with children (Q48A)'

   Storage mode: double
   Measurement: nominal
   Missing values: -5 - -1

           Values and labels    N      Percent
   -5  M  'other missing'       0       0.0
   -4  M  'question not asked'  0       0.0
   -3  M  'nap'                 0       0.0
   -2  M  'na'                  0       0.0
   -1  M  'dk'                 67       3.2
    1     'agree strongly'    803      40.0 38.7
    2     'agree'             782      38.9 37.7
    3     'disagree'          311      15.5 15.0
    4     'disagree strongly' 112       5.6  5.4
```

Die Werte -5, -4, -3, -2 und -1 sind als Missing Values definiert und werden daher bei statistischen Berechnungen nicht berücksichtigt. Außer dk (don't know) und na (no answer) kommt jedoch keine dieser Ausprägungen bei den ausgewählten sieben Variablen vor. Wenn wir nun ein Balkendiagramm über mehrere Variablen hinweg darstellen wollen, müssen wir zunächst einen Vektor erzeugen, der die benötigten Werte enthält. Als erstes definieren wir eine Variable z, die mit NULL vorbelegt wird. Für jede Variable unseres Datensatzes wird mit table() jeweils eine einzeilige „Tabelle" erzeugt, die die Häufigkeiten der

6.1 Balken- und Säulendiagramme

Ausprägungen −2, −1, 1, 2, 3, 4 enthält. Dazu müssen wir vorher noch die SPSS-Variable mit `as.matrix()` in eine Matrix umwandeln. Dabei werden auch −2 und −1 als Wert ausgezählt. Das ist inhaltlich meiner Ansicht nach sinnvoll: Die Berechnung der Zustimmung sollte auch auf den Fällen basieren, die „weiß nicht" angegeben haben oder auf `na` gesetzt sind. Wenn Sie das anders sehen, müssten Sie diese Ausprägungen von der Berechnung ausschließen. Zumindest für letzteres wird das keinen sichtbaren Unterschied machen, da sich die na-Ausprägung auf wenige Fälle beschränkt. Für jede einzelne Variable wird nun eine einzeilige Tabelle erzeugt, diese der Variable `y` zugewiesen, mit `z<-c(z, 100*(y["1"]+y["2"])/sum(y))` der Anteil der ersten beiden Ausprägungen an allen Ausprägungen berechnet und jeweils als weiterer Wert an `z` angehängt. Beachten Sie, dass wir bei der Erzeugung der Tabellen von hinten anfangen, also zunächst `v165`, dann `v164` usw. Das liegt daran, dass das Balkendiagramm ja von unten nach oben gezeichnet wird (vgl. Abschn. 6.1.1). Bei `v159` kommt die Ausprägung -2 nicht vor, wir müssen daher diese „Häufigkeit" mit 0 als ersten Wert des Vektors `y` definieren. Der Aufruf von `barplot()` erfolgt wie gehabt: `z` soll dargestellt werden, die Beschriftung steht in `namen`, horizontale Anordnung, keine Rahmen um die Balken, die X-Achse soll von 0 bis 100 reichen, Farbe „orange", keine Achsen. Wir speichern das durch die `barplot`-Funktion erzeugte Objekt in die Variable `bp`, damit wir die Koordinaten der Säulen in der nächsten Zeile für die Funktion `text()` verwenden können. Als Text wird der jeweilige Wert, den der Balken anzeigt, an die Stelle 10 geschrieben, auf eine Nachkommastelle gerundet und mit einem Prozentzeichen % ergänzt, in weißer Farbe, um den Faktor 2 vergrößert. Nun folgen nur noch, wie gehabt, die Über- und Unterschriften mit `mtext()` in den äußeren Rand.

6.1.3 Balkendiagramm für Mehrfachantworten – alle Antwortkategorien

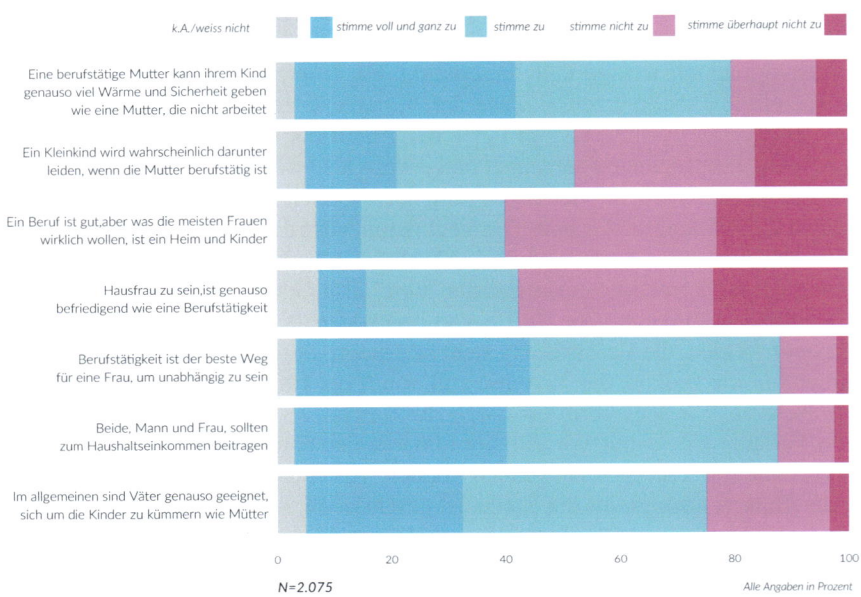

Sollen in der **Abbildung** nicht nur die ersten beiden, sondern alle Kategorien abgebildet werden, so ergibt sich ein Balkendiagramm, in dem alle Balken gleich lang sind. Sie unterscheiden sich lediglich in der Unterteilung. Bei dieser Art der Darstellung ist auf die Farbauswahl zu achten. Sinnvoll sind Farbkombinationen, die leicht mit Zustimmung und Ablehnung assoziiert werden. Die Kategorie „k.A./weiß nicht" sollte vom gewählten Farbschema abgesetzt werden. Hierfür bietet sich grau an. Da wir nun fünf Kategorien haben, benötigen wir auch eine Legende. In der vorliegenden Diagrammart sollte sie oberhalb des obersten Balkens platziert werden. Die Alternative wäre eine separate Legende wie in Abschn. 7.1.2 oder ein „Referenzbalken", ähnlich wie in Abschn. 7.3.4 und Abschn. 7.3.5. Die Breite der Legende sollte der Breite der Balken entsprechen, die Elemente sollten den tatsächlichen Daten leicht zugeordnet werden können. Das bedeutet, dass die Beschriftungen der Kategorien teilweise links, teilweise rechts von den Farben angebracht werden.

Daten: Siehe Anhang A, ZA4753: European Values Study 2008: Germany (EVS 2008).

6.1 Balken- und Säulendiagramme

Zur Erstellung benötigen wir zwei Dateien. Erst werden die Daten eingelesen. Diesen Teil haben wir ausgelagert, weil wir ihn noch in zwei weiteren Beispielen verwenden werden.

```
# inc_daten_za4753.r
library(memisc)
ZA4753<-spss.system.file("daten/ZA4753_v1-1-0.sav")
daten<-subset(ZA4753,select=c(v106,v159,v160,v161,v162,v163,v164,v165))
attach(daten)
z<-NULL
y<-100*table(as.matrix(v165))/length(v165)
z<-rbind(z,y)
y<-100*table(as.matrix(v164))/length(v164)
z<-rbind(z,y)
y<-100*table(as.matrix(v163))/length(v163)
z<-rbind(z,y)
y<-100*table(as.matrix(v162))/length(v162)
z<-rbind(z,y)
y<-100*table(as.matrix(v161))/length(v161)
z<-rbind(z,y)
y<-100*table(as.matrix(v160))/length(v160)
z<-rbind(z,y)
y<-c(0,100*table(as.matrix(v159))/length(v159))
z<-rbind(z,y)
antworten<-c("k.A./weiss nicht","stimme voll und ganz zu",
      "stimme zu","stimme nicht zu","stimme überhaupt nicht zu")
```

Dann folgt das eigentliche Skript, das die Abbildung erstellt:

```
pdf_datei<-"balkendiagramme_mehrfach_alle.pdf"
cairo_pdf(bg="grey98",pdf_datei,width=13,height=10.5)

par(omi=c(0.0,0.75,1.25,0.75),mai=c(1.6,3.75,0.5,0),lheight=1.15,
family="Lato Light",las=1)

# Daten einlesen und Grafik vorbereiten
source("skripte/inc_beschriftungen_za4753.r",encoding="UTF-8")
source("skripte/inc_daten_za4753.r",encoding="UTF-8")

f1<-rgb(0,208,226,maxColorValue=255)
f2<-rgb(109,221,225,maxColorValue=255)
f3<-rgb(255,138,238,maxColorValue=255)
f4<-rgb(255,0,210,maxColorValue=255)
farben<-c("grey",f1,f2,f3,f4)

daten0<-cbind(z[,1]+z[,2],z[,3],z[,4],z[,5],z[,6])
daten1<-t(daten0)
```

```
# Grafik erstellen

x<-barplot(daten1,names.arg=namen,cex.names=1.1,horiz=T,
       border=NA,xlim=c(0,100),col=farben,axes=F)

# weitere Elemente

px<-c(2,8,35,68,98); py<-rep(9,5); tx<-c(-5,31,47,65,95);ty<-rep(9,5)
points(px,py,pch=15,cex=4,col=farben,xpd=T)
text(tx,ty,antworten,adj=1,xpd=T,family="Lato Light",font=3)
mtext(c(0,20,40,60,80,100),at=c(0,20,40,60,80,100),1,line=0,cex=0.90)

# Betitelung

mtext("Man sprich...",3,line=2.2,adj=0,cex=1.8,outer=T,
       family="Lato Black")
mtext("Alle Angaben in Prozent",1,line=2,adj=1,cex=0.95,font=3)
mtext("Quelle: Eu...",1,line=4.5,adj=1,cex=0.95,font=3)
mtext("N=2.075...",1,line=2,adj=0,cex=1.15,family="Lato",font=3)
dev.off()
```

Im **Skript** werden nach der Definition der Fenstergröße und den Randeinstellungen zunächst die Beschriftungen und anschließend die Daten eingelesen. Die Farbdefinitionen entsprechen dem vorigen Beispiel.

Bei den Daten werden die erste und zweite Spalte zusammengefasst, dann werden sie für die Darstellung in der Funktion `barplot()` transponiert. Zum Schluss werden die Positionen für die Legende definiert. Wegen der punktgenauen Platzierung verwenden wir nicht die Funktion `legend()`, sondern fügen die Farben und Texte mit den Funktionen `points()` und `text()` ein. Zuletzt folgen die Achsenbeschriftung sowie Über- und Unterschriften.

6.1.4 Balkendiagramm für Mehrfachantworten – alle Antwortkategorien, Variante

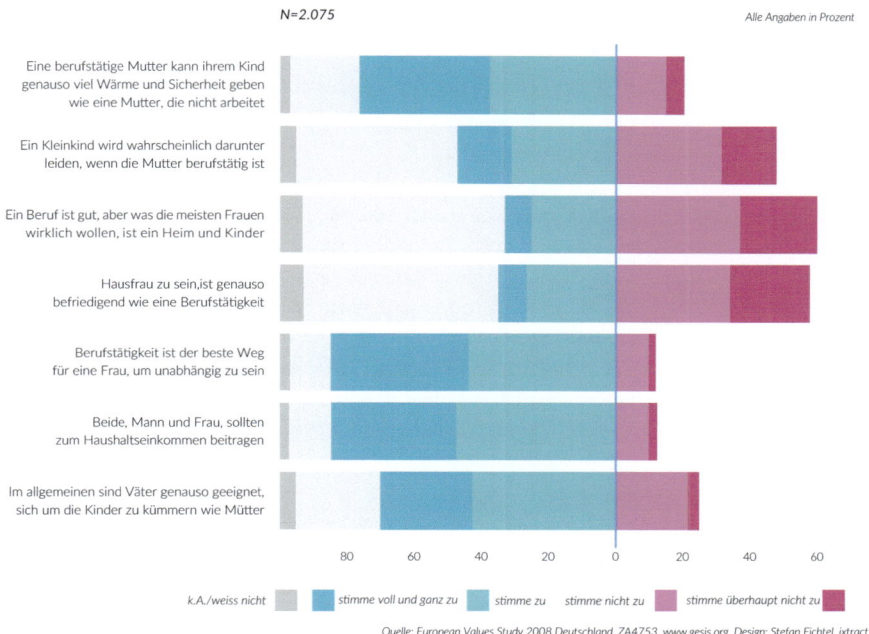

Die **Abbildung** variiert Abschn. 6.1.3 und zentriert die Balken um den Nullpunkt herum. Das bedeutet: Zustimmungen werden als gestapelte Balken rechtsbündig, Ablehnungen daran angrenzend linksbündig angeordnet. Die Kategorie „keine Angabe/weiß nicht" sollte dann davon abgesetzt an der linken Seite verbleiben. In diesem Fall ist die Legende nicht ober- sondern unterhalb der Grafik angebracht worden. Ihre Anordnung entspricht dem vorigen Beispiel.

Daten: Siehe Anhang A, ZA4753: European Values Study 2008: Germany (EVS 2008).

```
pdf_datei<-"balkendiagramme_mehrfach_alle_2.pdf"
cairo_pdf(bg="grey98",pdf_datei,width=13,height=10.5)

par(omi=c(0.25,0.75,1,0.75),mai=c(1.8,3.75,0.25,0),lheight=1.15,
    family="Lato Light",las=1)
library(RColorBrewer)

# Daten einlesen und Grafik vorbereiten
```

```
source("skripte/inc_beschriftungen_za4753.r",encoding="UTF-8")
source("skripte/inc_daten_za4753.r",encoding="UTF-8")

f1<-rgb(0,208,226,maxColorValue=255)
f2<-rgb(109,221,225,maxColorValue=255)
f3<-rgb(255,138,238,maxColorValue=255)
f4<-rgb(255,0,210,maxColorValue=255)
farben<-c("grey",f1,f2,f3,f4)

daten0<-cbind(z[,1]+z[,2],z[,3],z[,4],z[,5],z[,6])
daten1<-t(daten0)

# Grafik erstellen
barplot(-rep(100,7),names.arg=namen,cex.names=1.1,horiz=T,
        border=par("bg"),xlim=c(-100,70),col=farben[1],axes=F)
barplot(-(100-daten1[1,]),names.arg=namen,cex.names=1.1,horiz=T,
        border=par("bg"),xlim=c(-100,70),col=par("bg"),axes=F,add=T)
barplot(-daten1[3:2,],names.arg=namen,cex.names=1.1,horiz=T,
        border=NA,xlim=c(-100,70),col=farben[3:2],axes=F,add=T)
barplot(daten1[4:5,],names.arg=namen,cex.names=1.1,horiz=T,
        border=NA,xlim=c(-100,70),col=farben[4:5],axes=F,add=T)

# weitere Elemente
arrows(0,-0.1,0,8.6,lwd=2.5,length=0,xpd=T,col="skyblue3")
px<-c(-98,-87,-41,15,65);tx<-c(-105,-48,-21,8,60);y<-rep(-1,5)
points(px,y,pch=15,cex=4,col=farben,xpd=T)
text(tx,y,antworten,adj=1,xpd=T,font=3)
mtext(c(80,60,40,20,0,20,40,60),at=c(-80,-60,-40,-20,0,20,40,60),1,
        line=0,cex=0.95)

# Betitelung
mtext("Man sprich...",3,line=2.2,adj=0,cex=1.8,outer=T,
family="Lato Black")
mtext("Alle Angaben in Prozent",3,line=1,adj=1,cex=0.95,font=3)
mtext("Quelle: Eu...",1,line=5.2,adj=1,cex=0.95,font=3)
mtext("N=2.075...",3,line=1,adj=0,cex=1.15,family="Lato",font=3)
dev.off()
```

Das **Skript** entspricht in der ersten Hälfte dem vorangegangenen Beispiel. Wesentlicher Unterschied ist, dass die Funktion barplot() nicht einmal, sondern viermal aufgerufen wird.

Zunächst werden 7 graue Balken von 0 bis -100 gezeichnet. Darüber werden mit add=T als negative Differenz von 100 die Prozentangaben der Kategorie „k.A./weiß nicht" in der Hintergrundfarbe gelegt. Damit bleiben von den grauen Balken genau die „k.A./weiß nicht"-Anteile als sichtbare Balken übrig. Der dritte barplot()-Aufruf bildet – ebenfalls in die negative Richtung – die dritte und zweite Kategorie als gestapelte Balken ab, der vierte `barplot()`-Aufruf die vierte und fünfte Kategorie, ebenfalls als gestapelte Balken, nun aber in die positive Richtung. Mit `arrows()` wird die Nulllinie optisch in der Farbe „skyblue3" hervorgehoben. Der Rest entspricht dem vorigen Beispiel, wobei hier die negative Beschriftung der X-Achse durch die entsprechenden positiven Werte ersetzt werden muss.

6.1.5 Balkendiagramm für Mehrfachantworten – alle Antwortkategorien (Panel)

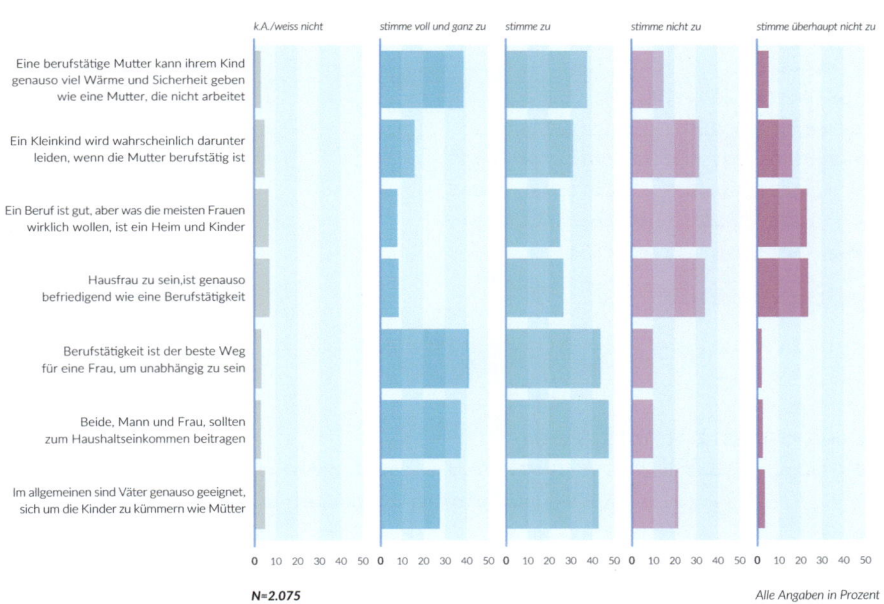

Die **Abbildung** zeigt als weitere Alternative die Verwendung eine *Panel* an, in dem die Balken für die einzelnen Ausprägungen jeweils separat gezeichnet werden. In dieser Darstellungsform treten die Unterschiede in den einzelnen Ausprägungen deutlich hervor. Die Beschriftungen der einzelnen Ausprägungen bilden nun Überschriften, und anstelle einer einzelnen X-Achse sollte man für jede Antwortkategorie eine eigene vorsehen.

Daten: Siehe Anhang A, ZA4753: European Values Study 2008: Germany (EVS 2008).

```
pdf_datei<-"balkendiagramme_mehrfach_panel.pdf"
cairo_pdf(bg="grey98",pdf_datei,width=13,height=10.5)
par(omi=c(1.25,1.25,1.25,0.25),lheight=1.15,family="Lato Light",las=1)
library(RColorBrewer)

# Daten einlesen und Grafik vorbereiten

source("skripte/inc_beschriftungen_za4753.r")
source("skripte/inc_daten_za4753.r")
layout(matrix(data=c(1,2,3,4,5),nrow=1,ncol=5),
            widths=c(2.5,1,1,1,1),heights=c(1,1))

daten1<-cbind(z[,1]+z[,2],z[,3],z[,4],z[,5],z[,6])
tdaten<-daten1
DD_pos<-c(45,45,45,45,35)
f1<-rgb(0,208,226,maxColorValue=255)
f2<-rgb(109,221,225,maxColorValue=255)
f3<-rgb(255,138,238,maxColorValue=255)
f4<-rgb(255,0,210,maxColorValue=255)
farben<-c("grey",f1,f2,f3,f4)

# Grafik erstellen

for (i in 1:5) {
if (i == 1)
{
par(mai=c(0.25,2.75,0.25,0.15))
bp1<-barplot(tdaten[,i],horiz=T,cex.names=1.6,names.arg=namen,
             xlim=c(0,50),col=farben[i],border=NA,axes=F)
} else
{
par(mai=c(0.25,0.1,0.25,0.15))
bp2<-barplot(tdaten[,i],horiz=T,axisnames=F,xlim=c(0,50),
       col=farben[i],border=NA,axes=F)
}

# weitere Elemente

rect(0,0,10,8.5,col=rgb(191,239,255,80,maxColorValue=255),border=NA)
rect(10,0,20,8.5,col=rgb(191,239,255,120,maxColorValue=255),border=NA)
rect(20,0,30,8.5,col=rgb(191,239,255,80,maxColorValue=255),border=NA)
rect(30,0,40,8.5,col=rgb(191,239,255,120,maxColorValue=255),border=NA)
rect(40,0,50,8.5,col=rgb(191,239,255,80,maxColorValue=255),border=NA)

mtext(antworten[i],3,adj=0,line=0,cex=0.95,font=3)
```

6.1 Balken- und Säulendiagramme

```
mtext(c(10,20,30,40,50),at=c(10,20,30,40,50),1,line=1,cex=0.85)
mtext(0,at=0,1,line=1,cex=0.90,family="Lato Bold")
arrows(0,-0.1,0,8.6,lwd=2.5,length=0,xpd=T,col="skyblue3")
}

# Betitelung

mtext("Man sprich...",3,line=3.5,adj=1,cex=1.8,family="Lato Black",outer=T)
mtext("N=2.075",1,line=3,adj=0.25,cex=1.1,family="Lato",font=4,outer=T)
mtext("Alle Angaben in Prozent",1,line=3,adj=1,cex=1.1,font=3,outer=T)
mtext("Quelle: Eu...",1,line=5.5,adj=1.0,cex=0.95,outer=T)
dev.off()
```

Im **Skript** werden, wie in den schon erläuterten Varianten des Balkendiagramms, zunächst Beschriftungen und Daten eingelesen. Dann definieren wir fünf Fenster. Dazu verwenden wir die Funktion `layout()`, da das erste Fenster breiter sein muss als die übrigen vier, um Platz für die Item-Texte zu schaffen. Sonst könnten wir auch die Funktion `mfcol` benutzen. Das Ausgabefenster wird hier so aufgeteilt, dass es aus einer Zeile und fünf Spalten besteht, das erste ist doppelt so breit die übrigen, alle sind gleich hoch. Die Daten werden wie im vorigen Beispiel zusammengesetzt. Die Zeichnung der fünf Balkendiagramme erfolgt in der `for()`-Schleife. Dabei unterscheiden wir, ob es sich um das erste oder die übrigen vier Balkendiagramme handelt: Beim ersten benötigen wir einen breiteren Rand für die Beschriftungen, bei den übrigen reicht `0.1`. Das erste Argument der `barplot()`-Funktion, die Daten, ist hier die Spalte i der Matrix `tdaten`. Der Hintergrund wird wie im ersten Balkendiagramm-Beispiel definiert (Abschn. 6.1.1). Abschließend folgen wiederum die Beschriftungen; die Ausprägungen aus dem Vektor `antworten` werden einfach linksbündig über die Abbildung gesetzt. Mit `arrows()` wird zur optischen Abgrenzung jeweils ein blauer Strich an die Nulllinie gesetzt. Damit ist die Schleife beendet, es folgen die Über- und Unterschriften.

6.1.6 Balkendiagramm für Mehrfachantworten – Symbole für Individuen

Man spricht ja oft davon, dass sich heutzutage die Rollen von Mann und Frau verändern
Stimme voll und ganz zu / stimme zu

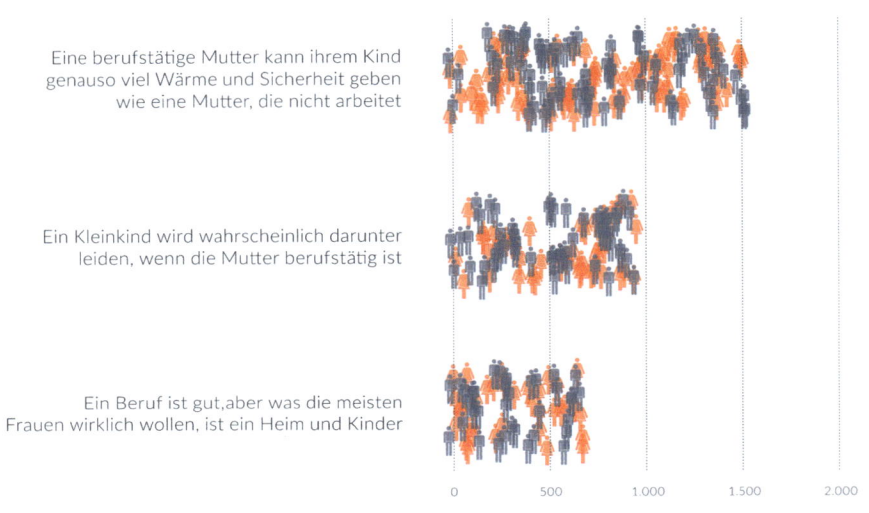

2.075 Befragte. Jede Figur symbolisiert 10 Personen

♀ Frauen ♂ Männer

Quelle: EVS 2008 Deutschland, ZA4753

Zur **Abbildung**: Kaum jemand hat so gut verstanden wie Otto Neurath, Statistik so zu visualisieren, dass die Massenhaftigkeit des Sachverhalts anschaulich wird. Kennzeichnend für Otto Neuraths Abbildungen ist, dass es dort sehr geordnet zugeht. Alle Personen stehen stets in Reih und Glied, damit sie abzählbar sind. Nun ist Statistik zwar im Ergebnis immer eine geordnete Masse, sie beinhaltet andererseits aber auch Varianz, Zufälligkeit und Unschärfe. Das lässt sich zum Beispiel durch Personen darstellen, die auf einer Fläche zufällig verteilt sind. Die Anzahl der Personen entspricht der Häufigkeit der gemessenen Variable, man erhält aber auch einen Eindruck von dem *statistischen* Charakter der dargestellten Größe. Im vorliegenden Beispiel wurde das Beispiel aus Abschn. 6.1.1 aufgegriffen, wobei wir uns auf die ersten drei Fragen aus der Fragebatterie beschränkt haben. Dafür wurde zu Illustrationszwecken zusätzlich zwischen Männern und Frauen unterschieden. Die Personen sind so angeordnet, dass sie einerseits zufällig verteilt sind, andererseits aber durch ihre Anordnung ihre Anzahl ablesbar ist. In der Legende muss erläutert werden, dass jede Figur 10 Personen symbolisiert und natürlich auch, welche

6.1 Balken- und Säulendiagramme   125

Symbole wofür verwendet wurden – selbst wenn das aus der Form der Symbole hervorgeht.[4]

Daten: Siehe Anhang A, ZA4753: European Values Study 2008: Germany (EVS 2008).[5]

```
pdf_datei<-"balkendiagramme_mehrfach_symbole.pdf"
cairo_pdf(bg="grey98",pdf_datei,width=13,height=10.5)
par(omi=c(0.65,0.65,0.85,0.85),mai=c(1.1,5.85,1.55,0),
      family="Lato Light",las=1)

# Grafik vorbereiten

col_f<-rgb(255,97,0,190,maxColorValue=255)
col_m<-rgb(68,90,111,190,maxColorValue=255)
source("skripte/inc_beschriftungen_za4753.r")

# Grafik erstellen

plot(1:5,type="n",axes=F,xlab="",ylab="",xlim=c(0,20),ylim=c(1,6))
symbole<-function(n_f,n_m,y,beschriftung,...){
par(family="Symbol Signs")
for (i in 1:n_f)
{
text(runif(1,0,(n_f+n_m)/10),runif(1,y,y+1),"F",cex=3.25,
 col=col_f)
}
for (i in 1:n_m)
{
text(runif(1,0,(n_f+n_m)/10),runif(1,y,y+1),"M",cex=3.25,
      col=col_m)
}
par(family="Lato Light")
text(-3,y+0.5,beschriftung,xpd=T,cex=1.55,adj=1)
}
symbole(round(336/10),round(350/10),1,f_v161)
symbole(round(454/10),round(525/10),3,f_v160)
symbole(round(865/10),round(720/10),5,f_v159)
axis(1,at=c(0,5,10,15,20),labels=c("0","500","1.000","1.500","2.000"),
      col=par("bg"),col.ticks="grey81",lwd.ticks=0.5,tck=-0.025)

# weitere Elemente

abline(v=c(0,5,10,15,20),lty="dotted")
```

---

[4] Eine beeindruckende dynamische und interaktive 3D-Variante findet man bei der New York Times: http://www.nytimes.com/interactive/business/2011-economy-sentiment.html.
[5] Die Schrift „Symbol Signs" von Sander Baumann kann unter http://www.fontsquirrel.com/fonts/Symbol-Signs frei heruntergeladen werden.

```
# Betitelung
mtext("Man sprich...",3,line=-0.5,adj=0,cex=1.8,family="Lato Black",outer=T)
mtext("Stimme vol...",3,line=-3,adj=0,cex=1.8,outer=T,font=3)
mtext("Quelle: EV...",1,line=0,adj=1,cex=1.5,outer=T,font=3)
mtext("2.075 Befr...",1,line=-2,adj=0,cex=1.5,outer=T,font=3)
par(family="Lato Light")
mtext(" Frauen",1,line=1,adj=0.02,cex=1.5,outer=T,font=3)
mtext(" Männer",1,line=1,adj=0.12,cex=1.5,outer=T,font=3)
par(family="Symbol Signs")
mtext("F",1,line=1,adj=0,cex=2.5,outer=T,font=3,
      col=col_f)
mtext("M",1,line=1,adj=0.1,cex=2.5,outer=T,font=3,
      col=col_m)
dev.off()
```

Im **Skript** erfolgt die Programmierung hier anders als in den vorangegangenen Beispielen, da wir hier nicht die High-Level-Funktion `barplot()` oder `barp()` verwenden können. Stattdessen erstellen wir, nachdem wir die Beschriftungen eingelesen haben, mit `plot()` und dem Parameter `type="n"` zunächst eine „leere" Grafik (wir „definieren" also die Grafik nur). Es sollen auch keine Achsen oder Achsenbeschriftungen gezeichnet werden; der Wertebereich wird aber von 0 bis 20 für die X-Richtung und 1 bis 6 für die Y-Richtung festgelegt.

Anschließend folgt die Definition einer Funktion `symbole`, der wir die Parameter `n_f`, `n_m`, `y` und `beschriftung` übergeben. Mit dem Ausdruck „..." können weitere Parameter übergeben werden. Diese werden dann an die in der Funktion verwendeten Funktionen durchgereicht. In der Funktion `symbole` wird zunächst die Schrift „Symbol Signs" ausgewählt. Dann erzeugen wir in zwei Schleifen mit `text()` Textausgaben an Positionen, die mit Zufallszahlen generiert werden. Dazu wird die Funktion `runif()` verwendet. Die Funktion wird allgemein in der Form

```
runif(Anzahl der Zufallszahlen, Intervallanfang, Intervallende)
```

aufgerufen. Da wir sie in einer Schleife verwenden, ist die Anzahl der zu erzeugenden Zahlen pro Durchlauf immer 1.

Die X-Position ist dann eine gleichverteilte Zufallszahl aus dem Intervall 0 und der Summe Männer und Frauen, dividiert durch 10, die Y-Position eine gleichverteilte Zufallszahl aus dem Intervall `y` und `y+1`. `y` ist dabei ein der Funktion übergebener Wert. Die Schriftgröße ist mit `cex=2.75` stark vergrößert, die Farbe ist für die Frauen rot, für die Männer blau, jeweils transparent.

Nach den beiden Schleifen wird wieder auf die Schrift „Lato Light" gewechselt und an der Position `-3`, `y+0.5` die ebenfalls der Funktion übergebene `beschriftung` eingefügt.

Nun können wir mit der Funktion `symbole` für jede anzuzeigende Variable der Fragebatterie die durch 10 dividierten Häufigkeiten der Männer und Frauen ganz-

6.1 Balken- und Säulendiagramme

zahlig aufrufen. Die Division durch 10 dient lediglich der Skalierung. Als Parameter werden die Anzahl Männer und Frauen, die Y-Position sowie die Beschriftung übergeben. Die Y-Positionen für die drei Variablen sind `1`, `3` und `5`.

Zu guter Letzt müssen nur noch die Beschriftungen und Markierungen angebracht werden. Zuerst wird die X-Achse gezeichnet, an den Positionen `0`, `5`, `10`, `15`, `20` mit den Beschriftungen „0", „500", „1.000", „1.500", „2.000". Zur Orientierung werden gepunktete Linien eingefügt. Danach werden Überschriften und Legende angebracht.

6.1.7 Balkendiagramm für Mehrfachantworten – alle Antwortkategorien, gruppiert

Die **Abbildung** ist eine sinnvolle Erweiterung gegenüber Abschn. 6.1.3 durch die zusätzliche Berücksichtigung einer Gruppierungsvariable. Im vorliegenden Beispiel wird wiederum eine Fragebatterie abgebildet. Hier geht es um das Leseverhalten aus der PISA-Studie 2009. Es wurden elf Aussagen getroffen, auf die wiederum mit „trifft überhaupt nicht zu", „trifft nicht zu", „trifft zu", „trifft voll und ganz zu" geantwortet werden konnte. Abgebildet sind jeweils die Prozentanteile der Antwortkategorien, unterschieden nach den Antworten von Schülerinnen und Schülern aus den USA, Mexiko und Kanada. Ergänzend zu Abschn. 6.1.3 wurden links und rechts der Balken die Prozentangaben geschrieben, die für eine Frage und ein Land die Zustimmung bzw. Ablehnung ergeben. Dass es sich hierbei jeweils um die Summen von „trifft überhaupt nicht zu" und „trifft nicht zu" bzw. „trifft zu" und „trifft voll und ganz zu" handelt, muss meiner Meinung nach nicht ausdrücklich erläutert werden, das ergibt sich unmittelbar aus der Abbildung. Anders als in den vorangehenden Abbildungen wurde hier rot/hellrot für die negativen und gelb/braun für die positiven Ausprägungen verwendet. Die Texte der einzelnen Fragen der Fragebatterie wurden direkt über die Balkengruppen geschrieben. Die Abbildungsform geht auf eine Anregung von Jason Bryer zurück.[6]

---

[6] Siehe http://jason.bryer.org/likert/. Weitere Visualisierungsvorschläge findet man hier: http://stats.stackexchange.com/questions/25109/visualizing-likert-responses-using-r-or-spss.

Reading attitude
How much do you disagree or agree with these statements about reading?

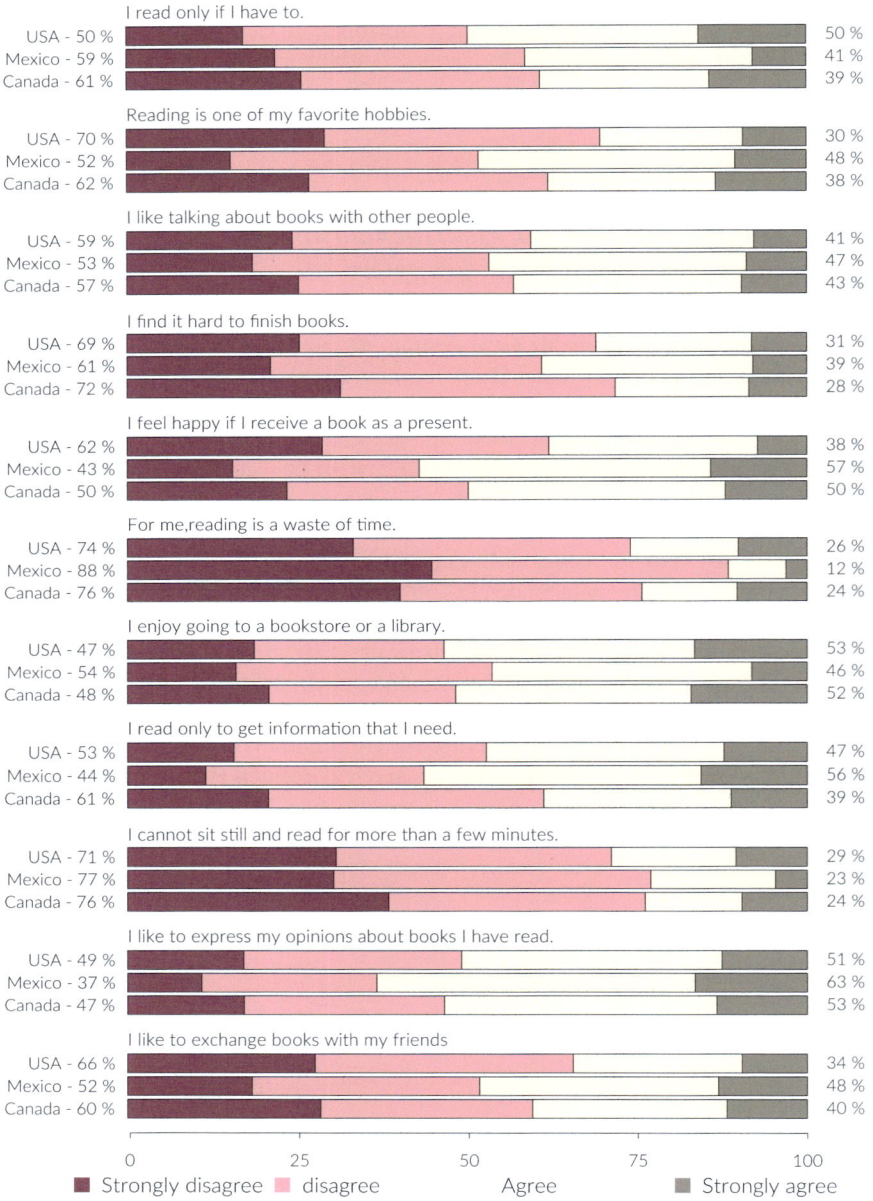

Source: PISA 2009 Assessment Framework - Key Competencies in Reading, Mathematics and Science
© OECD 2009, Data: bryer.org

6.1 Balken- und Säulendiagramme

Die **Daten** entstammen der Befragung der international vergleichenden Schulleistungsstudie des *Programme for International Student Assessment* (PISA) aus dem Jahr 2009. Diese im Auftrag der Organisation für wirtschaftliche Zusammenarbeit und Entwicklung (OECD) durchgeführte Befragung erfasst die Fähigkeiten von 15-Jährigen in den Bereichen Lesekompetenz, mathematische Kompetenz und naturwissenschaftliche Kompetenz in den OECD-Staaten sowie in 33 OECD-Partnerländern. Die Befragung wird seit dem Jahr 2000 im Abstand von drei Jahren regelmäßig durchgeführt. Die Daten für die USA, Kanada und Mexiko stellt Jason Bryer im R-Datenformat bereit.[7] Der Datensatz besteht aus 305 Variablen und 66.690 befragten Personen.

```
pdf_datei<-"balkendiagramme_mehrfach_alle_gruppiert.pdf"
cairo_pdf(bg="grey98",pdf_datei,width=12,height=19)

par(omi=c(1.0,0.5,1.75,0.5),mai=c(0.1,1.45,0.35,0.8),
    family="Lato Light",las=1)

# Daten einlesen und Grafik vorbereiten
load("daten/pisana.rda")
items28=pisana[,substr(names(pisana),1,5) == 'ST24Q']
source("skripte/inc_names_item28.r")

for(i in 1:ncol(items28))
{
items28[,i]=factor(items28[,i],levels=1:4,ordered=T)
}
source("skripte/funktionen/lickert.r")
library(reshape)
lik=likert(items28,grouping=pisana$CNT)
x<-print(lik);y<-cbind(x[,1],x[,3],x[,4],x[,5],x[,6])
farben<-c("palevioletred4","lightpink","cornsilk1","cornsilk4")
k<-length(y[,1])/length(unique(y[,1]))
par(mfcol=c(k+1,1),las=1)

for(i in 1:k)
{
z<-y[c(i,i+k,i+2*k),]
prozcan_l<-format(round(z[1,2]+z[1,3],0),nsmall=0)
prozmex_l<-format(round(z[2,2]+z[2,3],0),nsmall=0)
prozusa_l<-format(round(z[3,2]+z[3,3],0),nsmall=0)
prozcan_r<-format(round(z[1,4]+z[1,5],0),nsmall=0)
prozmex_r<-format(round(z[2,4]+z[2,5],0),nsmall=0)
prozusa_r<-format(round(z[3,4]+z[3,5],0),nsmall=0)
b1<-paste("Canada","-",prozcan_l,"%",sep=" ")
b2<-paste("Mexico","-",prozmex_l,"%",sep=" ")
```

---

[7] http://github.com/jbryer/pisa.

```
b3<-paste("USA","-",prozusa_l,"%",sep=" ")

# Grafik erstellen

barplot(t(z[,2:5]),names.arg=c(b1,b2,b3),cex.names=2,
        col=farben,horiz=T,axes=F)
text(105.5,1.0-0.25,paste(prozcan_r,"%",sep=" "),xpd=T,cex=2)
text(105.5,2.2-0.25,paste(prozmex_r,"%",sep=" "),xpd=T,cex=2)
text(105.5,3.4-0.25,paste(prozusa_r,"%",sep=" "),xpd=T,cex=2)
text(0,4.3,names(items28)[i],cex=2.1,xpd=T,adj=0)
}

# weitere Elemente

par(mai=c(1.1,1.225,0,0.45))
plot(1:2,typ="n",axes=F,xlim=c(0,100),xlab="",ylab="")
axis(1,at=c(0,25,50,75,100),cex.axis=2)
legend(-10,-0.5,pt.cex=4,cex=2.5,pch=15,col=farben,ncol=4,
       c("Strongly disagree","disagree","Agree","Strongly agree"),
       bty="n",xpd=T)

# Betitelung

mtext("Reading at...",3,line=5.5,adj=0,cex=3.8,family="Lato Black",outer=T)
mtext("How much d...",3,line=2.2,adj=0,cex=2.0,outer=T)
mtext("Source: PI...",1,line=1,adj=1.0,cex=1.25,outer=T)
mtext("© OECD 200...",1,line=3.5,adj=1.0,cex=1.25,outer=T)
dev.off()
```

Das **Skript** definiert zunächst ein großes Fenster (12 mal 19 Inch) und individuelle Randeinstellungen. Der Datensatz liegt bereits im binären R-Format vor und wird mit `load()` geladen. Die folgenden Zeilen sind dem Beispielskript von Jason Bryer zur Darstellung seiner Visualisierung einer Likert-Skala entnommen: Zunächst werden die Items der Fragebatterie 28 extrahiert, indem der Datensatz auf die Variablen beschränkt wird, deren Namen mit „ST24Q" beginnen. Dazu wird der Datensatz mit den eckigen Klammern als Matrix angesprochen: `items28 = pisana[,substr(names(pisana), 1,5) == ‚ST24Q']`. In den eckigen Klammern kommt direkt ein Komma, damit werden alle Zeilen in die neue Auswahl übernommen, die Spaltenauswahl erfolgt über die Funktion `substr()`, die die genannte Bedingung enthält. Den so ausgewählten Variablen werden mit `names()` die Aussagen der Fragebatterie 28 als Namen zugeordnet und dann in einer Schleife aus allen Variablen „Faktoren" oder „kategoriale Variablen" gemacht. Nun wird die Funktion `likert()` eingelesen, die wir von http://github.com/jbryer/pisa heruntergeladen haben. Das Paket `reshape` von Hadley Wickham benötigen wir noch für die Funktion `cast()`, die von der Funktion `likert()` aufgerufen wird. Das Ergebnis wird mit `print()` in die Variable `x` gespeichert, anschließend wird mit `y` eine Matrix erzeugt, die nur die Gruppen und die Prozentangaben enthält:

6.1 Balken- und Säulendiagramme

```
> y
     [,1]     [,2]     [,3]     [,4]     [,5]
[1,]    1 25.69810 35.12856 24.883834 14.289507
[2,]    1 26.77758 35.18871 24.636078 13.397637
[3,]    1 25.22917 31.68150 33.470617  9.618706
[4,]    1 31.33106 40.44088 19.698110  8.529946
[5,]    1 23.48092 26.65869 37.827417 12.032974
.
.
.
```

Im nächsten Schritt erhält jede Variable eine Farbe. Hier benutzen wir benannte Farben, die in R eingebaut sind: „palevioletred4", „lightpink", „cornsilk1" und „cornsilk4". k ist die Anzahl der Items, hier als Beispiel berechnet aus der Anzahl der Zeilen von y dividiert durch die Anzahl der unterschiedlichen Ausprägungen der Gruppierungsvariable.

Die grundlegende Idee der Abbildung besteht darin, für jedes Item eine eigene Grafik zu zeichnen. Zusätzlich wird ein eigenes Grafikfenster benötigt, um die Werte-Achse sowie eine Legende zu zeichnen. Das Abbildungsfenster wird also mit par(mfcol=c(k+1,1), las=1) in k+1=12 gleich große Zeilen und eine Spalte aufgeteilt. las=1 sorgt für eine waagerechte Beschriftung. Nun kommt eine Schleife mit k=11 Durchgängen. Da die Ausgangsmatrix y sortiert ist, ist z jeweils ein Vektor mit den drei Werten für jede Frage für Kanada, Mexiko und die USA, im ersten Durchlauf jeder 1., 11. und 21. Wert, im zweiten jeder 2., 12. und 22. usw. b1, b2 und b3 ergeben dann die Beschriftungen, die aus dem Ländernamen, gefolgt von einem Strich und der Summe der ersten beiden Item-Prozente, bestehen. Die Zahlen werden gerundet und mit einem Prozentzeichen versehen. Dann folgt der Aufruf von barplot(). Gezeichnet wird die zweite bis fünfte Spalte von z, also die vier Prozentspalten, der *transponierten* Matrix – sonst würden die Zeilen gezeichnet werden. Da die Balken per Definition bis 100 Prozent gehen, kann nun kurz dahinter, an der Position 105.5 und auf Höhe der Balkenmitte, mit text() die Summe der rechten beiden Prozentspalten geschrieben werden. Die Höhe der Balkenmitte ist: jeweils Balkenbreite (1), ab dem zweiten zusätzlich noch der Balkenabstand (0.2) und dann wieder 0.25 zurück. Wichtig ist, den Parameter xpd=TRUE zu setzen, denn sonst würde der Text nicht erscheinen, da er außerhalb der eigentlichen Grafik positioniert wird. Zuletzt wird noch das Item horizontal an den Anfang der Balken und vertikal oberhalb des obersten Balkens an die Position 4.3 geschrieben. Auch hier muss wieder xpd=TRUE gesetzt werden, die Schrift wird um den Faktor 2.1 vergrößert und der Text muss mit adj=0 linksbündig ausgerichtet werden, damit er auch wirklich bei x=0 anfängt. Durch die Schleife wird das Ganze nun elfmal wiederholt. In das zwölfte Fenster wird ein unsichtbarer plot() gezeichnet – dazu einfach 1:2 als Wert, keine Achsen und als type="n" angeben – anschließend wird eine Achse mit den Prozentangaben bei 0, 25, 50, 75, 100 hinzugefügt. Darunter wird eine Legende für die gesamte Abbildung gesetzt. Da wir hier das erste Mal die Funktion legend() verwenden, sei dies kurz erläutert: Wir positionieren sie an Koordinaten des unsichtbaren Plots, -10 und -0.5. Das sind Koordinaten außerhalb des Plot-Bereiches, also muss wieder xpd=TRUE gesetzt werden. Der Vektor c() enthält die vier Ausprägungen der Items, die Punktgröße soll gegenüber dem voreingestellten Wert um dem Faktor 4 vergrößert werden, die Schrift um den Faktor 2.5. Als Symbol wird 15 verwendet, das ist ein ausgefülltes Rechteck. Die Farben müssen natürlich den Items entsprechen, also wird einfach wieder der Vektor farben verwendet, ncol=4 bedeutet, dass die Legende vierspaltig sei soll. Standard ist ncol=1, also eine vertikale Anordnung. Mit dem Boxtype bty="n" wird kein Rahmen um die Legende gezeichnet, das muss extra angegeben werden. In diesem letzten Fenster werden die Randeinstellungen so vorgenommen, dass die abgebildete X-Achse links- und rechtsbündig mit den Balken der anderen Fenster abschließt. Die geeigneten Werte enthält man hier einfach durch Ausprobieren. Zum Schluss folgen nur noch, wie schon in den vorangegangenen Beispielen, die Titelbeschriftungen – auch hier wieder wegen der Flexibilität allesamt mit der Funktion mtext(), und durch den Parameter outer=TRUE, im äußeren Rand. Welche Einstellungen hier für die Schriftgröße, Zeilenposition, Ausrichtung und oben für die Ränder am besten sind, finden Sie wiederum durch Ausprobieren heraus.

Wenn zuerst nach den Ländern und innerhalb dieser nach den Items gruppiert werde sollte (also nicht 11 mal 3 sondern 3 mal 11 Balken), müsste

```
k<-unique(y[,1])
```

gesetzt und die Schleife etwas anders formuliert werden:

```
for (i in 1:length(k))
{
z<-subset(y, y[,1]==i)
barplot(t(z[,2:5]), names.arg=names(items28), horiz=TRUE)
}
```

Die vorangegangenen Beispiele sollten einen Großteil der praktischen Anwendungsfälle von Balkendiagrammen abdecken. Jetzt folgen Beispiele, die jeweils einen einzelnen Abbildungsaspekt erläutern.

6.1.8 Säulendiagramm mit zweizeiliger Beschriftung

Anzahl Verweise auf Homepages von Statistik-Software

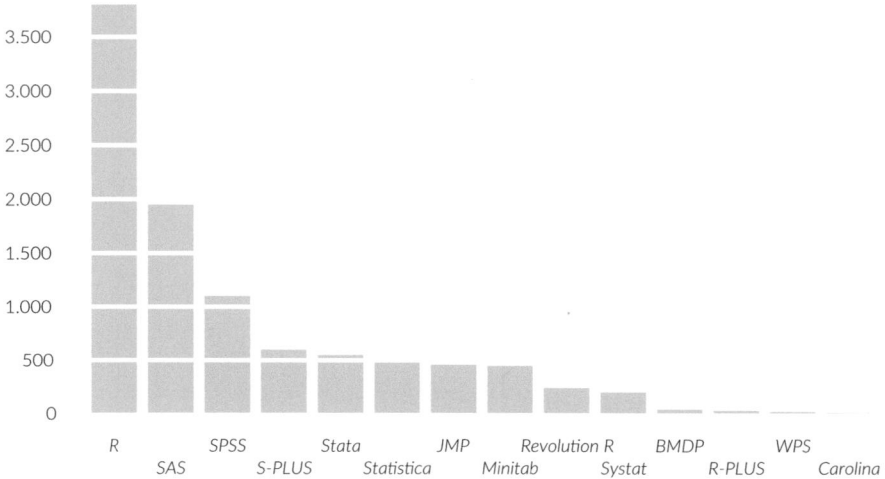

Quelle: r4stats.com/popularity

Die **Abbildung** zeigt zur Illustration die *Anzahl Links zu den Homepages von Statistik-Software* als Säulendiagramm. Allerdings wären hier die Beschriftungen zu lang und würden sich überschneiden, oder man müsste die Balken so weit auseinander ziehen, dass die Abbildung nicht gut aussieht. Wir haben zwei Möglichkeiten: Entweder ordnen wir die Beschriftungen zweizeilig an oder in einem 45-Grad-Winkel. Die Grafik ist sonst bewusst schlicht gehalten und orientiert sich an dem „reduzierten Erscheinungsbild" eines Vorschlags von Edward Tufte.[8]

Zunächst sollten wir bei den Balkendiagrammen auf Gitternetzlinien verzichten und stattdessen die Säulen mit weißen Linien „durchbrechen". Es gibt auch hier kein Seitenverhältnis, das sich aus den dargestellten Zahlen ergibt. Manchmal muss man den Platz abhängig von der Umgebung wählen; das sollte jedoch die Ausnahme sein. Wenn die Abbildung in einen Text eingebaut wird, dann ist zum Beispiel ein Seitenverhältnis von 7 zu 5 eine gute Wahl. Bei einer zweizeiligen Beschriftung der X-Achse dürfen die einzelnen Bezeichnungen natürlich auch nicht allzu lang sein. Im vorliegenden Fall haben wir damit kein Problem. Da die größte Säule hier jeweils links an der Y-Achse ist und die Säulen optisch untergliedert sind, kann bei der Achse auf die Tick-Marks verzichtet werden. Werte über 1.000 werden in Deutschland häufig mit einem Tausenderpunkt formatiert. Die insbesondere

---

[8] Tufte, Edward (2000): The visual display of quantitative information. 2. Aufl., Cheshire, CT: Graphics Press, S. 127f.

in amtlichen Statistikpublikationen verwendete Variante, anstelle eines Punktes eine Leerstelle zu drucken, ist für Abbildungen in aller Regel weniger geeignet. Die Skalierung der Y-Achse muss nicht zwingend die maximale Ausprägung der Werte beinhalten.

Die **Daten** sind einer Abbildung auf http://r4stats.com/popularity entnommen.

```
pdf_datei<-"saeulendiagramme_beschriftung_zweizeilig.pdf"
cairo_pdf(bg="grey98",pdf_datei,width=7,height=5)

library(plotrix)
par(mai=c(0.95,0.5,0.0,0.5),omi=c(0,0.5,1.0,0),fg=par("bg"),
    family="Lato Light",las=1)

# Daten einlesen und Grafik vorbereiten
links<-read.xls("daten/listserv_discussion_traffic.xlsx",sheet=2)
attach(links)
sort.links<-links[order(-Anzahl),]
namen<-sort.links$Software
anzahl<-sort.links$Anzahl
py<-c(0,500,1000,1500,2000,2500,3000,3500)
fpy<-format(py,big.mark=".")

# Grafik erstellen und weitere Elemente
barp(anzahl,cex.axis=0.75,names.arg=namen,border=NA,col="grey",
     staxx=T,ylim=c(0,4000),height.at=py,height.lab=fpy)
par(col="black")
staxlab(1,1:length(namen),namen,nlines=2,top.line=0.55,font=3,cex=0.75)
abline(h=c(500,1000,1500,2000,2500,3000,3500),col=par("bg"),lwd=3)

# Betitelung
mtext("Anzahl Ver...",3,line=2,adj=0,cex=1.4,family="Lato Black",outer=T)
mtext("Quelle: r4...",1,line=3,adj=1.0,cex=0.65,font=3)
dev.off()
```

Im **Skript** geben wir das Seitenverhältnis von 7 zu 5 direkt als Größe in Inch an. Die Vorgehensweise des Dateneinlesens und Sortierens entspricht derjenigen von Abschn. 6.1.1. Durch das Minus wird absteigend sortiert. Um zweizeilige Beschriftungen zu erreichen, verwenden wir das Paket plotrix von Jim Lemon. Dieses stellt zum einen die erweiterte barplot-Funktion barp() bereit, zum anderen die Funktion staxlab(), die mehrzeilige Achsenbeschriftungen erlaubt. Die Argumente von barp() entsprechen im Großen und Ganzen denjenigen von barplot(). Wichtig ist hier die Angabe von staxx=TRUE, wodurch keine Beschriftungen der X-Achse ausgegeben werden, sondern dies dem nachfolgenden Aufruf von staxlab() überlassen wird. Hier muss dann nur noch angegeben werden, dass sich die Angaben auf Achse 1 (X-Achse) beziehen, an welchen Positionen die Beschriftungen angebracht werden sollen (1:length(namen),

6.1 Balken- und Säulendiagramme

dass die Beschriftungen im Vektor namen enthalten sind, die Anzahl der Zeilen zwei beträgt und schließlich der Abstand zwischen Achse und erster Zeile 0.75 betragen soll. Der Parameter big.mark="." der format()-Funktion sorgt für die Tausender-Trennpunkte. Mit fg=par("bg") hatten wir am Anfang die standardmäßig von der Funktion barp() gezeichneten Linien und X-Achsen-Beschriftungen ausgeblendet. Da die Definition der Hintergrundfarbe mit fg auch die staxlab-Ausgabe betrifft, müssen wir nun die Farbe wieder mit col=" black" angeben. Mit abline werden schließlich an den Positionen der Y-Beschriftungen (mit Ausnahme der Null) in der Farbe des Hintergrundes Linien über die Balken gezeichnet.

6.1.9 Säulendiagramm mit 45-Grad-Beschriftung

Die **Abbildung** ist eine Variante der reduzierten Darstellung des vorangegangenen Beispiels unter Verwendung von 45-Grad-Beschriftungen. Eine solche Darstellungsform wird nicht jeden überzeugen. Meines Erachtens kann sie aber durchaus Verwendung finden – im Gegensatz zu senkrecht angebrachten Beschriftungen, die dem Lesenfluss völlig zuwider liefen. Der Vorteil gegenüber der vorherigen Variante ist, dass die Beschriftung größer ausfallen kann. Bei engen Platzverhältnissen für die Abbildung wäre diese Form also unter Umständen eine Alternative.

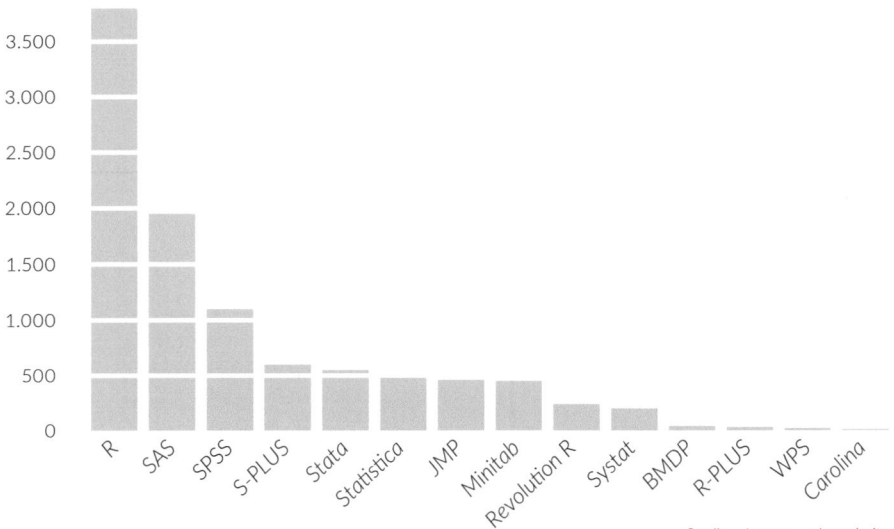

Die **Daten** sind wiederum der entsprechenden Abbildung auf http://r4stats.com/popularity entnommen.

Das **Skript** entspricht dem vorangegangenen Beispiel. Es wird lediglich die `staxlab`-Zeile in

```
staxlab(1, 1:length(namen), namen, srt=45, top.line=1.75)
```

geändert und in der ersten Zeile der Dateiname angepasst.

6.1.10 Profildiagramm für Mehrfachantworten – Mittelwerte der Antworten

Zur **Abbildung**: Den bisherigen Abbildungen war gemein, dass sie jeweils eine Beschriftung pro Item aufweisen. Manchmal möchte man aber auch Kenngrößen abbilden, die sich auf einer Skala zwischen zwei Aussagen befinden. In solchen Fällen bietet sich ein Profildiagramm an. Das Beispiel zeigt ein solches Profildiagramm für eine Reihe von Durchschnittseinschätzungen, die sich zwischen zwei Aussagen befinden. Wir verwenden hierzu wieder eine Fragebatterie aus der European Values Study 2008. Die Bitte lautete, seine Meinung zu verschiedenen Aussagen zu sagen. Dabei wurden jeweils zwei gegensätzliche Aussagen vorgelegt und die Befragten darum gebeten, ihre Antwort auf einer Skala dazwischen einzuordnen. Die Verbindung der Durchschnittswerte ergibt als Liniendiagramm das Profil, etwa für eine ausgewählte Gruppe. Solche Profile lassen sich übereinanderlegen, dann kann man mehrere Gruppen vergleichen. Die Abbildung zeigt Profile für Frauen und Männer in Bezug auf Aussagen zur Wirtschaft.

6.1 Balken- und Säulendiagramme

Nun würde ich Sie bitten, mir Ihre Meinung zu verschiedenen Aussagen zu sagen

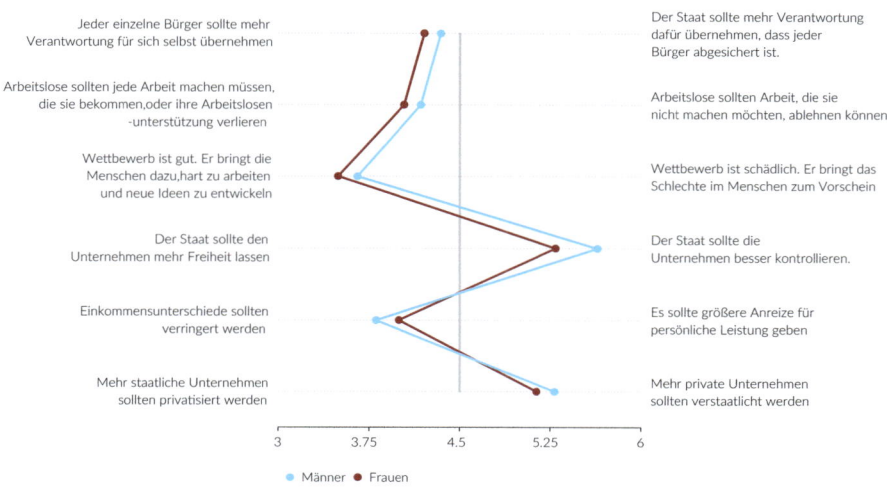

Quelle: ZA4753: European Values Study 2008: Germany (EVS 2008). N=2.075

Daten: Siehe Anhang A, ZA4753: European Values Study 2008: Germany (EVS 2008).

```
pdf_datei<-"profildiagramm.pdf"
cairo_pdf(bg="grey98",pdf_datei,width=12,height=8)

source("skripte/funktionen/profile.plot.r")
par(lheight=1.15,mai=c(0.25,0.25,0.25,0.25),omi=c(0.5,0.5,1.1,0.5),
    family="Lato Light",las=1)

# Beschriftungen einlesen

text.left<-NULL
text.right<-NULL
text.left<-c(text.left,"Jeder einzelne Bürger sollte...")
text.right<-c(text.right,"Der Staat sollte mehr Verantwortung....")
text.left<-c(text.left,"Arbeitslose sollten jede Arbeit machen...")
text.right<-c(text.right,"Arbeitslose sollten Arbeit,die...")
text.left<-c(text.left,"Wettbewerb ist gut. Er bringt ...")
text.right<-c(text.right,"Wettbewerb ist schädlich. ...")
text.left<-c(text.left,"Der Staat sollte den\nUnternehmen mehr ...")
text.right<-c(text.right,"Der Staat sollte die\nUnternehmen...")
text.left<-c(text.left,"Einkommensunterschiede sollten...")
text.right<-c(text.right,"Es sollte größere Anreize für...")
text.left<-c(text.left,"Mehr staatliche Unternehmen...")
text.right<-c(text.right,"Mehr private Unternehmen...")
```

```
# Daten einlesen und vorbereiten
library(Hmisc)
ZA4753<-spss.get("daten/ZA4753_v1-1-0.sav",use.value.labels=F)
variablen<-c("v302","v194","v195","v196","v197","v198","v199")
ergebnis<-dim(2)
daten<-ZA4753[, variablen]
for (i in 2:length(variablen))
{
auswahl<-subset(daten[, c(1, i)], daten[, i] >= 1 & daten[, i] <= 10)
werte<-t(aggregate(auswahl[, 2], by=list(auswahl[, 1]), FUN=mean, na.rm=T))
ergebnis<-rbind(ergebnis, werte[2, ])
}

# Grafik erstellen
colnames(ergebnis)=c("Männer","Frauen")
f1<-"skyblue"
f2<-"darkred"
profile.plot(ergebnis,text.left,text.right,colors=c(f1,f2),legend.n.col=2)

# Betitelung
mtext("Nun würde ...",3,line=3,adj=0,cex=1.5,family="Lato Black",outer=T)
mtext("Quelle: ZA...",1,line=1,adj=1.0,cex=1.1,font=3,outer=T)
dev.off()
```

Das **Skript** beschränkt sich im Wesentlichen auf wenige Zeilen, da wir eine von Patrick R. Schmid erstellte Funktion `profile.plot()` verwenden. Wir haben lediglich die Randeinstellungen in der Funktion etwas angepasst. Ein Großteil des Skriptes besteht nach dem Einlesen der Quelldatei und der Funktion in der Definition von zwei Vektoren, die die Aussagen-Texte enthalten. Beide, `text.left` und `text.right`, werden zunächst mit NULL initialisiert und anschließend Aussage um Aussage erweitert, indem die Aussagen als weitere Elemente hinten an den Vektor angehängt werden. Nach Einlesen der Daten wird in einer Schleife eine Variablenliste abgearbeitet. Für jede Variable wird mit der Funktion `aggregate()` der Mittelwert für Männer und Frauen berechnet und an `ergebnis` angehängt. Anschließend wird nach Definition einer Farbe für jede Gruppe die eigentliche Funktion aufgerufen, Daten, Texte und Farben als Parameter übergeben sowie eine Legende mit 2 Spalten erzeugt. Zuletzt folgen Über- und Unterschriften.

6.1.11 Dotchart für drei Variablen

Zur **Abbildung**: Wenn man bei einem Balkendiagramm sehr viele Ausprägungen hat und/oder mehrere Variablen gleichzeitig darstellen möchte, muss man eine an-

6.1 Balken- und Säulendiagramme

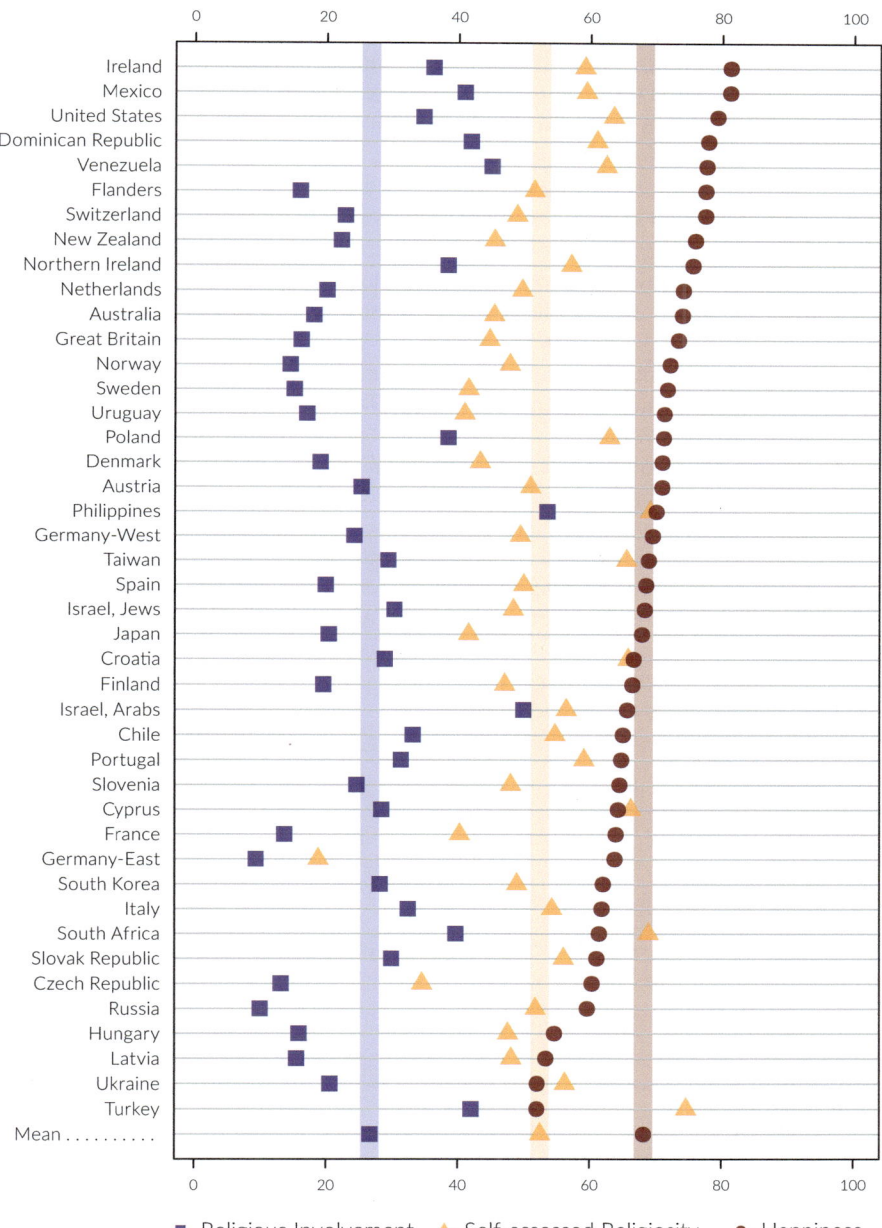

dere Darstellungsform wählen. Dann bietet es sich an, den schon in Abb. 2.5 als Beispiel verwendeten Dotchart zu verwenden. In der hier vorgestellten Variante werden drei Größen gleichzeitig dargestellt. Die Daten entstammen wiederum einem Umfragedatensatz, dem International Social Survey Programme: Religion III – ISSP 2008. Die Grafik zeigt für jedes Land drei Indikatoren: „Religious Involvement", „Self-assessed Religiosity" und „Happiness". Der Durchschnittswert für alle Länder wird für jeden Indikator durch eine transparente Linie kenntlich gemacht, die einzelnen Werte durch rote, blaue und gelbe Punkte. Der Datensatz wurde nach der dritten Variable, „Happyness" sortiert. Wir können der Abbildung entnehmen, dass es offensichtlich keinen linearen Zusammenhang zwischen Religiosität – weder persönlicher, noch kirchlich institutionalisierter – und persönlichem Glück gibt.

Die **Daten** entstammen dem Datensatz „International Social Survey Programme: Social Inequality IV – ISSP 2009". Das ISSP ist ein sozialwissenschaftliches Umfrageprogramm, das seit 1985 jährliche Erhebungen durchführt. Mittlerweile beteiligen sich Institutionen aus 48 Ländern an der Durchführung. Neben sozialen und demografischen Fragen werden von Jahr zu Jahr unterschiedliche Themenschwerpunkte gewählt, die sich in mehrjährigem Abstand wiederholen können. 2009 lag der Schwerpunkt auf dem Thema „Soziale Ungleichheit". Der Datensatz enthält 350 Variablen und 55.238 Einheiten (Befragte). Er kann unter dem Titel ZA5400 nach einmaliger Anmeldung bei gesis.org heruntergeladen werden (doi:10.4232/1.11506). Er wird in mehreren Formaten bereitgestellt, für das Beispiel wurde er im SPSS-Format heruntergeladen. Der Datensatz hat die Zugangsklasse A (Daten und Dokumente sind für die akademische Forschung und Lehre freigegeben).

```
pdf_datei<-"dotcharts_uebereinander.pdf"
cairo_pdf(bg="grey98",pdf_datei,width=7,height=10)

library(Hmisc) # wegen dotchart2,nur da kann man add=T angeben
par(omi=c(0.15,0.75,0.95,0.75),mai=c(0.9,1.75,0.25,0),family="Lato Light",
    las=1)

# Daten einlesen und Grafik vorbereiten

daten<-read.xls("daten/Bechert_Graph.xlsx",sheet=1)
row.names(daten)<-daten$Countries
daten$Countries<-NULL

insgesamt<-daten["Mean . . . . . . . . . . ",]
daten<-daten[rownames(daten)!="Mean . . . . . . . . . . ",]
datensort<-daten[order(-daten$Happiness),]
datensort<-rbind(datensort,insgesamt)
attach(datensort)

f1<-rgb(255,165,0,190,maxColorValue=255)
f2<-rgb(0,0,139,190,maxColorValue=255)
f3<-rgb(100,0,0,190,maxColorValue=255)
```

6.1 Balken- und Säulendiagramme

```
f1g<-rgb(255,165,0,60,maxColorValue=255)
f2g<-rgb(0,0,139,60,maxColorValue=255)
f3g<-rgb(100,0,0,60,maxColorValue=255)

# Grafik erstellen und weitere Elemente
dotchart2(Religiosity.,labels=row.names(datensort),pch=17,dotsize=4,
    cex=0.6,cex.labels=0.75,xlab="",col=f1,xaxis=F,xlim=c(1,100))
dotchart2(Involvement,labels=row.names(datensort),pch=15,dotsize=4,
    cex=0.6,xlab="",col=f2,xaxis=F,add=T)
dotchart2(Happiness,
    labels=row.names(datensort),pch=19,dotsize=4,cex=0.6,xlab="",
    col=f3,xaxis=F,add=T)
axis(1)
axis(3)

abline(v=insgesamt,col=c(f1g,f2g,f3g),lwd=12)
legend(-5,-2.6,c("Religious Involvement"),ncol=1,pch=15,col=f2,bty="n",
    cex=1.5,pt.cex=1.5,xpd=T)
legend(35,-2.6,c("Self-assessed Religiosity"),ncol=1,pch=17,col=f1,
    bty="n",cex=1.5,pt.cex=1.5,xpd=T)
legend(80,-2.6,c("Happiness"),ncol=1,pch=19,col=f3,bty="n",
    cex=1.5,pt.cex=1.5,xpd=T)

# Betitelung
mtext("Religious ...",3,line=3.75,adj=0,cex=1.05,family="Lato Black",outer=T)
mtext("(Mean valu...",3,line=1.25,adj=0,cex=0.90,font=3,outer=T)
mtext("Source: IS...",1,line=-1,adj=1,cex=0.90,font=3,outer=T)
dev.off()
```

Das **Skript** definiert zuerst ein Abbildungsfenster, das doppelt so hoch wie breit ist, und spezifische Seitenränder. Die Bibliothek Hmisc von Frank E. Harrell Jr. wird eingebunden, weil wir daraus die Funktion dotchart2() benötigen. Gegenüber der originalen Funktion dotchart() bietet diese den Vorteil, dass wir die Punktgröße, die Darstellung der X-Achse und vor allem das Übereinanderlegen mehrerer Dotcharts definieren können. Wir lesen die Daten aus einer XLS-Tabelle ein, definieren den Inhalt der Spalte „Country" als Zeilennamen sowie einen Vektor insgesamt, der die Zeile der Mittelwerte enthält. Anschließend wird diese Zeile aus den Daten entfernt, dann wird der Datensatz nach der Variable „Religiosity" absteigend sortiert und die Insgesamt-Zeile angehängt. Mit der Funktion attach() ersparen wir uns, im Folgenden den Namen des Datensatzes vor die Variablen schreiben zu müssen. Es folgen drei transparente Farbdefinitionen für die Punkte und weitere drei, noch transparentere, für die Mittelwertlinien. Die Dotcharts werden dann mit der Funktion dotchart2() gezeichnet. Die Funktion wird dreimal aufgerufen, beim zweiten und dritten Mal mit add=TRUE, damit die beiden Diagramme über das vorhandene gelegt werden. Zur besseren Orientierung zeichnen wir die X-Achsen sowohl oben als auch unten mit `axis(1)` und `axis(3)`. Es folgen die drei vertikalen Linien, die die Mittelwerte definieren, mit der Funktion `abline()`. „v" bedeutet „vertikal", `insgesamt` ist der Vektor mit der Position der Mittelwerte. Wir wählen hier mit dem Wert `12` sehr breite Linien, da diese dann in etwa dem Durchmesser der Punkte entsprechen. Die Legende entspricht im Wesentlichen dem Beispiel in Abschn. 6.1.7. Zuletzt folgen, wie gehabt, die Über- und Unterschriften.

6.1.12 Säulendiagramm mit Anteilen

DFG-Bewilligungen 2010

Einzelförderung nach Wissenschaftsbereichen, Angaben in Mio. Euro. Prozentangabe: Bewilligungsquote

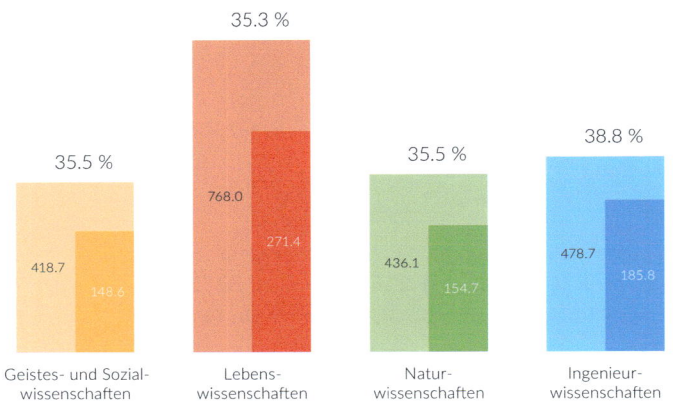

Quelle: DFG Information Cards, www.dfg.de

Zur **Abbildung**: Bei Balkendiagrammen besteht auch die Möglichkeit, Anteile darzustellen. Hier ist jedoch Vorsicht geboten: Bei der üblicherweise verwendeten Darstellungsform von übereinander eingezeichneten, „gestapelten" Flächen kann ein *Anteil* ohne Erläuterung nicht von einer *Addition* unterschieden werden. In diesen Fällen bietet es sich daher an, nicht die gesamte Breite der Balken oder Säulen für die Darstellung des Anteils zu verwenden, sondern nur die halbe. Um die Proportion zu wahren, muss dann jedoch die Höhe dieser Fläche verdoppelt werden. Dieses Beispiel zeigt eine solche Darstellungsform für die beantragten und bewilligten Summen von Anträgen, die bei der Deutschen Forschungsgemeinschaft eingereicht wurden, differenziert nach vier Wissenschaftsbereichen. Da die bewilligten Summen echte Teilsummen der beantragten Mittel sind – kein Euro, der nicht

6.1 Balken- und Säulendiagramme

beantragt wurde, wird bewilligt – können die bewilligten Summen als Teile der beantragten Summen dargestellt werden. In der Abbildung gibt die Höhe der Säulen das beantragte Volumen, der untere Bereich die *davon* bewilligte Summe wieder. Zur Orientierung sind die jeweiligen Summen in die Säulen geschrieben, über die Säulen die Bewilligungsquoten (bewilligte durch beantragte Summen). Die wesentlichen Aussagen der Abbildung sind, dass die Bewilligungsquoten in allen vier Wissenschaftsbereichen nahezu identisch und in den Lebenswissenschaften deutlich mehr beantragt und damit auch bewilligt wird, als in den übrigen drei.

Die **Daten** können direkt einer PDF-Publikation „DFG Information Cards 2011" (Karte 9, „Research Grants") der DFG-Website entnommen werden und wurden in das R-Skript eingetippt.

```
pdf_datei<-"saeulendiagramme_anteile.pdf"
cairo_pdf(bg="grey98",pdf_datei,width=11,height=7)

par(cex=0.9,omi=c(0.75,0.5,1.25,0.5),mai=c(0.5,1,0.75,1),mgp=c(3,2,0),
    family="Lato Light",las=1)

# Daten einlesen

source("skripte/inc_daten_dfg.r")

# Grafiken erstellen und weitere Elemente

barplot(x,col=c(f1a,f1a,f2a,f2a,f3a,f3a,f4a,f4a),beside=T,
        border=NA,axes=F,names.arg=c("","","",""))
barplot(2*y,col=c(f1a,f1b,f2a,f2b,f3a,f3b,f4a,f4b),beside=T,
        border=NA,axes=F,add=T,names.arg=beschriftung,cex.names=1.25)
z<-1
for (i in 1:4)
{
text(z+0.25,x[1,i]/2,format(round(x[1,i],1),nsmall=1),adj=0)
text(z+1.25,y[2,i],format(round(y[2,i],1),nsmall=1),adj=0,col="white")
text(z+0.65,x[1,i]+50,paste(format(round(100*y[2,i]/x[1,i],1),
    nsmall=1),"%",sep=" "),adj=0,cex=1.5,xpd=T)
z<-z+3
}

# Betitelung

mtext("DFG-Bewill...",3,line=4,adj=0,family="Lato Black",outer=T,cex=2)
mtext("Einzelförd...",3,line=1,adj=0,cex=1.35,font=3,outer=T)
mtext("Quelle: DF...",1,line=2,adj=1.0,cex=1.1,font=3,outer=T)
dev.off()
```

Eingebunden wird:

```
# inc_daten_dfg.r
f1a<-rgb(251,212,150,maxColorValue=255)
f2a<-rgb(237,153,118,maxColorValue=255)
f3a<-rgb(179,213,148,maxColorValue=255)
f4a<-rgb(112,200,230,maxColorValue=255)

f1b<-rgb(243,178,40,maxColorValue=255)
f2b<-rgb(220,62,42,maxColorValue=255)
f3b<-rgb(109,182,68,maxColorValue=255)
f4b<-rgb(0,163,218,maxColorValue=255)

farben1<-c(f1a,f2a,f3a,f4a)
farben2<-c(f1b,f2b,f3b,f4b)
a<-c(418.7,418.7); b<-c(768.0,768.0); c<-c(436.1,436.1); d<-c(478.7,478.7)
x<-as.matrix(data.frame(a,b,c,d))
a<-c(0,148.6); b<-c(0,271.4); c<-c(0,154.7); d<-c(0,185.8)
y<-as.matrix(data.frame(a,b,c,d))
w1<-"Geistes- und Sozial-\nwissenschaften"
w2<-"Lebens-\nwissenschaften"
w3<-"Natur-\nwissenschaften"
w4<-"Ingenieur-\nwissenschaften"
beschriftung<-c(w1,w2,w3,w4)
```

Das **Skript** bindet zunächst die Daten ein: Zunächst zweimal vier Farben, dann die eigentlichen Daten und zuletzt die Beschriftungen. Beachten Sie, dass die Antragssummen hier doppelt eingelesen werden. Damit werden die Balken doppelt breit. Die Bewilligungsdaten werden dagegen nur einmal eingelesen, die jeweils ersten Werte auf Null gesetzt. Es folgen zwei `barplot()`-Aufrufe. Da wir diesmal nicht `horiz=TRUE` angeben, werden keine Balken-, sondern Säulendiagramme gezeichnet. Der zweite Aufruf erfolgt mit `add=TRUE`, so dass diese Säulen über die ersten gezeichnet werden. Damit die Proportionen korrekt sind, müssen die Bewilligungsdaten (`y`) mit 2 multipliziert werden. Alternativ hätte man auch in den `barplot()`-Aufrufen die Säulenbreite entsprechend anpassen können. Zum Schluss folgen noch viermal drei Beschriftungen: jeweils auf halber Höhe die Werte der Antrags- und Bewilligungssummen (die Antragssummen in die linken Balken), mittig über den Säulen das Verhältnis von Bewilligungs- zu Antragssummen in Prozent. Der Ausdruck `format(round(y[2,i],1),nsmall=1))` bewirkt, dass auf jeden Fall, auch bei ganzen Zahlen, eine Nachkommastelle ausgegeben wird.

Weitere Anwendungsbeispiele für Balkendiagramme folgen in Abschn. 7.3.

6.2 Kreis- und Radialdiagramme

Kreisdiagramme sind hübsch anzusehen – mehr eigentlich nicht. Aber eben auch nicht weniger, und daher möchte ich nicht von ihrem Gebrauch abraten. Das häufig vorgebrachte Argument, die menschliche Perzeption könne zum Beispiel Punkte auf Linien (Dotcharts) wesentlich besser vergleichen, ist unbestritten. Wenn aber die einzelnen Daten von ihrer Größenordnung so nah beieinander liegen, dass sie in einem Kreisdiagramm schlecht hinsichtlich ihrer exakten Größenunterschiede zu ordnen sind, dann ist die Botschaft dieser Daten, dass sie ähnlich sind und daher geringfügige Unterschiede keine Rolle spielen.

In diesem Abschnitt werden wir neben herkömmlichen Kreisdiagrammen auch Beispiele für *Spie Charts* und *Radialpolygone* erläutern, in Kap. 11 auch noch *Radialsäulendigramme*. Die Typen unterscheiden sich hinsichtlich der Variabilität ihrer Radien und/oder Winkel:

Typ	Radius	Winkel
Kreisdiagramm	Konstant	Variabel
Spiechart	Variabel	Variabel
Radialpolygon	Variabel	Konstant
Radialsäulendiagramm	Variabel	Konstant

6.2.1 Einfaches Kreisdiagramm

Energiemix der Welt (inklusive See- und Luftverkehr)

Anteile der Energieträger an der Primärenergie-Versorgung* in Prozent, 2008

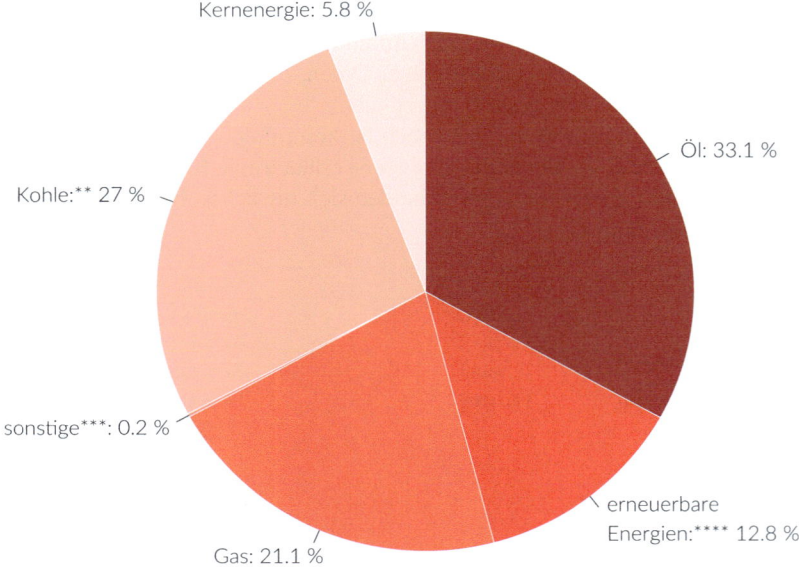

* Primärenergie-Versorgung=Primärenergie-Produktion + Importe - Exporte +/- Veränderung der Lagerbestände
** einschließlich Torf
*** Biomasse, biologisch abbaubare Abfälle (ohne Industrieabfälle), Wasserkraft, geoth.Energie, Solar-, Wind- und Meeresenergie
**** Industrieabfälle und brennbare Abfälle, die der Energieerzeugung dienen und die nicht biologisch abbaubar sind

Quelle: Bundeszentrale für politische Bildung: Stichwort 'Energiemix', www.bpb.de

Die **Abbildung** zeigt Daten zum „Energiemix der Welt". Ein Kreisdiagramm zu zeichnen ist schwieriger, als man denkt. Man kann – und sollte – bei einem Kreisdiagramm die Reihenfolge der einzelnen Segmente variieren sowie die Drehung. Idealerweise sollte ein Segment bei 0 Grad beginnen, das wird aber nicht immer möglich sein. Abhängig von dem Platz, dem man der Abbildung zuweisen möchte, sowie den Ausprägungen der konkreten Daten und den konkreten Beschriftungen sollte man ein wenig ausprobieren, welche Anordnung der Segmente und Drehung für den gegebenen Fall optimal ist. Im vorliegenden Fall waren drei oder vier Iterationen notwendig, Änderungen von Segmentreihenfolgen und Drehungen, bis das abgebildete Ergebnis erzielt wurde. Wenn nicht inhaltliche Gründe die Verwendung mehrerer Farben erfordern, sollte man bei Kreisdiagrammen eine Farbpalette mit einer Farbe verwenden.

6.2 Kreis- und Radialdiagramme

Die **Daten** sind einer Seite der Bundeszentrale für politische Bildung entnommen.

```
pdf_datei<-"kreisdiagramme_einfach.pdf"
cairo_pdf(bg="grey98",pdf_datei,width=11,height=11)
par(omi=c(2,0.5,1,0.25),mai=c(0,1.25,0.5,0.5),family="Lato Light",las=1)
library(RColorBrewer)

# Grafik erstellen

pie.daten<-c(5.8,27.0,0.2,21.1,12.8,33.1)
energiearten<-c("Kernenergie:","Kohle:**","sonstige***:","Gas:",
        "erneuerbare\nEnergien:****","Öl:")
names(pie.daten)<-paste(energiearten,pie.daten,"%",sep=" ")
pie(pie.daten,col=brewer.pal(length(pie.daten),"Reds"),border=0,
        cex=1.75,radius=0.9,init.angle=90)

# Betitelung

mtext("Energiemix...",3,line=2,adj=0,family="Lato Black",outer=T,cex=2.5)
mtext("Anteile de...",3,line=-0.75,adj=0,cex=1.65,font=3,outer=T)
mtext("* Primärenergie-Versorgung=Primärenergie-Produktion +
        Importe - Exporte +/- Veränderung der Lagerbestände",1,
        line=2,adj=0,cex=1.05,outer=T)
mtext("** einschließlich Torf",1,line=3.2,adj=0,cex=1.05,outer=T)
mtext("*** Biomasse,biologisch abbaubare Abfälle (ohne
        Industrieabfälle), Wasserkraft,geoth.Energie,Solar-,Wind- und
        Meeresenergie",1,line=4.4,adj=0,cex=1.05,outer=T)
mtext("**** Industrieabfälle und brennbare Abfälle, die der
        Energieerzeugung dienen und die nicht biologisch abbaubar sind",
        1,line=5.6,adj=0,cex=1.05,outer=T)
mtext("Quelle: Bu...",1,line=8,adj=1,cex=1.35,font=3,outer=T)
dev.off()
```

Im **Skript** laden wir nach den individuellen Randeinstellungen zuerst das Paket `RColorBrewer`. Die Daten werden direkt im Skript definiert, ebenso die Beschriftungen der Segmente. Diese werden in der nächsten Zeile ergänzt durch die Prozentangaben und das Prozentzeichen. Das Kreisdiagramm wird mit `pie()` gezeichnet, für die Farben der Segmente verwenden wir eine Brewer-Farbpalette, die Anzahl der Farbabstufungen ergibt sich aus der Länge des Vektors, der die Daten enthält. Geeignete Werte für Radius und Ausgangswinkel (`init.angle`) ergeben sich durch Ausprobieren. Am Ende folgen auf die übliche Art und Weise die Beschriftungen.

6.2.2 Kreisdiagramme, Beschriftung innen (Panel)

Zur **Abbildung**: Bei Kreisdiagrammen bieten sich natürlich auch Abbildungen mit mehreren Diagrammen an. Hier greifen wir die Daten von Beispiel Abschn. 6.1.12 auf. Da die Bewilligungssummen Anteile der Antragssummen sind, bieten sich für die Darstellung auch Kreisdiagramme an. Die Größe des Kreises symbolisiert dabei die Höhe der Antragssummen des jeweiligen Wissenschaftsbereiches. Die Bewilligungsquoten, das Verhältnis von bewilligten zu beantragten Summen, bildet die Überschrift, der Wissenschaftsbereich die Unterschrift. Die absoluten Zahlen werden in die Kreissegmente hineingeschrieben, was in der Unterüberschrift erläutert wird. Die Farben entsprechen den von der DFG verwendeten Farben für die Wissenschaftsbereiche. Beachten Sie, dass Sie die Quadratwurzel für den Radius verwenden müssen, da eine Verdoppelung des Radius eine Vervierfachung der Fläche bewirkt.[9]

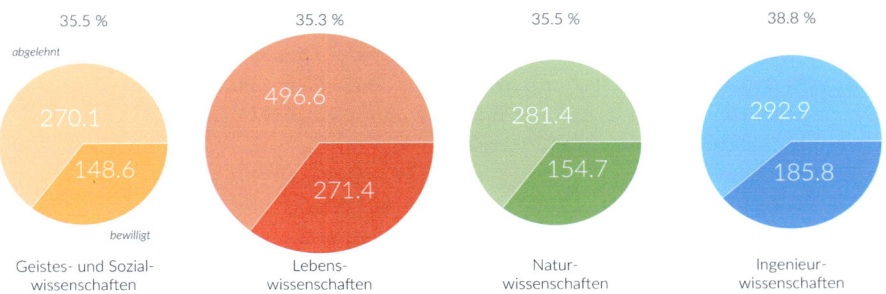

Die **Daten** können direkt einer PDF-Publikation „DFG Information Cards 2011" (Karte 9, „Research Grants") der DFG-Website entnommen werden und wurden in das R-Skript eingetippt.

```
pdf_datei<-"kreisdiagramme_1x4.pdf"
cairo_pdf(bg="grey98",pdf_datei,width=14,height=6)

library(plotrix)
par(omi=c(0.5,0.5,1,0.5),mai=c(0,0,0,0),xpd=T,mfcol=c(1,4),
    family="Lato Light",las=1)

# Daten einlesen
```

---

[9] So ist zum Beispiel die sehr beeindruckende Abbildung der „Population of the Dead" von Jon Gosier in dieser Hinsicht nicht korrekt: http://www.flickr.com/photos/ww4f/4108672641/. Der Autor wurde auf den Fehler hingewiesen und hat eine korrigierte Fassung veröffentlicht: http://www.flickr.com/photos/ww4f/6087199614/.

6.2 Kreis- und Radialdiagramme

```
source("skripte/inc_daten_dfg.r")

# Grafiken definieren und weitere Elemente

for (i in 1:4)
{
plot(1:5,type="n",axes=F,xlab="",ylab="")
werte<-c(x[2,i]-y[2,i],y[2,i])
kreis<-floating.pie(3,3,werte,border="white",
    radius=2.1*sqrt(x[1,i]/max(x[1,])),col=c(farben1[i],farben2[i]))
pie.labels(3,3,kreis,werte,bg=NA,border=NA,
    radius=x[1,i]/max(x[1,]),cex=2,col="white")
if (i==1) pie.labels(3,3,kreis,c("abgelehnt","bewilligt"),
    bg=NA,border=NA,radius=1.95,font=3)
text(3,4.7,cex=2,adj=0.5,
    paste(format(round(100*y[2,i]/x[1,i],1),nsmall=1),"%",sep=" "))
text(3,1.2,beschriftung[i],cex=2,adj=0.5)
}

# Betitelung

mtext("DFG-Bewill...",3,line=4,adj=0,family="Lato Black",outer=T,cex=2)
mtext("Einzelförd...",3,line=1,adj=0,cex=1.35,font=3,outer=T)
mtext("Quelle: DF...",1,line=2,adj=1.0,cex=1.1,font=3,outer=T)
dev.off()
```

Das **Skript** verwendet hier das Paket `plotrix` von Jim Lemon, um die vier Kreisdiagramme in einer Abbildung mit der Funktion `floating.pie()` an verschiedenen Stellen zu positionieren. Wir lesen zunächst die Daten inklusive der Farbdefinitionen wie in Abschn. 6.1.12 ein und erstellen mit `mfcol()` vier Fenster. Darin wird jeweils zunächst ein leerer `plot()` definiert, in den anschließend in der Mitte, also an der X- und X-Postion 3, mit `floating.pie()` das Kreisdiagramm gezeichnet wird. Da wir anschließend in das Kreisdiagramm die Beschriftungen setzen möchten, wird das Ergebnis von `floating.pie()` nicht nur gezeichnet, sondern als Objekt auch in die Variable `kreis` gespeichert. Der Radius des Kreisdiagramms soll ja die Größe der Antragssummen symbolisieren. Dazu berechnen wir ihn mit `x[1,i]/max(x[1,])` als Verhältnis des Wertes der Antragssumme des `i`-ten Kreises zur größten Antragssumme. Alle Radien werden dann noch mit dem Faktor `2.1` multipliziert, um die Kreise in der Abbildung so groß wie möglich zu machen. Die nächste Zeile zeichnet die Beschriftungen, die in die Diagramme hinein sollen. Das erreichen wir dadurch, dass wir den Radius hier nicht mit dem Faktor `2.1` multiplizieren. Das Verhältnis wird aber wie eben angegeben, damit die Beschriftungen „mittig" in die Segmente eingezeichnet werden. Es folgt noch eine Bedingung: Beim ersten Kreisdiagramm sollen noch als weitere Beschriftungen, gewissermaßen als Legende, die Segmentinhalte mit „abgelehnt" und „bewilligt" kursiv (`font=3`) beschrieben werden. Da die Kreisdiagramme ja sehr ähnlich aussehen, reicht diese eine Beschriftung. Nun folgen noch die Über- und

Unterschriften, die wie in Abschn. 6.1.12 aus den Bewilligungsquoten sowie den Wissenschaftsbereichen bestehen sollen. Wie dort verwenden wir dazu die Funktion text(). Zuletzt wird der Titel geschrieben, der in die Datei inc_titel_dfg.r ausgelagert wurde.

6.2.3 Sitzverteilung (Panel)

Zur **Abbildung**: Diese Form der Darstellung findet man oft in Publikationen zu Wahlergebnissen. Es handelt sich dabei um „Halbkreise", also um Kreisdiagramme, bei denen sich die einzelnen Segmente nicht zu einem Kreis ergänzen, sondern eben zu einem Halbkreis – besser gesagt zu einem „Halbring". Für Sitzverteilungen bietet sich dies insofern an, da es sich hierbei ja um ein stilisiertes Parlament handelt: Man gewinnt so den Eindruck von Ausschnitten eines Plenarsaals. In der Abbildung wird die Sitzverteilung im Deutschen Bundestag der 16. und 17. Wahlperiode verglichen. Dabei sieht man insbesondere den starken Verlust der SPD von 222 auf 146 Sitze.

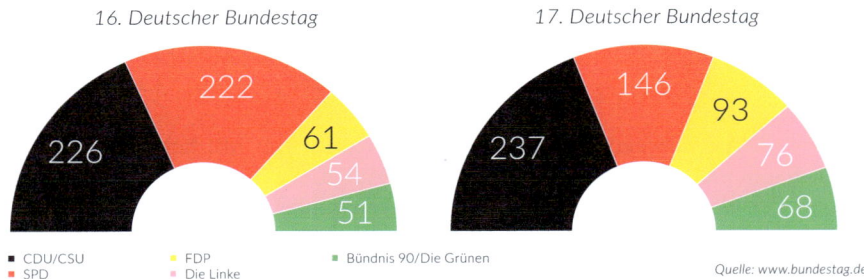

Die **Daten** können der Homepage des Bundestages (http://www.bundestag.de) entnommen werden und wurden direkt in das Skript eingetragen.

```
pdf_datei<-"kreisdiagramme_sitzverteilung.pdf"
cairo_pdf(bg="grey98",pdf_datei,width=10,height=3.75)

par(omi=c(0.5,0.5,1,0.5),mai=c(0,0,0,0),xpd=T,mfcol=c(1,2),
    family="Lato Light")
library(plotrix)

# Grafik definieren

plot(1:5,type="n",axes=F,xlab="",ylab="",xlim=c(1,5),ylim=c(1,10))
sitze<-c(51,54,61,222,226)
bez<-c(sitze,""); segmente<-50*sitze/sum(sitze)
```

6.2 Kreis- und Radialdiagramme

```
werte<-c(segmente,50); scheibe<-100
sfarbe<-c("white", "white", "black", "white", "white")

# Grafik erstellen

halbkreis<-floating.pie(3,1,werte,border="white",radius=1.9,
    xpd=F,col=c("green","pink","yellow","red","black",par("bg")))
pie.labels(3,1,halbkreis,bez,bg=NA,border=NA,radius=1.5,cex=2,col=sfarbe)
floating.pie(3,1,scheibe,border="white",col=par("bg"),radius=0.7,xpd=F)
mtext("16. Deutscher Bundestag",3,line=0,adj=0.5,font=3,cex=1.3)

par(xpd=T)
legend(1,0.5,c("CDU/CSU","SPD","FDP","Die Linke","Bündnis 90/Die Grünen"),
    border=F,pch=15,col=c("black","red","yellow","pink","green"),
    bty="n",cex=0.8,xpd=NA,ncol=3)
par(xpd=F)

# Grafik definieren

plot(1:5,type="n",axes=F,xlab="",ylab="",xlim=c(1,5),ylim=c(1,10))
sitze<-c(68,76,93,146,237)
bez<-c(sitze,""); segmente<-50*sitze/sum(sitze)
werte<-c(segmente,50);scheibe<-100

# Grafik erstellen

halbkreis<-floating.pie(3,1,werte,border="white",radius=1.9,xpd=F,
    col=c("green","pink","yellow","red","black",par("bg")))
pie.labels(3,1,halbkreis,bez,bg=NA,border=NA,radius=1.5,cex=2,col=sfarbe)
floating.pie(3,1,scheibe,border="white",col=par("bg"),radius=0.7,xpd=F)
mtext("17. Deutscher Bundestag",3,line=0,adj=0.5,font=3,cex=1.3)

# Betitelung

mtext("Sitzvertei...",3,line=3,adj=0,family="Lato Black",outer=T,cex=1.8)
mtext("Quelle: ww...",1,line=1,adj=1.0,cex=0.8,font=3,outer=T)
dev.off()
```

Zum Skript: In R gibt es unseres Wissens keine direkte Möglichkeit, Halbkreisdiagramme zu zeichnen. Wir können uns aber mit einem Trick behelfen. Für die Abbildung wird zunächst das Paket `plotrix` von Jim Lemon eingebunden. Wie wir im vorangegangenen Beispiel gesehen haben, kann man damit Kreisdiagramme an konkrete Positionen in einen Plot zeichnen. Wenn wir nun ein Kreisdiagramm mit dieser Methode mit dem Mittelpunkt genau auf die Kante eines solchen Plots legen, gleichzeitig dafür sorgen, dass die über die Plot-Grenze hinausragenden Teile des Plots nicht angezeigt werden und der nicht angezeigte Teil einfach ein Segment ist, das die Hälfte der eigentlichen Werte umfasst, dann sind wir schon ziemlich nahe am gewünschten Resultat.

Für die vorliegende Abbildung definieren wir zunächst mit mfcol=c(1,2) ein Fenster mit einer Zeile und zwei Spalten, also zwei Diagramme nebeneinander. Dann wird mit plot() als erstes ein „leerer" Plot von 1 bis 5 in X-Richtung und von 1 bis 10 in Y-Richtung definiert. Die Anzahl der Sitze für die einzelnen Parteien wird in die Variable sitze gespeichert, bez entspricht der Variable sitze, wir hängen nur ein leeres Element hinten an. Da wir ja nur einen Halbkreis benötigen statt eines ganzen, definieren wir eine zusätzliche Variable segmente, die die halbierten Anteile (50*sitze/sum(sitze)) enthält. Die Werte für das Kreisdiagramm speichern wir in pieval: Das sind die sich zu 50 (Prozent) ergänzenden Segment-Werte aus segmente, ergänzt um den Wert 50 für den Teil, der dann unsichtbar sein wird. Aus optischen Gründen legen wir darüber noch eine „Scheibe", ein Kreisdiagramm, das aus einem einzigen Segment besteht. Der Aufruf des Kreisdiagramms erfolgt mit der Funktion floating.pie(), die das Kreisdiagramm an der Position 3,1 so in den „leeren" Plot zeichnet, dass der Mittelpunkt genau auf der Y-Achse liegt. Der radius ist mit 1.9 so gewählt, dass die Breite angemessen ausgefüllt wird. Mit xpd=FALSE wird absichtlich die untere Hälfte des Kreisdiagramms abgeschnitten, die Farben der Segmente sollen den Farben der Parteien entsprechen. Da wir die Segmente beschriften wollen, speichern wir das mit floating.pie() erzeugte Objekt in eine Variable halbkreis. Die Beschriftung erfolgt dann in der nächsten Zeile mit pie.labels(), wobei wir hier einen etwas geringeren Radius wählen, damit die Beschriftungen vollständig in die Segmente passen. Als drittes wird darauf mit Radius 0.7 das weiße Kreisdiagramm scheibe gezeichnet, das nur aus einem Wert besteht und den Effekt hat, dass aus dem ersten Kreisdiagramm ein Ring wird, der dem Erscheinungsbild eines Parlaments entspricht. Nach der Überschrift folgt die Legende, vor der wir xpd=TRUE setzen, damit sie unten in die Ecke gezeichnet werden kann; anschließend setzen wir den Wert wieder auf FALSE. Dann folgt für das zweite Diagrammfenster ein zweites Mal der Aufruf der drei schon bekannten Kreisdiagrammelemente, hier nun mit der Sitzverteilung im 17. Deutschen Bundestag. Zum Schluss folgen wie immer die gemeinsame Über- und Unterschrift im äußeren Rand.

6.2 Kreis- und Radialdiagramme

6.2.4 Spie Chart

The Cost of Getting Sick

The Medical Expenditure Panel Survey. Age: 60, Total Costs: 41.4 Mio. US $

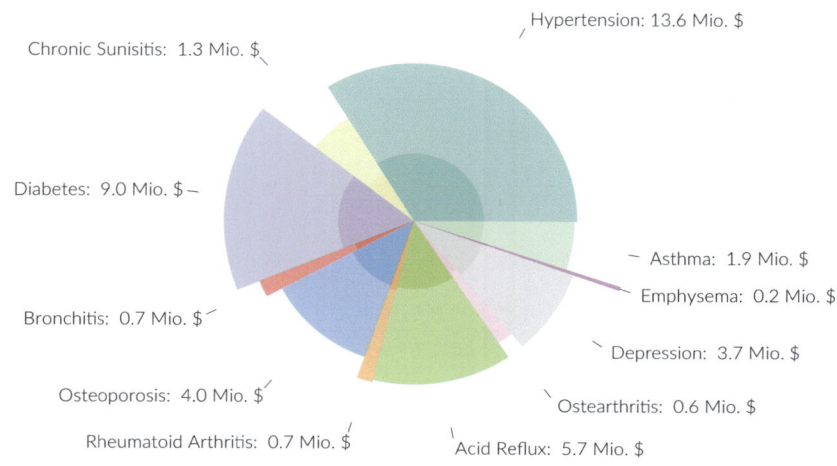

Inside: Personal Costs. Outside: Insurer Costs.

visualization.geblogs.com/visualization/health_costs/

Zur **Abbildung**: Gegenüber einem herkömmlichen Kreisdiagramm ist ein *Spie Chart* eine Erweiterung, bei der nicht nur die Größe der Winkel, sondern auch die des Radius die statistische Information abbildet. Das hier verwendete und einer Konzeption von Ben Fry entnommene Beispiel[10] zeigt die durch Erkrankungen von Versicherten verursachten Kosten aus dem Medical Expenditure Panel Survey (MEPS) für die Altersgruppe der 60-jährigen. Dargestellt sind elf verschiedenen Krankheiten, wobei der Radius die Kosten pro Patient und der Winkel die Anzahl der an dieser Krankheit erkrankten Personen abbildet. Die Fläche des Segments bildet also die Gesamtkosten der Erkrankung ab. Zusätzlich sind als zweite Ebene die persönlichen Kosten abgebildet, so dass der nicht überlagerte Teil der Gesamtkosten die Kosten des Versicherers abbildet.[11] Die Beschriftung der Segmente sollte auf einem Kreis liegen, daher wird sie am längsten Segment orientiert.

---

[10] Kritisch dazu: http://eagereyes.org/criticism/cost-of-a-sick-chart.
[11] Eine sehr spezielle und im Zusammenhang dieser Darstellungsform oft zitierte Empfehlung für die Verwendung von Spie Charts gibt Feitelson, D. R., Comparing Partitions With Spie Charts, http://www.cs.huji.ac.il/~feit/papers/Spie03TR.pdf. Seiner Meinung nach eignet sich diese Darstellungsform besonders gut für den Vergleich von Größenanteilen zu zwei verschiedenen Zeitpunkten. Dabei wird der Radius des Segments durch den Anteil definiert, den die Kategorie zum zweiten Zeitpunkt aufweist. Segmente, die nun aus dem Radius des ersten Kreises herausragen, weisen auf einen größeren Anteil dieer Kategorie als zum ersten Zeitpunkt hin, bei kleineren Radien hat sich der Anteil der Kategorie verringert. Ob sich eine derartige Verwendung unmittel-

Die **Daten** wurden einem Java-Plugin entnommen und daraus für einen Jahrgang manuell von mir in eine XLSX-Tabelle getippt.

```
pdf_datei<-"kreisdiagramme_spiechart.pdf"
cairo_pdf(bg="grey98",pdf_datei,width=15,height=11)

par(omi=c(0.5,0.5,0.75,0.5),mai=c(0.1,0.1,0.1,0.1),
        family="Lato Light",las=1)
library(RColorBrewer)

# Daten einlesen und Grafik vorbereiten
x<-read.xlsx("daten/Healthcare_costs.xlsx",1)
attach(x)
n<-nrow(x)
faktor<-max(sqrt(Acosts60))/0.8

# Grafik definieren und weitere Elemente
plot.new()
f0<-rep(NA,n)
farben<-brewer.pal(n,"Set3")
for (i in 1:n)
{
par(new=T)
r<-col2rgb(farben[i])[1]
g<-col2rgb(farben[i])[2]
b<-col2rgb(farben[i])[3]
f0[i]<-rgb(r,g,b,190,maxColorValue=255)
wert<-format(Total60/1000000,digits=1)
komplett<-paste(Disease,": ",wert," Mio. $",sep="")
if (Acosts60[i] == max(Acosts60)) {bez<-komplett} else {bez<-NA}

# Segmente erstellen
pie(Patients60,border=NA,radius=sqrt(Acosts60[i])/faktor,col=f0,
        labels=bez,cex=1.8)
par(new=T)
r<-col2rgb(farben[i])[1]
g<-col2rgb(farben[i])[2]
b<-col2rgb(farben[i])[3]
f0[i]<-rgb(r,g,b,maxColorValue=255)
pie(Patients60,border=NA,radius=sqrt(Pcosts60[i])/faktor,col=f0,labels=NA)
f0<-rep(NA,n)
}
```

---

bar erschließt? Für einen solchen Vergleich ist unseres Erachtens ein Panel mit zwei Grafiken in aller Regel besser geeignet.

6.2 Kreis- und Radialdiagramme

```
# Betitelung
mtext("The Cost o...",3,line=-1,adj=0,cex=3.5,family="Lato Black",outer=T)
mtext("The Medica...",3,line=-3.6,adj=0,cex=1.75,outer=T)
mtext("Inside: Pe...",1,line=0,adj=0,cex=1.75,outer=T,font=3)
mtext("visualizat...",1,line=0,adj=1.0,cex=1.75,outer=T,font=3)
dev.off()
```

Zum **Skript**: R stellt für die Konstruktion von Spie Charts Funktionen in verschiedenen Paketen zur Verfügung, wie zum Beispiel `spie()` in dem Paket `caroline`. Wir verwenden hier aber lediglich grundlegende Funktionen des Basispakets, die uns hinsichtlich der Gestaltungsmöglichkeiten nicht einschränken.

Nach dem Einlesen der Daten konstruieren wir zunächst einen Faktor aus dem Maximum der Quadratwurzel von `Acosts60`. Zur Anpassung an die Abmessung der Darstellung wird der Wert noch durch `0.8` dividiert. Nach der Definition der Abbildung mit `plot.new()` legen wir einen Vektor `f0` an, den wir später mit Farbwerten befüllen. Dazu verwenden wir eine Brewer-Farbpalette als Ausgangsbasis.

Dann wird in einer Schleife für jeden Datensatz ein Kreisdiagramm gezeichnet, das jeweils nur aus einem Segment besteht und einen individuellen Radius aufweist, der sich aus `Acosts60` ergibt.

Der Trick ist, dass die Farbe `f0` am Ende der Schleife immer wieder auf `NA` gesetzt wird. Pro Durchlauf der Schleife wird lediglich ein Segment farbig definiert: `f0[i]`. Tatsächlich werden also 2 mal i Kreise gezeichnet, von denen immer nur ein Segment sichtbar ist. Alle Beschriftungen werden aus dem Kreis genommen, der den maximalen Radius aufweist, dadurch haben alle denselben Abstand zum Mittelpunkt.

Da wir zwei Ebenen zeichnen, die farblich aufeinander abgestimmt sein sollten, zeichnen wir die untere Ebene als transparenten Wert der ausgewählten Palette. Dazu lösen wir die jeweilige Farbe der Brewer-Palette in ihre RGB-Bestandteile auf. Das untere Kreissegment wird dann mit einer Intensität von `190`, das obere von `255` gezeichnet.

6.2.5 Radialpolygone (Panel)

Energiemix in Regionen der Welt
Anteile verschiedener Energiearten am Gesamtenergieverbrauch

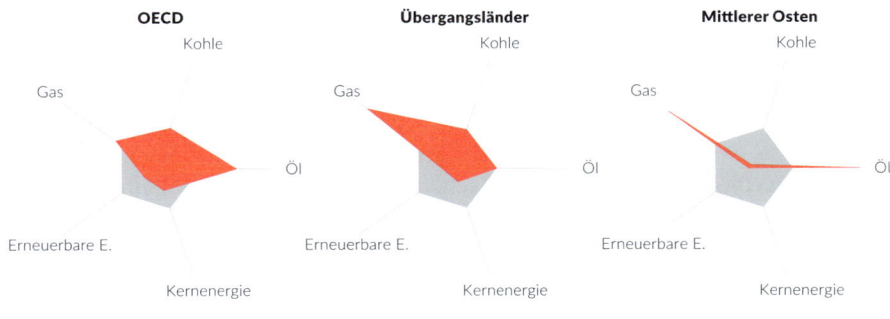

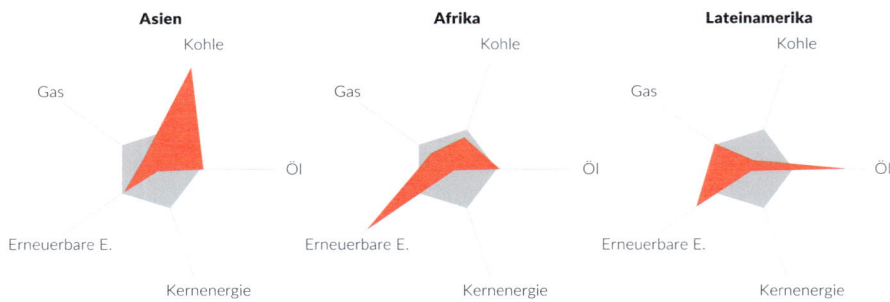

Quelle: Bundeszentrale für politische Bildung: Stichwort 'Energiemix', www.bpb.de

Zur **Abbildung**: Hat man mehrere Variablen, die in der gleichen Dimension gemessen wurden, etwa Schulnoten oder Eigenschaften einer Person auf einer Skala von 1 bis 10 oder, wie hier, Anteile verschiedener Energiearten am Gesamtenergiemix in einzelnen Regionen (vgl. Abschn. 6.2.1), dann bietet sich als Darstellung ein Radialpolygon an. Manchmal findet man auch die Bezeichnung *Spider Plot*, *Radar Chart* oder *Netzdiagramm*. Die Werte der Variablen werden auf Radien, deren Längen den Ausprägungen entsprechen, in gleichen Winkeln um einen Kreismittelpunkt eingetragen und anschließend verbunden.

Daten: Siehe Anhang A, weltenergiemix.xlsx.

```
pdf_datei<-"radial_polygone_2x3.pdf"
cairo_pdf(bg="grey98",pdf_datei,width=12,height=12)
```

6.2 Kreis- und Radialdiagramme

```
par(mfcol=c(2,3),omi=c(1,0.5,1,0.5),mai=c(0,0,0,0),cex.axis=0.9,
    cex.lab=1,xpd=T,col.axis="green",col.main="red",
    family="Lato Light",las=1)
library(plotrix)

# Daten einlesen und Grafik vorbereiten
regionen<-read.xls("daten/weltenergiemix.xlsx")
row.names(regionen)<-regionen$Region
regionen$Region<-NULL
beschriftung<-c("Öl","Kohle","Gas","Erneuerbare E.","Kernenergie")

regionen<-regionen[, c(1,3,2,4,5)]
beschriftung<-beschriftung[c(1, 3, 2, 4, 5)]

# Grafiken erstellen
for (i in 2:nrow(regionen))
{
radial.plot(rep(100/length(regionen),length(regionen)),
    labels=beschriftung,rp.type="p",main="",line.col="grey",
    show.grid=F,radial.lim=c(0,55),poly.col="grey")
radial.plot(regionen[i,],labels="",rp.type="p",main="",
    line.col="red",show.grid=F,radial.lim=c(0,55),poly.col="red",add=T)
mtext(row.names(regionen)[i],line=2,family="Lato Black")
}

# Betitelung
mtext("Energiemix...",line=2,cex=3,family="Lato Black",outer=T,adj=0)
mtext(line=-1,"Anteile ve...",cex=1.5,font=3,outer=T,adj=0)
mtext(side=1,"Quelle: Bu...",line=2,cex=1.3,font=3,outer=T,adj=1)
dev.off()
```

Im **Skript** werden die Radialpolygone mit der Funktion `radial.plot()` aus dem Paket `plotrix` von Jim Lemon gezeichnet. Dazu werden zuerst aus den aus einer XLSX-Tabelle eingelesenen Daten Zeilennamen mit der Region erzeugt. Die Beschriftung nehmen wir direkt im Skript vor. Die erste Zeile der Daten (die „Welt") ignorieren wir und zeichnen dann in einer Schleife für jede Region zwei Radialpolygon-Diagramme übereinander: Die erste, die grau gefärbt wird, zeichnet als Hintergrund ein Polygon, in dem alle Kantenlängen gleich sind. Dazu wird der Funktion `radial.plot()` als Parameter `100/length(regionen)` übergeben, die Anzahl ist die Anzahl der vorkommenden Regionen. Auch die Beschriftungen werden hier ausgegeben. Der Parameter `rp.type` legt fest, ob Linien, Polygone (Flächen) oder Symbole (Punkte) gezeichnet werden sollen. Mit `show.grid=F` wird auf das Zeichnen von Hilfskreisen verzichtet. Der Radius wird mit `c(0,55)` festgelegt.

Der zweite Aufruf von `radial.plot()` legt mit `add=T` die eigentlichen Daten über dieses „Referenz-Polygon". Die Parameter entsprechen dabei dem ersten Aufruf. Zuletzt wird in der Schleife die Überschrift über die Polygone gesetzt.

6.2.6 Radialpolygone (Panel) – andere Spaltenanordnung

Wie abhängig die Form der Darstellung von der Position der Spalten ist, kann man sehen, wenn man die zweite und dritte Zeile vertauscht:

```
regionen<-regionen[, c(1,3,2,4,5)]
beschriftung<-beschriftung[c(1, 3, 2, 4, 5)]
```

Das Ergebnis ist, etwa bei dem Polygon für den Mittleren Osten, ein ganz anderer Eindruck, da die Fläche des Polygons nun viel größer ist.

Energiemix in Regionen der Welt
Anteile verschiedener Energiearten am Gesamtenergieverbrauch

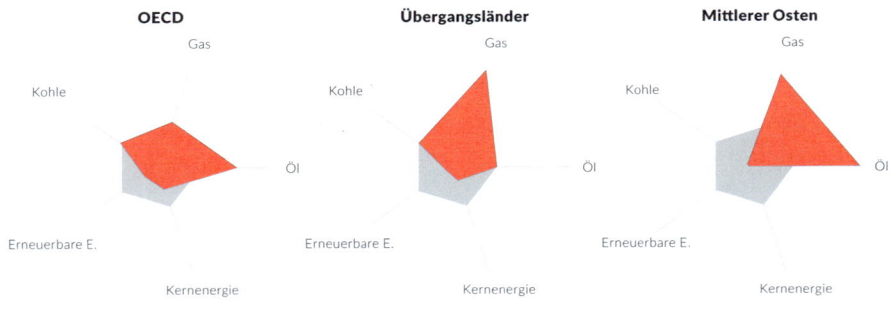

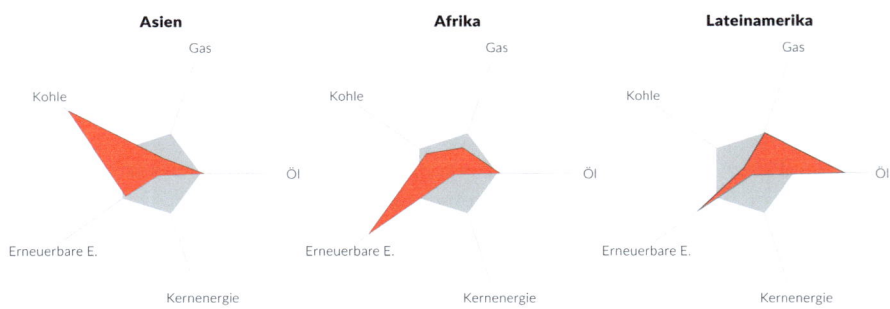

Quelle: Bundeszentrale für politische Bildung: Stichwort 'Energiemix', www.bpb.de

Insofern ist diese Darstellungsform also mit Vorsicht zu genießen. Für den Vergleich mehrerer Personen, Länder etc. mit jeweils gleich angeordneten Kategorien ist sie meines Erachtens dennoch sinnvoll.

6.2.7 Radialpolygone übereinander

Energiemix: OECD und Asien im Vergleich

Alle Angaben in Prozent

Quelle: Bundeszentrale für politische Bildung: Stichwort 'Energiemix', www.bpb.de

Zur **Abbildung**: Neben einer Panel- bietet sich auch hier eine Abbildungsform an, bei der die Grafiken *übereinander* gelegt sind. In diesem Fall kann zusätzlich ein Koordinatensystem mit eingezeichnet werden. Wenn die von den Polygonen eingenommenen Flächen ausgefüllt werden, sollten transparente Farben gewählt werden.

Daten: Siehe Anhang A, weltenergiemix.xlsx.

```
pdf_datei<-"radial_polygone_uebereinander.pdf"
cairo_pdf(bg="grey98",pdf_datei,width=10,height=10)

par(omi=c(1,0.25,1,1),mai=c(0,2,0,0.5),cex.axis=1.5,cex.lab=1,xpd=T,
        family="Lato Light",las=1)
library(plotrix)

# Daten einlesen und Grafik vorbereiten

regionen<-read.xls("daten/weltenergiemix.xlsx")
f1<-rgb(80,80,80,155,maxColorValue=255)
f2<-rgb(255,97,0,155,maxColorValue=255)
regionen$Region<-NULL
```

```
beschriftung<-c("Öl","Kohle","Gas","Erneuerbare Energien",
            "Kern-\nenergie")
# Grafik erstellen
radial.plot(regionen[2:3,],start=1,grid.left=T,labels=beschriftung,
      rp.type="p",main="",line.col=c(f1,f2),poly.col=c(f1,f2),
      show.grid=T,radial.lim=c(0,55),lwd=8)
legend("bottomleft",c("OECD","Asien"),pch=15,col=c(f1,f2),bty="n",cex=1.5)

# Betitelung
mtext(line=3,"Energiemix...",cex=2.5,adj=0,family="Lato Black")
mtext(line=1,"Alle Angab...",cex=1.5,adj=0,font=3)
mtext(side=1,line=2,"Quelle: Bu...",cex=1.25,adj=1,font=3,outer=T)
dev.off()
```

Das **Skript** unterscheidet sich im Aufbau nicht wesentlich von dem vorhergehenden. Als Daten werden hier zwei statt einer Spalte des Datensatzes übergeben. Daher werden auch zwei Farben angegeben. Die Farben sollten transparent sein.

6.3 Grafiktabellen

Unter der Bezeichnung „Grafiktabellen" verstehen wir hier Abbildungstypen, bei denen die Anordnung der Informationen einen tabellenartigen Charakter aufweist. Strenggenommen trifft diese pragmatische Definition auch für Balkendiagramme zu, es gibt aber eine Reihe von Darstellungsformen, die doch erheblich von der Form der Balkendiagramme abweicht und daher eine eigene Kategorie sinnvoll erscheinen lässt.

Zunächst werden hier zwei Varianten so genannter Gantt-Diagramme vorgeschlagen, anschließend folgen Beispiele für einen Bumpchart (Abschn. 6.3.3), eine Heatmap (Abschn. 6.3.4), einen Mosaikplot (Abschn. 6.3.5) sowie zwei Beispiele für Treemaps (Abschn. 6.3.7 und Abschn. 6.3.8).[12]

Gantt-Diagramme sind nach ihrem Erfinder Henry L. Gantt benannt, der diese Form der Abbildung für die Veranschaulichung einzelner Ablaufschritte im Rahmen von Projekten entwickelt hat. Dabei werden die einzelnen Projektschritte zeilenweise als Spannweiten vom geplanten Start- bis zum geplanten Endzeitpunkt des Projektabschnitts wiedergegeben. Zusätzlich können Abhängigkeiten in Form von Verbindungslinien zwischen einzelnen Spannen sowie horizontale Klammern für Gruppen von Aufgaben angebracht werden. Ein typisches Gantt-Diagramm sieht so aus.[13]

---

[12] Da sich hierfür auch im Deutschen die englischsprachigen Bezeichnungen eingebürgert haben, werden diese hier verwendet.
[13] Erstellt mit LaTeX und dem Paket gantt.sty von Martin Kumm.

6.3 Grafiktabellen

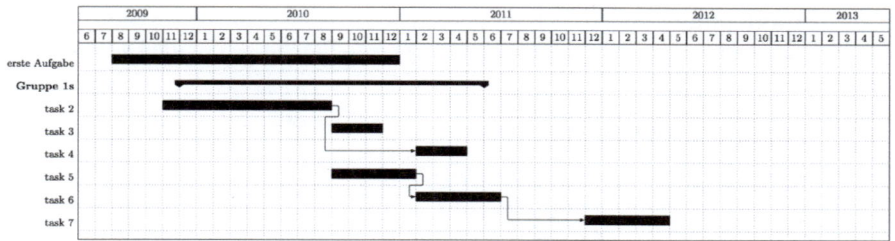

Abb. 6.1 Vereinfachtes Gantt-Diagramm

R bietet für die Erstellung von Gantt-Diagrammen zum Beispiel die Funktion `gantt.chart` in dem Paket `plotrix`. Wir zeigen hier eine Möglichkeit, Gantt-Diagramme mit den Funktionen `lines()` und `points()` zu erzeugen.[14]

6.3.1 Vereinfachtes Gantt-Diagramm

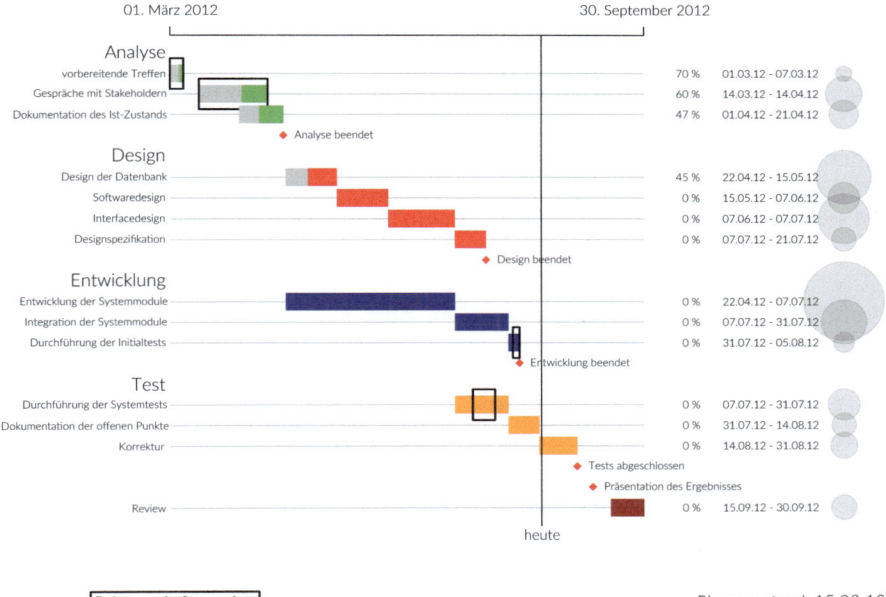

---

[14] Eine Alternative mit ggplot findet man hier: http://stackoverflow.com/questions/3550341/gantt-charts-with-r.

Die **Abbildung** orientiert sich an dem „klassischen“ Gantt-Diagramm, jedoch mit einigen Änderungen. Grundlage ist eine XLSX-Tabelle, in der die Daten erfasst wurden.

G23

	A	B	C	D	E	F	G	H	I	J	K	L	M	N	O	P
1	**Meilenstein**	**wann**	**Gruppe**	**was**	**von**	**bis**	**Dauer**	**wer**	**erledigt**	**PAN**	**PAG**	**AG_von**	**AG_bis**	**Personen**		
2			Analyse													
3				vorbereitende Treffen	01.03.2012	07.03.2012	6	Schmitz	70	80	20	01.03.2012	07.03.2012	1		
4				Gespräche mit Stakeholdern	14.03.2012	14.04.2012	31	Schmitz	60	80	20	14.03.2012	14.04.2012	1		
5				Dokumentation des Ist-Zustand▸	01.04.2012	21.04.2012	20	Schmitz	47	100	0			1		
6	Analyse beendet	21.04.2012												1		
7			Design													
8				Design der Datenbank	22.04.2012	15.05.2012	23	Dent	45	100	0			3		
9				Softwaredesign	15.05.2012	07.06.2012	23	Meyer	0	100	0			1		
10				Interfacedesign	07.06.2012	07.07.2012	30	Meyer	0	100	0			2		
11				Designspezifikation	07.07.2012	21.07.2012	14	Müller	0	100	0			1		
12	Design beendet	21.07.2012														
13			Entwicklung													
14				Entwicklung der Systemmodule	22.04.2012	07.07.2012	76	Meyer	0	100	0			2		
15				Integration der Systemmodule	07.07.2012	31.07.2012	24	Meyer	0	100	0			2		
16				Durchführung der Initialtests	31.07.2012	05.08.2012	5	Dent	0	80	20	02.08.2012	05.08.2012	2		
17	Entwicklung beendet	05.08.2012														
18			Test													
19				Durchführung der Systemtests	07.07.2012	31.07.2012	24	Dent	0	50	50	15.07.2012	25.07.2012	1		
20				Dokumentation der offenen Pu▸	31.07.2012	14.08.2012	14	Schmitz	0	100	0			1		
21				Korrektur	14.08.2012	31.08.2012	17	Meyer	0	100	0			1		
22	Tests abgeschlossen	31.08.2012												1		
23	Präsentation des Ergeb▸	07.09.2012														
24				Review	15.09.2012	30.09.2012	15	Schmitz	0	100	0			1		
25																

Blatt1 Blatt2

Abb. 6.2 Daten zur Projektplanung

Die Abbildung gruppiert die verschiedenen Aufgaben des fiktiven Projektes in die Blöcke „Analyse“, „Design“, „Entwicklung“ und „Test“. Jede Gruppe erhält eine eigene Farbe. Darüber hinaus gibt es noch einen letzten Punkt „Review“ ohne Gruppenzugehörigkeit. Innerhalb der Gruppen werden jeweils drei bis vier Aufgaben definiert, deren Zeitdauer als Balken angezeigt wird. Der bereits erledigte Teil (in der XLS-Tabelle die Spalte „erledigt“) wird durch eine graue Färbung symbolisiert, der noch ausstehende durch eine jeweilige Gruppenfarbe. Meilensteine sind als rote Punkte markiert und werden durch einen Text erläutert. Wichtig und leider oft vernachlässigt ist bei Projekten die Einbindung der Auftraggeber. Deren Mitwirkung sollte in einem Projektplanungsdiagramm erscheinen. Eine Möglichkeit ist die „Überlagerung“ der Aufgaben-Balken mit einem Rahmen, der den Zeitraum der Auftraggeber-Beteiligung kenntlich macht. Dies wird in aller Regel nicht der gesamte Zeitraum einer Aufgabe sein. Die Daten werden den Spalten „AG_von“ und „AG_bis“ der XLS-Tabelle entnommen. Da die Grafik des Projektplans dem Überblick dient, kann auf eine detaillierte Auflistung der Zeitangaben hier verzichtet werden, hierfür kann bei Bedarf auf die Tabelle verwiesen werden. Die Abbildung beschränkt sich daher auf die Darstellung des Anfangs- und Endzeitpunkts sowie auf eine Linie, die das aktuelle Tagesdatum „heute“ markiert. Auf der rechten Seite werden die bereits erledigten Anteile der Aufgaben in Prozent sowie die Beginn- und Endzeitpunkte ausgewiesen. Ganz außen wird noch das Gewicht der Aufgabe visualisiert. Hierzu wird das Produkt aus der Dauer und der Anzahl der Personen pro Aufgabe als Blase dargestellt. Wegen der Überschneidungen bei großen Aufgaben werden diese am besten transparent dargestellt.

Die **Daten** sind fiktiv und wurden zu Illustrationszwecken in eine XLS-Tabelle eingegeben.

6.3 Grafiktabellen 163

```r
pdf_datei<-"original/grafiktabellen_gantt_vereinfacht.pdf"
f0<-"black"; f1<-"green"; f2<-"red"; f3<-"blue"; f4<-"orange"; f5<-"brown"
farbe_erl<-"grey"
farbe<-c(f0,f1,f1,f1,f0,f0,f2,f2,f2,f2,f0,f0,f3,f3,f3,f0,f0,f4,f4,f4,f0,f0,f5)
source("skripte/inc_gantt_vereinfacht.r")
dev.off()


# inc_gantt_vereinfacht.r
cairo_pdf(bg="grey98", pdf_datei,width=11.7,height=8.26)
source("skripte/0inc_datendesign_grundeinstellungen.r")
par(lend=1,omi=c(0.25,1,1,0.25),mai=c(1,1.85,0.25,2.75),
        family="Lato Light",las=1)
plan<-read.xls("daten/projektplanung.xlsx")
n<-nrow(plan)
plandaten<-subset(plan,nchar(as.character(plan$von))>0)
anfang<-min(as.Date(as.matrix(plandaten[,c('von','bis')])))
ende<-max(as.Date(as.matrix(plandaten[,c('von','bis')])))
attach(plan)

plot(von,1:n,type="n",axes=F,xlim=c(anfang,ende),ylim=c(n,1))
for (i in 1:n)
{
if (nchar(as.character(Gruppe[i]))>0)
{
text(anfang-2,i,Gruppe[i],adj=1,xpd=T,cex=1.25)
}
else if (nchar(as.character(was[i]))>0)
{
x1<-as.Date(plan[i,'von'])
x2<-as.Date(plan[i,'bis'])
x3<-x1+((x2-x1)*plan[i,'erledigt']/100)
x<-c(x1,x2)
x_erl<-c(x1,x3)
y<-c(i,i)
segments(anfang, i, ende, i, col="grey")
lines(x,y,lwd=20,col=farbe[i])
points(ende+90,i,cex=(plan[i,'Personen']*plan[i,'Dauer'])**0.5,pch=19,
        col=rgb(110,110,110,50,maxColorValue=255),xpd=T)
if (x3-x1>1) lines(x_erl,y,lwd=20,col=farbe_erl)
if (plan[i,'PAG'] > 0)
{
x4<-as.Date(plan[i,'AG_von'])
x5<-as.Date(plan[i,'AG_bis'])
x_ag<-c(x4,x5)
rect(x4,i-0.75,x5,i+0.75,lwd=2)
```

```
}
text(anfang-2,i,was[i],adj=1,xpd=T,cex=0.75)
text(ende+25,i,paste(erledigt[i],"%",sep=" "),adj=1,xpd=T,cex=0.75)
text(ende+35,i,paste(format(x1,format="%d.%m.%y"),"-",
      format(x2,format="%d.%m.%y"),sep=" "),adj=0,xpd=T,cex=0.75)
}
else # dann: ein Meilenstein
{
x3<-as.Date(plan[i,'wann'])
halbzeit<-(ende-anfang)/2
if (x3-x1<halbzeit)
{
points(as.Date(plan[i,'wann']),i,pch=18,cex=1.25,col="red")
text(as.Date(plan[i,'wann'])+5,i,Meilenstein[i],adj=0,xpd=T,cex=0.75)
} else
{
points(as.Date(plan[i,'wann']),i,pch=18,cex=1.25,col="red")
text(as.Date(plan[i,'wann'])-5,i,Meilenstein[i],adj=1,xpd=T,cex=0.75)
}
}
}
axis(3,at=c(anfang,ende),labels=c(format(anfang,format="%d. %B %Y"),
     format(ende,format="%d. %B %Y")))
heute<-as.Date("15.08.2012", "%d.%m.%Y")
abline(v=heute)
mtext("heute",1,line=0,at=heute)

# Betitelung
mtext(DD_t1,3,line=2,adj=0,cex=2.25,family="Lato Black",outer=T)
mtext(paste("Planungsstand: ",format(heute,format="%d.%m.%y"),sep=""),1,
      line=4,adj=0,at=ende+40,cex=1.25,font=3)
rect(anfang-36, n+5, anfang+40, n+4, xpd=T,lwd=2)
text(anfang-35, n+4.5, "Rahmen: Auftraggeber",xpd=T, adj=0)
```

Das **Skript** definiert zunächst die Farben für die einzelnen Gruppen, `f0` bis `f5` sowie für die Erläuterungen `farbe_erl`. Anschließend werden die Färbungen der einzelnen Balken als Elemente des Vektors `farbe` definiert. Hier machen wir das der Einfachheit halber manuell: Man könnte die Daten aber auch aus einer Daten-Tabelle einlesen.

Aus der XLSX-Tabelle werden zunächst die Zeilen extrahiert, die Datumsangaben enthalten, sowie der erste und der letzte vorkommende Zeitpunkt bestimmt. Als nächstes wird mit `plot()` die Grafik dimensioniert (nicht gezeichnet) und dann links von `anfang` die Gruppenbezeichnung mit `text()` geschrieben. Wenn die Spalte `was` einen Eintrag enthält, werden die Zeitspanne sowie der erledigte Anteil

6.3 Grafiktabellen

ermittelt und die Zeitspannen gezeichnet. Am rechten Rand wird ein Punkt (eine „Blase") in der Größe des Projektteils gezeichnet. Das ist die Dauer mal der Anzahl der beteiligten Personen. Da wir den Radius als Veränderliche verwenden, müssen wir die Quadratwurzel anwenden, damit die Fläche proportional korrekt vergrößert wird. Im nächsten Schritt werden die erledigten Anteile über die Zeitspannen gezeichnet. Wenn der Projektauftraggeber (PAG) beteiligt werden muss, wird noch ein Rechteck um die Balken gezeichnet, die Länge und der Umfang wird aus den Daten entnommen. Anschließend folgen noch die Beschriftungen der Zeilen am Anfang (mit dem „was") und am Ende der prozentuale erledigte Teil der Aufgabe sowie die Zeitspanne der Aufgabe. Wenn es keinen Eintrag in den Spalten von und bis gibt, sondern in der Spalte wann, dann handelt es sich um einen „Meilenstein". In diesen Fällen werden diese als Punkte eingezeichnet und beschriftet.

Zum Schluss wird am oberen Rand eine Achse gezeichnet.[15]

6.3.2 *Vereinfachtes Gantt-Diagramm – Farben nach Personen*

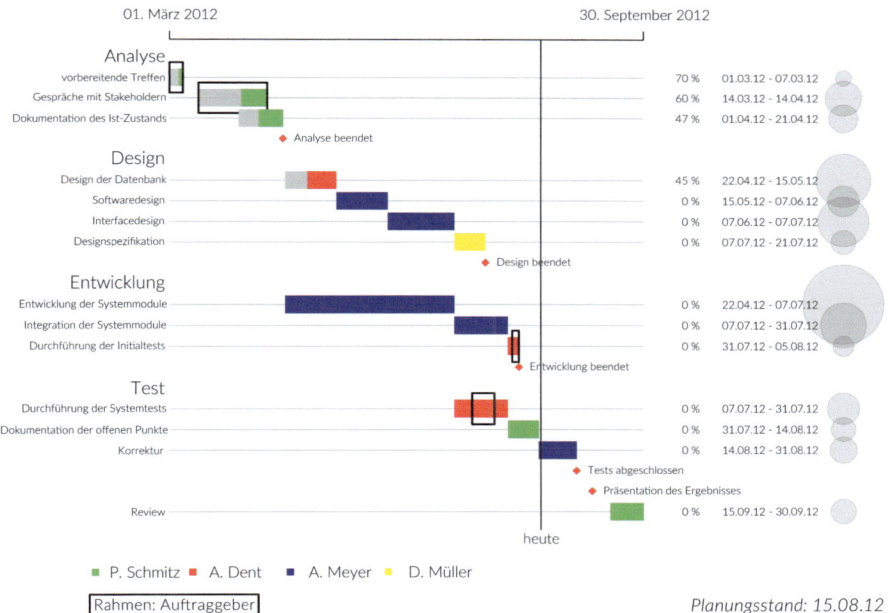

---

[15] Damit die Datumsangabe deutsch formatiert wird, muss in R die deutsche Sprache eingestellt sein.

Die **Abbildung** entspricht im Wesentlichen der vorigen. Lediglich die Farbgebung ist hier eine andere: Sie richtet sich nach den am Projekt beteiligten Personen.

Die **Daten** sind fiktiv und wurden zu Illustrationszwecken in eine XLS-Tabelle eingegeben.

```
pdf_datei<-"grafiktabellen_gantt_vereinfacht_wer.pdf"
f0<-"black"; f1<-"green"; f2<-"red"; f3<-"blue"; f4<-"yellow"
farbe_erl<-"grey"
farbe<-c(f0,f1,f1,f1,f0,f0,f2,f3,f3,f4,f0,f0,f3,f3,f2,f0,f0,f2,f1,f3,f0,f0,f1)
source("skripte/inc_gantt_vereinfacht.r")
legend(anfang-40,n+2,c("P. Schmitz","A. Dent","A. Meyer","D. Müller"),
       pch=15,col=c(f1,f2,f3,f4),bty="n",cex=1.1,horiz=T,xpd=T)
dev.off()
```

Im **Skript** müssen wir in diesem Fall lediglich die Farben etwas umdefinieren und eine Legende mit den Namen der beteiligten Personen ergänzen.

6.3 Grafiktabellen

6.3.3 Bumpchart

Umsatzentwicklung von Top-500-Unternehmen

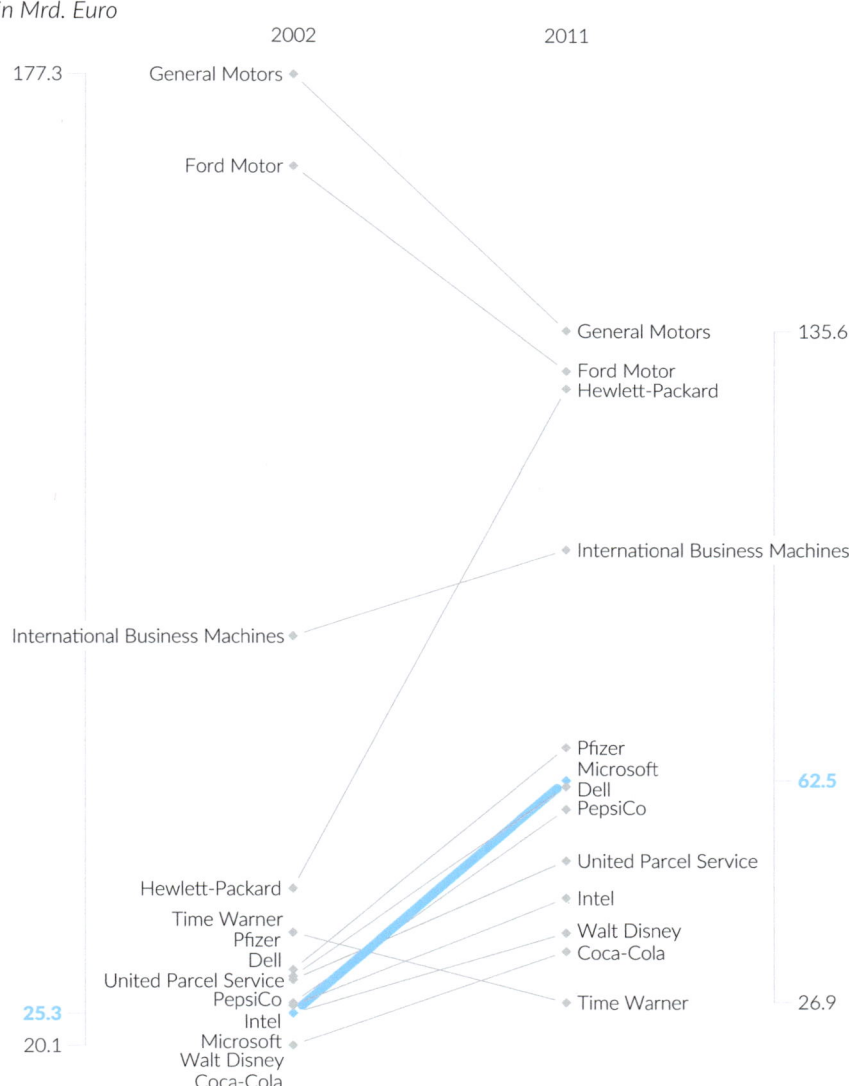

Quelle: money.cnn.com/magazines/fortune/fortune500/

Die Abbildung verwendet die Funktion `bumpchart()` aus dem Paket `plotrix` von Jim Lemon. Man könnte auch direkt die Funktion `matplot()` verwenden und die Beschriftungen mit `text()` auf der linken Seite rechts- und auf der rechten Seite linksbündig anbringen, die Y-Koordinaten für die Funktion wären dann einfach die Umsatzzahlen. Je nach Wertekombination könnten sich dann aber die Beschriftungen überschneiden. Der Vorteil von Jim Lemons Lösung ist, dass in solchen Fällen die Beschriftungen automatisch um das richtige Maß vertikal verschoben werden.

Zur **Abbildung**: Bei einem Bumpchart werden in aller Regel für mehrere numerische Größen zwei oder mehr verschiedene Zeitpunkte verglichen, wobei kennzeichnende Beschriftung für die Größen an die Enden der verbindenen Linien geschrieben werden. Es gibt zwei Varianten: Die eine verwendet lediglich die Ränge und zeichnet diese auf einer Ordinalskala, die andere trägt die eigentlichen Werte auf einer Intervallskala auf. In diesem Beispiel wird die Umsatzentwicklung der Top-500-Unternehmen in den USA des Jahres 2011 mit 2002 vergleichen. Die Verwendung der eigentlichen Werte ist hier deutlich informativer als die Ränge. Dabei ist zu beachten, dass sich je nach Datenlage die Beschriftungen der Punkte überschneiden können. In solchen Fällen müssen die Beschriftungen mit minimalem, aber gleichem Zeilenabstand so angebracht werden, dass zumindest die Rangordnung erhalten bleibt. Auf der linken Seite trifft dies für alle Unternehmen zu, deren Umsatz geringer als der von Hewlett-Packard ist.

Als Beispiel ist hier der Umsatz von Microsoft hervorgehoben.

Die **Daten** wurden zunächst jahresweise aus der CNN-Webseite[16] in eine XLS-Tabelle kopiert, wobei für jedes Jahr ein neues Blatt angelegt wurde. Anschließend wurden mit dem Paket `sqldf` die Daten umorganisiert und als binäre R-Datei `fortune_Umsatz.RData` abgespeichert.

```
library(sqldf)
f2011<-read.xls("daten/fortune100.xlsx", sheet = 1)
f2010<-read.xls("daten/fortune100.xlsx", sheet = 2)
f2009<-read.xls("daten/fortune100.xlsx", sheet = 3)
f2008<-read.xls("daten/fortune100.xlsx", sheet = 4)
f2007<-read.xls("daten/fortune100.xlsx", sheet = 5)
f2006<-read.xls("daten/fortune100.xlsx", sheet = 6)
f2005<-read.xls("daten/fortune100.xlsx", sheet = 7)
f2004<-read.xls("daten/fortune100.xlsx", sheet = 8)
f2003<-read.xls("daten/fortune100.xlsx", sheet = 9)
f2002<-read.xls("daten/fortune100.xlsx", sheet = 10)
Gesamt<-sqldf("select Unternehmen from f2011
 union select Unternehmen from f2010
 union select Unternehmen from f2009
 union select Unternehmen from f2008
 union select Unternehmen from f2007
 union select Unternehmen from f2006
 union select Unternehmen from f2005
 union select Unternehmen from f2004
```

---

[16] http://money.cnn.com/magazines/fortune/fortune500/.

6.3 Grafiktabellen

```
           union select Unternehmen from f2003
           union select Unternehmen from f2002")
x<-sqldf("select
           Gesamt.Unternehmen,
           f2002.Umsatz r2002,
           f2003.Umsatz r2003,
           f2004.Umsatz r2004,
           f2005.Umsatz r2005,
           f2006.Umsatz r2006,
           f2007.Umsatz r2007,
           f2008.Umsatz r2008,
           f2009.Umsatz r2009,
           f2010.Umsatz r2010,
           f2011.Umsatz r2011
           from Gesamt
           left join f2002 on Gesamt.Unternehmen=f2002.Unternehmen
           left join f2003 on Gesamt.Unternehmen=f2003.Unternehmen
           left join f2004 on Gesamt.Unternehmen=f2004.Unternehmen
           left join f2005 on Gesamt.Unternehmen=f2005.Unternehmen
           left join f2006 on Gesamt.Unternehmen=f2006.Unternehmen
           left join f2007 on Gesamt.Unternehmen=f2007.Unternehmen
           left join f2008 on Gesamt.Unternehmen=f2008.Unternehmen
           left join f2009 on Gesamt.Unternehmen=f2009.Unternehmen
           left join f2010 on Gesamt.Unternehmen=f2010.Unternehmen
           left join f2011 on Gesamt.Unternehmen=f2011.Unternehmen
    ")
row.names(x)<-x$Unternehmen
x$Unternehmen<-NULL
y<-t(x)
save(y, file="fortune_Umsatz.RData")
```

Die abgespeicherten Daten können nun in dem Skript verwendet werden:

```
pdf_datei<-"grafiktabellen_bumpchart.pdf"
cairo_pdf(bg="grey98",pdf_datei,width=9,height=12)

par(omi=c(0.5,0.5,0.9,0.5),mai=c(0,0.75,0.25,0.75),xpd=T,
        family="Lato Light",las=1)
library(plotrix)

# Daten einlesen und Grafik vorbereiten

z1<-read.xls("daten/bumpdaten.xlsx")
rownames(z1)<-z1$name
z1$name<-NULL
farben<-rep("grey",nrow(z1)); staerke<-rep(1,nrow(z1))
farben[5]<-"skyblue"; staerke[5]<-8
```

```
par(cex=1.1)

# Grafik erstellen

bumpchart(z1,rank=F,pch=18,top.labels=c("2002","2011"),
        col=farben,lwd=staerke,mar=c(2,12,1,12),cex=1.1)

# Betitelung

mtext("Umsatzentw...",3,line=1.5,adj=0,family="Lato Black",outer=T,cex=2.1)
mtext("Quelle: mo...",1,line=0,adj=1,cex=0.95,font=3,outer=T)

# weitere Elemente

axis(2,col=par("bg"),col.ticks="grey81",lwd.ticks=0.5,tck=-0.025,
     at=c(min(z1$r2002), max(z1$r2002)),c(round(min(z1$r2002)/1000,digits=1),
     round(max(z1$r2002)/1000, digits=1)))
axis(4,col=par("bg"),col.ticks="grey81",lwd.ticks=0.5,tck=-0.025,
     at=c(min(z1$r2011), max(z1$r2011)),c(round(min(z1$r2011)/1000,digits=1),
     round(max(z1$r2011)/1000,digits=1)))
mtext("in Mrd. Euro",3,font=3,adj=0,cex=1.5,line=-0.5,outer=T)

par(family="Lato Black")
axis(2,col=par("bg"),col.ticks="grey81",col.axis="skyblue",
     lwd.ticks=0.5,tck=-0.025,at=z1[5,1],round(z1[5,1]/1000,digits=1))
axis(4,col=par("bg"),col.ticks="grey81",col.axis="skyblue",
     lwd.ticks=0.5,tck=-0.025,at=z1[5,2],round(z1[5,2]/1000,digits=1))

dev.off()
```

Im **Skript** benötigen wir für den Bumpchart das Paket `plotrix`. Die Daten werden aus einer XLSX-Tabelle eingelesen und aus der Spalte `name` Zeilennamen erzeugt. Anschließend wird die Spalte `namen` gelöscht, so dass der Datensatz nur aus den zu zeichnenden Daten besteht. Als Farbe und für die Linienstärke wird jeweils ein Vektor mit gleichen Werten definiert, der für den 5. Datensatz individuell geändert wird. Die Ränder stellen wir innerhalb der Funktion `bumpchart()` mit dem Parameter `mar` ein.

Am Ende fügen wir noch links und rechts jeweils zwei Achsennotierungen hinzu, die den Wertebereich zeigen. Der erste Aufruf setzt jeweils die Minima und Maxima, der zweite den Wert für Microsoft.

6.3.4 Heatmap

Zur **Abbildung**: Eine Heatmap ist eine zweidimensionale Matrix, bei der die Zellen abhängig von ihrem Wert eingefärbt werden. Dabei kann es sich um eine Tabelle mit Individualdaten oder aggregierten Werten handeln. Es gibt keine Regel, wie die Zeilen oder Spalten zur Darstellung angeordnet sein sollten. Wenn sowohl die Zeilen-

6.3 Grafiktabellen

als auch die Spaltenreihenfolge zufällig ist oder keine benötigte Information enthält, kann man mit Clusterverfahren die Reihen und/oder Spalten so anordnen, dass „ähnliche" Zeilen und/oder Spalten beieinander liegen. Zusätzlich können dann noch Dendogramme an den Seiten die Gruppenbildungen auf den verschiedenen Ebenen zeigen.

Eine weitere Variante besteht darin, die Daten zu sortieren. Wenn sich für die Spalten vergleichbare Statistiken bilden lassen, kann auch nach diesen sortiert werden. Das ist zum Beispiel bei Schulnoten der Fall. Die Abbildung zeigt eine Heatmap der (fiktiven) Schulnoten einer (fiktiven) Klasse. Dabei werden die besten Schüler oben und die Fächer mit den besten Noten links angeordnet. Damit ergibt sich ein guter Eindruck der Notenverteilung in einer Schulklasse. Naheliegend wäre natürlich auch hier ein Vergleich mit einer oder mehreren anderen Klassen.

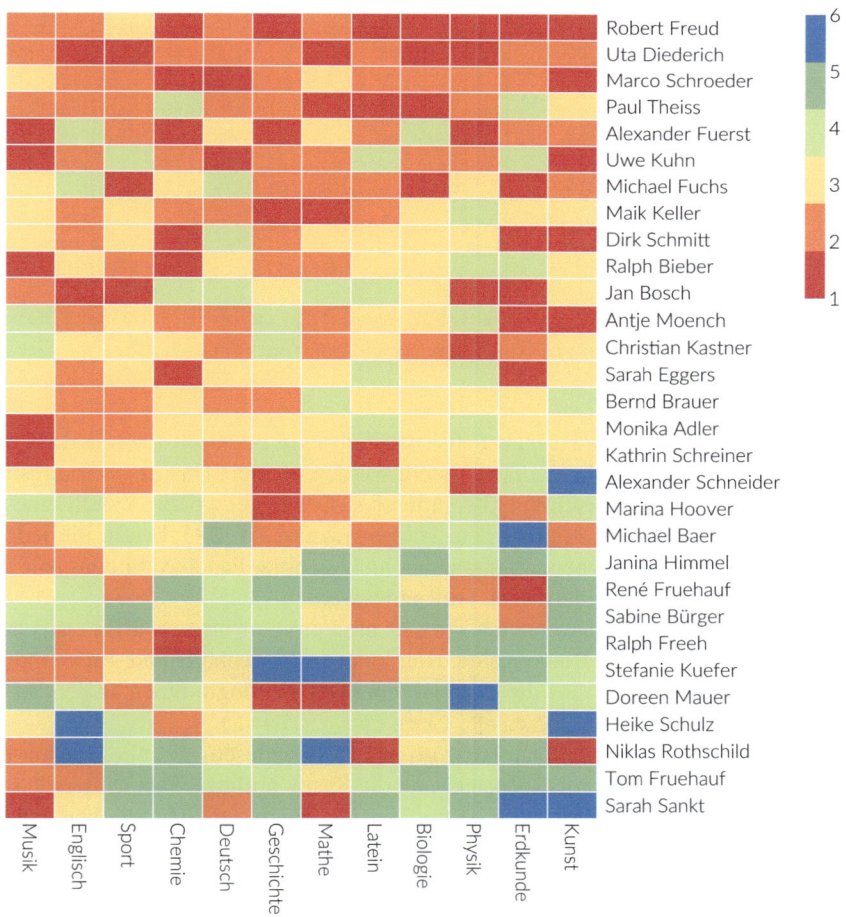

fiktive Daten, Namen mit de.fakenamegenerator.com generiert

Die **Daten** wurden mit Hilfe der Seite http://de.fakenamegenerator.com generiert und in eine XLS-Tabelle eingetragen.

```
pdf_datei<-"grafiktabellen_heatmap.pdf"
cairo_pdf(bg="grey98",pdf_datei,width=7,height=8)

library(RColorBrewer)
library(pheatmap)
par(mai=c(0.25,0.25,0.25,1.75),omi=c(0.25,0.25,0.75,0.85),
    family="Lato Light",las=1)

# Daten einlesen und Grafik vorbereiten
noten<-read.xls("daten/noten.xlsx")
x<-as.matrix(noten[,2:13])
rownames(x)<-noten$namen
x<-x[order(rowSums(x)), ]
x<-x[,order(colSums(x))]
# Grafik erstellen
plot.new()
pheatmap(x,col=brewer.pal(6,"Spectral"),
         cluster_rows=F,cluster_cols=F,cellwidth=25,cellheight=14,
         border_color="white",fontfamily="Lato Light")

# Betitelung
mtext("Heatmap de...",3,line=1,adj=0.2,cex=1.75,family="Lato Black",outer=T)
mtext("fiktive Da...",1,line=-1,adj=1,cex=0.85,font=3,outer=T)
dev.off()
```

Zum **Skript**: Das Standardpaket `stats` stellt eine Funktion `heatmap()` bereit, mit der entsprechende Grafiken erstellt werden können. Das Erscheinungsbild ist dabei jedoch nur eingeschränkt beeinflussbar. Das Paket `gplots` stellt eine erweiterte Heatmap-Funktion unter dem Namen `heatmap.2()` bereit, die jedoch die Funktion `layout()` benutzt und daher nicht in einer Panel-Abbildung, die mit `mfcol` oder `mfrow` definiert wird, verwendet werden kann.

Für die Darstellung verwenden wir daher die Funktion `pheatmap()` aus dem gleichnamigen Paket von Raivo Kolde. Hier kann die Zellenhöhe und -breite individuell angegeben werden, Auf die Einzeichnung von Dendogrammen an den Seiten verzichten wir (`cluster_rows=F,cluster_cols=F`).

Die Daten werden aus der Datei `noten.xlsx` eingelesen, anschließend aus der Spalte „Namen" Zeilennamen gemacht und die Spalte entfernt. Danach werden sie zunächst zeilen- dann spaltenweise sortiert, so dass die besten Schüler oben und die besten Noten links abgebildet sind. Es folgt der Aufruf der Funktion `pheatmap()`. Vorher muss allerdings noch `plot.new()` aufgerufen werden, da `pheatmap()` keine High-Level-Funktion aus der traditionellen Base-Grafikumgebung von R ist, sondern auf `grid` basiert.

6.3.5 Mosaikplot (Panel)

1000 songs to hear before you die
Guardian 1000 Songs Distribution

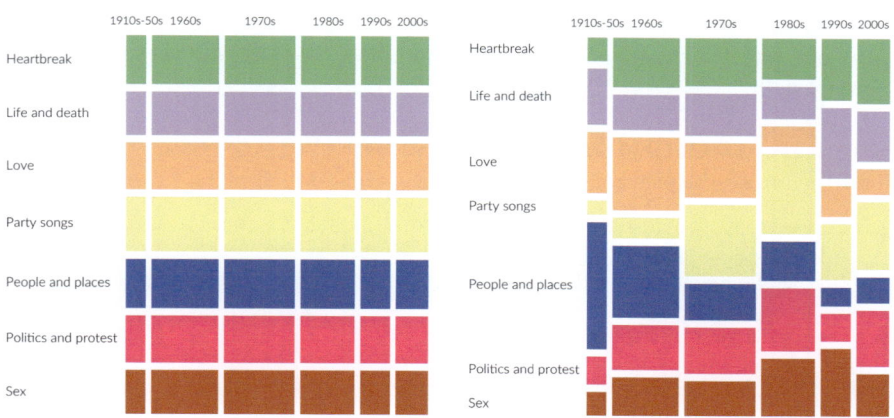

Source: www.stubbornmule.net

Zur **Abbildung**: Bei einem Mosaikplot werden Zellen einer Kontingenztabelle in Form von Rechtecken dargestellt, wobei die Größe des Rechtecks der Häufigkeit der Zelle entspricht. Das geht prinzipiell auch für multidimensionale Daten und bietet Statistik-Spezialisten eine erhebliche Hilfe für die Gewinnung von Einsichten.[17] Ohne Vorkenntnisse ist diese Darstellungsform gewöhnungsbedürftig, bietet sich aber im Einzelfall an. Zu beachten ist, dass die Fläche in zwei Dimensionen und nicht unabhängig variiert, wie es etwa bei einem „Bubble Plot", also einem Streudiagramm mit unterschiedlich großen Punkten der Fall ist. Eine Vergrößerung einer Länge hat hier eine Verschiebung der nachfolgenden Elemente zur Folge.

Wir verwenden ein Beispiel, das von Sean Carmody stammt und auch in der Wikipedia verwendet wird.[18] Das Konstruktionsprinzip eines zweidimensionalen Mosaikplots ist wie folgt: Zunächst wird das Rechteck der gesamten Tabellen in vertikale Schnitte eingeteilt, so dass die Breite der Spalten den relativen Häufigkeiten der Randverteilung der Spaltenvariable entspricht. In unserem Fall ist das die Verteilung der Anzahl der Songs auf die einzelnen Epochen. In einem zweiten Schritt wird dann für jede Epoche, diesmal horizontal, die Fläche so durchschnitten, dass die Höhen den relativen Häufigkeiten der Zeilenvariable (in unserem Fall also die Themen) in der jeweiligen Epoche entspricht. Im zweidimensionalen Fall ist das

---

[17] Einen umfassenden Überblick geben Hornik, Kurt/Zeileis, Achim/Meyer, David (2006): The Strucplot Framework: Visualizing Multi-way Contingency Tables with vcd, in: Journal of Statistical Software 17/3, S. 1–48.

[18] http://de.wikipedia.org/wiki/Mosaikplot.

Ergebnis also ein gestapeltes 100-Prozent-Säulendiagramm, bei dem die Breite der Säulen den relativen Häufigkeiten einer zweiten kategorialen Variable entsprechen. Aus meiner Sicht ergibt sich der Sinn einer solchen Darstellung insbesondere dann, wenn man zum Vergleich eine Unabhängigkeitstabelle daneben stellt, die also für die Zeilenvariable gleiche Häufigkeiten in den Kategorien unterstellt.

Die **Daten** entstammen einer Liste, die der Guardian zusammengestellt hat. Auf der Seite http://www.stubbornmule.net wird eine CSV-Datei mit diesen Angaben bereitgestellt.

```
pdf_datei<-"grafiktabellen_mosaikplot_1x2.pdf"
cairo_pdf(bg="grey98",pdf_datei,width=10,height=6)

par(mai=c(0.25,0.0,0.0,0.25),omi=c(0.5,0.5,1.25,0.5),las=1,mfcol=c(1,2),
    family="Lato Light",las=1)
library(RColorBrewer)

# Daten einlesen und Grafik vorbereiten

data<-read.csv("daten/1000.csv",as.is=c(F,T,F,T,T),sep=";")
data$DEKADE<-floor(data$YEAR/10) * 10
data$KDEKADE<-paste(data$DEKADE,"s",sep="")
data$KDEKADE[data$DEKADE < 1960]<-"1910s-50s"
tab<-table(data$KDEKADE,data$THEME)
utab<-chisq.test(tab)

# Grafik erstellen

mosaicplot(utab$expected,col=brewer.pal(7,"Accent"),main="",
    border=par("bg"))
mosaicplot(tab,col=brewer.pal(7,"Accent"),main="",border=par("bg"))

# Betitelung

mtext("1000 songs...",3,line=3,adj=0,cex=1.5,family="Lato Black",outer=T)
mtext("Guardian1...",3,line=1.5,adj=0,cex=0.9,font=3,outer=T)
mtext("Source: ww...",1,line=1,adj=1.0,cex=0.85,font=3,outer=T)
dev.off()
```

Im **Skript** wird bei den Daten zur Darstellung an die Periodenbezeichnung eine Spalte DEKADE erzeugt und daran ein „s" angehängt, anschließend die vor 1960 liegenden Daten zusammengefasst. Für den Mosaikplot wird aus den Daten eine Tabelle erstellt. Für die Darstellung der „Unabhängigkeitstabelle" verwenden wir die Funktion chisq.test aus dem Paket stats. Die Funktion mosaicplot() ist Bestandteil des Pakets graphics, so dass wir kein weiteres Paket laden müssen. Der linke Mosaikplot zeigt uns die Daten unter der Annahme der Unabhängigkeit, der rechte die Verteilung der tatsächlichen Daten. In beiden Fällen verwenden wir eine qualitative Brewer-Palette sowie einen randlosen Hintergrund. Mehr brauchen wir nicht einzustellen.

6.3 Grafiktabellen

Erweiterte Möglichkeiten bietet das Paket vcd, mit dem zahlreiche Varianten von Mosaikplots möglich sind. Diese Grafiken setzen jedoch auf grid auf, nicht auf der traditionellen Grafik.

6.3.6 Ballonplot

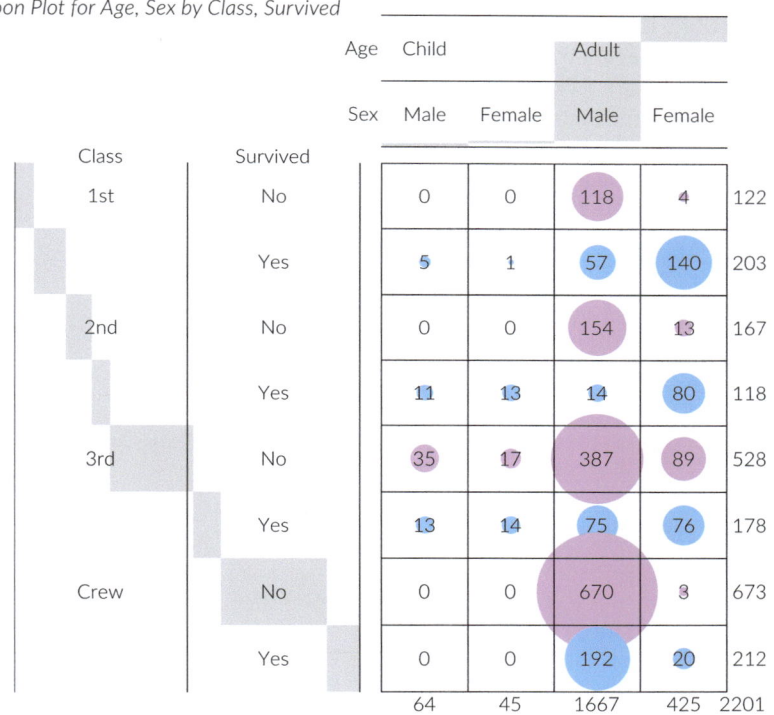

Area is proportional to Number of Passengers   *Quelle: R library gplots*

Zur **Abbildung**: Die Bezeichnung „Ballonplot" (engl.: „balloonplot") ist etwas irreführend, da man hierunter häufig ein Streudiagramm mit variabler Punktgröße versteht (ein „Blasendiagramm"). Hier wird darunter eine spezielle, grafisch ergänzte Variante von Kontingenztabellen verstanden, die bislang gelegentlich in der Biostatistik oder Mineralogie verwendet wurde. Die Darstellungsform wurde in R in dem Paket gplots von Gregory R. Warnes implementiert. Bei den Daten handelt es sich um einen in R an zahlreichen Stellen verwendeten Beispieldatensatz, die Passagiere der Titanic, die nach Geschlecht, Alter (Kinder und Erwachsene), ihrem Status an Bord (Passagier der 1., 2., 3. Klasse oder Mitglied der Crew) sowie ihrem Überleben (Ja, Nein) klassifiziert sind. Die Darstellung zeigt die Daten in Form eine bivariaten Häufigkeitstabelle, wobei in den Zeilen auf der ersten Ebene der Status an Bord und auf der zweiten Ebene das Überleben abgebildet ist, in den Spalten in der ersten Ebene das Alter und in der zweiten Ebene das Geschlecht. Zusätzlich zu den Zahlen der Zell- und Randhäufigkeiten werden die Zellhäufigkeiten noch mit einem Punkt, dessen Größe proportionl zur Anzahl ist, unterlegt. Die Farbe der Punkte unterscheidet dabei die Überlebenden von den Ertrunkenen. Die Randhäufigkeiten werden in den Kopfspalten und -zeilen als Balken- bzw. Säulenanteil von 100 % in der jeweiligen Zeile bzw. Spalte wiedergegeben. Diese Form der Darstellung ergibt einen besseren Eindruck der Verteilung, als es bei der „nackten" Kontingenztabelle der Fall ist.

Die **Daten** kommen aus dem von R mitgelieferten Datensatz „Titanic".

```
pdf_datei<-"grafiktabellen_ballonplot.pdf"
cairo_pdf(bg="grey98",pdf_datei,width=9,height=9)

par(omi=c(0.75,0.25,0.5,0.25),mai=c(0.25,0.55,0.25,0),
    family="Lato Light",cex=1.15)
library(gplots)

# Daten einlesen und Grafik vorbereiten
data(Titanic)
daten<-as.data.frame(Titanic) # convert to 1 entry per row format
attach(daten)
farben<-Titanic
farben[„,"Yes"]<-"LightSkyBlue"
farben[„,"No"]<-"plum1"
farben<-as.character(as.data.frame(farben)$Freq)

# Grafik erstellen
balloonplot(x=list(Age,Sex),main="",
    y=list(Class=Class,
    Survived=gdata::reorder.factor(Survived,c(2,1))),
    z=Freq,dotsize=18,
    zlab="Number of Passengers",
    sort=T,
    dotcol=farben,
    show.zeros=T,
    show.margins=T)

# Betitelung
mtext("Titanic - ...",3,line=0,adj=0,cex=2,family="Lato Black",outer=T)
mtext("Balloon Pl...",3,line=-2,adj=0,cex=1.25,font=3,outer=T)
```

```
mtext("Quelle: R ...",1,line=1,adj=1.0,cex=1.25,font=3,outer=T)
mtext("Area is pr...",1,line=1,adj=0,cex=1.25,font=3,outer=T)
dev.off()
```

Das **Skript** ist das Beispiel aus der Dokumentation der Funktion `ballonplot()`, das hier lediglich hinsichtlich der Farbwahl und Punktgröße angepasst wurde. Die Daten werden aus einem von R mitgelieferten Datensatz „Titanic" geladen und zu einem Datensatz umgewandelt (die Originaldaten sind ein Objekt vom Typ `table`).

Die Original-Tabellenfarben werden zur Erstellung der Farben des Ballonplots verwendet. Die Daten werden der Funktion aus dem „Data Frame" in Form einer Liste übergeben. Als Punktgröße wählen wir 18. Die Überschriften werden wie gehabt erstellt.

6.3.7 Treemap

Treemaps eignen sich für die Darstellung von Größenverhältnissen. Die New York Times verwendet eien Treemap zur Illustration von Obamas Budget 2012.[19]

Ein gelungenes Beispiel mit deutschen Daten ist die Seite http://bund.offenerhaushalt.de. Hier findet man eine Aufschlüsselung des Bundeshaushalts in tabellarischer Form sowie als Treemap, sowohl für den Gesamthaushalt als auch für die einzelnen Titel. Die Daten können jeweils im JSON oder RDF-Format exportiert werden.

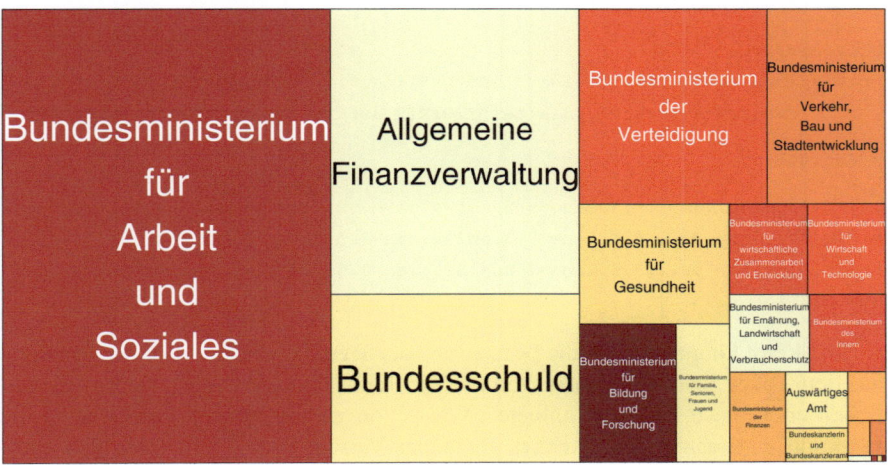

Quelle: bund.offenerhaushalt.de

---

[19] http://www.nytimes.com/packages/html/newsgraphics/2011/0119-budget/.

Zur **Abbildung**: Eine Heatmap zeigt die Ausprägungen einer kardinalskalierten Variable als ineinander verschachtelte Rechtecke. Die Größe und Anordnung der Rechtecke wird dabei so berechnet, dass bei vorgegebenen Außenmaßen das Rechteck komplett ausgefüllt wird und die Flächen der einzelnen Rechtecke den Größen der Variable entsprechen. Es gibt verschiedene Algorithmen zur Berechnung der Rechtecke, die jeweils unterschiedliche Aspekte der Unterteilung optimieren. Überwiegend wird ein Verfahren verwendet, das möglichst viele Rechtecke mit Seitenverhältnissen möglichst nahe bei 1 ergibt.

Da die Außenränder stets festgelegt sind, können in Treemaps auch Hierarchien abgebildet werden: Ein erzeugtes Rechteck kann ja wiederum als Außenrand für eine weitere Unterteilung der Ausprägung aufgefasst werden.

Das erste Beispiel zeigt als Treemap die Anteile einzelner Ausgaben des Bundeshaushalts 2011, dem man die ungleiche Verteilung der Ausgaben entnehmen kann. Die unterschiedlichen Farben dienen hier lediglich der Abgrenzung der Elemente voneinander. Eine Beschriftung ist nicht bis zum letzten Element möglich.

Die **Daten** werden auf der Seite https://offenerhaushalt.de/haushalt/bund angezeigt und wurden von dort per Copy&Paste in eine XLS-Tabelle übertragen.

```
pdf_datei<-"grafiktabellen_treemap.pdf"
cairo_pdf(bg="grey98",pdf_datei,width=11.69,height=7.5)

par(omi=c(0.65,0.25,1.25,0.75),mai=c(0.3,2,0.35,0),
    family="Lato Light",las=1)
library(treemap)

# Daten einlesen

bundeshaushalt<-read.xls("daten/bundeshaushalt.xlsx",sheet=1)

# Grafik definieren und erstellen

plot.new()
treemap(bundeshaushalt,title="",index="Titel",type="index",
    vSize="Ausgaben",palette="YlOrRd",aspRatio=1.9,inflate.labels=T)

# Betitelung

mtext("Bundeshaus...",3,line=3.8,adj=0,cex=2.2,family="Lato Black",outer=T)
mtext("Anteile de...",3,line=2.3,adj=0,cex=1.5,outer=T,font=3)
mtext("Quelle: bu...",1,line=1,adj=1.0,cex=0.95,outer=T,font=3)
dev.off()
```

Im **Skript** können wir für die Darstellung der Treemap die Funktion `treemap()` aus dem Paket gleichen Namens von Martijn Tennekes verwenden, das im Wesentlichen eben diese Funktion anbietet. Wie schon `pheatmap()` basiert auch die Funktion `treemap()` auf `grid`. Bei einer Verwendung im Rahmen des traditionellen Grafikansatzes müssen wir erst mit `plot()` eine Abbildung definieren, in der dann `treemap()` aufgerufen und anschließend eine separate Legende gezeichnet werden kann. Der Funktion muss als Parameter mit `index` zunächst die

6.3 Grafiktabellen

Variable übergeben werden, für die eine Treemap erstellt werden soll. Hier können auch mehrere Variablen angegeben werden, die dann hierarchisch geschachtelt werden (siehe dazu Abschn. 6.3.8). Mit `type=index` wird die Färbung der Treemap bestimmt. `index` bedeutet hier, dass die Farben sich an der Index-Variable orientieren. In unserem Fall trägt die Farbe keine Information, so dass die Farbtöne der Brewer-Palette hier nur dazu dienen, die einzelnen Blöcke möglichst gut unterscheidbar zu machen. Die relative Größe der Rechtecke wird durch die mit `vSize` angegebene Variable definiert. Mit `inflate.labels=T` werden die Beschritungen der Rechtecke so vergrößert, dass sie an die Ränder der Rechtecke reichen. Der Parameter `aspRatio` ist hier explizit angegeben, das Seitenverhältnis wird aber auch durch die Dimension der Abbildung beeinflusst.

6.3.8 Treemaps für zwei Ebenen (Panel)

Population and Gross National Income

Size: Population - Color: GNI per capita, Atlas method (current US$), 2010

Within Continent: Country level

Size: Population - Color: GNI per capita, Atlas method (current US$), 2010

Source: data.worldbank.org

Zur **Abbildung**: Werden zwei hierarchische Ebenen abgebildet, kann die Darstellung der Treemap unübersichtlich werden. Dann bietet es sich an, in einem Panel zunächst die erste Ebene und anschließend in einer weiteren Grafik die zweite Ebene *in der Anordnung der ersten Ebene* darzustellen. Das ist hier am Beispiel von Daten zur Bevölkerungsgröße und dem Bruttonationaleinkommen illustriert. Die Daten liegen für einzelne Länder vor, sind aber zunächst auf der Ebene der Kontinente abgebildet. Die zweite Grafik zeigt die Verteilung der Bevölkerungsgröße

6.3 Grafiktabellen

der einzelnen Länder, aber nicht in der Länderordnung, sondern zunächst in der Ordnung der Kontinente und innerhalb dieser nach der Größe der Bevölkerung geschachtelt. Als weitere Variable ist hier das Bruttonationaleinkommen als Farbe in drei Klassen kodiert.

Die **Daten** bietet die Weltbank im Web an.[20] Für die im Buch verwendeten Treemap-Beispiele wurden die Daten gefiltert, mit Kontinent-Daten verbunden und als binäre R-Datei hnp.RData abgespeichert. Die Datei steht auf der Website des Buches zum Download zur Verfügung.

```
pdf_datei<-"grafiktabellen_treemap_2a_inc.pdf"
cairo_pdf(bg="grey98",pdf_datei,width=11.69,height=7.5)
par(omi=c(0.65,0.25,1.25,0.75),mai=c(0.3,2,0.35,0),family="Lato Light",las=1)
library(treemap)
library(RColorBrewer)

# Daten einlesen und Grafik vorbereiten
load("daten/hnp.RData")
daten<-subset(daten,daten$gni>0)
attach(daten)
popgni<-pop*gni
daten$popgni<-popgni
kontinente<-aggregate(cbind(pop,popgni) ~ kontinent,data=daten,sum)
kgni<-kontinente$popgni/kontinente$pop
kontinente$kgni<-kgni
kkgni<-cut(kgni,c(0,5000,10000,100000))
levels(kkgni)<-c("low","middle","high")
kontinente$kkgni<-kkgni
kontinente$nkkgni<-as.numeric(kkgni)

# Grafik definieren und weitere Elemente
plot(1:1,type="n",axes=F)
treemap(kontinente,title="",index="kontinent", vSize="pop",
        vColor="kgni",type="value",palette="YlOrBr",aspRatio=2.5,
        position.legend="none",inflate.labels=T)
legend(0.35,0.6,levels(kkgni)[1:3],cex=1.65,ncol=6,border=F,bty="n",
        fill= brewer.pal(5,"YlOrBr")[3:5],text.col="black",xpd=NA)

# Betitelung
mtext("Population...",3,line=2,adj=0,cex=2.4,outer=T,family="Lato Black")
mtext("Size: Popu...",3,line=0,adj=0,cex=1.75,outer=T,font=3)
mtext("",1,line=1,adj=1.0,cex=1.25,outer=T,font=3)
dev.off()
```

---

[20] http://data.worldbank.org/data-catalog/health-nutrition-and-population-statistics als (sehr große) CSV-Datei.

und

```
pdf_datei<-"grafiktabellen_treemap_2b_inc.pdf"
cairo_pdf(bg="grey98",pdf_datei,width=11.69,height=7.5)
par(omi=c(0.65,0.25,1.25,0.75),mai=c(0.3,2,0.35,0),family="Lato Light",
    las=1)
library(treemap)
library(RColorBrewer)

# Daten einlesen und Grafik vorbereiten

load("daten/hnp.RData")
daten<-subset(daten,daten$gni>0)
attach(daten)
kgni<-cut(gni,c(0,40000,80000))
levels(kgni)<-c("low","middle","high")
daten$kgni<-kgni
daten$nkgni<-as.numeric(kgni)

# Grafik definieren und weitere Elemente

plot(1:1,type="n",axes=F)
treemap(daten,title="",index=c("kontinent","iso3"),vSize="pop",
    vColor="nkgni",type="value",palette="Blues",aspRatio=2.5,
    fontsize.labels=c(0.1,20),position.legend="none")
legend(0.35,0.6,levels(kgni)[1:3],cex=1.65,ncol=3,border=F,bty="n",
    fill= brewer.pal(9,"Blues")[7:9],text.col="black",xpd=NA)

# Betitelung

mtext("Within Con...",3,line=2,adj=0,cex=2.4,outer=T,family="Lato Black")
mtext("Size: Popu...",3,line=0,adj=0,cex=1.75,outer=T,font=3)
mtext("Source: da...",1,line=1,adj=1.0,cex=1.25,outer=T,font=3)
dev.off()
```

Im **Skript** werden im Unterschied zum letzten Beispiel zwei separate Abbildungen erstellt, die wir anschließend in LaTeX verbinden. Für die erste Abbildung werden die Daten aus dem hnp-Datensatz gefiltert, so dass wir nur die Länder mit einem Eintrag für gni behalten. Dann wird das Produkt aus pop und gni berechnet und dem Datensatz hinzugefügt. Als nächstes wird durch Aggregation ein zweiter Datensatz kontinente erzeugt, in dem wirx die Bevölkerung und das Produkt aus der Bevölkerung und dem GNI aufsummieren. Das GNI wird dann als Produkt, dividiert durch die Bevölkerung, berechnet. So erhalten wir die korrekten, auf den Kontinent bezogenen GNIs mit Namen kgni. Daraus bilden wir drei Klassen „low", „middle" und „high" mit Namen kkgni. Für den Treemap benötigen wir diese schließlich noch als numerische Variabe nkkgni.

Da treemap() auf grid basiert, müssen wir vor dem Zeichnen des Treemaps wie im vorigen Beispiel plot() aufrufen, um die Abbildung zu definieren. Die

6.3 Grafiktabellen

Treemap-Grafik wird dann mit der gleichnamigen Funktion gezeichnet. Anders als im vorherigen Beispiel geben wir nun `type=value` an, da die Farbe hier die Ausprägung einer weiteren Variable darstellt. Diese Variable wird mit `vColor=kgni` angegeben. Weiterhin geben wir an, dass keine Legende erzeugt werden soll, da wir diese hinterher separat zeichnen. Die Größe des Rechtecks wird durch `vSize=pop` definiert.

Anschließend zeichnen wir eine Legende mit der Funktion `legend()`. Dabei ist darauf zu achten, dass wir aus der verwendeten Brewer-Palette die richtigen Farben angeben, da die Funktion `treemap()` offenbar von einer Fünfer-Palette ausgeht.

Die zweite Treemap für die Länder innerhalb der Kontinente wird praktisch genau so wie die erste erzeugt.

Hier werden nur mit `index=c("kontinent",iso3")` zwei Variablen angegeben, da wir ja die erste Ebene (Kontinente) als Ordnungskriterium beibehalten wollen. Zusätzlich müssen wir noch mit `fontsize.labels=c(0.1,20)` konkrete Schriftgößen für die beiden Ebenen angeben: Die Bezeichnungen der ersten Ebene werden mit `0.1` unsichtbar gemacht. Das Ergebnis ist ein Treemap aller Länder, aber innerhalb der Kontinente angeordnet.

Der letzte Schritt besteht darin, beide Treemaps in einer Abbildung zu verbinden. Dazu werden beide nacheinander in eine LaTeX-Datei eingebunden.

Schließlich die Einbindung in LaTeX:

```
\documentclass{article}
\usepackage[paperheight=26.7cm, paperwidth=21cm, top=0cm,
            left=0cm, right=0cm, bottom=0cm]{geometry}
\usepackage{color}
\usepackage[abs]{overpic}
\definecolor{hintergrund}{rgb}{0.9412,0.9412,0.9412}
\pagecolor{hintergrund}
\begin{document}
\pagestyle{empty}
\begin{center}
\begin{overpic}[scale=0.70,unit=1mm]{grafiktabellen_treemap_2a_inc.pdf}
\put(60,128){}
\end{overpic}
\begin{overpic}[scale=0.70,unit=1mm]{grafiktabellen_treemap_2b_inc.pdf}
\put(60,28){}
\end{overpic}
\end{center}
\end{document}
```

Bei den bisherigen Beispielen standen Visualisierungen von „Variablen" im Vordergrund. Abschn. 6.4 erläutert die Darstellung von Beziehungen zwischen Beobachtungseinheiten. Eine gängige, jedoch alles andere als einfach zu interpretierende

Möglichkeit ist die Visualisierung mithilfe eines Netzwerkdiagramms.[21] Als weitere Möglichkeiten werden hier Beispiele für Chord-Diagramme, und Riverplots gezeigt sowie Varianten von Heatmaps und multiplen Barcharts.

6.4 Netzwerkbeziehungen

Die Visualisierung von Netzwerken kann sowohl der Exploration als auch der Präsentation dienen. Dabei geht es darum, Beziehungen zwischen einzelnen Untersuchungseinheiten abzubilden: also zum Beispiel die Freundschaftsbeziehungen zwischen Facebook-Teilnehmerinnen und Teilnehmern, Handelsbeziehungen zwischen einzelnen Staaten, Migrationsströme zwischen Weltregionen, usw. Fragestellungen in der Netzwerkanalyse sind zum Beispiel:

- Welche der Objekte sind besonders wichtig, in dem Sinne, dass sie überdurchschnittlich viele Beziehungen haben oder die Beziehungen zu ihnen außergewöhnlich stark sind?
- Wie ist die Struktur der Beziehungen, wie gestaltet sich ihre Stärke insgesamt?
- Gibt es Individuen oder Untergruppen, die sich sichtbar von anderen Gruppen oder Individuen absetzen?

Dabei können die Beziehungen symmetrisch oder asymmetrisch sein, auch ist je nach Sachverhalt eine auf die einzelnen Objekte selbst bezogene Messung möglich, wie zum Beispiel die Migrationen innerhalb eines Landes. Bei n Objekten ergeben sich damit maximal n^2 mögliche Beziehungen, bei symmetrischen Beziehungen ohne „Binnen"messungen sind es $(n^2 - n)/2$. Bei der Darstellung von Netzwerken unterscheidet man zunächst einmal zwischen Knoten (den Beobachtungseinheiten) und Kanten (den Beziehungen der Beobachtungseinheiten untereinander). Folgende Variationen sind dabei möglich:

- Die Größe der Knoten kann die Häufigkeit der Beziehungen zu diesem Knoten abbilden oder eine „Binnen"größe.
- Die Farbe der Knoten kann eine klassifizierende Variable darstellen, Kontinente bei Ländern, Geschlecht bei Personen, etc.
- Die Farbe der Kanten kann die Richtung der Beziehung abbilden, indem die abgehende Beziehung in der Farbe des Knotens gezeichnet wird. Alternativ oder ergänzend können die Richtungen durch Pfeile anstelle von Linien angezeigt werden.
- Ebenso wie mit Farbe können Gruppen von Knoten und Kanten auch durch verschiedene Formen und Muster unterschieden werden.
- Die Dicke der Linien kann die Stärke des Zusammenhangs abbilden.

---

[21] Eine sehr hilfreiche technische Einführung zum Thema ist die Webseite Network visualization with R von Katya Ognyanova: http://kateto.net/network-visualization, für allgemeine Aspekte zu empfehlen ist Richard Brath / David Jonker (2015): Graph Analysis and Visualization: Discovering Business Opportunity in Linked Data, Indianapolis, In: Wiley.

6.4 Netzwerkbeziehungen

- Einzelne oder alle Knoten können mit Labels versehen werden oder, besser noch, anstelle der Knoten können Labels verwendet werden.

Die wichtigste und gleichzeitig am schwierigsten zu verstehende Eigenschaft von Netzwerkvisualisierungen ist die Position der Knoten. Für die Positionierung gibt es eine ganze Reihe verschiedener Algorithmen. Allen ist gemein, dass sie versuchen, einen hochdimensionalen Raum auf einen zweidimensionalen zu reduzieren. Sehr häufig findet man dabei Visualisierungen, die ein so genanntes „kräftebasiertes" Zeichnen anwenden. Man beginnt damit, dass die Knoten (also die Beobachtungseinheiten bzw. Fälle) zufällig in einem zweidimensionalen Raum angeordnet werden. Von diesem Startzustand aus werden mit einem Optimierungsalgorithmus nun die „physikalischen Kräfte" zwischen allen Punkten betrachtet, und es wird eine Anordnung angestrebt, bei der die Stärke aller Beziehungen wie Anziehungs- bzw. Abstoßungskräfte wirken. Hierbei gibt es aber keine eindeutige Lösung, das Endergebnis hängt vielmehr vom Startzustand ab.[22]

6.4.1 Ungerichtetes Netzwerk

Wir beginnen mit einem Beispiel für ein ungerichtetes Netzwerk, bei dem die Beziehungen zwischen den Objekten symmetrisch sind. Die hier verwendeten Daten sind Spielpaarungen in der Champions League von 2013 bis 2016. Die Daten können von der Seite www.weltfussball.de heruntergeladen werden. Insgesamt sind dies 375 Paarungen. Wenn man sich nicht für Fußball interessiert, ist der Erkenntniswert dieser Daten nicht allzu hoch, aber sie eignen sich meines Erachtens sehr gut als einführendes Beispiel für Netzwerkvisualisierungen. Betrachten wir zunächst die Daten.

---

[22] Siehe https://lists.nongnu.org/archive/html/igraph-help/2010-04/msg00076.html.

	X1	X2
1	Manchester United	Bayer Leverkusen
2	Real Sociedad	Shakhtar Donetsk
3	Shakhtar Donetsk	Manchester United
4	Bayer Leverkusen	Real Sociedad
5	Bayer Leverkusen	Shakhtar Donetsk
6	Manchester United	Real Sociedad
7	Shakhtar Donetsk	Bayer Leverkusen
8	Real Sociedad	Manchester United
9	Bayer Leverkusen	Manchester United
10	Shakhtar Donetsk	Real Sociedad
11	Manchester United	Shakhtar Donetsk
12	Real Sociedad	Bayer Leverkusen
13	Galatasaray	Real Madrid
14	FC København	Juventus
15	Juventus	Galatasaray

Showing 1 to 16 of 375 entries

Abb. 6.3 Tabelle mit Spielpaarungen

Eine erste Möglichkeit, sich einen Überblick über die Beziehungen der Beobachtungseinheiten untereinander zu verschaffen, ist eine Matrix, bei der alle Beobachtungseinheiten sowohl als Zeilen als auch als Spalten in einer Beziehungstabelle angeordnet werden. Die Zellen enthalten dann die Häufigkeiten des Vorkommens einzelner Kombinationen/Paarungen. Für die Erstellung der Beziehungstabelle verwenden wir das R-Paket igraph. Mit der Funktion graph_from_data_frame() aus diesem Paket erstellen wir die Netzwerkstruktur und daraus dann mit get.adjacency() die Beziehungsmatrix.

```
library(gdata)
library(igraph)

X2013_2014 <- read.csv("daten/2013_2014.txt",sep="\t", head=FALSE)
X2014_2015 <- read.csv("daten/2014_2015.txt",sep="\t", head=FALSE)
X2015_2016 <- read.csv("daten/2015_2016.txt",sep="\t", head=FALSE)
links<-rbind(X2013_2014, X2014_2015, X2015_2016)
beztab<-as.matrix(get.adjacency(graph_from_data_frame(links)))
```

6.4 Netzwerkbeziehungen

Als Ergebnis erhalten wir die Beziehungstabelle:

	Manchester United	Real Sociedad	Shakhtar Donetsk	Bayer Leverkusen	Galatasaray	FC København	Juventus	Real Madrid	Olympiakos Piräus
Manchester United	0	1	1	1	0	0	0	0	
Real Sociedad	1	0	1	1	0	0	0	0	
Shakhtar Donetsk	1	1	0	1	0	0	0	1	
Bayer Leverkusen	1	1	1	0	0	0	0	0	
Galatasaray	0	0	0	0	0	1	1	1	
FC København	0	0	0	0	1	0	1	1	
Juventus	0	0	0	0	1	1	0	2	
Real Madrid	0	0	1	0	1	1	2	0	
Olympiakos Piräus	1	0	0	0	0	0	1	0	
SL Benfica	0	0	0	1	1	0	0	0	
Paris Saint-Germain	0	0	1	1	0	0	0	1	
RSC Anderlecht	0	0	0	0	1	0	0	0	
Bayern München	1	0	1	0	0	0	1	1	
Viktoria Plzeň	0	0	0	0	0	0	0	0	

Showing 1 to 15 of 53 entries

Abb. 6.4 Beziehungstabelle (Auszug)

Diese Beziehungstabelle bildet die Basis für unsere Netzwerkabbildung:

Datenquelle: http://www.weltfussball.de/alle_spiele/champions-league-2015-2016/

Das Beispiel zeigt die Mannschaften mit ihren Namen anstelle von Punkten. Die deutschen Mannschaften sind farbig hervorgehoben. Man sieht, dass diejenigen Mannschaften, die man dort auch erwarten würde, sich groß und zentral in der Mitte befinden: Bayern München, Atlético Madrid, Real Madrid. Andere, exotischere, befinden sich eher außen. Andererseits findet man ebenfalls den Malmö FF zentral in der Mitte angeordnet. Das widerspricht der Tatsache, dass Malmö keine große Bedeutung in der Champions League zukommt.

```
pdf_datei<-"pdf/netzwerkbeziehungen_ungerichtetes_netzwerk.pdf"
cairo_pdf(bg="grey98", pdf_datei,width=8,height=7)
```

6.4 Netzwerkbeziehungen

```
par(mai=c(0.25,0.25,0.25,0.5),omi=c(0.25,0.25,0.25,0.25),
    family="Lato Light",las=1)

library(igraph)
library(sqldf)
library(gdata)

# Daten einlesen und Grafik vorbereiten

X2013_2014 <- read.csv("daten/2013_2014.txt",sep="\t", head=FALSE)
X2014_2015 <- read.csv("daten/2014_2015.txt",sep="\t", head=FALSE)
X2015_2016 <- read.csv("daten/2015_2016.txt",sep="\t", head=FALSE)
links<-rbind(X2013_2014, X2014_2015, X2015_2016)

mannschaften<-as.data.frame(unique(c(links$V1, links$V2)))
mannschaften<-sqldf("select mannschaft, count(*) games from
(select V1 mannschaft from links union all select V2 mannschaft
from links) a group by mannschaft")
mannschaften$col<-"grey55"
mannschaften$col[c(11, 12, 13, 14, 24, 51)]<-"#f768a1"

mySeed = as.POSIXlt(Sys.time())
mySeed = 1000*(mySeed$hour*3600 + mySeed$min*60 + mySeed$sec)
mySeed

set.seed(56313585)
net2 <- graph_from_data_frame(d=links, directed=F,
vertices=mannschaften)
net2simp<-simplify(net2, edge.attr.comb=list(weight="sum","ignore"))

# Grafik erstellen

plot(net2simp, vertex.shape="none", vertex.label=V(net2simp)$media,
vertex.label.font=2, vertex.label.color=mannschaften$col, vertex.
label.cex=0.7*sqrt(mannschaften$games/23), edge.color="grey80",
vertex.label.family=ifelse(mannschaften$col=="grey95", "Avenir
Next Condensed Ultra Light", "Avenir Next Condensed Demi Bold"))

# Betitelung

mtext("Champions League - Wer spielt mit wem?", line=-1.5, adj=0,
      cex=2, family="Lato Black", col="grey40", outer=T)
mtext("Basis: alle Begegnungen 2013-2016", line=-2.75, adj=0,
      cex=0.9, family="Lato Bold", col="grey40", outer=T)
mtext("Datenquelle: http://www.weltfussball.de/alle_spiele/
      champions-league-2015-2016/", side=1, line=-1, adj=1, cex=0.9,
      font=3, outer=T)

dev.off()
```

Im Skript werden zunächst die benötigten Bibliotheken eingebunden, anschließend die Daten saisonweise eingelesen und aneinandergehängt. Diese Daten bilden die Grundlage für die Darstellung der Kanten. Wir benötigen darüber hinaus eine zweite Datei, die uns die Knoten liefert. Hierzu definieren wir einen einspaltigen Datensatz Mannschaften, der jede vorkommende Mannschaft genau einmal enthält. Dazu verwenden wir das Paket `sqldf` und können damit die Daten in SQL-Notation zusammenstellen. Als Ergebnis erhalten wir eine Liste, in der zu jeder Mannschaft die Anzahl der Spiele ergänzt wurde. In einer weiteren Spalte ergänzen wir die Farbe der Knoten: Generell wählen wir hierfür grau, für die deutschen Mannschaften wird ein Rot-Ton vorgesehen. Als Schrift wählen wir Avenir Next Condensed.

Um die Abbildung reproduzierbar zu machen, müssen wir den Wert des Zufallsgenerators fest definieren, andernfalls würden wir bei jedem Lauf des Skriptes trotz identischer Daten unterschiedliche Visualisierungen erhalten.[23]

Hier wählen wir folgende Vorgehensweise: Wir stellen als Startwert des Zufallsgenerators die aktuelle Sekunde ein. Diese geben wir unmittelbar danach aus, so dass wir sie aus der Konsole von R heraus notieren können. Damit können wir nun das Skript mehrfach laufen lassen; so lange, bis eine Visualisierung erzeugt wird, die von uns als gut empfunden wird. Diese können wir dann reproduzieren, indem wir den von R ausgegebenen Wert als Startwert des Zufallsgenerators definieren. In unserem konkreten Fall ist dies der Wert 56313585. Die für die Visualisierung notwendige Datenstruktur erzeugen wir durch die Funktionen `graph_from_data_frame()` und `simplify()`. Für die zahlreichen Einstellungsmöglichkeiten sei auf das umfangreiche Handbuch von `igraph` verwiesen.

Die **Daten** können von der Website http://www.weltfussball.de/alle_spiele/champions-league-2015-2016 (bzw. 2013–2014 und 2014–1015) kopiert werden. Sie wurden hier in TXT-Dateien abgespeichert.

Netzwerkdiagramme sind eine sehr populäre, wenngleich nicht unproblematische Form der Visualisierung von Beziehungen zwischen Beobachtungseinheiten. Sie eignet sich für die Exploration von Zusammenhängen, um Strukturen zu erkennen und weiter zu analysieren. Für die Präsentation und Veranschaulichung von Daten gibt es aus unserer Sicht geeignetere Darstellungsformen, die wir im Folgenden vorstellen wollen.

6.4.2 Chord Diagram

Eine Visualisierung, die in jüngster Zeit sehr starke Beachtung gefunden hat, ist das Chord-Diagramm. Übersetzt würde man es als „Sehnen-Diagramm" bezeichnen: Man ordnet die Beobachtungseinheiten oder Kategorien auf einem Kreis an und visualisiert die Beziehungen unter ihnen durch Verbindungslinien innerhalb des Kreises. Die folgende Abbildung, die 2014 in einem Artikel in der Zeitschrift

---

[23] http://stackoverflow.com/questions/40927099/r-igraph-save-layout.

6.4 Netzwerkbeziehungen

Science vorgestellt wurde, zeigt als ein Beispiel für ein Chord-Diagramm Migrationsbewegungen zwischen Weltregionen von 2005 bis 2010.[24] Dabei bilden die 15 Weltregionen Kreissegmente, die Migrationsströme sind mit Sehnen („Chords") gekennzeichnet. Diese Regionen werden dabei nicht linear, sondern kurvenartig verbunden, wodurch eine größere Übersichtlichkeit erreicht wird. An den Segmenten werden jeweils Skalen abgebildet, die Breite der Verbindungen an den Ausgangspunkten entspricht den quantitativen Größe der Migration. Zusätzlich werden auch Binnenmigrationen abgebildet: Dies sind Verbindungen, die auf das jeweilige Segment zurück zeigen. Gegenüber der Originalabbildung in *Science* hat G. Abel die hier wiedergegebene etwas weiterentwickelt:[25] So wird die Richtung der Migration hier zum Beispiel durch Pfeile an den Enden der Linien abgebildet.

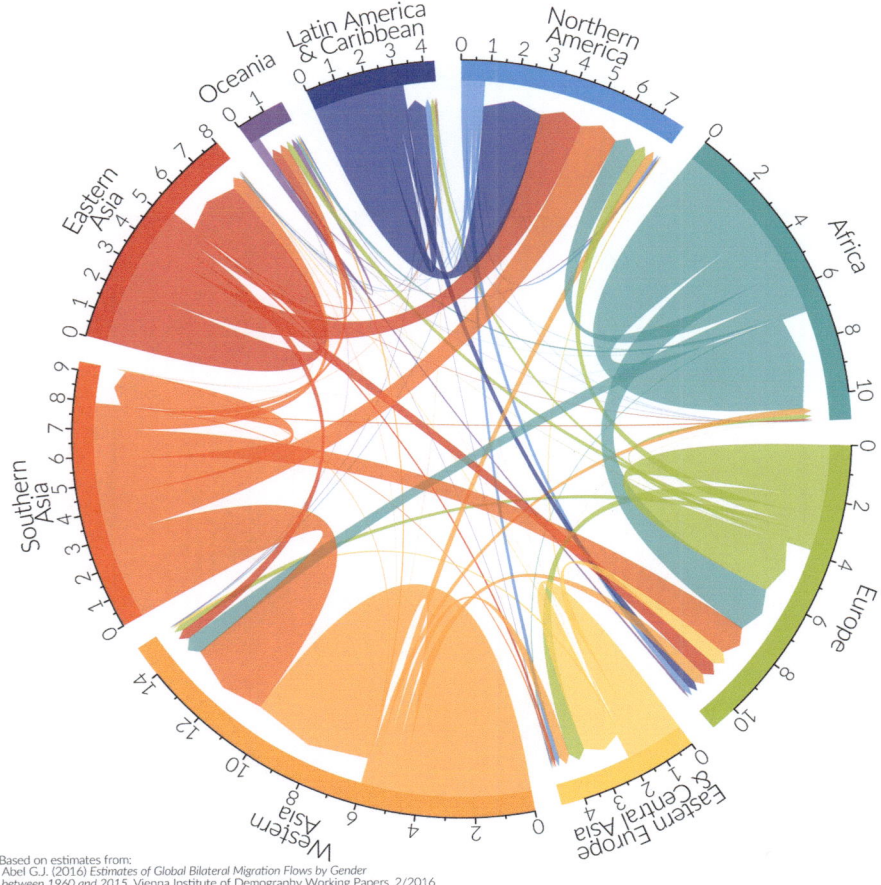

Based on estimates from:
Abel G.J. (2016) *Estimates of Global Bilateral Migration Flows by Gender between 1960 and 2015*. Vienna Institute of Demography Working Papers. 2/2016

---

[24] Abel, Guy J. / Sander, N., Quantifying Global International Migration Flows, in: Science 343 (6178), S. 1520–1522.
[25] https://github.com/gjabel/migest/blob/master/demo/cfplot_reg2.R.

Mit einer solchen Abbildungsform lassen sich Beziehungen untereinander unserer Ansicht nach sehr gut darstellen. Ein wichtiger Aspekt ist dabei jedoch zu beachten: Wie auch bei den Radialpolygonen (Abschn. 6.2.5 und 6.2.6), hängt die Wahrnehmung der Information sehr stark von der Anordnung der Segmente ab. Liegen zwei Regionen auf benachbarten Kreissegmenten, so entsteht ein ganz anderer Eindruck als bei einer Anordnung, bei der die Regionen sich zum Beispiel gegenüber liegen: Es ist dann – bei gleichem Sachverhalt – entweder mehr oder weniger Fläche sichtbar.

Wir wollen im Folgenden anhand eines Beispiels zur Migration zwischen Bundesländern 2010 die Konstruktion eines Chord-Diagramms erläutern. Das Diagramm zeigt dabei nicht alle Bewegungen, sondern beschränkt sich auf einen bestimmten Schwellenwert und schließt die – größenmäßig dominierenden – Binnenmigrationen aus.

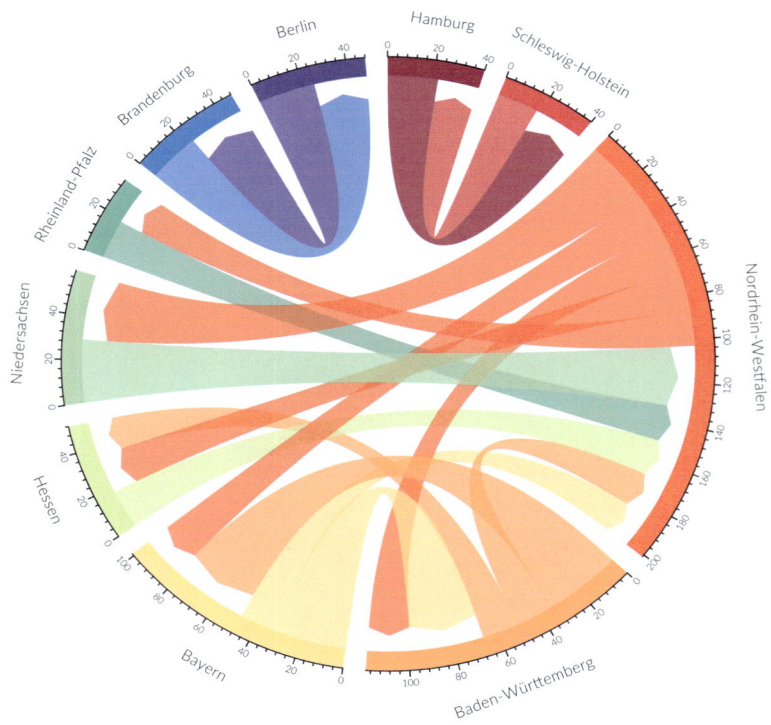

6.4 Netzwerkbeziehungen

Man kann der Abbildung entnehmen, dass Migrationen, wenig überraschend, insbesondere in benachbarte Bundesländer stattfinden. Auch hier ist wieder die Anordnung zu berücksichtigen. Der Eindruck der Migration von Hamburg nach Schleswig-Holstein ist ein anderer als derjenige, den man für die Migration von Nordrhein-Westfalen nach Niedersachsen enthält, weil diese beiden nicht nebeneinander, sondern gegenüber angeordnet sind.

```
pdf_datei<-"pdf/netzwerkbeziehungen_chorddiagramm.pdf"
cairo_pdf(bg="grey98", pdf_datei, width=8,height=8)
par(omi=c(0.25,0.25,0.5,0.25), mai=c(0,0,0,0), family="Lato Light")
library(circlize)
library(RColorBrewer)
library(readr)
library(sqldf)

# Daten einlesen und Grafik vorbereiten
df0 <- read_csv("daten/2010 GIM data.csv")
df1 <- read_csv("daten/2010 GIM data lookup.csv")
bulas <- read_csv("~/Desktop/Ablage/Datendesign/2A/daten/bulas.csv")
kreise<-sqldf("select min(kreis_destatis/1000) bula, hk_id from
        df1 group by hk_id")
df_bula<-sqldf("select a.bula bula_destination, b.* from kreise a,
        df0 b where a.hk_id = b.destination_hk")
df_bula<-sqldf("select a.bula bula_origin, b.* from kreise a,
        df_bula b where a.hk_id = b.origin_hk")
df_bula<-sqldf("select bula_origin, bula_destination, sum(t_total)
        t_total from df_bula group by bula_origin, bula_destination")
df_bula<-sqldf("select a.bula bula_origin_name, b.bula_destination,
        b.t_total from bulas a, df_bula b where a.nr = b.bula_origin")
df_bula<-sqldf("select b.bula_origin_name, a.bula
        bula_destination_name, b.t_total/1000 t_total from bulas a,
        df_bula b where a.nr = b.bula_destination")
df_bula<-df_bula[df_bula$t_total>15, ]
df_bula<-df_bula[df_bula$bula_origin!=df_bula$bula_destination, ]
circos.clear()
circos.par(start.degree = 90, gap.degree = 4,
        track.margin = c(-0.1, 0.1), points.overflow.warning = FALSE)
par(mar = rep(0, 4))

# Grafik erstellen

chordDiagram(x = df_bula, grid.col =
        brewer.pal(length(unique(df_bula$bula_origin)), "Spectral"),
        transparency = 0.25,
```

```
            directional = 1,
            direction.type = c("arrows", "diffHeight"),
            diffHeight   = -0.04,
            annotationTrack = c("grid", "name", "axis"),
            annotationTrackHeight = c(0.05, 0.1),
            link.arr.type = "big.arrow", link.sort = TRUE,
            link.largest.ontop = TRUE)

# Betitelung
mtext("Migration zwischen Bundesländern 2010", adj=0, cex=2,
      family="Lato Black", col="grey40", outer=T)
mtext("alle Migrationen über 15.000 Personen, ohne
      Binnenmigration, Angaben in Tsd.", line=-1.25, adj=0, cex=0.9,
      family="Lato Bold", col="grey40", outer=T)
mtext("Datenquelle: www.nikolasander.net/news/diy", side=1,
      line=-1, adj=1, cex=0.9, font=3, outer=T)

circos.clear()
dev.off()
```

In dem Skript wird zunächst die Bibliothek `circlize` von Zuguang Gu geladen, mit der auch die erwähnte Darstellung in *Science* erstellt wurde. Wir benötigen weiterhin `RColorBrewer` für die Gestaltung der Farben, `readr` für den Import der Daten und `sqldf`, da wir die Daten zunächst noch aufbereiten müssen. Die Daten bestehen wie schon im vorigen Beispiel aus zwei Datensätzen. Der Datensatz `df0` enthält die eigentlichen Migrationsdaten auf Kreisebene: `origin_hk` ist die ID des Ausgangskreises, `destination_hk` diejenige des Zielkreises, `t_total` die Anzahl der migrierenden Personen. Die anderen Variablen benötigen wir nicht. Der Datensatz `df1` enthält die Ausgangsdaten für die Kreissegmente. Bei einer Netzwerkdarstellung wären dies die Knoten.

In einem ersten Schritt müssen wir die Daten auf Bundeslandebene aggregieren. Dafür benötigen wir noch eine dritte Datei, die die Bundesländer-IDs und -Namen enthält. Diese haben wir manuell erstellt.

Wir verwenden hier wieder SQL-Notation. In einem ersten Schritt erstellen wir einen data frame, der jedem Kreis die Bundesland-ID zuordnet. Dann erzeugen wir in mehreren Schritten die für die Abbildung benötigten Daten. Das Ergebnis ist ein data frame `df_bula`, der die Migrationen auf die Bundesländer aggregiert. Um die Darstellung auf den wesentlichen Informationsgehalt zu reduzieren und damit übersichtlicher zu gestalten, beschränken wir in den nächsten beiden Schritten die Daten auf Migrationen über 15.000 Personen und schließen Binnenmigrationen aus. Nun können wir mit der eigentlichen Zeichnung beginnen. Zunächst werden die Layout-Parameter mit `circos.clear()` zurückgesetzt. Anschließend werden einige Grundparameter für die Darstellung definiert und die Ränder der Abbildung auf 0 gesetzt. Das Chord-Diagramm wird mit der Funktion `chordDiagram()` gezeichnet. Grundlage ist der data frame `df_bula`, dann werden hier noch eine

6.4 Netzwerkbeziehungen

Reihe weiterer Parameter definiert. Es gibt keine Vorgaben, was man vorab über die Funktion circos.par() definieren und was unmittelbar in chordDiagram() eingestellt werden sollte. Mit link.arr.type können wir mit Pfeilspitzen die Richtung anzeigen – eine echte Verbesserung gegenüber der ursprünglichen Darstellungsart in *Science*.

Am Ende werden Über- und Unterschriften definiert und die Parameter wieder auf den Originalzustand zurückgesetzt.

Die **Daten** wurden von Nikola Sander zusammengestellt und sind auf ihrer Webseite verfügbar.

6.4.3 Gerichtetes Netzwerk

Wir haben mit dem Chord-Diagramm eine Abbildungsform kennengelernt, die Beziehungen von Beobachtungseinheiten oder Kategorien untereinander recht anschaulich und nachvollziehbarer als eine „ungeordnete" Netzwerkvisualisierung darstellt. Als ein besonderes Problem hatte sich dabei die Darstellung von Binnenbewegungen ergeben. Als Alternative wollen wir daher nochmals auf einen Netzwerkvisualisierung zurückkommen, jedoch auf eine Variante, bei der die Position der Knoten festgelegt ist. Dazu können wir ein zirkuläres Layout verwenden. Als Beispiel wählen wir hier die Migrationsströme zwischen Weltregionen. die der *Science*-Abbildung zugrunde liegen.

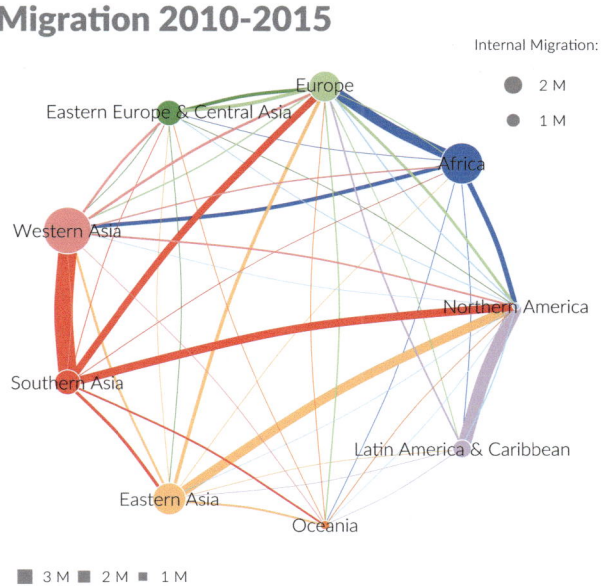

In diesem Beispiel benutzen wir ein zirkuläres (also festes) Netzwerk-Layout, das die einzelnen Weltregionen als Knoten abbildet. Jede Weltregion erhält eine eigene Farbe. Dieselbe Farbe wird jeweils für diejenigen Verbindungslinien verwendet, die die Auswanderungen abbilden. Die Stärke der Linien bildet den Umfang der Migration ab, die Größe der Knoten die Binnenmigration.

```
pdf_datei<-"pdf/netzwerkbeziehungen_gerichtetes_netzwerk.pdf"
cairo_pdf(bg="grey98", pdf_datei,width=6,height=6)

par(mai=c(0.25,0.25,0.25,0.5),omi=c(0.25,0.25,0.25,0.25),
    family="Lato Light",las=1)
library(igraph)
library(RColorBrewer)

# Daten einlesen und Grafik vorbereiten

nodes <- read.csv("daten/reg_plot.csv", header=T, as.is=T)
links <- read.csv("daten/reg_flow.csv", header=T, as.is=T)

links <- links[order(links$orig_reg, links$dest_reg),]
colnames(links)[3] <- "weight"
rownames(links) <- NULL

binnen<-links[links$orig_reg==links$dest_reg, ]
nodes$inside<-binnen$weight[match(nodes$region, binnen$orig_reg)]

net <- graph_from_data_frame(d=links, vertices=nodes, directed=T)
net <- simplify(net, remove.multiple = F, remove.loops = T)
E(net)$width <- E(net)$weight*5
V(net)$size <- sqrt(V(net)$inside*100)

colrs <- brewer.pal(9, "Paired")
V(net)$color <- colrs[V(net)$order1]

edge.start <- ends(net, es=E(net), names=F)[,1]
edge.col <- V(net)$color[edge.start]

# Grafik erstellen

plot(net, edge.arrow.size=0, edge.color=edge.col,
     layout=layout_in_circle(net),
     vertex.color=colrs, vertex.frame.color="#ffffff",edge.curved=.1,
     vertex.label=V(net)$media, vertex.label.color="black",
     vertex.label.family="Lato Light")

legend(x=0.8, y=1.25, c(""," 2 M",""," 1 M"), pch=19,
       xpd=T,title="Internal Migration:",
       col="#777777", pt.cex=c(0, sqrt(4),0,sqrt(2)), cex=.8,
       bty="n", ncol=1)
```

```
legend(x=-1.25, y=-1.15, c(" 3 M"," 2 M", " 1 M"), pch=15,xpd=T,horiz=T,
       col="#777777", pt.cex=c(sqrt(3),sqrt(2),sqrt(1)), cex=.8,
       bty="n", ncol=1)

# Betitelung

mtext("Migration 2010-2015", line=-1.5, adj=0, cex=2,
family="Lato Black", col="grey40", outer=T)
mtext("Data Source: https://github.com/cran/migest/tree/master/
inst/vidwp", side=1, line=-1, adj=1, cex=0.9, font=3, outer=T)
dev.off()
```

In dem **Skript** wird zunächst das Paket igraph eingelesen, das die eigentliche Netzwerkvisualisierung vornimmt. Die Daten werden, wie im vorigen Beispiel, in zwei Dateien eingelesen. Die erste Datei, `reg_plot.csv`, enthält die Knoten, und definiert in einer Variablen gleich schon die Farben. Die zweite, `reg_flow.csv`, enthält die Migrationen zwischen den einzelnen Weltregionen.

nodes × links × Filter

	region	order1	col1	reg1	reg2
1	Northern America	1	#40A4D8	Northern	America
2	Africa	2	#33BEB7	Africa	
3	Europe	3	#B2C224	Europe	
4	Eastern Europe & Central Asia	4	#FECC2F	Eastern Europe	& Central Asia
5	Western Asia	5	#FBA127	Western	Asia
6	Southern Asia	6	#F66320	Southern	Asia
7	Eastern Asia	7	#DB3937	Eastern	Asia
8	Oceania	8	#A463D7	Oceania	
9	Latin America & Caribbean	9	#0C5BCE	Latin America	& Caribbean

nodes × links × Filter

	orig_reg	dest_reg	flow
1	Africa	Africa	3.498892
2	Africa	Eastern Asia	0.007214
3	Africa	Eastern Europe & Central Asia	0.036820
4	Africa	Europe	1.744666
5	Africa	Latin America & Caribbean	0.022516
6	Africa	Northern America	0.825409
7	Africa	Oceania	0.107072
8	Africa	Southern Asia	0.000869
9	Africa	Western Asia	0.675984
10	Eastern Asia	Africa	0.021043
11	Eastern Asia	Eastern Asia	2.178887
12	Eastern Asia	Eastern Europe & Central Asia	0.085849
13	Eastern Asia	Europe	0.565937
14	Eastern Asia	Latin America & Caribbean	0.040990
15	Eastern Asia	Northern America	1.593311

Abb. 6.5 Datenansicht der Welteegionen-Daten

Zunächst werden die Daten nach den Herkunftsregionen und dann nach den Zielregionen sortiert. Anschließend erzeugen wir einen data frame `binnen`, der die Binnenmigrationen herausfiltert. Dann verknüpfen wir diese mit dem data frame `nodes`, und definieren dort damit eine neue Variable `inside`. Nun wird mit der Funktion `graph_from_data_frame()` aus dem Paket `igraph` die Netzwerkstruktur definiert. Mithilfe des Parameters `remove.loops = T` der Funktion `simplify()` werden Selbstreferenzen entfernt. `igraph` beinhaltet zwei sehr nützliche Funktionen, `E()` und `V()`, mit denen die Kanten und Knoten eines Netzwerkes bearbeitet bzw. mit Eigenschaften versehen werden können. Hier definieren wir die Breite der Kanten (= Verbindungslinien), die in der vordefinierten Variablen `width` gespeichert ist, mit der mit 5 multiplizierten Variablen `width`. Die Größe der Knoten, definiert durch die Variable `size`, wird durch `inside` bestimmt. Diese wird wegen der Skalierung mit 100 multipliziert. Da es sich um eine Fläche handelt, müssen wir noch die Wurzel berechnen. Die Farbe wird über eine Color-Brewer-Palette definiert, die Reihenfolge ergibt sich aus der `order1`-Variablen aus dem data frame `nodes`. Die Farben der Linien werden so definiert, dass die Auswanderungen den Knoten entsprechen.

Mit diesen Vorbereitungen kann nun die Funktion `plot()` aufgerufen werden, die von `igraph` um die Methode der Visualisierung von Netzwerken erweitert wurde, wenn das Objekt von der Klasse „igraph" ist. Als Layout definieren wir hier `layout_in_circle`, bei dem die Position der Knoten auf einem Kreis festgelegt ist.

Am Ende ergänzen wir noch zwei Legenden (eine für die Knoten, eine für die Kanten) sowie die Über- und Unterschrift.

Die **Daten** entsprechen dem einführenden Beispiel in Abschn. 6.4.2 und können von https://github.com/cran/migest/tree/master/inst/vidwp heruntergeladen werden.

6.4.4 Riverplot

Die Visualisierung der Migrationsdaten durch ein zirkuläres Netzwerklayout ist unseres Erachtens eine brauchbare Alternative zu einem Chord-Diagramm. Die Binnenmigrationen sind bei Ersterem besser sichtbar als bei Letzterem, dafür ist der Unterschied zwischen interner und externer Migration optisch größer. Am Ende ist es sicher auch Geschmackssache, welche Abbildung vorzuziehen ist. Eine weitere Variante, die enger am Chord-Diagramm orientiert ist, aber nicht wie dieses und das zirkuläre Netzwerklayout auf einer Kreisanordnung basiert, ist die Darstellung als sogenannter Riverplot. Ein Paket gleichen Namens wurde für R von January Weiner erstellt.[26] Dabei werden die Informationen wie in einem Chord-Diagramm mit Kurvenlinien dargestellt, die Kategorien jedoch nicht kreisförmig, sondern jeweils gegenüberliegend als Paar angeordnet. In dem hier betrachteten Beispiel[27] wird die Binnenmigration durch waagerechte Linien visualisiert, die Migration in andere Regionen durch Kurvenlinien. Links sind die Ausgangs-, rechts die Zielregionen abgebildet. Auch hier ergibt sich das Problem, dass der visuelle Eindruck stark von der (wiederum willkürlichen) Anordnung der Länder abhängt. Gegenüber der kreisförmigen Anordnung sind die Binnenwanderungen eventuell etwas besser sichtbar, aber das mag jeder anders sehen.

---

[26] Ich verdanke die Anregung für diese Art der Darstellung Stefan Fichtel. Riverplots bieten noch eine ganze Reihe weiterer Möglichkeiten, für die auf die Dokumentation des Paketes verwiesen sei. Riverplots eignen sich zum Beispiel für die Darstellung eines Sankey-Diagramms zur Entwicklung biologischer Prozesse. Vgl. dazu die mit dem riverplot-Paket erstellte Abbildung in Kenthirapalan, Sanketha et al. (2016): Functional profiles of orphan membrane transporters in the life cycle of the malaria parasite, in: Nature Communications 7, http://dx.doi.org/10.1038/ncomms10519.

[27] Orientiert an http://stackoverflow.com/questions/41088751/riverplot-package-in-r-output-plot-covered-in-gridlines-or-outlines.

6.4 Netzwerkbeziehungen

All figures in millions. Data Source: https://github.com/cran/migest/tree/master/inst/vidwp

In dem **Skript**[28] werden zunächst die Pakete `riverplot` und `RColorBrewer` eingebunden; anschließend werden die Daten eingelesen. Die Daten sind numerisch identisch mit denjenigen der vorherigen Beispiele, jedoch sind die Ausgangs- und Zielregionen bereits mit den benötigten Labeln versehen. Mit diesen Daten definieren wir die von `riverplot` benötigte Datenstruktur, indem wir die Spalten mit `N1`, `N2` und `Value` bezeichnen sowie eine ID ergänzen. Die Knoten (Regionen) erstellen wir direkt im Skript. Anschließend werden eine Klassifizierungsvariable x sowie eine Spalte für die Farbe definiert. `edges2` reduziert den data frame auf die tatsächlich vorhandenen Regionen. Die ID muss anschließend als character definiert werden. Anschließend wird `notes2` in die für die Darstellung notwendige Reihenfolge sortiert und um eine Spalte für die Farbe ergänzt. Im nächsten Schritt

---

[28] Basierend auf einer Vorlage http://stackoverflow.com/questions/41088751/riverplot-package-in-r-output-plot-covered-in-gridlines-or-outlines. Ich verdanke wesentliche Hilfe bei der Anpassung des Skriptes dem Autor des riverplot-Paketes January Weiner, dem an dieser Stelle ganz herzlich gedankt sei.

werden die Zeilen mit den Binnenmigrationen ausgewählt und diese an die Liste node_styles übergeben. Mit der Funktion makeriver() wird die für die Visualisierung notwendige Datentabelle erzeugt.

	from Western Asia	from Southern Asia	from Oceania	from Northern America	from Latin America and Caribbean	from Europe	from Eastern Asia	from Africa	to Western Asia
x	-0.02327260	-0.0232726	-0.0232726	-0.0232726	-0.0232726	-0.0232726	-0.0232726	-0.0232726	1.0232726
top	0.06842138	0.2836770	0.3537152	0.4298161	0.5553264	0.6815283	0.8440249	1.0400000	0.1323167
center	0.01421069	0.2078139	0.3504608	0.4235304	0.5243360	0.6501921	0.7945413	0.9737771	0.0461583
bottom	-0.04000000	0.1319508	0.3472064	0.4172446	0.4933455	0.6188558	0.7450577	0.9075543	-0.0400000
lpos	0.01421069	0.2078139	0.3504608	0.4235304	0.5243360	0.6501921	0.7945413	0.9737771	-0.0400000
rpos	-0.04000000	0.1319508	0.3472064	0.4172446	0.4933455	0.6188558	0.7450577	0.9075543	0.0461583
yscale	0.01924350	0.0192435	0.0192435	0.0192435	0.0192435	0.0192435	0.0192435	0.0192435	0.0192435

Abb. 6.6 Aufbau der von riverplot erzeugten Datenmatrix

Anschließend wird mit riverplot() die eigentliche Abbildung erstellt und in eine Variable myplot abgespeichert. Um weisse Linien in der Darstellung zu vermeiden, setzen wir fix.pdf=T.[29] Nun werden noch die Beschriftungen erzeugt und mit text() ausgegeben, und anschließend werden die Über- und Unterschrift erzeugt. Auf eine Angabe der Skalierung wird in diesem Beispiel verzichtet.

```
pdf_datei<-"pdf/netzwerkbeziehungen_riverplot.pdf"

cairo_pdf(bg="white", pdf_datei, width=12,height=12)
par(omi=c(1,1.95,1,1.95), mai=c(0,0,0,0), family="Lato Light")

library(riverplot)
library(RColorBrewer)

# Daten einlesen und Grafik vorbereiten

xreg_flow<-read.csv("daten/xreg_flow.csv", stringsAsFactors=F)

edges = rep(xreg_flow, col.names = c("N1","N2","Value"))
edges      <- data.frame(edges, stringsAsFactors=F)
edges$ID <- 1:81

regionen<-c("from Latin America and Caribbean","from Northern America",
"from Africa","from Europe","from Eastern Europe","from Western Asia",
"from Southern Asia","from Eastern Asia","from Oceania","to Latin America
and Caribbean","to Northern America","to Africa","to Europe","to Eastern
Europe","to Western Asia","to Southern Asia","to Eastern Asia",
"to Oceania")

nodes <- data.frame(ID = regionen, stringsAsFactors=F)
```

---

[29] http://stackoverflow.com/questions/41088751/riverplot-package-in-r-output-plot-covered-in-gridlines-or-outlines/42294324#42294324.

6.4 Netzwerkbeziehungen

```
nodes$x = c(1,1,1,1,1,1,1,1,1,2,2,2,2,2,2,2,2,2)

edges2 <- edges[ edges$N1 %in% nodes$ID & edges$N2 %in% nodes$ID, ]
edges2$ID <- as.character(edges2$ID)
edges2 <- edges2[nrow(edges2):1,]

nodes2 <- nodes[ match(unique(c(edges2$N1, edges2$N2)), nodes$ID), ]
nodes2$col <- rep(brewer.pal(9, "Blues")[2:9], 2)
sel <- gsub("from ", "", edges2$N1) == gsub("to ", "", edges2$N2)
node_styles <- sapply(edges2$ID[ sel ],
          function(x) list(horizontal=TRUE), simplify=F)
r <- makeRiver( nodes2, edges2, node_labels = "", node_styles=node_styles)

# Grafik erstellen
par(lty=0)
myplot <- riverplot(r, col = nodes2$col, srt=0 , plot_area = 1, fix.pdf=T)
colnames(myplot) <- gsub("and", "\\\nand", colnames(myplot))
oldpar <- par(xpd=NA)
sel <- grep("^from", colnames(myplot))
text(myplot["x",sel] - strwidth("X"), myplot["center", sel],
     colnames(myplot)[sel], pos=2)
sel <- grep("^to", colnames(myplot))
text(myplot["x",sel] + strwidth("X"), myplot["center", sel],
     colnames(myplot)[sel], pos=4)

# Betitelung
mtext("Migration 2010-2015", side=3, outer=T, cex=3, line=1, col="grey30"
 , family="Lato Black")
mtext("All figures in millions. Data Source:
https://github.com/cran/migest/tree/master/inst/vidwp",
 1,line=2, font=3, outer=T)

dev.off()
```

Die **Daten** entsprechen dem einführenden Beispiel in Abschn. 6.2.4.

6.4.5 Heatmap für Beziehungen

Die bisherigen Visualisierungen dieses Abschnittes orientierten sich an der Darstellung als Netzwerk. Es ist aber auch durchaus sinnvoll, die Beziehungsmatrix direkt abzubilden. Hierfür bieten sich zwei Möglichkeiten an: zum einen die Abbildung als Heatmap, die wir bereits in Abschn. 6.3.4 kennengelernt hatten und zum anderen als multiples Balkendiagramm. Beginnen wir zunächst mit der Heatmap.

Migration 2010-2015

	Northern America	Africa	Europe	Eastern Europe & Central Asia	Western Asia	Southern Asia	Eastern Asia	Oceania	Latin America & Caribbean
Northern America	0.11	0.01	0.21	0.17	0.03	0.00	0.04	0.04	0.21
Africa	0.83	3.50	1.74	0.04	0.68	0.00	0.01	0.11	0.02
Europe	0.45	0.18	2.01	0.60	0.22	0.00	0.01	0.22	0.17
Eastern Europe & Central Asia	0.04	0.00	0.57	1.35	0.09	0.00	0.03	0.00	0.00
Western Asia	0.32	0.24	0.43	0.40	4.52	0.04	0.01	0.07	0.01
Southern Asia	1.42	0.05	1.17	0.04	3.11	1.31	0.51	0.32	0.01
Eastern Asia	1.59	0.02	0.57	0.09	0.38	0.00	2.18	0.36	0.04
Oceania	0.05	0.01	0.08	0.02	0.01	0.00	0.01	0.18	0.00
Latin America & Caribbean	2.20	0.00	0.29	0.01	0.01	0.00	0.01	0.02	0.68

All figures in millions. Data Source: https://github.com/cran/migest/tree/master/inst/vidwp

Gegenüber der Darstellung in Abschn. 6.3.4 nehmen wir hier einige Veränderungen vor: Zunächst schreiben wir die tatsächlichen Größen in die Zellen. Die Farbabstufungen wählen wir so, dass nur die „relevanten" Zellen hervorgehoben werden. Die Richtung der Migration wird durch einen Pfeil hervorgehoben.

```
pdf_datei<-"pdf/netzwerkbeziehungen_heatmap.pdf"
cairo_pdf(bg="grey98", pdf_datei,width=7,height=6)

par(mai=c(0.25,0.25,0.25,1.75),omi=c(0.25,0.25,0.75,0.85),
        family="Lato Light",las=1)

library(pheatmap)
library(RColorBrewer)
library(igraph)

# Daten einlesen und Grafik vorbereiten

df0 <- read.csv("daten/reg_flow.csv", stringsAsFactors=FALSE)
df1 <- read.csv("daten/reg_plot.csv", stringsAsFactors=FALSE)

net <- graph_from_data_frame(d=df0, vertices=df1, directed=T)
netm <- get.adjacency(net, attr="flow", sparse=F)
```

6.4 Netzwerkbeziehungen

```
# Grafik erstellen
plot.new()
pheatmap(netm, col=brewer.pal(6,"RdPu"),
        cluster_rows=F,cluster_cols=F,cellwidth=35,cellheight=24,
        border_color="white",fontfamily="Lato Light", display_numbers=T,
        number_color=matrix(ifelse(netm > 1.5, "white", "red"), nrow(netm)))
# Betitelung
mtext("Migration 2010-2015",3,line=1.5,adj=0,cex=1.75,
      family="Lato Black",outer=T)
mtext("All figures in millions. Data Source:
      https://github.com/cran/migest/tree/master/inst/vidwp",
      1,line=-1,adj=0,cex=0.85,font=3,outer=T)
par(family="Lato Black")
mtext("↙",1,line=-7,adj=0.9,cex=7,col="grey80",outer=T)
dev.off()
```

In dem Skript laden wir zunächst das Paket `pheatmap`, das schon in Abschn. 6.3.4 Verwendung fand, `RColorBrewer` für die Farbpalette und schließlich noch `igraph`, das uns die Funktionen für die Erstellung der Beziehungsmatrix `netm` liefert. Die Matrix `netm` sieht wie folgt aus.

	Northern America	Africa	Europe	Eastern Europe & Central Asia	Western Asia	Southern Asia	Eastern Asia	Oceania	Latin America Caribbea
Northern America	0.112105	0.011244	0.213784	0.172959	0.026320	0.000000	0.044196	0.037692	0.20794
Africa	0.825409	3.498892	1.744666	0.036820	0.675984	0.000869	0.007214	0.107072	0.02251
Europe	0.449838	0.175242	2.006166	0.601772	0.223626	0.000014	0.010825	0.222712	0.16839
Eastern Europe & Central Asia	0.043438	0.001760	0.566555	1.354018	0.088158	0.000000	0.025689	0.002543	0.00143
Western Asia	0.323827	0.244112	0.431518	0.395673	4.519158	0.036058	0.007958	0.065140	0.00641
Southern Asia	1.420783	0.051368	1.168379	0.042952	3.106273	1.306389	0.505476	0.316133	0.00974
Eastern Asia	1.593311	0.021043	0.565937	0.085849	0.380948	0.002097	2.178887	0.359676	0.04099
Oceania	0.045753	0.006264	0.079224	0.015882	0.011272	0.000000	0.006773	0.184822	0.00412
Latin America & Caribbean	2.195385	0.004648	0.290048	0.009782	0.010966	0.000000	0.014653	0.022709	0.68246

Abb. 6.7 Beziehungsmatrix Weltregionen

Mit `pheatmap()` wird nun die Heatmap dargestellt. Bei der Farbe der Ziffern verwenden wir die Funktion `ifelse()`, so dass die Schrift in dunklen Zellen hell und in hellen Zellen dunkel wird. Für den Pfeil, der die Richtung der Migration anzeigt, wählen wir die Schrift Lato Black und benutzen einfach das entsprechende Unicode-Zeichen in 7-facher Vergrößerung.

6.4.6 Multiple Barchart

Migration 2010-2015

All figures in millions. Data Source: https://github.com/cran/migest/tree/master/inst/vidwp

Eine Variante, die die Struktur der Beziehungsmatrix vielleicht noch deutlicher zeigt, ist ein multipler Barchart. Dabei wird, ähnlich wie im vorangegangenen Beispiel, die Beziehungsmatrix graphisch dargestellt. In diesem Fall wählen wir jedoch statt unterschiedlicher Farbintensitäten Balkendiagramme für die einzelnen Zellen. Zusätzlich werden die Werte in die Zellen geschrieben. Die Richtung der Migration

6.4 Netzwerkbeziehungen

wird hier nicht durch einen Pfeil, sondern durch Überschriften für die Zeilen und Spalten sowie durch unterschiedliche Farben verdeutlicht.[30]

```
pdf_datei<-"pdf/netzwerkbeziehungen_multiples_balkendiagramm.pdf"
cairo_pdf(bg="grey99", pdf_datei,width=10,height=12)

library(igraph)
library(RColorBrewer)

# Daten einlesen und Grafik vorbereiten

df0 <- read.csv("daten/reg_flow.csv", stringsAsFactors=FALSE)
df1 <- read.csv("daten/reg_plot.csv", stringsAsFactors=FALSE)

net <- graph_from_data_frame(d=df0, vertices=df1, directed=T)
netm <- get.adjacency(net, attr="flow", sparse=F)

maxwert<-max(netm)
n<-nrow(netm)
m<-n
par(mfrow=c(n,m), omi=c(1,4,4,2), mai=c(0,0,0,0), family="Lato Light")

farbe1<-rgb(255,0,210,maxColorValue=255)
farbe2<-rgb(0,208,226,maxColorValue=255)

# Grafik erstellen

for(i in 1:n)
{
for(j in 1:m)
{
plot(1:1, xlim=c(0,1), ylim=c(0,1), type="n", axes=F)
if(i<j) farbe<-farbe1
if(i==j) farbe<-"grey80"
if(i>j) farbe<-farbe2

if (i==1) text(0.5,1.2, df1$region[j], cex=2, xpd=NA, adj=0, srt=45,
col=farbe1)
if (j==1) text(-0.1,0.5, df1$region[i], cex=2, xpd=NA, adj=1, col=farbe2)

rect(0,0,1,1, col="grey95", border=NA)
rect(0,0,1,netm[i,j]/maxwert, col=farbe, border=NA)
text(0.5, 0.5, format(round(netm[i,j], 2), nsmall=2), cex=1.5, col="grey40")
}
}
```

---

[30] Die Darstellung ist inspiriert durch einen Vorschlag von Antony Unwin, der jedoch die zusätzliche Anzeige der Zahlen nicht für sinnvoll hält. Vgl. dazu auch Unwin, Antony (2015): Graphical Data Analysis with R, Boca Raton, FL: CRC Press, S. 138f.)

```
# Betitelung
mtext("Migration to:", side=3, outer=T, cex=2.5, line=14, col=farbe1, adj=0)
mtext("Migration from:", side=2, outer=T, cex=2.5, line=25,
col=farbe2, srt=90)
mtext("Migration 2010-2015", side=3, outer=T, cex=3, adj=1,
at=0.4, , line=22, col="grey50", family="Lato Black")
mtext("All figures in millions. Data Source:
      https://github.com/cran/migest/tree/master/inst/vidwp",
      1,line=2.5, adj=1, at=0.6, font=3, outer=T)

dev.off()
```

In dem Skript erzeugen wir wiederum mit `get.adjacency()` die Beziehungsmatrix. Den maximalen Wert speichern wir unter `maxwert` ab, damit alle Diagramme die gleiche Skalierung erhalten. Wir definieren zwei Farben für die obere und die untere Diagonale der Matrix. Dann gehen wir die Beziehungsmatrix spalten- und zeilenweise in zwei Schleifen durch. Dabei werden dann die entsprechenden Farben für Zellen und Beschriftungen definiert. Die eigentlichen Balkendiagramme, die ja nur jeweils aus einem Wert bestehen, zeichnen wir mit der Funktion `rect()`, die Werte schreiben wir mit `text()` in die Mitte. Will man die Darstellung auf die Balken beschränken, lässt man diese Zeile weg. Schließlich folgen noch die üblichen Beschriftungen.

Kapitel 7
Verteilungen

7.1 Histogramme und Boxplots

7.1.1 Histogramme übereinander

Die **Abbildung** zeigt die Verteilung des Frauen-/Männerverhältisses in den Kreisen der Bundesländer Brandenburg und Rheinland-Pfalz. Bei Histogrammen ist die Wahl der Klasseneinteilungen wesentlich. Wenn wie hier von einer Normalverteilung oder zumindest einer symmetrischen Verteilung ausgegangen wird, sollte der Mittelwert auch in der Mitte der Abbildung dargestellt werden und die Spannweite der X-Achse in beide Richtungen gleich groß sein. Werden zwei Verteilungen übereinandergelegt, sollte der Mittelwerte einer Verteilung als Ausgangspunkt genommen werden. Die Spannweite muss dann so gewählt werden, dass sie beide Verteilungen vollständig abbildet. Wenn die Abbildungen übereinandergelegt werden, bietet sich eine transparente Färbung an, so dass die Schnittmenge als dritte Farbe sichtbar ist. Auf Achsenlinien kann verzichtet werden. Da es sich um stetige Variablen handelt, sind die X-Achsenteilstriche nicht zwingend an den Klassenmitten angebracht.

Verteilung Frauen-Männer-Verhältnis Brandenburg und Rheinland-Pfalz

Auf 100 Männer kommen zwischen 95 und 115 Frauen

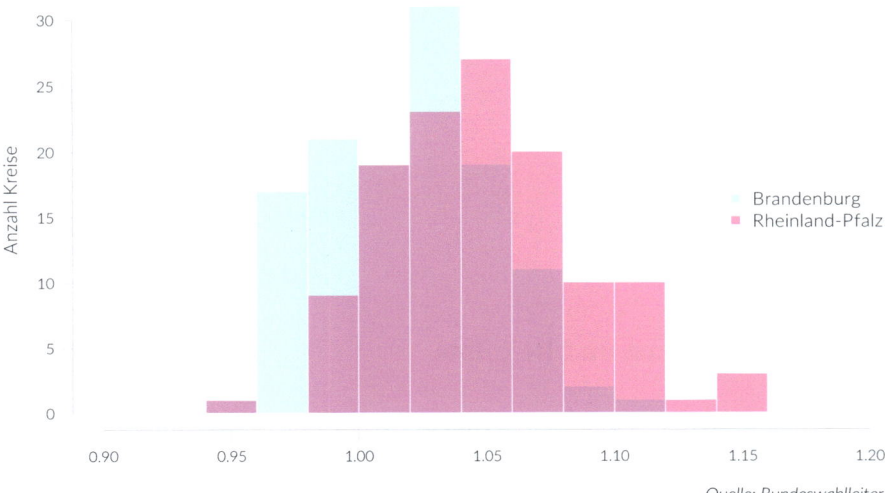

Quelle: Bundeswahlleiter

Daten: Siehe Anhang A, v_frauen_maenner.

```
pdf_datei<-"histogramme_ueberlagert.pdf"
cairo_pdf(bg="grey98", pdf_datei,width=11,height=7)

source("skripte/0inc_datendesign_dbconnect.r")
par(omi=c(0.75,0.2,0.75,0.2),mai=c(0.25,1.25,0.25,0.25),
        family="Lato Light",las=1)

# Daten einlesen und Grafik vorbereiten

sql<-"select * from v_frauen_maenner"
dataset<-dbGetQuery(con,sql)
attach(dataset)
col1<-rgb(191,239,255,180,maxColorValue=255)
col2<-rgb(255,0,210,80,maxColorValue=255)
brandenburg<-subset(dataset,bundesland == 'Brandenburg')

# Grafik erstellen

hist(brandenburg$wm,col=col1,xlim=c(0.9,1.2),border=F,main='',
        xlab="Verhältnis",ylab="Anzahl Kreise",axes=F)
axis(1,col=par("bg"),col.ticks="grey81",lwd.ticks=0.5,tck=-0.025)
axis(2,col=par("bg"),col.ticks="grey81",lwd.ticks=0.5,tck=-0.025)
rp<-subset(dataset,bundesland == 'Rheinland-Pfalz')
hist(rp$wm,col=col2,xlim=c(0.9,1.2),border=F,add=T,main='')
```

7.1 Histogramme und Boxplots

```
legend("right",c("Brandenburg","Rheinland-Pfalz"),border=F,
       pch=15,col=c(col1,col2),bty="n",cex=1.25,xpd=T,ncol=1)

# Betitelung

mtext("Verteilung...",3,line=1.8,adj=0,family="Lato Black",cex=1.5,outer=T)
mtext("Auf 100 Mä...",3,line=-0.2,adj=0,font=3,cex=1.2,outer=T)
mtext("Quelle: Bu...",1,line=2,adj=1.0,font=3,cex=1.2,outer=T)
dev.off()
```

Im **Skript** werden die Daten aus einer MySQL-Datenbank eingebunden, indem die View `v_frauen_maenner` eingelesen wird. Da wir zwei Histogramme überlagern möchten, müssen wir transparente Farben definieren. Dadurch wird auch die Schnittmenge sichtbar. Wir definieren zwei Teildatensätze: zum einen alle Männer/Frauen-Verhältnisse des Landes Brandenburg, zum anderen alle des Landes Rheinland-Pfalz. Für beide wird mit der Funktion `hist()` ein Histogramm gezeichnet, das zweite mit `add=TRUE` dem ersten hinzugefügt. Wichtig ist, dass wir bei beiden den selben Anzeigebereich auf der X-Achse definieren. Die Anzahl der Klassen der Histogramme geben wir nicht ausdrücklich an, die automatisch gewählte Voreinstellung liefert schon ein für unsere Daten optimales Ergebnis.

7.1.2 Säulendiagramme mit Colorbrewer gefärbt (Panel)

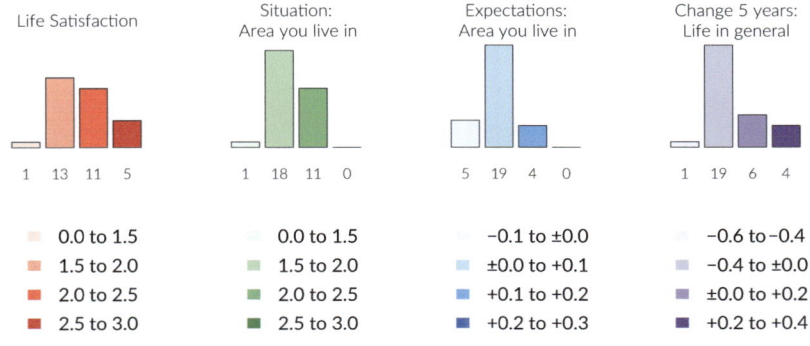

Zur **Abbildung**: Die Visualisierung von Häufigkeitsverteilungen kann auch für grobe Klasseneinteilungen sinnvoll sein. In diesem Beispiel betrachten wir vier Variablen aus dem Eurobarometer. Die Frage, die wir uns hier stellen, ist die der Verteilung von *Ländern* auf vier Fragen zur Lebenszufriedenheit. Der Eurobarometer 71.2 hat 2009 knapp 30.000 Personen in 30 Ländern eine Reihe von Fragen zu diesem Themenkomplex gestellt. Auf die beiden Fragen „On the whole, are you very satisfied, fairly satisfied, not very satisfied or not at all satisfied with the life you lead?" und „How would you judge the current situation in each of the following?" konnten die befragten Personen Werte zwischen 1 („Very satisfied" bzw. „Very good") und 4 („Not at all satisfied" bzw. „Very bad") angeben. Auf die beiden Fragen „What are your expectations for the next twelve months: will the next twelve months be better, worse or the same, when it comes to...?" und „Compared with five years ago, would you say things have improved, gotten worse or stayed about the same when it comes to...?" waren die Antworten 1 „Better", 2 „Worse" und 3 „Same" bzw. 1 „Improved", 2 „Got worse" und 3 „Stayed about the same" möglich. Bei allen Fragen war auch die Angabe von „Don't know" erlaubt.[1] Wenn wir nun an der Antwort auf diese Fragen, bezogen auf die einzelnen Länder und nicht die Individuen, interessiert sind, stellt sich zunächst die Frage, welche Kennzahl wir dafür verwenden. Man könnte zum Beispiel den Anteil der Personen, die die erste oder die erste und zweite Kategorie gewählt haben, verwenden. Oder wir bilden in der Annahme, dass es sich bei den Antwortmöglichkeiten jeweils um Punkte auf einer kontinuierlichen Skala handelt, Durchschnittswerte. Solch ein Vorgehen ist auch bei Schulnoten üblich. Es wird also zunächst der arithmetische Mittelwert für jedes der 30 Länder und jede der vier Fragen berechnet und dann die Verteilung dieser Mittelwerte betrachtet. Auf sinnvolle Klasseneinteilungen kommt man, wenn man sich die Verteilung der Werte in Histogrammen ansieht. Das geht am einfachsten mit

```
sql<-"select * from v_za4972_laender"
datensatz<-dbGetQuery(con,sql)
attach(datensatz)
par(mfcol=c(1,4))
for (i in 2:5) hist(datensatz[,i],main=names(datensatz[i]),xlab="")
```

und liefert als Ergebnis:

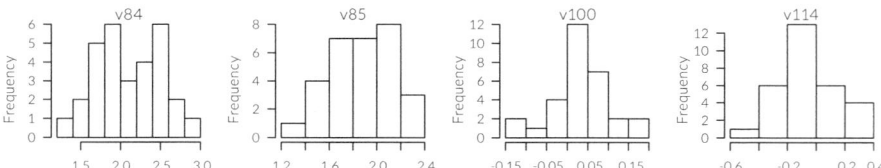

Abb. 7.1 Histogramme der vier Variablen des Eurobarometers

Da im vorliegenden Fall vier Variablen miteinander verglichen werden sollen, definieren wir jeweils dieselbe Anzahl von Klassen. In der hier beabsichtigten kompakten und vergleichenden Übersichtsform wäre eine Beschriftung mit den tatsächlichen Werten unübersichtlich. Wir verwenden daher ein andere Form. Zunächst

---

[1] Die Frage wurde in der jeweiligen Landessprache gestellt, wir geben hier die englische Fassung aus der Dokumentation der Website wieder.

7.1 Histogramme und Boxplots

wird anstelle eines Histogramms jeweils ein Balkendiagramm gezeichnet. Der Unterschied besteht darin, dass die Balken nicht aneinandergrenzen. Als Beschriftung der Balken wird jeweils die Häufigkeit der Länder verwendet, für die Farben pro Diagramm eine kontinuierliche Brewer-Palette. Diese dient uns auch als Legende. Unterhalb der einzelnen Grafiken werden die Wertebereiche aufgelistet. Dadurch, dass wir sie nun *untereinander* schreiben können, sind sie erheblich besser lesbar. Für die ersten beiden Variablen ergeben sich gleiche Einteilungen, für die letzten beiden, die ja auch nicht das gleiche messen, leicht unterschiedliche.

Wir werden auf diese Abbildung noch einmal in Abschn. 10.3.4 zurückkommen.

Daten: Siehe Anhang A, ZA4972: Eurobarometer 71.2 (May–Jun 2009).

```
pdf_datei<-"saeulendiagramme_1x4.pdf"
cairo_pdf(bg="grey98",pdf_datei,width=12,height=6)

library(RColorBrewer)
par(mfrow=c(2,4),omi=c(0.5,0.5,0.75,0.5),mai=c(0.5,0.5,0.5,0.5),cex=1.1
        ,family="Lato Light",las=1)

# Daten einlesen
source("skripte/0inc_datendesign_dbconnect.r")
sql<-"select * from v_za4972_laender"
datensatz<-dbGetQuery(con,sql)
attach(datensatz)

# Grafiken erstellen und weitere Elemente
grenzen<-c(0,1.5,2,2.5,3)
barplot(table(cut(v84,grenzen)),col=brewer.pal(4,"Reds"),ylim=c(0,20),
        names.arg=table(cut(v84,grenzen)),axes=F,
        main="Life Satisfaction")
grenzen<-c(0,1.5,2,2.5,3)
barplot(table(cut(v85,grenzen)),col=brewer.pal(4,"Greens"),ylim=c(0,20),
        names.arg=table(cut(v85,grenzen)),axes=F,
        main="Situation:\nArea you live in")
grenzen<-c(-0.1,0,0.1,0.2,0.3)
barplot(table(cut(v100,grenzen)),col=brewer.pal(4,"Blues"),ylim=c(0,20),
        names.arg=table(cut(v100,grenzen)),axes=F,
        main="Expectations:\nArea you live in")
grenzen<-c(-0.6,-0.4,0,0.2,0.4)
barplot(table(cut(v114,grenzen)),col=brewer.pal(4,"Purples"),ylim=c(0,20),
        names.arg=table(cut(v114,grenzen)),axes=F,
        main="Change 5 years:\nLife in general")
par(family="Lato",cex=0.7)
plot.new()
bez<-c("0.0 to 1.5","1.5 to 2.0","2.0 to 2.5","2.5 to 3.0")
legend("center",bez,cex=2.05,border=F,bty="n",
```

```
            fill=brewer.pal(4,"Reds"),y.intersp=1.3)
plot.new()
bez<-c("0.0 to 1.5","1.5 to 2.0","2.0 to 2.5","2.5 to 3.0")
legend("center",bez,cex=2.05,border=F,bty="n",
            fill= brewer.pal(4,"Greens"),y.intersp=1.3)
plot.new()
bez<-c("−0.1 to ±0.0","±0.0 to +0.1","+0.1 to +0.2","+0.2 to +0.3")
legend("center",bez,cex=2.05,border=F,bty="n",
            fill=brewer.pal(4,"Blues"),y.intersp=1.3)
plot.new()
bez<-c("−0.6 to −0.4","−0.4 to ±0.0","±0.0 to +0.2","+0.2 to +0.4")
legend("center",bez,cex=2.05,border=F,bty="n",
            fill= brewer.pal(4,"Purples"),y.intersp=1.3)

# Betitelung
mtext("Eurobarome...",3,line=1,adj=0,cex=2.15,family="Lato Black",outer=T)
mtext("mean value...",1,line=1,adj=0,cex=1.25,font=3,outer=T)
mtext("Source: Eu...",1,line=1,adj=1.0,cex=1.25,font=3,outer=T)
dev.off()
```

Im **Skript** definieren wir zunächst mit `mfrow=c(2,4)` eine Unterteilung der Abbildung in 8 gleich große Bereiche, zwei Zeilen und vier Spalten. Die View `v_za_4972` enthält bereits die benötigte Aggregation der Variablenmittelwerte auf die einzelnen Länder. Dann erfolgt viermal ein Aufruf der Funktion `barplot()`. Zuerst werden dafür die vorher ermittelten Einteilungen in dem Vektor `grenzen` definiert. Mit diesen Einteilungen und der Funktion `cut()` werden die Variablen in die entsprechenden Klassen eingeteilt, die Klassenhäufigkeiten gleichzeitig mit der Funktion `table()` ermittelt. Der `table`-Aufruf wird ein zweites Mal benutzt, um die Häufigkeiten für die X-Achsenbeschriftung zu verwenden. Für die Farben finden vier Brewer-Paletten Verwendung.

Anschließend werden in separate Fenster die Legenden gezeichnet. Da es sich bei `legend()` um eine Low-Level-Funktion handelt, benötigen wir zunächst jeweils einen `plot.new()`-Aufruf, um ein leeres Grafikfenster zu erzeugen, in das dann die Legende hineingeschrieben werden kann. Der Aufbau der Legende entspricht den vorherigen Beispielen. Mit `y.intersp=1.3` wird der Zeilenabstand zu besserer Lesbarkeit etwas vergrößert. Da wir eine Panel-Darstellung mit mehreren Grafiken verwenden, müssen Über- und Unterschrift mit `outer=T` in den äußeren Rand geschrieben werden.

Beachten Sie, dass für die Beschriftung das Minuszeichen und nicht der auf Tastaturen abgebildete Bindestrich verwendet wird.

7.1.3 Histogramme (Panel)

Bei dieser und den folgenden beiden Abbildungen steht die Frage im Vordergrund, wie Verteilungen einer Variable, differenziert nach einer relativ großen Anzahl von Ausprägungen eines Faktors bzw. einer anderen kategorialen Variable, dargestellt werden können.

European Values Study 2008-2010: Income Distribution of 47 Countries
Monthly Household Income (PPP adjusted) in Euro

Source: ZA4804 European Values Study Longitudinal Data File 1981-2008, www.gesis.org

Zur **Abbildung**: Die Abbildung zeigt für eine Auswahl von Ländern die Verteilung des monatlichen Haushaltsnettoeinkommens von Befragten. Um einen Vergleich zwischen den Ländern zu ermöglichen, wurden die Werte mit Kaufkraftparitäten (KKP) gewichtet. Beachten Sie bitte, dass die Verteilungen auf den Ergebnissen einer Umfrage basieren. Insbesondere bei Aussagen über das Einkommen ist zu bedenken, dass mit freiwilligen Angaben sicher keine perfekte Repräsentativität erzielt werden kann. Die Einkommenswerte sind jedoch in der Regel gute Richtwerte, die insbesondere für die Analyse sozialwissenschaftlicher Fragestellungen genutzt werden, bei denen vermutet wird, dass die Höhe des Einkommens einen Einfluss hat.

Die Darstellung zeigt die Verteilung der Einkommensangaben für 47 Länder. Für alle Länder wurde die gleiche Skalierung der Y-Achse verwendet, so dass die Häufigkeiten direkt vergleichbar sind. Auch die X-Achsenspannweite und Klassenbreite ist jeweils identisch. Die Daten werden absteigend nach dem Median sortiert, so dass die nach diesem Kriterium definierten „ärmsten" Länder zuerst kommen. Aus der Logik der Histogrammdefinition folgt, dass die Verteilungen für die Länder sehr linksschief beginnen und sich dann zunehmend weiter nach rechts ausdehnen und flacher werden.

Den Histogrammen ist im Übrigen zu entnehmen, dass die Daten insbesondere in den höheren Einkommensbereichen stark klassifiziert sind.

Daten: Siehe Anhang A, ZA4804: European Values Study Longitudinal Data File 1981–2008 (EVS 1981–2008). Bei den Daten handelt es sich um Umfragedaten der dritten und vierten Welle der European Values Study. Die vierte Welle wurde im Zeitraum von 2008 bis 2010 durchgeführt, die dritte Welle von 1999 bis 2001. In der Mehrheit der Länder der dritten Welle wurden etwa 1000 bis 1200 Personen befragt, in der vierten Welle etwa 1500 Personen, in kleineren Ländern zum Teil weniger.

```
pdf_datei<-"histogramme_7x7.pdf"
cairo_pdf(bg="grey98",pdf_datei,width=25,height=25)
par(omi=c(2,0.75,2.5,0.25),mai=c(0,0,0,0),mfrow=c(7,7),family="Lato Light")
library(memisc)
# Daten einlesen und Grafik vorbereiten
ZA4804<-spss.system.file("daten/ZA4804_v2-0-0.sav")
daten<-subset(ZA4804,select=c(s002evs,s003,x047d))
attach(daten)
t<-subset(daten,x047d>0 & s002evs=="2008-2010")
tMedians<-aggregate(as.numeric(x047d),list(as.factor(s003)),
        median,na.rm=T)
t_laender<-tMedians[order(tMedians$x),1]
# Grafiken erstellen
attach(t)
for (i in 1:(length(t_laender)-2))
{
land<-subset(t,s003==t_laender[i])
hist(land$x047d,main="",axes=F,xlab="",ylab="",xlim=c(0,8),
        ylim=c(0,1000),border="white",col="red",
        breaks=seq(from=-2,to=16,by=0.5))
text(4,900,t_laender[i],cex=3.0)
```

7.1 Histogramme und Boxplots

```
box(lty='dotdash',col='grey')
if (i==43) axis(1,cex.axis=3,at=c(0,8),
      labels=c("Less\nthan €150","€8.000"),mgp=c(0,8,1))
}

# Betitelung

mtext("European V...",3,line=10,adj=0,cex=3.8,family="Lato Black",outer=T)
mtext("Monthly Ho...",3,line=3,adj=0,cex=3.5,font=3,outer=T)
mtext("Source: ZA...",1,line=7,adj=1.0,cex=2,font=3,outer=T)
dev.off()
```

Im **Skript** definieren wir zunächst ein sehr großes Abbildungsfenster mit 25 mal 25 Inch, etwas größer als die kurze Seite des DIN A1-Formates. Die Daten werden mit Martin Elffs Paket `memisc` aus der SPSS-Datei eingelesen und auf die notwendigen Daten begrenzt. Dabei ist

`s002evs` die EVS-Welle,
`s003` das Land
`x047d` das mit Kaufkraftparitäten gewichtete Haushaltseinkommen

Nach dem Einlesen der Daten bilden wir eine Liste aller vorkommenden Länder und der entsprechenden Mediane. Dazu verwenden wir die Funktion `aggregate()`. Die Aggregierungsfunktionen müssen als Liste übergeben werden. Die Länderliste sortieren wir aufsteigend nach dem Median.

In einer Schleife wird nun für jedes Land ein Histogramm gezeichnet, wobei stets dieselben X- und Y-Achsenbereiche sowie Klassenbreiten verwendet werden. Nach dem Histogramm wird mit `text()` die Überschrift über die Histogramme geschrieben und eine Box vom Typ „Dotdash" erstellt. Bei der unteren linken Grafik (die 43.) wird eine X-Achsenbeschriftung angebracht.

7.1.4 Boxplots für Gruppen – absteigend sortiert

Die Abbildung von Histogrammen ist ohne Zweifel eine sehr geeignete Darstellungsform für Verteilungen. Eine Alternative bei beschränkterem Platzangebot, die auch eine Reihe von Kennwerten einer Verteilung explizit abbildet, ist der Boxplot. Dabei wird der Interquartilsabstand, also die Spannweite des ersten und dritten Quartils, in Form eines Balkens (einer „Box") dargestellt, in die der Median (das 2. Quartil) als Markierung eingetragen wird. In einer erweiterten Variante schließen sich daran links und rechts Linien an, so dass ein Box-and-Whisker Plot entsteht. Es gibt verschiedene Definitionen dieser Linien: Die gebräuchlichste ist, dass ihre Länge von den Punkten bestimmt wird, die maximal 1,5 Interquartilsabstände vom 1. bzw. 3. Quartil entfernt sind. Diese Definition ist auch die Voreinstellung der Boxplot-Funktion von R.

Income Distribution 2008-2010
European Values Study

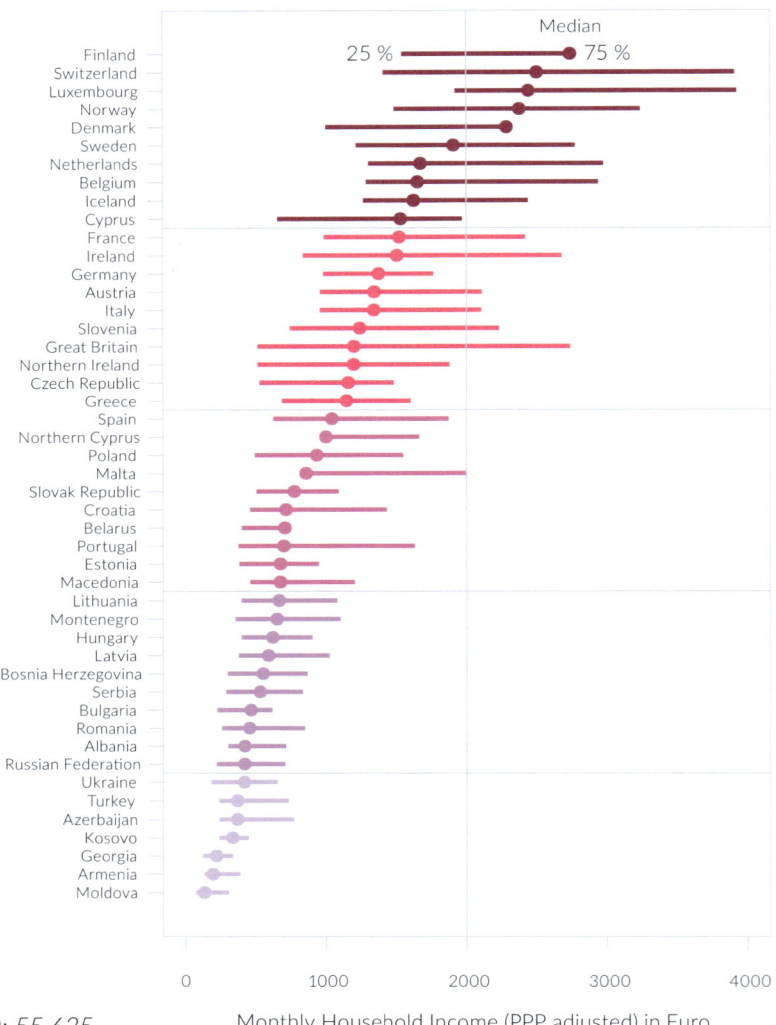

N (total): 55,635   Monthly Household Income (PPP adjusted) in Euro

Source: ZA4804 European Values Study Longitudinal Data File 1981-2008, www.gesis.org

Die **Abbildung** zeigt wiederum vergleichend die Einkommensverteilung in verschiedenen Ländern wie in Abschn. 7.1.3, hier jedoch kompakt in Form von vereinfachten Boxplots. Gegenüber der kompletten Version von Boxplots werden hier lediglich der Median sowie als Spannweite der Interquartilsabstand dargestellt.

7.1 Histogramme und Boxplots

Da wir keine Gruppierung vornehmen wollen, wird als Farbe eine kontinuierliche Brewer-Farbskala in Zehnerschritten verwendet.

Wir können der Abbildung entnehmen, dass die Einkommensangaben aus Ländern mit einem höheren monatlichen Haushaltsnettoeinkommen zum Teil eine größere Spannweite aufweisen, als die Angaben aus Ländern mit einem geringeren Einkommen (jeweils gewichtet mit Kaufkraftparitäten). Bei der Interpretation ist jedoch zu beachten, dass hier nicht die gesamte Spannweite der Einkommen abgebildet wird, sondern der Quartilsabstand. Damit zeigt die Grafik, in welchem Bereich um den Median sich die inneren 50 Prozent der Merkmalsverteilung befinden. Die gewählte Form der Abbildung ähnelt der Darstellungsform der „Dotcharts", den wir bereits in Abschn. 6.1.11 kennengelernt haben.

Daten: Siehe Anhang A, ZA4804: European Values Study Longitudinal Data File 1981–2008 (EVS 1981–2008).

```
pdf_datei<-"boxplots_mehrfach.pdf"
cairo_pdf(bg="grey98",pdf_datei,width=7,height=9)

par(omi=c(0.35,0.25,0.75,0.75),mai=c(0.95,1.75,0.25,0),
    family="Lato Light",las=1)
library(RColorBrewer)
library(memisc)

# Daten einlesen und Grafik vorbereiten
datendatei<-"daten/ZA4804_v2-0-0.sav"
ZA4804<-spss.system.file(datendatei)
daten<-subset(ZA4804,select=c(s002evs,s003,x047d))
attach(daten)
x<-subset(daten,x047d>0 & s002evs=="2008-2010")
attach(x)
tM<-aggregate(as.numeric(x047d),list(as.factor(s003)),
        median,na.rm=T)
s003f<-factor(s003,levels=tM[order(tM$x),1])

f1<-brewer.pal(6, "PuRd")[2]
f2<-brewer.pal(6, "PuRd")[3]
f3<-brewer.pal(6, "PuRd")[4]
f4<-brewer.pal(6, "PuRd")[5]
f5<-brewer.pal(6, "PuRd")[6]
farbe<-c(rep(f1, 7), rep(f2, 10), rep(f3, 10), rep(f4, 10), rep(f5,10))
par(fg="grey75")

# Grafik erstellen und weitere Elemente
boxplot(1000*x047d ~ s003f,horizontal=T,ylim=c(0,4000),
        border=NA,boxwex=0.25,las=1,
        col=farbe,outline=F,cex.axis=0.7)
```

```
points(sort(1000*tM$x,decreasing=T),length(unique(s003)):1,
       pch=19,cex=1.15,col=rev(farbe))

abline(v=2000)
abline(h=seq(7.5,37.5,by=10))

par(fg="black")
mtext("25 %",3,at=1300,line=-2)
mtext("75 %",3,at=3000,line=-2)
mtext("Median",3,at=2800,line=-1, cex=0.75)

mtext("Monthly Household Income (PPP adjusted) in Euro",1,adj=0.5,line=2.5)

# Betitelung

mtext("Income Dis...",3,line=1.6,adj=0,cex=1.8,family="Lato Black",outer=T)
mtext("European V...",3,line=-0.2,adj=0,cex=1.5,font=3,outer=T)
mtext("Source: ZA...",1,line=0,adj=1.0,cex=0.95,font=3,outer=T)
mtext("N (total):...",1,line=-2,adj=0,cex=1.25,font=3,outer=T)
dev.off()
```

Im **Skript** bilden wir die Liste aller vorkommenden Länder und der entsprechenden Mediane wie im vorigen Beispiel. Aggregiert werden soll nach der Variable s003, die Darstellung soll absteigend sortiert nach der Größe der Mediane von x047d erfolgen. Dazu bilden wir die Variable s003f als Faktor mit den Ländernamen aus der Medianliste und in deren Ordnung als Levels (Kategorien). Für die absteigende Sortierung nach dem Median verwenden wir eine Vorgehensweise, die Jim Porzak in einer R-Mailing-Liste vorgeschlagen hat.

Damit können die Boxplots nun gezeichnet werden. R erwartet hierfür eine Formelnotation. Da das Einkommen in Tausenderwerten im Datensatz abgespeichert ist, multiplizieren wir es mit 1000 für eine korrekte X-Achsenbeschriftung. Mit dem Parameter boxwex werden die Boxplots schmaler als üblich gezeichnet. Mit outline=F werden keine Ausreißer abgebildet. Damit beschränkt sich die Darstellung des Boxplots auf die Spannweite der beiden Quartile. Als Farbe wählen wir eine Brewer-Palette mit 6 Werten, von denen wir den zweiten bis sechsten verwenden (der erste ist zu hell für unsere Zwecke). Damit werden jeweils 10 Länder, zum Schluss 7, gefärbt. Zur besseren Orientierung zeichnen wir noch in der Mitte eine vertikale und alle zehn Zeilen eine horizontale Hilfslinie.

Am Ende folgen die notwendigen Beschriftungen.

7.1.5 Boxplots für Gruppen – absteigend sortiert, Vergleich zweier Erhebungen

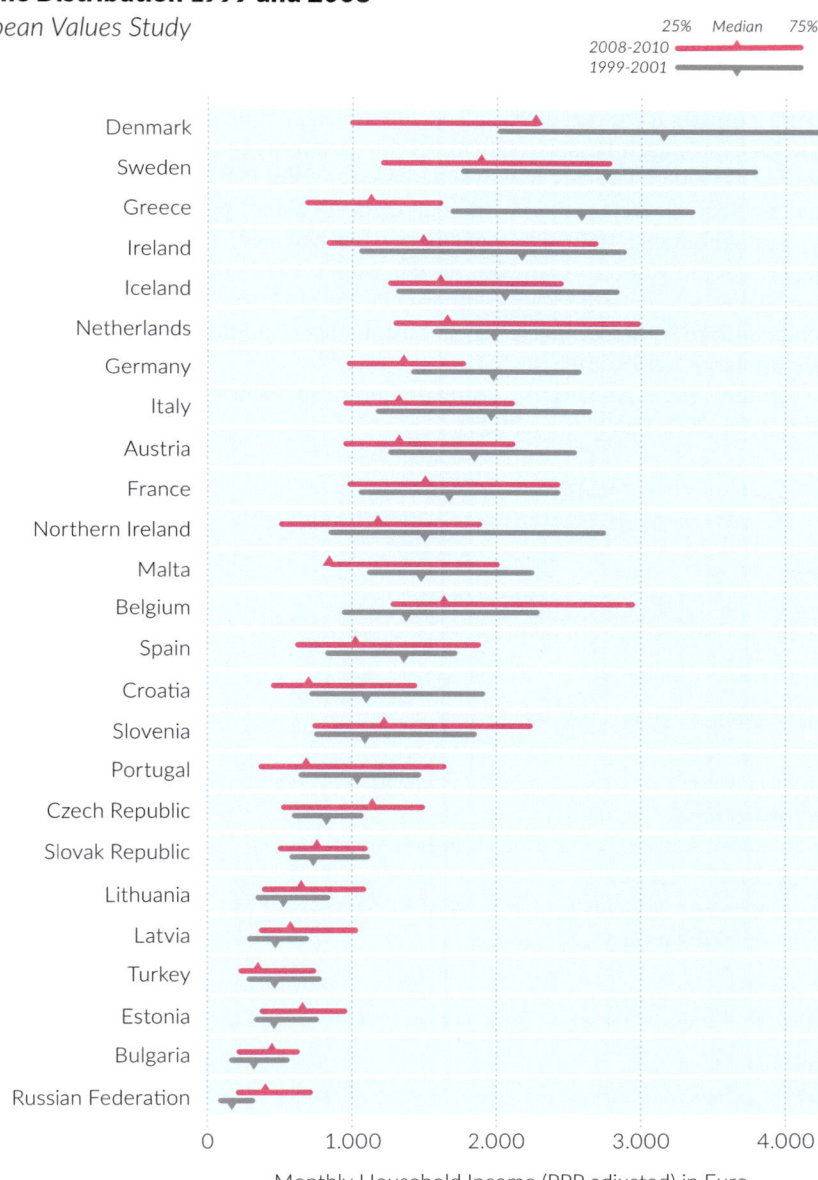

Zur **Abbildung**: Gegenüber dem vorherigen Beispiel ist hier noch ein zeitlicher Vergleich enthalten: Wie hat sich die Einkommensverteilung in den einzelnen Ländern gegenüber einem früheren Zeitpunkt verändert? Als Vergleich wurde hier die Befragungswelle von 1999-2001 verwendet.[2] Wichtig ist hier, die Abbildung so zu gestalten, dass sowohl ein Länder-, als auch ein Zeitvergleich möglich ist. Hier wurden die Quartilsspannweiten so dargestellt, dass der Abstand der beiden Linien innerhalb eines Landes kleiner ist als der Abstand der Linien zwischen den Ländern. Zusätzlich wurden die Länderlinien mit einer Hintergrundfarbe hinterlegt, um die Länder optisch besser voneinander abzugrenzen. Die Markierung des Medians wurde mit einem Dreieck so gewählt, dass sie wenig Platz einnimmt, aber trotzdem gut sichtbar ist. Der Aufbau wird oben rechts in einer Legende veranschaulicht.

Die Abbildung stellt das monatliche Haushaltsnettoeinkommen der Befragten gewichtet mit Kaufkraftparitäten für die Wellen 1999 und 2008 gegenüber. Beachten Sie jedoch, dass die Kaufkraftparitäten für ein bestimmtes Jahr konzipiert sind und zeitliche Veränderungen für ein bestimmtes Land nur mit einer gewissen Vorsicht interpretiert werden dürfen.

Daten: Siehe Anhang A, ZA4804: European Values Study Longitudinal Data File 1981-2008 (EVS 1981-2008).

```
pdf_datei<-"boxplots_mehrfach_vergleich.pdf"
cairo_pdf(bg="grey98",pdf_datei,width=7,height=10)

par(omi=c(0.35,0.25,0.75,0.25),mai=c(0.75,1.75,0.55,0),
    family="Lato Light",las=1)
library(memisc)

# Daten einlesen und Grafik vorbereiten

datendatei<-"daten/ZA4804_v2-0-0.sav"
ZA4804<-spss.system.file(datendatei)
daten<-subset(ZA4804,select=c(s002evs,s003,x047d))
attach(daten)
t1<-subset(daten,x047d>0 & s002evs=="1999-2001")
t1_laender<-unique(t1$s003)
t2<-subset(daten,x047d>0 & s002evs=="2008-2010" &
    is.element(s003,t1_laender))

attach(t1)
a1<-aggregate(as.numeric(x047d),list(as.factor(s003)),quantile,na.rm=T)

attach(t2)
a2<-aggregate(as.numeric(x047d),list(as.factor(s003)),quantile,na.rm =T)

a1.sortiert<-a1[order(a1$x[,3]), ]
```

---

[2] Nicht alle Länder waren schon bei dieser Befragung beteiligt, so dass sich die Angaben auf 25 Länder reduzieren.

7.1 Histogramme und Boxplots

```
# Grafik definieren

plot(1:1,type="n",xlim=c(0,4.25),ylim=c(0.5,51.5),axes=F,xlab="",
    ylab="",yaxs="i")

# weitere Elemente

abline(v=c(0,1,2,3,4), lty="dotted", col="grey70")

f1<-"gray55"
f2<-"deeppink"
hgrund<-rgb(191,239,255,70,maxColorValue=255)

for (i in 1:25)
{
rect(0,2*i-0.9,4.25,2*i+0.9, col=hgrund, border=NA)
segments(a1.sortiert$x[i,2],2*i-0.2,
    a1.sortiert$x[i,4],2*i-0.2,lwd=4,col=f1)
segments(a2$x[a2$Group.1==a1.sortiert$Group.1[i],2],2*i+0.2,
    a2$x[a2$Group.1==a1.sortiert$Group.1[i],4],2*i+0.2, col=f2, lwd=4)

par(family="Symbola")
text(a1.sortiert$x[i,3],2*i-0.4,"▼",col=f1,cex=0.8)
text(a2$x[a2$Group.1==a1.sortiert$Group.1[i],3],2*i+0.4,"▲",col=f2,cex=0.8)

par(family="Lato Light")
text(-0.1,2*i,a1.sortiert$Group.1[i],adj=1,xpd=T)
}
mtext(c(0, "1.000", "2.000", "3.000", "4.000"),1,at=c(0:4),cex=0.85)
mtext("Monthly Household Income (PPP adjusted) in Euro",1,adj=0.5,line=1.5)

# Betitelung

mtext("Income Dis...",3,line=1.6,adj=0,cex=1.8,family="Lato Black",outer=T)
mtext("European V...",3,line=-0.2,adj=0,cex=1.5,font=3,outer=T)
mtext("Source: ZA...",1,line=0,adj=1.0,cex=0.95,font=3,outer=T)

# Legende

par(new=T, omi=c(0,0,0,0),mai=c(8.5,5.5,0.5,0.55))
plot(0:1,xlim=c(0,1),ylim=c(0,1),type="n",axes=F,xlab="",ylab="")
segments(0,0.42,1,0.42,col=f1,xpd=T,lwd=4)
segments(0,0.57,1,0.58,col=f2,xpd=T,lwd=4)
text(0,0.75,"25%",adj=0.5,cex=0.7,xpd=T,font=3)
text(1,0.75,"75%",adj=0.5,cex=0.7,xpd=T,font=3)
text(0.5,0.75,"Median",adj=0.5,cex=0.7,font=3)
text(-0.1,0.42,"1999-2001",adj=1,cex=0.65,xpd=T,font=3)
text(-0.1,0.58,"2008-2010",adj=1,cex=0.65,xpd=T,font=3)
par(family="Symbola")
text(0.5,0.6,"▲",col=f2,cex=0.8)
```

```
text(0.5,0.39,"▼",col=f1,cex=0.8)
dev.off()
```

Im **Skript** laden wir zunächst wieder die Daten wie im vorigen Beispiel. Hier erzeugen wir zwei Teildatensätze. Der erste, `t1`, umfasst die Daten der Befragung von 1999-2001, der zweite, `t2`, von 2008-2010. Mit `is.element(s003,t1_laender)` werden für den zweiten Datensatz nur Werte der Länder ausgewählt, die in dem ersten Datensatz vorkommen.

Die Funktion `boxplot()`, die wir im vorigen Beispiel verwendet hatten, sieht keinen Parameter `panel.first` vor, mit dem Elemente der Abbildung wie eine farbige Fläche oder ein Grid zuerst gezeichnet werden können. Wir verwenden daher in diesem Beispiel einen anderen Ansatz und zeichnen die Boxplots mit den Low-Level-Funktionen `segments()` und `points()`. Dazu benötigen wir zunächst aggregierte Daten. Das geht am einfachsten mit der Funktion `aggregate()` und der Aggregierungsfunktion `quantile`. Das Ergebnis der ersten Aggregierung sieht so aus (die ersten fünf Zeilen):

```
> a1[1:5, ]
      Group.1        x.0%       x.25%       x.50%       x.75%      x.100%
1     Austria   0.3726296   1.2669406   1.8631480   2.5338812   5.5149180
2     Belgium   0.6957128   0.9486993   1.3914256   2.2768783   3.2888241
3    Bulgaria   0.1688909   0.1688909   0.3377817   0.5477541   1.0133452
4     Croatia   0.3280854   0.7217878   1.1154903   1.9028952   3.4777050
5 Czech Republic 0.5065086   0.6014790   0.8389049   1.0605024   2.0102061
```

Die Funktion liefert also eine Variable `Group.1` zurück sowie eine Variable `x`, die in fünf Spalten das Minimum, das erste Quartil, den Median, das zweite Quartil und das Maximum enthält.

Wir erzeugen für beide Befragungszeiträume einen solchen aggregierten Datensatz und nennen diese `a1` und `a2`. Aus `a1` erzeugen wir im nächsten Schritt einen sortierten Datensatz `a1.sortiert`, wobei wir nach der dritten Spalte von `x`, also dem Median, sortieren. Dann definieren wir einen herkömmlichen `plot()`, der in der X-Achse den Wertebereich aller Quartile umfasst. In Y-Richtung benötigen wir den doppelten Umfang der Anzahl der zu zeichnenden Länder (25) sowie eine „Randzugabe" oben und unten, so dass der Y-Achsenbereich von 0.5 bis 51.5 geht. Damit R nicht standardmäßig 4 % ergänzt, muss noch `yaxs="i"` angegeben werden. Es folgen fünf vertikale gepunktete Hilfslinien sowie die Definition der Farben für die Boxplots und den Hintergrund.

Das Zeichnen der eigentlichen Daten erfolgt in einer Schleife. Als erstes wird hinter jede Zeile ein hellblaues Rechteck gelegt. Darauf werden nun mit `segments()` die Quartilsspannweiten gezeichnet. Das erste Segment ist einfach Zeile für Zeile die Spannweite vom Wert der zweiten bis zum Wert der vierten Spalte von `x` im sortierten Datensatz `a1.sortiert`. Die Y-Position ist der Zähler, jeweils um 0.2 nach unten verschoben.

Das zweite Segment ist fast genau so aufgebaut. Der Unterschied besteht darin, dass der zweite Datensatz `a2` nicht ebenfalls Zeile für Zeile durchgegangen wird. Stattdessen wird jeweils die Zeile herausgesucht, bei der der Ländername dem aktuellen Ländernamen von `a1.sortiert` entspricht. Die Y-Position wird außerdem um 0.2 nach oben verschoben.

Nun fehlt nur noch eine Markierung für den Median. Hierfür bieten sich Dreiecke an, deren Spitzen nach oben und unten zeigen. R kennt zwar das Plot-Symbol der gefüllten Dreiecks, aber nur mit der Spitze nach oben. Daher benutzen wir zur Darstellung die Funktion `text()` und verwenden die Unicode-Zeichen „BLACK UP-POINTING TRIANGLE" und „BLACK DOWN-POINTING TRIANGLE" aus dem Unicode-Block „Geometric Shapes". Da die Schrift Lato diese Zeichen nicht enthält, wählen wir den Font „Symbola". Die Position der Dreiecke versetzen wir um 0.4 nach oben bzw. unten, damit sie aus den Linien herausragen.

Schließlich stellen wir wieder die Schrift auf „Lato Light" ein und setzen als letzte Anweisung in der Schleife links neben die Grafik den Namen des jeweiligen Landes.

Nach der Schleife folgen noch die Achsenbeschriftungen sowie Titel und Quellenangabe. Am Ende müssen wir noch etwas aufwändig eine Legende oben rechts einzeichnen. Das erledigen wir mit einem eigenen Aufruf von `plot()`, nachdem wir `par()` mit `new=T` aufgerufen und die Ränder so eingestellt haben, dass die Grafik in die linke obere Ecke gezeichnet wird.

7.2 (Bevölkerungs-)Pyramiden

Eine besondere Form von Verteilungen sind sogenannte Bevölkerungspyramiden. Das sind sehr anschauliche Abbildungen, die man immer wieder in Publikationen findet, die aber offenbar nicht zum Standardrepertoire der diversen Grafiksoftware-Pakte und Tabellenkalkulationen gehören. Man findet im Web zwar eine Reihe von „Workarounds", aber fast allen ist gemein, dass man ihnen ihre Zweckentfremdung von Standardabbildungen ansieht.

Was macht eine Bevölkerungspyramide aus? In solchen Abbildungen wird in aller Regel die Altersverteilung einer Bevölkerung differenziert nach Geschlecht in Form von Rücken an Rücken angeordneten Balken dargestellt. Der Ausdruck „Pyramide" stammt noch aus Zeiten, in denen Bevölkerungen, auf diese Art und Weise dargestellt, tatsächlich wie eine Pyramide aussahen: viele junge und wenige alte Menschen. Das ist heute in fortgeschrittenen Industrienationen nicht mehr der Fall. Hier sind die jüngeren Jahrgänge deutlich geringer vertreten als ältere. Die Verteilung moderner Bevölkerungen ähnelt daher viel eher einem Pilz als einer Pyramide. Dennoch hat die Bezeichnung „Bevölkerungspyramide" bis heute Bestand. Mit einer solchen Bevölkerungspyramide kann man eine Bevölkerungsstruktur sehr anschaulich darstellen. Man sieht bei geeigneter Darstellung auf einen

Blick den generellen Aufbau, kriegsbedingte Verluste einzelner Jahrgänge, Frauen- und Männerüberschüsse oder Anteile bestimmter Bevölkerungsgruppen.[3]

Die folgenden Beispiele zeigen verschiedene Aspekte, die mit Bevölkerungspyramiden dargestellt werden können. Das erste Beispiel (Abschn. 7.2.1) zeigt eine Variante, in der verschiedene Altersgruppen farblich gekennzeichnet sind, Abschn. 7.2.2 dann vergleichend zwei Pyramiden, in denen jeweils die Frauen- und Männerüberschüsse auf der anderen Seite gespiegelt werden. In Abschn. 7.2.2 werden dagegen Anteile an der Bevölkerung geeignet hervorgehoben. Die letzten beiden Beispiele schließlich illustrieren die Verwendung der Pyramide für zusammengefasste Daten sowie für eine Einschätzungsskala – denn natürlich können auch andere Daten als Altersklassen auf diese Weise sinnvoll dargestellt werden.

In R lassen sich Bevölkerungspyramiden mit eigenen Paketen erstellen, zum Beispiel mit dem Paket `pyramid` von Minato Nakazawa. Flexiblere Möglichkeiten bietet die Funktion `pyramid.plot()` im Paket `plotrix` von Jim Lemon. Die hier vorgestellten Pyramiden verwenden die Funktion `barplot()`, die – mit wenigen Low-Level-Fuktionen ergänzt – ansprechende Resultate liefert.

---

[3] Aus meiner Sicht gelungene Abbildungen und eine gute Einführung in die Probleme des demografischen Wandels in Deutschland findet man auf den Seiten der Deutschen Rentenversicherung: http://www.genial-drv.de/DE/01_demografischer_wandel/01_wandel_in_deutschland/wandel_in_deutschland_node.html.

7.2.1 Pyramide mit mehreren Farben

Altersaufbau der Bevölkerung in Deutschland 2010
Angaben in Tausend je Altersjahr

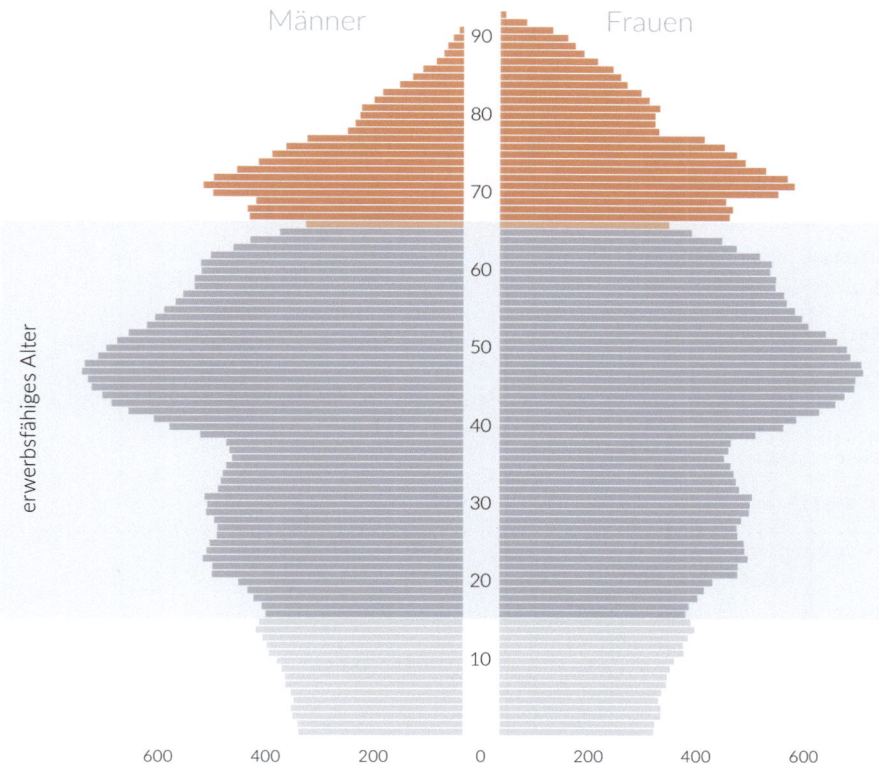

Quelle: www.destatis.de/bevoelkerungspyramide/

Zur **Abbildung**: In der gedruckten Literatur sowie im Internet finden sich zahlreiche Varianten von Bevölkerungspyramiden. Bei diesem Beispiel wurde die Altersverteilung in drei Bereiche eingeteilt, um den Umfang der potentiell erwerbsfähigen Personen zu veranschaulichen. Dazu wird der Teil der Personen im erwerbsfähigen Alter (laut amtlicher Definition alle 15 bis 65-Jährigen) in einer anderen Farbe dargestellt als alle jüngeren und älteren. Der Bereich des erwerbsfähigen Alters wird zusätzlich hervorgehoben. Dieser und den folgenden Abbildungen ist gemein, dass wir auf Achsen verzichten und lediglich die Altersverteilung sowie die Häufigkeiten als Beschriftung vorsehen.

Daten: Die Dateien `maenner.txt` und `frauen.txt` wurden manuell angelegt. Die Daten wurden dem Quelltext der Seite https://service.destatis.de/

bevoelkerungspyramide/ entnommen. Gegenüber den regulär von destatis angebotenen Daten sind hier die Altersklassen bis 99 fortgeführt.

```
pdf_datei<-"pyramiden_mehrfarbig.pdf"
cairo_pdf(bg="grey98",pdf_datei,width=9,height=9)

par(mai=c(0.5,1,0.5,0.5),omi=c(0.5,0.5,0.5,0.5),family="Lato Light",las=1)

# Daten einlesen und Grafik vorbereiten

frauen<-read.csv("daten/frauen.txt",header=F,sep=",")
for(i in 1:111)colnames(frauen)[i]<-paste("x",i+1949,sep="")
maenner<-read.csv("daten/maenner.txt",header=F,sep=",")
for(i in 1:111)colnames(maenner)[i]<-paste("x",i+1949,sep="")

rechts<-frauen$x2010
links<-maenner$x2010

farbe_rechts<-c(rep(rgb(210,210,210,maxColorValue=255),15),
                rep(rgb(144,157,172,maxColorValue=255),50),
                rep(rgb(225,152,105,maxColorValue=255),
                length(rechts)-65))
farbe_links<-farbe_rechts

# Grafik erstellen und weitere Elemente

barplot(rechts,axes=F,horiz=T,axis.lty=0,border=NA,
        col=farbe_rechts,xlim=c(-750,750))
barplot(-links,axes=F,horiz=T,axis.lty=0,border=NA,
        col=farbe_links,xlim=c(-750,750),add=T)

abline(v=0,lwd=28,col=par("bg"))
for (i in seq(10,90,by=10))  text(0,i+i*0.2,i,cex=1.1)
mtext(abs(seq(-600,600,by=200)),at=seq(-600,600,by=200),1,line=-1,cex=0.80)

rect(-1000,15+15*0.2,1000,66+66*0.2,xpd=T,
     col=rgb(210,210,210,90,maxColorValue=255), border=NA)

mtext("erwerbsfähiges Alter",2,line=1.5,las=3,adj=0.38)
mtext("Männer",3,line=-5,adj=0.25,cex=1.5,col="grey")
mtext("Frauen",3,line=-5,adj=0.75,cex=1.5,col="grey")

# Betitelung

mtext("Altersaufb...",3,line=-1.5,adj=0,cex=1.75,family="Lato Black",outer=T)
mtext("Angaben in...",3,line=-3.25,adj=0,cex=1.25,font=3,outer=T)
mtext("Quelle: ww...",1,line=0,adj=1.0,cex=0.95,font=3,outer=T)
dev.off()
```

Das **Skript** ordnet die Daten so an, dass die Jahre Spalten bilden und die Altersklassen Zeilen. Nachdem die Daten eingelesen wurden, erstellen wir mit

7.2 (Bevölkerungs-)Pyramiden

colnames() zunächst „sprechende" Variablennamen. Dadurch können wir auf die Altersverteilung von 2010 einfach mit x2010 zugreifen. Die Verteilung für Männer und Frauen speichern wir in Vektoren rechts und links. Für die Farben wird ein Vektor definiert, der für die ersten 15 Werte (Jahre), die mittleren 50 und die restlichen Werte jeweils einen eigenen Farbton erhält.

Dann zeichnen wir zuerst mit barplot() ein Balkendiagramm für die rechte Seite. Hierbei wird aber schon die linke Seite mit berücksichtigt, indem die X-Achsenskalierung von -750 bis 750 definiert wird. Der zweite Aufruf von barplot() verwendet die negativen Werte von links. Die Daten werden mit add=T dem vorhandenen Diagramm hinzugefügt. Die Achsen und Achsenbeschriftungen wurden jeweils ausgeblendet.

Nun wird mit abline() ein senkrechter „Korridor" in die Mitte der beiden Balkendiagramme in der Farbe des Hintergrundes gelegt und mit einer Schleife alle zehn Jahre mit seq(10,90,by=10) die jeweilige Zehnerzahl an die Position i+i*0.2 (Balkenbreite plus Breite des Balkenzwischenraums) geschrieben. Die X-Achsenbeschriftung wird mit mtext() angebracht, hier wird ebenfalls eine Sequenz von -600 bis 600 durchlaufen, im negativen Bereich werden die Vorzeichen entfernt. Der mittlere Bereich, der die Bevölkerung im erwerbsfähigen Alter darstellt, wird zusätzlich mit einem transparenten grauen Rechteck gekennzeichnet.

7.2.2 Pyramiden – Betonung der äußeren Bereiche (Panel)

Altersaufbau der Bevölkerung in Deutschland
alle Angaben in Tausend je Altersjahr

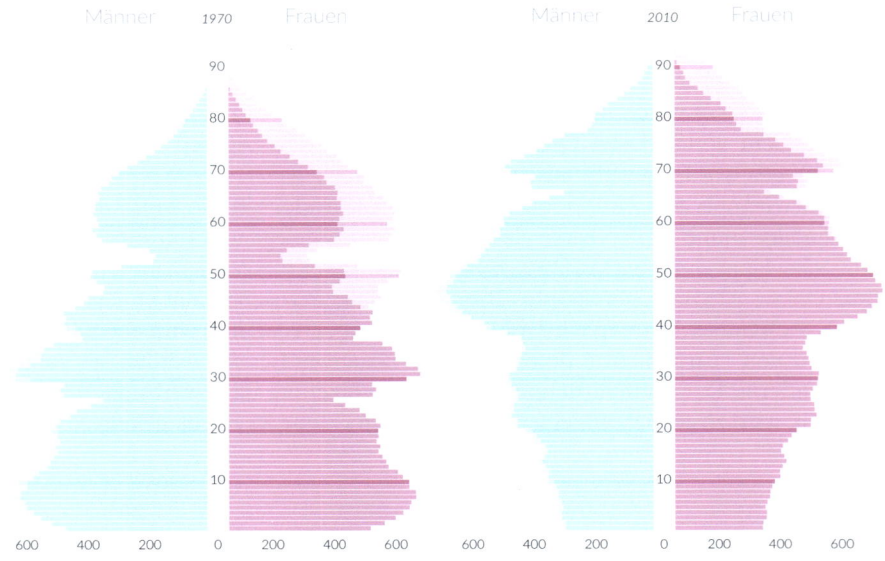

Äußere hervorgehobener Bereiche: Frauen- bzw. Männerüberschuss   Quelle: www.destatis.de/bevoelkerungspyramide/

Zur **Abbildung**: In diesem Beispiel werden zwei Pyramiden vergleichend gegenübergestellt: zum einen die Pyramide von 1970, zum anderen die des Altersaufbaus 2010. Zusätzlich zeichnen wir hier einen Effekt ein, den Sie gelegentlich in der Literatur finden: die Frauen- bzw. Männerüberschüsse werden auf der jeweils anderen Seite „gespiegelt". So kann man zum Beispiel auf der linken Seite bei dem Altersaufbau von 1970 sehen, dass in den unteren Altersjahrgängen ein leichter Männerüberschuss besteht, in den Jahrgängen ab Mitte 50 dagegen ein deutlicher Frauenüberschuss bestand. Die Erklärung hierfür ist naheliegend: Hier beginnen die „Kriegsjahrgänge". In der Pyramide von 2010 sind diese Jahrgänge „hochgerutscht". Die Kriegsjahrgänge sind nun siebzig und älter. Deutlich zu sehen ist darüber hinaus das Ausbleiben der jüngeren Generation. Hier nähern wir uns schon recht deutlich einem Pilz.[4]

---

[4] Eine beeindruckende 3D-Visualisierung der Bevölkerungspyramiden Deutschlands von 1950 bis 2010 hat Stefan Fichtel für eine Sonderausgabe des Handelsblatt entworfen. Sie ist auch abgebildet in dem Sammelband, Grauel, Ralf/Schwochow, Jan (2012): Deutschland verstehen: Ein Lese-, Lern- und Anschaubuch. Berlin: Gestalten Verlag. Ein frühes Beispiel schon bei Bertin, Jacques (2011): Semiology of Graphics: Diagrams, Networks, Maps. Redlands, CA: Esri Press. (orig. frz. Ausgabe 1967), S. 253.

7.2 (Bevölkerungs-)Pyramiden

Daten: Die Dateien `maenner.txt` und `frauen.txt` wurden manuell angelegt. Die Daten wurden dem Quelltext der Seite https://service.destatis.de/bevoelkerungspyramide/ entnommen. Gegenüber den regulär von destatis angebotenen Daten sind hier die Altersklassen bis 99 fortgeführt.

```
pdf_datei<-"pyramiden_fein_aussen_1x2.pdf"
cairo_pdf(bg="grey98",pdf_datei,width=12,height=9)

par(mai=c(0.2,0.1,0.2,0.1),omi=c(0.75,0.2,0.85,0.2),mfcol=c(1,2),cex=0.75,
    family="Lato Light",las=1)

# Daten einlesen und Grafik vorbereiten

frauen<-read.csv("daten/frauen.txt",header=F,sep=",")
for(i in 1:111)colnames(frauen)[i]<-paste("x",i+1949,sep="")
maenner<-read.csv("daten/maenner.txt",header=F,sep=",")
for(i in 1:111)colnames(maenner)[i]<-paste("x",i+1949,sep="")
fueberschuss<-(frauen$x1970-maenner$x1970)
fueberschuss[fueberschuss < 0]<-0
mueberschuss<-(maenner$x1970-frauen$x1970)
mueberschuss[mueberschuss < 0]<-0

rechts<-data.frame(frauen$x1970-fueberschuss,fueberschuss)
links<-data.frame(maenner$x1970-mueberschuss,mueberschuss)

source("skripte/inc_pyramide.r")
mtext("1970",3,line=0,adj=0.5,cex=1,font=3)

fueberschuss<-(frauen$x2010-maenner$x2010)
fueberschuss[fueberschuss < 0]<-0
mueberschuss<-(maenner$x2010-frauen$x2010)
mueberschuss[mueberschuss < 0]<-0

rechts<-data.frame(frauen$x2010-fueberschuss,fueberschuss)
links<-data.frame(maenner$x2010-mueberschuss,mueberschuss)

source("skripte/inc_pyramide.r")
mtext("2010",3,line=0,adj=0.5,cex=1,font=3)

# Betitelung

mtext("Altersaufb...",3,line=2,adj=0,cex=2.25,family="Lato Black",outer=T)
mtext("alle Angab...",3,line=-0.5,adj=0,cex=1.25,font=3,outer=T)
mtext("Quelle: ww...",1,line=2,adj=1.0,cex=0.95,font=3,outer=T)
mtext("Äußere her...",1,line=2,adj=0,cex=0.95,font=3,outer=T)
dev.off()
```

Eingebunden wird:

```r
# inc_pyramide.r

mark_rechts<-rechts
mark_rechts[!(rownames(mark_rechts) %in% seq(10,90,by=10)),]<-0
mark_links<-links
mark_links[!(rownames(mark_links) %in% seq(10,90,by=10)),]<-0

farbe_rechts_aussen<-rgb(255,0,210,50,maxColorValue=255)
farbe_rechts_innen<-rgb(255,0,210,120,maxColorValue=255)
farbe_links_innen<-rgb(191,239,255,220,maxColorValue=255)
farbe_links_aussen<-rgb(191,239,255,100,maxColorValue=255)

farbe_rechts<-c(farbe_rechts_innen,farbe_rechts_aussen)
farbe_links<-c(farbe_links_innen,farbe_links_aussen)
b1<-barplot(t(rechts),axes=F,horiz=T,axis.lty=0,border=NA,col=farbe_rechts,
   xlim=c(-750,750))
b2<-barplot(-t(links),axes=F,horiz=T,axis.lty=0,border=NA,col=farbe_links,
   xlim=c(-750,750),add=T)
barplot(t(mark_rechts),axes=F,horiz=T,axis.lty=0,border=NA,col=farbe_rechts,
   xlim=c(-750,750),add=T)
barplot(-t(mark_links),axes=F,horiz=T,axis.lty=0,border=NA,col=farbe_links,
   xlim=c(-750,750),add=T)
abline(v=0,lwd=25,col=par("bg"))
mtext(abs(seq(-600,600,by=200)),at=seq(-600,600,by=200),1,line=-1,cex=0.80)
for(i in seq(10,90,by=10))text(0,i+i*0.2,i,cex=1.1)

mtext("Männer",3,line=0,adj=0.25,cex=1.5,col="grey")
mtext("Frauen",3,line=0,adj=0.75,cex=1.5,col="grey")
```

Das **Skript** teilt zuerst das Abbildungsfenster mit `mfcol()` in zwei gleich große Teile. Die Daten werden wie im vorigen Beispiel eingelesen. Hier erzeugen wir aber ein gestapeltes Balkendiagramm. Dazu werden zunächst die Frauen- und Männerüberschüsse ermittelt, indem wir die Differenzen von Männern und Frauen berechnen und jeweils nur die positiven Werte behalten, da ja nur die positiven Abweichungen auf der jeweils anderen Seite ergänzt werden sollen. `rechts` und `links` sind dann nicht mehr wie im vorigen Beispiel Vektoren, sondern *Data Frames* mit jeweils zwei Spalten, die die originalen Werte und die Überschüsse als Spalten enthalten. Da die Balken „gestapelt", also addiert werden, müssen wir die Überschüsse von den Ursprungsreihen abziehen.

Das Zeichnen der Pyramiden erfolgt in einer separaten Datei `inc_pyramide.r`, die mit `source` eingebunden wird. Diesen Teil haben wir ausgelagert, weil wir ihn in diesem Skript an zwei Stellen und auch noch zwei weitere Male im nächsten Beispiel verwenden.

In der eingebundenen Datei werden zunächst die beiden Objekte `rechts` und `links` dupliziert und in den Kopien mit Ausnahme der Werte für die Jahre 10, 20, 30 usw. auf Null gesetzt. Diese Daten bilden eine Art Gerüst, die wir später als Orientierungslinien auf die Daten legen.

Dazu gehen wir wie folgt vor: Mit `mark_rechts[Bedingung, ]<-0` werden alle Zeilen gleich Null gesetzt, auf die die Bedingung zutrifft. Da zwischen dem Komma und der eckigen schließenden Klammer nichts steht, werden alle Spalten übernommen. Die Bedingung lautet `!(rownames(mark_rechts) %in% seq(10,90,by=10))`. Das heißt: Die Zeilennummern von `mark_rechts` sollen *nicht* (Ausrufezeichen) in der Sequenz 10, 20, 30, ... enthalten sein.

Dann werden Farben für rechts und links, jeweils innen und außen, definiert und zusammengefasst. Jetzt folgen vier Aufrufe von `barplot()`. Die ersten beiden entsprechen dem vorherigen Beispiel (Definition der Abbildung durch den rechten Teil, Ergänzung des linken in den vorhandenen). Dann folgen noch zwei weitere Aufrufe, die das „Gerüst" über die vorhandene Abbildung legen. Das geschieht mit denselben Farben. Da diese transparent sind, wird die Färbung an den 10er-Jahren stärker und es ergeben sich dadurch mit jedem zehnten Wert interne Orientierungslinien. Der Rest entspricht dem Vorgehen des vorigen Beispiels: Zeichnen eines breiten Mittelstreifens und individuelle Beschriftung.

Nach dem Aufruf der eingebundenen Datei wird in dem Hauptskript die Teil-Überschrift „1970" gesetzt und dann das Vorgehen für 2010 wiederholt.

Zum Schluss folgen wie üblich die Über- und Unterschriften.

7.2.3 Pyramiden – Betonung der inneren Bereiche (Panel)

Zur **Abbildung**: Eine ebenfalls häufig – wenn auch nicht so häufig wie die Überschuss-Pyramiden – anzutreffende Variante ist die Abbildung von *Anteilen*. So findet man etwa die Ausländeranteile oder, wie hier als Beispiel verwendet, die Anteile verheirateter Männer und Frauen. Wie man sieht, beginnt das Heiratsalter der Frauen 1970 bei Anfang 20, 2010 dagegen erst bei Mitte 20. Bei Männern liegt es bei Mitte bzw. Ende 20. Ganz deutlich zeigt sich der Unterschied im hohen Alter: Hier ist der Anteil verheirateter Männer deutlich höher als der der Frauen: ein sicheres Zeichen dafür, dass Männer jüngere Frauen heiraten, aber nicht umgekehrt.

Altersaufbau und Verheiratete der Bevölkerung in Deutschland

alle Angaben in Tausend je Altersjahr

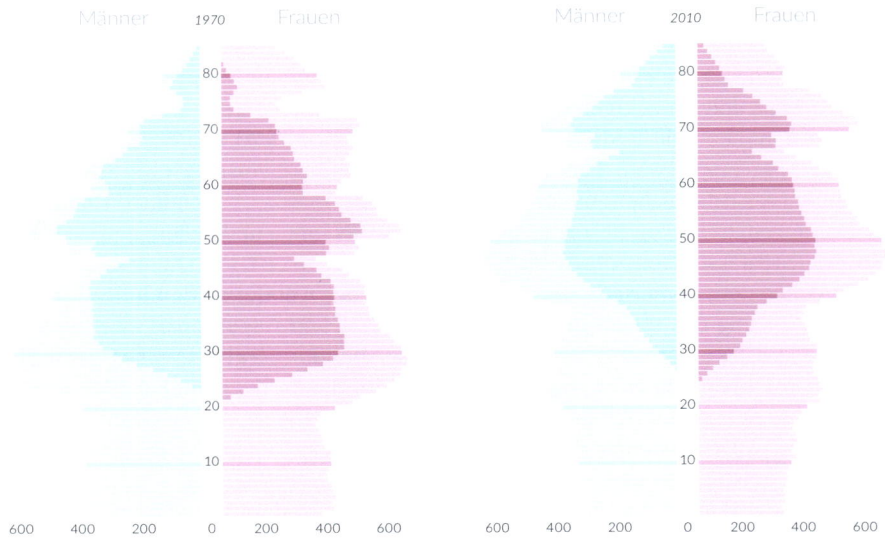

Innere hervorgehobener Bereiche: vereiratet

destatis, GENESIS-Online, Tab. 12411-0008

Daten: Rufen Sie http://www-genesis.destatis.de auf. Geben Sie in der Suche „12411-0008" ein. Als Ergebnis erhalten Sie die Tabelle „Bevölkerung: Deutschland, Stichtag, Altersjahre, Nationalität, Geschlecht/Familienstand", die nach den angegebenen Dimensionen differenziert ist. Ohne weitere Auswahl/Eingrenzung erhalten Sie eine Tabelle, die nach Deutschen und Ausländern sowie innerhalb der Nationalität nach Geschlecht differenziert ist, jedoch nur für das Jahr 2010. Die Nationalität, das Geschlecht sowie die Altersklassen werden so angeboten, dass Sie alle Ausprägungen erhalten, wenn Sie keine spezielle Auswahl treffen. Wir benötigen zwei Tabellen: eine für das Jahr 2010 und eine für das Jahr 1970. Standardmäßig ist als Jahr 2010 ausgewählt, so dass Sie direkt auf *Werteabruf* klicken können. Die Tabelle wird Ihnen angezeigt und Sie können sie mit dem ersten Icon im MS-Excel-Format abspeichern. Speichern Sie diese Datei in Ihr Arbeitsverzeichnis unter dem Namen `12411-0007-2010.xls` ab. Anschließend klicken Sie in der Brotkrumennavigation oberhalb der Zeile *Ergebnis - 12411-0007* auf *Tabellenaufbau*, um zur Auswahl zurückzugelangen, und klicken dann auf *Zeit auswählen*. Anschließend setzen Sie ein Häckchen in der letzten Zeile bei *31.12.1970* und klicken unten auf *übernehmen*, danach auf *Werteabruf*. Sie erhalten die entsprechende Tabelle für den Stichtag 31.12.1970 und können diese nun unter dem Namen `12411-0007-1970.xls` in Ihr Arbeitsverzeichnis abspeichern. Vor dem Einle-

7.2 (Bevölkerungs-)Pyramiden

sen der Daten haben wir die Kopfzeilen entfernt und die Dateien unter neuen Namen (mit angehängtem „umformatiert") abgespeichert. Es sind:

X1	männlich ledig
X2	männlich verheiratet
X3	männlich verwitwet
X4	männlich geschieden
X5	weiblich ledig
X6	weiblich verheiratet
X7	weiblich verwitwet
X8	weiblich geschieden

```
pdf_datei<-"pyramiden_fein_innen_1x2.pdf"
cairo_pdf(bg="grey98", pdf_datei,width=12,height=9)

par(mai=c(0.2,0.1,0.8,0.1),omi=c(0.75,0.2,0.85,0.2),mfcol=c(1,2),cex=0.75,
    family="Lato Light",las=1)

# Daten einlesen und Grafik vorbereiten
x1991<-read.xls("daten/12411-0008_1991_unformatiert.xlsx")
x1991<-x1991[1:nrow(x1991)-1,]
attach(x1991)

f_verheiratet<-X6/1000
f_nverheiratet<-(X5+X7+X8)/1000
m_verheiratet<-X2/1000
m_nverheiratet<-(X1+X3+X4)/1000

rechts<-data.frame(f_verheiratet,f_nverheiratet)
links<-data.frame(m_verheiratet,m_nverheiratet)

source("skripte/inc_pyramide.r")
mtext("1970",3,line=0,adj=0.5,cex=1,font=3)

x2010<-read.xls("daten/12411-0008_2010_unformatiert.xlsx")
x2010<-x2010[1:nrow(x2010)-1,]
attach(x2010)

f_verheiratet<-X6/1000
f_nverheiratet<-(X5+X7+X8)/1000
m_verheiratet<-X2/1000
m_nverheiratet<-(X1+X3+X4)/1000

links<-data.frame(m_verheiratet,m_nverheiratet)
rechts<-data.frame(f_verheiratet,f_nverheiratet)

source("skripte/inc_pyramide.r")

mtext("2010",3,line=0,adj=0.5,cex=1,font=3)
```

```
# Betitelung
mtext("Altersaufb...",3,line=2,adj=0,cex=2.25,family="Lato Black",outer=T)
mtext("alle Angab...",3,line=-0.5,adj=0,cex=1.25,font=3,outer=T)
mtext("destatis, ...",1,line=2,adj=1.0,cex=0.95,font=3,outer=T)
mtext("Innere her...",1,line=2,adj=0,cex=0.95,font=3,outer=T)
dev.off()
```

Im **Skript** gehen wir im Prinzip genau so vor, wie in Abschn. 7.2.2. Lediglich die Daten werden hier anders zusammengesetzt: Wir bilden jeweils verheiratete und nicht verheiratete Gruppen, die wir in diesem Fall aber einfach addieren können. Die letzte Zeile („85 Jahre und mehr") ignorieren wir jeweils.

7.2.4 Pyramiden mit eingezeichneter Linie (Panel)

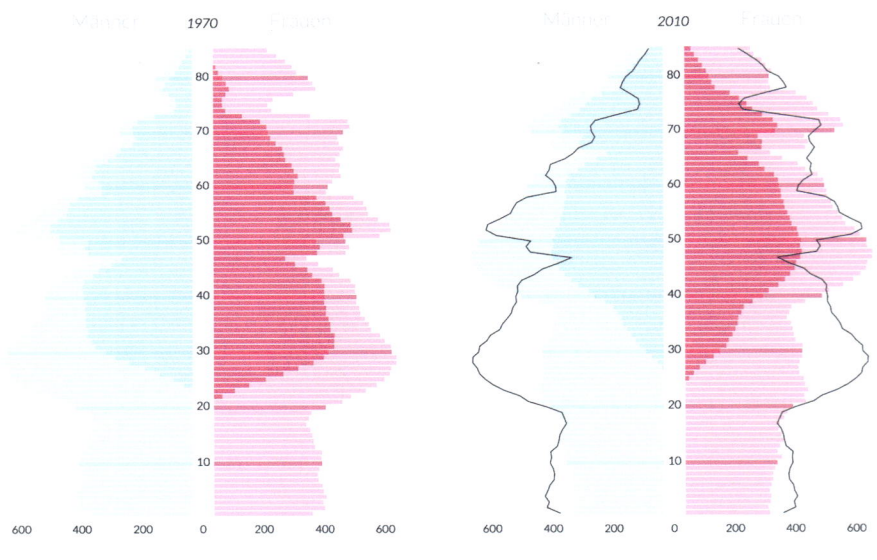

Eine sinnvolle Ergänzung zu Vergleichszwecken sind eingezeichnete Linien anderer Pyramiden. Zur Illustration haben wir im letzten Beispiel die Außenränder der linken Pyramide als Linien auf die rechte Pyramide gelegt.

7.2 (Bevölkerungs-)Pyramiden

Dafür müssen wir zum einen vor der Zeile `attach(x2010)` die beiden Zeilen

```
rechts_linie<-f_verheiratet+f_nverheiratet
links_linie<-(m_verheiratet+m_nverheiratet)
```

einfügen, zum anderen nach der Einbindung von `inc_pyramide.r`) die beiden Zeilen

```
lines(rechts_linie,b1,type="l",col="black")
lines(links_linie,b2,type="l",col="black")
```

7.2.5 Pyramide mit Zusammenfassungen

Wenn die Anzahl der Daten beschränkt ist, etwa bei Umfragen, sollte man keine Pyramiden erstellen, bei denen jedes Jahr eine Altersklasse darstellt, sondern eine gröbere Klassifizierung wählen.

Altersaufbau der Bevölkerung in Deutschland 2010

Angaben in Tausend je Altersjahr

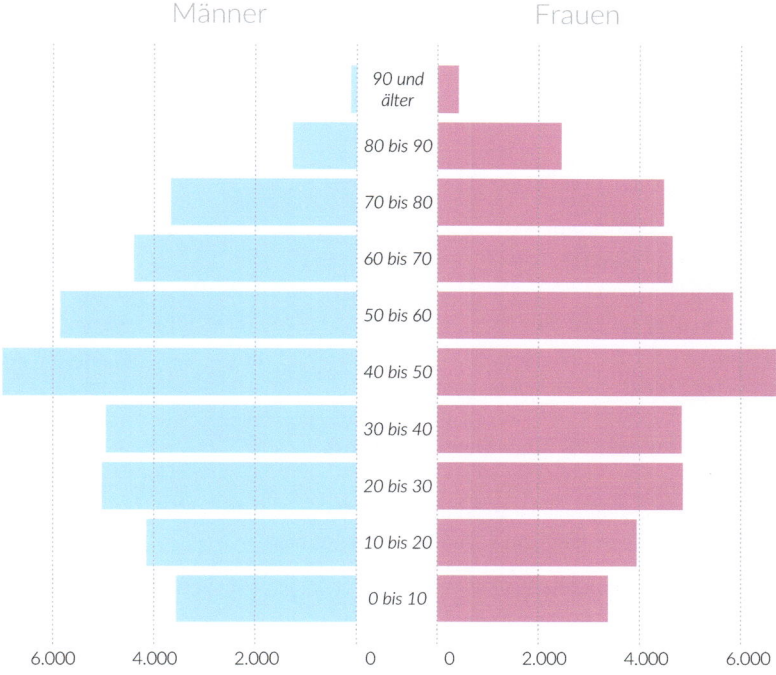

Quelle: www.destatis.de/bevoelkerungspyramide, eigene Berechnungen

Hierbei ist es ggf. sinnvoll, die Farben der aufeinanderfolgenden Klassen alternierend hell und dunkel zu machen. So können die einzelnen Klassen besser abgelesen werden. Wenn man gestapelte Balken verwendet, sollte man darauf verzichten. Wir zeigen im Folgenden ein einfaches Beispiel mit einfarbigen Teilen.

Zur **Abbildung**: Hat man nicht für alle Altersjahrgänge Daten zur Verfügung, sondern nur für wenige Klassen, ist das Erscheinungsbild leicht anzupassen. Zum einen müssen längere Beschriftungen zwischen den Balken berücksichtigt werden, zum anderen können hier Hilfslinien angebracht werden, da nicht wie in den vorhergehenden Beispielen der Gesamteindruck im Vordergrund steht, sondern den einzelnen Werten größere Bedeutung zukommt.

Die **Daten** wurden für dieses Beispiel aus den beiden txt-Dateien maenner.txt und frauen.txt durch Aggregation erzeugt:

```
maenner<-read.csv("daten/maenner.txt", header = FALSE, sep = ",")
for(i in 1:100) rownames(maenner)[i]<-i
for(i in 1:111) colnames(maenner)[i]<-paste("x", i+1949, sep="")
frauen<-read.csv("daten/frauen.txt", header = FALSE, sep = ",")
for(i in 1:100) rownames(frauen)[i]<-i
for(i in 1:111) colnames(frauen)[i]<-paste("x", i+1949, sep="")

klasse<-NULL
for(i in seq(10,100,by=10)) klasse<-c(klasse, rep(i,10))
maenner$klasse<-klasse
frauen$klasse<-klasse
attach(maenner)
m<-aggregate(x2010, list(klasse), FUN="sum")

attach(frauen)
f<-aggregate(x2010, list(klasse), FUN="sum")

mf<-merge(m, f, by="Group.1")
colnames(mf)<-c("Gruppe", "M", "F")
bez<-c("0 bis 10", "10 bis 20", "20 bis 30", "30 bis 40", "40 bis 50",
       "50 bis 60", "60 bis 70", "70 bis 80", "80 bis 90", "90 und\nälter")
mf$bez<-bez
write.xlsx(mf, "daten/bevklass.xlsx")
```

Das Ergebnis wurde als XLS-Datei exportiert.

```
pdf_datei<-"pyramiden_zusammenfassung.pdf"
cairo_pdf(bg="grey98",pdf_datei,width=8,height=8)

par(mai=c(0.2,0.25,0.8,0.25),omi=c(0.75,0.2,0.85,0.2),cex=0.75,
    family="Lato Light",las=1)

# Daten einlesen und Grafik vorbereiten
x<-read.xls("daten/bevklass.xlsx")
```

7.2 (Bevölkerungs-)Pyramiden

```
rechts<-t(as.matrix(data.frame(800,x$F)))
links<-t(as.matrix(data.frame(800,x$M)))

farbe_rechts<-c(par("bg"),rgb(255,0,210,150,maxColorValue=255))
farbe_links<-c(par("bg"),rgb(191,239,255,maxColorValue=255))

# Grafiken erstellen und weitere Elemente
b1<-barplot(rechts,axes=F,horiz=T,axis.lty=0,border=NA,
        col=farbe_rechts,xlim=c(-8000,8000))
barplot(links,axes=F,horiz=T,axis.lty=0,border=NA,
        col=farbe_links,xlim=c(-7500,7500),add=T)

abline(v=seq(0,6000,by=2000)+800,col="darkgrey",lty=3)
abline(v=seq(-6000,0,by=2000)-800,col="darkgrey",lty=3)

mtext(format(seq(0,6000,by=2000),big.mark="."),
        at=seq(0,6000,by=2000)+800,1,line=0,cex=0.95)
mtext(format(abs(seq(-6000,0,by=2000)),big.mark="."),
        at=seq(-6000,0,by=2000)-800,1,line=0,cex=0.95)
text(0,b1,x$bez,cex=1.25,font=3)

mtext("Männer",3,line=1,adj=0.25,cex=1.5,col="darkgrey")
mtext("Frauen",3,line=1,adj=0.75,cex=1.5,col="darkgrey")

# Betitelung
mtext("Altersaufb...",3,line=2,adj=0,cex=1.75,family="Lato Black",outer=T)
mtext("Angaben in...",3,line=-0.5,adj=0,cex=1.25,font=3,outer=T)
mtext("Quelle: ww...",1,line=2,adj=1.0,cex=0.95,font=3,outer=T)
mtext("...",1,line=2,adj=0,cex=0.95,font=3,outer=T)
dev.off()
```

Im **Skript** definieren wir nach dem Einlesen der zuvor aggregierten Daten `rechts` und `links` so, dass sie jeweils zuerst eine innere Spalte mit der Konstante `800` haben. Diese benötigen wir, da der Freiraum zwischen den linken und rechten Balken hier größer sein muss als in den vorangegangenen Beispielen. Hier müssen ja Bezeichnungen wie „0 bis 10" usw. Platz finden.

Die inneren Bereiche in der Breite `800` erhalten die Farbe des Hintergrundes. Anschließend werden die Balken gezeichnet. Da wir die Y-Positionen der einzelnen Balken noch für die Beschriftung benötigen, wird das erste Diagramm-Objekt als `b1` gespeichert. Mit `abline()` werden Orientierungslinien gezeichnet, dann die X-Achsenbeschriftungen mit `mtext()` angebracht. Die Y-Achsenbeschriftung erfolgt dann mit `text()` an den Positionen `b1`.

Schließlich folgen die üblichen Betitelungen.

7.2.6 Balkendiagramme als Pyramiden (Panel)

International Social Survey Programme: Social Inequality IV

Q10a: Groups tending towards top and bottom. Where would you put yourself now on this scale?

Source: ZA5400: ISSP 2009

Zur **Abbildung**: Die Darstellungsform der Bevölkerungspyramide eignet sich nicht nur für die Abbildung von paarweisen Häufigkeiten, sondern auch für Umfragedaten. Das hier dargestellte Beispiel aus dem *International Social Survey Pro-*

7.2 (Bevölkerungs-)Pyramiden

gramme zeigt die Antwort auf die Frage: „In our society there are groups which tend to be towards the top and groups which tend to be towards the bottom. Below is a scale that runs from top to bottom. Where would you put yourself now on this scale?" Dabei sollten die Befragten sich auf einer Skala von „1 Bottom, Lowest, 01" bis zu „10 Top, Highest, 10" einordnen. Wenn wir die Werte der Häufigkeiten um die Mitten zentrieren, erhalten wir eine anschauliche Verteilungsform. Das Ergebnis ist keine Alters-, sondern eine „Selbstwahrnehmungspyramide" der Befragten in den jeweiligen Ländern.

Die Abbildung liefert für jedes der 38 Länder, in denen die Befragung durchgeführt wurde, die entsprechende prozentuale Verteilung der Selbstplatzierung in der Gesellschaft. Bei einer so großen Anzahl einzelner Grafiken sollten die Elemente der einzelnen Grafiken auf das unbedingt Notwendige beschränkt werden. Wenn wir für alle Grafiken dieselbe X-Achsenspannweite verwenden, benötigen wir keine einzelnen X-Achsenbeschriftungen. Auch auf individuelle Y-Achsenbeschriftungen kann verzichtet werden, da die Anzahl der Antwortmöglichkeiten stets gleich ist.

Die **Daten** stammen aus dem SPSS-Datensatz *ZA5400: International Social Survey Programme: Social Inequality IV – ISSP 2009*. Sie können nach Anmeldung bei http://gesis.org heruntergeladen werden (doi:10.4232/1.10736). Der ISSP ist ein sozialwissenschaftliches Umfrageprogramm, das 1984 gegründet wurde und jährlich Umfragen zu wechselnden sozialwissenschaftlichen Themen durchführt. Jedes Jahr werden Schwerpunktthemen definiert, die in größeren Abständen wiederholt werden. 2009 war das Thema „Soziale Ungleichheit", also Fragen zu sozialer Herkunft, Verdienst, Diskriminierung, Einstellung zur Korruption etc. Befragt wurden Personen im Alter von 18 Jahren und älter (Finnland: 15 bis 74, Italien, Japan: 16 und älter, Norwegen: 19 bis 80, Schweden: 17 bis 79 Jahre). Der Datensatz umfasst 350 Variablen (Fragen, soziodemografische Merkmale der Personen, Angaben zu Interviewern). Befragt wurden insgesamt 55.238 Personen. Wir verwenden die Variablen

V5: „Country" und

V44: „Q10a Groups tending towards top and bottom. Where would you put yourself now on this scale?".

```
pdf_datei<-"balkendiagramme_pyramiden_8x5.pdf"
cairo_pdf(bg="grey98",pdf_datei,width=8.27,height=11.7)
par(omi=c(0.25,0.1,1.0,0.1),mai=c(0.1,0.1,0.55,0.1),mfrow=c(8,5),family="
Lato Light",las=1)
library(Hmisc)

# Daten einlesen und Grafik vorbereiten

ISSP<-spss.get("daten/ZA5400_v1-0-0.sav",use.value.labels=T)
attach(ISSP)
laender<-as.data.frame(table(V5))
laenderliste<-laender$V5
```

```
for (i in 1:length(laenderliste))
{
land<-subset(ISSP,ISSP$V5==laenderliste[i])
attach(land)
y<-as.data.frame(prop.table(table(V44))*100)
if (!(is.na(y[1,2])))
{
links<-(y$Freq/2)
rechts<-y$Freq/2

# Grafiken erstellen
barplot(links,horiz=T,xlim=c(-30,30),border="orange",col="orange",
        main=laenderliste[i],cex.axis=0.6,axes=F)
barplot(rechts,horiz=T,add=T,border="orange",col="orange",cex.axis=0.6,
        axes=F)
segments(-25,-0,25,0)
}
}

# Legende
bez<-c("Bottom,Lowest,01","",".","",".","",".","","","," Top,Highest,10")
n<-length(bez)
plot(0:n,type="n",axes=F,xlab="",ylab="",xlim=c(-25,25),ylim=c(0,11)) #
for (i in 1:n) text(0,i+0.5,bez[i],cex=0.9,xpd=T)
segments(-25,-0,25,0)
text(0,-1.5, "50%", xpd=T)

# Betitelung
mtext("Internatio...",3,line=2.2,adj=0,cex=1.4,family="Lato Black",outer=T)
mtext("Q10a: Grou...",3,line=0,adj=0,cex=1.2,outer=T)
mtext("Source: ZA...",1,line=0,adj=1,cex=0.95,outer=T,font=3)
dev.off()
```

Das **Skript** liest die Daten mit der Funktion spss.get() aus Frank Harrells Paket Hmisc ein, wobei anstelle der Werte deren „value labels" verwendet werden. Eine Länderliste wird hier mit der Funktion table() erzeugt (alternativ wäre z. B. auch unique() möglich gewesen). Dann wird in einer Schleife jeweils ein Teildatensatz gebildet, der alle Daten eines Landes aus der Liste umfasst. Für die Daten dieses Landes wird mit prop.table() eine prozentuale Verteilung der Variable V44 erzeugt und diese als Data Frame abgespeichert.

Nun werden für alle nichtfehlenden Werte zentrierte Balken gebildet, indem die jeweilige Häufigkeit durch zwei geteilt und die eine Hälfte als negativer Wert die linken Balken eines Balkendiagramms zeichnet, während die andere Hälfte in einem zweiten Aufruf von barplot() mit dem Parameter add=T hinzugefügt wird. Beim ersten Aufruf wird noch die Länderbezeichnung mit ausgegeben.

Insgesamt werden die Verteilungen von 38 Ländern gezeichnet. Bei einem Layout von 8 mal 5 Grafiken bleiben damit 2 Bereiche übrig. Den vorletzten können wir daher für eine Legende nutzen, in der wir die Bezeichnung des niedrigsten und höchsten Wertes eintragen.

Am Schluss folgen die üblichen Beschriftungen.

7.3 Ungleichheit

Eine grafische Darstellungsform für die Abbildung von Ungleichheit ist die vor über hundert Jahren von Max Otto Lorenz eingeführte Lorenzkurve. Typischerweise werden damit Einkommensverteilungen visualisiert. Die Darstellung zeigt auf der X-Achse den aufsummierten Anteil der Merkmalsträger, etwa der „Bevölkerung" bzw. der Befragten. Auf der Y-Achse werden die aufsummierten Anteile am Einkommen abgebildet. Da beide Merkmale die gleiche Dimension und Spannweite aufweisen (von 0 bis 100 Prozent), sollten die Abbildungen quadratisch sein. Bei einer völligen Gleichverteilung ergäbe sich eine diagonale Linie, bei gleichen Achsenlängen im Winkel von 45 Grad. Je ungleicher die Verteilung ist, desto stärker weicht die Linie der tatsächlichen Verteilung von dieser geraden Linie ab. Die Fläche zwischen der geraden Linie und der Kurve der tatsächlichen Verteilung drückt die Stärke der Ungleichheit aus: Je größer die Fläche ist, desto ungleicher ist die Verteilung des Merkmals. In der Literatur findet man sowohl Varianten für Individual- als auch klassifizierte Daten.

In diesem Abschnitt zeigen wir drei Beispiele für die Darstellung von Lorenzkurven, anschließend drei Varianten, wie sich Einkommensverteilungen mit herkömmlichen Balkendiagrammen darstellen lassen.

7.3.1 Einfache Lorenzkurve

Einkommensverteilung in den USA im Jahr 2000

(10 Klassen)

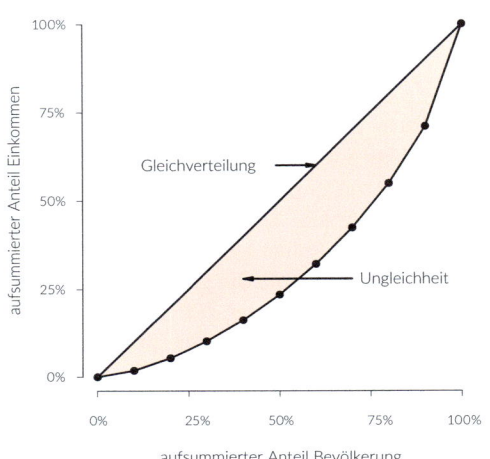

Source: United Nations University, UNU-WIDER World Income Inequality Database

Zur **Abbildung**: Dieses Beispiel zeigt die Einkommensverteilung in den USA im Jahre 2000, eingeteilt in 10 Klassen. In der Darstellung werden die Klasseneinteilungen zusätzlich durch Punkte gekennzeichnet. Die Fläche, die von der Differenz der tatsächlichen zur Gleichverteilug gebildet wird, wird farblich hervorgehoben. Ein Rahmen oder weitere Hilfslinien sind hier nicht notwendig.

Die **Daten** entstammen der World Income Inequality Database V2.0c May 2008, die unter http://www.wider.unu.edu/research/Database/ aufgerufen werden kann. Dort wird die Datei `WIID2C.xls` zum Download angeboten, aus der ich die Daten für die Abbildung gefiltert in eine separate XLS-Datei geschrieben habe.

```
pdf_datei<-"lorenzkurven_10.pdf"
cairo_pdf(bg="grey98",pdf_datei,width=6.5,height=7.25)

par(mai=c(0,0,0,0),omi=c(0.75,0.5,0.85,0.2),pin=c(4,4),
    family="Lato Light",las=1)

# Daten einlesen und Grafik vorbereiten

daten<-read.xls("daten/einkommen_zehn_klassen.xlsx",head=T,skip=1,dec="."
)
attach(daten)
G<-rep(10,10)
```

7.3 Ungleichheit

```
G_kum<-c(0,cumsum(G/100))
U2_kum<-c(0,cumsum(U2/100))

# Grafik definieren und weitere Elemente
plot(G_kum,U2_kum,type="n",axes=F,xlab="aufsummierter Anteil Bevölkerung",
    ylab="aufsummierter Anteil Einkommen",xlim=c(0,1),ylim=c(0,1))
lines(G_kum,U2_kum,lwd=2)
points(G_kum,U2_kum,pch=19)
x<-array(c(0,1,0,1),dim=c(2,2))
lines(x,lwd=2,col="black")
text(0.12,0.585,"Gleichverteilung",adj=c(0,0))
text(0.72,0.265,"Ungleichheit",adj=c(0,0))
arrows(0.4,0.28,0.7,0.28,length=0.10,angle=10,code=1,lwd=2,col="black")
arrows(0.49,0.6,0.6,0.60,length=0.10,angle=10,code=2,lwd=2,col="black")
xx<-c(G_kum,rev(G_kum))
yy<-c(U2_kum,rev(G_kum))
polygon(xx,yy,col=rgb(255,97,0,50,maxColorValue=255),border=F)
source("skripte/inc_achsen_mit_linien_lorenz.r")

# Betitelung
mtext("Einkommens...",side=3,line=1,cex=1.5,family="Lato Black",adj=0,outer=T)
mtext("(10 Klasse...",side=3,line=-1.5,cex=1.25,font=3,adj=0,outer=T)
mtext("Source: Un...",1,line=1,adj=1,cex=0.85,font=3,outer=T)
dev.off()
```

Die Achsenerstellung wird separat eingebunden:

```
axis(1,col=rgb(24,24,24,maxColorValue=255),
     col.ticks=rgb(24,24,24,maxColorValue=255),
     lwd.ticks=0.5,cex.axis=0.75,xlim=c(0,1),tck=-0.015,
     at=c(0,0.25,0.5,0.75,1),labels=c("0%","25%","50%","75%","100%"))
axis(2,col=rgb(24,24,24,maxColorValue=255),
     col.ticks=rgb(24,24,24,maxColorValue=255),
     lwd.ticks=0.5,cex.axis=0.75,xlim=c(0,1),tck=-0.015,
     at=c(0,0.25,0.5,0.75,1),labels=c("0%","25%","50%","75%","100%"))
```

Im **Skript** werden mit den Daten der XLS-Datei der zehn Klassen zunächst mit `cumsum()` kumulierte Werte erzeugt und mit `plot()` und `lines()` gezeichnet. G ist dabei die Gleichverteilung, die im Lorenz-Diagramm die 45-Grad-Linie bildet. Um die Klassenbasis zu verdeutlichen, werden die einzelnen Punkte anschließend mit `points()` ergänzt. Die Endpunkte werden noch mit `array()` ergänzt, anschließend folgen die individuellen Beschriftungen. Nun müssen wir noch die Fläche zwischen der 45-Grad-Linie und der Kurve färben. Dazu wird die Funktion `polygon()` verwendet, der die Vektoren xx und yy übergeben werden. Diese Vektoren haben wir vorher mit `c(G_kum,rev(G_kum))` bzw.

c(U2_kum,rev(G_kum)) erzeugt. Das Ergebnis sind die Wertepaare, die, von links unten angefangen, gegen den Uhrzeigersinn die Koordinaten der Eckpunkte der Form bilden, die eingefärbt werden soll. Das sieht so aus:

```
> xx[1:15]
 [1] 0.0 0.1 0.2 0.3 0.4 0.5 0.6 0.7 0.8 0.9 1.0 1.0 0.9 0.8 0.7
> as.numeric(format(round(yy[1:15],1), nsmall=1))
 [1] 0.0 0.0 0.1 0.1 0.2 0.2 0.3 0.4 0.5 0.7 1.0 1.0 0.9 0.8 0.7
```

Am Schluss werden, vor den üblichen Betitelungen, die Achsen mit den Prozentangaben gezeichnet. Da wir diese Form der Achsen auch in den weiteren Beispielen verwenden, werden die beiden Anweisungen ausgelagert und die Datei per source() eingebunden.

7.3.2 Lorenzkurven übereinander

Zur **Abbildung**: Will man zwei Verteilungen miteinander vergleichen, bietet es sich an, diese übereinander zu legen. Die Art der Abbildung entspricht dabei dem vorigen Beispiel. Hier werden zwei Einkommensverteilungen der Allgemeinen Bevölkerungsumfrage der Sozialwissenschaften (ALLBUS) dargestellt, denen zu entnehmen ist, dass die Ungleichheit in der Befragung von 2008 höher ist als in der von 1988.

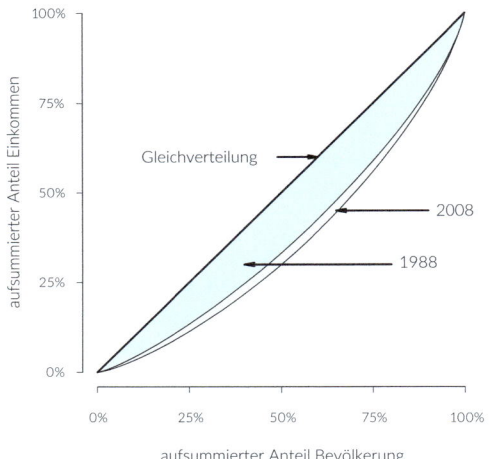

7.3 Ungleichheit

Die **Daten** stammen aus dem Umfrageprojekt *Allgemeine Bevölkerungsumfrage der Sozialwissenschaften* (ALLBUS) und wurden mir freundlicherweise von Michael Terwey zur Verfügung gestellt.

```
pdf_datei<-"lorenzkurven_lc_uebereinander.pdf"
cairo_pdf(bg="grey98",pdf_datei,width=6.5,height=6.5)

par(mai=c(0.25,0,0,0),omi=c(0.4,0.2,0.5,0.2),pin=c(4,4),
        family="Lato Light",las=1)
library(Hmisc)
library(ineq)

# Daten einlesen und Grafik vorbereiten
daten<-spss.get("daten/AEQU+.por",use.value.labels=T)
x2008<-subset(daten$EQINCOM1,daten$EQINCOM1 > 0 &
        daten$V2 == "STUDIEN-NR. 4600")
Lc.Eplus2008<-Lc(x2008)
x1988<-subset(daten$EQINCOM1,daten$EQINCOM1 > 0 &
        daten$V2 == "STUDIEN-NR. 1670")
x1988<-x1988[1:length(x2008)]
Lc.Eplus1988<-Lc(x1988)
DD_x1<-Lc.Eplus1988$p
DD_y1<-Lc.Eplus1988$L
DD_x2<-Lc.Eplus2008$p
DD_y2<-Lc.Eplus2008$L
# Grafik definieren und weitere Elemente
plot(DD_x1,DD_y1,type="n",axes=F,xlab="aufsummierter Anteil Bevölkerung",
        ylab="aufsummierter Anteil Einkommen")
lines(DD_x1,DD_y1)
lines(DD_x2,DD_y2)
xx<-c(DD_x1,rev(DD_x1))
yy1<-c(DD_y1,rev(DD_y2))
yy2<-c(DD_y1,rev(DD_x1))
polygon(xx,yy1,col=rgb(191,239,255,80,maxColorValue=255),border=F)
polygon(xx,yy2,col=rgb(191,239,255,120,maxColorValue=255),border=F)
x<-array(c(0,1,0,1),dim=c(2,2))
lines(x,lwd=2,col="black")
text(0.12,0.585,"Gleichverteilung",adj=c(0,0))
text(0.82,0.29,"1988",adj=c(0,0))
text(0.92,0.435,"2008",adj=c(0,0))
arrows(0.4,0.3,0.8,0.3,length=0.10,angle=10,code=1,lwd=2,col="black")
arrows(0.65,0.45,0.9,0.45,length=0.10,angle=10,code=1,lwd=2,col="black")
arrows(0.49,0.6,0.6,0.6,length=0.10,angle=10,code=2,lwd=2,col="black")
source("skripte/inc_achsen_mit_linien_lorenz.r")
```

```
# Betitelung
mtext("Lorenzkurv...",side=3,line=0.25,cex=1.45,family="Lato Black",
outer=T,adj=0)
mtext("Allgemeine...",3,line=-2,adj=0,outer=T,cex=1.05,font=3)
mtext("Source: GE...",1,line=0.6,adj=1,outer=T,cex=0.85,font=3)
dev.off()
```

Im **Skript** werden ganz ähnlich wie im vorigen Beispiel zunächst die beiden Lorenzkurven berechnet und gezeichnet. Im diesem Fall zeichnen wir sie nicht neben-, sondern übereinander, also in dieselbe Grafik. Auch die Flächen, die mit der Funktion `polygon()` erzeugt werden, werden hier mit transparenten Farben übereinander gelegt. Beschriftung und Betitelung erfolgen wie in Abschn. 7.3.1.

7.3.3 Lorenzkurven (Panel)

Lorenzkurve der Einkommensverteilung 1988 und 2008
Allgemeine Bevölkerungsumfrage der Sozialwissenschaften

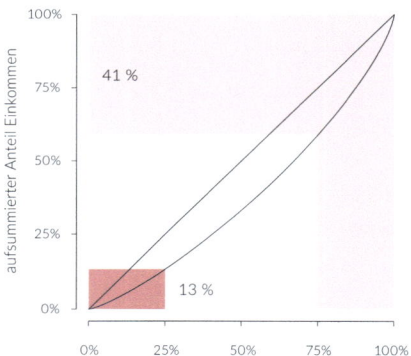
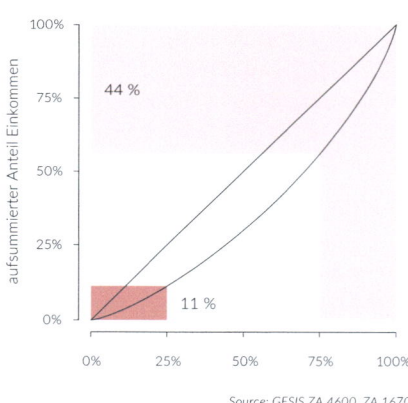

Source: GESIS ZA 4600, ZA 1670

Zur **Abbildung**: Eine ebenfalls mögliche Variante für den Vergleich zweier Lorenzkurven ist die Darstellung in Form eines Panels, in dem die beiden Kurven nebeneinander abgebildet werden. Dabei bietet es sich an, für das untere und obere Quartil jeweils gesondert zu markieren, wie viel Prozent des Gesamteinkommens auf sie entfallen. Anhand der Daten des ALLBUS, die wir bereits im vorigen Beispiel verwendet haben, können wir so verdeutlichen, dass 1988 auf die unteren 25 Prozent der Befragten 13 Prozent des Gesamteinkommens aller Befragten entfiel und 41 Prozent auf die oberen 25 Prozent. 2008 waren es 11 Prozent sowie 44 Prozent.

7.3 Ungleichheit

Die **Daten** stammen aus dem Umfrageprojekt *Allgemeine Bevölkerungsumfrage der Sozialwissenschaften* (ALLBUS) und wurden mir freundlicherweise von Mike Terwey zur Verfügung gestellt.

```
pdf_datei<-"lorenzkurven_lc_1x2.pdf"
cairo_pdf(bg="grey98",pdf_datei,width=14,height=8)

par(mfcol=c(1,2),mai=c(0.25,0.25,0.25,0.25),omi=c(1.25,0.5,1.25,0.5),
    pin=c(4.5,4.5),cex=1.3,family="Lato Light",las=1,family="Lato Light")
library(Hmisc)
library(ineq)

# Daten einlesen und Grafik vorbereiten

daten<-spss.get("daten/AEQU+.por",use.value.labels=T)
x2008<-subset(daten$EQINCOM1,daten$EQINCOM1 > 0 &
        daten$V2 == "STUDIEN-NR. 4600")
Lc.Eplus2008<-Lc(x2008)
x1988<-subset(daten$EQINCOM1,daten$EQINCOM1 > 0 &
        daten$V2 == "STUDIEN-NR. 1670")
Lc.Eplus1988<-Lc(x1988)
x<-Lc.Eplus1988$p
y<-Lc.Eplus1988$L

# Grafik erstellen
source("skripte/inc_plot_lorenz.r")
x<-Lc.Eplus2008$p
y<-Lc.Eplus2008$L
source("skripte/inc_plot_lorenz.r")

# Betitelung
mtext("Lorenzkurv...",3,line=1.5,adj=0,cex=1.85,family="Lato Black",outer=T)
mtext("Allgemeine...",3,line=-0.5,adj=0,cex=1.85,font=3,outer=T)
mtext("Source: GE...",1,line=2,adj=1,cex=1.05,font=3,outer=T)
dev.off()
```

Eingebunden wird:

```
plot(x,y,type="n",axes=F,xlab="aufsummierter Anteil Bevölkerung",
     ylab="aufsummierter Anteil Einkommen")

pos1<-round(0.25*length(x),0)
pos2<-round(0.75*length(x),0)

rect(0,0,1,1,border=F,col=rgb(200,0,0,25,maxColorValue=255))
rect(0,0,x[pos2],y[pos2],border=F,col="white")
rect(0,0,x[pos1],y[pos1],border=F,col=rgb(200,0,0,100,maxColorValue=255))
lines(x,y)
```

```
x<-array(c(0,1,0,1),dim=c(2,2))
lines(x)
text(0.35,y[pos1]/2,paste(round(100*y[pos1],digits=0),"%",sep=" "))
text(0.1,1-(1-y[pos2])/2,paste(round(100*(1-y[pos2]),digits=0),"%",
     sep=" "))

source("skripte/inc_achsen_mit_linien_lorenz.r")
```

Das **Skript** liest in diesem Fall zunächst Individualdaten aus einer SPSS-Datei ein, aus der dann mit der Funktion `Lc()` aus dem Paket `ineq` die Daten der Lorenzkurven berechnet werden. Die Funktion liefert mit p und mit L die Werte der Lorenzkurve zurück. Die Anzahl der berechneten Werte entspricht der Anzahl der eingegebenen Daten, es wird also keine Klassenbildung vorgenommen. Da die Lorenzkurve zweimal auf gleiche Weise gezeichnet wird, lagern wir die dafür nötigen Schritte in eine Datei `inc_plot_lorenz.r` aus. Nach der Definition der Abbildung mit `plot()` vom Typ n werden die 25-Prozent- und 75-Prozent-Positionen der Daten ermittelt. Bei x1988 sind das 2.149 Fälle, dann wäre also die Position, an der 25 Prozent der Daten sind, gerundet 537, die Position, an der 75 Prozent der Daten sind, 1611.

Nun zeichnen wir drei Rechtecke: Zunächst ein großes über die ganze Fläche des Datenbereiches. Als zweites ein Rechteck, das von 0 bis zu der 75-Prozent-Position und dem dazugehörigen Y-Wert geht, schließlich darüber eines, das bis zur 25-Prozent-Position und dem dazugehörigen Y-Wert geht. Das Ergebnis ist die gewünschte Flächeneinfärbung der 25- und 75-Prozent-Bereiche. Nach Einzeichnen der Lorenzkurve sowie der Diagonale x beschriften wir noch die Flächen mit dem Y-Werten der 25- bzw. 75-Prozent-X-Werte. Zuletzt rufen wir die Datei zum Zeichnen der Achsen auf.

Am Schluss folgen die üblichen Beschriftungen.

7.3.4 Vergleich von Einkommensanteilen mit Balkendiagramm (Quintile)

Einkommensverteilung auf fünf Klassen in verschiedenen Ländern

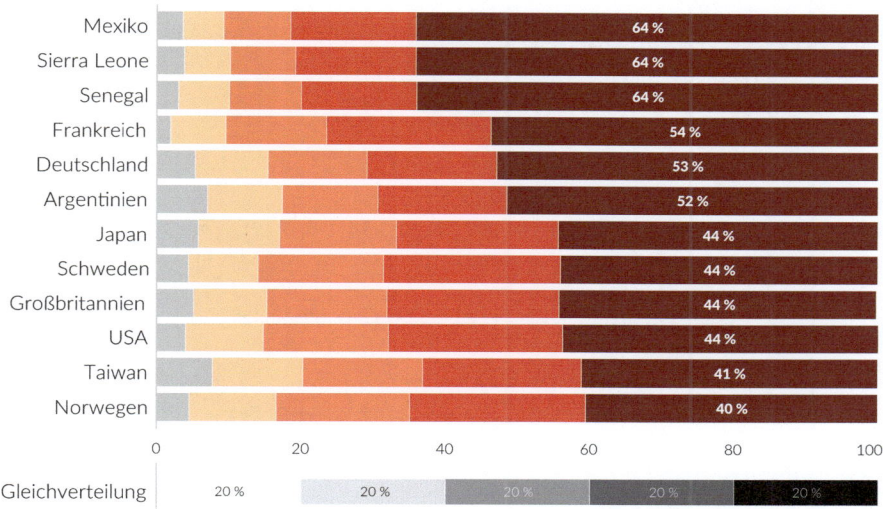

Zur **Abbildung**: Eine ebenfalls naheliegende Darstellung von Einkommensverteilungen ist ein 100%-Balkendiagramm. Damit können auch leicht Einkommensverteilungen mehrerer Länder verglichen werden. In diesem Beispiel vergleichen wir die in fünf Klassen eingeteilte Einkommensverteilung von 12 Ländern. Die Länder sind absteigend nach dem Anteil, der auf die höchste Klasse fällt, sortiert. Es wird für alle Länder und alle Klassen lediglich ein Grauwert sowie eine Farbe in den Abstufungen einer Brewer-Palette verwendet. Für die höchste Einkommensklasse wird deren Anteil am Gesamteinkommen in den Balkenteil hineingeschrieben. Bei allen Klassen würde sich das nicht anbieten. Oftmals sind die Verteilungen darüber hinaus auch so, dass die unterste Klasse aufgrund ihres geringen Anteils gar keinen Platz für eine Beschriftung zulässt. Die Ländernamen werden von den Balken durch einen vertikalen Strich zur besseren Orientierung getrennt, auf eine X-Achse wird verzichtet. Als Legende wird eine theoretische Gleichverteilung verwendet, die mit Grauwerten von den eigentlichen Daten abgesetzt wird. Hier kann zur Veranschaulichung in jede Klasse der Wert der Gleichverteilung (20%) hineingeschrieben werden.

Die **Daten** entstammen der World Income Inequality Database V2.0c May 2008, die unter http://www.wider.unu.edu/research/Database/ aufgerufen werden kann. Dort wird die Datei WIID2C.xls zum Download angeboten, aus der ich die Daten für die Abbildung gefiltert und in eine separate XLS-Datei geschrieben habe.

```
pdf_datei<-"lorenzkurven_balken_05.pdf"
cairo_pdf(bg="grey98",pdf_datei,width=12,height=9)

par(omi=c(0.5,0.5,1.1,0.5),mai=c(0,2,0,0.5),family="Lato Light",las=1)
library(fBasics)

# Daten einlesen und Grafik vorbereiten

datendatei<-"daten/einkommen_fuenf_klassen.xlsx"
daten<-read.xls(datendatei,head=T,skip=1,dec=".")
layout(matrix(c(1,2),ncol=1),heights=c(80,20))

# Grafik erstellen

par(mai=c(0,1.75,1,0))
bp1<-barplot(as.matrix(daten),ylim=c(0,6),width=c(0.5),axes=F,
        horiz=T,col=c("grey",seqPalette(5,"OrRd")[2:5]),
        border=par("bg"),
        names.arg=gsub("."," ",names(daten),fixed=T),cex.names=1.55)

# weitere Elemente

mtext(seq(0,100,by=20),at=seq(0,100,by=20),1,line=0,cex=1.15)
arrows(0,-0.03,0,7.30,lwd=1.5,length=0,xpd=T,col="grey")
text(100-(daten[5,]/2),bp1,cex=1.1,labels=paste(round(daten[5,],
        digits=0),"%",sep=" "),col="white",family="Lato Black",xpd=T)

# Grafik erstellen

par(mai=c(0.55,1.75,0,0))
bp2<-barplot(as.matrix(rep(20,5)),ylim=c(0,0.5),width=c(0.20),
        horiz=T,col=seqPalette(5,"Greys"),border=par("bg"),
        names.arg=c("Gleichverteilung"),axes=F,cex.names=1.55)

# weitere Elemente

arrows(0,-0.01,0,0.35,lwd=1.5,length=0,xpd=T,col="grey")
text(c(10,30,50,70,90),bp2,
        labels=c("20 %","20 %","20 %","20 %","20 %"),
        col=c("black","black","white","white","white"),xpd=T)

# Betitelung

title(main="Einkommens...",line=3,adj=0,cex.main=2.25,
        family="Lato Black",outer=T)
umbruch<-strsplit( strwrap("In Mexiko ...",width=110),"\n")
for(i in seq(along=DD_umbruch))
{
mtext(umbruch[[i]],line=(1.8-i)*1.5,adj=0,side=3,cex=1.25,outer=T)
}
mtext("Quelle: Wo...",side=1,adj=1,cex=0.95,font=3,outer=T)
dev.off()
```

7.3 Ungleichheit 251

Im **Skript** laden wir für diese Abbildung das Paket `fBasics`, mit dem wir sequentielle Farbpaletten erstellen können. Die Daten werden aus einer XLS-Datei gelesen. Da wir hier die Legende als separaten Balken gestalten, definieren wir für ein Layout, das die Abbildung horizontal in zwei Bereiche teilt. Der obere umfasst 80 Prozent der Höhe, der untere 20 Prozent. In die obere wird ein Balkendiagramm mit `barplot()` gezeichnet, die Farben werden mit der Funktion `seqPalette` definiert. Die erste Farbe ersetzen wir dabei durch Grau, da sie zu hell ist. Mit `gsub(".", " ",names(daten),fixed=T)` entfernen wir noch Punkte in den Variablennamen (die dort vorhanden sind, wenn die Variablennamen der Originaldaten Leerstellen aufweisen). Mit `mtext()` und der Funktion `seq()` wird die X-Achse beschriftet. Mit `arrows()` wird zur Orientierung zwischen der Y-Achsenbeschriftung und den Balken eine vertikale Linie eingefügt, danach werden mit `text()` die Prozentwerte für den letzten Teil in die Balken hineingeschrieben. Dazu können wir wieder die Y-Position mit `bp1` angeben, das zuvor von der Funktion `barplot()` erzeugte Objekt. Das zweite Balkendiagramm `bp2`, das als Legende dient, besteht aus 5 Wiederholungen des Wertes `20` und erhält eine Grauabstufung. Hier werden in alle Segmente die Texte hineingeschrieben. Da die Unterüberschrift zu lang für eine Zeile ist, wird sie mit den Funktionen `strsplit()` und `strwrap()` umbrochen.

7.3.5 *Vergleich von Einkommensanteilen mit Balkendiagramm (Dezile)*

Zur **Abbildung**: Auch wenn statt fünf zehn Klassen zur Verfügung stehen, können wir uns auf eine Farbe mit geeigneten Abstufungen beschränken. Im dem vorliegenden Beispiel werden für drei Länder jeweils zwei Zeitpunkte verglichen. In diesem Fall sollten die zwei Ebenen auch typografisch kenntlich gemacht werden. Die erste Ebene (hier: die Länder) sollte in den Bezeichnungen nicht wiederholt werden und mit einem fetteren Schriftschnitt hervorgehoben werden.

Bei der Legende beschränken wir uns in diesem Fall auf die Beschriftung eines Segments.

Einkommensverteilung auf zehn Klassen in drei Ländern

In Mexiko verfügten im Jahre 2000 die reichsten 10 % der Einkommensempfänger über 45 % des Gesamteinkommens, in den USA sind es 29 %, in Deutschland 24 %. Im Vergleich zu 1984 sind die Anteile gestiegen.

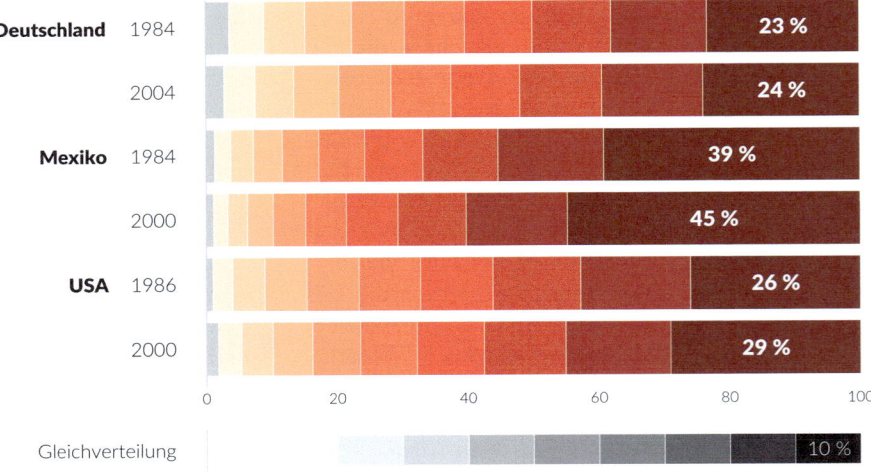

Quelle: World Income Inequality Database V2.0c May 2008

Die **Daten** entstammen wiederum der World Income Inequality Database V2.0c May 2008.

```
pdf_datei<-"lorenzkurven_balken_10.pdf"
cairo_pdf(bg="grey98",pdf_datei,width=12,height=9)

library(fBasics) # für seqPalette
layout(matrix(c(1,2,1,2),2,2),heights=c(6,1))
par(omi=c(1,0.5,1.25,0.25),mai=c(0,2.65,0.75,0.25),cex=1.5,
        family="Lato Light",las=1)

# Daten einlesen

daten<-read.xls("daten/einkommen_zehn_klassen.xlsx",head=T,skip=1,dec=".")

# Grafik erstellen und weitere Elemente

bp1<-barplot(as.matrix(daten),ylim=c(0,3),width=c(0.45),
        axes=F,horiz=T,col=c("grey",seqPalette(10,"OrRd")[2:10]),
        border=par("bg"),
        names.arg=c("2000","1986","2000","1984","2004","1984"))
arrows(0,-0.01,0,3.25,lwd=1.5,length=0,xpd=T,col="grey")
text(100-(daten[10,]/2),bp1,col="white",cex=1.1,family="Lato Black",
     labels=paste(round(daten[10,],digits=0),"%",sep=" "),xpd=T)
```

7.3 Ungleichheit

```
text(-15,bp1[2],"USA",family="Lato Black",adj=1,xpd=T)
text(-15,bp1[4],"Mexiko",family="Lato Black",adj=1,xpd=T)
text(-15,bp1[6],"Deutschland",family="Lato Black",adj=1,xpd=T)

# Grafik erstellen und weitere Elemente
par(mai=c(0,2.65,0.1,0.25))
bp2<-barplot(as.matrix(rep(10,10)),ylim=c(0,0.5),width=c(0.25),axes=F,
        horiz=T,col=seqPalette(10,"Greys"),border=par("bg"),
        names.arg=c("Gleichverteilung"))
arrows(0,-0.01,0,0.35,lwd=1.5,length=0,xpd=T,col="grey")
text(95,bp2,labels="10 %",col="white",xpd=T)
mtext(seq(0,100,by=20),at=seq(0,100,by=20),3,line=0,cex=1.15)

# Betitelung
mtext("Einkommens...",line=2,adj=0,cex=2.25,family="Lato Black",outer=T)
DD_umbruch<-strsplit( strwrap("In Mexiko ...",width=110),"\n")
for(i in seq(along=DD_umbruch))
{
mtext(DD_umbruch[[i]],line=1.8-i,adj=0,side=3,cex=1.25,outer=T)
}
mtext("Quelle: Wo...",1,line=1.5,adj=1,cex=0.95,font=3,outer=T)
dev.off()
```

Im **Skript** laden wir auch für diese Abbildung das Paket `fBasics`. Die Daten werden wiederum aus einer XLS-Datei gelesen und die Abbbildung in zwei Teile unterteilt. Da wir hier aber eine hierarchische Beschriftung der Balken vorsehen, schreiben wir zunächst die erste Ebene, also die Jahreszahlen, als Namensargument der Funktion `barplot()`. Die weitere Beschriftung entspricht dem vorigen Beispiel, ergänzend werden hier noch die Länder mit `text()` vor die jeweils ersten Jahreszahlen gesetzt. Der Rest des Beispiels entspricht dem vorherigen.

7.3.6 Vergleich von Einkommensanteilen mit Panel-Balkendiagramm (Quintile)

Zur **Abbildung**: Hierbei handelt es sich um eine Variante des vorletzten Beispiels, bei der die einzelnen Segmente des Balkens nicht horizontal aneinandertreffen, sondern jede Klasse für sich ein Balkendiagramm bildet. Diesen Aufbau hatten wir schon in Abschn. 6.1.5 erläutert.

Der Vorteil dieser Variante besteht darin, dass die Unterschiede in den einzelnen Ausprägungen besser vergleichbar sind. In dieser Variante können wir für jede Klasse auch die Prozentwerte in die Abbildung schreiben, da der Platz jeweils sicher vorhanden ist.

Auf eine Legende kann hier verzichtet werden.

Einkommensverteilung auf fünf Klassen in verschiedenen Ländern

In Mexiko verfügen die reichsten 20 % der Einkommensempfänger über 64 % des Gesamteinkommens, in Norwegen sind es 40 %. Deutschland liegt im internationalen Vergleich in der oberen Hälfte.

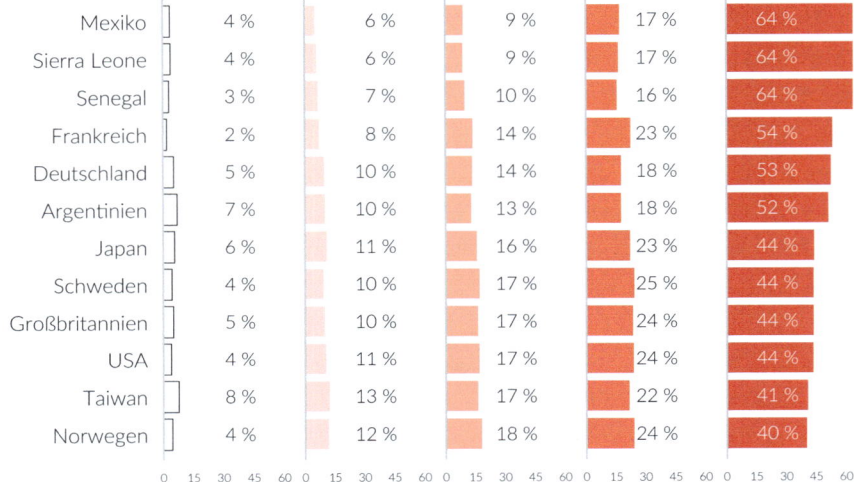

Quelle: World Income Inequality Database V2.0c May 2008

Die **Daten** entstammen wiederum der World Income Inequality Database V2.0c May 2008.

```
pdf_datei<-"lorenzkurven_panel_05.pdf"
cairo_pdf(bg="grey98",pdf_datei,width=11,height=8)

par(omi=c(0.5,0.5,1.1,0.5),family="Lato Light",las=1)
layout(matrix(data=c(1,2,3,4,5),nrow=1,ncol=5),
              widths=c(2.0,1,1,1,1),heights=c(1,1))

# Daten einlesen und Grafik vorbereiten

daten<-read.xls("daten/einkommen_fuenf_klassen.xlsx",skip=1,dec=".")
tdaten<-t(daten)
DD_transparenz<-c(0,50,100,150,200)
DD_zahlenfarbe<-c("black","black","black","black","white")
DD_pos<-c(45,45,45,45,35)
par(cex=1.05)

# Grafik erstellen und weitere Elemente

for (i in 1:5) {
if (i == 1)
{
par(mai=c(0.25,1.75,0.25,0.15))
```

7.3 Ungleichheit

```
bp1<-barplot(tdaten[ ,i],horiz=T,cex.names=1.6,axes=F,
                    names.arg=gsub("."," ",names(daten),fixed=T),
                    xlim=c(0,60),col=rgb(43,15,52,0,maxColorValue=255))
} else
{
par(mai=c(0.25,0.1,0.25,0.15))
bp2<-barplot(tdaten[ ,i],horiz=T,axisnames=F,axes=F,
                    xlim=c(0,60),col=rgb(200,0,0,DD_transparenz[i],
                    maxColorValue=255),border=par("bg"))
}
text(DD_pos[i],bp1,adj=1,
                labels=paste(round(daten[i ,],digits=0),"%",sep=" "),
                col=DD_zahlenfarbe[i],xpd=T,cex=1.3)
mtext(seq(0,60,by=15),at=seq(0,60,by=15),1,line=0,cex=0.85)
arrows(0,-0.1,0,14.6,lwd=2.5,length=0,xpd=T,col="grey")
}

# Betitelung

title(main="Einkommens...",line=3,adj=0,cex.main=1.75,
      family="Lato Black",outer=T)
DD_umbruch<-strsplit( strwrap("In Mexiko ...",width=110),"\n")
for(i in seq(along=DD_umbruch))
{
mtext(DD_umbruch[[i]],line=(1.8-i)*1.7,adj=0,side=3,cex=1.25,outer=T)
}
mtext("Quelle: Wo...",1,line=2,adj=1,font=3)
dev.off()
```

Im **Skript** benötigen wir in diesem Fall die Daten in zwei verschiedenen Formen: zum einen wie bisher in der Form, in der sie auch in der XLS-Tabelle angeordnet sind, zum anderen in transponierter Form. Wir gehen mir einer Schleife jede Klasse durch und erzeugen ein Balkendiagramm für die `i`-te Spalte der transponierten Daten. Im ersten Durchlauf werden die Y-Achsenbeschriftungen mit ausgegeben, in allen weiteren nicht. Für jedes einzelne Balkendiagramm wird in der Schleife dann noch mit `text()` der Wert des Balkens eingezeichnet sowie mit `mtext()` die X-Achsenbeschriftung eingefügt und mit `arrows()` wiederum vertikale Linien bei 0 zur besseren Orientierung eingefügt. Der Rest entspricht den vorherigen Beispielen.

Kapitel 8
Zeitreihen

8.1 Kurze Zeitreihen

8.1.1 Säulendiagramm für Entwicklungen

Zur **Abbildung**: Zeitreihen sollten in aller Regel durch Linien abgebildet werden. In Ausnahmefällen, insbesondere bei kurzen Reihen, ist unter Umständen auch eine Darstellung mit Säulen möglich. Die Zeitdimension sollte jedoch immer waagerecht verlaufen. Statt der Verwendung von waagerechten Gitternetzlinien werden die Säulen in der Farbe des Hintergrundes durchbrochen. Das erleichtert die Orientierung und erspart uns „Chart Junk". Insbesondere bei Darstellungen in Geschäftsberichten findet man häufig eine Variante, in der das letzte Jahr farblich und durch eine zusätzliche Beschriftung mit dem Wert besonders hervorgehoben ist. Wenn es sich um wachsende Entwicklungen handelt, kann die Y-Achse auf der rechten Seite angebracht werden, um einen harmonischeren Gesamteindruck zu erzielen. Wenn klar ist, um welche Jahre es sich handelt (weil es zum Bespiel in der Unterüberschrift angegeben ist), kann sich die Beschriftung der X-Achse auf zwei Ziffern für die Jahre beschränken. Bei Jahren vor 2010 muss es natürlich „01" statt „1" etc. heißen. Die Y-Skala sollte bei 0 beginnen, sie kann kurz unter dem Maximalwert aufhören. Wenn die Einheit in der Unterüberschrift angegeben wird, muss sie nicht an der Y-Achse wiederholt werden.

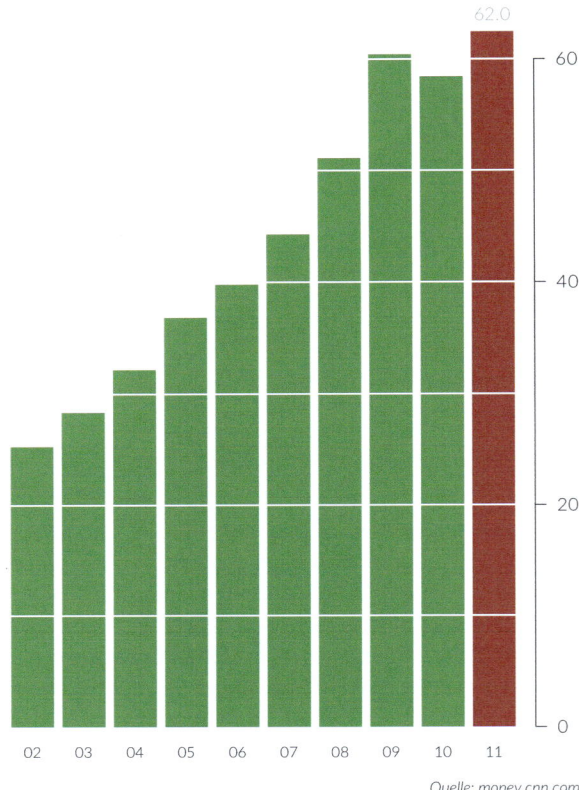

Die **Daten** wurden der Website http://money.cnn.com entnommen und in das Skript eingetippt.

```
pdf_datei<-"zeitreihen_saeulen_entwicklung.pdf"
cairo_pdf(bg="grey98",pdf_datei,width=6,height=9)

par(las=1,cex=0.9,omi=c(0.75,0.25,1.25,0.25),mai=c(0.5,0.25,0.5,0.75),
        family="Lato Light",las=1)

# Daten einlesen und Grafik vorbereiten

daten<-c(25296,28365,32187,36835,39788,44282,51122,60420,58437,62484)/1000
beschriftung<-c(2002:2011)
farben<-c(rep("olivedrab",length(daten)-1),"darkred")

# Grafik erstellen und weitere Elemente
```

8.1 Kurze Zeitreihen

```
barplot(daten,border=NA,col=farben,names.arg=substr(beschriftung,3,4),
     axes=F,cex.names=0.8)
abline(h=c(10,20,30,40,50,60,70,80),col=par("bg"),lwd=1.5)
axis(4,at=c(0,20,40,60))
text(11.5,daten[10]+0.025*daten[10],format(round(daten[10]),nsmall=1),
     adj=0.5,xpd=T,col="darkgrey")

# Betitelung

mtext("Umsatzentw...",3,line=4,adj=0,family="Lato Black",outer=T,cex=2)
mtext("2002-2011,...",3,line=1,adj=0,cex=1.35,font=3,outer=T)
mtext("Quelle: mo...",1,line=2,adj=1.0,cex=1.1,font=3,outer=T)
dev.off()
```

Im **Skript** werden nach der Definition der Ränder unmittelbar in dem Vektor daten definiert. Als beschriftung wird die Sequenz von 2002 bis 2011 definiert. Die Farbe ist ebenfalls ein Vektor, der für jede bis auf die letzte Säule mit der Farbe olivedrab befüllt wird. Die letzte Säule wird dunkelrot. Als Beschriftung werden die beiden letzten Ziffern der Jahreszahlen verwendet. Die Achse wird unterdrückt und später separat an der Position 4 (= rechts) gezeichnet. Die mit abline() erzeugten horizontalen Linien in der Hintergrundfarbe, die über die Säulen gezeichnet werden, bewirken den durchbrochenen Eindruck. Schließlich wird über dem letzten Balken an der Position daten[10]+0.025*daten[10] der entsprechende Wert geschrieben.

8.1.2 Säulendiagramm mit Anteilen für Wachstumsentwicklungen

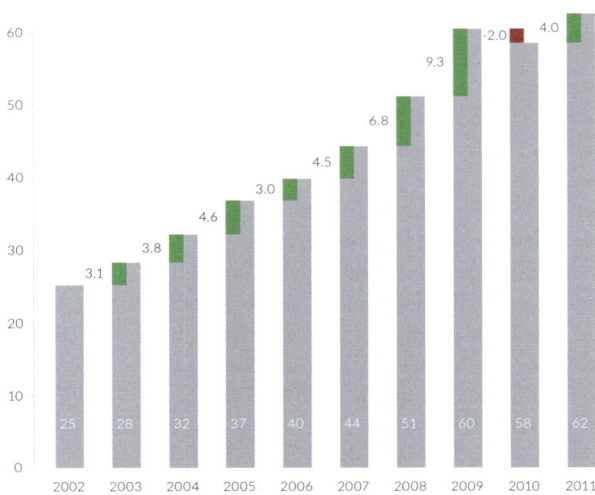

Gegenüber der vorigen wird in dieser Abbildung der Schwerpunkt der Aussage auf die Veränderung gelegt. Diese wird jedoch nicht isoliert (etwa als Wachstumsrate) gezeigt, sondern als Markierung in den Absolutzahlen. Da die Breite bzw. Fläche der Säulen ja keine Rolle spielt, sondern nur die Höhe, ist es nicht notwendig, den gesamten oberen Bereich zu kennzeichnen. Es ergibt sich ein sehr anschaulicher Effekt, wenn nur die halbe Breite der Veränderung farblich hervorgehoben wird. Das hat zudem den Vorteil, dass negative Veränderungen ebenfalls kenntlich gemacht werden können. In diesen Fällen (hier: 2010) wird anstelle einer grünen eine dünnere rote Säule auf die Hauptsäule aufgesetzt. Die genaue Größe aller Veränderungen wird neben der Säule ausgeschrieben, die Höhe des Wertes insgesamt in diesem Fall in weiß in die Säule hinein geschrieben. Wenn man wie hier die Y-Achse links anbringt und die Höhe der Säulen an der Zahl innerhalb der Säule abzulesen ist, reicht eine reduzierte Darstellung der Achse ohne senkrechte Linie.

Die **Daten** wurden der Website http://money.cnn.com entnommen und in das Skript eingetippt.

```
pdf_datei<-"zeitreihen_saeulen_anteile_wachstum.pdf"
cairo_pdf(bg="grey98",pdf_datei,width=11,height=9)

par(las=1,cex=0.9,omi=c(0.75,0.5,1.25,0.5),mai=c(0.5,1,0,1),
    family="Lato Light",las=1)
```

8.1 Kurze Zeitreihen

```
# Daten definieren
daten<-c(25296,28365,32187,36835,39788,44282,51122,60420,58437,62484)/1000
beschriftung<-c(2002:2011)
zuwachs<-0
for (i in 2:length(daten)) zuwachs<-c(zuwachs,daten[i]-daten[i-1])
wertlinks<-daten-zuwachs
x<-rbind(t(daten),t(daten))
y<-rbind(t(wertlinks),rep(0,length(daten)))
f1<-"darkgreen"; f2<-"grey60"
farben<-c(f1,f2)
for (i in 1:length(daten)-1) farben<-c(farben,f1,f2)

for (i in 1:length(daten))
{
if (y[1,i]>x[1,i])
{
        tmp<-x[1,i]; x[1,i]<-y[1,i];y[1,i]<-tmp
        farben[(2*i)-1]<-"darkred"
}
}

# Grafiken erstellen und weitere Elemente
barplot(x,beside=T,border=NA,col=farben,space=c(0,2),axes=F)
barplot(y,beside=T,border=NA,col=rep("grey60",2*length(daten)),
        add=T,names.arg=beschriftung,space=c(0,2),axes=F)
axis(2,col=par("bg"),col.ticks="grey81",lwd.ticks=0.5,tck=-0.025)
hoehe<-0.1*max(daten)
j<-1
k<-j
for (i in 1:length(daten))
{
if (j > 1) k<-k+4
text(k+1.3,hoehe,format(round(x[2,i]),nsmall=0),cex=1.25,adj=0,xpd=T,
        col="white")
j<-j+3
if (i<length(daten)) text(k+3.1,y[1,i+1]+((x[1,i+1]-y[1,i+1])/2),
        format(round(zuwachs[i+1],1),cex=0.75,nsmall=1),adj=0)
}

# Betitelung
mtext("Umsatzentw...",3,line=4,adj=0,family="Lato Black",outer=T,cex=2)
mtext("Angaben in...",3,line=1,adj=0,cex=1.35,font=3,outer=T)
mtext("Quelle: La...",1,line=2,adj=1.0,cex=1.1,font=3,outer=T)
dev.off()
```

Im **Skript** werden die Daten wie im vorigen Beispiel definiert, anschließend wird einer Variable `zuwachs` der Wert 0 zugewiesen. Die darauf folgende Schleife erzeugt dann einen Vektor, der den Zuwachs in Form der Differenz zum Vorwert enthält. `wertlinks` erhält die Originaldaten minus den Zuwächsen. Anschließend wird ein Vektor x erzeugt, der die transponierten Daten zwei mal als Zeilen enthält. Der Vektor y besteht ebenfalls aus zwei Zeilen: die erste mit den transponierten Daten von `wertlinks`, die zweite mit Nullen.

```
> x
      [,1]   [,2]   [,3]   [,4]   [,5]   [,6]   [,7]   [,8]   [,9]  [,10]
[1,] 25.296 28.365 32.187 36.835 39.788 44.282 51.122 60.42 60.420 62.484
[2,] 25.296 28.365 32.187 36.835 39.788 44.282 51.122 60.42 58.437 62.484
>
>
> y
      [,1]   [,2]   [,3]   [,4]   [,5]   [,6]   [,7]   [,8]   [,9]  [,10]
[1,] 25.296 25.296 28.365 32.187 36.835 39.788 44.282 51.122 58.437 58.437
[2,]  0.000  0.000  0.000  0.000  0.000  0.000  0.000  0.000  0.000  0.000
>
```

Das werden unsere Säulen, für die wir noch die Farben definieren müssen. Zuerst werden die „normalen" Balken grau und die Zuwächse grün definiert. Nun müssen wir aber noch den Fall berücksichtigen, dass die Differenz zum Vorjahr negativ sein kann. Dafür gehen wir alle Jahre durch. Wenn y größer als x ist, müssen x und y vertauscht werden und die Farbe wird in dunkelrot geändert. Damit liegen die Daten nun in der benötigten Form vor. Wir zeichnen zunächst einen `barplot()` mit x. Wichtig ist hier der Paremeter `beside=T`, der die beiden Balken *nebeneinander* zeichnet. Beide Balken sind gleich hoch, mit Ausnahme der Jahre, in denen die Differenz zum Vorjahr negativ ist. Die linke Hälfte ist grün (wenn die Differenz positiv ist) oder rot (wenn die Differenz negativ ist), die rechte immer grau. *Darüber* wird nun y gezeichnet, und zwar immer in grau. Damit decken wir die grünen bzw. roten Säulen von unten aus gesehen ab, so dass am oberen Ende nur noch die grünen und roten Bereiche der Differenz sichtbar bleiben. Anschließend zeichnen wir die reduzierte Form der Achse ohne Linie.

Nun folgen noch zwei Beschriftungen. Zum einen schreiben wir in die Säulen deren Werte bei `0.1*max(daten)`, also 10 Prozent von der Höhe des höchsten Wertes. k muss in jedem Durchgang der Schleife um 4 erhöht werden, da wir ja zwei Balken nebeneinander gesetzt und einen Zwischenraum von 2 definiert haben. Nochmal um 1.3 versetzt, erscheint die Beschriftung dann innerhalb des Balkens. Die zweite Beschriftung, der Wert der Differenz, soll links auf halber Höhe neben der jeweiligen Differenz stehen. Die X-Position ist 3.1 Stellen neben k.

Zuletzt folgen die üblichen Betitelungen.

8.1.3 Quartalswerte als Säulen

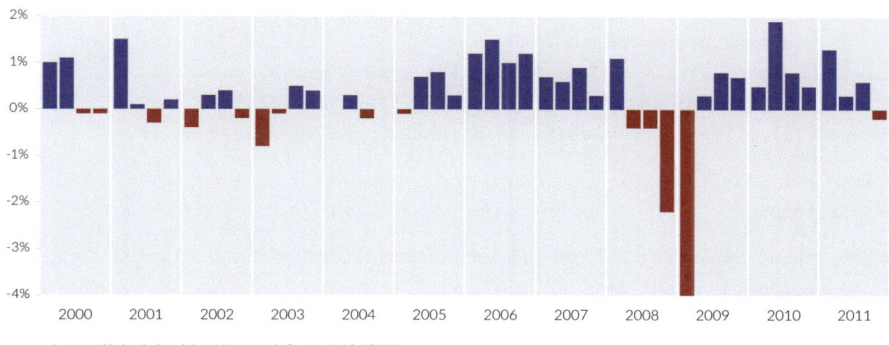

Bruttoinandsprodukt von Deutschland 2000–2011
Veränderungsraten zum Vorquartal in Prozent, preisbereinigt, Kettenindex, Quartalswerte

saison- und kalenderbereinigte Werte nach Census X-12-ARIMA

Quelle: destatis, Konjunkturindikatoren

Zur **Abbildung**: Bei der Darstellung von Wachstumsraten findet man oft Formen, bei denen negative Werte in einer anderen Farbe als positive Werte dargestellt werden. Wenn es sich um Quartalswerte handelt, sollte jeweils ein volles Jahr als Periode optisch kenntlich gemacht werden: Dies geschieht hier dadurch, dass jeweils ein Jahr mit einer etwas dunkleren Farbe hinterlegt ist und sich somit vom Hintergrund absetzt. Im vorliegenden Fall wurde der Hintergrund mit einem Gelbton versehen. In der X-Achsenbeschriftung reicht es dann, lediglich die Jahreszahl zu schreiben. Die vier Werte pro Jahr können ohne Weiteres auseinandergehalten werden.

Die **Daten** können von http://www.destatis.de als XLS-Tabelle heruntergeladen werden. Beachten Sie, dass die Daten *absteigend* sortiert sind.

```
pdf_datei<-"zeitreihen_quartal_saeulen.pdf"
cairo_pdf(bg="grey98",pdf_datei,width=14,height=7)

library(gplots)
par(omi=c(0.65,0.75,0.95,0.75),mai=c(0.9,0,0.25,0.02),
    fg="cornsilk",bg="cornsilk",family="Lato Light",las=1)

# Daten einlesen und Grafik vorbereiten

bip<-read.xls("daten/bip_deutschland_quartal.xlsx",sheet=2)
x<-rev(bip$preisbereinigt)
t<-unique(bip$jahr)

# Grafik erstellen und weitere Elemente

par(mfcol=c(1,length(t)))
```

```
for (i in length(t):1)
{
xt<-subset(bip$preisbereinigt,bip$jahr == t[i])
farben<-rep("blue4",length(xt))
for (j in 1:length(xt)) if(xt[j]<0)farben[j]<-"coral4"
barplot2(rev(xt),border=NA,bty="n",col=rev(farben),ylim=c(-4,2),
       axes=F,prcol="bisque1")
if (i==length(t)) axis(2,col="cornsilk",cex.axis=1.25,at=c(-4:2),
       labels=c("-4%","-3%","-2%","-1%","0%","1%","2%"))
mtext(t[i],1,line=2,col=rgb(64,64,64,maxColorValue=255),cex=1.25)
}

# Betitelung
mtext("Bruttoinan...",3,line=2.5,adj=0,cex=2,family="Lato Black",
       col="Black",outer=T)
mtext("Veränderun...",3,line=-0.5,adj=0,cex=1.5,font=3,col="Black",outer=T)
mtext("Quelle: de...",1,line=1,adj=1,cex=1.25,font=3,col="Black",outer=T)
mtext("saison- un...",1,line=1,adj=0,cex=1.25,font=3,col="Black",outer=T)
dev.off()
```

Im **Skript** benötigen wir das Paket `gplots` für die Funktion `barplot2()`. Diese bietet den Parameter `prcol`, mit dem wir den Hintergrund des Datenbereiches separat färben können. Für den Hintergrund der Abbildung definieren wir aber zunächst „cornsilk". Auch der Parameter `fg` muss mit dieser Farbe definiert werden, da die einzelnen Abbildungen sonst einen Rand hätten. Die Daten werden eingelesen und umgedreht (das Statistische Bundesamt stellt sie absteigend zur Verfügung). Dann werden die in den Daten vorkommenden Jahre mit der Funktion `unique()` extrahiert. Wir definieren damit die Anzahl der Grafikfenster: für jedes Jahr eines.

Da die Daten absteigend sortiert sind, durchlaufen wir die Schleife im folgenden mit `for (i in length(t):1)` rückwärts. Innerhalb der Schleife wird der Datensatz Jahr für Jahr gefiltert und jeweils ein Balkendiagramm gezeichnet. Als Farbe wird blau gewählt, bei negativen Werten rot. Mit dem Parameter `prcol` der Funktion `barplot2()` kann die Farbe des Hintergrundes so gewählt werden, dass sie sich von dem Gesamthintergrund absetzt. Die Jahreszahl wird mit `mtext(t[i],...)` jeweils unter die gesamte Grafik geschrieben. Im ersten Durchlauf, wenn die Bedingung `i==length(t)` erfüllt ist (wir zählen ja rückwärts), wird eine Y-Achse gezeichnet und mit Prozentbeschriftungen versehen. Zum Schluss folgen zwei Über- und zwei Unterschriften.

8.1.4 Quartalswerte als Linien mit Werte-Beschriftungen

Bruttoinandsprodukt von Deutschland 2000–2011

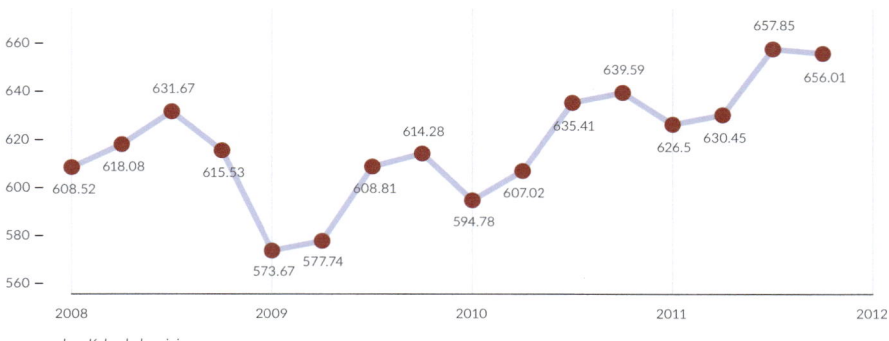

In dieser **Abbildung** werden die einzelnen Werte zusätzlich zu der verbindenden Linie mit andersfarbigen Punkten hervorgehoben. Jeder Punkt wird ober- oder unterhalb mit dem entsprechenden Wert beschriftet. Die Position der Beschriftung sollte von der Lesbarkeit abhängen: Wenn die Werte links und rechts des zu beschriftenden Wertes kleiner als dieser sind, so ist die Beschriftung oberhalb des Wertes anzubringen, sind beide Werte größer, darunter. Ist ein Wert kleiner und einer größer, muss man im Einzelfall entscheiden. Der Hintergrund wurde hier etwas dunkler gefärbt, bei den Jahreswechseln (also den Januarwerten) werden weiße senkrechte Hilfslinien gezogen. Für die X-Achse reicht dann lediglich die Angabe der Jahreszahlen, „Tick-Marks" sind nicht notwendig. Der Y-Achsentitel ist entbehrlich, da die Einheit im Untertitel erscheint.

Die **Daten** können von http://www.destatis.de als XLS-Tabelle heruntergeladen werden.

```
pdf_datei<-"zeitreihen_quartal_linien.pdf"
cairo_pdf(bg="grey98",pdf_datei,width=14,height=7)

par(omi=c(0.65,0.75,0.95,0.75),mai=c(0.9,0,0.25,0.02),
    fg=rgb(64,64,64,maxColorValue=255),bg="azure2",
    family="Lato Light",las=1)

# Daten einlesen und Grafik vorbereiten

bip<-read.xls("daten/bip_deutschland_quartal.xlsx",sheet=1)
bip<-subset(bip,bip$jahr > 2007)
x<-ts(rev(bip$jeworiginal),start=2008,frequency=4)

# Grafik definieren und weitere Elemente
```

```
plot(x,type="n",axes=F,xlim=c(2008,2012),ylim=c(560,670),xlab="",ylab="")
abline(v=c(2008:2012),col="white",lty=1,lwd=1)
lines(x,lwd=8,type="b",col=rgb(0,0,139,80,maxColorValue=255))
points(x,pch=19,cex=3,col=rgb(139,0,0,maxColorValue=255))
faktor<-rep(0.985,length(x))
for (i in 1:length(x))
{
if (i>1 & i<length(x)) { if (x[i]>x[i-1] & x[i]>x[i+1]) { faktor[i]<-1.015 }}
text((2008+i*0.25)-0.25,faktor[i]*x[i],x[i],col=rgb(64,64,64,
maxColorValue=255),cex=1.1)
}
axis(1,at=c(2008:2012),tck=0)
axis(2,col=NA,col.ticks=rgb(24,24,24,maxColorValue=255),
     lwd.ticks=0.5,cex.axis=1.0,tck=-0.025)

# Betitelung
mtext("Bruttoinan...",3,line=2.3,adj=0,cex=2,family="Lato Black",outer=T)
mtext("Originalwe...",3,line=0,adj=0,cex=1.75,font=3,outer=T)
mtext("Quelle: de...",1,line=1,adj=1,cex=1.25,font=3,outer=T)
mtext("ohne Kalen...",1,line=1,adj=0,cex=1.25,font=3,outer=T)
dev.off()
```

Im **Skript** werden sowohl der allgemeine wie auch der Datenhintergrund auf die Farbe „cornsilk" eingestellt. Wir lesen dieselben Daten wie im vorigen Beispiel ein, behalten nur die Daten ab 2008 und konstruieren daraus mit der Funktion ts() und dem Parameter frequency=4 eine Quartals-Zeitreihe. Anschließend wird mit der Funktion plot() die Grafik definiert, aber aufgrund des Parameters type="n" nicht gezeichnet. Das geschieht erst in der übernächsten Zeile mit lines() und points(). Diese Trennung ist wichtig, weil wir dazwischen noch mit abline() zur Orientierung weiße senkrechte Linien zeichnen. Somit erscheinen die Linien *hinter* den Punkten.

Nun kommt eine Schleife, die Punkt für Punkt der Zeitreihe durchgeht und zunächst eine Fallunterscheidung vornimmt: Wenn der aktuelle Wert größer als die benachbarten Werte ist, wird die Y-Position der Beschriftung des Wertes mit dem Faktor 1.015 multipliziert, also nach oben verschoben. Andernfalls bleibt es bei einem Faktor von 0.985, so dass die Beschriftung des Wertes unterhalb des Wertes angeordnet wird.

Am Ende folgen Achsen und Titelei. Ungünstig gelegene Beschriftungen, die von der Fallunterscheidung nicht berücksichtigt werden, können mit Inkscape manuell korrigiert werden. Alternativ kann die jeweilige Position für einzelne Punkte auch individuell angegeben werden.

8.1.5 Kurze Zeitreihen übereinander

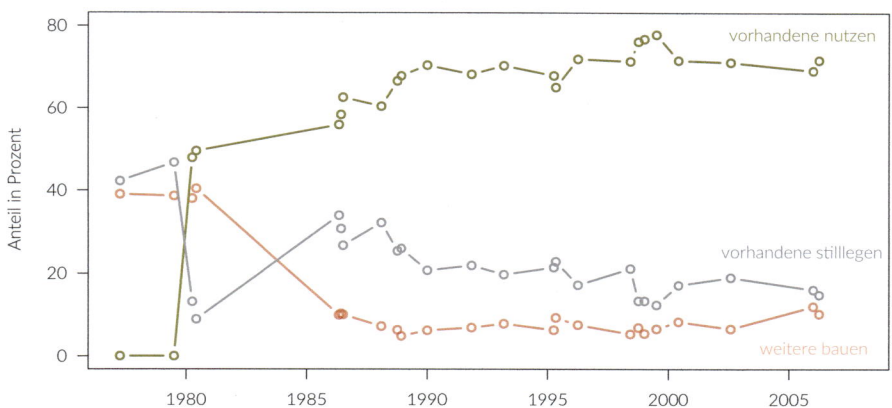

Seit einigen Jahren werden zur Energieversorgung Kernkraftwerke gebaut. Wie ist Ihre Meinung dazu: Sollte man auch weiterhin Kernkraftwerke bauen oder sollte man die Energieversorgung auf andere Weise sicherstellen? (1980 bis 1995 lautete die Frage:) (1980:) Über Kernkraftwerke wird ja viel diskutiert. **(1986-1988)** Denken Sie nun bitte einmal an die KKW in der Bundesrepublik. Was meinen Sie dazu: **(1990-1991:)** Wenn Sie an die Kernkraftwerke in der Bundesrepublik denken. Was meinen Sie: **(1993-2006:)** Wenn Sie an die Kernkraftwerke hier in Deutschland denken. Was meinen Sie: Sollen weitere Kernkraftwerke gebaut werden, sollen nur die vorhandenen genutzt werden, ohne neue Kernkraftwerke zu bauen oder sollen die vorhandenen Kernkraftwerke stillgelegt werden?

Die **Abbildung** zeigt drei Variablen des Politbarometers, einem von der Forschungsgruppe Wahlen durchgeführten Umfrageprogramm. Zu der seit 1977 in aller Regel monatlich durchgeführten Umfrage liegt ein mittlerweile recht langer Zeitreihendatensatz vor. Viele Fragen enthalten mehrere Antwortmöglichkeiten, wie zum Beispiel die Frage nach der Einstellung zur Kernkraft. Die Form der Darstellung mit der Variablenbezeichnung als Titel könnte in Dokumentationen eines Datensatzes Verwendung finden (daher auch keine Quellenangabe, in der fiktiven Annahme, dass diese andernorts zu finden ist). Dann ist es auch sinnvoll, alle Antwortoptionen abzubilden. Wie man der Abbildung entnehmen kann, gibt es einen abrupten Rückgang des Anteils der Antwortoption „vorhandene stilllegen". Gleichzeitig sieht man aber auch, dass dies keine inhaltlichen Gründe hat, sondern an der Aufnahme einer dritten Antwortoption „vorhandene nutzen" liegt, die bis zum Ende des dargestellten Zeitraums den größten Anteil aufweist. Bei Umfrageprogrammen, die sich über einen so langen Zeitraum erstrecken, werden gelegentlich die Fragetexte im Laufe der Zeit variiert. In solchen Fällen sollten die Varianten aufgeführt werden, auch wenn sich daraus eine umfangreiche Legende ergibt. In der vorliegenden Abbildung wird der Erläuterungstext zweispaltig unter die Abbildung gesetzt.

Daten: Siehe Anhang A, ZA2391: Politbarometer 1977-2011 (Partielle Kumulation).

```
pdf_datei<-"zeitreihen_kurz_inc.pdf"
cairo_pdf(bg="grey98",pdf_datei,width=9,height=4.2)
```

```
source("skripte/0inc_datendesign_dbconnect.r")
par(mar=c(3,5,0.5,2),omi=c(0,0,0,0),family="Lato Light",las=1)

# Daten einlesen

sql<-"select dezjahr, v39_weitere, v39_nutzen,
     v39_stilllegen from t_za2391_zeitreihen"
dataset<-dbGetQuery(con,sql)
attach(dataset)

# Grafik definieren und weitere Elemente

plot(type="n",xlab="",ylab="Anteil in Prozent",dezjahr,
     v39_weitere,ylim=c(0,80))

vars1<-c("dezjahr","v39_weitere")
punkte1<-subset(dataset[vars1],!is.na(dataset[vars1]$v39_weitere))

vars2<-c("dezjahr","v39_nutzen")
punkte2<-subset(dataset[vars2],!is.na(dataset[vars2]$v39_nutzen))

vars3<-c("dezjahr","v39_stilllegen")
punkte3<-subset(dataset[vars3],!is.na(dataset[vars3]$v39_stilllegen))

farbe1<-rgb(200,97,0,150,maxColorValue=255)
farbe2<-rgb(100,97,0,maxColorValue=255)
farbe3<-rgb(130,130,130,maxColorValue=255)

points(punkte1,col=farbe1,lwd=2,type="b")
points(punkte2,col=farbe2,lwd=2,type="b")
points(punkte3,col=farbe3,lwd=2,type="b")

text(2006,2,"weitere bauen",col=farbe1)
text(2005.5,78,"vorhandene nutzen",col=farbe2)
text(2005.5,25,"vorhandene stilllegen",col=farbe3)

dev.off()
```

sowie in LaTeX

```
\documentclass{article}
\usepackage[paperheight=21cm,paperwidth=29.7cm,
top=1.25cm, left=0cm, right=0cm,bottom=0cm]{geometry}
\usepackage{multicol}
\usepackage[german]{babel}
\usepackage{graphicx,color}
\usepackage{fontspec}
\setmainfont[Mapping=text-tex]{Lato Light}
\setlength{\columnsep}{1.5pc}
\definecolor{hintergrund}{rgb}{0.99,0.99,0.99}
\pagecolor{hintergrund}
```

```
\linespread{1.2}
\begin{document}
\pagestyle{empty}
\fontsize{24pt}{18pt}\selectfont
\hspace*{2.0cm}
\textbf{V39 - Einstellung zu Kernkraft}
\begin{center}
\fontsize{12pt}{14pt}\selectfont
\vspace*{0.15cm}
\includegraphics[width=1.00\textwidth]{zeitreihen_kurz_inc.pdf}
\vspace*{0.25cm}
\begin{minipage}[t]{26.5cm}
\begin{multicols}{2}
Seit einigen Jahren werden zur Energieversorgung .... stillgelegt werden?
\end{multicols}
\end{minipage}
\end{center}
\end{document}
```

Im **Skript** werden die Daten aus einer MySQL-Tabelle eingelesen. Die drei Variablen werden zunächst jeweils als Punktepaare definiert, wobei wir zunächst die fehlenden Werte ausschließen. Dann werden die Reihen nacheinander mit points() gezeichnet, wobei wir hier den Typ „b" wählen. Damit werden sowohl Punkte als auch Linien dargestellt, die Linien allerdings nicht bis zu den Punkten durchgezogen.

8.2 Flächen unter und zwischen Zeitreihen

8.2.1 Flächen zwischen zwei Zeitreihen

Zur **Abbildung**: Bei einer Darstellung von zwei Zeitreihen in einer Grafik kann es sinnvoll sein, die Fläche zwischen den Zeitreihen farblich zu kennzeichnen. Falls sich die Reihen überschneiden, muss das bei der Farbwahl der Fläche entsprechend berücksichtigt werden. Im vorliegenden Fall zeigt die Fläche die Differenz zwischen der Anzahl der Lebendgeborenen und Gestorbenen in Deutschland von 1820 bis 2010. Es gibt zwei hier orange eingefärbte Phasen, in denen die Anzahl der Gestorbenen höher ist als die der Lebendgeborenen.

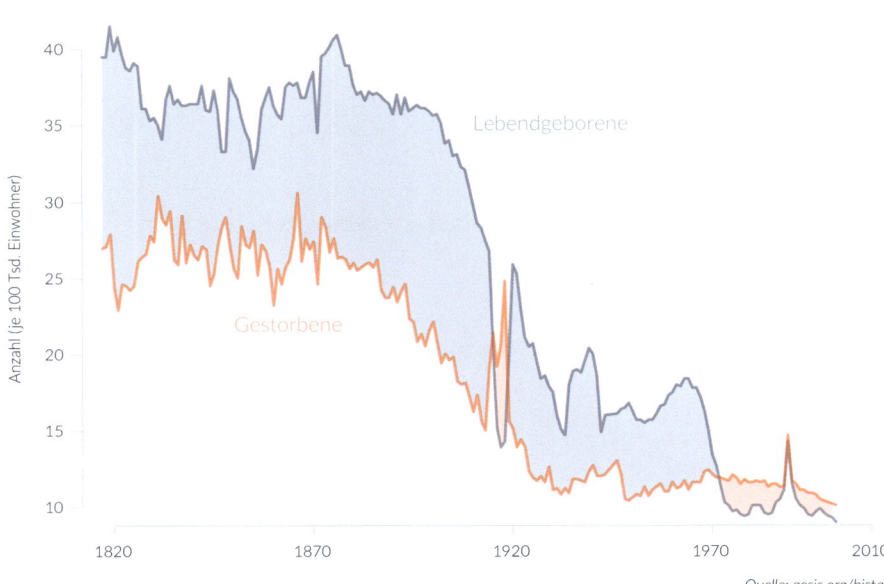

Die Daten können unter http://dx.doi.org/10.4232/1.8171 nach einmaliger Anmeldung heruntergeladen werden.

```
pdf_datei<-"zeitreihen_flaechen_zwischen.pdf"
cairo_pdf(bg="grey98",pdf_datei,width=11.69,height=8.27)

par(mai=c(1,1,0.5,0.5),omi=c(0,0.5,1,0),family="Lato Light",las=1)

# Daten einlesen und Grafik vorbereiten

rs<-read.xlsx("daten/B1_01.xls",1,header=F)
farbe1_150<-rgb(68,90,111,150,maxColorValue=255)
farbe1_50<-rgb(68,90,111,50,maxColorValue=255)
farbe2_150<-rgb(255,97,0,150,maxColorValue=255)
farbe2_50<-rgb(255,97,0,50,maxColorValue=255)
attach(rs)

# Grafik definieren und weitere Elemente

plot(X1,X11,axes=F,type="n",xlab="",ylab="Anzahl (je 100 Tsd. Einwohner)",
     cex.lab=1.5,xlim=c(1820,2020),ylim=c(10,40),xpd=T)
axis(1,at=c(1820,1870,1920,1970,2010))
axis(2,at=c(10,15,20,25,30,35,40),col=par("bg"),col.ticks="grey81",
     lwd.ticks=0.5,tck=-0.025)
```

8.2 Flächen unter und zwischen Zeitreihen

```
lines(X1,X11,type="l",col=farbe1_150,lwd=3,xpd=T)
lines(X1,X12,type="l",col=farbe2_150,lwd=3)
text(1910,35,"Lebendgeborene",adj=0,cex=1.5,col=farbe1_150)
text(1850,22,"Gestorbene",adj=0,cex=1.5,col=farbe2_150)
beginn<-c(1817,1915,1919,1972);ende<-c(1914,1918,1971,2000)
farbe<-c(farbe1_50,farbe2_50,farbe1_50,farbe2_50)
for(i in 1:length(beginn))
{
mysubset<-subset(rs,X1 >= beginn[i] & X1 <=ende[i])
attach(mysubset)
xx<-c(mysubset$X1,rev(mysubset$X1));yy<-c(mysubset$X11,rev(mysubset$X12))
polygon(xx,yy,col=farbe[i],border=F)
}

# Betitelung
mtext("Lebendgebo...",3,line=1.5,adj=0,family="Lato Black",cex=2.2,outer=T)
mtext("Jahreswert...",3,line=-0.75,adj=0,font=3,cex=1.8,outer=T)
mtext("Quelle: ge...",1,line=3,adj=1,cex=1.2,font=3)
dev.off()
```

Im **Skript** werden nach den Randeinstellungen zunächst zwei Farben in zwei Farbabstufungen definiert. Die erste erhält einen Transparentwert von 150, die zweite von 50. Beide Achsen sowie die Linien werden unterdrückt, die Achse anschließend mit der Funktion axis() separat erstellt. Anschließend werden die Zeitreihen gezeichnet und mit text() beschriftet. Die Flächen zwischen den Zeitreihen werden mit der Funktion polygon() gefüllt. Da die Flächen unterschiedlich gefärbt werden sollen – je nachdem, welche Reihe oben und welche unten ist – müssen wir mehrere Abschnitte unterscheiden. Dazu werden vier Beginn- und vier Endzeitpunkte definiert. Die Schleife geht nun diese vier Zeitabschnitte durch. Für jeden Abschnitt wird ein Teildatensatz gebildet und daraus zwei neue Vektoren erstellt. Der erste enthält die X-Achsenwerte zunächst von links nach rechts, anschließend mit der Funktion rev() von rechts nach links. Der zweite enthält entsprechend zunächst die Y-Werte der ersten Reihe von links nach rechts, anschließend die Y-Werte der zweiten Reihe von rechts nach links. Mit diesen Daten kann nun jeweils die Funktion polygon() die Flächen ausfüllen.

8.2.2 Fläche als Korridor mit Zeitreihen (Panel)

Zur **Abbildung**: Eine weitere Verwendungsform von Flächen in Zeitreihen ist die Darstellung eines „Korridors". Damit ist ein Bereich gemeint, innerhalb dessen sich die Zeitreihen bewegen. Im vorliegenden Fall vergleichen wir die Entwicklung von acht Zeitreihen.[1] Der Korridor ist hier aus den acht Reihen jeweils der kleinste und der größte Wert pro Jahr. Um die Darstellung nicht zu überfrachten, bilden vier Grafiken als 2x2-Panel die Abbildung, in jeder befinden sich neben dem aus allen acht Reihen zusammengesetzten Korridor nur zwei jeweils zusammenpassende Reihen. In dieser Form des Panels kann bei den oberen beiden Grafiken auf die X-Achse verzichtet werden, für die Y-Achsen reichen Beschriftungen und Teilstriche. Die Namen der Zeitreihen sollten nicht als Legende, sondern direkt an den Zeitreihen oder zumindest in zuzuordnender Nähe angegeben werden.

Preise für Weizen und Roggen in Mitteleuropa 1200–1960

in g Silber/100 kg, Zehnjahresdurchschnitte

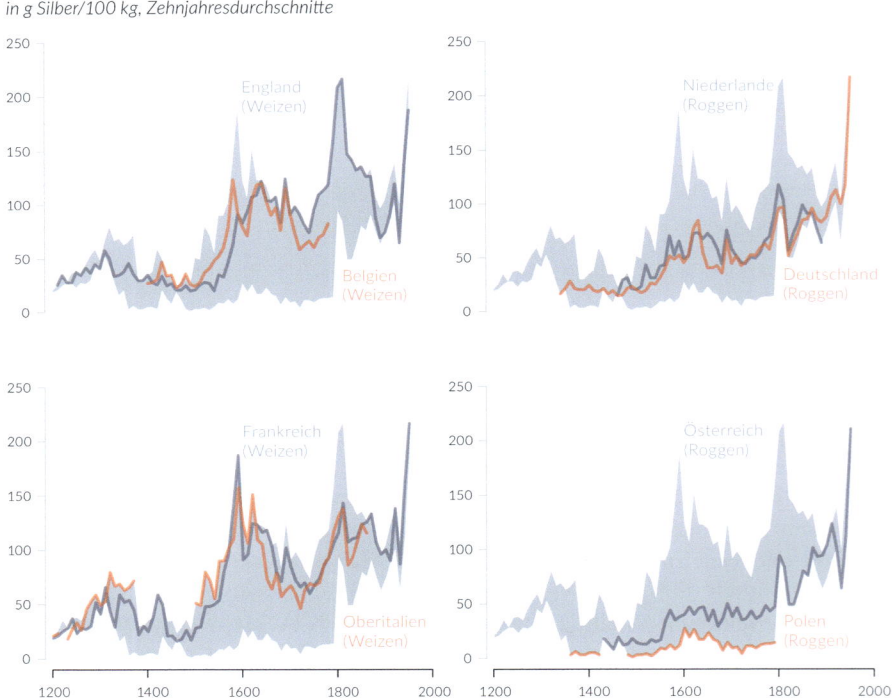

Die **Daten** stammen aus dem Buch von Wilhelm Abel, „Agrarkrisen und Agrarkonjunktur. Eine Geschichte der Land- und Ernährungswirtschaft Mitteleuropas seit

---

[1] Zum Inhalt: Wilhelm Abel stellt für die langfristige Preisentwicklung drei „säkulare Wellen" fest: 1. Einem Aufschwung im 13. und zum Teil auch noch zu Beginn des 14. Jahrhunderts folgte ein Abschwung im Spätmittelalter. 2. Ein weiterer Aufschwung im 16. Jahrhundert brach im 17. Jahrhundert ab. 3. Ein dritter Aufschwung im 18. Jahrhundert löste sich im 19. Jahrhundert in kürzer befristete und zum Teil konträre Bewegungen auf, die sich erst im ausgehenden 19. und 20. Jahrhundert wieder zusammenfanden. Über die Ursachen dieser Wellen ist man sich bis heute uneinig.

8.2 Flächen unter und zwischen Zeitreihen

dem hohen Mittelalter." Sie stehen als Datensatz ZA8082 bei http://gesis.org/histat zur Verfügung.

```
pdf_datei<-"zeitreihen_flaechen_korridor_2x2.pdf"
cairo_pdf(bg="grey98",pdf_datei,width=10.65,height=9.2)

source("skripte/0inc_datendesign_dbconnect.r")
par(mai=c(0.6,0.5,0,0),omi=c(0.2,0.5,1.25,0.25),mfcol=c(2,2),
        family="Lato Light",las=1)

# Grafik vorbereiten und Daten einlesen

farbe1_150<-rgb(68,90,111,150,maxColorValue=255)
farbe2_150<-rgb(255,97,0,150,maxColorValue=255)

y1variable<-c("England_Weizen",
                "Frankreich_Weizen",
                "Niederlande_Roggen",
                "Oesterreich_Roggen")
y2variable<-c("Belgien_Weizen",
                "Oberitalien_Weizen",
                "Deutschland_Roggen",
                "Polen_Roggen")

y1beschriftung<-c("England\n(Weizen)",
                "Frankreich\n(Weizen)",
                "Niederlande\n(Roggen)",
                "Österreich\n(Roggen)")
y2beschriftung<-c("Belgien\n(Weizen)",
                "Oberitalien\n(Weizen)",
                "Deutschland\n(Roggen)",
                "Polen\n(Roggen)")

for (i in 1:length(y1variable))
{
sql<-paste("select jahr x,",y1variable[i],"y1,",y2variable[i],"
y2,Min_Getreide,Max_Getreide from z8082 where jahr >0",sep="")
rs<-dbGetQuery(con,sql)
attach(rs)

# Grafik definieren und weitere Elemente

plot(x,y1,axes=F,type="n",xlab="",ylab="",cex.lab=0.8,xlim=c(1200,2000),
        ylim=c(0,250),xpd=T)
xx<-c(x,rev(x))
yy<-c(Max_Getreide,rev(Min_Getreide))
polygon(xx,yy,col=rgb(68,90,111,80,maxColorValue=255),border=F)
lines(x,y1,type="l",col=farbe1_150,lwd=3,xpd=T)
lines(x,y2,type="l",col=farbe2_150,lwd=3)
```

```
text(1600,200,y1beschriftung[i],adj=0,cex=1.3,col=farbe1_150)
text(1810,25,y2beschriftung[i],adj=0,cex=1.3,col=farbe2_150)
if (i==2 | i==4) axis(1,at=c(1200,1400,1600,1800,2000))
axis(2,col=par("bg"),col.ticks="grey81",lwd.ticks=0.5,tck=-0.025)
}

# Betitelung

mtext("Preise für...",3,line=3,adj=0,family="Lato Black",cex=1.8,outer=T)
mtext("in g Silbe...",3,line=1,adj=0,font=3,cex=1.2,outer=T)
dev.off()
```

Im **Skript** werden nach der Definition der Farben zunächst Variablennamen und Beschriftungen definiert. Dann wird in einer Schleife mit diesen Variablen eine SQL-Anweisung zusammengesetzt und jeweils ein Datensatz mit zwei Zeitreihen sowie den Minimal- und Maximalwerten, die ebenfalls in der Datenbank gespeichert sind, erzeugt. Die Fläche wird mit der Funktion `polygon()` wie im vorigen Beispiel gezeichet, ebenso die Reihen.

Bei dieser Panel-Darstellung können wir für die oberen beiden Grafiken auf die X-Achsen verzichten, so dass wir mit einer Bedingung nur in den Durchläufen 2 und 4 eine Achse ausgeben.

8.2.3 Prognoseintervalle (Panel)

Bevölkerungsprognosen der UN
jeweils in Millionen, Fünfjahreswerte

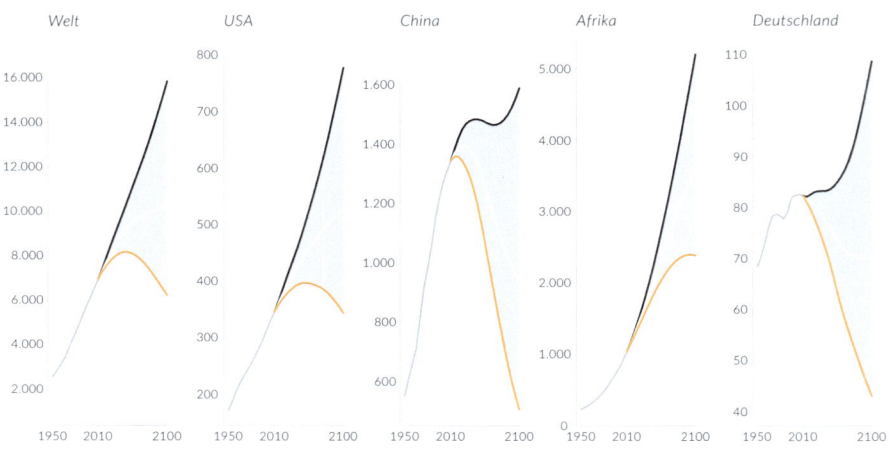

8.2 Flächen unter und zwischen Zeitreihen

Die **Abbildung** zeigt Bevölkerungsprognosen der UN für die Welt, die USA, China, Afrika und Deutschland. Die Prognosen basieren auf der Entwicklung von 1950 bis 2010 und bilden aufgrund unterschiedlicher Annahmen jeweils einen auseinandergehenden Korridor. Berechnet wurden ein maximale, eine minimale und eine mittlere Entwicklung. Die einzelnen Grafiken wurden so nebeneinander gesetzt, dass sie jeweils einzeln die gesamte vertikale Ausdehnung ausfüllen. Daraus resultiert eine unterschiedliche Skalierung, so dass wir für jede Grafik eine eigene Y-Achse benötigen. Die Einheiten-Erläuterung „jeweils Millionen" erfolgt hier in der ersten Grafik. Bei der X-Achsenbeschriftung beschränken wir uns auf die Anfangs- und Endwerte sowie den Beginn der Prognose (2010). Die Farben der Reihen erläutert in diesem Fall eine Legende, da die Farben in allen fünf Grafiken gleich sind. Die Legende ist so gestaltet, dass auch die Farbe der Fläche mit abgebildet ist. Dadurch kann auch die weiße Linie wahrgenommen werden.

Die **Daten** werden von der UN unter der Adresse http://esa.un.org/unpd/wpp als CSV-Datei bereitgestellt.

Sie sehen so aus:

```
"Country","Variable","Variant","Year","Value"
"China","Population (thousands)","Medium variant","1950",550771
"China","Population (thousands)","High variant","1950",550771
"China","Population (thousands)","Low variant","1950",550771
"China","Population (thousands)","Constant-fertility variant","1950",550771
"China","Population (thousands)","Medium variant","1955",608360
"China","Population (thousands)","High variant","1955",608360
"China","Population (thousands)","Low variant","1955",608360
"China","Population (thousands)","Constant-fertility variant","1955",608360
"China","Population (thousands)","Medium variant","1960",658270
.
.
.
```

Sie sind also untereinander angeordnet, d.h. die Prognosevarianten sind keine Variablen, sondern Faktoren.

```
pdf_datei<-"zeitreihen_prognoseintervall_1x5.pdf"
cairo_pdf(bg="grey98",pdf_datei,width=11,height=7)

par(mfcol=c(1,5),omi=c(1.0,0.25,1.45,0.25),mai=c(0,0.75,0.25,0),
    family="Lato Light",las=1)

# Daten einlesen und Grafik vorbereiten
UNPop<-read.csv("daten/UNPop.csv")
auswahl<-c("World","Northern America","China","Africa","Germany")
ymin<-c(1000,170,500,200,40)
ymax<-c(17000,800,1700,5200,110)
titel<-c("Welt","USA","China","Afrika","Deutschland")
```

```
# Grafiken erstellen und weitere Elemente

for (i in 1:length(auswahl)) {
source("skripte/inc_prognoseintervall_05.r")
mtext(titel[[i]],side=3,adj=0,line=1,cex=1.1,font=3)
if (titel[[i]] == "Welt")
{
legend(1900,-1750,c("obere Prognose","mittlere Prognose","untere Prognose"),
       fill=c("grey","grey","grey"),border=F,xpd=NA,pch=15,
       col=c("black","white","orange"),bty="n",cex=1.6,ncol=3)
}
}

# Betitelung

mtext("Bevölkerun...",3,line=7,adj=0,cex=2.25,family="Lato Black",outer=T)
mtext("jeweils in...",3,line=3.5,adj=0,cex=1.75,font=3,outer=T)
mtext("Quelle: UN...",1,line=5,adj=1.0,cex=0.95,font=3,outer=T)
dev.off()
```

eingebunden wird:

```
# inc_prognoseintervall_05.r
Land<-subset(UNPop,UNPop$Country==auswahl[i] &
      UNPop$Variant=="Medium variant")
Prognosen<-subset(UNPop,UNPop$Country == auswahl[i] & Year >= 2010)
Prognose_L<-subset(Prognosen,Prognosen$Variant=="Low variant")$Value/1000
Prognose_M<-subset(Prognosen,Prognosen$Variant=="Medium variant")$Value/1000
Prognose_H<-subset(Prognosen,Prognosen$Variant=="High variant")$Value/1000
Jahre<-seq(2010,2100,by=5)
attach(Land)

plot(axes=F,type="n",xlab="",ylab="",Year,Value/1000,
        ylim=c(ymin[[i]],ymax[[i]]))
axis(1,tck=-0.01,col="grey",at=c(1950,2010,2100),cex.axis=1.2)
axis(2,tck=-0.01,col="grey",at=py<-pretty(c(Prognose_L,
        Value/1000,Prognose_H)),labels=format(py,big.mark="."),
        cex.axis=1.2)

xx<-c(Jahre,rev(Jahre))
yy<-c(Prognose_H,rev(Prognose_L))
polygon(xx,yy,col=rgb(68,90,111,50,maxColorValue=255),border=F)

lines(Year,Value/1000,col="grey",lwd=2)
lines(Jahre,Prognose_H,col="black",lwd=2)
lines(Jahre,Prognose_L,col="orange",lwd=2)
lines(Jahre,Prognose_M,col="white",lwd=2)
```

Im **Skript** lesen wir die Daten aus einer CSV-Datei ein, nachdem wir die Abbildung mit `mfcol` in fünf Fenster unterteilt haben. Zunächst definieren wir die Auswahl, für die jeweiligen Auswahlen Minimal- und Maximalwerte für die Y-Achsen sowie die einzelnen Überschriften. Für die Anzahl der Elemente wird eine Schleife durchlaufen, die eine Datei `inc_prognoseintervall_05.r` einbindet. Darin werden zunächst die Zeilen aus dem Datensatz gelesen, die in der Variable `Country` mit dem gewünschten Wert übereinstimmt. Da die gewünschten Werte „Low Variant", „Medium Variant" und „High Variant" hier nicht spaltenweise nebeneinander, sondern zeilenweise angeordnet sind, erstellen wir drei `subsets`. Nach Definition eines leeren Plots folgen die Achsen. Mit der Funktion `pretty()`, die innerhalb von `axis()` aufgerufen und gleich dort einer Variable `py` zugewiesen wird, wird eine „hübsche" Y-Achsenunterteilung erreicht. Das würde die Funktion `axis()` ohnehin versuchen; da wir aber den Parameter `labels` benutzen, um mit der Funktion `format()` Tausendertrennpunkte anzuzeigen, geben wir auch die Positionen mit `at` an.

Das Vorgehen zur Erstellung der Flächen entspricht den beiden vorangegangenen Beispielen. Auf diese Flächen wird mit `lines()` jeweils oben eine schwarze, unten eine orangene und in der Mitte eine weiße Linie gezeichnet.

Nach Einbinden der Datei `inc_prognoseintervall_05.r` wird, immer noch innerhalb der Schleife, der Titel geschrieben, im ersten Durchlauf auch noch ein erläuternder Text „jeweils Millionen" sowie die Legende. Die Legende gestalten wir so, dass mit dem Parameter `fill` auch der grau hinterlegte Bereich des Prognosekorridors sichtbar wird.

8.2.4 Prognoseintervalle Index (Panel)

Bevölkerungsprognosen der UN

2010=100, Fünfjahreswerte

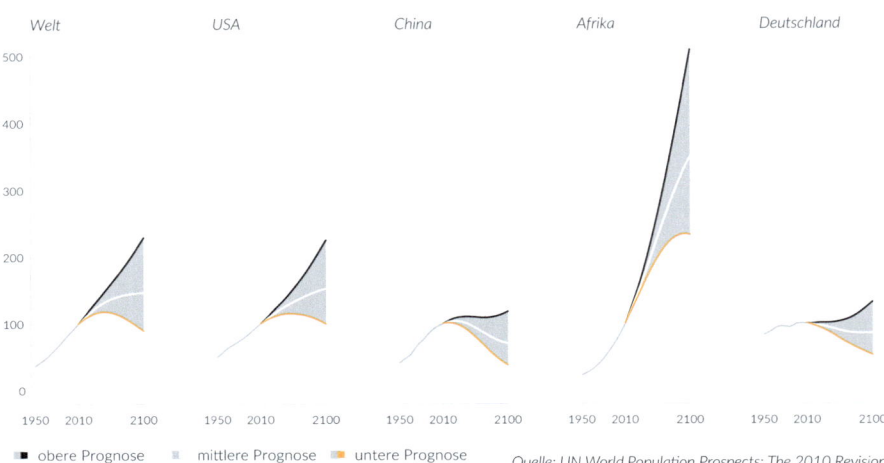

Quelle: UN World Population Prospects: The 2010 Revision

Die **Abbildung** zeigt wiederum Bevölkerungsprognosen der UN für die Welt, die USA, China, Afrika und Deutschland, in diesem Fall jedoch als Index, wobei der Wert von 2010 gleich hundert gesetzt wurde. Man erkennt an dieser Variante sofort, dass die Prognosen für Afrika eine deutlich dynamischere Entwicklung vermuten. Da es sich hier jeweils um dieselbe Einheit (den Index) handelt, können wir uns auf eine Y-Achse in der ersten Grafik beschränken. Damit man nicht die Orientierung verliert, sollten aber in allen Grafiken waagerechte Hilfslinien eingezeichnet werden.

Gelegentlich findet man Kritik an der auch vom Statistischen Bundesamt geübten Praxis, in der Erläuterung eine Jahreszahl mit dem Wert 100 gleichzusetzen („2010=100"), der wir hier aber nicht folgen.

Die **Daten** werden von der UN unter der Adresse http://esa.un.org/unpd/wpp als CSV-Datei bereitgestellt.

```
pdf_datei<-"zeitreihen_prognoseintervall_1x5_index.pdf"
cairo_pdf(bg="grey98",pdf_datei,width=11,height=7)

par(mfcol=c(1,5),omi=c(1.0,0.25,1.45,0.25),mai=c(0,0.75,0.25,0),
    family="Lato Light",las=1)

# Daten einlesen und Grafik vorbereiten

UNPop<-read.csv("daten/UNPop.csv")

auswahl<-c("World","Northern America","China","Africa","Germany")
```

8.2 Flächen unter und zwischen Zeitreihen

```
ymin<-rep(0, 5)
ymax<-rep(500, 5)
titel<-c("Welt","USA","China","Afrika","Deutschland")

for (i in 1:length(auswahl)) {
source("skripte/inc_prognoseintervall_05_index.r")
mtext(titel[i],side=3,adj=0,line=1,cex=1.1,font=3)

if (i==1)
{
legend(1900,-70,c("obere Prognose","mittlere Prognose","untere Prognose"),
       fill=c("grey","grey","grey"),border=F,pch=15,xpd=NA,
       col=c("black","white","orange"),bty="n",cex=1.6,ncol=3)
}
}

# Betitelung

mtext("Bevölkerun...",3,line=7,adj=0,cex=2.25,family="Lato Black",outer=T)
mtext("2010=100,...",3,line=3.5,adj=0,cex=1.75,font=3,outer=T)
mtext("Quelle: UN...",1,line=5,adj=1.0,cex=0.95,font=3,outer=T)
dev.off()
```

eingebunden wird:

```
# inc_prognoseintervall_05_index.r
Land<-subset(UNPop,UNPop$Country==auswahl[i] & UNPop$Variant=="Medium variant"
)

Prognosen<-subset(UNPop,UNPop$Country == auswahl[i] & Year >= 2010)
Prognose_L<-subset(Prognosen,Prognosen$Variant=="Low variant")$Value/1000
Prognose_M<-subset(Prognosen,Prognosen$Variant=="Medium variant")$Value/1000
Prognose_H<-subset(Prognosen,Prognosen$Variant=="High variant")$Value/1000
Jahre<-seq(2010,2100,by=5)
attach(Land)
basis<-(Value[13]/1000)

plot(axes=F,type="n",xlab="",ylab="",Year,Value/1000,ylim=c(ymin[i],ymax[i]))
py<-c(0,100,200,300,400,500)
abline(h=py[2:6],col="lightgray",lty="dotted")
axis(1,tck=-0.01,col="grey",at=c(1950,2010,2100),cex.axis=1.2)
py<-c(0,100,200,300,400,500)
if (auswahl[i]=="World")
{
axis(2,tck=-0.01,col="grey",at=py,labels=format(py,big.mark="."),
     cex.axis=1.2)
}
```

```
xx<-c(Jahre,rev(Jahre))
yy<-c(100*Prognose_H/basis,rev(100*Prognose_L/basis))

polygon(xx,yy,col=rgb(192,192,192,maxColorValue=255),border=F)

lines(Year,100*(Value/1000)/basis,col="grey",lwd=2)
lines(Jahre,100*Prognose_H/basis,col="black",lwd=2)
lines(Jahre,100*Prognose_L/basis,col="orange",lwd=2)
lines(Jahre,100*Prognose_M/basis,col="white",lwd=2)
```

Das **Skript** funktioniert im Wesentlichen wie im vorigen Beispiel. Der Unterschied besteht zum einen darin, dass alle Y-Achsen dieselbe Skalierung aufweisen, zum anderen darin, dass wir hier einen Indexwert abbilden, der den Wert `Value[13]`, also den Wert des Jahres 2010, als Basiswert verwendet.

8.2.5 Zeitreihen mit gestapelten Flächen

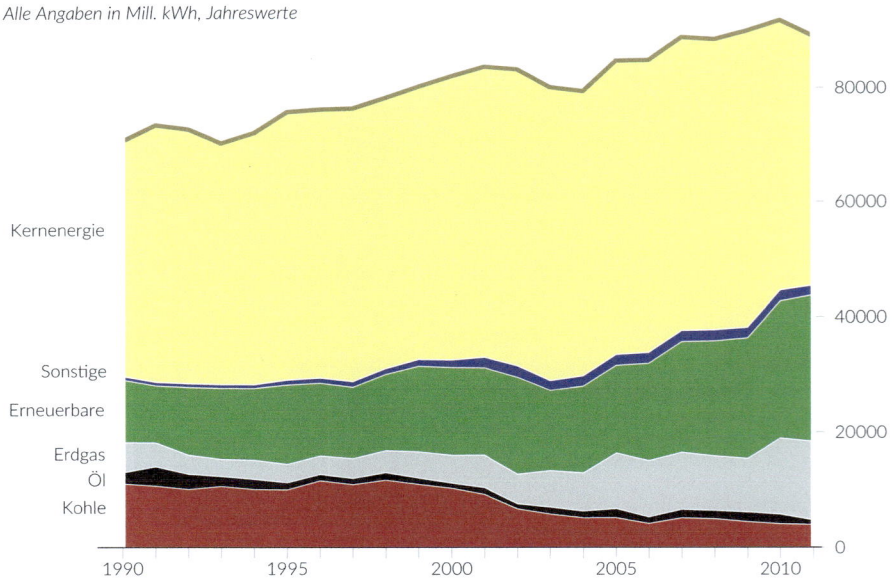

Bruttostromerzeugung in Bayern 1990–2011

Alle Angaben in Mill. kWh, Jahreswerte

Quelle: www.statistik.bayern.de

Zur **Abbildung**: Eine häufig anzutreffende Variante bei der Darstellung mehrerer Zeitreihen sind gestapelte Flächen. Dabei werden die Werte der einzelnen Zeitreihen addiert und die Zwischenräume mit Flächen ausgefüllt. Im vorliegenden Beispiel ist die Bruttostromerzeugung in Bayern von 1990 bis 2011 dargestellt.

8.2 Flächen unter und zwischen Zeitreihen

Die Farben wurden so gewählt, dass man sie mit den Energiearten assoziiert. Zur besseren Wahrnehmung wurde zwischen den Flächen jeweils eine weiße Linie eingefügt und die obere Kante mit einer Linie versehen, deren Farbe etwas dunkler als die oberste Fläche ist.

Je nach Datenlage sind solche Abbildungen mit Vorsicht zu genießen, da ein An- oder Abstieg der obersten Reihe den Eindruck erweckt, als ob diese Reihe in der entsprechenden Richtung variiert. Das kann aber ebenso gut durch eine oder mehrere tiefer liegende Reihen bewirkt worden sein.

Die **Daten** können von der Website des Bayerischen Statstischen Landesamtes (http://www.statistik.bayern.de/statistik/energie/) heruntergeladen werden.

```
pdf_datei<-"zeitreihen_flaechen_gestapelt.pdf"
cairo_pdf(bg="grey98",pdf_datei,width=9,height=7)

library(plotrix)
par(mai=c(0.5,1.1,0,0.5),omi=c(0.5,0.5,0.8,0.5),family="Lato Light",las=1)

# Daten einlesen und Grafik vorbereiten

daten<-read.xls("daten/Stromerzeugung_Bayern.xlsx")

f1<-"brown"
f2<-"black"
f3<-"grey"
f4<-"forestgreen"
f5<-"blue"
f6<-"lightgoldenrod"

Jahre<-daten$Jahr
daten$Jahr<-NULL
Gesamt<-daten$Gesamt
daten$Gesamt<-NULL

fg_org<-par("fg")
par(fg=par("bg"))

# Grafik erstellen und weitere Elemente

stackpoly(daten,main="",xaxlab=rep("",nrow(daten)),border="white",
        stack=TRUE,col=c(f1,f2,f3,f4,f5,f6), axis2=F, ylim=c(0,95000))
lines(Gesamt, lwd=4, col="lightgoldenrod4")
par(fg=fg_org)
mtext(seq(1990,2010,by=5), side=1, at=seq(1,21,by=5), line=0.5)
segments(0.25,0,22.25,0,xpd=T)
ypos<-c(7000,12000,16000,24000,30500,55000)
bez<-names(daten)
text(rep(0.5,6), ypos, bez, xpd=T, adj=1)
```

```
# Betitelung
mtext("Bruttostro...",3,line=1.5,adj=0,family="Lato Black",cex=1.75,outer=T)
mtext("Alle Angab...",3,line=-0.2,adj=0,font=3,cex=1.25,outer=T)
mtext("Quelle: ww...",1,line=1,adj=1,cex=0.9,font=3,outer=T)
dev.off()
```

Im **Skript** können wir für die Darstellung gestapelter Zeitreihen die Funktion `stackpoly()` aus dem Paket `plotrix` von Jim Lemon verwenden. Zuerst definieren wir für die einzelnen Reihen geeignete Farben und lesen die Daten ein, speichern die Reihe „Gesamt" als separaten Vektor ab und entfernen sie aus dem Datensatz. Die von der Funktion `stackpoly()` erstellten Achsen blenden wir aus, indem wir den Parameterwert von `fg` auf die Farbe des Hintergrundes setzen. Den originalen Wert von `fg` speichern wir vorher ab, um ihn nach der Erstellung der Grafik wiederherzustellen. Der Aufruf von `stackpoly()` erfolgt dann mit „leeren" X-Achsenbeschriftungen. Standardmäßig erzeugt die Funktion sowohl links als auch rechts eine Y-Achse, mit `axis2=F` wird die linke unterdrückt. Nach dem Aufruf wird mit `lines()` noch der obere Rand verstärkt, anschließend die Originaleinstellung des Parameterwertes von `fg` wiederhergestellt. Die X-Achse wird mit der Funktion `mtext()` erzeugt und mit `segments()` mit einem Strich ergänzt. Zum Schluss werden an den Positionen `ypos` die Beschriftungen der Flächen auf der linken Seite angebracht. Hierzu können einfach die Variablennamen verwendet werden. Danach folgen die üblichen Titel- und Quellenangaben.

8.2.6 Flächen unterhalb einer Zeitreihe

Bruttosozialprodukt von Chile 1820–2008
Jahreswerte

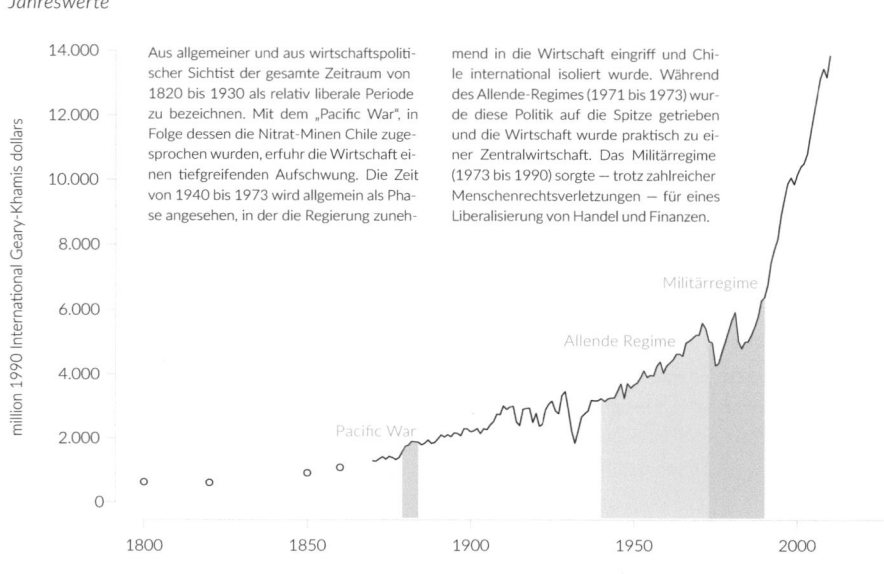

Aus allgemeiner und aus wirtschaftspolitischer Sicht ist der gesamte Zeitraum von 1820 bis 1930 als relativ liberale Periode zu bezeichnen. Mit dem „Pacific War", in Folge dessen die Nitrat-Minen Chile zugesprochen wurden, erfuhr die Wirtschaft einen tiefgreifenden Aufschwung. Die Zeit von 1940 bis 1973 wird allgemein als Phase angesehen, in der die Regierung zunehmend in die Wirtschaft eingriff und Chile international isoliert wurde. Während des Allende-Regimes (1971 bis 1973) wurde diese Politik auf die Spitze getrieben und die Wirtschaft wurde praktisch zu einer Zentralwirtschaft. Das Militärregime (1973 bis 1990) sorgte – trotz zahlreicher Menschenrechtsverletzungen – für eines Liberalisierung von Handel und Finanzen.

Quelle: Rolf Lüders, The Comparative Economic Performance of Chile 1810-1995, www.ggdc.net/maddison

Zur **Abbildung**: Insbesondere für die Betonung einzelner Perioden in Zeitreihen oder „Phasen" können Bereiche unterhalb der Zeitreihen eingezeichnet werden. Man könnte diese Phasen einfach als rechteckige Fläche über die gesamte Höhe der Grafik abbilden. Die hervorgehobenen Zeitabschnitte treten aber deutlicher hervor, wenn man den oberen Teil der Fläche unterhalb der Zeitreihe enden lässt. Unterschiedliche Phasen können verschiedene Farben aufweisen (sie müssen es natürlich, wenn sie direkt aufeinanderfolgen). Hier haben wir verschiedene Abstufungen einer Farbe gewählt. Die Phasen sollten in unmittelbarer Nähe beschriftet werden, eine Legende ist dafür nicht nötig. Da die Reihe am Anfang fehlende Werte aufweist, werden sowohl Punkte als auch eine Linie dargestellt. Aufgrund der speziellen Form der Daten (ein stark wachsender Verlauf) bietet es sich hier an, den freien Raum für einen erläuternden Text zu verwenden. Der Text wird hier zweispaltig im Blocksatz gesetzt.

Die **Daten** entstammen der Datenbank von Angus Maddison und können unter http://www.ggdc.net/maddison abgerufen werden. Sie wurden von mir in eine separate XLS-Tabelle übertragen.

```
pdf_datei<-"zeitreihen_flaechen_unterhalb_inc.pdf"
cairo_pdf(bg="grey98",pdf_datei,width=11.69,height=8.26)

par(cex.axis=1.1,mai=c(0.75,1.5,0.25,0.5),omi=c(0.5,0.5,1.1,0.5),mgp=c(6,1,0),
        family="Lato Light",las=1)

# Daten einlesen und Grafik vorbereiten

farbe<-rgb(68,90,111,150,maxColorValue=255)
daten<-read.xls("daten/chile.xlsx")
attach(daten)

# Grafik definieren und weitere Elemente

plot(x,y,axes=F,type="n",xlab="",xlim=c(1800,2020),ylim=c(0,14000),xpd=T,
        ylab="million 1990 International Geary-Khamis dollars")
axis(1,at=pretty(x),col=farbe)
axis(2,at=py<-pretty(y),col=farbe,cex.lab=1.2,
        labels=format(py,big.mark="."))
y<-ts(y,start=1800,frequency=1)
points(window(y,end=1869))
lines(window(y,start=1870))

shapefarbe1<-rgb(0,128,128,50,maxColorValue=255)
shapefarbe2<-rgb(0,128,128,80,maxColorValue=255)
auswahl<-subset(daten,x >= 1879 & x <= 1884)
attach(auswahl)
polygon(c(min(auswahl$x),auswahl$x,max(auswahl$x)),
        c(-500,auswahl$y,-500),col=shapefarbe2,border=NA)
text(1860,2200,adj=0,col=farbe,"Pacific War")
auswahl<-subset(daten,x >= 1940 & x <= 1973)
attach(auswahl)
polygon(c(min(auswahl$x),auswahl$x,max(auswahl$x)),
        c(-500,auswahl$y,-500),col=shapefarbe1,border=NA)
text(1930,5000,adj=0,col=farbe,"Allende Regime")
auswahl<-subset(daten,x >= 1973 & x <= 1990)
attach(auswahl)
polygon(c(min(auswahl$x),auswahl$x,max(auswahl$x)),
        c(-500,auswahl$y,-500),col=shapefarbe2,border=NA)
text(1960,6800,adj=0,col=farbe,"Militärregime")

# Betitelung

mtext("Bruttosozi...",3,line=2,adj=0,cex=2.4,family="Lato Black",outer=T)
mtext("Jahreswert...",3,line=-0.5,adj=0,cex=1.8,font=3,outer=T)
mtext("Quelle: R...",1,line=3,adj=1.0,cex=0.95,font=3)
dev.off()
```

8.2 Flächen unter und zwischen Zeitreihen

Und so die Einbindung in LaTeX:

```
\documentclass{article}
\usepackage[paperheight=21cm,paperwidth=29.7cm,
    top=0cm, left=0cm, right=0cm,bottom=0cm]{geometry}
\usepackage{multicol}
\usepackage[german]{babel}
\usepackage{color}
\usepackage{fontspec}
\usepackage[abs]{overpic}
\setmainfont[Mapping=text-tex]{Lato Light}
\setlength{\columnsep}{1cm}
\definecolor{hintergrund}{rgb}{0.9412,0.9412,0.9412}
\pagecolor{hintergrund}
\begin{document}
\pagestyle{empty}
\begin{center}
\fontsize{12pt}{17pt}\selectfont
\begin{overpic}[scale=1,unit=1mm]{zeitreihen_flaechen_unterhalb_inc.pdf}
\put(60,128){\begin{minipage}[t]{16.25cm}
\begin{multicols}{2}
Aus allgemeiner und aus wirtschaftspolitischer Sicht ...
\end{multicols}
\end{minipage}}
\end{overpic}
\end{center}
\end{document}
```

Im **Skript** wird für die Daten zunächst auf die übliche Weise mit `plot()` die Abbildung definiert. Vor 1870 liegen nur für vereinzelte Jahre Werte vor. Wenn wir die Zeitreihe mit der Funktion `lines()` oder dem Parameter `type="l"` zeichnen würden, wären diese einzelnen Werte nicht sichtbar, da zwischen ihnen keine Linie gezeichnet wird. Daher unterscheiden wir zwischen zwei Teilbereichen, die sich leicht mit der Funktion `window()` definieren lassen: Die Daten bis 1869 werden als Punkte, die Daten ab 1870 als Linie gezeichnet.[2]

Nun müssen noch die Flächen unterhalb der Zeitreihe eingezeichnet werden. Das machen wir mit der Funktion `polygon()`, die wir in Abschn. 7.3.1 eingeführt hatten. Ergänzend werden noch Beschriftungen innerhalb der Fläche angebracht. Dazu wird die von R erstellte PDF-Datei, wie in Abschn. 4.1 bechrieben, in eine LaTeX-Datei eingebunden.

---

[2] Ein allgemeines Beispiel zur Darstellung von Zeitreihen mit fehlenden Werten werden wir in Abschn. 8.4.2 erläutern.

8.2.7 Zeitreihen mit Trend (Panel)

Wachstumstrends und Konjunkturzyklen von 1820–1913
Jahreswerte

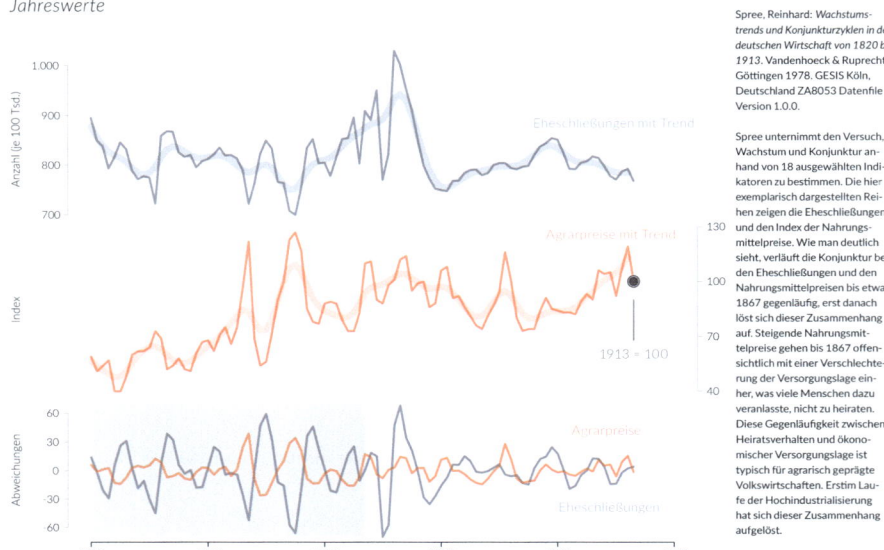

Spree, Reinhard: *Wachstumstrends und Konjunkturzyklen in der deutschen Wirtschaft von 1820 bis 1913*. Vandenhoeck & Ruprecht, Göttingen 1978. GESIS Köln, Deutschland ZA8053 Datenfile Version 1.0.0.

Spree unternimmt den Versuch, Wachstum und Konjunktur anhand von 18 ausgewählten Indikatoren zu bestimmen. Die hier exemplarisch dargestellten Reihen zeigen die Eheschließungen und den Index der Nahrungsmittelpreise. Wie man deutlich sieht, verläuft die Konjunktur bei den Eheschließungen und den Nahrungsmittelpreisen bis etwa 1867 gegenläufig, erst danach löst sich dieser Zusammenhang auf. Steigende Nahrungsmittelpreise gehen bis 1867 offensichtlich mit einer Verschlechterung der Versorgungslage einher, was viele Menschen dazu veranlasste, nicht zu heiraten. Diese Gegenläufigkeit zwischen Heiratsverhalten und ökonomischer Versorgungslage ist typisch für agrarisch geprägte Volkswirtschaften. Erst im Laufe der Hochindustrialisierung hat sich dieser Zusammenhang aufgelöst.

Zur **Abbildung**: Bei dieser Variante werden drei Grafiken übereinander dargestellt, wobei pro Grafik zwei Zeitreihen abgebildet sind. Bei den beiden obersten handelt es sich zum einen um originale, zum anderen um geglättete Werte, die kurzfristige Schwankungen eliminieren. Solche geglätteten Werte können mit einem etwas breiteren Linientyp und einer transparenten Form der Originalfarbe dargestellt werden. Bei der mittleren Reihe handelt es sich um Indexwerte mit dem Basisjahr 1913, das sollte entsprechend kenntlich gemacht werden. Anders als in Abschn. 8.2.4 geht dies ja nicht aus der Überschrift hervor. Beschriftungen, die an der Reihe angebracht werden sollten (nicht in einer Legende), können hier jeweils beide Reihen zusammenfassen.

Die untere Abbildung zeigt die Abweichungen der originalen von den geglätteten Werten der oberen beiden Grafiken. Dabei entsprechen die Farben den oberen Reihen. Zusätzlich ist hier ein Bereich von 1820 bis 1867 durch ein farbiges Rechteck hervorgehoben. Anstelle von Zwischenüberschriften wird der Y-Achsentitel zur Beschreibung verwendet. Lediglich die untere Grafik erhält eine X-Achse. Bei der mittleren ist die Y-Achsenbeschriftung rechts eingezeichnet.

Die Eräuterung ist hier in Form einer Marginalie angebracht.

Die **Daten** entstammen der Studie „Wachstumstrends und Konjunkturzyklen von 1820 bis 1913" von Reinhard Spree. Sie können aus der Zeitreihendatenbank http://www.gesis.org/histat heruntergeladen werden.

8.2 Flächen unter und zwischen Zeitreihen

```
pdf_datei<-"zeitreihen_mit_trend_3x1_inc.pdf"
cairo_pdf(bg="grey98",pdf_datei,width=11,height=9.5)

par(mfcol=c(3,1),cex.axis=1.4,mgp=c(5,1,0),family="Lato Light",las=1)
par(omi=c(0.5,0.5,1.1,0.5),mai=c(0,2,0,0.5))

# Grafik vorbereiten und Daten einlesen

farbe1_150<-rgb(68,90,111,150,maxColorValue=255)
farbe1_50<-rgb(68,90,111,50,maxColorValue=255)
farbe2_150<-rgb(255,97,0,150,maxColorValue=255)
farbe2_50<-rgb(255,97,0,50,maxColorValue=255)

daten<-read.xls("daten/z8053.xlsx")
attach(daten)

# Grafiken definieren und weitere Elemente

par(mai=c(0,1.0,0.25,0))
plot(jahr,ehe,axes=F,type="n",xlab="",ylab="Anzahl (je 100 Tsd.)",
        cex.lab=1.5,xlim=c(1820,1920),ylim=c(700,1000),xpd=T)
axis(2,at=py<-c(700,800,900,1000),labels=format(py,big.mark="."),
        col=par("bg"),col.ticks="grey81",lwd.ticks=0.5,tck=-0.025)
lines(jahr,ehe,type="l",col=farbe1_150,lwd=3,xpd=T)
lines(jahr,ehetrend,type="l",col=farbe1_50,lwd=10)
text(1910,880,"Eheschließungen mit Trend",cex=1.5,col=farbe1_150)

par(mai=c(0,1.0,0,0))
plot(jahr,agrar,axes=F,type="n",xlab="",ylab="Index",cex.lab=1.5,
        xlim=c(1820,1920),ylim=c(40,130))
axis(4,at=c(40,70,100,130),col=par("bg"),col.ticks="grey81",lwd.ticks=0.5,
        tck=-0.025)
lines(jahr,agrar,type="l",col=farbe2_150,lwd=3)
lines(jahr,agrartrend,type="l",col=farbe2_50,lwd=10)
text(1910,125,"Agrarpreise mit Trend",cex=1.5,col=farbe2_150,xpd=T,)
text(1913,60,"1913=100",cex=1.5,col=rgb(100,100,100,maxColorValue=255))

arrows(1913,68,1913,90,length=0.10,angle=10,code=0,lwd=2,
        col=rgb(100,100,100,maxColorValue=255))
points(1913,100,pch=19,col="white",cex=3.5)
points(1913,100,pch=1,col=rgb(25,25,25,200,maxColorValue=255),cex=3.5)
points(1913,100,pch=19,col=rgb(25,25,25,200,maxColorValue=255),cex=2.5)

par(mai=c(0.5,1.0,0,0))
plot(jahr,ehez,axes=F,type="n",xlab="",ylab="Abweichungen",
        cex.lab=1.5,xlim=c(1820,1920),ylim=c(-70,70))
axis(1,at=pretty(jahr))
axis(2,at=c(-60,-30,0,30,60),col=par("bg"),col.ticks="grey81",
        lwd.ticks=0.5,tck=-0.025)
```

```
rect(1820,-70,1867,70,border=F,col="grey90")
lines(jahr,ehez,type="l",col=farbe1_150,lwd=3)
lines(jahr,agrarz,type="l",col=farbe2_150,lwd=3)
text(1910,-40,"Eheschließungen",col=farbe1_150,cex=1.5)
text(1910,40,"Agrarpreise",col=farbe2_150,cex=1.5)

# Betitelung
mtext("Wachstumst...",3,adj=0.5,line=3,cex=2.1,outer=T,family="Lato Black")
mtext("Jahreswert...",3,adj=0.06,line=0,cex=1.75,outer=T,font=3)
dev.off()
```

Im **Skript** wird insgesamt in drei Blöcken nach dem üblichen Schema zunächst jeweils mit `plot()` die Grafik definiert, anschließend werden die Achsen und die Daten eingezeichnet sowie letztere beschriftet. Vor den einzelnen Grafiken müssen die Ränder individuell eingestellt werden. Bei der zweiten Grafik wird mit einem Strich mit der Funktion `arrows()` sowie drei übereinandergelegten Punkten der Index-Basiswert kenntlich gemacht. Bei der dritten wird vor dem Zeichnen der Linien mit `rect()` von 1820 bis 1867 ein grauer Bereich hinterlegt.

Die Einbindung in LaTeX erfolgt grundsätzlich wie im vorigen Beispiel. Hier können wir auf die `overpic`-Umgebung verzichten, da der Text rechts neben die Grafiken gesetzt wird.

Die Einbindung in LaTeX:

```
\documentclass[a4paper,landscape]{article}
\usepackage[german]{babel}
\usepackage[top=0.1in,left=0.1in, right=2.4in,bottom=0.1in]{geometry}
\usepackage{graphicx,color}
\usepackage{ragged2e}
\definecolor{orange}{RGB}{255,97,0}
\definecolor{blue}{RGB}{68,90,111}
\definecolor{hintergrund}{rgb}{0.99,0.99,0.99}
\pagecolor{hintergrund}
\renewcommand{\baselinestretch}{1.2}
\usepackage{fontspec}
\setmainfont[Mapping=text-tex]{Lato Regular}
\begin{document}
\thispagestyle{empty}
\vspace*{2cm}
\marginpar{\RaggedRight
\vspace*{-1cm}
Spree, Reinhard: ...\begin{picture}(0,485)
\put(-50,-55)
{\includegraphics[scale=0.89]{zeitreihen_mit_trend_3x1_inc.pdf}}\end{picture}
\end{document}
```

8.3 Darstellung von Tages-, Wochen- und Monatswerten

8.3.1 Tageswerte mit Beschriftungen

Todesrisiko Weihnachten und Neujahr 1979–2004 (USA)
Anzahl der Todesfälle vor Erreichen der Notaufnahme, Summen der Jahre pro Tag

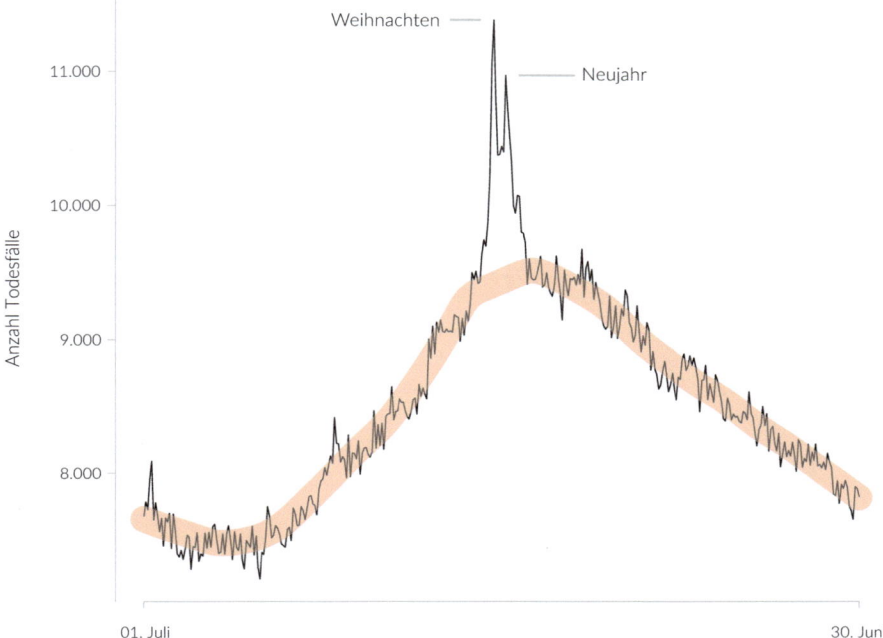

Quelle: David Phillips, Gwendolyn E. Barker, Kimberly M. Brewer, Christmas and New Year as risk factors for death, Social Science & Medicine 71 (2010) 1463-1471

Die **Abbildung** zeigt die Anzahl der Todesfälle vor Erreichen der Notaufnahme in den USA von 1979 bis 2004. Jeder einzelne Wert bildet die Summe der Todesfälle dieses Tages im Jahr von 26 Jahren. Wie man deutlich sieht, gibt es einen kontinuierlichen Anstieg zum Jahreswechsel hin und anschließend wieder ein Absinken. Dabei ist das Todesrisiko an Weihnachten und Neujahr deutlich erhöht.[3] Die orange Linie zeigt die Trendentwicklung über das Jahr ohne Berücksichtigung dieser Ausreißer als so genannte lowess-Schätzung, ein robuster gewichteter gleitender Mittelwert. Da die Hauptaussage hier auf den Extremwerten an Weihnachten und Neujahr liegt und darüber hinaus vor allem das Verlaufsmuster interessiert, kann sich die Achsenbeschriftung auf ein Minimum beschränken. Wir benötigen keine Hilfslinien zur

---

[3] Phillips, David/Barker, Gwendolyn E./Brewer, Kimberly M. (2010): Christmas and New Year as Risk Factors for Death. Social Science & Medicine 71, S. 1463–1471.

Orientierung, keinen Strich als Y-Achse und bei der X-Achsenbeschriftung reicht die Angabe des Anfangs- und Endwertes.

Daten: Die Zeitreihe wurde mir freundlicherweise von ihrem Urheber, David Phillips, als CSV-Datei zur Verfügung gestellt.

```
pdf_datei<-"zeitreihen_tageswerte.pdf"
cairo_pdf(bg="grey98",pdf_datei,width=10,height=8.27)

par(cex.axis=1.1,omi=c(1,0.5,0.95,0.5),mai=c(0.1,1.25,0.1,0.2),
    mgp=c(5,1,0),family="Lato Light",las=1)

# Daten einlesen

weihnachten<-read.csv(file="daten/allyears.calendar.byday.dat.a",head=F,
    sep=" ",dec=".")
attach(weihnachten)

# Grafik erstellen

plot(axes=F,type="n",xlab="",ylab="Anzahl Todesfälle",V1,V2)

# weitere Elemenete

axis(1,tck=-0.01,col="grey",cex.axis=0.9,at=V1[c(1,length(V1))],
    labels=c("01. Juli","30. Juni"))
axis(2,at=py<-pretty(V2),labels=format(py,big.mark="."),cex.axis=0.9,
    col=par("bg"),col.ticks="grey81",lwd.ticks=0.5,tck=-0.025)
points(V1,V2,type="l")
points(lowess(V2,f=1/5),type="l",lwd=25,col=rgb(255,97,0,70,
    maxColorValue=255))
text(123,V2[179],"Weihnachten",cex=1.1)
arrows(157,V2[179],172,V2[179],length=0.10,angle=10,code=0,lwd=2,
    col=rgb(100,100,100,100,maxColorValue=255))
arrows(192,V2[185],220,V2[185],length=0.10,angle=10,code=0,lwd=2,
    col=rgb(100,100,100,100,maxColorValue=255))
text(240,V2[185],"Neujahr",cex=1.1)

# Betitelung

mtext("Todesrisik...",3,line=1.5,adj=0,cex=2,family="Lato Black",outer=T)
mtext("Anzahl der...",3,line=-0.2,adj=0,cex=1.35,font=3,col="black",outer=T)
mtext("Quelle: Da...",1,line=3,adj=1,cex=0.75,font=3,outer=T)
dev.off()
```

Im **Skript** setzen wir zunächst mit `mgp=c(5,1,0)` den Abstand der Achsentitel etwas größer, damit der Y-Achsentitel nicht zu eng an den Achsenteilstrich-Beschriftungen klebt.

Bei der X-Achse sollen nur der erste und letzte Wert erscheinen. Die erreichen wir durch Angaben von `at=V1[c(1,length(V1))]`, die Beschriftung wird als Text angegeben. Bei der Y-Achse verwenden wir wie in Abschn. 8.2.3 die Zuweisung zu der Variable `py` innerhalb der Funktion zur Achsenerstellung, damit

8.3 Darstellung von Tages-, Wochen- und Monatswerten

wir die Wertebeschriftungen mit dem Punkt als Tausendertrennzeichen formatieren können.

Zusätzlich zur eigentlichen Zeitreihe zeichnen wir hier noch einen „Trend", der zum einen kurzfristige Schwankungen, zum anderen Ausreißer ausgleicht. Der Trend wird hier als lowess-Kurve berechnet. Das ist grob gesprochen ein gewichteter robuster gleitenden Mittelwert. Für Details sei auf die R-Hilfe der Funktion verwiesen. Er liefert in aller Regel optisch gute Resultate, wenn man einen Trend darstellen möchte. Die „Glattheit" wird über einen Parameter f gesteuert. Je größer dieser Wert ist, desto glatter wird der Trendverlauf. Im vorliegenden Fall dient er der Veranschaulichung des „normalen" Verlaufs, der Ausreißer unberücksichtigt lässt. Die Beschriftungen werden an geeigneten Stellen mit arrows() und text() eingefügt.

8.3.2 Tageswerte mit Beschriftungen und Wochensymbolen (Panel)

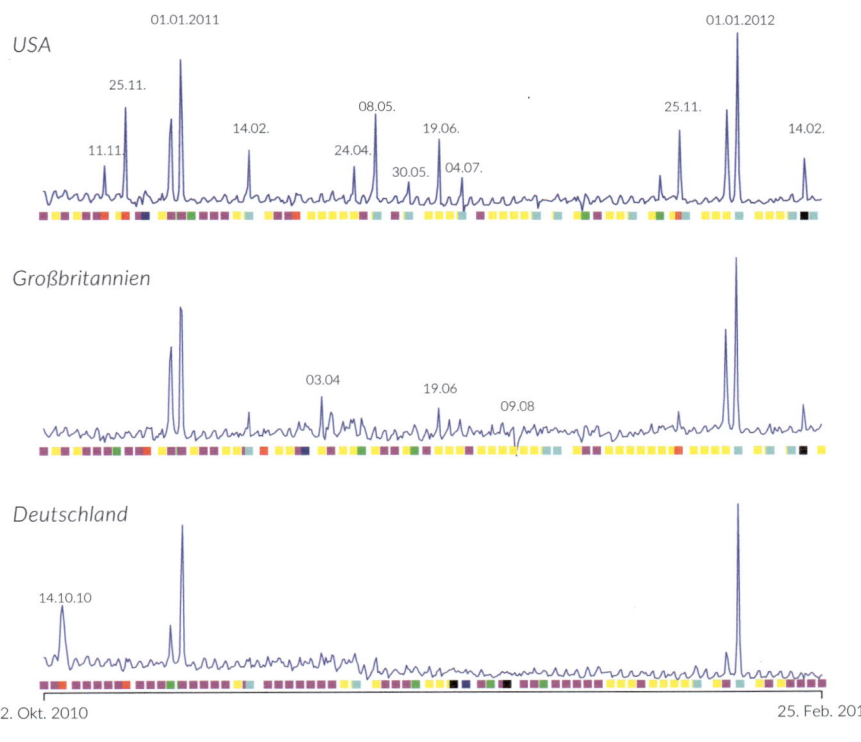

Die **Abbildung** zeigt den Facebook Gross National Happines Index für die USA, Großbritannien und Deutschland vom 02. Oktober 2010 bis zum 25. Februar 2012. Bei diesem Index handelt es sich um ein vom Facebook Data Team entwickelten Wert, der auf der Auswertung von Wörtern in den Statusupdate-Meldungen der Nutzerinnen und Nutzer von Facebook basiert. In den USA sind die stärksten Ausschläge die Jahreswechsel, 2010/11 Silvester, 2011/12 Neujahr. Unmittelbar vorher sehen wir starke positive Werte für die Weihnachtstage. Gleiches gilt für Großbritannien und Deutschland, wobei in Deutschland die Weihnachtstage kaum ausgeprägt sind. Für die USA sieht man weitere positive Peaks an den Feiertagen 11.11. (Veterans Day), Thanksgiving (25.11.), dem Memorial Day (30.05.) und Ostersonntag (24.04). Ebenfalls glückliche Tage sind der Valentines Day (14.02.) und Muttertag (08.05.). In Großbritannien weisen die Weihnachtstage sowie Silvester/Neujahr ein ähnliches Muster auf wie in den USA. Hier sehen wir am 09.08. auch einen negativen Ausschlag, der offenbar mit den Krawallen und Ausschreitungen in den Londoner Vororten in diesen Tagen zusammenhängt. Der Index für Deutschland zeigt, abgesehen von den hohen Werten zu den Jahreswechseln und deutlich geringeren für die Weihnachtstage, nur eine deutliche Spitze um den 14. Oktober 2010: die Rettung der Chilenischen Bergarbeiter?

Die Beschriftung der Abbildung kann wiederum sehr sparsam gehalten werden. Bei der X-Achse reicht die Angabe der Anfangs- und Endwerte an der untersten Grafik. Da die absolute Höhe des Indexwertes unerheblich ist, können wir auf Y-Skalierungen komplett verzichten. Zusätzlich zu den Indexwerten wurde in die Abbildung noch aufgenommen, an welchen Wochentagen innerhalb einer Woche der Indexwert am höchsten war. Dazu werden in Wochenabständen Markierungen in sieben Farben verwendet. Die Farben werden in einer Legende unten links erläutert.

Die **Daten** stehen auf der Seite https://apps.facebook.com/gnh_index/ länderweise zum zum Download zur Verfügung.

```
pdf_datei<-"zeitreihen_tageswerte_wochensymbole_3x1.pdf"
cairo_pdf(bg="grey98",pdf_datei,width=9,height=8.27)

par(mfcol=c(3,1),cex.axis=1.4,omi=c(1,0.5,0.75,0.5),
    mai=c(0.1,0.2,0.1,0.2),family="Lato Light",las=1)

# Grafik vorbereiten und Daten einlesen

land<-c("US","GB","DE")
landbezeichnung<-c("USA","Großbritannien","Deutschland")
for (i in 1:length(land))
{
datei<-paste("daten/Facebook Happiness Index-",land[i],".csv",sep="")
daten<-read.csv(datei,skip=1)
daten$x<-as.Date(daten$Date)
daten<-subset(daten,daten$x>"2010-10-01")
```

8.3 Darstellung von Tages-, Wochen- und Monatswerten

```
# Grafik definieren und weitere Elemente
plot(daten$x,daten$GNH,type="n",axes=F,ylab="",ylim=c(-0.05,0.4))
points(daten$x,daten$GNH,type="l",col="darkblue")

daten$jahr<-as.numeric(format(daten$x,"%Y"))
daten$kw<-as.numeric(format(daten$x,"%V"))
neudaten<-daten[order(daten$jahr,daten$kw,daten$GNH),]
tag<-NULL
farbe<-NULL
n<-nrow(neudaten)-1
for (j in 1:n)
{
if(neudaten$kw[j+1] != neudaten$kw[j])
{
        tag<-c(tag,as.character(neudaten$x[j]))
        farbe<-c(farbe,weekdays(neudaten$x[j]))
}
}
farbe<-as.numeric(as.factor(farbe))
points(as.Date(tag),rep(-0.05,length(tag)),pch=15,cex=1.5,col=farbe)

mtext(landbezeichnung[i],3,line=-3,adj=0,cex=1.3,font=3)
source("skripte/inc_tageswerte_wochensymbole_datumsbeschriftungen.r")
}
axis(1,at=daten$x[c(1,length(daten$x))],
        labels=format(daten$x[c(1,length(daten$x))],"%d. %b. %Y "))
mtext("Glücklichster Tag in der Woche:",1,line=3,adj=0,cex=0.9,font=3,
      outer=T)
legend(as.Date("2010-08-22"),-0.21,c("Mo","Di","Mi","Do","Fr","Sa","So"),
        pch=15,col=c(1,2,3,4,5,6,7),ncol=7,bty="n",xpd=NA,cex=1.5)

# Betitelung
mtext("Facebook G...",3,line=1,adj=0,cex=2,family="Lato Black",outer=T)
mtext("Tageswerte...",1,line=4.25,adj=1,cex=0.9,font=3,outer=T)
dev.off()


# inc_tageswerte_wochensymbole_datumsbeschriftungen.r
if (land[i] == "US")
{
text(as.Date("2010-11-11"),0.1,"11.11.")
text(as.Date("2010-11-25"),0.25,"25.11.")
text(as.Date("2011-01-01"),0.40,"01.01.2011")
text(as.Date("2011-02-14"),0.15,"14.02.")
text(as.Date("2011-04-24"),0.1,"24.04.")
text(as.Date("2011-05-08"),0.2,"08.05.")
```

```
text(as.Date("2011-05-30"),0.05,"30.05.")
text(as.Date("2011-06-19"),0.15,"19.06.")
text(as.Date("2011-07-04"),0.06,"04.07.")
text(as.Date("2011-11-25"),0.2,"25.11.")
text(as.Date("2012-01-01"),0.40,"01.01.2012")
text(as.Date("2012-02-14"),0.15,"14.02.")
}
if (land[i] == "GB")
{
text(as.Date("2011-04-03"),0.11,"03.04")
text(as.Date("2011-06-19"),0.09,"19.06")
text(as.Date("2011-08-09"),0.05,"09.08")
}
if (land[i] == "DE")
{
text(as.Date("2010-10-14"),0.15,"14.10.10")
}
```

Im **Skript** werden zunächst in einem Vektor drei Länder definiert. Für jedes Land wird eine CSV-Datei eingelesen und die erste Zeile ignoriert. Es wird eine Datumsvariable x erzeugt und der Datensatz auf alle Angaben nach dem 01.10.2010 gefiltert, anschließend die Grafiken mit plot() und points() erstellt.

Zur Anzeige der Wochensymbole werden mit format() zwei neue Spalten erzeugt. %Y gibt das Jahr, %V die Wochennummer innerhalb des Jahres zurück. Schließlich wird ein zweiter Datensatz neudaten erzeugt, der die Originaldaten nach dem Jahr, der Kalenderwoche und drittens absteigend nach dem GNH-Wert sortiert.

Nun werden zwei Variablen tag und farbe initialisiert. Die Schleife geht den neuen Datensatz von Anfang bis Ende durch. Die Wechsel der Kalenderwochen sind jeweils auch die Positionen der höchsten GNH-Werte, da die Daten ja so sortiert wurden.

Das Datum des Tages und die Nummer des Wochentages werden jeweils an tag und farbe gehängt.

Nach Beenden der Schleife konvertieren wir den Vektor Farbe noch zu einem numerischen Vektor, so dass aus „Montag" eine 1, „Dienstag" eine 2 usw. wird. Die Punkte werden dann an den Positionen der betreffenden Tage und in Y-Richtung an der Position -0.05 in der Farbe des Wochentages gezeichnet. Dafür verwenden wir die internen Farbnummern von R, die zum Beispiel für 6 die Farbe Lila und für 7 die Farbe Gelb vorsehen.

Als nächstes setzen wir mit mtext() die landbezeichnung in die drei Grafiken ein und ergänzen über eine eingebundene Datei die individuellen Datumsbeschriftungen.

Zum Schluss folgen eine X-Achse, die sich wie in Abschn. 8.3.1 auf den Anfangs- und Endwert beschränkt, eine Legende, die die Farben der Wochensymbole erläutert sowie Titel und Quellenangaben.

8.3 Darstellung von Tages-, Wochen- und Monatswerten

Eine inhaltliche Variante der Abbildung besteht darin, anstelle der glücklichsten die unglücklichsten Tage der Woche abzubilden (Abb. 8.1).

Der Unterschied besteht dann lediglich darin, dass in der Zeile

```
neudaten<-daten[order(daten$jahr, daten$kw, -daten$GNH), ]
```

vor `daten$GNH` ein Minuszeichen steht und damit nicht auf-, sondern absteigend sortiert wird sowie in der Legende „Glücklichster Tag" durch „Unglücklichster Tag" ersetzt wird.

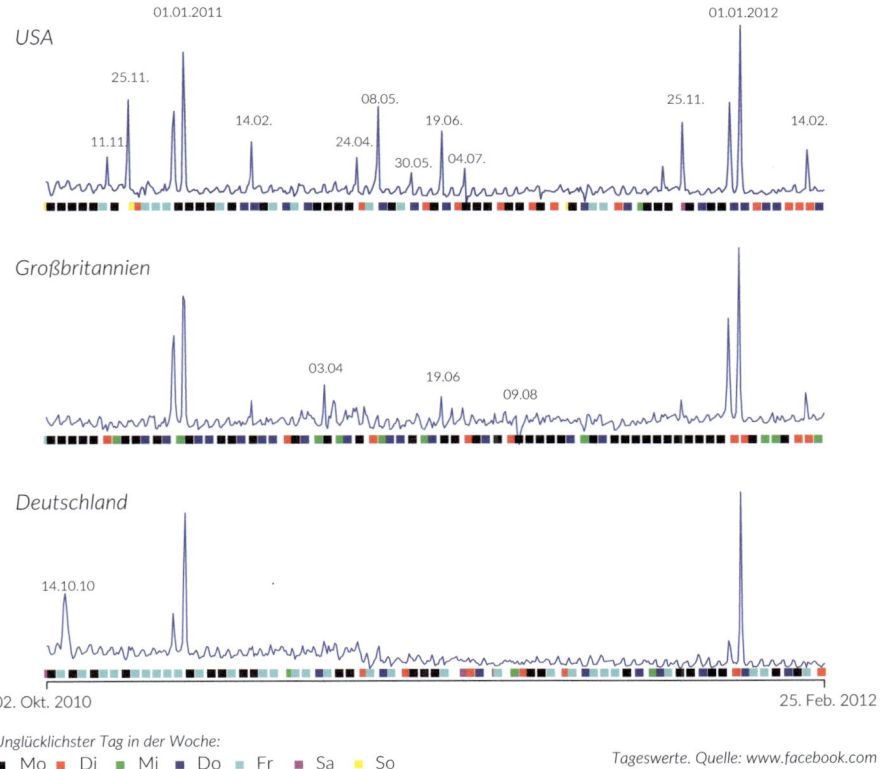

Abb. 8.1 Tageswerte mit Beschriftungen und Wochensymbolen (negativ)

8.3.3 Tageswerte mit Monatsbeschriftung

Wechselkurs US-Dollar/Euro 2010–2012
Tageswerte

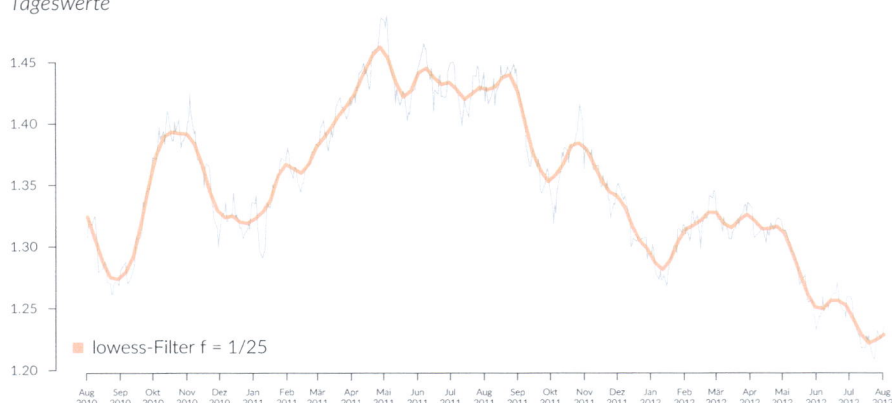

Quelle: www.ecb.int/stats/exchange/eurofxref/html/index.en.html

Die **Abbildung** zeigt den Wechselkurs von US-Dollar und Euro vom August 2010 bis August 2012 auf Tagesbasis. Die Tageswerte werden durch einen lowess-Filter, einen robusten gleitenden gewichteten Mittelwert, ergänzt. Dieser Filter gleicht kurzfristige Schwankungen aus. Bei der Darstellung von Tageswerten gibt es verschiedene Möglichkeiten für die Beschriftung der X-Achse. Hier wurden die Monatswechsel verwendet, wobei der Monatsname als Kürzel über die vollständige Jahreszahl geschrieben wurde.

Die **Daten** werden von der Europäischen Zentralbank bereitgestellt. Sie können von der Adresse http://www.ecb.europa.eu/stats/exchange/eurofxref/html/index.en.html heruntergeladen werden.

```
pdf_datei<-"zeitreihen_tageswerte_monatsbeschriftung.pdf"
cairo_pdf(bg="grey98",pdf_datei,width=14,height=8)

par(omi=c(0.65,0.75,0.95,0.75),mai=c(0.9,0.75,0.25,0),
    family="Lato Light",las=1)

# Daten einlesen und Grafik vorbereiten

euro<-read.csv("daten/eurofxref-hist.csv")
euro<-euro[as.Date(euro$Date)>as.Date("2010-08-01"),]
monatsanfang<-seq(as.Date("2010-08-01"),as.Date("2012-08-01"),by="1 months")
tage<-rev(as.Date(euro$Date))
werte<-rev(euro$USD)
```

8.3 Darstellung von Tages-, Wochen- und Monatswerten

```
# Grafik definieren und weitere Elemente
plot(tage,werte,axes=F,type="n",xlab="",ylab="")
lines(tage,werte,col="grey")
lfarbe<-rgb(255,97,0,100,maxColorValue=255)
lines(lowess(tage,werte,f=1/25),col=lfarbe,lwd=5)
par(mgp=c(3,1.5,0))
axis(1,at=monatsanfang,labels=format(monatsanfang,"%b\n%Y"),cex.axis=0.75)
axis(2)
legend("bottomleft","lowess-Filter f=1/25",pch=15,col=lfarbe,bty="n",cex=2)

# Betitelung
mtext("Wechselkur...",3,line=0,adj=0,cex=2.5,family="Lato Black",outer=T)
mtext("Tageswerte...",3,line=-2,adj=0,cex=1.75,font=3,outer=T)
mtext("Quelle: ww...",1,line=4,adj=1.0,cex=1.25,font=3)
dev.off()
```

Das **Skript** liest die Daten aus einer CSV-Datei ein und beschränkt zunächst auf die Werte, die größer als der 01.08.2010 sind. Anschließend wird mit `seq` eine Sequenz von Monatswerten vom 01.08.2010 bis zum 01.08.2012 erzeugt. `Date` und `USD` werden als `tage` und `werte` umgekehrt eingelesen, da die Daten hier wieder wie in Abschn. 8.1.3 absteigend sortiert angeboten werden. Zusätzlich zu der eigentlichen Zeitreihe wird hier wie in Abschn. 8.3.1 ein lowess-Filter als Trend eingezeichnet. Für die X-Achsenbeschriftung wird die Sequenz `monatsanfang` verwendet, bei der mit dem Format %b\n%Y angegeben wird, dass der Monat als abgekürzter Name und das Jahr vierstellig, jeweils getrennt mit einem Zeilenumbruch (\n), ausgegeben werden soll.

8.3.4 Zeitreihen aus Wochenwerten (Panel)

Google Trends: Häufigkeit von Suchanfragen 2004–2012

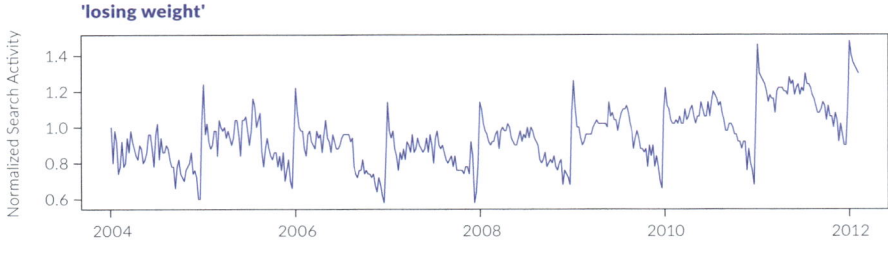

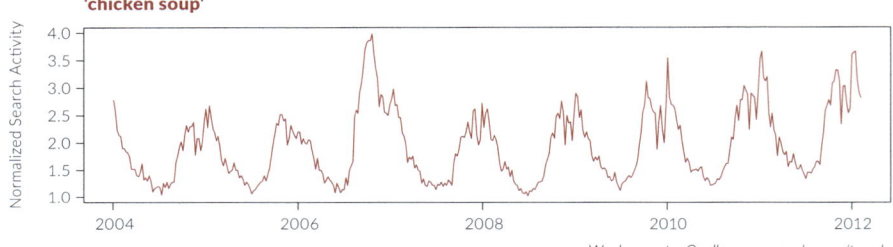

Wochenwerte. Quelle: www.google.com/trends

Die **Abbildung** zeigt die Häufigkeit der Suchanfragen für die beiden Begriffe „loosing weight" und „chicken soup" von 2004 bis 2012 auf Wochenbasis. Google bietet für eine Reihe von Suchbegriffen deren Häufigkeit auf Wochenbasis in Form eines „Normalized Search Activity" Index an. Für beide Begriffe sieht man eine starke Periodizität: Während es für „loosing weight" ein von Jahresbeginn zum Jahresende nachlassendes Interesse gibt, das dann zu Weihnachten und Silvester schlagartig ansteigt, schwankt das Interesse an Hühnersuppe gleichmäßiger. Hier kann man sagen, dass das Interesse zum Sommer sinkt und zum Winter steigt.[4]

Als Darstellungsform haben wir hier, dem Thema angemessen, eine eher technisch aussehende Form gewählt. Sie entspricht im Wesentlichen der Voreinstellung von R. Das Seitenverhältnis sollte so gewählt werden, dass die zyklischen Muster gut zu erkennen sind. William S. Cleveland hat anschaulich erläutert, wie das Seitenverhältnis einer Grafik gewählt werden sollte: so, dass die Absolutbeträge der Steigungen aller Linien 45 Grad betragen.[5] Diese Regel kann zwar keine Allgemeingültigkeit beanspruchen, ist aber fast immer ein guter Startpunkt für eine den Daten und der gewünschten Aussage angemessene Lösung.

---

[4] Vgl. dazu auch: http://www.heise.de/tr/artikel/Data-Mining-im-Geschmacksnetzwerk-1384823.html.

[5] Cleveland, William S. (1994): The Elements of Graphing Data. 2. Aufl., Murray Hill, NJ: AT & T Bell Laboratories, S. 69.

8.3 Darstellung von Tages-, Wochen- und Monatswerten

Obwohl es sich hier um Wochenwerte handelt, wird die X-Achse lediglich mit Jahreszahlen zum Jahreswechsel beschriftet. Für die Unterüberschriften wurde hier jeweils die Farbe der Reihen gewählt.

Die **Daten** können als Textdatei von der Seite http://www.google.com/trends heruntergeladen werden, wenn Sie ein Konto bei Google haben. Sie wurden für das vorliegende Beispiel in eine SQL-Tabelle `google_trends` eingelesen. Die Tabelle steht als SQL-Dump auf der Website zum Buch bereit. Die Daten liefern Werte auf Wochenbasis, die jeweils einem konkreten Datum zugewiesen sind.

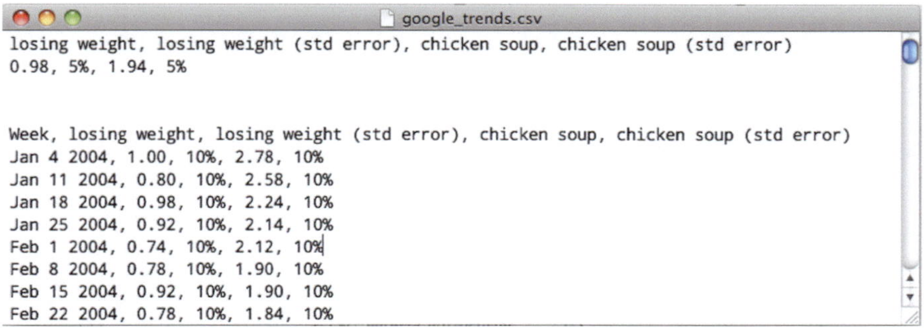

Abb. 8.2 Von Google Trends heruntergeladene CSV-Datei

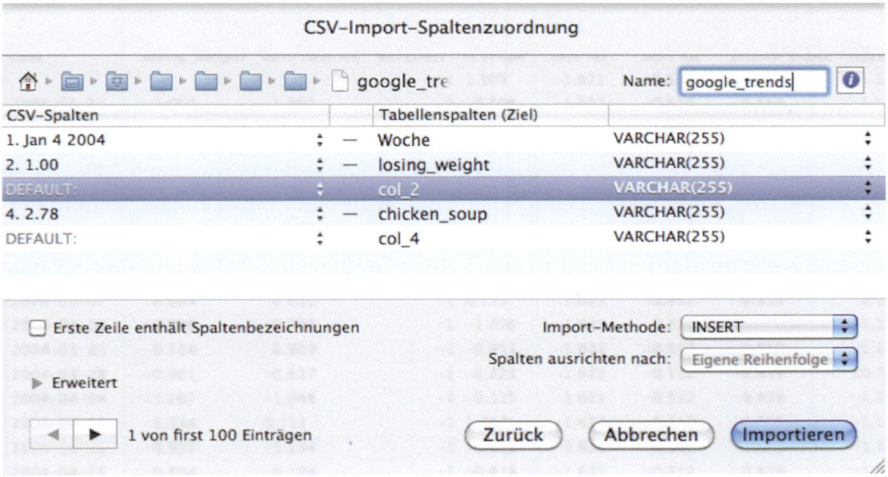

Abb. 8.3 Import der Google Trends CSV-Datei in MySQL

```
pdf_datei<-"zeitreihen_wochenwerte_2x1.pdf"
cairo_pdf(bg="grey98", pdf_datei,width=9,height=6)

source("skripte/0inc_datendesign_dbconnect.r")
```

```
par(omi=c(0.5,0.25,0.25,0.5),mai=c(0.25,0.75,0.75,0.25),mfcol=c(2,1),
    cex=0.7,mgp=c(4,1,0),family="Lato Light",las=1)

# Daten einlesen

sql<-"select STR_TO_DATE(Woche,'%b %d %Y') Woche, losing_weight,
chicken_soup from google_trends"
dataset<-dbGetQuery(con,sql)
dataset$x<-as.Date(dataset$Woche)
attach(dataset)

# Grafik erstellen

plot(x,losing_weight,type="l",col="darkblue",
     ylab="Normalized Search Activity",cex.axis=1.2)
mtext("'losing weight'",3,line=1,adj=0,cex=1,col="darkblue",
      family="Lato Black")

plot(x,chicken_soup,type="l",col="darkred",
     ylab="Normalized Search Activity",cex.axis=1.2)
mtext("'chicken soup'",3,line=1,adj=0,cex=1,col="darkred",
      family="Lato Black")

# Betitelung

mtext("Google Tre...",3,line=-2,adj=0,cex=1.5,family="Lato Black",outer=T)
mtext("Wochenwert...",1,line=1,adj=1.0,cex=0.85,font=3,outer=T)
dev.off()
```

Im **Skript** werden nach horizontaler Aufteilung der Abbildung in zwei Bereiche mit mfcol=c(2,1) die Daten aus der SQL-Datenbank eingelesen. Mit der SQL-Anweisung STR_TO_DATE() wird die im Original in der Form „Jan 4 2004", „Jan 11 2004" usw. vorliegende Datumsangabe in R in einer Form eingelesen, die dort mit as.Date() leicht in eine Datumsspalte umgewandelt werden kann. Damit erzeugen wir mit der Funktion plot() zwei Grafiken und belassen es weitgehend bei den Standardeinstellungen.

8.3.5 Monatswerte (Panel)

Skalometer SPD, CDU, FDP, Grüne: 1977–2007

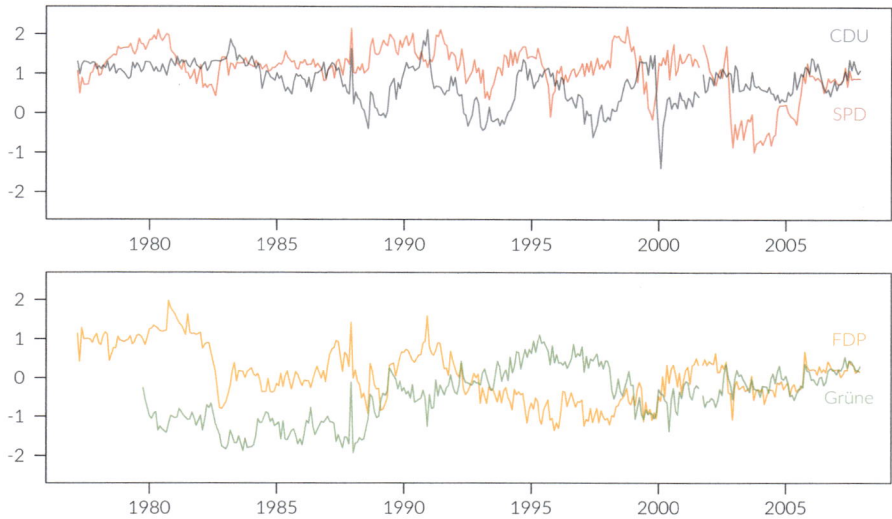

Monatswerte. Quelle: ZA2391 Partielle Kumulation der Politbarometer West 1977-2007

Die **Abbildung** zeigt ein weiteres Beispiel für die Darstellung von unterjährigen Daten mit einer Jahreszahlenbeschriftung. Dargestellt ist aus dem Politbarometer das so genannte „Skalometer". Hierzu heißt es in der Dokumentation: „In den Jahren 1977 bis Juni 1987, sowie für die Splitgruppe 1 der Monate 08-12/87 und 01-12/88 lautete die Frage: Und was halten Sie – so ganz allgemein – von den politischen Parteien? Sagen Sie es bitte anhand dieser Skala. +5 heißt, daß Sie sehr viel von der Partei halten. -5 heißt, daß Sie überhaupt nichts von ihr halten. Mit den Werten dazwischen können Sie Ihre Meinung abgestuft sagen. (...) (Für die Befragten der Splitgruppe 2 der Monate 09-10/87, sowie für alle Befragten der Jahre 1989 bis 2007 lautete die Frage:) Und nun noch etwas genauer zu den Parteien. Stellen Sie sich bitte einmal ein Thermometer vor, das von plus 5 bis minus 5 geht, mit einem Nullpunkt dazwischen. Sagen Sie mir mit diesem Thermometer, was Sie von den einzelnen Parteien halten. +5 bedeutet, dass Sie sehr viel von der Partei halten. -5 bedeutet, dass Sie überhaupt nichts von ihr halten. Mit den Werten dazwischen können Sie Ihre Meinung abgestuft sagen. (...)" Die Ergebnisse der Befragung wurden hier auf Monatsbasis für einen Zeitraum von dreißig Jahren abgebildet, es handelt sich also um über 300 Zeitpunkte. Das Layout entspricht im Wesentlichen dem vorigen Beispiel. Allerdings werden hier Monats- und keine Wochenwerte abgebildet.

Die Y-Achsenskalierung sollte in der oberen und unteren Grafik gleich sein. Da der Ausdruck „Skalometer" bereits im Titel erscheint, kann auf eine Y-Achsenbeschriftung verzichtet werden. Pro Grafik können wir zwei Zeitreihen aufnehmen. Die Farben sollten den Farben der Parteien entsprechen, die Titel erscheinen direkt neben den Reihen, das ist einer Legende auch in diesem Fall vorzuziehen. Das Seitenverhältnis ist so gewählt, dass die langfristige Entwicklung der Reihen gut sichtbar ist.

Daten: Siehe Anhang A, weltenergiemix.xlsx. Siehe Anhang A, ZA2391: Politbarometer 1977-2011 (Partielle Kumulation).

```
pdf_datei<-"zeitreihen_monatswerte_2x1.pdf"
cairo_pdf(bg="grey98",pdf_datei,width=9,height=6.2)

source("skripte/0inc_datendesign_dbconnect.r")
par(omi=c(0.65,0.55,0.55,0.25),mai=c(0.25,0.25,0.25,0.25),mfcol=c(2,1),
        family="Lato Light",las=1)

# Daten einlesen

sql<-"select dezjahr,v8,v9,v11,v12 from t_za2391_zeitreihen"
dataset<-dbGetQuery(con,sql)
attach(dataset)

# Grafiken definieren und weitere Elemente

plot(type="n",xlab="",ylab="Mittelwert",dezjahr, v8,
        col=rgb(255,97,0,150,maxColorValue=255),lwd=2,ylim=c(-2.5,2.5))
vars1<-c("dezjahr","v8")
vars2<-c("dezjahr","v9")
farbe1<-rgb(255,0,0,150,maxColorValue=255)
farbe2<-rgb(0,0,0,150,maxColorValue=255)
points(dataset[vars1],col=farbe1,lwd=1,type="l")
points(dataset[vars2],col=farbe2,lwd=1,type="l")
text(2007.5,0,"SPD",col=farbe1)
text(2007.5,2,"CDU",col=farbe2)

plot(type="n",xlab="",ylab="Mittelwert",dezjahr,v8,
        col=rgb(255,97,0,150,maxColorValue=255),lwd=2,ylim=c(-2.5,2.5))
vars3<-c("dezjahr","v11")
vars4<-c("dezjahr","v12")
farbe3<-"orange"
farbe4<-rgb(0,128,0,150,maxColorValue=255)
points(dataset[vars3],col=farbe3,lwd=1,type="l")
points(dataset[vars4],col=farbe4,lwd=1,type="l")
text(2007.5,1,"FDP",col=farbe3)
text(2007.5,-0.5,"Grüne",col=farbe4)

# Betitelung

mtext("Skalometer...",3,line=0,adj=0,cex=1.5,family="Lato Black",outer=T)
mtext("Monatswert...",1,line=3,adj=1.0,cex=0.95,font=3)
dev.off()
```

8.3 Darstellung von Tages-, Wochen- und Monatswerten   303

Im **Skript** werden die Daten hier wieder per SQL aus einer Datenbank eingelesen. In der Datentabelle hatten wir eine Variable `dezjahr` durch `jahr+(monat -1)/12` definiert, die die Monate in Dezimalwerte umrechnet. Damit können nun in die beiden mit `mfcol=c(2,1)` erzeugten Grafikfenster mit `plot()` und `points()` ganz einfache Zeitreihendiagramme gezeichnet werden.

8.3.6 Monatswerte mit Monatsbeschriftung

Politbarometer 2002–2007

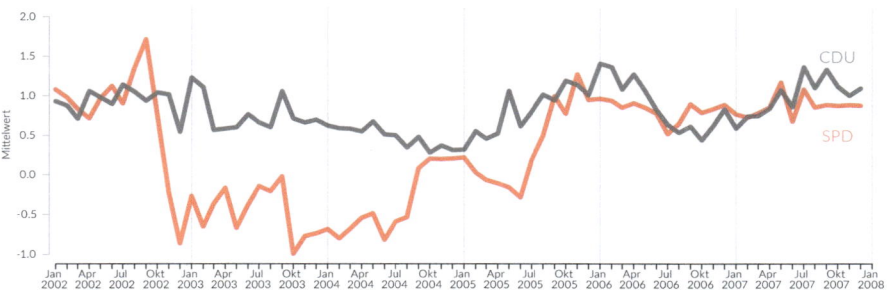

Monatswerte. Quelle: ZA2391 Partielle Kumulation der Politbarometer West 1977-2007

Die **Abbildung** zeigt wiederum Daten des Politbarometers, hier für SPD und CDU. Die Anzahl der Zeitpunkte hat hier einen geringeren Umfang, so dass eine unterjährige Beschriftung möglich ist. Bei der gewählten Schriftgröße können pro Jahr vier Monate angezeigt werden. Die X-Achsenbeschriftung entspricht hier dem Beispiel „Tageswerte mit Monatsbeschriftung" (Abschn. 8.3.3). Für eine bessere Orientierung sind zu den Jahreswechseln senkrechte Hilfslinien eingezeichnet – auch zu Beginn, so dass auf eine Linie für die Y-Achse verzichtet wird.

Die **Daten**: Siehe Anhang A, ZA2391: Politbarometer 1977-2011 (Partielle Kumulation).

```
pdf_datei<-"zeitreihen_monatswerte_monatsbeschriftung.pdf"
cairo_pdf(bg="grey98",pdf_datei,width=11,height=4.8)

source("skripte/0inc_datendesign_dbconnect.r")
par(cex=0.75,bg=rgb(240,240,240,maxColorValue=255))
par(omi=c(0.75,0.25,0.5,0.25),mai=c(0.25,0.55,0.25,0),mgp=c(2,1,0),
    family="Lato Light",las=1)
farbe1<-rgb(255,0,0,150,maxColorValue=255)
farbe2<-rgb(0,0,0,150,maxColorValue=255)
```

```
# Daten einlesen
sql<-"select concat_ws('-',jahr,monat,'01') monat, v8, v9 from
t_za2391_zeitreihen where jahr >= 2002"
dataset<-dbGetQuery(con,sql)
attach(dataset)

# Grafik definieren und weitere Elemente
plot(type="n",axes=F,xlab="",ylab="Mittelwert",as.Date(monat),v8,
      col=rgb(255,97,0,150,maxColorValue=255),lwd=2,ylim=c(-1,2))
manfang<-seq(as.Date("2002-01-01"),as.Date("2008-01-01"),by="1 months")
janfang<-seq(as.Date("2002-01-01"),as.Date("2008-01-01"),by="1 years")
abline(v=janfang,col="lightgrey")
points(as.Date(monat),v8,col=farbe1,lwd=5,type="l")
points(as.Date(monat),v9,col=farbe2,lwd=5,type="l")
text(as.Date("2007-10-01"),0.5,"SPD",col=farbe1,cex=1.5)
text(as.Date("2007-10-01"),1.5,"CDU",col=farbe2,cex=1.5)
axis(1,col=rgb(60,60,60,maxColorValue=255),at=manfang,
      labels=format(manfang,"%b\n%Y"),cex.axis=0.85,
      lwd.ticks=0.1,tck=-0.02)
axis(2,col=rgb(240,240,240,maxColorValue=255),
      col.ticks=rgb(60,60,60,maxColorValue=255),lwd.ticks=0.5,
      cex.axis=0.85,tck=-0.025,pos=as.Date("2001-12-15"))

# Betitelung
mtext("Politbarom...",3,line=0,adj=0,cex=1.5,family="Lato Black",outer=T)
mtext("Monatswert...",1,line=2,adj=1.0,cex=0.85,font=3,outer=T)
dev.off()
```

Im **Skript** werden zunächst die Daten aus einer Datenbank eingelesen. Aus den Spalten `jahr` und `monat` wird zusammen mit dem fiktiven Tag „01" eine neue Spalte `monat` erzeugt, die in R leicht zu einer Monatsvariable konvertiert werden kann. Zuerst erzeugen wir wieder einen „leeren" Plot, definieren eine Monats- und eine Jahressequenz von 2002 bis 2008 und zeichnen an den Jahresanfangspositionen vertikale Orientierungslinien. Anschließend folgen die Zeitreihen v8 und v9 mit `points()` sowie die Beschriftungen. Die X-Achse wird wie in Abschn. 8.3.3 erstellt. Bei der Y-Achse wird mit `pos` die genaue Position der Achse bei dem Januarwert 1988 angegeben, so dass deren Teilstriche an die erste vertikale Orientierungslinie heranreichen.

Für die Beschriftung der X-Achse bietet sich auch eine Alternative an: Hierbei werden die Jahreszahlen mit zwei Ziffern ausgeschrieben und die Namen der Monatswerte dazwischen (mit Ausnahme des Januars) auf den ersten Buchstaben abgekürzt geschrieben.

8.3 Darstellung von Tages-, Wochen- und Monatswerten

Dafür können wir leicht abgewandelt den Code verwenden, der in der Hilfe des Paketes zoo als Beispiel dient:[6]

```
library(zoo)
tt<-as.Date(monat)
ym <-as.yearmon(tt)
mon <- as.numeric(format(ym, "%m"))
yy <- format(ym, "%y")
mm <- substring(month.abb[mon], 1, 1)
if (any(mon == 1)) axis(side = 1, at = tt[mon == 1],
labels = yy[mon == 1], cex.axis = 0.9)
axis(1, at = tt[mon > 1], labels = mm[mon > 1],
cex.axis = 0.5, tcl = -0.3)
```

Das Ergebnis sieht dann so aus:

Politbarometer 2002 bis 2007

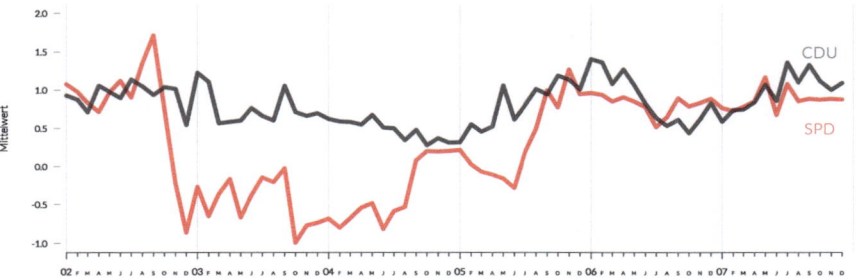

Quelle: ZA2391 Partielle Kumulation der Politbarometer West 1977-2007

---

[6] Das Paket zoo (Zeisel's ordered observations) von Achim Zeisel und Gabor Grothendieck bietet zahlreiche weitere Möglichkeiten der Verarbeitung von Zeitreihendaten.

8.3.7 Monatswerte mit Monatsbeschriftung (Layout)

DAX Kursindex 1988–2013

Basis: Ultimo 1987 = 1000, Monatsendstand

Quelle: www.bundesbank.de. BBK01.WU3140

Zur **Abbildung**: Als letzte Variante einer Monatsbeschriftung ist hier die Entwicklung des DAX von 1988 bis 2013 dargestellt: zum einen die absolute Entwicklung, zum anderen die Wachstumsrate im Vergleich zum Vormonat. Die Seitenverhältnisse der absoluten Entwicklung orientieren sich wiederum am 45-Grad-Prinzip von William S. Cleveland. Die Wachstumsraten werden als Säulen dargestellt, mit einem ebenfalls geeigneten Seitenverhältnis. Insgesamt ergibt sich dadurch vertikal ein asymmetrisches Layout. Da die obere Grafik sehr hoch ist, wurden für jede X-Achsenbeschriftung vertikale Hilfslinien eingezeichnet. Die X-Achsenbeschriftung entspricht Abschn. 8.3.6, allerdings wird hier aufgrund der größeren Datenmenge jeweils der übernächste Monat des Folgejahres ausgegeben.

8.3 Darstellung von Tages-, Wochen- und Monatswerten   307

Die **Daten** sind der Website der Bundesbank http://www.bundesbank.de entnommen. Sie werden dort unter dem Namen BBK01.WU3140.xlsx zur Verfügung gestellt.

```
pdf_datei<-"zeitreihen_monatswerte_monatsbeschriftung_2x1_layout.pdf"
cairo_pdf(bg="grey98",pdf_datei,width=11,height=11)

layout(matrix(c(1,2),ncol=1),heights=c(80,20))
par(cex=0.75,bg=rgb(240,240,240,maxColorValue=255),
      omi=c(0.75,0.25,0.5,0.25),mai=c(0.25,0.75,0.25,0),mgp=c(2,1,0),
      family="Lato Light",las=1)

# Daten einlesen und Grafik vorbereiten

dataset<-read.xls("daten/BBK01.WU3140.xlsx")
attach(dataset)

farbe1<-rgb(255,0,0,150,maxColorValue=255)
farbe2<-rgb(0,0,0,150,maxColorValue=255)

monatsanfang<-seq(as.Date("1988-01-01"),as.Date("2014-01-01"),by="1 months")
jahresanfang<-seq(as.Date("1988-01-01"),as.Date("2014-01-01"),by="1 years")

# Grafiken definieren und weitere Elemente

plot(type="n",axes=F,xlab="",ylab="Index",
      as.Date(paste(Monat,"01",sep="-")),Wert)
abline(v=jahresanfang,col="lightgrey")
points(as.Date(paste(Monat,"01",sep="-")),Wert,col=farbe1,lwd=5,type="l")
axis(1,col=rgb(60,60,60,maxColorValue=255),at=monatsanfang,
      labels=format(monatsanfang,"%b\n%Y"),cex.axis=0.95,
      lwd.ticks=0.1,tck=-0.005)
axis(2,col=rgb(240,240,240,maxColorValue=255),
      col.ticks=rgb(60,60,60,maxColorValue=255),lwd.ticks=0.5,
      cex.axis=0.95,tck=-0.01,pos=as.Date("1988-01-01"))
wrate<-rep(0,nrow(dataset))
for (i in 2:nrow(dataset)) wrate[i]<-(Wert[i]-Wert[i-1])/Wert[i-1]
plot(type="h",axes=F,xlab="",ylab="Wachstumsrate\nVormonat",
      as.Date(paste(Monat,"01",sep="-")),wrate,col=farbe2,lwd=3)
axis(1,col=rgb(60,60,60,maxColorValue=255),at=monatsanfang,
      labels=format(monatsanfang,"%b\n%Y"),cex.axis=0.95,
      lwd.ticks=0.1,tck=-0.02)
axis(2,col=rgb(240,240,240,maxColorValue=255),
      col.ticks=rgb(60,60,60,maxColorValue=255),lwd.ticks=0.5,
      cex.axis=0.95,tck=-0.025,pos=as.Date("1988-01-01"))
```

```
# Betitelung
mtext("DAX Kursin...",3,line=1,adj=0,cex=1.5,family="Lato Black",outer=T)
mtext("Basis: Ult...",3,line=-1,adj=0,cex=1.25,font=3,outer=T)
mtext("Quelle: ww...",1,line=2,adj=1.0,cex=1.05,font=3,outer=T)
dev.off()
```

Im **Skript** wird zunächst mit `layout()` die Abbildung horizontal in zwei Fenster aufgeteilt, wobei das obere Fenster 80 Prozent und das untere 20 Prozent der Abbildung ausmacht. Der Achsentitelabstand wird mit `mgp` etwas verringert. Nach Einlesen der XLS-Datei werden zwei Sequenzen definiert: eine Monats- und eine Jahresreihe, die jeweils von Januar 1988 bis Januar 2014 gehen. Es wird wiederum ein `plot()` vom Typ „n" gezeichnet, wobei die X-Variable hier als Datumsvariable definiert wird. Aus dem Datensatz wurde sie in der Form „1987-12" eingelesen, hier wird wie im vorigen Beispiel noch ein „-01" angehängt, so dass der Ausdruck einfach in ein Datum konvertiert werden kann. Dann zeichnen wir zunächst vertikale Orientierungslinien zu den jeweiligen Jahresanfängen. Nun werden die Daten mit `points()` und die Achsen eingezeichnet. Bei der Y-Achse wird wieder mit `pos` die genaue Position der Achse bei dem Januarwert 1988 angegeben, so dass die Teilstriche an die erste vertikale Orientierungslinie heranreichen.

Anschließend wird die Wachstumsrate `wrate` berechnet. Zuerst wird hierzu ein Verkor in der Länge des Datensatzes definiert und mit der folgenden Schleife befüllt. Die Wachstumsrate können wir gleich mit `plot()` zeichnen, da wir keine Orientierungslinien unter die Reihe legen müssen. Die Reihe zeichnen wir, wie bei Wachstumsraten üblich, als dünne Säulen. Hierfür sieht die Funktion `plot()` den Typ „h" vor. Die Achsen werden wie bei der obigen Grafik erstellt.

8.4 Sonderfälle und Spezielles

8.4.1 Zeitreihen als Streudiagramm (Panel)

Ungleichheit in 40 Ländern 1950–2010
Entwicklung des Gini-Koeffizienten der Einkommensverteilung (Jahreswerte)

ARG	AUS	AUT	BGR	CAN
CHL	CHN	CZE	DEU	DNK
DOM	EST	FIN	FRA	GBR
HRV	HUN	IRL	ISR	ITA
JPN	KOR	LVA	MEX	NLD
NOR	NZL	PHL	POL	PRT
RUS	SVK	SVN	ESP	SWE
TUR	TWN	UKR	USA	ZAF

(Jede Zelle zeigt ein Streudiagramm 1950–2010)

Blau: bis 0.36. Rot: über 0.36.   Quelle: World Income Inequality Database V2.0c May 2008

Die **Abbildung** zeigt die Ungleichheit der Einkommensverteilung in 40 Ländern von 1950 bis 2010 in Form des Gini-Koeffizienten. Der Gini-Koeffizient ist ein Maß für die Stärke der Ungleichheit, der zwischen 0 und 1 variiert. Er ist definiert als die Fläche zwischen einer Lorenzkurve und der Diagonalen, dividiert durch die halbe Rechtecksfläche der Grafik (siehe Abschn. 7.3).

Da 40 Länder abgebildet sind, müssen die einzelnen Grafiken sehr reduziert sein. Als Titel werden daher nur Länderkürzel verwendet, die X-Achse beschränkt sich auf die Angabe des ersten und letzten Jahres. Da nicht für alle Jahre und alle Länder Werte vorliegen, zeigt ein Streudiagramm in Form einer mit Linien verbundene Punktdarstellung die tatsächlich vorhandenen Daten am besten. Um einen guten Gesamteindruck zu bekommen, wurde die Farbe sowohl der Punkte als auch des Hintergrundes in Abhängigkeit von der Höhe des Gini-Koeffizienten gestaltet. Bei einem Wert bis 0.36 blau, darüber rot. Die Grenze hat keine theoretische Basis, sondern wurde so gewählt, dass etwa die Häfte der Punkte darunter und die andere Hälfte darüber liegt.

Die **Daten** entstammen der World Income Inequality Database V2.0c May 2008, die unter http://www.wider.unu.edu/research/Database/ aufgerufen werden kann. Dort wird die Datei WIID2C.xls zum Download angeboten, die für dieses Beispiel in eine SQL-Datenbank eingelesen wurde.

```
pdf_datei<-"zeitreihen_streudiagramme_9x5.pdf"
cairo_pdf(bg="grey98",pdf_datei,width=8.27,height=11.7)
par(omi=c(0.25,0.1,0.7,0.1),mai=c(0.1,0.1,0.45,0.1),mfrow=c(9,5),
    family="Lato Light",las=1)

source("skripte/0inc_datendesign_dbconnect.r")

# Daten einlesen und Grafik vorbereiten

land<-c("ARG","AUS","AUT","BGR","CAN","CHL","CHN","CZE","DEU","DNK",
        "DOM","EST","FIN","FRA","GBR","HRV","HUN","IRL","ISR","ITA",
        "JPN","KOR","LVA","MEX","NLD","NOR","NZL","PHL","POL","PRT",
        "RUS","SVK","SVN","ESP","SWE","TUR","TWN","UKR","USA","ZAF")
teil1<-"select Year, Gini from v_wiid2c_Gini where Country3='"
teil2<-"'"
for (i in 1:length(land))
{
sql1<-paste(teil1,land[i],teil2,sep="")
sql2<-paste(teil1,land[i],teil2," and Gini > 36",sep="")
daten<-dbGetQuery(con,sql1)
daten2<-dbGetQuery(con,sql2)

# Grafik definieren und weitere Elemente

plot(daten,xlim=c(1950,2010),ylim=c(10,75),main=land[i],type="n",axes=F)
rect(1950,36,2010,75,col=rgb(255,0,0,50,maxColorValue=255),lwd=0)
rect(1950,0,2010,36,col=rgb(68,90,111,50,maxColorValue=255),lwd=0)
```

8.4 Sonderfälle und Spezielles

```
points(daten,col=rgb(68,90,111,100,maxColorValue=255),pch=19,type="b")
axis(1,at=c(1950,2010),col=par("bg"),cex.axis=0.95)
if (length(daten2) > 0)
{
points(daten2,pch=19,col=rgb(255,0,0,100,maxColorValue=255))
}
}

# Betitelung
mtext("Ungleichhe...",3,outer=T,line=2,xpd=T,adj=0,
family="Lato Black",cex=1.3)
mtext("Entwicklun...",3,outer=T,line=0,xpd=T,adj=0,font=3)
mtext("Quelle: Wo...",1,outer=T,line=-3,xpd=T,adj=0.9,font=3)
mtext("Blau: bis ...",1,outer=T,line=-3,xpd=T,adj=0,font=3)
dev.off()
```

Im **Skript** wird zunächst die Abbildung in 45 (9 mal 5) Teile eingeteilt. Dann werden die Länderkürzel definiert, für die Grafiken gezeichnet werden sollen. Mit diesen Kürzeln werden für jedes Land zwei SQL-Anweisungen zusammengesetzt. Die erste holt für ein Land alle Gini-Koeffizienten aus der Datenbank, die zweite nur diejenigen, die größer als 36 sind. Die Daten werden zunächst vollständig mit `plot()` bei gleicher Y-Spannweite gezeichnet. Die Überschrift wird hier jeweils innnerhalb von `plot()` mit dem Parameter `main` eingefügt, anschließend mit `rect()` der Hintergrund so gefärbt, dass der untere Bereich bis 36 blau, der darüber liegende rot erscheint. Als Typ wird anschließend mit `points()` ein „b" wie „both" verwendet. Das bedeutet, dass sowohl Linien als auch Punkte gezeichnet werden sollen, wobei die Linien die Punkte nicht berühren. Zwischen Punkten und Linien wird ein kleiner Freiraum gelassen.[7]

In einem zweiten Schritt werden die Gini-Koeffizienten, die über 36 sind, in rot über die ersten Daten gelegt. Zum Schluss folgen wie üblich die Titel- und Quellenangaben.

8.4.2 Zeitreihen mit fehlenden Werten

Zur **Abbildung**: Insbesondere bei historischen Zeitreihen ist gelegentlich mit fehlenden Werten zu rechnen. Hierbei sind bei Abbildungen von Zeitreihen als Liniendiagramme zwei Fälle zu unterscheiden: Fehlen einzelne oder aufeinanderfolgende Werte innerhalb einer Reihe, machen sich diese fehlenden Werte als Unterbrechungen der Linie bemerkbar. Das ist abbildungstechnisch kein großes Problem. Schwieriger wird es, wenn einzelne vorhandene Werte von Lücken umgeben sind. In diesen Fällen muss als Darstellung eine Kombination aus Punkten und Linien ge-

---

[7] Diese Darstellungsform hatten wir bereits in Abschn. 8.1.5 verwendet.

wählt werden. Der Punktumfang sollte größer als die Linienstärke sein, sonst gehen die Punkte in der Darstellung unter.

Obige Abbildung zeigt als Beispiel für solche lückenhaften Reihen die Entwicklung der wöchentlichen Arbeitszeit in verschiedenen Ländern Europas von 1850 bis 2000.

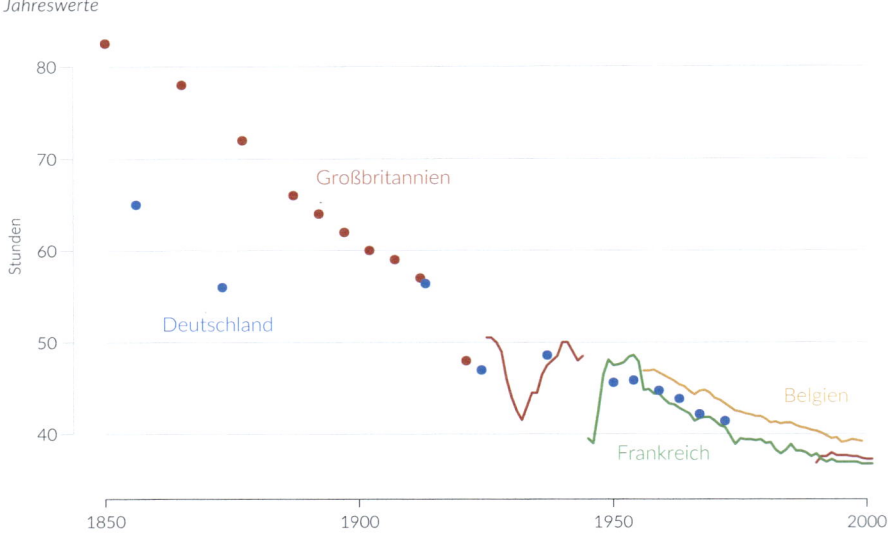

Die **Daten** entstammen einer Sonderauswertung und können als XLS-Tabelle von der Webseite des Buches heruntergeladen werden.

```
pdf_datei<-"zeitreihen_fehlende_werte.pdf"
cairo_pdf(bg="grey98",pdf_datei,width=13,height=9)

par(omi=c(0.65,0.75,0.95,0.75),mai=c(0.9,0.85,0.25,0.02),
    bg="antiquewhite2",family="Lato Light",las=1)

# Daten einlesen und Grafik vorbereiten

daten<-read.xls("daten/Arbeitszeitdaten.xls")
farbe<-rgb(139,35,35,maxColorValue=255)
y<-ts(daten$v1,start=1850,frequency=1)

# Grafik definieren

plot(y,typ="n",axes=F,xlim=c(1850,2010),ylim=c(35,85),xlab="",ylab="Stunden")
```

8.4 Sonderfälle und Spezielles

```
# weitere Elemente
axis(1,cex.axis=1.25)
axis(2,cex.axis=1.25,col=par("bg"),col.ticks="grey81",lwd.ticks=0.5,
    tck=-0.025)

hoehen<-c(40,50,60,70,80)
n<-length(hoehen)
for (i in 1:n) segments(1850,hoehen[i],2000,hoehen[i],col="white")
text(1905,68,"Großbritannien",col=farbe,cex=1.5)

ptyp=19
source("skripte/inc_fehlende_werte.r")

farbe<-rgb(39,139,16,maxColorValue=255)
y<-ts(daten$v2,start=1850,frequency=1)
source("skripte/inc_fehlende_werte.r")
text(1960,38,"Frankreich",col=farbe,cex=1.5)

farbe<-rgb(0,0,139,maxColorValue=255)
y<-ts(daten$v3,start=1850,frequency=1)
source("skripte/inc_fehlende_werte.r")
text(1872,52,"Deutschland",col=farbe,cex=1.5)

farbe<-rgb(205,149,12,maxColorValue=255)
y<-ts(daten$v4,start=1850,frequency=1)
source("skripte/inc_fehlende_werte.r")
text(1990,44,"Belgien",col=farbe,cex=1.5)

# Betitelung
mtext("Entwicklun...",3,line=0.2,adj=0,cex=2.6,family="Lato Black",outer=T)
mtext("Jahreswert...",3,line=-2,adj=0,cex=2,font=3,outer=T)
mtext("Quelle: So...",1,line=0,adj=1,cex=1.25,font=3,outer=T)
dev.off()
```

und

```
# inc_fehlende_werte.r
lines(y,lwd=3,col=farbe)
von<-2; bis<-length(y)-1
for (i in von:bis)
{
if (is.na(y[i-1]) & !is.na(y[i]) & is.na(y[i+1]))
points(time(y)[i],y[i],pch=ptyp,cex=1.5,col=farbe)
}
```

```
# ... und noch die Raender
if (!is.na(y[1]) & is.na(y[2])) points(time(y)[1],y[1],pch=ptyp,
    cex=1.5,col=farbe)
if (!is.na(y[length(y)]) & is.na(y[length(y)-1]))
points(time(y)[length(y)],y[length(y)],pch=ptyp,cex=1.5,col= farbe)
```

Im **Skript** wird zuerst die Zeitreihe v1 mit ts() wie im Folgenden auch v2, v3 und v4 zu einem Zeitreihenobjekt konvertiert. Die horizontalen Orientierungslinien sollen nur vom ersten bis zum letzten Wert, der auf der X-Achse angezeigt wird, reichen. Wir zeichnen daher keine Linien mit abline(), sondern mit segments(), so dass wir auch den Anfang- und Endpunkt bestimmen können.

Für die vier zu zeichnenden Zeitreihen wird nacheinander die Datei inc_fehlende_werte.r eingebunden, die die jeweilige Reihe auf fehlende Werte überprüft: Zuerst wird mit lines() die Zeitreihe gezeichnet. Nun wird untersucht, ob es einzelne Werte gibt, die sowohl links als auch rechts von fehlenden Werte umgeben sind. Solche Werte würden mit lines() oder points() und dem Typ „l" nicht gezeichnet werden. Andererseits können wir aber auch nicht mit points() alle Punkte vor oder nach der Linie zeichnen, da sie als einzelne Punkte – im Falle von fehlenden Werten – dicker sein sollen als die Linie.

Dazu wird in einer Schleife vom zweiten bis zum vorletzten Wert genau dann mit points() ein Punkt gezeichnet, wenn sowohl der Wert links als auch rechts des aktuellen Wertes ein fehlender Wert ist. Während ein Vektor vom Typ Zeitreihe einfach mit lines() gezeichnet werden kann, benötigen wir bei points() X-Werte. Diese liefert uns die Funktion time().

Schließlich müssen noch die Ränder betrachtet werden. Es kann ja sein, dass ausgerechnet der erste Wert vorhanden ist und der zweite fehlt bzw. der vorletzte fehlt und der letzte vorhanden ist. Auch dann würde mit den Linienfunktionen keine Linie gezeichnet. Wir benötigen also jeweils eine Bedingung für den zweiten und für den vorletzten Wert.

8.4.3 Saisonspannweiten (Panel)

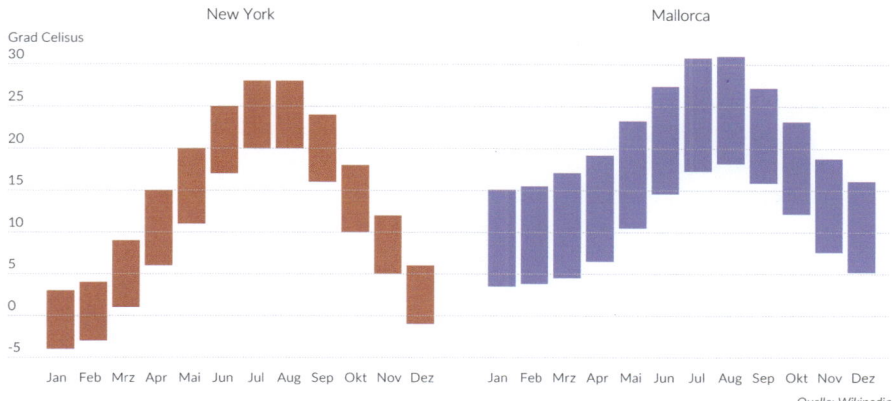

Quelle: Wikipedia

Zur **Abbildung**: Vertikale Spannweitendiagramme sind insbesondere für Darstellungen von Temperaturverläufen sehr verbreitet. Auch hier eignet sich eine Paneldarstellung recht gut, um zwei Entwicklungen zu vergleichen. Die Breite der Säulen sollte dabei so gewählt werden, dass die Entwicklung gut erkennbar ist. Es reicht eine Y-Skala für beide Darstellungen, wenn Hilfslinien über die Breite beider Grafiken durchgezogen werden. Die Hilfslinien können hinter den Säulen eingezeichnet werden. Die Beschriftung der Y-Achse erfolgt in diesem Fall über den Hilfslinien und nicht davor. Das ist Geschmackssache. Der Achsentitel wird waagerecht über die Achse geschrieben, um die Breite der Abbildung auszunutzen.

Wie man im direkten Vergleich sieht, ist die Spannweite der Temperatur *über das Jahr* in New York größer als auf Mallorca. Dafür ist die Spannweite *über die Monate* auf Mallorca größer.

Die **Daten** wurden den Artikeln „New York" und „Mallorca" der Wikipedia entnommen.

```
pdf_datei<-"zeitreihen_saison_minmax_2x1.pdf"
cairo_pdf(bg="grey98",pdf_datei,width=14,height=7)

par(omi=c(0.25,0.25,0.5,0.25),mai=c(0.45,0.35,0.5,0),mfcol=c(1,2),
    family="Lato Light",las=1)
library(gplots)

# Daten einlesen und Grafik vorbereiten
daten<-read.xls("daten/Klima.xlsx")
attach(daten)
linien<-c(-5,0,5,10,15,20,25,30)
```

```
# Grafiken erstellen und weitere Elemente
t1<-barplot2(t(cbind(NY_min,NY_max-NY_min)),col=c(NA,"coral3"),
        border=NA,names.arg=Monat,ylim=c(-5,35),panel.first=abline(h=linien,
        col="grey",lwd=1,lty="dotted"),axes=F)
for (i in 1:length(linien)) {text(-0.8,linien[i]+1.1,linien[i],xpd=T)}
text(-0.25,33,"Grad Celsius",xpd=T,cex=0.8)
mtext(side=3,"New York",cex=1.5,col=rgb(64,64,64,maxColorValue=255))
t2<-barplot2(t(cbind(MAL_min,MAL_max-MAL_min)),col=c(NA,"cornflowerblue"),
        border=NA,names.arg=Monat,ylim=c(-5,35),panel.first=abline(h=linien,
        col="grey",lwd=1,lty="dotted"),axes=F)

# Betitelung
mtext(side=3,"Mallorca",cex=1.5,col=rgb(64,64,64,maxColorValue=255))
mtext(side=3,"Monatliche...",cex=1.5,family="Lato Black",outer=T)
mtext(side=1,"Quelle: Wi...",cex=0.75,adj=1,font=3,outer=T)
dev.off()
```

Im **Skript** wählen wir als Layout zwei Abbildungen nebeneinander (mfcol= c(1,2)). Um die Balken in der Luft schweben zu lassen, also die Spannweite darzustellen, müssen wir die Differenz von NY hinter die Balken legen. Da R im Rahmen des klassischen Grafikmodells alles übereinander zeichnet, müssen die Linien zuerst gezeichnet werden. Das ist aber mit der dafür vorgesehenen Funktion abline() nicht möglich, da diese sich ja an einer vorhandenen Grafik orientiert. Die Lösung ist der Parameter panel.first, der in den Aufruf der Balkendiagramm-Funktion mit aufgenommen werden kann und bewirkt, dass dessen Inhalt als unterste Schicht gezeichnet wird. Hier kann eine Funktion oder eine Liste von Funktionen übergeben werden. Der Parameter kann in der plot() Funktion verwendet werden, aber leider nicht in der barplot()-Funktion. Allerdings gibt es in der Bibliothek gplots die Funktion barplot2(), die die Verwendung von panel.first ermöglicht. Wir verzichten auf das Einzeichnen von Achsen. Statt dessen zeichnen wir mit der Schleife for (i in 1:length(linien)) die Y-Werte etwas oberhalb der gepunkteten Linien in der linken Abbildung ein. Bei der rechten können wir darauf verzichten, da hier die gepunkteten Linien von der linken Abbildung fortgeführt werden.

8.4.4 Saisonspannweiten übereinander

Monatliche Durchschnittstemperaturen

Quelle: Wikipedia

Zur **Abbildung**: Bei dieser Variante können wir die Monate besser unmittelbar miteinander vergleichen, als in der vorigen Darstellungsform. Die X- und Y-Achse haben wir so belassen, nun aber zwischen den Monaten senkrechte Hilfslinien gezogen und waagerechte Hilfslinien in der Hintergrundfarbe *über* die Säulen gelegt. In Hinblick auf die Temperatur (wärmer = besser) lohnt es sich für New Yorker von Oktober bis März nach Mallorca zu fliegen, von April bis September kann es auf Mallorca sogar kälter sein.

Die **Daten** wurden den Artikeln „New York" und „Mallorca" der Wikipedia entnommen und gegenüber dem vorigen Beispiel durch Leerzeilen ergänzt.

```
pdf_datei<-"zeitreihen_saison_minmax_uebereinander.pdf"
cairo_pdf(bg="grey98",pdf_datei,width=14,height=7)

par(omi=c(0.25,0,0.75,0.25),mai=c(0.5,2,0.5,2),family="Lato Light",las=1)

# Daten einlesen und Grafik vorbereiten

daten<-read.xls("daten/Klima2.xlsx")
linien<-c(-5,0,5,10,15,20,25,30)
attach(daten)

# Grafiken erstellen und weitere Elemente

t1<-barplot(t(cbind(NY_min,NY_max-NY_min)),col=c("white","coral3"),
```

```
        border=NA,ylim=c(-5,35),axes=F,axisnames=F)
t2<-barplot(t(cbind(MAL_min,MAL_max-MAL_min)),
        col=c("white","cornflowerblue"),border=NA,add=T,
        axes=F,names.arg=Monat)
axis(2,at=linien,col=par("bg"),col.ticks="grey81",lwd.ticks=0.5,tck=-0.025)
abline(h=linien,col="white",lwd=2)
abline(v=seq(2.5,28.8,by=2.4),col="grey")
text(-0.95,34,"Grad Celsius",xpd=T,cex=0.8)
legend(34,25,c("Ney York","Mallorca"),col=c("coral3","cornflowerblue"),
        pch=15,bty="n",xjust=1,cex=1.5,pt.cex=1.5,xpd=T)

# Betitelung

mtext(side=3,"Monatliche...",cex=2.25,adj=0.1,family="Lato Black",outer=T)
mtext(side=1,line=-1,"Quelle: Wi...",cex=1.25,adj=1,font=3,outer=T)
dev.off()
```

Das **Skript**: Die `barplot()`-Funktion in R kann bei einem Säulendiagramm die einzelnen Säulen entweder nebeneinander darstellen oder stapeln. Um die Balken, wie im vorigen Beispiel beschrieben, schwebend darzustellen, müssen wir die Option der gestapelten Säulen verwenden. Um zusätzlich auch Säulen nebeneinander darstellen zu können, müssen wir das Säulendiagramm in zwei Schritten aufbauen. Hierzu muss zunächst die XLSX-Datei etwas anders aufgebaut werden. Die Minimum- und Maximum-Werte der zweiten Variable werden hier jeweils eine Zeile versetzt angeordnet.

	A	B	C	D	E	F
1	Monat	NY_min	NY_max	MAL_min	MAL_max	
2	Jan	-4	3			
3				3,5	15,1	
4	Feb	-3	4			
5				3,8	15,5	
6	Mrz	1	9			
7				4,5	17,1	
8	Apr	6	15			
9				6,5	19,2	

Abb. 8.4 Aufbau der Daten für die Abbildung

Mit diesen Daten werden zunächst die Minimum- und Maximum-Werte von New York gezeichnet, wobei neben den Säulen jeweils Lücken gelassen werden. In einem zweiten Schritt werden die Säulen für die Werte von Mallorca in diese Lücken mit einem zweiten Aufruf von `barplot()` und dem Parameter `add=TRUE` gezeichnet.

8.4.5 Saisonfigur (Seasonal Subseries Plot) mit Datentabelle

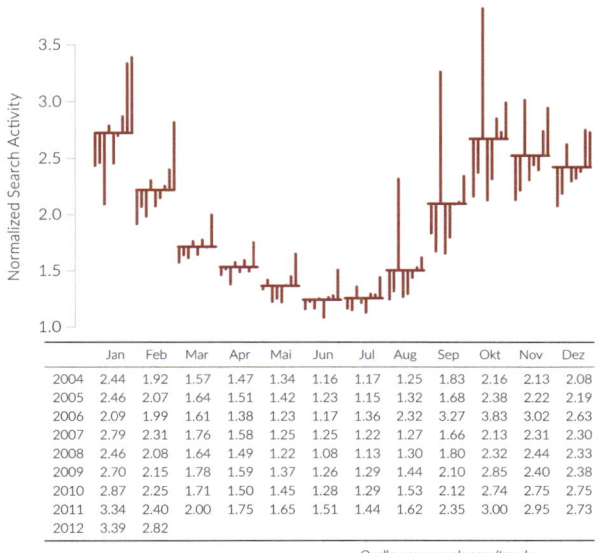

Google Trend für 'chicken soup': Saisonfigur
Jan 2004 bis Feb 2012, Wochenwerte

	Jan	Feb	Mar	Apr	Mai	Jun	Jul	Aug	Sep	Okt	Nov	Dez
2004	2.44	1.92	1.57	1.47	1.34	1.16	1.17	1.25	1.83	2.16	2.13	2.08
2005	2.46	2.07	1.64	1.51	1.42	1.23	1.15	1.32	1.68	2.38	2.22	2.19
2006	2.09	1.99	1.61	1.38	1.23	1.17	1.36	2.32	3.27	3.83	3.02	2.63
2007	2.79	2.31	1.76	1.58	1.25	1.25	1.22	1.27	1.66	2.13	2.31	2.30
2008	2.46	2.08	1.64	1.49	1.22	1.08	1.13	1.30	1.80	2.32	2.44	2.33
2009	2.70	2.15	1.78	1.59	1.37	1.26	1.29	1.44	2.10	2.85	2.40	2.38
2010	2.87	2.25	1.71	1.50	1.45	1.28	1.29	1.53	2.12	2.74	2.75	2.75
2011	3.34	2.40	2.00	1.75	1.65	1.51	1.44	1.62	2.35	3.00	2.95	2.73
2012	3.39	2.82										

Quelle: www.google.com/trends

Zur **Abbildung**: Ein „Seasonal Subseries Plot" ist eine etwas gewöhnungsbedürftige, aber im Einzelfall nützliche Abbildung für mehrjährige Monatszeitreihen. Generell gibt es nicht viele Beispiele, die eine solche Darstellungsform sinnvoll erscheinen lassen: Sie ist es nur dann, wenn man 1) an der „Saisonfigur" einer Zeitreihe interessiert ist, 2) diese sehr viel stärker ausgeprägt ist als der Trend und 3) man auch noch die einzelnen Jahreswerte sichtbar machen möchte, um zu sehen, ob sich die Saisonfigur im Laufe der Zeit ändert.

Die Daten werden hier als erstes nach dem Monat und erst innerhalb des Monats nach den Jahren sortiert und abgebildet. Eine waagerechte Linie zeigt den Monatsdurchschnitt, davon abweichende Säulen die einzelnen Jahreswerte für den jeweiligen Monat.

Wenn wir uns noch einmal die Abbildung in Abschn. 8.3.4 ansehen, fällt dort ein starkes saisonales Muster mit maximalen Werten um die Jahreswechsel und minimalen Werten im Sommer auf. Diese Saisonfigur wird in der vorliegenden Abbildung noch deutlicher: Hier sieht man, dass die Januar- und Oktoberwerte höher sind als die Werte der Monate November und Dezember. Ebenfalls gut sichtbar sind die sehr hohen Werte in den Monaten August, September und Oktober für das Jahr 2006.

Ein Seasonal Subseries Plot kann, wie hier abgebildet, sehr gut mit einer Kreuztabelle ergänzt werden, die zu den jeweiligen Monaten die Jahreswerte auflistet.

Die **Daten** können als Textdatei von der Seite http://www.google.com/trends heruntergeladen werden. Sie wurden für das vorliegende Beispiel in eine SQL-Tabelle `google_trends` eingelesen und auf Monatsebene aggregiert. Die Tabelle steht als SQL-Dump auf der Website zum Buch bereit.

```
pdf_datei<-"zeitreihen_seasonalsubseries_inc.pdf"
cairo_pdf(bg="grey98",pdf_datei,width=8,height=8)
par(omi=c(1,0,1,0.5),mai=c(2,0.80,0,0.5),family="Lato Light",las=1)

# Daten einlesen und Grafik vorbereiten

source("skripte/0inc_datendesign_dbconnect.r")
sql<-"select month(STR_TO_DATE(Woche,'%b %d %Y')) monat,
         year(STR_TO_DATE(Woche,'%b %d %Y')) jahr,
         avg(chicken_soup) chicken_soup
         from google_trends
         group by month(STR_TO_DATE(Woche,'%b %d %Y')),
                  year(STR_TO_DATE(Woche,'%b %d %Y'))
         order by jahr,monat"
dataset<-dbGetQuery(con,sql)
attach(dataset)
y<-ts(chicken_soup,frequency=12,start=c(2004,1))

# Grafik erstellen

monthplot(y,axes=F,box=F,type="h",lwd=3,col="darkred",
        ylab="Normalized Search Activity")
axis(2,col=par("bg"),col.ticks="grey81",lwd.ticks=0.5,tck=-0.025)

# Betitelung

mtext("Google Tre...",3,line=2,adj=0,cex=2.0,family="Lato Black",outer=T)
mtext("Jan 2004 b...",3,line=0,adj=0,cex=1.5,font=3,outer=T)
mtext("Quelle: ww...",1,line=3,adj=1.0,cex=0.95,font=3,outer=T)
dev.off()
```

Der LaTeX-Code:

```
\documentclass{article}
\usepackage[paperheight=18cm,paperwidth=19.27cm,top=2cm,
left=0.25cm,right=0.25cm,bottom=2cm]{geometry}
\usepackage{color}
\usepackage{booktabs}
\renewcommand{\baselinestretch}{1.2}
\usepackage{fontspec}
\setmainfont[Mapping=text-tex]{Lato Light}
\definecolor{hintergrund}{rgb}{0.99,0.99,0.99}
\pagecolor{hintergrund}
```

8.4 Sonderfälle und Spezielles

```
\begin{document}
\thispagestyle{empty}
\begin{picture}(0,0)
\put(0,-445)
{\includegraphics[scale=0.895]{zeitreihen_seasonalsubseries_inc.pdf}}
\end{picture}
\begin{picture}(0,0)
\put(25,-340)
{
\begin{tabular}{rrrrrrrrrrrrr}
  \toprule
 & Jan & Feb & Mar & Apr & Mai & Jun & Jul & Aug & Sep & Okt & Nov & Dez \\
  \midrule
2004 & 2.44 & 1.92 & 1.57 & 1.47 & 1.34 & 1.16 & 1.17 & 1.25 & 1.83 &
2.16 & 2.13 & 2.08 \\
  ...
  2012 & 3.39 & 2.82 & & & & & & & & & \\
  \bottomrule
\end{tabular}
}
\end{picture}
\end{document}
```

Das **Skript**: Nachdem wir die Daten per SQL auf Monatsebene aggregiert eingelesen haben, können wir uns hier praktisch auf eine von R bereitgestellte Funktion beschränken: Mit `monthplot()` kann der gewünschte Seasonal Subseries Plot direkt gezeichnet werden.

Anschließend muss noch die mit LaTeX erstellte Tabelle so ausgerichtet werden, dass die Spalten mit den Abständen der X-Achse übereinstimmen. Hierzu kann zunächst eine X-Achse eingezeichnet werden,

```
axis(1,at=c(1:12),
        labels=c("Jan","Feb","Mrz","Apr","Mai","Jun","Jul","Aug","Sep",
             "Okt","Nov","Dez"))
```

mit der dann die Tabelle mit den Anweisungen `put()` und dem Skalierungsfaktor von `\includegraphics` angepasst werden kann. Wenn man die richtigen Angaben gefunden hat, kann die Achse wieder entfernt und die Abbildung erstellt werden.[8]

Der LaTeX-Code zur Erstellung der Tabelle kann weitgehend aus R heraus erzeugt werden. Dazu eignet sich die Funktion `xtable()` aus dem gleichnamigen Paket, die die Monatszeitreihe schon mit den benötigten Tabellenauszeichnungen versieht (hier etwas gekürzt wiedergegeben):

---

[8] R sieht im Rahmen des Grid-Ansatzes auch Lösungen für Anpassungsprobleme dieser Art vor.

```
> xtable(y)
% latex table generated in R 3.0.1 by xtable 1.7-1 package
% Wed Oct 2 11:44:25 2013
\begin{table}[ht]
\centering
\begin{tabular}{rrrrrrrrrrrrr}
  \hline
 & Jan & Feb & Mar & Apr & May & Jun & Jul & Aug & Sep & Oct & Nov & Dec \\
  \hline
2004 & 2.44 & 1.92 & 1.57 & 1.47 & ...... \\
  \hline
\end{tabular}
\end{table}
```

Daraus benötigen wir lediglich den mit `tabular` umschlossenen Teil, bei dem wir die Anweisungen `\hline` durch `\toprule`, `\midrule` und `\bottomrule` aus dem Packet `booktabs` ersetzen, mit denen ästhetischere Linienabstände erzeugt werden.

8.4 Sonderfälle und Spezielles

8.4.6 Zeitliche Spannweiten

histat-Zeitreihen

Anfang, Ende und Anzahl der Zeitreihen pro Studie, Jahreswerte

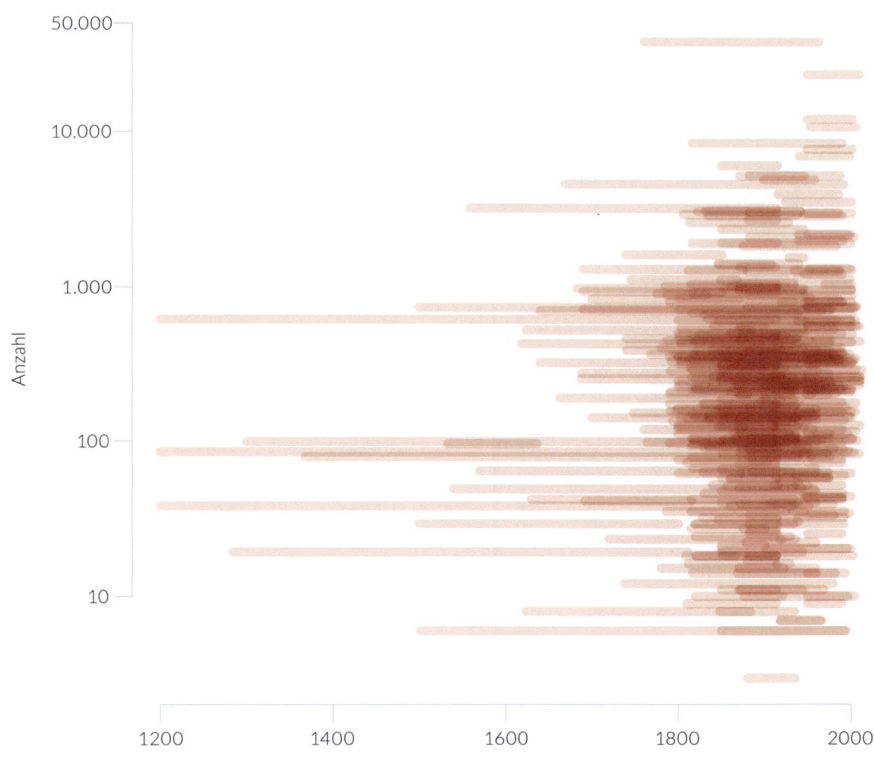

Quelle: gesis.org/histat

Die **Abbildung** zeigt die Länge und Anzahl von Zeitreihen verschiedener Studien, die in der Datenbank „histat" enthalten sind. Es handelt sich um rund 400 Studien. Für jede Studie ist der Anfangs- und Endzeitpunkt sowie die Anzahl der in der Studie enthaltenen Zeitreihen abgebildet. Die Anzeige der Anzahl erfolgt in logarithmischer Darstellung. Da es sehr viele Überschneidungen gibt, sind die Linienfarben transparent. Dadurch ist die Verteilung gut sichtbar. Man sieht, dass die meisten Studien das 19. Jahrhundert umfassen und zwischen 100 und 1000 Zeitreihen enthalten. Die längsten Studien beginnen bereits im 13. Jahrhundert.

Die **Daten** sind einer XLS-Tabelle entnommen, die im Rahmen einer Sonderauswertung entstand. Sie enthält eine Liste der in der Online-Datenbank http://www.gesis.org/histat enthaltenenen Zeitreihen, die dort nach Studien organisiert sind. Für jede Studie wurde die Anzahl der Zeitreihen sowie das jüngste und das späteste Datum erfasst.

```
pdf_datei<-"zeitreihen_spannweiten.pdf"
cairo_pdf(bg="grey98",pdf_datei,width=9,height=9)
par(omi=c(0.75,0.5,1,0.5),mai=c(0.5,1.25,0.5,0.1),mgp=c(4.5,1,0),
        family="Lato Light",las=1)

# Daten einlesen und Grafik vorbereiten
daten<-read.xls("daten/histat_Studien.xlsx")
attach(daten)
n<-nrow(daten)
farbe<-rgb(240,24,24,30,maxColorValue=255)

# Grafik definieren und weitere Elemente
plot(1:1,type="n",axes=F,xlab="Beginn und Ende der Studie",ylab="Anzahl",
        xlim=c(min(von),max(bis)),ylim=c(log10(min(Anzahl_Zeitreihen)),
        log10(max(Anzahl_Zeitreihen))))
axis(1,col=par("bg"),col.ticks="grey81",lwd.ticks=0.5,tck=-0.025)
axis(2,at=c(log10(10),log10(100),log10(1000),log10(10000),log10(50000)),
        labels=c("10","100","1.000","10.000","50.000"),col=par("bg"),
        col.ticks="grey81",lwd.ticks=0.5,tck=-0.025)
for (i in 1:n) segments(von[i],log10(Anzahl_Zeitreihen)[i],bis[i],
        log10(Anzahl_Zeitreihen)[i],col=farbe,lwd=8)

# Betitelung
mtext("histat-Zei...",3,line=2,adj=0,family="Lato Black",outer=T,cex=2)
mtext("Anfang,  En...",3,line=0,adj=0,cex=1.35,font=3,outer=T)
mtext("Quelle:  ge...",1,line=2,adj=1.0,cex=1.1,font=3,outer=T)
dev.off()
```

Im **Skript** werden die Daten aus der XLS-Tabelle eingelesen, ein plot definiert und mit axis die X- und Y-Achse gezeichnet. Auf der Y-Achse werden die Daten logarithmisch aufgetragen. Dazu werden die Beschriftungen „10", „100" usw. einzeln angegeben.

Die Daten werden als Segmente mit der Funktion segments() abgebildet. Dazu werden die eingelesenen Daten Zeile für Zeile durchgegangen und Linien von der Startposition von bis zur Endposition bis in der Höhe Anzahl_Zeitreihen gezeichnet. Die Farbe wird mit einem Transparenzwert von 30 sehr durchsichtig definiert, so dass trotz starker Überlagerungen bei immerhin knapp 400 abgebildeten Linien die Verteilung der Daten gut sichtbar ist.

Kapitel 9
Streudiagramme

In einem Streudiagramm können bis zu vier Variablen abgebildet werden: zwei numerische auf der X- und Y-Achse, eine numerische oder ordinale kann die Größe der Punkte definieren und eine nominale kann die Farbe definieren. Ergänzende Elemente können sein:
- eine Glättung, z.B. eine Regressionsgerade,
- Beschriftungen einzelner Datenpunkte,
- ein Mittelwertkreuz,
- eine Fläche oder Linie (Ellipse), die die bivariate Verteilung kennzeichnet sowie
- eine Linie, die die einzelnen Punkte miteinander verbindet.

Unabhängig von der Position der Achsenlinien (an den Rändern oder in der Mitte) sollten die Achsenbeschriftungen immer am Rand und nicht *mittendrin* sein, um den Blick auf die Daten nicht zu beeinträchtigen:

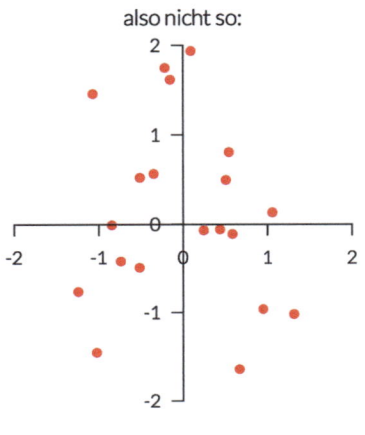
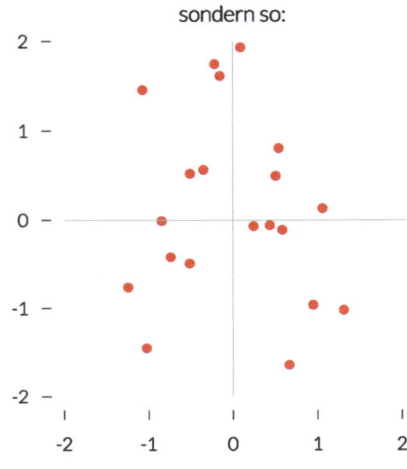

Punktgrößen	Es ist nicht immer ganz leicht, die richtige Größe zu finden, da die Spannweite der Größen nicht zu weit auseinanderliegen sollte, aber auch nicht zu nah. In aller Regel sollte die Skalierung so gewählt werden, dass die Flächen proportional zu den Ausprägungen sind, also eine Verdoppelung des Wertes einer Verdoppelung der Fläche entspricht. Ein ehernes Gesetz ist das nicht. Die Größenvariation sollte auf jeden Fall durch eine Legende nachvollziehbar veranschaulicht werden. Generell ist zu überlegen, ob die Zusatzinformation durch eine Größenvariantion einen Gewinn darstellt oder eher zur Unübersichtlichkeit beiträgt.
Punktbeschriftungen	Ein großes Problem bei der Beschriftung einzelner Punkte in einem Streudiagramm ist die Überscheidung der Beschriftungselemente. Mittlerweile gibt es diverse Pakete, die Funktionen für die automatische Positionierung vorsehen und mit verschiedenen Berechnungsmethoden solche Überschneidungen zu vermeiden suchen. Das funktioniert praktisch nie perfekt, ist aber immer ein guter Anfang. In aller Regel wird man die Positionen noch manuell nachbearbeiten müssen – oder alternativ in den einzulesenden Daten zwei Spalten vorsehen, die die Position der Beschriftungen definieren.

9.1 Varianten

9.1.1 Streudiagramm Variante 1: Vier Quadranten farblich unterschieden

Life Expectancy and Self-Reported Health (OECD)

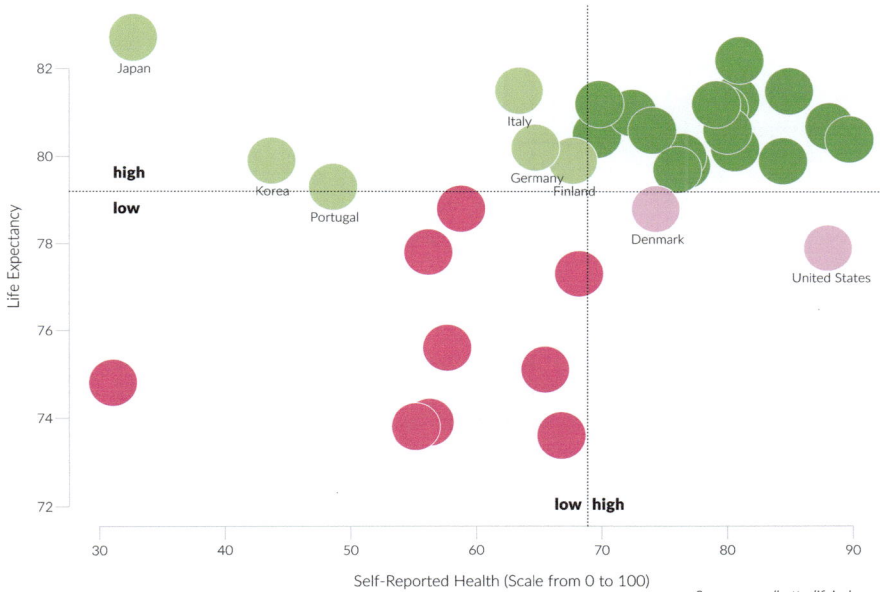

Source: oecdbetterlifeindex.org

Zur **Abbildung**: Das erste Streudiagramm-Beispiel zeigt den Zusammehang zwischen der Selbsteinschätzung der Gesundheit und der Lebenserwartung in OECD-Ländern.

In diesem Fall unterteilen wir die Wertebereiche der beiden dargestellten Variablen jeweils in „hoch" und „niedrig" und damit den zweidimensionalen Wertebereich in vier Quadranten. Die Grenzen werden jeweils durch den Mittelwert definiert. Die Farbgebung folgt dem Inhalt: Hohe Lebenserwartung und hohe Selbsteinschätzung der Gesundheit definieren den grünen Bereich, niedrige Lebenserwartung und niedrige Werte der Selbsteinschätzung den roten. Eine überdurchschnittliche Lebenserwartung bei gleichzeitig unterdurchschnittlicher Selbsteinschätzung sowie eine unterdurchschnittliche Lebenserwartung bei gleichzeitig überdurchschnittlicher Selbsteinschätzung definieren hellrote bzw. hellgrüne Bereiche. Was in diesen beiden Fällen grün und rot sein sollte, muss inhaltlich entschieden werden. Beide Fallgruppen enthalten „ungewöhnliche" Fälle: Diese Punkte werden daher durch Beschriftungen unterhalb der Punkte identifiziert.

Daten: Siehe Anhang A, BetterLifeIndex_Data_2011V6.xls.

```
pdf_datei<-"streudiagramme_quadranten.pdf"
cairo_pdf(bg="grey98",pdf_datei,width=11.69,height=9)

par(mar=c(4,4,0.5,2),omi=c(0.5,0.5,1,0),family="Lato Light",las=1)
library(RColorBrewer)

# Daten einlesen und Grafik vorbereiten

daten<-read.csv(file="daten/BetterLifeIndex_Data_2011V6.csv",head=F,
        sep=";",dec=",",skip=6)
daten<-daten[2:36,]
attach(daten)

x<-as.numeric(V16)
y<-as.numeric(V15)
xbez<-"Self-Reported Health (Scale from 0 to 100)"
ybez<-"Life Expectancy"

# Grafik definieren und weitere Elemente

plot(type="n",xlab=xbez,ylab=ybez,x,y,xlim=c(30,90),ylim=c(72,83),axes=F)
axis(1,col=par("bg"),col.ticks="grey81",lwd.ticks=0.5,tck=-0.025)
axis(2,col=par("bg"),col.ticks="grey81",lwd.ticks=0.5,tck=-0.025)

f1<-brewer.pal(5,"PiYG")[5]
f2<-brewer.pal(5,"PiYG")[4]
f3<-brewer.pal(5,"PiYG")[1]
f4<-brewer.pal(5,"PiYG")[2]

p1<-subset(daten[c("V2","V16","V15")],x > mean(x) & y > mean(y))
p2<-subset(daten[c("V2","V16","V15")],x < mean(x) & y > mean(y))
p3<-subset(daten[c("V2","V16","V15")],x < mean(x) & y < mean(y))
p4<-subset(daten[c("V2","V16","V15")],x > mean(x) & y < mean(y))

n1<-nrow(p1)
n2<-nrow(p2)
n3<-nrow(p3)
n4<-nrow(p4)

symbols(p1[,2:3],bg=f1,circles=rep(1,n1),inches=0.3,add=T,xpd=T,fg="white")
symbols(p2[,2:3],bg=f2,circles=rep(1,n2),inches=0.3,add=T,xpd=T,fg="white")
symbols(p3[,2:3],bg=f3,circles=rep(1,n3),inches=0.3,add=T,xpd=T,fg="white")
symbols(p4[,2:3],bg=f4,circles=rep(1,n4),inches=0.3,add=T,xpd=T,fg="white")

text(p2[,2:3],as.matrix(p2$V2),cex=0.9,pos=1,offset=1.75)
text(p4[,2:3],as.matrix(p4$V2),cex=0.9,pos=1,offset=1.75)

abline(v=mean(x,na.rm=T),col="black",lty=3)
abline(h=mean(y,na.rm=T),col="black",lty=3)
```

9.1 Varianten

```
text(min(V16),mean(V15)+0.005*mean(V15),"high",family="Lato Black",adj=0)
text(min(V16),mean(V15)-0.005*mean(V15),"low",family="Lato Black",adj=0)
text(mean(V16)-0.001*mean(V16),72,"high",family="Lato Black",pos=4)
text(mean(V16)+0.001*mean(V16),72,"low",family="Lato Black",pos=2)

# Betitelung

mtext("Life Expec...",3,adj=0,line=2.5,cex=2.0,family="Lato Black")
mtext("...",3,adj=0,line=0,cex=1.0,font=3)
mtext("Source: oe...",1,line=4,adj=1,cex=0.95,font=3)
dev.off()
```

Im **Skript** werden zunächst die Daten eingelesen und auf die Zeilen 2 bis 36 beschränkt, X- und Y-Variablen sowie Beschriftungen definiert.
Es sind:

- V2 – Country Name,
- V15 – Life Expectancy,
- V16 – Self-Reported Health.

Es folgt die Definition des Plot und die Einzeichnung der Achsen. Dann definieren wir vier Farben `f1`, `f2`, `f3` und `f4`, die wir einzeln der Brewer-Farbpalette „PiYG" entnehmen, und erstellen vier Teildatensätze `p1`, `p2`, `p3` und `p4`, die die Daten der einzelnen Quadranten beinhalten. Anschließend folgt für jeden Teildatensatz der Aufruf der Funktion `symbols()`. Wir hätten die Punkte auch mit `points()` oder `text()` zeichnen können, die Funktion `symbols()` bietet aber den Vorteil, dass sie direkt ein Symbol mit einem weißen Rand zur Verfügung stellt. Die Größe der Punkte wird hier nicht mit `cex`, sondern mit `circles` angegeben. Das ist ein Vektor, dessen Länge der Anzahl der darzustellenden Symbole entsprechen muss. Wir verwenden hier keine Variable, da die Punkte gleich groß werden sollen. Stattdessen geben wir eine `1` an, mit der Funktion `rep()` so oft wiederholt, dass die Länge der Anzahl der Daten entspricht. Weiterhin wird noch der Parameter `inches` benötigt, um die Datenwerte in die richtige Skalierung umzuwandeln. Ein Wert von `0.3` erzielt die gewünschte Größe. Anders als bei `points()` oder `text()` muss bei `symbols()` ein `add=T` angegeben werden, da es sich um eine High-Level-Funktion handelt. Nun werden noch mit `text()` für den zweiten und vierten Quadranten Beschriftungen der Punkte ausgegeben. Da V2 als Faktor eingelesen wurde, muss die Variable vor der Anzeige zuerst mit `as.matrix()` umgewandelt werden. Zum Schluss werden mit `abline()` Mittelwertlinien eingezeichnet und links und rechts bzw. oberhalb und unterhalb beschriftet, bevor die Titel- und Quellenangaben ausgegeben werden.

9.1.2 Streudiagramm Variante 2: Ausreißer farblich hervorgehoben

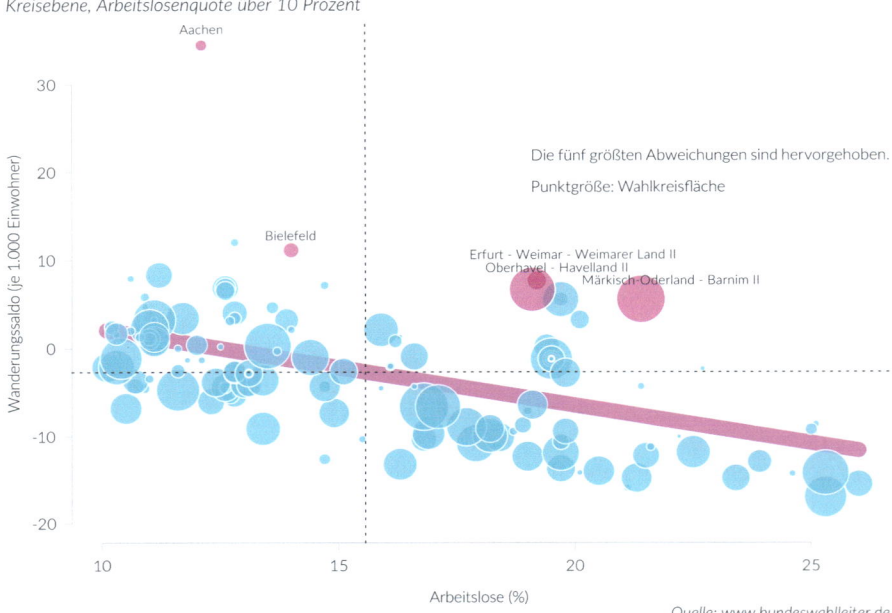

Die **Abbildung** zeigt Arbeitslose, Zu- und Abwanderungen in Deutschland 2005. Zwischen diesen beiden Größen besteht eine negative Korrelation. Hier verwenden wir eine zweite Farbe für Ausreißer und dieselbe Farbe für eine Regressionslinie. Das mag widersprüchlich klingen, folgt jedoch der Logik, dass die Ausreißer als solche ja gerade durch die Regressionslinie bzw. den größten Abstand zu ihr definiert sind: nämlich als die Werte, die den größten Abstand zur Regressionsgerade haben. Die Punktgröße ist hier durch eine dritte Variable definiert. Da bei Wahlkreisen per Definition die Bevölkerung in etwa gleich groß ist, wäre es nicht sinnvoll, die Punktgröße daran zu orientieren. Wir nehmen stattdessen die Fläche, da die Fläche bei annähernd gleichen Bevölkerungszahlen ein Indikator für die Bevölkerungsdichte ist und möglicherweise diese auch eine Rolle spielt. Zur Orientierung werden die Mittelwerte als gepunktete Linie eingezeichnet.

Die **Daten** können von der Seite http://www.bundeswahlleiter.de/de/bundestagswahlen/BTW_BUND_05/strukturdaten/ unter dem Namen `strukt btwkr2005.csv` als CSV-Datei heruntergeladen werden. Für das Beispiel wurden die Kopfzeilen entfernt.

9.1 Varianten

```
pdf_datei<-"streudiagramme_ausreisser.pdf"
cairo_pdf(bg="grey98",pdf_datei,width=11.69,height=9)

par(mar=c(4,4,0.5,2),omi=c(0.5,0.5,1,0),family="Lato Light",las=1)

# Daten einlesen und Grafik vorbereiten

strukturdaten<-read.csv(file="daten/struktbtwkr2005.csv",
        head=F,sep=";",dec=".")
daten<-subset(strukturdaten,V2 > 0 & V34 > 10)
attach(daten)

xbez<-"Arbeitslose (%)"
ybez<-"Wanderungssaldo (je 1.000 Einwohner)"

# Grafik definieren und weitere Elemente

plot(type="n",xlab=xbez,ylab=ybez,V34,V21,xlim=c(10,26),
        ylim=c(-20,35),axes=F,cex.lab=1.2)
axis(1,lwd.ticks=0.5,cex.axis=1.15,tck=-0.015)
axis(2,lwd.ticks=0.5,cex.axis=1.15,tck=-0.015)

f1<-rgb(0,208,226,200,maxColorValue=255)
f2<-rgb(255,0,210,150,maxColorValue=255)

fit<-lm(V21 ~ V34)
daten$fit<-fitted(fit)
points(V34,daten$fit,col=f2,type="l",lwd=8)

daten$resid<-residuals(fit)
daten.sort<-daten[order(-abs(daten$resid)) ,]
daten.sort_anfang<-daten.sort[1:5,]

p1<-daten.sort[5+1:length(daten$fit),c("V34","V21")]
p2<-daten.sort_anfang[c("V34","V21")]

r1<-sqrt(daten.sort$V6)/10
r2<-sqrt(daten.sort_anfang$V6)/10

symbols(p1,circles=r1,inches=0.3,bg=f1,fg="white",add=T)
symbols(p2,circles=r2,inches=0.3,bg=f2,fg="white",add=T)

text(p2,iconv(as.matrix(daten.sort_anfang["V3"]),"LATIN1","UTF-8"),
        cex=0.65,pos=3,offset=1.1)

abline(v=mean(V34,na.rm=T),col="black",lty=3)
abline(h=mean(V21,na.rm=T),col="black",lty=3)

text(20,20,"Die fünf größten Abweichungen sind hervorgehoben.
\n\nPunktgröße: Wahlkreisfläche",adj=0)
```

```
# Betitelung
mtext("Arbeitslos...",3,adj=0,line=2,cex=2.5,outer=T,family="Lato Black")
mtext("Kreisebene...",3,adj=0,line=0,cex=1.5,outer=T,font=3)
mtext("Quelle: ww...",1,line=4,adj=1,cex=1.15,font=3)
dev.off()
```

Im **Skript** werden die Daten als CSV-Datei eingelesen. Hierbei ist:

V2   Wahlkreis-ID; mit 0 kodierte Zeilen bilden die Bundesländer insgesamt ab.
V3   Name des Wahlkreises
V6   Fläche am 31.12.2004
V21   Wanderungssaldo
V34   Arbeitslose in Prozent

Es werden nur Wahlkreise mit einer Arbeitslosenquote von über 10 Prozent ausgewählt. Da die Daten auch noch aggregierte Angaben für alle Bundesländer enthalten, müssen diese mit V2 > 0 herausgefiltert werden. Nach Definition des plot() vom Typ „n" werden Achsen mit etwas kürzeren Teilstrichmarkierungen gezeichnet und zwei Farben f1 und f2 definiert.

Mit der Funktion lm() wird anschließend eine Regressionsgerade berechnet, als fit abgespeichert und mit points() gezeichnet.

Nun werden die Residuen mit residuals() ebenfalls abgerufen und der Datensatz nach der Größe der Residuen absteigend sortiert. Davon werden die ersten fünf als daten.sort_anfang abgespeichert. Die Punkte, die abgebildet werden sollen, sind dann zum einen diese Residuen (p1) und zum anderen der „Rest", also die gesamten Daten ohne diese Residuen (p2). Für die Größe der Punkte benötigen wir schließlich noch r1 und r2. Da eine Verdoppelung des Radius eine Vervierfachung der Fläche bedeutet, müssen wir hier die Quadratwurzel verwenden. Mit diesen Daten können nun die beiden Punktmengen mit symbols() gezeichnet werden. Die „Ausreißer" werden noch beschriftet und zur Orientierung die Mittelwerte als gepunktete Linien eingezeichnet.

9.1 Varianten

9.1.3 Streudiagramm Variante 3: Bereiche farblich hervorgehoben

Zusammenhang zwischen Körpergröße und Gewicht
ausgewählte Prominente

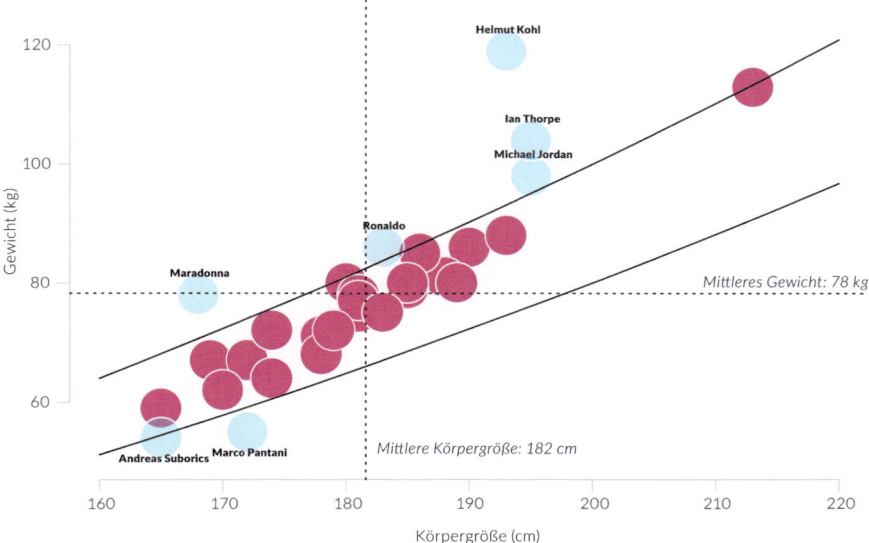

Quelle: celebrityheights.com, howmuchdotheyweigh.com

Zur **Abbildung**: In der dritten Variante verwenden wir wieder unterschiedliche Farben, um außergewöhnliche Fälle besonders zu kennzeichnen. Hier geht es um den Zusammenhang zwischen Körpergröße und Gewicht ausgewählter Prominenter. Wiederum werden die mittlere Größe und das mittlere Gewicht als Linie zur Orientierung eingezeichnet, hier zusätzlich auch noch die Kurven des Body Mass Index (BMI) für einen BMI von 20, 25 und 30. Werte unterhalb von 25 und oberhalb von 30 werden farblich gekennzeichnet. Wenn das Interesse auf den „normalen" Werten liegt, sollten diese in einer kräftigeren Farbe dargestellt werden. Die außergewöhnlichen Fälle werden wiederum beschriftet.

Daten: Siehe Anhang A, `personen.xlsx`.

```
pdf_datei<-"streudiagramme_bereiche.pdf"
cairo_pdf(bg="grey98",pdf_datei,width=11.69,height=9)

par(mai=c(0.85,1,0.25,0.25),omi=c(1,0.5,1,0.5),family="Lato Light",las=1)

# Daten einlesen und Grafik vorbereiten

personen<-read.xls("daten/personen.xlsx")
```

```
attach(personen)
daten<-subset(personen,w>0 & s=="m" & name!="Max Schmeling")
attach(daten)

# Grafik definieren und weitere Elemente
plot(type="n",xlab="Körpergröße (cm)",ylab="Gewicht (kg)",h,w,
     xlim=c(160,220),ylim=c(50,125),axes=F)
axis(1,col=par("bg"),col.ticks="grey81",lwd.ticks=0.5,tck=-0.025)
axis(2,col=par("bg"),col.ticks="grey81",lwd.ticks=0.5,tck=-0.025)

f1<-rgb(255,0,210,maxColorValue=255)
f2<-rgb(0,208,226,100,maxColorValue=255)

p1<-subset(daten[c("h","w")],w>20*(h/100*h/100) & w<25*(h/100*h/100))
p2<-subset(daten[c("h","w")],w<20*(h/100*h/100))
p3<-subset(daten[c("h","w")],w>25*(h/100*h/100))

bez2<-as.matrix(subset(name,w<20*(h/100*h/100)))
bez3<-as.matrix(subset(name,w>25*(h/100*h/100)))

symbols(p1,bg=f1,fg="white",circles=rep(1,nrow(p1)),inches=0.25,add=T)
symbols(p2,bg=f2,fg="white",circles=rep(1,nrow(p2)),inches=0.25,add=T)
symbols(p3,bg=f2,fg="white",circles=rep(1,nrow(p3)),inches=0.25,add=T)

text(p2,bez2,cex=0.75,pos=1,offset=1.1,family="Lato Black")
text(p3,bez3,cex=0.75,pos=3,offset=1.1,family="Lato Black")

curve(20*(x/100*x/100),xlim=c(160,220),add=T)
curve(25*(x/100*x/100),xlim=c(160,220),add=T)

abline(v=mean(h,na.rm=T),lty=3)
abline(h=mean(w,na.rm=T),lty=3)
text(182.5,52,"Mittlere Körpergröße: 182 cm",adj=0,font=3)
text(222,80,"Mittleres Gewicht: 78 kg",adj=1,font=3)

# Betitelung
mtext("Zusammenha...",3,adj=0,line=2,cex=2.1,outer=T,family="Lato Black")
mtext("ausgewählt...",3,adj=0,line=0,cex=1.4,outer=T,font=3)
mtext("Quelle: ce...",1,line=1,adj=1,cex=0.95,outer=T,font=3)
dev.off()
```

Im **Skript** werden nach dem Einlesen der XLSX-Tabelle die Daten gefiltert: nur Männer (s="m") und ohne diejenigen, bei denen die Gewichtsangabe fehlt (w>0). Dann werden der plot definiert, die Achsen gezeichnet und anschließend drei Punktmengen p1, p2 und p3 erzeugt: Bei der ersten haben die Personen einen Body Mass Index zwischen 20 und 25, bei der zweiten von unter 20 und bei der dritten von über 25. Für die zweite und dritte Gruppe speichern wir die Namen für die Beschriftungen in bez2 und bez3.

9.1 Varianten

Nun können mit symbols() alle drei Punktmengen gezeichnet werden. Die Größe circles ist mit rep(1,nrow(p1)) etc. jeweils konstant. Die Angabe von inches ist hier nicht notwendig, die Punkte haben schon die richtige Größe. Punkte, die außerhalb des Korridors von 20 und 25 liegen, werden beschriftet, die Mittelwertlinien eingezeichnet und ebenfalls beschriftet. Am Schluss folgen Titel und Quellenangabe.

9.1.4 Streudiagramm Variante 4: Eingezeichnete Ellipse

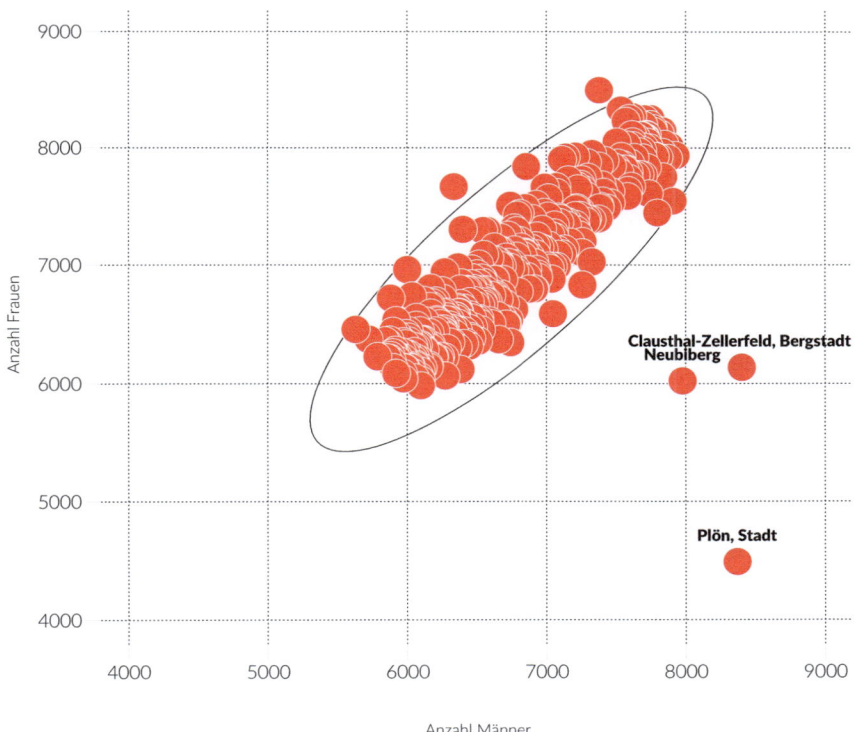

Die **Abbildung** zeigt die Anzahl Männer und Frauen in Deutschland für Gemeinden zwischen 12.000 und 16.000 Einwohner. Es ist nicht erstaunlich, dass hier ein enger Zusammenhang besteht. Dennoch haben wir drei außergewöhnliche Fälle, die wiederum beschriftet sind. Da man grundsätzlich von eng beieinander liegenden Anzahlen für Männer und Frauen ausgehen kann, sollten die Achsen die gleiche Spannweite umfassen und die Abbildung des Datenbereiches quadratisch sein. Wenn man davon ausgeht, dass sowohl die Anzahl der Männer als auch die Anzahl der Frauen normalverteilt ist, kann man eine bivariate Normalverteilung einzeichnen, deren Parameter durch die Mittelwerte und die Korrelation der Daten definiert sind. Aufgrund der Verteilung der Daten bietet es sich in diesem Fall an, ein Punkt-Gitterkreuz einzuzeichnen.

Daten: Die Tabelle gemeinden ist aus dem „Gemeindeverzeichnis Informationssystem (GV-ISys)" von destatis.de. Dort gibt es unter dem Abschnitt „Administrative Gebietsgliederungen" einen Punkt „Gemeinden mit 5 000 und mehr Einwohnern nach Fläche und Bevölkerung", hinter dem sich eine XLS-Tabelle 07Gemeinden.xls verbirgt. Die ersten neun Zeilen sowie die letzten drei Zeilen der Tabelle wurden gelöscht und im CSV-Format abgespeichert, anschließend in die SQL-Datenbank importiert.

```
pdf_datei<-"streudiagramme_pfad_ellipse.pdf"
cairo_pdf(bg="grey98",pdf_datei,width=10,height=10)

source("skripte/0inc_datendesign_dbconnect.r")
par(mai=c(1,1,0.25,0.25),omi=c(1,0.5,1,0.5),mgp=c(4,1,0),
    family="Lato Light",las=1)

# Daten einlesen und Grafik vorbereiten

sql<-"select * from gemeinden"
dataset<-dbGetQuery(con,sql)
attach(dataset)
auswahl<-subset(dataset,bevinsg >= 12000 & bevinsg <= 16000)
attach(auswahl)
library(ellipse)
mx<-mean(bevm)
my<-mean(bevw)
mxy<-c(mx,my)
sxy<-sapply(auswahl[,c("bevm","bevw")],sd)
r<-cor(bevm,bevw)

# Grafik definieren und weitere Elemente

plot(bevm,bevw,type="n",axes=F,xlab="Anzahl Männer",ylab="Anzahl Frauen",
     xlim=c(4000,9000),ylim=c(4000,9000))
lines(ellipse(r,scale=sxy,centre=mxy))
abline(v=seq(4000,9000,by=1000),col="black",lty=3,lwd=1)
abline(h=seq(4000,9000,by=1000),col="black",lty=3,lwd=1)
axis(1,cex.axis=1.2,col=par("bg"),col.ticks="grey81",lwd.ticks=0.5,
     tck=-0.025)
axis(2,cex.axis=1.2,col=par("bg"),col.ticks="grey81",lwd.ticks=0.5,
     tck=-0.025)
```

9.1 Varianten

```
symbols(bevm,bevw,bg="red",circles=rep(2,nrow(auswahl)),inches=0.15,
        add=T,xpd=T,fg="white")
auswahl2<-subset(auswahl,bevm >= 7500 & bevw <= 6500)
attach(auswahl2)
text(bevm,bevw,iconv(gemeinde,"LATIN1","UTF-8"),family="Lato Black",
     pos=3,offset=1.1)
text(182.5,52,"Mittlere Körpergröße: 182 cm",adj=0,font=3)

# Betitelung

mtext("Anzahl Män...",3,adj=0,line=1.5,cex=2.5,family="Lato Black",outer=T)
mtext("Gemeinden ...",3,adj=0,line=-0.25,cex=1.5,font=3,outer=T)
mtext("Quelle: Ge...",1,line=2,adj=1,cex=1.25,font=3,outer=T)
dev.off()
```

Im **Skript** werden die Daten aus einer MySQL-Datenbank eingelesen und auf die Gemeinden beschränkt, deren Einwohnerzahl zwischen 12.000 und 16.000 liegt. Das Paket `ellipse` wird geladen und für deren Abbildung die beiden Mittelwerte berechnet. Mit `sapply()` wird die Standardabweichung für die Variablen `bevm` und `bevw` berechnet, mit `cor()` die Korrelation.

Nach Definition des `plot()` wird die Ellipse gezeichnet, anschließend mit `abline()` ein gepunktetes Gitternetz von 4000 bis 9000 in Tausenderschritten. Nach den Achsen kommen die eigentlichen Punkte mit der Funktion `symbols()`, wiederum mit konstantem Umfang. Die Skalierung wurde mit dem Parameter `inches` angepasst. Die Punkte der Gemeinden, deren Männeranzahl über 7500 und deren Frauenanzahl unter 6500 liegt, werden schließlich noch beschriftet, bevor Titel und Quellenangabe eingefügt werden.

9.1.5 Streudiagramm Variante 5: Verbundene Punkte

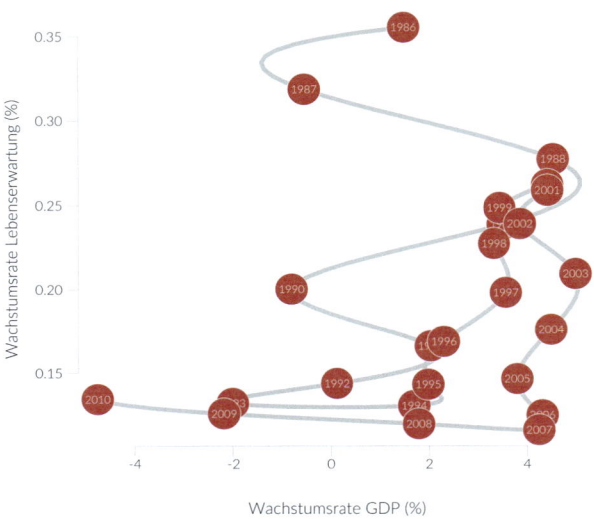

Zur **Abbildung**: Handelt es sich bei den Daten um Zeitreihen, kann in einem Streudiagramm auch die zeitliche Entwicklung mit abgebildet werden, indem die zeitlich aufeinanderfolgenden Punkte miteinander verbunden werden. Dafür eignet sich eine Spline-Funktion. Dadurch ergibt sich ein „Pfad-Effekt", der die zeitliche Entwicklung besser verdeutlicht als eine einfache (lineare) Punkt-zu-Punkt-Verbindung.

Das Beispiel zeigt den Zusammenhang zwischen der Entwicklung des Sozialprodukts und der Lebenserwartung in Griechenland von 1986 bis 2010. Obwohl hier beide Größen dieselbe Dimension haben, ist es nicht notwendig, dass die Achsenlängen proportional sind.

Die **Daten**: Die XLS-Dateien für das Streudiagramm können von der Seite http://www.gapminder.org/data/ heruntergeladen werden. Die daraus erzeugte XLS-Datei `Greece.xlsx` kann von der Webseite des Buches heruntergeladen werden.

```
pdf_datei<-"streudiagramme_verbunden.pdf"
cairo_pdf(bg="grey98",pdf_datei,width=10,height=10)

par(mai=c(1.1,1.25,0.15,0),omi=c(1,0.5,1,0.5),mgp=c(4.5,1,0),
    family="Lato Light",las=1)
```

9.1 Varianten

```
# Daten einlesen und Grafik vorbereiten

daten<-read.xls("daten/gapminder/greece.xlsx")
daten<-daten[daten$Year>=1985, ]

attach(daten)
n<-nrow(daten)
wrGDP<-vector()
wrLEXP<-vector()
for (i in 2:n)
{
wrGDP[i]<-(GDP[i]-GDP[i-1])/GDP[i-1]
wrLEXP[i]<-(LEXP[i]-LEXP[i-1])/LEXP[i-1]
}
daten$wrGDP<-wrGDP*100
daten$wrLEXP<-wrLEXP*100
daten<-daten[2:n, ]

n<-nrow(daten)

t <- 1:n
ts <- seq(1, n, by = 1/10)
xs <- splinefun(t, daten$wrGDP)(ts)
ys <- splinefun(t, daten$wrLEXP)(ts)

# Grafik definieren und weitere Elemente

plot(daten$wrGDP, daten$wrLEXP, type="n", xlab="Wachstumsrate GDP (%)",
     ylab="Wachstumsrate Lebenserwartung (%)", cex.lab=1.5, axes=F)
axis(1,col=par("bg"),col.ticks="grey81",lwd.ticks=0.5,tck=-0.025,
     cex.axis=1.25)
axis(2,col=par("bg"),col.ticks="grey81",lwd.ticks=0.5,tck=-0.025,
     cex.axis=1.25)

lines(xs, ys,lwd=7,col="grey")
for (i in 1:n)
{
symbols(daten$wrGDP[i],daten$wrLEXP[i],bg="brown",fg="white",
        circles=1,inches=0.25,add=T)
text(daten$wrGDP[i],daten$wrLEXP[i],daten$Year[i],col="white")
}

# Betitelung

mtext("GDP und Le...",3,adj=0,line=1.5,cex=2.5,family="Lato Black",outer=T)
mtext("Zusammenha...",3,adj=0,line=-0.25,cex=1.5,font=3,outer=T)
mtext("Quelle: ga...",1,line=2,adj=1,cex=1.25,font=3,outer=T)
dev.off()
```

Im **Skript** werden nach dem Einlesen der Daten zunächst in einer Schleife für die Variablen GDP und LEXP die Wachstumsraten berechnet und als wrGDP und wrLEXP abgespeichert. Die Vorgehensweise zur Berechnung des bivariaten Spline wurde einer Forenantwort von Kohske Takahashi entnommen.[1] Die Funktion splinefun() aus dem Paket stats liefert die nötige Verbindung zwischen den Daten. Dazu berechnen wir für beide Variablen zunächst einzeln die Funktionswerte, wobei wir für eine „glatte" Auflösung die Werte in Zehntelschritten berechnen. Anschließend wird die Grafik mit plot() definiert und als erstes der Spline gezeichnet. Dann werden darüber die Punkte und Beschriftungen gelegt. Wichtig ist, dass wir die Funktionen symbols() und text() jeweils nacheinander für jeden Punkt einzeln aufrufen. Wenn wir zuerst alle Symbolpunkte und dann alle Beschriftungen zeichnen würden, ergäben sich Überschneidungen der Beschriftungen. Durch die schrittweise Zeichnung werden dagegen nahe beieinander liegende Beschriftungen mit den Symbolen überdeckt. Insgesamt ergibt sich damit ein erheblich lesbarerer Eindruck. Zum Schluss folgen wie üblich Titel und Quellenangabe.

9.2 Sonderfälle und Spezielles

9.2.1 Streudiagramm mit wenigen Punkten

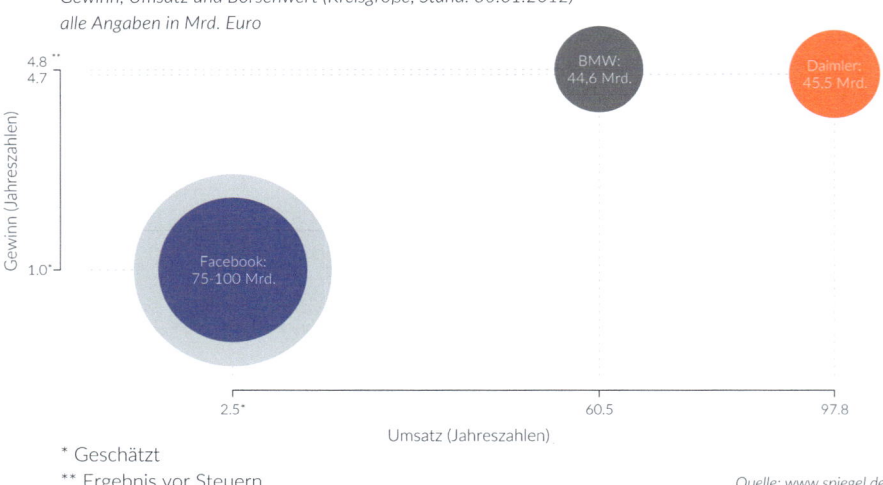

Diese **Abbildung** ist eigentlich nur im formalen Sinne ein Streudiagramm, de facto ist es eher eine schematische Übersicht. Gezeigt wird der „Zusammenhang"

---

[1] http://stackoverflow.com/questions/8611491/basic-two-dimensional-cubic-spline-fitting-in-r.

9.2 Sonderfälle und Spezielles

zwischen Umsatz und Gewinn und Daimler, BMW und Facebook. Die Größe des Punktes ist als dritte Variable der tatsächliche bzw. geschätzte Börsenumsatz. Für Facebook lagen die Schätzungen im Januar 2012 zwischen 75 und 100 Mrd. Euro. Man sieht an dieser Darstellungsform sehr deutlich die außergewöhnliche Stellung von Facebook im Vergleich zu den anderen beiden Firmen: Bei deutlich geringerem Umsatz und Gewinn ein erheblich höherer erwarteter Börsenwert.[2]

Die Daten wurden einem Artikel von SPIEGEL online entnommen: http://www.spiegel.de/fotostrecke/fotostrecke-78024.html.

```
pdf_datei<-"streudiagramme_drei_punkte.pdf"
cairo_pdf(bg="grey98",pdf_datei,width=14,height=9)

par(mai=c(2,1,1,1),omi=c(0,0,0,0),xpd=T,family="Lato Light",las=1)

# Daten definieren und Grafik vorbereiten

namen<-c("BMW:\n44,6 Mrd.","Daimler:\n45,5 Mrd.","","Facebook:\n75-100 Mrd.")
wert<-c(44.6,45.5,100,75)
umsatz<-c(60.5,97.8,2.5,2.5)
gewinn<-c(4.8,4.7,1,1)

f1<-rgb(80,80,80,maxColorValue=255)
f2<-rgb(255,97,0,maxColorValue=255)
f3<-"grey"
f4<-rgb(58,87,151,maxColorValue=255)

# Grafik definieren und weitere Elemente

plot(umsatz,gewinn,axes=F,type="n",
     xlab="Umsatz (Jahreszahlen)",
     ylab="Gewinn (Jahreszahlen)",
     xlim=c(-20,100),ylim=c(-1,6),cex.lab=1.5)
for (i in 1:3)
{
arrows(umsatz[i],-1,umsatz[i],gewinn[i],length=0.10,lty="dotted",
       angle=10,code=0,lwd=1,col="grey70")
arrows(-20,gewinn[i],umsatz[i],gewinn[i],length=0.10,lty="dotted",
       angle=10,code=0,lwd=1,col="grey70")
}
points(umsatz,gewinn,pch=19,cex=wert/2.6,col=c(f1,f2,f3,f4))
text(umsatz,gewinn,namen,col="white",cex=1.3)
axis(1,at=c(2.5,60.5,97.8),labels=c("2.5*","60.5","97.8"),cex.axis=1.25)
axis(2,at=c(1,4.8),labels=c("1.0","4.8\n4.7"),cex.axis=1.25)
text(-25.5,5.08,"**")
text(-26.5,1.08,"*")

# Betitelung
```

---

[2] Am Ende waren es 104 Mrd. US-Dollar, als Facebook am 18. Mai 2012 an die Börse ging.

```
mtext(line=1,"Facebook, ...",cex=3.5,adj=0,family="Lato Black")
mtext(line=-1,"Gewinn, Um...",cex=1.75,adj=0,font=3)
mtext(line=-3,"alle Angab...",cex=1.75,adj=0,font=3)
mtext(side=1,line=6.5,"Quelle: ww...",cex=1.75,adj=1,font=3)
mtext(side=1,line=4.5,"* Geschätzt ",cex=1.75,adj=0)
mtext(side=1,line=6.5,"** Ergebnis vor Steuern",cex=1.75,adj=0)
dev.off()
```

Im **Skript** werden die Namen sowie die darzustellenden Werte zunächst direkt definiert, ebenso wie die Farben f1 bis f4. Der Definition der Grafik mit plot() folgt eine Schleife, die mit der Funktion arrows() gepunktete Linien in X- und Y-Richtung zeichnet. Die eigentlichen Punkte werden dann in der Größe cex=wert/2.6 abgebildet sowie mit text() beschriftet. Die Achsenbeschriftung erfolgt manuell an geeigneten Positionen. Die Anmerkungssterne müssen ebenfalls manuell mit der Funktioen text() bei den Achsenbeschriftungen angebracht werden. Zusätzlich zu den üblichen Titel- und Quellenangaben erscheinen hier noch individuelle Randbeschriftungen „Geschätzt" und „Ergebnis vor Steuern".

9.2.2 Streudiagramm mit selbst definierten Symbolen

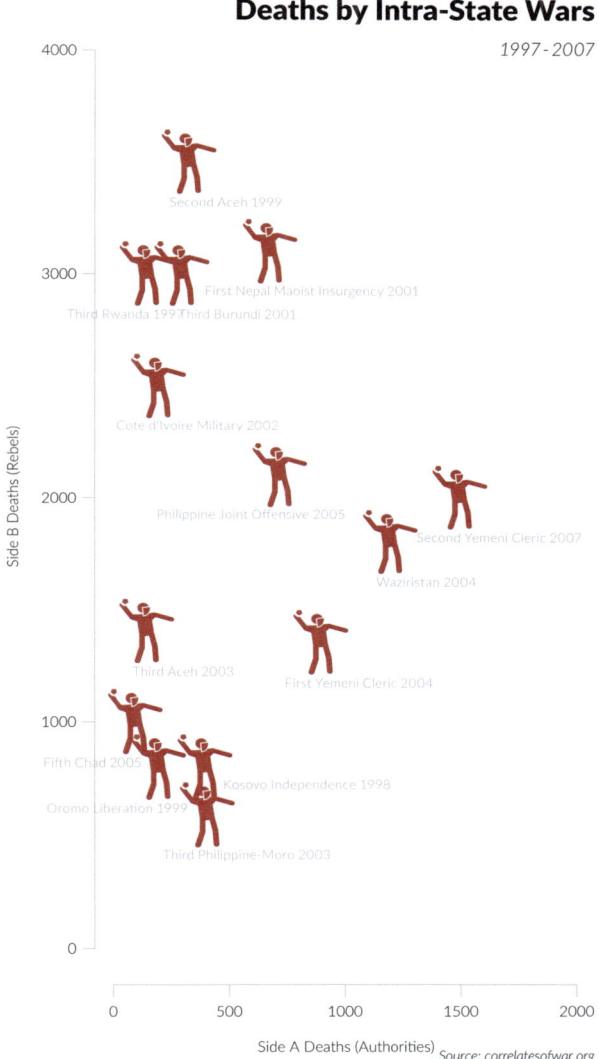

Zur **Abbildung**: Bei vergleichsweise wenigen Daten und einem geeigneten Sachverhalt bietet sich die Verwendung von Symbolen in einem Streudiagramm an. In diesem Beispiel verweden wir das Symbol „Protest" von Jakob Vogel, das über das Noun Project frei verfügbar ist und das wir in einen Font eingebettet haben (Abschn. 4.2). Dargestellt sind die Anzahlen der Opfer von Bürgerkriegen zwischen 1995 und 1999, die von dem „Correlates of War (COW) Project" zusammengestellt wurden. Auf der X-Achse ist die Anzahl der Opfer auf der „staatlichen" Seite, auf der Y-Achse die Anzahl der Opfer auf der „Rebellenseite" abgebildet. Unterhalb der Symbole ist jeweils der Name des Konfliktes sowie das Jahr des Beginns der Auseinandersetzungen wiedergegeben. Wichtig ist hierbei eine gleiche Skalierung der X- und Y-Achse, wodurch sich bei doppelter Spannweite der Y-Achse ein Seitenverhältnis von 1:2 ergibt.

In diesem Beispiel haben wir den Titel und Untertitel rechtsbündig angeordnet, um ein optisches Gegengewicht zu den Daten zu bilden.

Die **Daten** können von der Webseite des Projekts Correlates of War (COW) als CSV-Datei heruntergeladen werden (`Intra-StateWarData_v4.1.csv`). Der Symbolfont kann wie in Abschn. 4.2 beschrieben erzeugt werden.

```
pdf_datei<-"streudiagramme_symbole.pdf"
cairo_pdf(bg="grey98",pdf_datei,width=7.5,height=12)

par(omi=c(0.5,0.5,0,0),mai=c(0.5,1.25,0,0.25),family="Lato Light",las=1)
library(maptools)

# Daten einlesen und Grafik vorbereiten
daten<-read.xls("daten/Intra-StateWarData_v4.1.xlsx")
auswahl<-subset(daten,daten$StartYear1>=1995 & daten$SideADeaths > 0 &
        daten$SideADeaths < 2000 & daten$SideBDeaths > 0 &
        daten$SideBDeaths < 4000)
attach(auswahl)

farbe<-"darkred"
n<-nrow(auswahl)
h<-rep(0, n)
v<-rep(0, n)
offset<-cbind(h, v)

auswahl[, c("WarName", "StartYear1", "SideADeaths", "SideBDeaths")]
offset[1, "h"]<- -400
offset[5, "h"]<- 232
offset[4, "h"]<- -275
offset[2, "h"]<- 270; offset[2, "v"]<-100;
offset[13, "h"]<- -275
offset[12, "h"]<- -300
x<-as.numeric(SideADeaths)
y<-as.numeric(SideBDeaths)

# Grafik definieren und weitere Elemente
plot(x, y, typ="n", xlab="", ylab="", axes=F, xlim=c(0, 2000),
    ylim=c(0, 4000))
axis(1,col=par("bg"),col.ticks="grey81",lwd.ticks=0.5,tck=-0.025)
axis(2,col=par("bg"),col.ticks="grey81",lwd.ticks=0.5,tck=-0.025)
```

9.2 Sonderfälle und Spezielles

```
text(x+130+offset[, "h"], y-180+offset[, "v"], paste(WarName, StartYear1,
    sep=" "), cex=0.8, xpd=T, col="grey")
mtext(side=1, "Side A Deaths (Authorities)", adj=0.5, line=3)
mtext(side=2, "Side B Deaths (Rebels)", las=0, adj=0.5, line=4)

# Betitelung

mtext("Deaths by ...",3,adj=1,line=-3,cex=2.1,family="Lato Black")
mtext("1997-2007...",3,adj=1,line=-5,cex=1.4,font=3)
mtext("Source: co...",1,line=1,adj=0,cex=0.95,outer=T,font=3)

# weitere Elemente der Grafik

par(family="Datendesign")
text(x, y, "b", col=farbe, cex=5, xpd=T)
dev.off()
```

Im **Skript** wird nach Einlesen der Daten und Filtern auf die benötigten Werte (Auseinandersetzungen, die 1995 oder später begonnen und die angegebene Zahl von Todesopfern zur Folge hatten) die Abbildung mit `plot()` definiert. Die Achsen werden ohne Linien erzeugt. Anschließend wird der Name der Auseinandersetzung sowie das Jahr des Beginns leicht versetzt eingezeichnet. In Einzelfällen muss der Versatz manuell vorgenommen werden. Dazu definieren wir einen Vektor `offset`, den wir individuell befüllen. Ebenfalls mit der Funktion `text()` werden die Symbole gezeichnet, nachdem der von uns erstellte Symbolfont „Datendesign" ausgewählt wurde.

Das letzte Beispiel leitet über zum nächsten Kapitel.

9.2.3 Karte von Deutschland als Streudiagramm

Männer-/Frauenverhältnis in Deutschland 2005

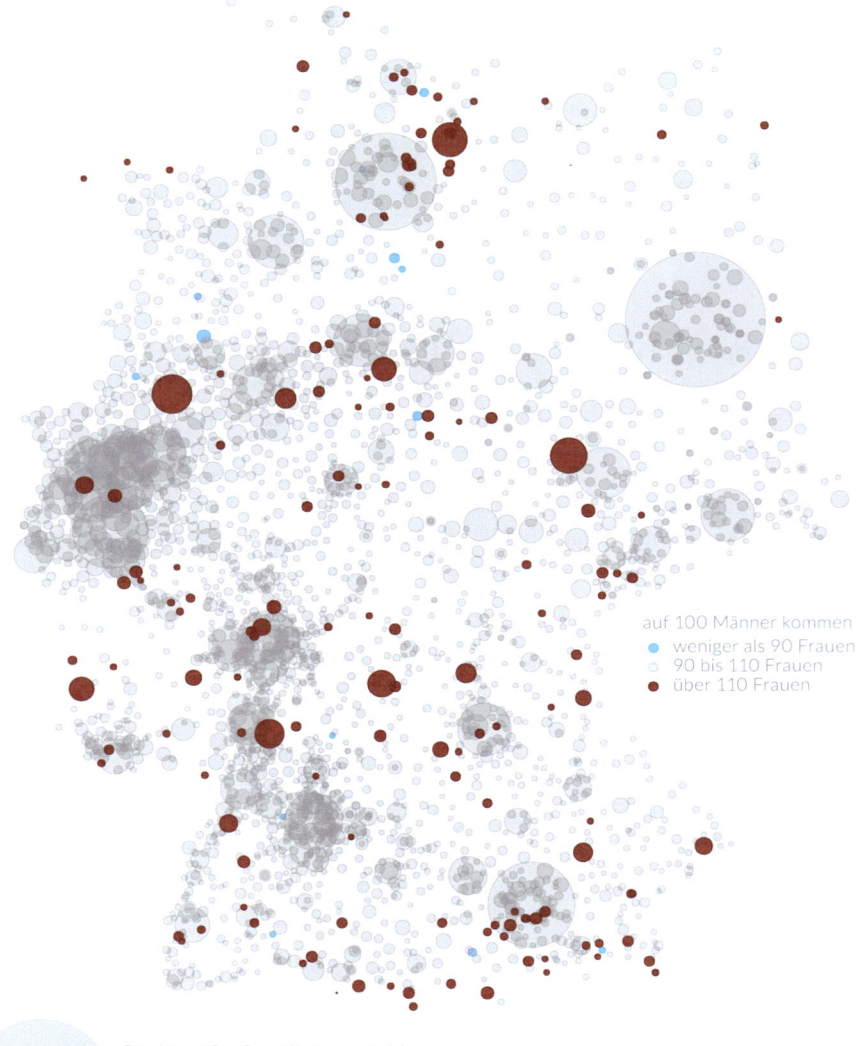

9.2 Sonderfälle und Spezielles

Zur **Abbildung**: Wenn für Punkte Längen- und Breitenangaben vorliegen, kann bereits mit einem Streudiagramm eine Karte gezeichnet werden. Wir illustrieren das hier an einem Beispiel, bei dem die knapp 3000 Gemeinden in Deutschland mit mehr als 5000 Einwohnern abgebildet werden. Die Punktgröße bildet die Bevölkerungsgröße ab. Die Größe der Punkte entspricht dabei nicht proportional der Größe der Flächen der Gemeinden und Städte. Die Punktgröße wird in der Legende anhand des größten Punktes sowie des Medians der Punktgrößen verdeutlicht. Die Farbe der Punkte zeigt das Männer- und Frauenverhältnis: Graue Punkte zeigen ein ausgewogenes Verhältnis, hellblaue Punkte einen Männer-, rote Punkte einen Frauenüberschuss. Dies wird in einer zweiten Legende erläutert. Durch die große Anzahl der Punkte ist auch der Umriss von Deutschland als Karte erkennbar, ohne dass wir eine Linie benötigen.

Daten: Siehe Anhang A, v_frauen_maenner.

```
pdf_datei<-"karten_deutschland_streudiagramm.pdf"
cairo_pdf(bg="grey98",pdf_datei,width=8,height=11)

par(mai=c(1.1,0,0,0),omi=c(0.25,0.5,0.75,0.5),family="Lato Light",las=1)

# Daten einlesen und Grafik vorbereiten

source("skripte/0inc_datendesign_dbconnect.r")
sql<-"select * from v_frauen_maenner"
dataset<-dbGetQuery(con,sql)
attach(dataset)

legmaxgroesse<-max(transbev); legmaxwert<-max(bevinsg)
legmaxbez<-dataset[which(dataset$transbev==legmaxgroesse),"gemeinde"]
if (length(legmaxbez) > 1)
{
n<-length(legmaxbez)
for (i in 2:n) legmaxbez<-c(legmaxbez,paste(",",legmaxbez[i,]))
}
legmidgroesse<-quantile(transbev,0.5); legmidwert<-quantile(bevinsg,0.5)

# Grafik definieren und weitere Elemente

plot(lng,lat,type="n",axes=F,xlab="",ylab="")
niedrig<-subset(dataset,wm < 0.90)
mittel<-subset(dataset,wm >= 0.90 & wm <= 1.10)
hoch<-subset(dataset,wm > 1.10)

f1<-rgb(0,191,255,200,maxColorValue=255)
f2<-rgb(150,150,150,80,maxColorValue=255)
f3<-rgb(128,0,0,200,maxColorValue=255)

attach(niedrig)
points(lng,lat,pch=19,col=f1,cex=transbev)
attach(mittel)
```

```
points(lng,lat,pch=19,col=f2,cex=transbev)
attach(hoch)
points(lng,lat,pch=19,col=f3,cex=transbev)

l1<-paste("Max.: ",format(legmaxwert,digits=2),
         " Mio. (",legmaxbez,")",sep="")
l2<-paste("Median: ",format(legmidwert,digits=2)," Mio.",sep="")
legend(6.2,47.1,c(l1,l2),text.col="azure4",
       title="Punktgröße: Bevölkerungszahl",title.adj=0.3,border=F,
       pch=19,col=rgb(150,150,150,80,maxColorValue=255),bty="n",
       cex=1.1,pt.cex=c(legmaxgroesse,legmidgroesse),xpd=T,ncol=2)
legend(13,50.25,text.col="azure4",
       c("weniger als 90 Frauen","90 bis 110 Frauen","über 110 Frauen"),
       title="auf 100 Männer kommen",title.adj=0,pt.cex=1,xpd=T,
       border=F,pch=19,col=c(f1,f2,f3),bty="n",cex=0.8)

# Betitelung

mtext("Männer-/Fr...",line=0,adj=0,cex=1.8,family="Lato Black",outer=T)
mtext("Quelle: ww...",side=1,line=-1,adj=1,cex=0.9,font=3,outer=T)
dev.off()
```

Im **Skript** werden zuerst mit dem Gesamtdatensatz für die Legende die mittlere und die maximale Größe sowie die entsprechenden Werte ermittelt. Für die Legenden-Bezeichnung verwenden wir die nützliche Funktion `which()`, mit der der Gemeindename mit der maximalen Bevölkerungsgröße ermittelt werden kann. Die Funktion liefert die Position im Datensatz zurück und kann daher in den eckigen Klammern von `dataset` als Zeilennummer verwendet werden.

Die etwas umständliche Schleife für `legmaxbez` ist nötig, da das Maximum – anders als der Median – ein Wert ist, der theoretisch mehr als einmal vorkommen kann.

Danach definieren wir mit `plot()` die Abbildung und erstellen drei Teildatensätze `niedrig`, `mittel` und `hoch`, die ein niedriges, mittleres oder hohes Männer-/Frauen-Verhältnis aufweisen. Jeder wird mit `points()` in einer eigenen Farbe gezeichnet.

Für die Erstellung der Legenden verwenden wir zweimal die Funktion `legend`. Der erste Aufruf erzeugt eine Legende unterhalb der Karte, der zweite die Beschriftung auf der rechten Seite.

Kapitel 10
Karten

R eignet sich nicht nur in besonderer Weise für die Erstellung grafischer Darstellungen, sondern auch ganz speziell für Karten. Die Sammelseite http://cran.r-project.org/web/views/Spatial.html listet über hundert Pakete zur Bearbeitung von Geodaten auf.

10.1 Einführende Beispiele

10.1.1 Karten von Deutschland: Ortsnetzbereiche und Postleitzahlengebiete

Die **Abbildung** zeigt auf der linken Seite die Ortsnetzbereiche, auf der rechten die Postleitzahlengebiete von Deutschland. Es gibt in Deutschland über 5000 Ortsnetzbereiche und über 8000 Postleitzahlbereiche. Wie man sieht, sind die Ortsnetzbereiche annähernd gleich groß, während die Postleitzahlbereiche die Bevölkerungsdichte berücksichtigen. Da hier lediglich die Struktur der geografischen Einheiten gezeigt werden soll, erfolgte die Befüllung mit zufällig ausgewählten Farbabstufungen aus den Brewer-Paletten. Die Karten sind beide in der Mercator-Projektion abgebildet.[1]

---

[1] http://de.wikipedia.org/wiki/Mercator-Projektion.

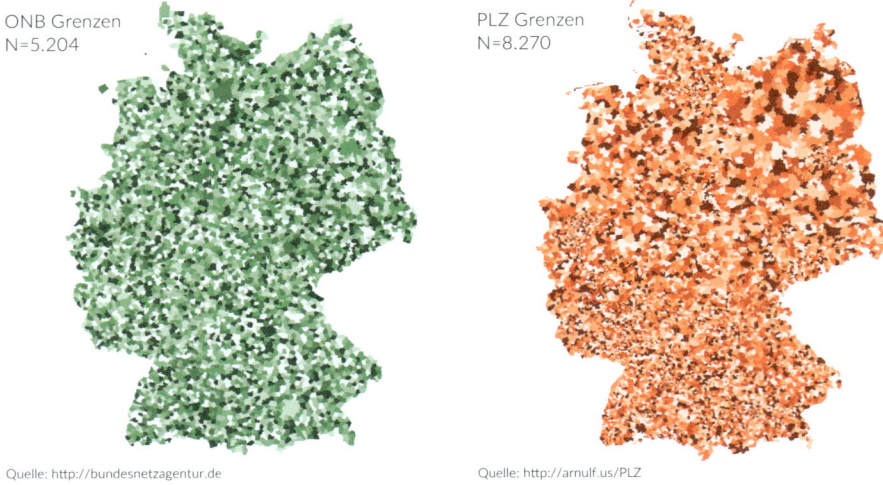

Die Karten-Dateien der Postleitzahlen können im ESRI-Shapefile-Format von der Seite http://arnulf.us/PLZ heruntergeladen werden. Die Karten-Dateien der Ortsnetzbereiche konnten zum Zeitpunkt der Erstellung des Beispiels – ebenfalls im ESRI-Shapefile-Format – aus dem Internetangebot der Bundesnetzagentur heruntergeladen werden.

```
pdf_datei<-"karten_deutschland_shp_onb_plz.pdf"
cairo_pdf(bg="grey98",pdf_datei,width=16,height=9)

par(mar=c(0,0,0,0),oma=c(1,1,1,0),mfcol=c(1,2),family="Lato Light",las=1)
library(maptools)
library(rgdal)
library(RColorBrewer)

# Daten einlesen und Grafik vorbereiten

x<-readShapeSpatial("daten/ONB_Grenzen/onb_grenzen.shp")
farbe<-sample(1:7,length(x),replace=T)

# Grafik erstellen und weitere Elemente

plot(x,col=brewer.pal(7,"Greens")[farbe],border=F)
mtext(paste("N=", format(length(x), big.mark="."), sep=""),side=3,
       line=-6,adj=0,cex=1.7)
mtext("ONB Grenzen",side=3,line=-4,adj=0,cex=1.7)
mtext("Quelle: http://bundesnetzagentur.de",side=1,line=-1,adj=0,cex=1.3)

# Daten einlesen und Grafik vorbereiten
y<-readShapeSpatial("daten/PLZ/post_pl.shp",proj4string=CRS("+proj=longlat"))
x=spTransform(y,CRS=CRS("+proj=merc"))
```

10.1 Einführende Beispiele

```
farbe<-sample(1:7,length(x),replace=T)

# Grafik erstellen und weitere Elemente

plot(x,col=brewer.pal(7,"Oranges")[farbe],border=F)
mtext(paste("N=", format(length(x), big.mark="."), sep=""),side=3,
      line=-6,adj=0,cex=1.7)

# Betitelung

mtext("PLZ Grenzen",side=3,line=-4,adj=0,cex=1.7)
mtext("Quelle: http://arnulf.us/PLZ",side=1,line=-1,adj=0,cex=1.3)
dev.off()
```

Im **Skript** benötigen wir die Bibliotheken `maptools` für `readShapeSpatial()`, `rgdal` für die Funktion `spTransform()` und `RColorBrewer` für die Verwendung der Farbpaletten mit `brewer.pal()`. Nach Einlesen der Shape-Datei der Ortsnetzbereiche wird ein Vektor `farbe` erzeugt, der mit gleichverteilten Zufallszahlen zwischen 1 und 7 befüllt wird. Damit wird die Karte `x` mit einer siebenstufigen Brewer-Palette gezeichnet. Vor der Über- und Unterschrift wird noch die Anzahl der Fälle links neben die Karte geschrieben.

Das Gleiche wird schließlich für die Postleitzahlen wiederholt.

10.1.2 Gefilterte Postleitzahlenkarte

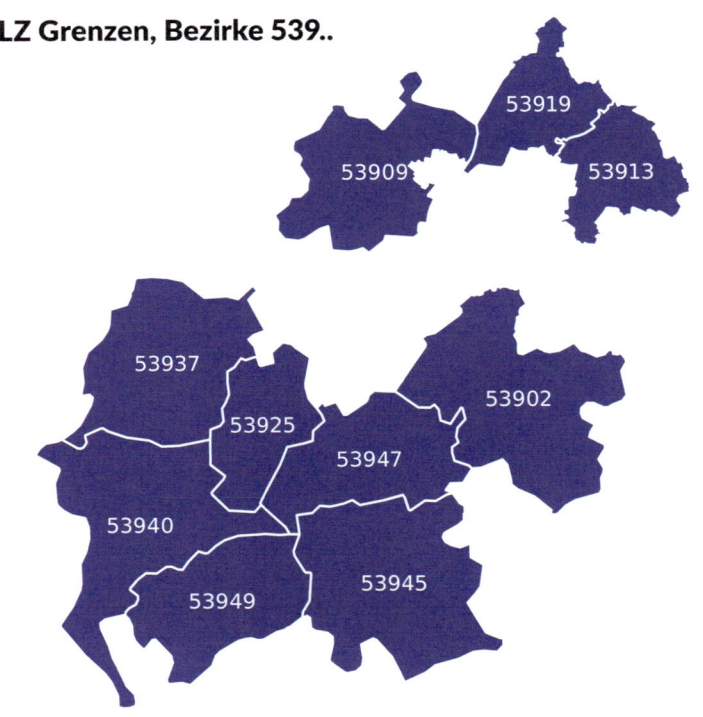

Quelle: arnulf.us/PLZ

Zur **Abbildung**: Aus der Postleitzahlenkarte wurden hier die Gebiete herausgefiltert, die mit 539 beginnen. Die Bezirke wurden in Dunkelblau auf hellgrünem Hintergund gezeichnet. Solche Farbkombinationen findet man häufig auf Übersichtskarten von Verkehrsverbünden. Die Postleitzahlen wurden in die geografische Mitte der Bezirke geschrieben.

Die **Daten**: Die Karten-Dateien der Postleitzahlen können im ESRI-Shapefile-Format von der Seite http://arnulf.us/PLZ heruntergeladen werden.

```
pdf_datei<-"karten_deutschland_plz_ausschnitt.pdf"
cairo_pdf(bg="grey98",pdf_datei,width=10,height=10)

par(bg="darkolivegreen1",mai=c(0,0,0,0),oma=c(1,1.5,1,1),
        family="Lato Light",las=1)
library(maptools)
library(rgdal)
```

10.1 Einführende Beispiele

```
# Daten einlesen und Grafik vorbereiten
y<-readShapeSpatial("daten/PLZ/post_pl.shp",
        proj4string=CRS("+proj=longlat"))
x<-spTransform(y,CRS=CRS("+proj=merc"))
y<-subset(x,substr(x$PLZ99,1,3)=="539")

# Grafik erstellen
plot(y,col="darkblue",border="white",lwd=3)
text(getSpPPolygonsLabptSlots(y),labels=y$PLZ99,cex=1.5,
        col="white",family="Lato Bold")

# Betitelung
mtext("PLZ Grenze...",side=3,line=-4,adj=0,cex=2.7,family="Lato Black")
mtext("Quelle: ar...",side=1,line=-1,adj=1,cex=1.3)
dev.off()
```

Im **Skript** benötigen wir für die Erstellung der Karte wie im vorangegangenen Beispiel wieder die Pakete `maptools` und `rgdal` für die Funktionen `readShapeSpatial()` und `spTransform()`.

Nach dem Öffnen der Shape-Datei und der Mercator-Transformation werden die Daten mit `subset()` gefiltert. Zum besseren Verständnis sehen wir uns zunächst mit `str(x)` die Struktur des Objekts an, das R mit `readShapeSpatial()` aus der Shape-Datei erstellt hat:

```
> str(x)
Formal class 'SpatialPolygonsDataFrame' [package "sp"] with 5 slots
  ..@ data :'data.frame': 8270 obs. of 3 variables:
  .. ..$ PLZ99  : Factor w/ 8270 levels "01067","01069",..:
  1 2 3 4 5 6 7 8 9 10 ...
  .. ..$ PLZ99_N : int [1:8270] 1067 1069 1097 1099 1109 1127 1129
  1139 1157 1159 ...
  .. ..$ PLZORT99: Factor w/ 6359 levels "\xd6hningen",..: 1229 1229
  1229 1229 1229 1229 1229 1229 1229 1229 ...
  .. ..- attr(*, "data_types")= chr [1:3] "C" "N" "C"
  ..@ polygons :List of 8270
  .. ..$ :Formal class 'Polygons' [package "sp"] with 5 slots
  .. .. .. ..@ Polygons :List of 1
  .
  .
  .
```

Das Objekt enthält 5 Slots. Der erste ist ein `data.frame`, der mit `@data` angesprochen werden kann und die Variablen `PLZ99`, `PLZ99_N`, `PLZORT99` enthält. Wir können uns die ersten fünf Zeilen anzeigen lassen:

```
> x@data[1:4,]
  PLZ99 PLZ99_N PLZORT99
0 01067    1067  Dresden
1 01069    1069  Dresden
2 01097    1097  Dresden
3 01099    1099  Dresden
```

Der Datensatz enthält also die Postleitzahlen als Zeichenkette sowie in numerischer Form und als dritte Variable die Ortsnamen.

Wir können die Variablen des Daten-Slot auch direkt ansprechen, also mit x$PLZ99 statt x@data$PLZ99 und die Daten, deren Postleitzahl mit 539 anfängt, mit subset(x,substr(x$PLZ99,1,3)=="539") herausfiltern. Damit werden auch automatisch die entsprechenden Polygone herausgefiltert. Die Funktion getSpPPolygonsLabptSlots() liefert die Koordinaten der Mitte der Polygone, dorthin wird die Postleitzahl geschrieben.

10.1.3 Europakarte Nuts 2006 (Ausschnitt)

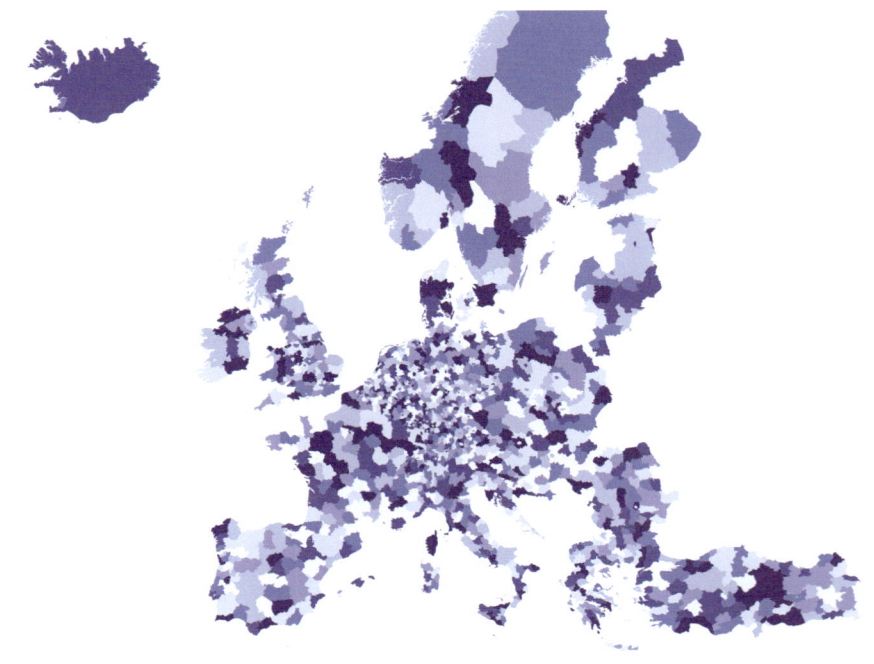

10.1 Einführende Beispiele

Die **Abbildung** illustriert wie schon Abschn. 10.1.1 mit einer Zufalls-Farbverteilung die Größe und Lage von Regionen in Europa. Der Karte, die lediglich die NUTS3 Ebene in der Mercator-Projektion abbildet, kann man die stark variierenden Größen dieser Regionen in den einzelnen EU-Ländern entnehmen. So sieht man für Deutschland, dass die rund 400 Kreise (Landkreise und kreisfreie Städte) als unterste Ebene eine vergleichsweise feine regionale Gliederung darstellen. Hier wird im Übrigen nur ein Ausschnitt aus der Karte gezeigt, da die Original-Karte auch noch die Überseegebiete der EU-Länder enthält.
Daten: Siehe Anhang A, NUTS.

```
pdf_datei<-"karten_nuts2006.pdf"
cairo_pdf(bg="grey98",pdf_datei,width=10,height=7)

par(omi=c(0,0,0,0),mai=c(0,0,0,0),family="Lato Light",las=1)
library(maptools)
library(rgdal)
library(RColorBrewer)

# Daten einlesen und Grafik vorbereiten
x<-readShapeSpatial("daten/NUTS-2006/NUTS_RG_03M_2006.shp",
        proj4string=CRS("+proj=longlat"))
m=spTransform(x,CRS=CRS("+proj=merc"))
farbe<-sample(1:7,length(m),replace=T)
m$farbe<-farbe
palette<-brewer.pal(7,"Purples")

# Grafik erstellen
plot(m,xlim=c(-1000000,3000000),ylim=c(4000000,10000000),
        border=F,col=palette[m$farbe])
dev.off()
```

Im **Skript** wird die NUTS-Shape-Datei mit Angabe der Projektion `+proj=longlat` eingelesen. Dadurch kann das erzeugte Shape-Objekt in die Mercator-Projektion transformiert werden. Wir generieren eine gleichverteilte Zufallsvariable zwischen 1 und 7 für die Farbe. In diesem Fall wählen wir die Brewer-Palette „Purples". Anschließend wird die Europakarte gezeichnet, wobei wir den Kartenausschnitt hier mit `xlim` und `ylim` eingrenzen, da sonst auch noch die weit außerhalb des europäischen Festlandes liegenden Gebiete mit dargestellt werden.

10.2 Punkte, Diagramme und Symbole in Karten

10.2.1 Karte von Deutschland mit ausgewählten Orten und Umriss (Panel)

UFO-Sichtungen in Deutschland

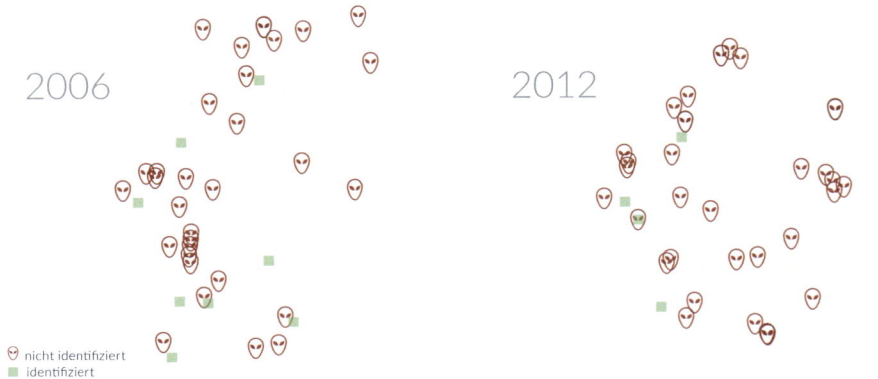

Quelle: www.ufo-datenbank.de

Zur **Abbildung**: Auch für Karten bieten sich Paneldarstellungen für zeitliche Vergleiche an. Hier wird auf zwei Karten die Anzahl der UFO-Sichtungen in Deutschland 2006 und 2012 gezeigt. Dabei wird zwischen identifizierten und nicht identifizierten Sichtungen unterschieden. Bei der ersten Gruppe handelt es sich um Sichtungen, die sich im Nachhinein als Modell-Heißluftballons, angeblitzte Kleinteilchen vor Kameraobjektiven, Schmetterlinge, Mülltüten oder Ähnliches entpuppt haben. Die Sichtungen werden als Symbole auf eine Deutschlandkarte mit Bundeslandgrenzen gezeichnet.

Die **Daten** wurden der von der Deutschsprachigen Gesellschaft für UFO-Forschung (DEGUFO) e.V. betriebenen Webseite http://www.ufo-datenbank.de entnommen. Dazu wurden die Angaben für die Jahre 2006 und 2012 in eine Datenbanktabelle `ufos` überführt und mit den Tabellen `zipcode` und `city` der Postleitzahlendatenbank von Daniel Lichtblau verknüpft:

```
CREATE VIEW v_ufos AS
(
select
right(c.Sichtungsdatum, 5) AS jahr,
a.name AS name,
a.lat AS lat,
a.lng AS lng,
```

10.2 Punkte, Diagramme und Symbole in Karten 357

```
b.zipcode AS zipcode,
c.Sichtungsdatum AS Sichtungsdatum,
c.Klassifikation AS Klassifikation,
c.Bewertung AS Bewertung,
c.Identifikation AS Identifikation
from
(
(city a join zipcode b) join ufos c)
where ((a.id = b.city_id) and (b.zipcode = c.PLZ)));
```

Zu den Kartendaten siehe Anhang A, gadm.org.

```
pdf_datei<-"karten_deutschland_orte_punkte_umriss_1x2.pdf"
cairo_pdf(bg="lavender",pdf_datei,width=12,height=6)

par(mai=c(0,0,0,0),omi=c(0.15,0.25,0.55,0.25),mfcol=c(1,2),
 family="Lato Light",las=1)
library(sp);library(RColorBrewer);library(geoR)
source("skripte/0inc_datendesign_dbconnect.r")

# Daten einlesen und Grafik vorbereiten

sql<-"select * from v_ufos"
dataset<-dbGetQuery(con,sql)
dataset$jahr<-as.numeric(dataset$jahr)
attach(dataset)

jahr1<-2006; jahr2<-2012

jahr1id<-subset(dataset,jahr == jahr1 & Identifikation != "-")
jahr1ui<-subset(dataset,jahr == jahr1 & Identifikation == "-")

jahr2id<-subset(dataset,jahr == jahr2 & Identifikation != "-")
jahr2ui<-subset(dataset,jahr == jahr2 & Identifikation == "-")

daten<-c(jahr1ui,jahr2ui,jahr1id,jahr2id)
con<-url("http://gadm.org/data/rda/DEU_adm1.RData")
load(con)
farbe<-"linen"
farbe_uid<-rgb(128,0,0,200,maxColorValue=255)
farbe_id<-rgb(0,153,0,120,maxColorValue=255)

# Grafik erstellen und weitere Elemente

plot(gadm,border="white",col=farbe)
par(family="Quivira")
text(jitterDupCoords(cbind(jahr1ui$lng,jahr1ui$lat),max=0.01),
        "■",col=farbe_uid,cex=2.3)
points(jitterDupCoords(cbind(jahr1id$lng,jahr1id$lat),max=0.01),
        pch=15,col=farbe_id,cex=1.6)
```

```
mtext("■", side=1, line=-3, col=farbe_uid, cex=1.5, adj=0)
mtext("■", side=1, line=-1.9, col=farbe_id, cex=1.15, adj=0)
par(family="Lato Light")
mtext("nicht identifiziert", side=1, line=-3, cex=1.1, adj=0.05)
mtext("identifiziert", side=1, line=-2, cex=1.1, adj=0.05)

text(5,53,jahr1,cex=2.7,col="azure4")

plot(gadm,border="white",col=farbe)
par(family="Quivira")
text(jitterDupCoords(cbind(jahr2ui$lng,jahr2ui$lat),max=0.01),
     "■",col=farbe_uid,cex=2.3)
par(family="Lato Light")
points(jitterDupCoords(cbind(jahr2id$lng,jahr2id$lat),max=0.01),
       pch=15,col=farbe_id,cex=1.6)
text(5,53,jahr2,cex=2.7,col="azure4")

# Betitelung

mtext("UFO-Sichtu...",line=0,adj=0,cex=2.2,family="Lato Black",outer=T)
mtext("Quelle: ww...",side=1,line=-1,adj=1,cex=0.9,font=3,outer=T)
dev.off()
```

Im **Skript** werden die Daten aus einer SQL-Tabelle eingelesen. Dann werden zwei Jahresvariablen definiert. So können bei Bedarf die Daten leicht für andere Jahre dargestellt werden. Für beide Jahre werden zwei Teildatensätze erstellt: solche mit identifizierten und nicht identifizierten Flugobjekten.

Die Karte wird aus einer Datei `DEU_adm1.RData` eingelesen. Auf der Seite gadm.org werden die Daten schon in diesem binären R-Format bereitgestellt. Nach Definiton der Farben für die Karte und die Symbole wird die Karte gezeichnet. Als Font für den Alien wurde „Quivira" von Alexander Lange verwendet.[2] Die Funktion `jitterDupCoords()` sorgt dafür, dass übereinanderliegende Punkte mit einem Zufallsterm leicht verschoben werden, so dass man alle Punkte sehen kann. Die unidentifizierten Flugobjekte werden als Textsymbol mit der Funktion `text()` gezeichnet, die anderen als Punkt mit der Funktion `points()`.

Da wir hier zwei unterschiedliche Schriften benötigen, können wir für die Legende nicht die Funktion `legend()` verwenden, sondern gestalten sie mit `mtext()`. Für das grüne Rechteck verwenden wir in der Legende das Unicode-Symbol „BLACK MEDIUM SQUARE" aus dem Block „Geometric Shapes", das ebenfalls in der Schrift Quivira als Glyph vorhanden ist.

Die zweite Karte wird dann analog zur ersten gezeichnet.

---

[2] http://www.quivira-font.com.

10.2.2 Karte von Deutschland mit ausgewählten Orten (Kreisdiagramme) und Umriss

Anteile der Landwirtschafts-, Wald- und Siedlungsfläche in Deutschland

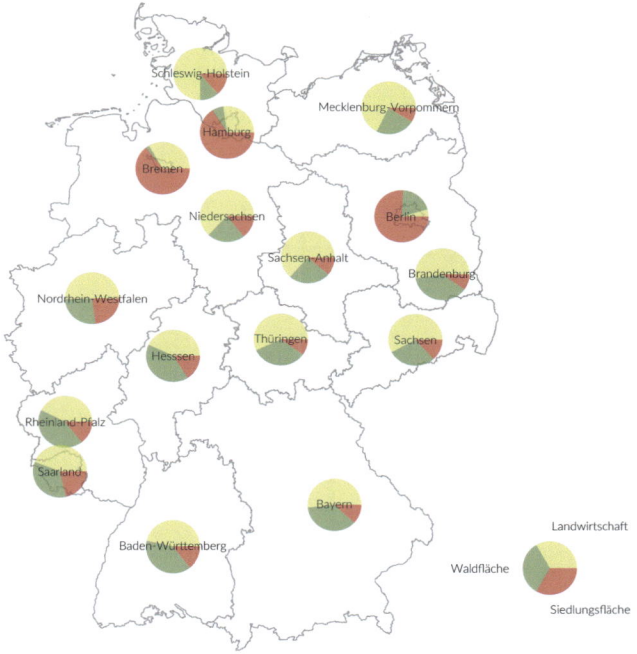

Quelle: Statistisches Bundesamt Fachserie 3 Reihe 5.1

Zur **Abbildung**: Geht es nicht um die Verteilung von Punkten, sondern um Strukturmerkmale für größere Regionen, so kann eine eigene Diagrammform in die Mitte der geografischen Einheiten platziert werden. Im vorliegenden Fall werden die Anteile der Landwirtschaft sowie der Wald- und Siedlungsfläche in Deutschland als Kreisdiagramm in den Bundesländern abgebildet. Die Legende ist so gestaltet, dass die Bezeichnungen der drei Flächennutzungstypen angegeben werden sowie ein Kreis, bei dem alle Segmente gleich groß sind. Die Drehung des Kreises wurde so gewählt, dass die drei Beschriftungen gut ablesbar sind.

Bei solchen Darstellungen sollte jedoch immer der Mehrwert gegenüber einer herkömmlichen Darstellungsform, die auf die grafische Darstellung der geografischen Information verzichtet, hinterfragt werden. So wäre es auch durchaus denkbar, die Bundesländer lediglich aufzulisten und die Anteile in Form eines Dortcharts für drei Variablen zu visualisieren (Abschn. 6.1.11).

Die **Daten** wurden einer Publikation des Statistischen Bundesamtes (Fachserie 3 Reihe 5.1) entnommen und gemeinsam mit den Koordinaten der Mittelpunkte der Bundesländer in eine XLS-Tabelle eingetragen. Kartendaten: Siehe Anhang A, gadm.org.

```
pdf_datei<-"karten_deutschland_orte_kreisdiagramme_umriss.pdf"
cairo_pdf(bg="grey98",pdf_datei,width=13,height=11)
farbe_h<-rgb(240,240,240,maxColorValue=255)

par(omi=c(0.5,0.5,0.5,0),mai=c(0,0,0,0),lend=1,family="Lato Light",las=1)
library(sp)
library(plotrix)

# Daten einlesen und Grafik erstellen

daten<-"daten/daten_karten_deutschland_orte_kreisdiagramme.xlsx"
laender<-read.xls(daten,head=T)
attach(laender)

con<-url("http://biogeo.ucdavis.edu/data/gadm2/R/DEU_adm1.RData")
load(con)
plot(gadm,border=rgb(151,151,151,maxColorValue=255),lwd=0.5)

con<-url("http://biogeo.ucdavis.edu/data/gadm2/R/DEU_adm0.RData")
load(con)
plot(gadm,border="black",lwd=0.95,add=T)

# weitere Elemente
n<-nrow(laender)
for (i in 1:n)
{
kreis<-c(Landwirtschaft[i],Wald[i],Siedlung[i])
floating.pie(long[i],lat[i],kreis,radius=0.5,
        col=c(rgb(215,215,0,150,maxColorValue=255),
        rgb(34,139,34,150,maxColorValue=255),
        rgb(178,34,34,150,maxColorValue=255)),border=F)
text(long[i],lat[i],Name[i])
}
floating.pie(16,48.25,c(1,1,1),radius=0.5,
        col=c(rgb(215,215,0,150,maxColorValue=255),
        rgb(34,139,34,150,maxColorValue=255),
        rgb(178,34,34,150,maxColorValue=255)),border=F)
text(16.75,47.75,"Siedlungsfläche")
text(14.7,48.25,"Waldfläche")
text(16.75,48.75,"Landwirtschaft")
```

10.2 Punkte, Diagramme und Symbole in Karten

```
# Betitelung
mtext("Anteile de...",3,line=-0.25,adj=0,cex=2.25,outer=T,
      family="Lato Black")
mtext("Quelle: St...",1,line=0,adj=0.9,cex=1.25,font=3)
dev.off()
```

Um im **Skript** ein Objekt wie gadm vom Typ SpatialPolygonsDataFrame zeichnen zu können, muss das Paket sp geladen werden, das die Funktion plot() um eine Methode zum Zeichnen solcher Objekte erweitert. Zur Einzeichnung von Kreisdiagrammen in Karten können Sie die Funktion pieGlyph() aus dem Paket Rgraphviz von Kasper Hansen und anderen verwenden. Leider wird dieses Paket nicht (mehr) auf dem CRAN-Server vorgehalten; Sie müssten es von der Seite http://www.bioconductor.org laden. Wir verwenden hier als Alternative das Paket plotrix von Jim Lemon, das die Funktion floating.pie() bereitstellt. Damit können wir für jedes Bundesland in einer Schleife ein Kreisdiagramm positionieren. Die Koordinaten sind in der XLSX-Tabelle enthalten.

Nach der Schleife zeichnen wir einen weiteren Kreis für die Legende, der drei gleich große Segmente enthält und mit den drei Flächentypen beschriftet wird.

10.2.3 Karte von Deutschland mit ausgewählten Orten (Säulen) und Umriss

Preise für Eigentumswohnungen in ausgewählten Städten 2011

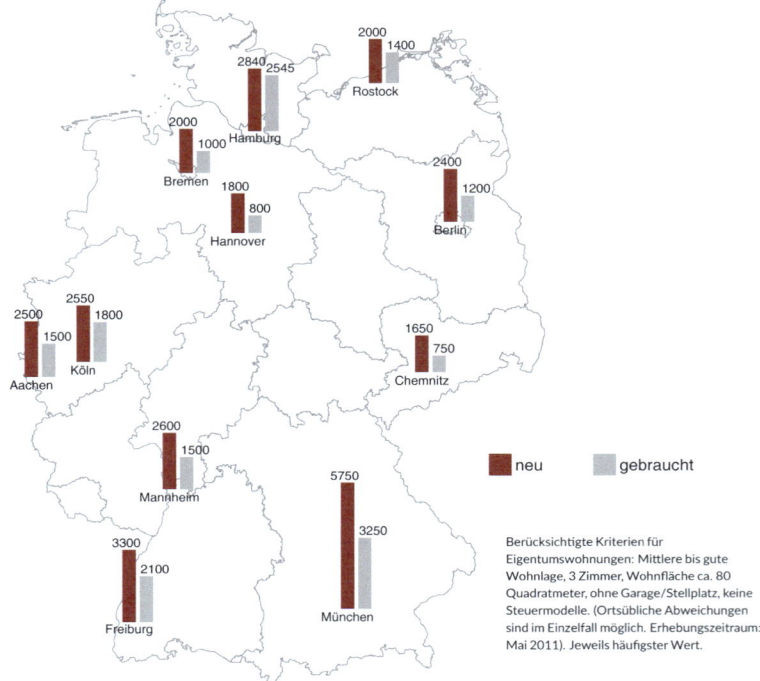

Quelle: Immobilienpreisspiegel aus der LBS-Broschüre 'Markt für Wohnimmobilien 2011'

Die **Abbildung** zeigt die Höhe der Quadratmeterpreise für gebrauchte und neue Eigentumswohnungen in ausgewählten deutschen Städten im Jahre 2011. Die Werte sind als Säulen dargestellt, über den Säulen ist jeweils der Wert eingetragen, unterhalb der Säulen der Name der Stadt. Zusätzlich zur Landesgrenze wurden auch – in hellerer Färbung – die Grenzen der Bundesländer eingezeichnet.

Die **Daten** wurden einer Website entnommen, die auf den Immobilienpreisspiegel aus der LBS-Broschüre „Markt für Wohnimmobilien 2011" verweist und in eine XLS-Datei eingetragen.[3] Die Längen- und Breitengrade kann man zum Beispiel der Datendatei world.cities aus dem Paket mapdata entnehmen. Zu den Kartendaten siehe Anhang A, gadm.org.

---

[3] http://wirtschaft.t-online.de/preise-fuer-neue-eigentumswohnungen-2010/id_42217792/index.

10.2 Punkte, Diagramme und Symbole in Karten

```
pdf_datei<-"karten_deutschland_orte_saeulen_umriss_inc.pdf"
cairo_pdf(bg="grey98",pdf_datei,width=13,height=11)

par(omi=c(0.5,0.5,0.5,0),mai=c(0,0,0,2),lend=1)
library(sp)

# Daten einlesen und Grafiken erstellen

orte<-read.xls("daten/daten_karten_deutschland_orte_balken.xlsx",head=T)
attach(orte)

con<-url("http://gadm.org/data/rda/DEU_adm1.RData")
load(con)
plot(gadm,border=rgb(151,151,151,50,maxColorValue=255),lwd=0.5)

con<-url("http://gadm.org/data/rda/DEU_adm0.RData")
load(con)
plot(gadm,border="darkgrey",lwd=0.95,add=T)

# weitere Elemente
n<-nrow(orte)
for (i in 1:n)
{
balken1<-data.frame(c(long[i],long[i]),c(lat[i],lat[i]+neu[i]/4000))
lines(balken1,lwd=17,col="darkred")
text(long[i]+0.2,lat[i]+0.08+neu[i]/4000,neu[i],adj=1)

balken2<-data.frame(c(long[i]+0.3,long[i]+0.3),c(lat[i],
lat[i]+gebraucht[i]/4000))
lines(balken2,lwd=17,col="darkgrey")
text(long[i]+0.2,lat[i]+0.08+gebraucht[i]/4000,gebraucht[i],adj=0)
text(long[i],lat[i]-0.09,Name[i],adj=0.5)
}
legend(14,50,c("neu","gebraucht"),border=F,pch=15,
        col=c("darkred","darkgrey"),bty="n",cex=1.3,pt.cex=4,xpd=NA,ncol=2)

# Betitelung

mtext("Preise für...",3,line=-0.5,adj=0,cex=2.25,family="Lato Black",outer=T)
mtext("Quelle: Im...",1,line=0,adj=0.9,cex=1.25,font=3)
dev.off()
```

sowie die Einbindung in LaTeX:

```
\documentclass{article}
\usepackage[paperheight=27.94cm,paperwidth=33.02cm,top=0cm,
left=0cm,right=0cm,bottom=0cm]{geometry}
\usepackage{multicol}
\usepackage{graphicx,color}
\usepackage{fontspec}
```

```
\usepackage[abs]{overpic}
\setmainfont[Mapping=text-tex]{Lato Regular}
\definecolor{hintergrund}{gray}{.99}
\pagecolor{hintergrund}
\linespread{1.2}
\begin{document}
\pagestyle{empty}
\begin{center}
\fontsize{12pt}{14pt}\selectfont
\begin{overpic}[scale=1.00,unit=1mm]
     {karten_deutschland_orte_saeulen_umriss_inc.pdf}
\put(220,70){\begin{minipage}[t]{8.5cm}
\raggedright Berücksichtigte Kriterien für Eigentumswohnungen: ...
\end{minipage}}
\end{overpic}
\end{center}
\end{document}
```

Im **Skript** ergänzen wir bei den Parametereinstellungen zu Beginn ein `lend=2`, wodurch die Enden der Linien, die wir weiter unten mit `line` zeichnen, eckig werden. Dadurch bekommen diese das Erscheinungsbild von Säulen. Die Daten werden aus einer XLSX-Datei eingelesen.

Wir rufen wieder beide Karten von der gadm-Webseite ab, ein Download ist nicht notwendig. Um das Objekt `gadm` mit `plot` anzuzeigen, müssen wir die Bibliothek `sp` laden, da `gadm` vom Typ `SpatialPolygonsDataFrame` ist. Zunächst werden mit `DEU_adm1.RData` die Grenzen der Bundesländer gezeichnet, dann wird mit `DEU_adm0.RData` die Außengrenze darüber gezeichnet. Für die Bundeslandgrenzen verwenden wir ein helles, für die Außengrenzen ein dunkles grau. Anschließend folgt der Aufruf einer Schleife, die für jeden Ort zunächst einen Data Frame definiert. Dieser ist eigentlich nichts anderes als eine Linie, als Verbindung von zwei Punkten. Den ersten Punkt bilden die Koordinaten des Ortes, den zweiten die Koordinaten des Punktes, in Y-Richtung ergänzt um die Ausprägung der Variable, hier also dem Wert für neue Eigentumswohnungen. Dieser Werte muss noch geeignet der Skalierung der Abbildung angepasst werden, daher wird durch 4000 dividiert. Die Zahl 4000 findet man durch Ausprobieren heraus. Der zweite Balken wird auf die gleiche Weise erzeugt. Hier wird lediglich der Wert für gebrauchte Eigentumswohnungen angezeigt und der „Balken" um `0.3` nach rechts verschoben, damit er unmittelbar neben dem ersten angeordnet ist. Bei beiden ergänzen wir mit der Funktion `text` um 0,2 Punkt verschoben und 0,8 Punkt oberhalb des Balkens den jeweiligen Wert, beim linken Balken rechts- und beim rechten Balken linksbündig. 0,09 Punkt unterhalb von beiden Balken mittig wird als Text der Ortsname platziert. Abschließend folgen die Legende sowie Unter- und Überschrift.

In LaTeX wird noch der Erläuterungstext geschrieben und die von R erzeugte PDF-Datei in eine kurze LaTeX-Datei eingebunden, in der der angezeigte Text mit

10.2 Punkte, Diagramme und Symbole in Karten

put(220,70) in eine 8,5 cm breite minipage platziert wird. Das funktioniert nach dem in Abschn. 4.1 beschriebenen Muster.

10.2.4 Karte von Deutschland als dreidimensionales Streudiagramm

Wo wir leben...

Städte sind aus kulturwissenschaftlicher Perspektive der Idealfall einer Kulturraumverdichtung und aus Sicht der Soziologie vergleichsweise dicht und mit vielen Menschen besiedelte, fest umgrenzte Siedlungen mit vereinheitlichenden staatsrechtlichen oder kommunalrechtlichen Zügen wie einer sozial stark differenzierter Einwohnerschaft. Eine grundlegende Theorie zur Verteilung zentraler Nutzungen im Raum stammt von Walter Christaller. „Zentrale Orte" sind Standort von Angeboten, die nicht nur von den eigenen Bewohnern sondern regelmäßig auch von Einwohnern der Nachbargemeinden genutzt werden.

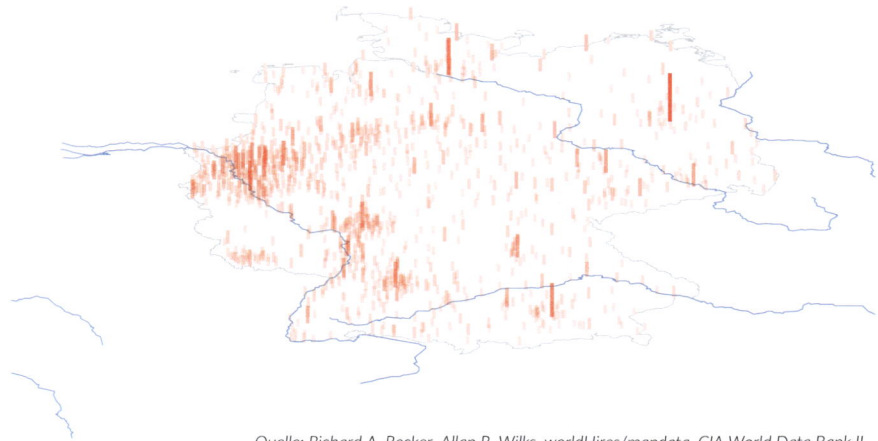

Quelle: Richard A. Becker, Allan R. Wilks, worldHires/mapdata, CIA World Data Bank II

Zur **Abbildung**: Bei dreidimensionalen Abbildungen ist eine Reihe von Aspekten zu bedenken. Der Aufwand ihrer Erstellung ist erheblich höher als bei einer zweidimensionalen Abbildung, und der Nutzen sollte gut überlegt sein. Dieses Beispiel soll demonstrieren, wie sich mit vergleichsweise geringem Aufwand 3D-Darstellungen erstellen lassen. Sie ist inspiriert durch ein amerikanisches Beispiel aus dem Time Magazine.[4] Abgebildet ist eine Deutschlandkarte, in der zur Orientierung auch die großen Flüsse eingezeichnet sind. Die Karte ist in einer Aufsicht von vorne abgebildet. Die Städte und Gemeinden in Deutschland ab etwa 15.000 Einwohnern werden als Säulendiagramme dargestellt. So sieht man die örtliche Verteilung wie auch die größeren Städte auf einen Blick. Deutlich sichtbar ist neben den Standorten der Großstädte Berlin, Hamburg und München vor allem die

---

[4] http://www.time.com/time/covers/20061030/where_we_live/.

starke Konzentration um den Rhein herum und im Ruhrgebiet. Die Karte wird um einen erläuternden Text oberhalb der Karte ergänzt.

Die **Daten** werden von R in dem Datensatz world.cities mitgeliefert. Der Datensatz enthält 6 Variablen: name, country.etc, pop, lat, long und capital mit Stand Januar 2006. Die Kartendaten und Flussläufe werden ebenfalls von R zur Verfügung gestellt.

```
pdf_datei<-"karten_deutschland_orte_3d_90_inc.pdf"
cairo_pdf(bg="grey98",pdf_datei,width=13,height=11)

par(omi=c(0.5,0,0.25,0.25),mai=c(0,0,0,0),lend=2,family="Lato Light",las=1)
library(scatterplot3d)
library(mapdata)

# Daten einlesen
dt.map<-map("worldHires","Germany",plot=F)
dt.map2<-map("rivers",plot=F,add=T)
data(world.cities)
Deutschland<-subset(world.cities,country.etc=="Germany")
attach(Deutschland)

# Grafik erstellen und weitere Elemente
s3d<-scatterplot3d(long,lat,pop**0.42,box=F,axis=F,grid=F,scale.y=2.2,
        mar=c(0,1.5,2,0),type="n",xlim=c(5,15),ylim=c(47,55),zlim=c(0,2000),
        angle=90,color="grey",pch=20,cex.symbols=2,col.axis="grey",
        col.grid="grey")
s3d$points3d(dt.map$x,dt.map$y,rep(0,length(dt.map$x)),
        col="grey",type="l")
s3d$points3d(dt.map2$x,dt.map2$y,rep(0,length(dt.map2$x)),
        col=rgb(0,0,255,170,maxColorValue=255),type="l")
s3d$points3d(long,lat,pop**0.42,
        col=rgb(255,0,0,pop**0.36,maxColorValue=255),type="h",lwd=5,pch="
")

# Betitelung
mtext("Wo wir leb...",adj=0.0,cex=3.5,line=-5,family="Lato Black",outer=T)
mtext("Quelle: Ri...",1,adj=0.9,cex=1.5,line=0,font=3,outer=T)
dev.off()
```

Und die Einbindung in LaTeX:

```
\documentclass{article}
\usepackage[paperheight=27cm,paperwidth=35cm,
        top=0cm, left=0cm, right=0cm, bottom=0cm]{geometry}
\usepackage{multicol}
\usepackage[german]{babel}
```

10.2 Punkte, Diagramme und Symbole in Karten

```
\usepackage{graphicx,color}
\usepackage{fontspec}
\usepackage[abs]{overpic}
\setmainfont[Mapping=text-tex]{Lato Regular}
\setlength{\parindent}{0in}
\setlength{\columnsep}{1.5pc}
\definecolor{hintergrund}{rgb}{0.99,0.99,0.99}
\pagecolor{hintergrund}
\begin{document}
\pagestyle{empty}
\begin{center}
\fontsize{16pt}{24pt}\selectfont
\begin{overpic}[scale=0.95,unit=1mm]{karten_deutschland_orte_3d_90_inc.pdf}
\put(0,180){\begin{minipage}[t]{30.5cm}
\begin{multicols}{2}
Städte sind aus kulturwissenschaftlicher Perspektive der Idealfall einer
...
\end{multicols}
\end{minipage}}
\end{overpic}
\end{center}
\end{document}
```

Bevor wir uns dem **Skript** zuwenden, schauen wir uns an, wie wir in R dreidimensionale Abbildungen erstellen. Dazu eignet sich das Paket `scatterplot3d` von Uwe Ligges. Als Koordinaten für das Streudiagramm verwenden wir die Koordinaten der Deutschlandkarte aus der Geodatenbank von R, `worldHires`. Die darin enthaltenen Spalten x und y sind nichts anderes als Längen- und Breitengrade. Wenn wir nun als dritte Dimension des dreidimensionalen Streudiagramms immer Null angeben, dann legen wir gewissermaßen die Karte auf den Boden der dreidimensionalen Darstellung. Zur Illustration unternehmen wir hier analog zur bisherigen Vorgehensweise zwei Schritte: Zunächst definieren wir mit `scatterplot3d()` die (leere) Grafik und zeichnen dann dort mit `s3d$points3d()` die Punkte hinein. Mit dem Parameter `angle` der Funktion `scatterplot3d()` geben wir in den drei Durchläufen jeweils einen anderen Winkel an, zuerst 65, dann 90, zuletzt 110.

```
par(mfcol=c(1,3))
library(scatterplot3d)
library(mapdata)
dt.map <- map("worldHires", "Germany", plot=F)
winkel<-c(65,90,110)
for (i in 1:3)
```

```
{
s3d <-scatterplot3d(dt.map$x,dt.map$y,rep(0,length(dt.map$x)),
        xlab="", ylab="", zlab="", zlim=c(0,5), scale.y=3.5, type="n",
        mar=c(0,0.35,0,0.35), box=T,axis=T,grid=FALSE,angle=winkel[i])
s3d$points3d(dt.map$x,dt.map$y,rep(1,length(dt.map$x)),type="l")
mtext(winkel[i])
}
```

Das Ergebnis zeigt Abb. 10.1.

Damit können wir uns nun der eigentlichen Abbildung zuwenden. Zunächst stellen wir wieder mit `lend=2` eckige Linienenden ein. Anschließend wird das Paket `scatterplot3d` geladen sowie das Paket `maptools`, das die Karte von Deutschland aus der Datenbank `worldHires` sowie die Flüsse bereitstellt. Die Städtedaten werden aus dem von R mitgelieferten Datensatz `world.cities` geladen, daraus werden alle Städte in Deutschland extrahiert. Sowohl die Deutschlandkarte als auch die Flüsse werden mit `map()` aufgerufen und jeweils einem Objekt zugeordnet, aber noch nicht gezeichnet.

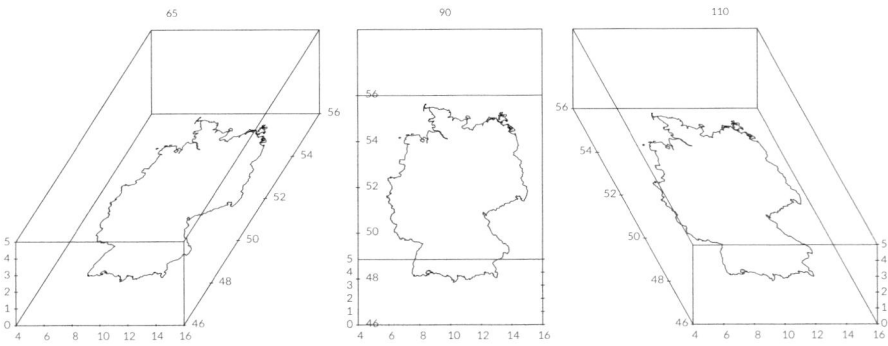

Abb. 10.1 Drei verschiedene Winkel

Anschließend folgt der Aufruf der Funktion `scatterplot3d()`. Die dritte Dimension ist nun `pop`, der Bevölkerungsumfang der Städte. Diese Größe wird zur Darstellung mit `**0.42` skaliert. `long` und `lat` sind also die X- und Y-Koordinaten, `pop` die Z-Koordinaten. Als Winkel wird 90 Grad angegeben, so dass man eine Aufsicht auf die Karte von vorne hat (siehe Abb. 10.1). Der Skalierungsfaktor `scale.y` bewirkt dann die „Tiefe", wie weit die Karte in den Raum hineingeht. Wichtig ist, dass wir hier wiederum mit `type="n"` ein Zeichnen der Grafik unterbinden. Der Aufruf der Funktion dient lediglich der Definition der Dimensionen, in die wir nun in einem zweiten Schritt mit drei Aufrufen der Funktion `s3d$points3d()` die eigentlichen Daten zeichnen. Der erste Aufruf zeichnet in der Höhe 0 (also auf dem Boden) die Karte von Deutschland `dt.map`. Der zweite Aufruf zeichnet ebenfalls auf der Höhe 0 die Flüsse `dt.map2`. Der dritte Aufruf zeichnet nun die Bevölkerungsdaten mit `type="h"` als Säulen. Mit `pch=" "` wird kein Symbol gezeichnet, also nur die Säule.

10.2 Punkte, Diagramme und Symbole in Karten 369

Der Rest ist wie gehabt. Die Einbindung in LaTeX erfolgt, wie in Abschn. 4.1 beschrieben.

10.2.5 Karte von Nordrhein-Westfalen mit ausgewählten Orten (Symbole) und Umriss

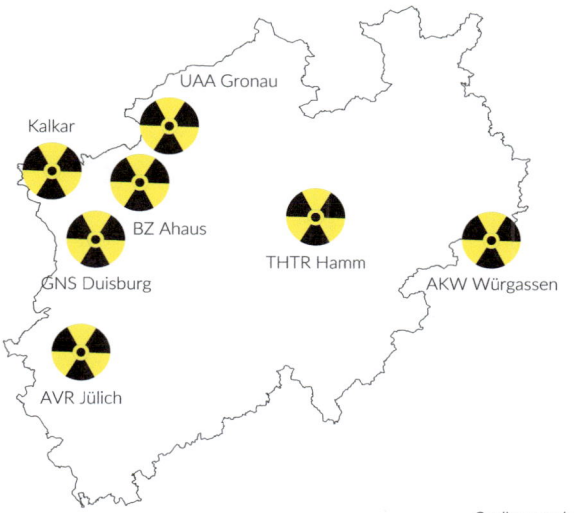

Die **Abbildung** zeigt wichtige Standorte der Atomwirtschaft in Nordrhein-Westfalen. Auf den Umriss des Bundeslandes wurden die Orte, in denen entsprechende Betriebe liegen, als Symbol für Radioaktivität eingezeichnet. So wie hier ist es häufig schwierig, einen genauen Ort für die Beschriftungen zu bestimmmen. Eine regelbasierte Positionierung führt in aller Regel zu Überschneidungen.

Die **Daten**: Die Standorte der Atomkraftwerke in Nordrhein-Westfalen wurden der Seite http://www.bund-nrw.de entnommen. Zu den Kartendaten siehe Anhang A, gadm.org.

```
pdf_datei<-"karten_nrw_symbole.pdf"
cairo_pdf(bg="grey98",pdf_datei,width=8,height=6.5)

par(mai=c(0.5,0.0,0.0,0.5),omi=c(0,0.5,0.75,0),family="Lato Light")
library(sp); library(plotrix)
```

```
# Daten einlesen und Grafik vorbereiten
akwnrw<-read.xls("daten/akwnrw.xlsx",head=T)
x<-akwnrw$long; y<-akwnrw$lat
dm<-rep(0.2,length(x))
akw<-function(x,y,dm,... ){
floating.pie(x,y,c(1,1,1,1,1,1),radius=dm,startpos=45,border=F,
        col=c("yellow","black","yellow","black","yellow","black"))
points(x,y,pch=19,cex=2,col="yellow")
points(x,y,pch=19,cex=1,col="black")
}
con<-url("http://gadm.org/data/rda/DEU_adm1.RData")
load(con)
nrw<-gadm[gadm$NAME_1=="Nordrhein-Westfalen",]

# Grafik erstellen
plot(nrw,border="black",axes=F,lwd=0.5)
n<-length(x)
for (i in 1:n) akw(x[i],y[i],dm[i])
text(akwnrw$namlong,akwnrw$namlat-0.2,akwnrw$Name,xpd=T)

# Betitelung
mtext("Atomland N...",3,line=1,adj=0,cex=2,family="Lato Black",outer=T)
mtext("wichtige B...",3,line=-0.5,adj=0,cex=1.25,font=3,outer=T)
mtext("Quelle: ww...",1,line=-1,adj=1.0,cex=0.95,font=3)
dev.off()
```

Im **Skript** benötigen wir das Paket `sp`, um das Objekt `gadm` zu zeichnen, sowie das Paket `plotrix` für die Funktion `floating.pie()`. Die Daten werden aus der Datei `akwnrw.xlsx` eingelesen. `x` und `y` speichern die Variablen `long` und `lat` des Datensatzes, `dw` den Durchmesser, der auf 0.2 gesetzt wird. Wir benötigen ihn als Vektor, für jeden Wert der Orte wiederholt. Dann definieren wir eine Funktion `akw`, die das AKW-Symbol erzeugt. Das Symbol ist nichts anderes als ein Kreisdiagramm mit 6 Segmenten, abwechselnd schwarz und gelb, darüber wird zuerst ein gelber Punkt, dann mit geringerem Radius ein schwarzer Punkt gelegt. Die Umrisse werden wieder aus der Datei `DEU_adm1.RData` eingelesen. Daraus wird mit `gadm[gadm$NAME_1=="Nordrhein-Westfalen", ]` das Polygon extrahiert, das die Grenzen dieses Bundeslandes definiert. Beachten Sie, dass mit den eckigen Klammern und dem Komma vor der schließenden eckigen Klammer alle Zeilen des Datensatzes ausgewählt werden, bei denen die Bedingung vor dem Komma erfüllt. ist. Nach dem Zeichnen der Landesgrenze mit `plot` werden in einer Schleife die AKW-Symbole für jeden Ort durch Aufruf der Funktion `akw()` mit allen Werten des Datensatzes gezeichnet. Darunter werden mit `text()` die Ortsnamen gezeichnet. Hierfür verwenden wir aber nicht die – ggf. um Konstanten verschobenen – Originalkoordinaten, sondern individuelle Positionen, die wir dem

10.2 Punkte, Diagramme und Symbole in Karten

Datensatz entnehmen. Hierzu hatten wir in dem Datensatz eigene Spalten abgelegt, da aufgrund der spezifischen Konstellation der Orte eine automatische Lösung nicht in Frage kam. Alternativ hätte man natürlich auch mit Inkscape oder Adobe Illustrator automatisch erzeugte Positionen manuell korrigieren können. Schließlich folgen die üblichen Beschriftungen.

10.2.6 Karte von Tunesien mit selbst definierten Symbolen

Zur **Abbildung**: Die Karte wurde einer Abbildung aus der ZEIT nachempfunden. Dargestellt ist eine Ausschnittkarte von Nordafrika, die die Unruhen in Tunesien im Jahre 2011 zeigt. Die Orte, aus denen Unruhen berichtet wurden, sind hier mit einem „sprechenden" Symbol eingezeichnet. Als Symbol verwenden wir eine Faust, die im Rahmen eines Workshops des Noun Project erstellt wurde. Bei solchen Ausschnittkarten ist es zum einen üblich, zwei Farben zu verwenden: eine Farbe für das betroffene Land und lediglich eine weitere Farbe für die übrigen Länder(teile), die zur Orientierung mit eingezeichnet sind. Weiterhin ist es üblich, dem Betrachter gewissenmaßen als Legende eine zweite Karte zu präsentieren, die schematisch den Ort des betreffenden Landes in einem größeren, dem Betrachter bekannten Kontext zeigt.

Die **Daten** für die Orte wurden der Karte der Seite http://www.zeit.de/politik/ausland/2011-01/tuniesen-tunis-unterstuetzer-gegenprotest entnommen, die Koordinaten den Wikipedia-Artikeln dieser Orte. Die Kartendaten sind jeweils Shapefiles für die Länder Libyen, Tunesien und Algerien von der Seite http://gadm.org.

```
pdf_datei<-"karten_tunesien_symbole.pdf"
cairo_pdf(bg="grey98",pdf_datei,width=10,height=10)
DD_bg<-rgb(220,220,220,maxColorValue=255)

par(bg="lightskyblue1",mai=c(0,0,0,0),oma=c(0,0,0,0),
    family="Lato Light",las=1)
library(maptools)
library(rgdal)

# Daten einlesen und Grafik vorbereiten
tun<-readShapeSpatial("daten/TUN_adm/TUN_adm0.shp",
        proj4string=CRS("+proj=longlat"))
plot(tun,col="mintcream",border="white",lwd=3, xlim=c(8,14),ylim=c(32,38))
dza<-readShapeSpatial("daten/DZA_adm/DZA_adm0.shp",
        proj4string=CRS("+proj=longlat"))
plot(dza,col="burlywood1",border="white",lwd=3,add=T)
lby<-readShapeSpatial("daten/LBY_adm/LBY_adm0.shp",
        proj4string=CRS("+proj=longlat"))

# Grafik erstellen und weitere Elemente
plot(lby,col="burlywood1",border="white",lwd=3,add=T)

orte<-read.xls("daten/tunesien.xlsx")
attach(orte)
n<-nrow(orte)
for (i in 1:n)
{
text(long[i]+hoffset[i], lat[i]+voffset[i], ort[i], cex=1.75,col="black",
        adj=adjust[i])
}
text(10.12, 36.43, "Tunis", cex=3, family="Lato Black")
text(12.5, 33.5, "Mittelmeer", adj=0, cex=2, family="Lato Regular",
        col="darkblue")
text(7.25, 32, "ALGERIEN", adj=0, cex=2, family="Lato Black")
text(9,33, "TUNESIEN", adj=0, cex=2, family="Lato Black")
```

10.2 Punkte, Diagramme und Symbole in Karten

```
text(12, 32, "LIBYEN", adj=0, cex=2, family="Lato Black")
par(family="Datendesign")
text(long, lat, "a", cex=groesse, col="red")
# Betitelung
mtext("Unruhen in...",side=3,line=-4,adj=0.05,cex=2.7,
      family="Lato Black",col="black")
# separate Grafik
par(mai=c(6,6,0,0),bg="white",new=T)
data(wrld_simpl)
w=wrld_simpl[wrld_simpl@data[,"NAME"] != "Antarctica",]
m=spTransform(w,CRS=CRS("+proj=merc"))
plot(m,xlim=c(-900000,2800000),ylim=c(3300000,7000000),
     col=rgb(160,160,160,100,maxColorValue=255),border=F)
w=wrld_simpl[wrld_simpl@data[,"NAME"] == "Tunisia",]
m=spTransform(w,CRS=CRS("+proj=merc"))
plot(m,add=T,col="red",border=F)
dev.off()
```

Im **Skript** verwenden wir zunächst für den Hintergrund eine in R bereits vorhandene Farbe lightskyblue1 und setzen alle Ränder auf 0. Für das Einlesen der Daten und die Projektionstransformationen benötigen wir die Pakete maptools und rgdal. Damit werden erst Tunesien, dann in dieselbe Grafik Algerien und Libyen gezeichnet. Den Ausschnitt, der gezeichnet werden muss, erhalten wir, indem wir zunächst Ränder definieren und Achsen einzeichnen. Wenn brauchbare Werte abgelesen und in xlim bzw. ylim eingetragen wurden, setzen wir die Ränder auf 0 und entfernen der guten Ordnung halber die axis-Befehle (nötig ist das nicht, da sie nun außerhalb des Plot-Bereichs liegen).

Die Orte werden aus einer XLSX-Tabelle eingelesen und daraus als erstes der Name des Ortes in die Abbildung eingetragen. Da sich bei einer Positionierung, die sich für alle Orte gleichermaßen an den Längen- und Breitengraden orientieren würde, Überschneidungen ergäben, enthält die XLSX-Tabelle zwei Spalten hoffset und voffset, die eine individuelle Anpassung ermöglichen. Weiterhin gibt es eine Spalte adjust, aus der die Information entnommen wird, ob der Text links- oder rechtsbündig angeordnet werden soll.

Nun folgen individuelle Beschriftungen für Tunis, Algerien, Tunesien und Libyen. Die eigentlichen Punkte werden als Symbole gezeichnet, indem wir zunächst als Schrift den selbst erzeugten Symbolfont „Datendesign" einbinden (vgl. Abschn. 4.2). Dort hatten wir das „a" mit dem Faustsymbol belegt. Mit text() werden die Symbole in die Karte gezeichnet und schließlich die Überschrift eingezeichnet.[5]

---

[5] Regueb wurde aus optischen Gründen leicht nach unten versetzt.

Als letzten Schritt bilden wir noch eine weitere Karte oben rechts ab. Dazu definieren wir mit dem Parameter `new=T` der Funktion `par()` ein neues Grafikfenster, das über das vorhandene gelegt wird. Für die Karte kann die von R mitgelieferte, etwas gröber aufgelöste Karte `wrld_simpl` verwendet werden. Deren Auflösung ist für die Übersichtskarte gut geeignet. Zunächst müssen wir die Antarktis entfernen. Diese wird zwar nicht gezeichnet, andernfalls würde aber die Funktion `spTransform()` mit einer Fehlermeldung zum Abbruch des Skriptes führen. Die Grenzen der Grafik wurden wiederum durch Ausprobieren ermittelt. Zum Schluss wird in einem zweiten Schritt noch Tunesien aus der Karte extrahiert und mit `add=T` in Rot zu der vorhandenen Karte hinzugefügt.

10.3 Choroplethenkarten

Während wir bislang lediglich einzelne Punkte als Informationen in Karten visualisiert haben, wollen wir uns nun Darstellungen zuwenden, bei denen die gesamten Flächen innerhalb einer Karte die statistische Information ausweisen. Solche als *Choroplethenkarten* bezeichneten Darstellungsformen findet man sehr häufig nach politischen Wahlen, um die regionale Verteilung von Stimmanteilen zu verdeutlichen. Aber auch andere Strukturmerkmale werden auf diese Weise dargestellt.

10.3.1 Choroplethenkarte von Deutschland auf Kreisebene

Arbeitslose auf Wahlkreisebene 2005

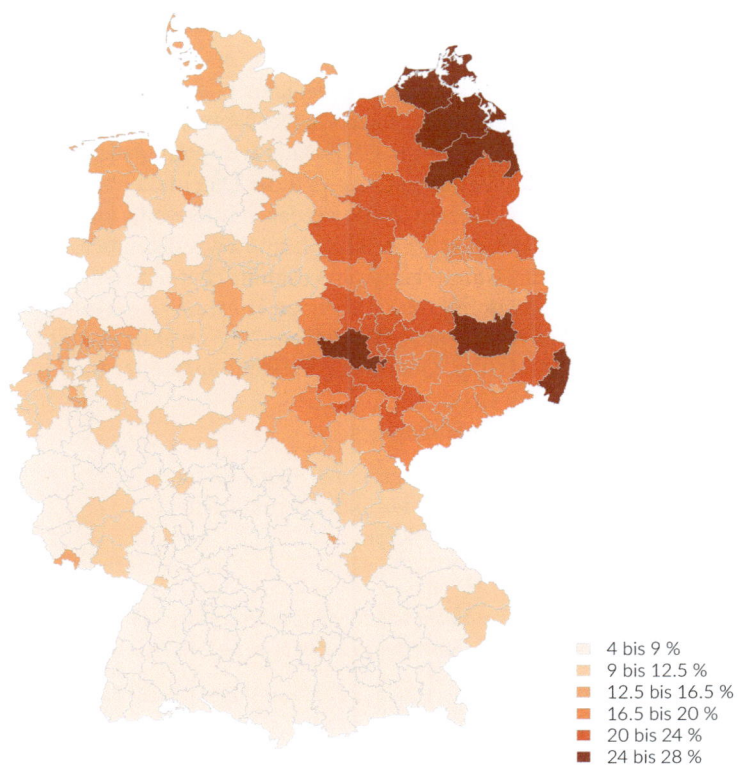

- 4 bis 9 %
- 9 bis 12.5 %
- 12.5 bis 16.5 %
- 16.5 bis 20 %
- 20 bis 24 %
- 24 bis 28 %

Quelle (Kartengeometrie und Daten): www.bundeswahlleiter.de

Zur **Abbildung**: Die Karte dieses Beispiels zeigt die prozentualen Anteile der Arbeitslosen in Deutschland auf Kreisebene. Sie verwendet dazu die Wahlkreise des Jahres 2005. Wahlkreise unterscheiden sich von den administrativen Kreisen, da sie nach gesetzlicher Vorschrift den Bevölkerungsgrößen angepasst werden müssen. Jeder Wahlkreis sollte ungefähr die gleiche Bevölkerungszahl umfassen.

Die Arbeitslosenzahlen wurden in sechs Klassen eingeteilt. Grundsätzlich bieten sich bei der Aufteilung in Klassen für Choroplethenkarten entweder gleich große Klassen an oder solche Klassengrenzen, die in etwa gleich große Häufigkeiten in den Klassen ergeben. Beides sind aber nur Richtlinien, von denen im

Einzelfall abgewichen werden kann.[6] Im vorliegenden Beispiel wurde eine Verteilung gewählt, die die Häufigkeiten berücksichtigt. Für die Farben wurde eine einfarbige Palette gewählt, die geeignete Farbabstufungen aufweist. Hier bietet sich die Brewer-Farbpalette mit sechs Abstufungen in Orange an. Die Grenzen der Gebietseinheiten sollten bei Choroplethenkarten in aller Regel hell gezeichnet oder sogar in der Farbe des Hintergrunds gezeichnet werden, damit bei kleinräumigen Gebietseinheiten der Schwarzwert sonst zu hoch ist. Die Legende wird mit den entsprechenden Farben unten rechts eingezeichnet.

Daten: Die Strukturdaten können von der Website des Buches unter dem Namen struktbtwkr2005.csv als CSV-Datei heruntergeladen werden. Für das Beispiel wurden die Kopfzeilen entfernt und die Datei neu abgespeichert. Die Shape-Dateien mit den Wahlkreisen 2005 werden mittlerweile nicht mehr vom Bundeswahlleiter, dafür aber unter der Adresse http://www.datendieter.de/item/Shapefiles_der_Wahlkreise_zur_Bundestagswahl kostenfrei bereitgestellt. Dort wird darum gebeten, die Verwendung mit dem folgenden Hinweis zu versehen: „© Bundeswahlleiter, Statistisches Bundesamt, Wiesbaden, 2005, Wahlkreiskarte für die Wahl zum 16. Deutschen Bundestag. Quelle der Verwaltungsgrenzen: VG 1000, Bundesamt für Kartographie und Geodäsie."

Wir benötigen die Variablen:

x$WKR_NR   Wahlkreisnummer in der Shape-Datei
y$V2   Wahlkreisnummer in der Strukturdatei
y$V34   Arbeitslose im Kreis

```
pdf_datei<-"karten_deutschland_choropleth_kreise.pdf"
cairo_pdf(bg="grey98", pdf_datei,width=8,height=9)

par(mai=c(0,0,0,0),omi=c(1,0.25,1,0.25),family="Lato Light",las=1)
library(maptools)
library(RColorBrewer)

# Daten einlesen und Grafik vorbereiten

x<-readShapeSpatial("daten/Geometrie_Wahlkreise_16DBT_VG1000.shp")
y<-read.csv(file="daten/struktbtwkr2005.csv",head=F,sep=";",dec=".")
kreisstrukturdaten<-subset(y,V2 > 0)
n<-length(x)
position<-vector()
for (i in 1:n){
        position[i]<-match(x$WKR_NR[i], kreisstrukturdaten$V2)
}
farb_nr<-cut(kreisstrukturdaten$V34[position],c(4,9,12.5,16.5,20,24,28))
```

---

[6] Slocum, Terry A./McMaster, Robert B./Kessler, Fritz/Howard, H. H. (Hrsg.) (2010): Thematic Cartography and Geovisualization, 3. Aufl., Upper Saddle River, NJ: Pearson Prentice Hall, S. 70–75.

10.3 Choroplethenkarten

```
levels(farb_nr)<-c("4 bis 9 %","9 bis 12.5 %","12.5 bis 16.5 %",
     "16.5 bis 20 %","20 bis 24 %","24 bis 28 %")
farben<-brewer.pal(6,"Oranges")

# Grafik erstellen

plot(x,col=farben[farb_nr],border=grey(.8),lwd=.5)
legend("bottomright",levels(farb_nr),cex=0.95,border=F,bty="n",fill=farben)

# Betitelung

mtext("Arbeitslos...",3,line=1,adj=0,family="Lato Black",outer=T,cex=2)
mtext("Quelle (Ka...",1,line=2.6,adj=0,cex=0.95,font=3,outer=T)
dev.off()
```

Das **Skript**: Die grundlegende Idee für die folgende Vorgehensweise stammt aus einem Blogeintrag von Mark Heckmann.[7]

Nach Einlesen der Shapedatei mit den Wahlkreisen und der CSV-Datei mit den Strukturdaten werden zunächst mit `subset(y,V2 > 0)` die aggregierten Bundeslanddaten herausgefiltert, so dass nur die Wahlkreise übrig bleiben. Dann wird die Anzahl der Datensätze n ermittelt und ein leerer Vektor `position` wird angelegt/initialisiert. In einer Schleife wird dann mit `match()` für jeden Wahlkreis aus der Shape-Datei die Position des Datensatzes in der Strukturdatei ermittelt.[8]

Das Ergebnis `position` sind die Zeilen-Positionen der Wahlkreise der Shape-Datei in der Strukturdatei. Damit kann ein Farbvektor `farb_nr` definiert werden, der die Arbeislosenzahlen der Strukturdatei (V34) in der Reihenfolge des Auftretens der Wahlkreise in der Shape-Datei enthält. Mit der Funktion `cut()` wird die Arbeitslosenzahl in eine von sechs Klassen eingeteilt. Da `cut()` Faktorwerte zurückliefert, können anschließend mit der Funktion `levels()` direkt die Bezeichnungen für die einzelnen Klassen definiert werden. Für die Farbgestaltung wird die Brewer-Farbpalette mit Orange-Werten gewählt. Schließlich kann die Karte mit `plot()` und die Legende mit `legend()` gezeichnet werden.

10.3.2 Choroplethenkarte von Deutschland auf Kreisebene (Panel)

Zur **Abbildung**: Im zweiten Chroroplethen-Beispiel wird ein Vergleich von zwei Zeitpunkten abgebildet. Hier geht es um die Verteilung der Konfessionszugehörigkeit in Deutschland 1905 und 2011. In beiden Jahren wurde die Konfessionszugehörigkeit im Rahmen einer Volkszählung ermittelt. Zunächst ist zu bedenken, dass

---

[7] http://ryouready.wordpress.com/2009/11/16/infomaps-using-r-visualizing-german-unemployment-rates-by-color-on-a-map/.
[8] Mark Heckmann verwendet in seinem Beispiel die Funktion `agrep()`, die eine unscharfe Suche durchführt. Da wir in unserem Fall aber mit der Wahlkreisnummer ein eindeutiges Verknüpfungsmerkmal haben, können wir `match()` verwenden.

Evangelische und katholische Kreise 1905 ...

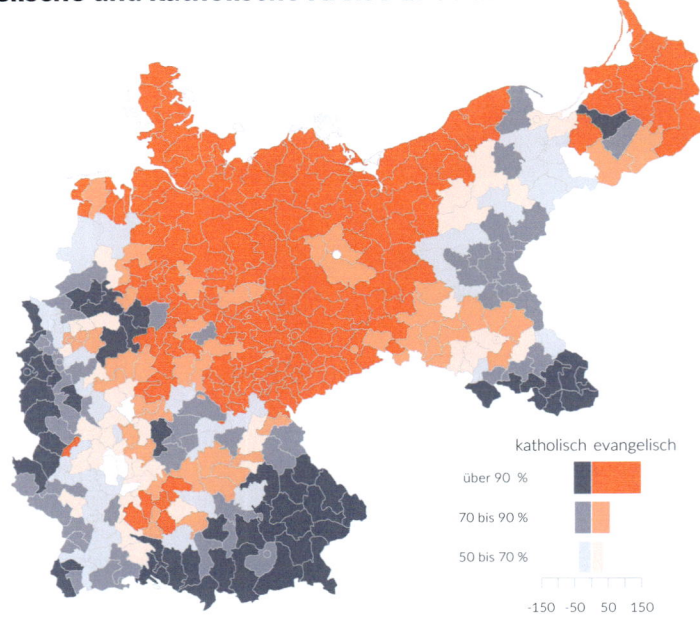

... und 2011

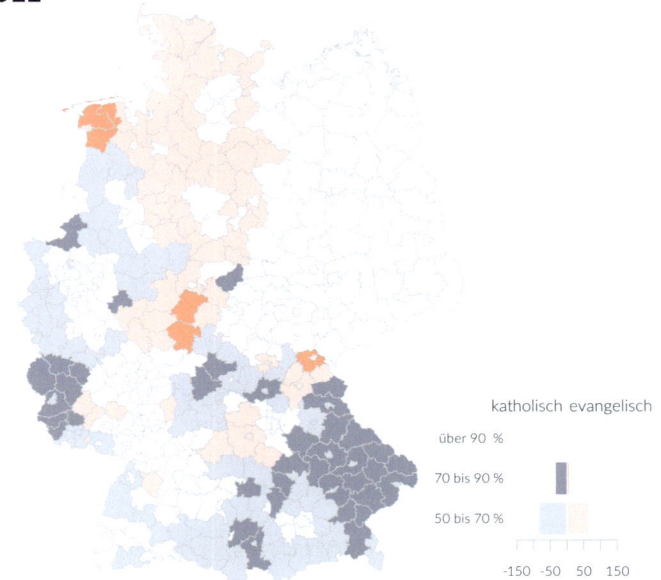

Karte 1905: geodata.tufts.edu (goo.gl/Lq3QU); Daten 1905: Schmädeke (GESIS: doi:10.4232/1.8145); Karte 2011: www.zensus2011.de; Daten 2011: www.destatis.de

10.3 Choroplethenkarten

sich Deutschland hinsichtlich seiner Grenzen stark verändert hat. Wir benötigen also zwei verschiedene Kartendarstellungen. Die Einteilung der Daten erfolgt hier nicht empirisch aufgrund der Verteilung oder durch die Wahl gleicher Abstände, sondern aufgrund inhaltlicher Überlegungen. Die Intention der Darstellung ist es, zwei Dinge zu zeigen: 1. Wie waren früher die Konfessionen in Deutschland verteilt? 2. Wie sieht es im Vergleich dazu heute aus? Aus diesen beiden Intentionen ergeben sich zwei Konstruktionsmerkmale der Abbildung: Zum einen wählen wir nicht eine einzelne kontinuierliche Farbpalette, sondern zwei. 1905, zu unserem Ausgangspunkt, gab es in Deutschland nur Kreise, die entweder zu mindestens 50 Prozent katholisch oder zu mindestens 50 Prozent evangelisch waren. Wir können also die Klassen „(über) 50 bis 70 % katholisch", „(über) 70 bis 90 % katholisch" und „(über) 90 % katholisch" sowie die gleichen Klassen für „evangelische Kreise" bilden. Das setzt voraus, dass es keinen Kreis gibt, dessen Anteil an katholischen oder evangelischen Konfessionsangehörigen nicht mindestens 50 % beträgt. 1905 war das nicht der Fall. Für diese jeweils drei Klassen wählen wir drei Blau- und drei Orangestufen. In der Legende werden diesmal auch die Häufigkeiten in Form von Balkendiagrammen ausgewiesen.

Die zweite Karte verwendet die gleichen Klasseneinteilungen. Man sieht sofort den drastischen Rückgang der Konfessionszugehörigkeit: Die Anzahl der Kreise mit einer evangelischen oder katholischen Konfessionszugehörigkeit über 50 Prozent liegt nur noch bei der Hälfte aller Kreise. Beachten Sie, dass wir bei dieser zweiten Karte ganz bewusst auf eine Menge an Information verzichten. Es wird nicht die Verteilung der Konfessionszugehörigkeit 2011 isoliert dargestellt. Dann hätte man die Klassengrenzen viel niedriger ansetzen müssen. Es geht hier vielmehr um einen direkten Vergleich zu 1905.

Daten: Die Angaben in der Datei `konfession_vz_2011.xlsx` wurden auf den Informationsseiten zum Zensus 2011 bereitgestellt. Die Angaben in der Datei `ZA8145_1912.xlsx` stammen aus der Studie „ZA8145: Wählerbewegung im Wilhelminischen Deutschland. Die Reichstagswahlen von 1890 bis 1912" von Jürgen Schmädeke, die bei http://www.gesis.org heruntergeladen werden kann (doi:10.4232/1.8145). Dort befinden sich unter anderem Daten der Volkszählung 1905 auf Kreisebene zur Konfessionszugehörigkeit. Die Kartendatei `VG250_Kreise_Shapefile_UTM32_VZ_2011`, die die Kreisgrenzen zum Zeitpunkt der Volkszählung 2011 enthält, kann von der Seite https://www.zensus2011.de/DE/Infothek/Begleitmaterial_Ergebnisse/Begleitmaterial_node.html heruntergeladen werden. Die Kreisgrenzen von 1895 wurden aus dem Metarepositorium <GeoData@Tufts> heruntergeladen. Die Universität Tufts arbeitet mit der Harvard University an einer Open-Source-Webanwendung, die Geodaten aus diversen Repositorien bereitstellt, die Metadaten der Karten recherchierbar macht und eine schnelle grafische Darstellung ermöglicht. <GeoData@Tufts> ist Teil des Open Geoportal, einem Konsortium, das sich der breiteren Verfügbarmachung und Aufbereitung von Geodaten widmet. Das Portal basiert ausschließlich auf Open-Source-Technologie. Gegenüber anderen Angeboten zeichnen sich die Kartendaten hier durch eine umfangreiche Metadatenergänzung aus. Die dort abrufbare Karte `SDE2_GERMAN1895ELECTORALDISTRICTS.shp` wurde von Daniel Ziblatt aus der Publikation von Jürgen Schmädeke digitalisiert.

```
pdf_datei<-"karten_deutschland_choropleth_kreise_1x2.pdf"
cairo_pdf(bg="grey98",pdf_datei,width=15,height=8)

par(omi=c(0.5,0,0,0), mai=c(0,6,1,1),family="Lato Light",las=1)
library(maptools)
library(RColorBrewer)

f0<-rgb(0,0,0,0,maxColorValue=255)
f1a<-rgb(68,90,111,50,maxColorValue=255)
f1b<-rgb(68,90,111,150,maxColorValue=255)
f1c<-rgb(68,90,111,250,maxColorValue=255)
f2a<-rgb(255,97,0,50,maxColorValue=255)
f2b<-rgb(255,97,0,150,maxColorValue=255)
f2c<-rgb(255,97,0,250,maxColorValue=255)

# zuerst die rechte Karte
x<-readShapeSpatial("daten/VG250_Kreise_Shapefile_UTM32_VZ_2011.shp")
kreisstrukturdaten<-read.xls("daten/konfession_vz_2011.xlsx",sheet=1)
n<-length(x)
nr<-as.numeric(as.character(x$RS))
position<-vector()
for (i in 1:n){
    position[i]<-match(nr[i], kreisstrukturdaten$AGS)
}
farb_nr<-cut(100*kreisstrukturdaten$RKAT[position]/
kreisstrukturdaten$BEV[position],c(0,50,70,90,100))
farbpalette<-c(f0,f1a,f1b,f1c)
plot(x,col=farbpalette[farb_nr],border=grey(.8),lwd=.3)

farb_nr<-cut(100*kreisstrukturdaten$EVANG[position]/
kreisstrukturdaten$BEV[position],c(0,50,70,90,100))
farbpalette<-c(f0,f2a,f2b,f2c)
plot(x,col=farbpalette[farb_nr],border=grey(.8),lwd=.3,add=T)

# dann die linke Karte
par(mai=c(0,0,0,7),plt=c(0,0.5,0,0.95),new=T)
x<-readShapeSpatial("daten/OGP86/SDE2_GERMAN1895ELECTORALDISTRICTS.shp")
kreisstrukturdaten<-read.xls("daten/ZA8145_1912.xlsx",sheet=1)
n<-length(x)
nr<-x$DISTRICT_N
position<-vector()
for (i in 1:n){
    position[i]<-match(nr[i], kreisstrukturdaten$wkr_nr)
}
farb_nr<-cut(kreisstrukturdaten$kat05p[position],c(0,50,70,90,100))
farbpalette<-c(f0,f1a,f1b,f1c)
plot(x,col=farbpalette[farb_nr],border=grey(.8),lwd=.3,xpd=T)
```

10.3 Choroplethenkarten

```
farb_nr<-cut(kreisstrukturdaten$ev05p[position],c(0,50,70,90,100))
farbpalette<-c(f0,f2a,f2b,f2c)
plot(x,col=farbpalette[farb_nr],border=grey(.8),lwd=.3,add=T,xpd=T)

# Betitelung

mtext("Evangelisc...",3,line=-2.75,adj=0.05,family="Lato Black",
outer=T,cex=2,xpd=T)
mtext("... und 20...",3,line=-2.75,adj=0.65,family="Lato Black",
outer=T,cex=2,xpd=T)
mtext("Karte 1905...",1,line=-0.7,adj=0.04,cex=0.95,font=3,outer=T,xpd=T)

# zuletzt die Balkendiagramme als Legende

par(mai=c(0.75,5,5.5,9),fg="white",new=T)
kreisstrukturdaten<-read.xls("daten/ZA8145_1912.xlsx",sheet=1)

evangelisch<-kreisstrukturdaten[kreisstrukturdaten$ev05p>50,]
attach(evangelisch)
klassen<-c(50,70,90,100)
levels(klassen)<-c("50 bis 70 %","70 bis 90 %","über 90 %")
barplot(table(cut(ev05p,klassen)),col=farbpalette<-c(f2a,f2b,f2c),
        xlim=c(-150,150),names.arg=levels(klassen),main="",cex.axis=0.75,
        cex.names=0.75,cex.main=0.75,col.axis="black",col.main="red",horiz=T)
text(130,4.5,"evangelisch",pos=1,col="black",xpd=T,cex=1)

katholisch<-kreisstrukturdaten[kreisstrukturdaten$kat05p>50,]
attach(katholisch)
klassen<-c(50,70,90,100)
levels(klassen)<-c("50 bis 70 %","70 bis 90 %","über 90 %")
barplot(-table(cut(kat05p,klassen)),col=farbpalette<-c(f1a,f1b,f1c),
        names.arg=levels(klassen),main="",cex.axis=0.75,cex.names=0.75,
        cex.main=0.75,col.axis="black",col.main="red",horiz=T,add=T)
text(-120,4.5,"katholisch",pos=1,col="black",xpd=T,cex=1)

par(mai=c(0.75,13,5.5,1),fg="white",new=T)
kreisstrukturdaten<-read.xls("daten/konfession_vz_2011.xlsx",sheet=1)

evangelisch<-kreisstrukturdaten[kreisstrukturdaten$PEVANG>50,]
attach(evangelisch)
klassen<-c(50,70,90,100)
levels(klassen)<-c("50 bis 70 %","70 bis 90 %","über 90 %")
barplot(table(cut(PEVANG,klassen)),col=farbpalette<-c(f2a,f2b,f2c),
        xlim=c(-150,150),names.arg=levels(klassen),main="",cex.axis=0.75,
        cex.names=0.75,cex.main=0.75,col.axis="black",col.main="red",horiz=T)
text(130,4.5,"evangelisch",pos=1,col="black",xpd=T,cex=1)

katholisch<-kreisstrukturdaten[kreisstrukturdaten$PRKAT>50,]
attach(katholisch)
```

```
klassen<-c(50,70,90,100)
levels(klassen)<-c("50 bis 70 %","70 bis 90 %","über 90 %")
barplot(-table(cut(PRKAT,klassen)),col=farbpalette<-c(f1a,f1b,f1c),
    names.arg=levels(klassen),main="",cex.axis=0.75,cex.names=0.75,
    cex.main=0.75,col.axis="black",col.main="red",horiz=T,add=T)
text(-120,4.5,"katholisch",pos=1,col="black",xpd=T,cex=1)
dev.off()
```

Das **Skript** folgt in der Konstruktionsweise dem vorherigen Beispiel. Der Aufbau ist hier etwas umfangreicher, da wir zwei Karten sowie zwei Legenden in Form von Balkendiagrammen abbilden.

Wir zeichnen die Karte von rechts nach links, also zunächst rechts die Karte für das Jahr 2011, dann links die Karte für das Jahr 1905 und zuletzt die Balkendiagramme als Legende. Für die erste Karte wird der linke Rand auf 6 Inch gesetzt, wodurch wir bei der Gesamtbreite von 15 Inch im rechten Bereich der Abbildung landen.

Zuerst werden von f0 bis f2c sieben Farben definiert. Dann werden die Shape-Datei sowie die XLSX-Tabelle mit den Strukturdaten eingelesen und wie im vorherigen Beispiel miteinander verknüpft. Im Unterschied zum vorhergehenden Beispiel werden hier jedoch die Karten in zwei Teilschritten gezeichnet: zuerst alle katholischen, dann alle evangelischen administrativen Kreise. Es werden mit cut() Klassen von größer 0 bis 50, größer 50 bis 70, größer 70 bis 90, größer 90 bis 100 gebildet. levels() brauchen wir hier nicht zu definieren, das erledigen wir später bei den Balkendiagrammen.

Die administrativen Kreise der ersten Klasse (bis 50) werden jeweils weiß gezeichnet. Die im ersten Durchgang weiß gelassenen administrativen Kreise, deren Katholikenanteil also maximal 50 Prozent beträgt, werden im zweiten Durchgang mit den protestantischen Wahlkreisfarben „übermalt": Hier ist dann die Farbpalette c(f0,f2a,f2b,f2c) statt c(f0,f1a,f1b,f1c).

Die linke Karte wird auf die gleiche Weise erstellt. Mit new=T wird die neue Grafik innerhalb der alten erstellt. Der rechte Rand von 7 Inch sorgt für eine Positionierung in der linken Hälfte. Diese Variante der Abbildungsaufteilung ist einer Variante mit mfcol=c(1,2) vorzuziehen, da in letzterem Fall keine Überschneidungen der Grafiken innerhalb der Abbildung möglich wären oder, anders formuliert, die Randabstände zu groß sind.

Zuletzt werden die Balkendiagramme erstellt, die wir für die Legende benötigen. Hierzu werden zunächst wieder die Randeinstellungen so gewählt, dass die Balkendiagramme rechts unten neben den Karten erscheinen. Die Balken mit den Häufigkeiten der katholischen und evangelischen Kreise werden Rücken an Rücken abgebildet. Dazu wird zunächst der Datensatz kreisstrukturdaten auf die Kreise beschränkt, deren Protestantenanteil größer als 50 ist. Die Klasseneinteilung entspricht der Einteilung bei den Karten. Die Funktion barplot() zeichnet dann die Häufgkeitstabelle für diese Klassen, wobei wir hier schon mit xlim=c(-150,150) den Platz für die katholischen Häufigkeiten mit berücksichtigen. Diese werden im nächsten Schritt auf die gleiche Weise erzeugt, mit dem

Miniuszeichen: -table(cut(kat05p,klassen)) wird aber die Richtung umgedreht, so dass die Balken für die katholischen Kreise in die andere Richtung zeigen. Dieses Vorgehen hatten wir schon bei den Bevölkerungspyramiden kennengelernt (Abschn. 7.2).

Nach gleichem Muster wird schließlich für die Häufigkeitsverteilungen der Kreise 2011 verfahren.

10.3.3 Choroplethenkarte von Europa auf Länderebene

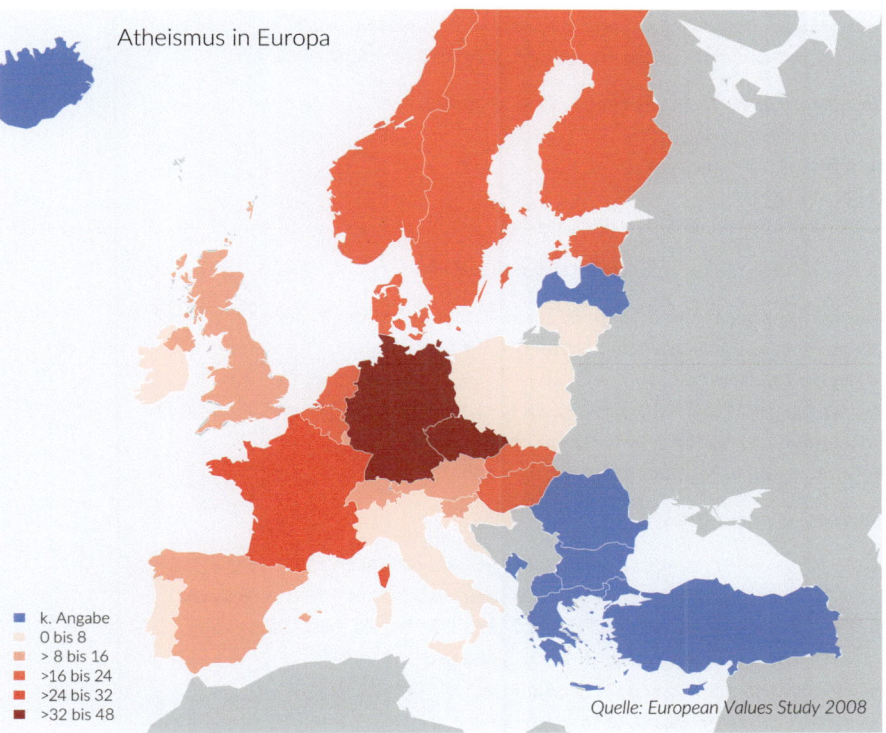

Zur **Abbildung**: Bei Choroplethenkarten muss es sich nicht immer um kleinräumige Daten handeln. Auch die Kennzeichnung einzelner Länder mit Variablenausprägungen in verschiedenen Farben ist sinnvoll. Bei diesem Beispiel geht es darum, Länder Europas nach den Werten einer Variable zum Atheismus einzufärben. Dabei beschränken wir uns wiederum auf eine Farbe, für die wir mit einer Brewer-Farbpalette geeignete Abstufungen wählen. Zusätzlich werden hier noch mit einer zweiten Farbe „fehlende Werte" berücksichtigt. Das ist dann sinnvoll, wenn man darauf hinweisen möchte, dass bestimmte Länder zwar Teil der Analyse sind, aber für die konkret abgebildete Variable keine Daten aufweisen. Das Layout wurde hier so gewählt, dass nicht nur die Legende, sondern auch die Überschrift in die Karte hineingeschrieben wurde. Dadurch kann die Abbildung selbst größer dargestellt werden (vgl. Abschn. 9.2.2).

Die **Daten** verwenden die „European Values Study" und wurden mir freundlicherweise von Mira Hassan zur Verfügung gestellt. Sie basieren auf Ergebnissen von Siegers, Pascal (2012): Alternative Spiritualitäten: neue Formen des Glaubens in Europa: eine empirische Analyse. Akteure und Strukturen (= Studien zur vergleichenden empirischen Sozialforschung 1), Frankfurt/New York: Campus. Zu den Kartendaten siehe Anhang A, NUTS.

```
pdf_datei<-"karten_europa_choropleth_laender.pdf"
cairo_pdf(bg="grey98",pdf_datei,width=13,height=11)

par(omi=c(0,0,0,0),mai=c(0,0,0,0),family="Lato Light",las=1)
library(maptools)
library(RColorBrewer)
library(sp)
library(rgdal) # für spTransform

# Daten einlesen und Grafik vorbereiten
daten<-read.csv("daten/prop.table EVS cntr.csv",sep=";",dec=",")
daten[is.na(daten$ATHE),"ATHE"]<--9
data(wrld_simpl)
w=wrld_simpl[!(wrld_simpl@data[,"ISO2"] %in% daten$Country),]
w=w[w@data[,"NAME"] != "Antarctica",]
m=spTransform(w,CRS=CRS("+proj=merc"))

# Grafik erstellen
plot(m,xlim=c(-2000000,5000000),ylim=c(4000000,10000000),
     col=rgb(160,160,160,100,maxColorValue=255),border=F)
x<-readShapeSpatial("daten/NUTS-2010/NUTS_RG_60M_2010.shp",
     proj4string=CRS("+proj=longlat"))
y<-x[x$NUTS_ID %in% daten$Country,]
m=spTransform(y,CRS=CRS("+proj=merc"))

klassen<-c(-10,0,10,20,30,50)
farbpalette<-c("cornflowerblue",brewer.pal(4,"Reds"))

id<-m$NUTS_ID
n<-length(id)
position<-vector()
for (i in 1:n){
    position[i]<-match(m$NUTS_ID[i],daten$Country)
}
farb_nr<-cut(daten$ATHE[position],klassen)
```

10.3 Choroplethenkarten

```
levels(farb_nr)<-c("missing","0 to 10","10 to 20","20 to 30","30 to 50")
plot(m,col=farbpalette[farb_nr],border="white",add=T)
legend("bottomleft",levels(farb_nr),cex=1.45,border=F,bty="n",
       fill= farbpalette,text.col="black")

# Betitelung

mtext("Titel ???...",at=-1300000,cex=2,adj=0,line=-3)
mtext("Untertitel...",at=-1300000,cex=2,adj=0,line=-4.8)
mtext("Quelle: Eu...",1,at=3300000,cex=1.7,adj=0,line=-2.3,font=3)
dev.off()
```

Im **Skript** definieren wir zunächst ein Fenster mit einer Breite von 13 Inch und einer Höhe von 11 Inch. Die inneren und äußeren Ränder werden auf Null gesetzt, der Hintergrund weiß. Wir benötigen vier Bibliotheken: `maptools`, `RColorBrewer`, `sp` und `rgdal` für die Funktion `spTransform()`. Die Daten werden eingelesen und aus den Missing Values eine -9 gemacht. Die verwendete Karte der EU beinhaltet nur EU-Länder. Das ist insbesondere an der Adria im Osten ein Problem, weil dort Küstenlinien fehlen. Daher it es sinnvoll, zuerst die Karte `wrld_simpl` von R zu plotten und anschließend die EU-Karte darüber zu legen. Da die Auflösungen beider Karten nicht identisch sind und sich dadurch die Grenzverläufe geringfügig unterscheiden, filtern wir zunächst die Daten heraus, die im Datensatz nicht vorkommen. Die Antarktis muss noch ausgeschlossen werden, weil sonst `spTransform` eine Fehlermeldung produziert. Anschließend wird die Mercator-Projektion angewendet. Das Ergebnis wird als erste Ebene geplottet. Die EU-Shapedatei wird eingelesen und auf die Länder gefiltert, die im Datensatz vorkommen, anschließend auch hier die Mercator-Projektion angewendet. Nun müssen die Daten klassifiziert werden. Die Klassengrenzen orientieren sich an der Untersuchung von Pascal Siegers (siehe vorige Anmerkung). Für die vorhandenen Daten sollte man eine Brewer-Farbpalette verwenden, für die Missing Values (-9) eine andere Farbe, zum Beispiel `cornflowerblue`. Die Bezeichnungen entsprechen den Unterteilungen. Die Verbindung von Daten und Karte erfolgt wie in den vorangegangenen Beispielen mit `match()`. `plot()` schließlich zeichnet nun die Choroplethenkarte auf die vorhandene Karte (`add=TRUE`), zuletzt folgen noch eine Legende und Titel sowie Untertitel.

10.3.4 Choroplethenkarte von Europa auf Länderebene (Panel)

Life Satisfaction in Europe

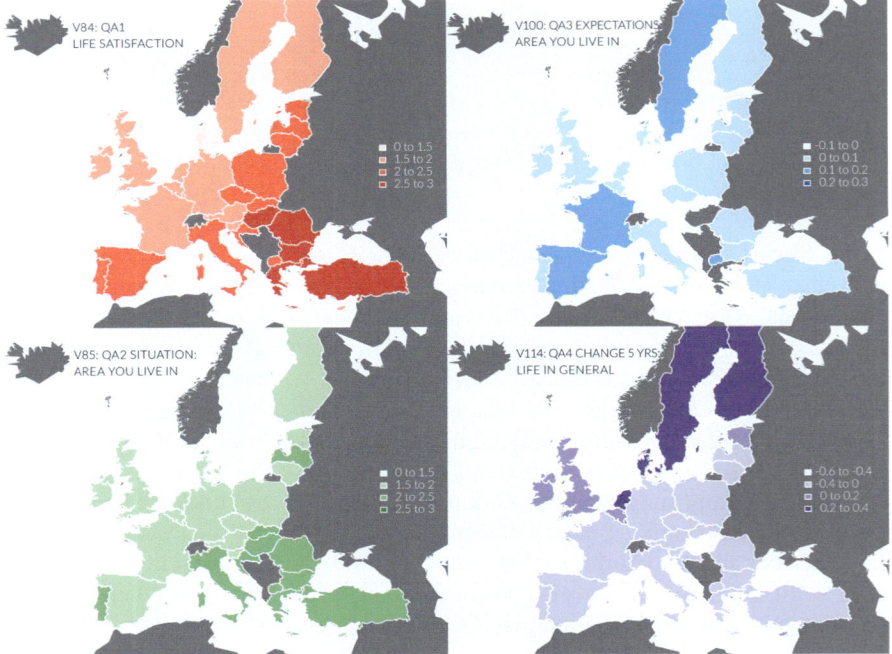

Mean values. V84, V85: Low values are better.V100, V114: High values are better. Source: Eurobarometer 71.2, doi:10.4232/1.10990

Zur **Abbildung**: Auch für Europakarten bieten sich Panel-Darstellungen an. Allerdings sind hier dem Detaillierungsgrad durch die in aller Regel beschränkte Größe der Publikationsmöglichkeit Grenzen gesetzt. Das obige Beispiel zeigt die Ausprägungen von vier Variablen des Eurobarometer.

Wir greifen hier noch einmal das Beispiel der Verteilung von Ländern auf vier Fragen zur Lebenszufriedenheit aus Abschn. 7.1.2 auf. Dort hatten wir für die beiden Fragen „On the whole, are you very satisfied, fairly satisfied, not very satisfied or not at all satisfied with the life you lead?" und „How would you judge the current situation in each of the following?" sowie für die beiden Fragen „What are your expectations for the next twelve months: will the next twelve months be better, worse or the same, when it comes to...?" und „Compared with five years ago, would you say things have improved, gotten worse or stayed about the same when it comes to...?" Häufigkeitsverteilungen der Durchschnittswerte gebildet und daraufhin Klassen definiert. Diese Klassen sind hier in Form eines Panels mit zwei mal zwei Einzeldarstellungen abgebildet.

Daten: Siehe Anhang A, ZA4972: Eurobarometer 71.2 (May-Jun 2009). Kartendaten: Siehe Anhang A, NUTS.

10.3 Choroplethenkarten

```
pdf_datei<-"karten_europa_choropleth_laender_2x2.pdf"
cairo_pdf(bg="grey98",pdf_datei,width=13,height=11)

par(omi=c(0.5,0,0.5,0),mai=c(0,0,0,0))
par(mfcol=c(2,2),family="Lato Light")
library(maptools)
library(RColorBrewer)
library(sp)
library(rgdal)

# Daten einlesen und Grafiken vorbereiten und erstellen

plotdatei<-"skripte/inc_plot_karten_europa_choropleth_laender.r"

auswahl<-"v84"
klassen<-c(0,1.5,2,2.5,3)
klass_bez<-c("0 to 1.5","1.5 to 2","2 to 2.5","2.5 to 3")
farbpalette<-brewer.pal(4,"Reds")
source(plotdatei)
mtext("V84: QA1",at=-1300000,adj=0,line=-3)
mtext("LIFE SATISFACTION",at=-1300000,adj=0,line=-4.5)

auswahl<-"v85"
klassen<-c(0,1.5,2,2.5,3)
klass_bez<-c("0 to 1.5","1.5 to 2","2 to 2.5","2.5 to 3")
farbpalette<-brewer.pal(4,"Greens")
source(plotdatei)
mtext("V85: QA2 SITUATION:",at=-1300000,adj=0,line=-3)
mtext("AREA YOU LIVE IN",at=-1300000,adj=0,line=-4.5)

auswahl<-"v100"
klassen<-c(-0.1,0,0.1,0.2,0.3)
klass_bez<-c("-0.1 to 0","0 to 0.1","0.1 to 0.2","0.2 to 0.3")
farbpalette<-brewer.pal(4,"Blues")
source(plotdatei)
mtext("V100: QA3 EXPECTATIONS:",at=-1300000,adj=0,line=-3)
mtext("AREA YOU LIVE IN",at=-1300000,adj=0,line=-4.5)

auswahl<-"v114"
klassen<-c(-0.6,-0.4,0,0.2,0.4)
klass_bez<-c("-0.6 to -0.4","-0.4 to 0","0 to 0.2","0.2 to 0.4")
farbpalette<-brewer.pal(4,"Purples")
source(plotdatei)
mtext("V114: QA4 CHANGE 5 YRS:",at=-1300000,adj=0,line=-3)
mtext("LIFE IN GENERAL",at=-1300000,adj=0,line=-4.5)
```

```
# Betitelung
mtext(side=3,"Life Satis...",adj=0.05,outer=T,line=0.5,cex=2.25,
      family="Lato Black")
mtext(side=1,"Mean value...",adj=0.95,outer=T,line=1,font=3)
dev.off()
```

und so:

```
# inc_plot_karten_europa_chropleth_laender.r
data(wrld_simpl)
w=wrld_simpl[wrld_simpl@data[,"NAME"] != "Antarctica",]
m=spTransform(w,CRS=CRS("+proj=merc"))

plot(m,xlim=c(-2000000,5000000),ylim=c(4000000,10000000),
     col=rgb(120,120,120,maxColorValue=255),border=F)
x<-readShapeSpatial("daten/NUTS-2006/NUTS_RG_03M_2006.shp",
     proj4string=CRS("+proj=longlat"))

xls<-read.xls("daten/eb_nuts.xlsx")
y<-x[x$NUTS_ID %in% xls$nuts_id,]
m=spTransform(y,CRS=CRS("+proj=merc"))

source("skripte/0inc_datendesign_dbconnect.r")
sql<-paste("select ",auswahl," auswahl from v_za4972_laender",sep="")
datensatz<-dbGetQuery(con,sql)
attach(datensatz)

nr<-m$NUTS_ID
datensatz$ref_NUTS_ID<-xls$nuts_id

position<-vector()
for (i in 1:30){
     position[i]<-match(m$NUTS_ID[i], datensatz$ref_NUTS_ID)
}
farb_nr<-cut(datensatz$auswahl[position],klassen)
levels(farb_nr)<-klass_bez

plot(m,col=farbpalette[farb_nr],border="white",add=T)
legend("right",levels(farb_nr),cex=0.95,border=F,bty="n",fill=farbpalette,
       text.col="white")
```

Im **Skript** unterteilen wir in diesem Fall die Abbildung zuerst in vier Bereiche. Für jeden Bereich definieren wir die Variable, die gezeichnet werden soll, die Klasseneinteilung und Klassenbezeichnungen sowie die Farbpalette. Mit diesen Angaben werden die vier Teile der Abbildung gezeichnet. Dazu wird eine Datei `inc_plot_karten_europa_chropleth_laender.r` aufgerufen, die diese Aufgabe übernimmt.

10.3 Choroplethenkarten 389

In der eingebundenen Datei wird zunächst die Karte `wrld_simpl` gelesen, die Antarktis herausgefiltert und die Mercator-Projektion angewendet. Dann wird ein Ausschnitt der Karte, der mit `xlim` und `ylim` festgelegt wird, als „Grundkarte" gezeichnet. In einem zweiten Schritt wird die EU-Karte eingelesen. Aus der EU-Karte x benötigen wir nur die Länder, die in dem Eurobarometer-Datensatz vorkommen. Hierzu lesen wir eine XLS-Tabelle ein, die für die Länder-IDs im Eurobarometer-Datensatz die entsprechenden NUTS-IDs enthält. Damit kann die Shape-Datei auf diese Länder beschränkt werden, indem wir mit `%in%` ein neues Objekt y erzeugen, das nur die Länder enthält, die in der XLS-Tabelle vorkommen. y muss noch mit einer Mercator-Transformation angepasst werden. Damit die Mercator-Transformation hier funktioniert, muss bei `readShapeSpatial()` der Parameter `proj4string=CRS("+proj=longlat")` angegeben werden.

Nun können die darzustellenden Daten aus einer MySQL-Tabelle eingelesen werden. Der SQL-Befehl wird mit `paste()` zusammengesetzt, da hier jeweils die Auswahl-Variable übergeben wird. Der Rest entspricht den vorherigen Beipielen: Die Werte werden mit den Kartendaten aus der Shape-Datei verknüpft, Klassen gebildet, schließlich die Karte und Legende gezeichnet.

In der aufrufenden Datei werden am Ende noch wie üblich die Überschriften erzeugt.

10.3.5 Weltchoroplethenkarte: Regionen

Colour by region

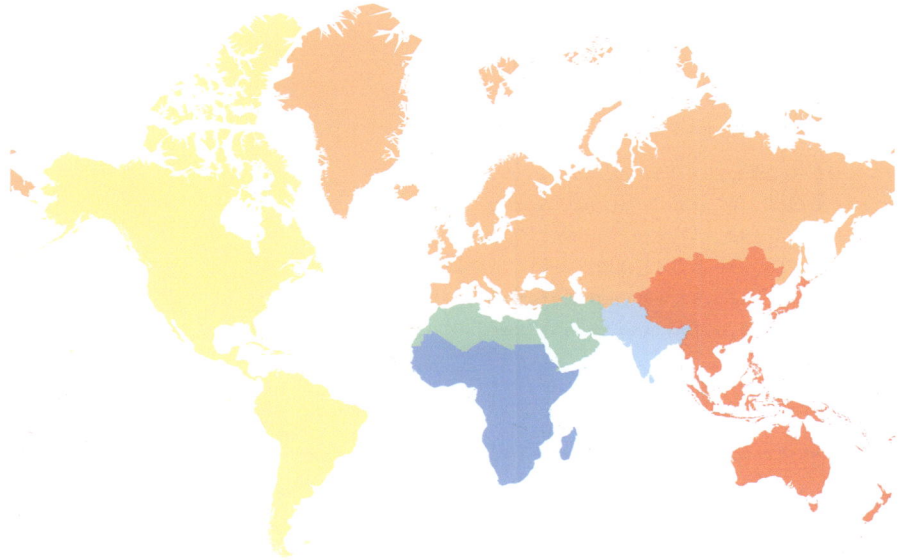

Zur **Abbildung**: Das letzte Beispiel für Choroplethenkarten zeigt eine Weltkarte, bei der Kontinente bzw. Länder zu Weltregionen zusammengefasst wurden. Die Karte basiert auf Daten des GAPMINDER-Projektes.[9] Diese Karte benötigen wir als Legende für ein Streudiagramm (Abschn. 11.6). Hierzu werden Regionen der Welt unterschiedlich eingefärbt.

Die **Daten**: Die XLS-Datei `regionen.xlsx` kann von der Webseite des Buches heruntergeladen werden. Die Karte stammt aus dem von R mitgelieferten Datensatz `wrld_simpl`.

```
pdf_datei<-"karten_welt_gapminder_regionen.pdf"
cairo_pdf(bg="grey98",pdf_datei,width=8.4,height=6)

par(omi=c(0,0,0,0),mai=c(0,0.82,0.82,0),family="Lato Light",las=1)

library(maptools) # enthält wrld_simpl
library(rgdal) # für spTransform

# Daten einlesen und Grafik vorbereiten

data(wrld_simpl)
w<-wrld_simpl[wrld_simpl@data[,"NAME"] != "Antarctica",]
m<-spTransform(w,CRS=CRS("+proj=merc"))

laender<-m@data$ISO2
n<-length(laender)
kartenfarben<-numeric(n)

r1<-"Sub-Saharan Africa"
r2<-"South Asia"
r3<-"Middle East &amp; North Africa"
r4<-"America"
r5<-"Europe &amp; Central Asia"
r6<-"East Asia &amp; Pacific"

f1<-rgb(0,115,157,150,maxColorValue=255)
f2<-rgb(158,202,229,150,maxColorValue=255)
f3<-rgb(84,196,153,150,maxColorValue=255)
f4<-rgb(255,255,0,150,maxColorValue=255)
f5<-rgb(246,161,82,150,maxColorValue=255)
f6<-rgb(255,0,0,150,maxColorValue=255)

region<-c(r1,r2,r3,r4,r5,r6)
farbe<-c(f1,f2,f3,f4,f5,f6)

regionen<-read.xls("daten/gapminder/regionen.xlsx")

for (i in 1:length(region))
{
```

---

[9] http://www.gapminder.org.

10.4 Sonderfälle und Spezielles

```
regionauswahl<-subset(regionen$ID,regionen$Group==region[i])
laenderauswahl<-NULL
for (j in 1:length(regionauswahl)) laenderauswahl<-c(laenderauswahl,
trim(as.character(regionauswahl[j])))
for (j in 1:length(laenderauswahl))
{
kartenfarben[grep(paste("^",laenderauswahl[j],"$",sep=""),laender)]<-farbe[i]
}
}

# Grafik erstellen

plot(m,col=kartenfarben,border=F)

# Betitelung

mtext("Colour by ...",3,line=0,adj=0,cex=4,family="Lato Black")

dev.off()
```

Das **Skript**: Bei diesem Beispiel orientieren wir uns an zwei Blog-Einträgen.[10] Als Weltkarte wird hier wiederum die von R mitgelieferte Karte `wrld_simpl` in der Mercator-Projektion verwendet. Zunächst werden daraus die ISO2-Codes in einem Vektor `laender` gespeichert und ein leerer Vektor gleicher Länge `kartenfarben` initialisiert. Anschließend werden 6 Regionen und 6 Farben definiert, diese den Vektoren `region` und `farbe` zugewiesen. Die XLSX-Tabelle mit den Regionen und den zugehörigen Ländern wird eingelesen. Dann wird in einer Schleife für jede Region der Datensatz auf die Länder der Region gefiltert und ein Vektor mit dieser Länderauswahl erzeugt. In einer zweiten inneren Schleife wird für diese soeben erzeugte Länderauswahl der Vektor `kartenfarben` befüllt. Das geschieht mit der Funktion `grep()`, die die Länder-ID aus der XLSX-Tabelle in den Länder-IDs der ISO2-Codes von `wrld_simpl` sucht. Um alle Codes zu finden, erweitern wir den Ausdruck `laenderauswahl[j]` mit ^ und $ zu einem regulären Ausdruck.

Mit dem so erzeugten Vektor `kartenfarben` kann die Weltkarte mit den eingefärbten Weltregionen erzeugt werden.

10.4 Sonderfälle und Spezielles

Zum Schluss dieses Kapitels folgen zunächst zwei eher ungewöhnliche Beispiele: zum einen die Darstellung so genannter *Orthodrome*, die durch die Facebook-Karte von Paul Butler starke Verbreitung gefunden haben,[11] zum anderen die Verwen-

---

[10] http://r.789695.n4.nabble.com/political-maps-world-maps-in-R-wrld-simpl-td887910.html und http://stackoverflow.com/questions/9096306/using-r-maps-package-colouring-in-specific-nations-on-a-world-map.

[11] https://www.facebook.com/note.php?note_id=469716398919.

dung von Daten aus dem OpenStreetMap-Projekt. Schließlich folgen Beispiele zur Bearbeitung georeferenzierter Karten im Rasterformat sowie eines Cartograms.

10.4.1 Weltkarte mit Orthodromen

Zielflughäfen des Airbus A380 (Lufthansa)
Stand: August 2013

Quelle: de.wikipedia.org/wiki/Lufthansa

Zur **Abbildung**: Auf der Weltkarte sind die acht Flugrouten abgebildet, die die Lufthansa mit dem Modell Airbus 380 bedient. Das sind von Frankfurt aus: Peking, Tokyo, Johannesburg, San Francisco, Miami, Singapur, Houston und Shanghai. Die Routen sind als Orthodrome (im Englischen: „Great Circles") abgebildet, die die kürzeste Verbindung zweier Punkte auf einer Kugeloberfläche darstellen. Ohne in die Untiefen der sphärischen Geometrie einsteigen zu wollen oder uns in den Fallstricken verschiedener Projektionstransformationen zu verfangen: Das ist einfach anschaulich.[12] Da nicht die ganze Weltkarte gezeigt wird (die bei jeder Projektion problematische Darstellung der Arktis- und Antarktisbereiche wurde hier weggelassen), sollte der gezeigte Ausschnitt farbig umrahmt werden.

Die **Daten** wurden dem Wikipedia-Artikel „Lufthansa" entnommen. Die Kartendaten werden von R im Paket `mapdata` mitgeliefert.

```
pdf_datei<-"karten_welt_orthodrome.pdf"
cairo_pdf(bg="grey98",pdf_datei,width=13.75,height=8)
```

---

[12] Nathan Yau bietet in seinem Blog ein Tutorial „How to map connections with great circles" an, das ein Beispiel mit Flugdaten für die USA zeigt: http://flowingdata.com/2011/05/11/how-to-map-connections-with-great-circles/.

10.4 Sonderfälle und Spezielles

```
par(omi=c(0.5,0.5,1.25,0.5),mai=c(0,0,0,0),lend=1,
bg="antiquewhite",family="Lato Light")
library(mapdata)
library(geosphere)

# Daten einlesen und Grafik vorbereiten
proj.typ<-"mercator"
proj.orient<-c(90,0,30)
x<-map(proj=proj.typ,orient=proj.orient,wrap=T)

# Grafik erstellen und weitere Elemente
plot(x,xlim=c(-3,3),ylim=c(-1,2),type="n",axes=F,xaxs="i",yaxs="i")
rect(-3,-1,3,3,col="aliceblue",border=NA)
map("worldHires","Germany",fill=T,add=T,col="antiquewhite",
        proj=proj.typ,orient=proj.orient)
lines(x,col="darkgrey")
data(world.cities)
daten<-read.xls("daten/orthodat.xlsx")
attach(daten)

tfarbe<-rgb(128,128,128,100,maxColorValue=255)
for (i in 1:nrow(daten))
{
start<-world.cities[11769,] # Frankfurt
ziel<-subset(world.cities,name==stadt[i] & country.etc==land[i])
gc1<-gcIntermediate(c(start$long,start$lat),c(ziel$long,ziel$lat),
        addStartEnd=T, n=50)
merc<-mapproject(gc1[,1],gc1[,2],projection=proj.typ,
        orientation=proj.orient)
lines(merc$x,merc$y,lwd=10,col=tfarbe)

zielp<-mapproject(ziel$long,ziel$lat,proj=proj.typ,orient=proj.orient)
points(zielp,col="darkred",pch=19,cex=2)
}
startp<-mapproject(start$long,start$lat,proj=proj.typ,orient=proj.orient)
points(startp,col="darkblue",pch=19,cex=2)

# Betitelung
mtext("Zielflughä...",3,line=3,adj=0,cex=3,family="Lato Black",outer=T)
mtext("Stand: Aug...",3,line=1,adj=0,cex=1.75,font=3,outer=T)
mtext("Quelle: de...",1,line=0.8,adj=1.0,cex=1.25,font=3)
dev.off()
```

Im **Skript** definieren wir zunächst einen äußeren Rand und setzen die inneren Ränder auf Null. Der Hintergrund wird „antiquewhite' gefärbt. Neben dem Paket `mapdata` für die Karte `worldHires` (die auch das Paket `maps` lädt) benötigen wir noch das Paket `geosphere`, das die Funktion `gcIntermediate()` bereitstellt. Anschließend definieren wir in einer Variable `proj.typ` den Wert `mercator` sowie eine Projektionsorientierung unter `proj.orient`. Die Karte wird mit `map()` zunächst in ein Objekt x gespeichert und dann mit `plot()` und unter Angabe von `xlim` und `ylim` gezeichnet. Wir setzen `xaxs` und `yaxs` gleich `i`, um die Ränder nicht über die angegebenen Grenzen hinausgehen zu lassen. Auf den gesamten Datenbereich wird ein Rechteck in der Füllfarbe `aliceblue` gelegt. Drauf folgt mit `add=T` der Deutschlandausschnitt der Karte `worldHires` in der Farbe `antiquewhite` sowie mit 'lines()" die Umrisse der Weltkarte.

Als nächstes werden die Daten aus `world.cities` geladen, die die benötigten Koordinaten enthalten. Die Städte, die tatsächlich gezeichnet werden sollen, werden aus der XLSX-Tabelle `orthodat.xlsx` gelesen. In einer Schleife werden die Städte der Tabelle durchlaufen. Frankfurt wird als `start` definiert, `ziel` ist der gefilterte Datensatz `world.cities`, der die jeweilige Stadt aus der eingelesenen XLSX-Tabelle enthält. Zwischen den Punkten `start` und `ziel` wird mit `gcIntermediate()` die Orthodrome berechnet. Bevor sie gezeichnet werden kann, muss sie erst mit `mapproject()` und der Angabe von den Parametern `projection` und `orientation` konvertiert werden. Nachdem wir die Linien gezeichnet haben, wiederholen wir die Berechnung für die Start- und die Zielpunkte, die wir vergrößert über die Linienenden zeichnen. Am Ende folgen Titel und Unterschrift.

10.4.2 Stadtkarten mit OpenStreetMap-Daten (Panel)

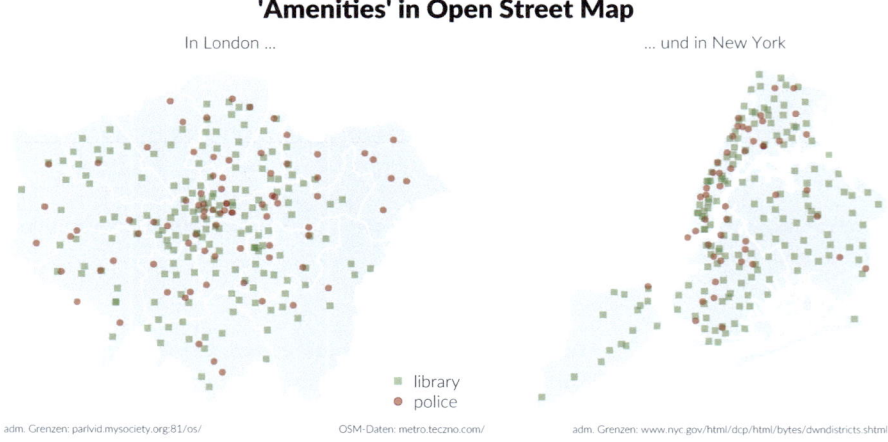

Zur **Abbildung**: Das freie OpenStreetMap-Projekt bietet ein enormes Potential für die Visualisierung von Geodaten. An dem 2004 gegründeten Projekt arbeiten

10.4 Sonderfälle und Spezielles

mittlerweile über 1 Millionen Nutzer, die über 3 Milliarden GPS-Punkte erfasst haben.

Bei der Abbildung werden maßstabsgetreu die Flächen der Städte London und New York mit Verwaltungsgrenzen vergleichend dargestellt. Auf die Karten wurden die öffentlichen Leihbüchereien und Polizeistationen eingetragen, die in der OpenStreetMap-Datenbank unter der Kategorie „Amenities" (Nahversorgung) verschlagwortet sind.

Daten: Die Shape-Daten für die Verwaltungsbezirke Londons werden auf der Seite http://parlvid.mysociety.org:81/os/ bereitgestellt. mysociety ist ein von der Bewegung „UK Citizens Online Democracy" betriebenes Angebot, das unter anderem Daten von der nationalen Landesvermessungsbehörde zusammenstellt. Die administrativen Grenzen von New York werden von offizieller Seite auf http://www1.nyc.gov/site/doh/data/health-tools/maps-gis-data-files-for-download.page als Shape-Dateien zur Verfügung gestellt. Hier können verschiedene Varianten (Election Districts, Municipal Court Districts, State Senate Districts etc.) ausgewählt werden. Die OpenStreetMap-Daten sind Auszüge des so genannten „Planet Files", die für zahlreiche Städte unter der bei http://wiki.openstreetmap.org/wiki/Planet.osm#Country_and_area_extracts angegebenen Adresse heruntergeladen werden können. Bei diesen Daten handelt es sich um regelmäßig aktualisierte, „rechteckige" Ausschnitte aus dem Planet File. Geografische oder politische Gebietseinheiten und Grenzen sind darin enthalten, bilden aber kein Selektionskriterium. Man erhält also nicht die Daten von London, sondern die Daten des Rechtecks um London.

```
pdf_datei<-"karten_staedte_1x2.pdf"
cairo_pdf(bg="grey98",pdf_datei,width=14,height=7)

par(omi=c(0,0,0.5,0),mai=c(0.5,0,0.5,0),mfcol=c(1,2),
    family="Lato Light", las=1)
library(maptools) # laedt auch sp fuer over
library(rgdal)    # fuer spTransform

# Grafik vorbereiten und Daten einlesen

flib<-rgb(0,139,0,120,maxColorValue=255)
fpol<-rgb(139,0,0,120,maxColorValue=255)

nach_proj<-"+proj=merc +a=6378137 +b=6378137 +lat_ts=0.0 +lon_0=0.0
+x_0=0.0 +y_0=0 +k=1.0 +units=m +nadgrids=@null +wktext +over +no_defs"

von_proj<-"+proj=tmerc +lat_0=49 +lon_0=-2 +k=0.999601272 +x_0=400000
+y_0=-100000 +ellps=airy +towgs84=375,-111,431,0,0,0 +units=m +no_defs"
shapedatei<-"daten/london/greater_london_const_region.shp"
lon_verw<-readShapeSpatial(shapedatei,proj4string=CRS(von_proj))
lon_verw=spTransform(lon_verw,CRS=CRS(nach_proj))

# Grafik erstellen und weitere Elemente

plot(lon_verw,col=rgb(139,139,139,60,maxColorValue=255),border="white")
lon_osm<-readShapeSpatial("daten/london/london.osm-amenities.shp")
```

```
proj4string(lon_osm)<-proj4string(lon_verw)
inside1<-!is.na(over(lon_osm,lon_verw)) & lon_osm@data$type == "library"
inside2<-!is.na(over(lon_osm,lon_verw)) & lon_osm@data$type == "police"
points(lon_osm[inside1[ ,1],],col=flib,pch=15,cex=1.25,lwd=0)
points(lon_osm[inside2[ ,1],],col=fpol,pch=19,cex=1.25,lwd=0)

legend("bottomright",c("library","police"),col=c(flib,fpol),
       pch=c(15,19),bty="n",pt.cex=1.5,cex=1.5)
mtext(side=3,"In London ...",cex=1.5,col=rgb(64,64,64,maxColorValue=255))
mtext(side=1,"OSM-Daten: metro.teczno.com/",adj=1,cex=0.85)
mtext(side=1,"adm. Grenz...",adj=0.1,cex=0.85)

# Daten einlesen und Grafik vorbereiten

von_proj<-"+proj=lcc +lat_1=40.66666666666666 +lat_2=41.03333333333333
+lat_0=40.16666666666666 +lon_0=-74 +x_0=300000 +y_0=0 +ellps=GRS80
+towgs84=0,0,0,0,0,0,0 +units=us-ft +no_defs"
shapedatei<-"daten/newyork/nybb.shp"
ny_verw<-readShapeSpatial(shapedatei,proj4string=CRS(von_proj))
ny_verw=spTransform(ny_verw,CRS=CRS(nach_proj))

# Grafik erstellen

plot(ny_verw,col=rgb(139,139,139,60,maxColorValue=255),border="white")

# Daten einlesen und weitere Elemente

ny_osm<-readShapeSpatial("daten/newyork/new-york.osm-amenities.shp")
proj4string(ny_osm)<-proj4string(ny_verw)
inside1<-!is.na(over(ny_osm,ny_verw)) & ny_osm@data$type == "library"
inside2<-!is.na(over(ny_osm,ny_verw)) & ny_osm@data$type == "police"
points(ny_osm[inside1[ ,1],],col=flib,pch=15,cex=1.25,lwd=0)
points(ny_osm[inside2[ ,1],],col=fpol,pch=19,cex=1.25,lwd=0)

# Betitelung

mtext(side=3,"... und in New York",cex=1.5,
      col=rgb(64,64,64,maxColorValue=255))
mtext(side=3,"'Amenities...",outer=T,cex=2,family="Lato Black")
mtext(side=1,"adm. Grenz...",adj=0.9,cex=0.85)
dev.off()
```

Im **Skript** benötigen wir in diesem Fall vier Shape-Dateien: zum einen die Verwaltungsgrenzen von London und von New York, zum anderen die OpenStreetMap-Daten der beiden Städte.

10.4 Sonderfälle und Spezielles

Schauen wir uns zunächst die Daten für die Verwaltungsgrenzen von London sowie die OpenStreetMap-Daten des London-Ausschnittes an:

```
library(maptools)
par(mfcol=c(1,2))
x <- readShapeSpatial("greater_london_const_region.shp")
plot(x, axes=TRUE)
y <- readShapeSpatial("london.osm-amenities.shp")
plot(y, axes=TRUE, pch=1,col=rgb(100,100,100,60,maxColorValue=255))
```

Das Ergebnis zeigt Abb. 10.2.

Um alle Daten einheitlich abbilden zu können, müssen zwei Probleme gelöst werden: Zum einen müssen alle Daten dieselbe Projektion sowie dasselbe Koordinatensystem aufweisen. Zum anderen müssen die Daten von OpenStreetMap so gefiltert werden, dass nur die Daten *innerhalb* der Verwaltungsgrenzen abgebildet werden.

Bei dem ersten Problem hilft uns das Programm Quantum GIS, für das zweite stellt in R das Paket sp die Funktion over () bereit.[13]

---

[13] Die Idee zu dieser Vorgehensweise orientiert sich an http://www.nceas.ucsb.edu/scicomp/usecases/point-in-polygon.

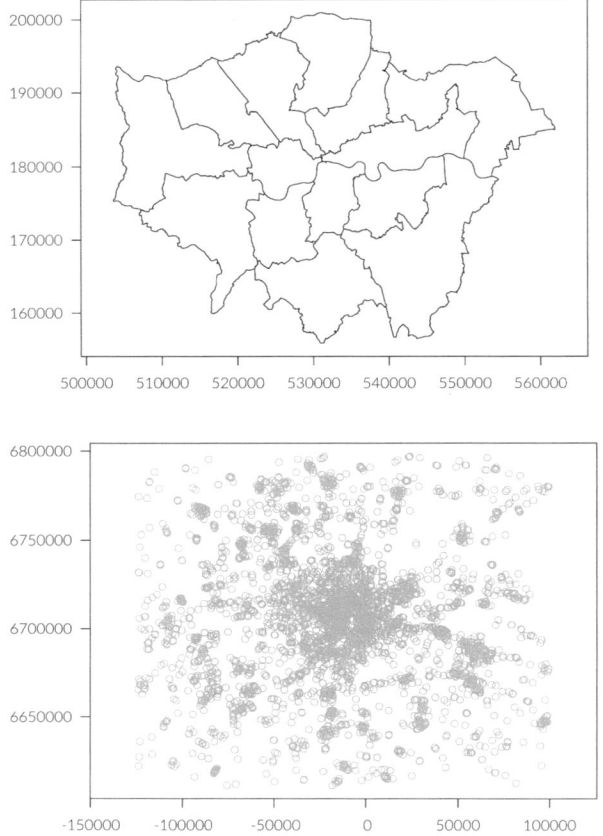

Abb. 10.2 Verwaltungsgrenzen von London (*oben*) und OpenStreetMap-Daten (*unten*)

Wenn wir die Shape-Datei der Londoner Verwaltungsbezirke in Quantum GIS aufrufen, dann können wir uns, wenn wir mit der rechten Maustaste den Layer anklicken, die Eigenschaften ansehen:

10.4 Sonderfälle und Spezielles

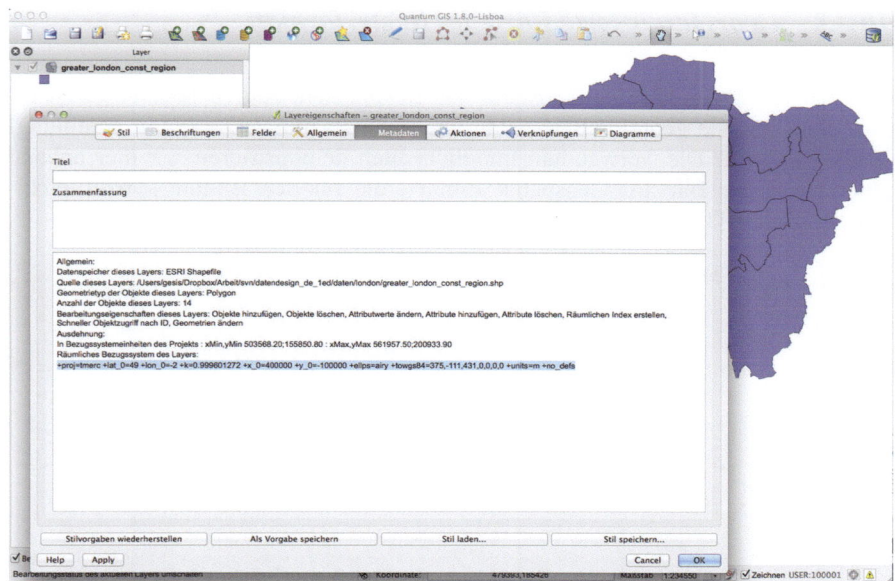

Abb. 10.3 Metadaten der Shapedatei `greater_london_const_region.shp`

In der letzten Zeile ist das räumliche Bezugssystem des Layers angegeben, das wir einfach per Copy&Paste in unser R-Skript übernehmen können. Das Gleiche können wir für die New Yorker Verwaltungsgrenzen sowie die OpenStreetMap-Daten machen. Da die OpenStreetMap-Daten für London und New York identische Projektionen und Koordinatensysteme aufweisen, nehmen wir diese als Ausgangspunkt, speichern sie also in die Variable `nach_proj`. Die entsprechenden Angaben zu den Verwaltungsbezirken speichern wir jeweils unter `von_proj`. Damit können wir nun die Verwaltungsgrezen mit der Funktion `readShapeSpatial()` und Angabe des Parameters `proj4string=CRS(von_proj)` einlesen und diese anschließend mit der Funktion `spTransform()` und Angabe des Parameters `CRS=CRS(nach_proj)` in die gewünschte Form bringen. Das Ergebnis kann mit `plot()` gezeichnet werden und erstellt die Londoner Verwaltungsgrenzen als graue Flächen.

Danach lesen wir die OpenStreetMap-Daten ein. Mit der Funktion `proj4 string()` aus dem Paket `sp` müssen zunächst die Projektionen angeglichen werden. Dann werden die Daten gefiltert: Zum einen werden aus dem Datenslot der Shape-Datei Daten vom Typ `library` bzw. `police` geholt, zum anderen mit der Funktion `over()` nur solche, die innerhalb der Verwaltungsgrenzen liegen. Die so ermittelten Punkte werden mit `points()` gezeichnet.

Nach Erstellung einer Legende sowie der Über- und Unterschrift des Londoner Teils verfahren wir analog für den New Yorker Teil.

10.4.3 Georeferenzierte Karte im Rasterformat

Mittlerweile liegen eine ganze Reihe von historischen Karten hochaufgelöst digitalisiert vor, die georeferenziert sind und dadurch mit Vektorkarten kombiniert werden können. Die Verwendungsmöglichkeiten demonstrieren wir hier anhand einer Karte der Harvard Geospatial Library, die für den Bildungs- bzw. nichtkommerziellen Gebrauch freigegeben ist.

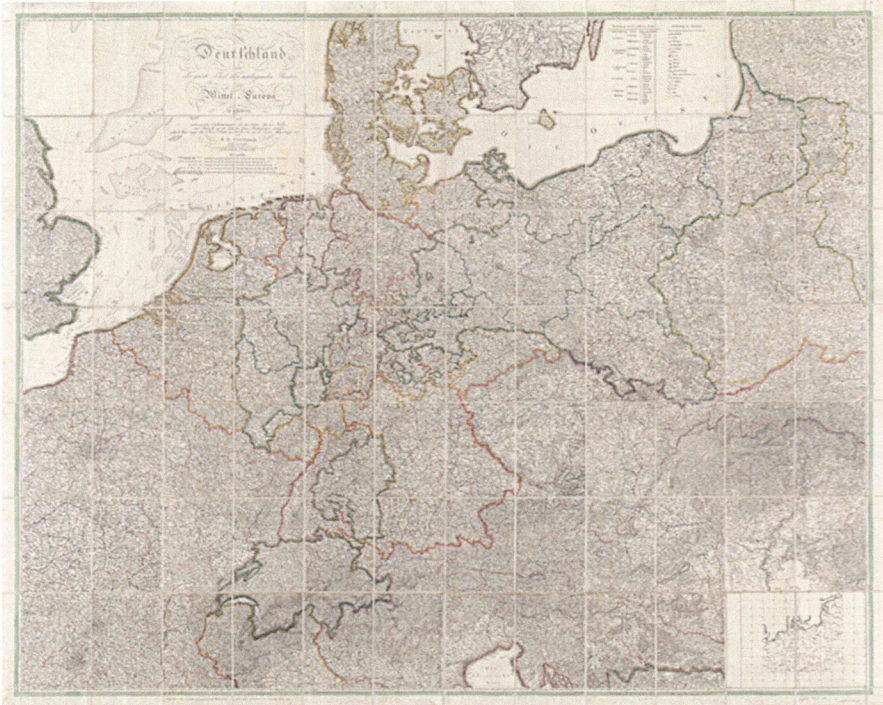

Abb. 10.4 Karte aus der Harvard Geospatial Library, mit freundlicher Genehmigung

Sie trägt den umständlichen Titel:

> Deutschland und der gröste Theil der umliegenden Staaten : oder Mittel-Europa in 35 Blättern : nach astronomischen Ortsbestimmungen und den besten Special-Karten, mit Rücksicht auf die neuesten Grenz-Bestimmungen entworfen, zufolge der Wiener Congress-Akte, des Pariser Friedens vom 21ten Nov. 1815, und der neuesten Austauschungen 1816 von H.H. Gotthold ; geschrieben und gestochen von H. Kliewer ; sämtliche Gebürge im Atlas sind gezeichnet und gestochen von Paulus Schmidt, so wie auch die Sectionen 3,11,16,18,19,21,25,26,31 von demselben gestochen worden.

Die Karte wurde 1816 von Simon Schropp & Co. im Maßstab von ca. 1:1.100.000 veröffentlicht. Sie kann ohne Anmeldung heruntergeladen werden. Insgesamt werden drei Dateien heruntergeladen: eine Datei mit Endung jp2, die die eigentliche

10.4 Sonderfälle und Spezielles

Karte als Bild im JPG 2000-Format enthält, ein sog. Worldfile mit Endung jp2, der aus sechs Textzeilen mit jeweils einer Zahl besteht und die Geo-Einordnung der Karte ermöglicht, und schließlich eine Datei mit Erläuterungen zur Karte (Herkunft, Erstellungsmethode usw.) im XML-Format. Die Karte ist 519,3 MB groß, mit einer Breite und Höhe von 18.941 Pixel mal 15.702 Pixel, hat also eine Auflösung von 297 Megapixeln. Wie man dem Bild entnehmen kann, war sie vor der Digitalisierung stark gefaltet.

Raster Overlay mit QGIS

Zuerst laden wir die Karte in QGIS. Dort werden auch die Informationen des World-Files berücksichtigt. Als erstes definieren wir ein neues Projekt (Projekt → Neu). In dem neuen Projekt wird dann zunächst ein Rasterlayer hinzugefügt (Layer → Layer hinzufügen → Rasterlayer hinzufügen...). Dabei muss das Koordinatenbezugssystem ausgewählt werden. Hier wählen wir, wie in der Beschreibung zu der Karte (online sowie in de XML-Datei) angegeben, „Europe_Lambert_Conformal_Conic (EPSG: 102014)" aus.

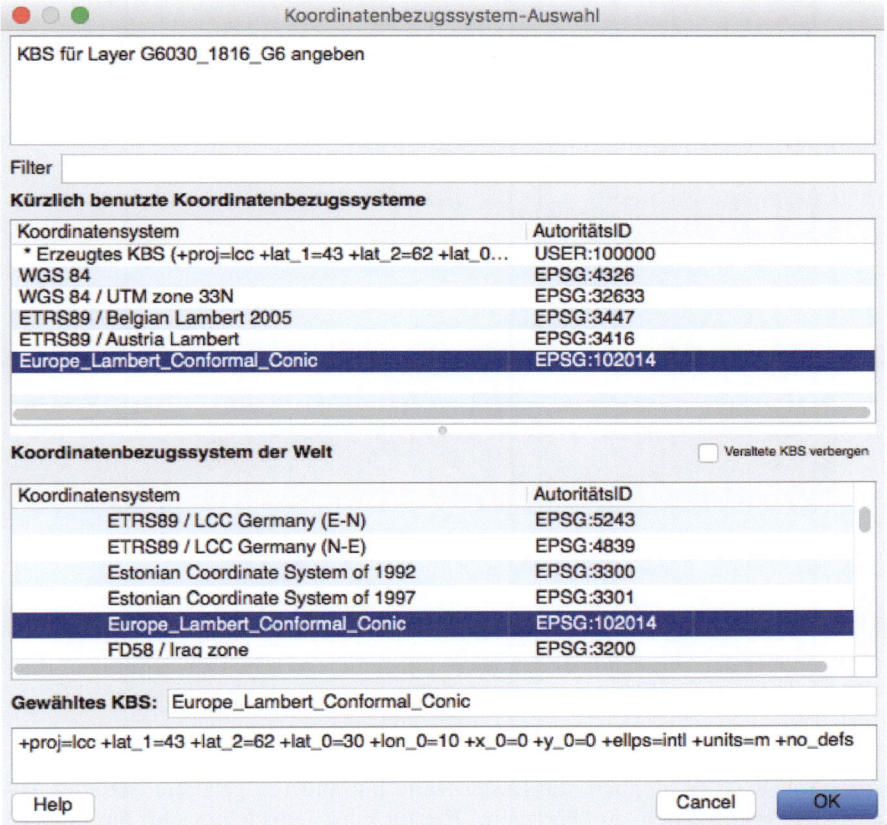

Abb. 10.5 Koordinatenbezugssystem-Auswahl

Den unten angegebenen KBS-String

```
+proj=lcc +lat_1=43 +lat_2=62 +lat_0=30 +lon_0=10 +x_0=0 +y_0=0
+ellps=intl +units=m +no_defs
```

verwenden wir später in R, um dort die Karte einzulesen.

Im zweiten Schritt fügen wir eine aktuelle Karte von Deutschland als Vektorlayer hinzu (Layer->Layer hinzufügen->Vektorlayer hinzufügen...). Dazu wählen wir „DEU_adm1.shp", die wir zuvor von der Global Administrative Areas Webseite (game.org) heruntergeladen haben. Der Shapefile enthält in der Datei „DEU_adm1.prj" Informationen zum Koordinatenbezugssystem, so dass die Karte automatisch richtig auf der historischen Karte positioniert wird. Anschließend öffnen wir das Layer-Fenster (Ansicht->Bedienfelder->Layerfenster) und wählen mit der rechten Maustaste auf dem Eintrag „DEU_adm1" den Menüpunkt „Eigenschaften". Hier können wir die Farbe und Transparenz der aktuellen Karte anpassen. Das Ergebnis sieht so aus.

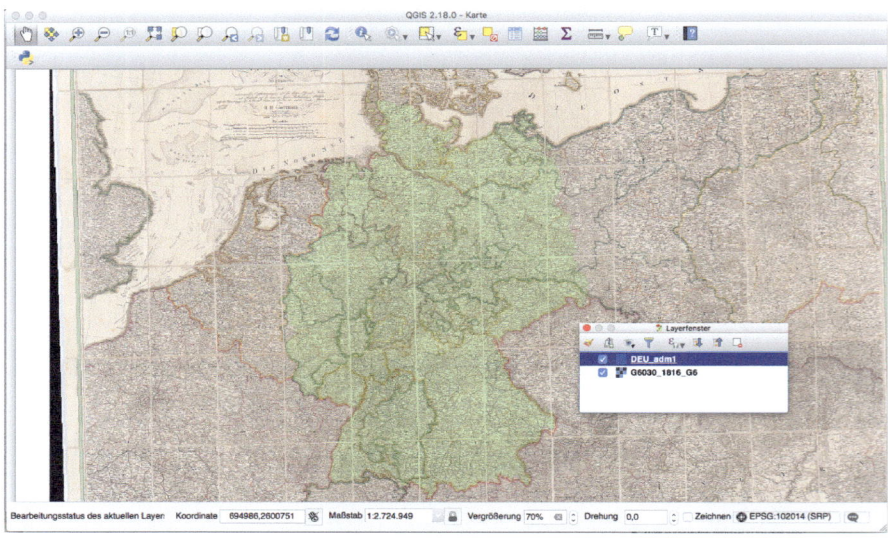

Abb. 10.6 Overlay Raster und Shapefile in QGIS

Aufgrund der Berücksichtigung der Georeferenzierungs-Information ist die Karte gegenüber der Originaldatei nun leicht „gedreht" (zu sehen am schwarzen Rand links).

Raster Overlay mit R
Auch mit R ist es möglich, die Raster-Karte mit anderen geoereferenzierten Daten, z. B. Vektorkarten, zu überlagern. Hierfür muss jedoch zunächst die in QGIS eingelesene JPG 2000 Datei im GTiff-Format abgespeichert werden. Dazu wählen

10.4 Sonderfälle und Spezielles

wir im Layerfenster mit der rechten Maustaste auf dem Eintrag „G6030_1816_G6" den Menüpunkt „Speichern als...". Hier sind bereits alle Angaben korrekt voreingestellt, wir müssen nur noch einen Dateinamen angeben. Wir geben hier „G6030_1816_G6_Export_QGIS.tif" an. Als Ergebnis erhalten wir eine 927,9 MB große TIFF-Datei, die wir im nächsten Schritt problemlos in R einlesen können.

```
library(maptools)
library(raster)
library(Cairo)
png_datei<-"raster_overlay.png"
CairoPNG(png_datei,width=7000,height=6000)

x <- brick('G6030_1816_G6_Export_QGIS.tif')
projektion.raster<-"+proj=lcc +lat_1=43 +lat_2=62 +lat_0=30 +lon_0=10 +x_0=0 +y_0=0 +ellps=intl +units=m +no_defs"
projection(x)<-projektion.raster
plotRGB(x, maxpixels=42000000)

y<-readShapeSpatial("DEU_adm_shp/DEU_adm1.shp",proj4string=
   CRS("+proj=longlat +datum=WGS84 +no_defs"))
y=spTransform(y,CRS=CRS(projektion.raster))
plot(y, add=T, border=rgb(228,217,202,130,maxColorValue=255),
     col=rgb(255,0,0,30,maxColorValue=255))
dev.off()
```

In R laden wir die Bibliotheken `maptools` (für das Einlesen und die Transformation des Shapefiles), `raster` (für den Import und die Anzeige der TIFF-Datei) und Cairo (für das Speichern des Ergebnisses als PNG-Datei). Mit der Funktion `brick()` wird die TIFF-Datei eingelesen, anschließend wird ihr die aus QGIS ausgelesene Projektion zugeordnet. Das „Raster" wird mit `plotRGB()` angezeigt. Im zweiten Schritt wird der Shapefile eingelesen und so transformiert, dass die Projektion mit derjenigen des Rasters übereinstimmt. Schließlich wird der transformierte Shapefile über die vorhandene Rasterabbildung gezeichnet. Das Ergebnis ist eine hochaufgelöste Karte (7000 mal 6000 Pixel, 91,7 MB, hier nur als Screenshot wiedergegeben).

Abb. 10.7 Raster Overlay mit R

Kartenausschnitte

Das Übereinanderlegen von historischen Rasterkarten und Vektordaten funktioniert nicht nur für ganze Dateien, sondern auch für Ausschnitte. Hierfür stellt das Paket `raster` die Funktion `crop()` bereit. Zur Illustration verwenden wir eine Karte von eurostat, die für Deutschland die sog. NUTS-Ebenen 1 und 2 bereitstellt. Die zweite Ebene bilden in Deutschland 38 Regionen (v.a. Regierungsbezirke).

Wir wählen hier den Regierungsbezirk Arnsberg aus:

```
library(gdata)
nuts2013<-readShapeSpatial("NUTS_2013_03M_SH/data/NUTS_RG_03M_2013.shp",
         proj4string=CRS("+proj=longlat"))
m=spTransform(nuts2013,CRS=CRS("+proj=merc"))
DEU<-m[substr(m$NUTS_ID, 1, 3)=="DE",]
DEA5<-m[m$NUTS_ID=="DEA5",]
plot(DEU)
plot(DEA5, add=T)
```

10.4 Sonderfälle und Spezielles

Die einzelnen Schritte entsprechen im Wesentlichen dem vorherigen Beispiel. Im Unterschied dazu wird hier der Shapefile gefiltert und mit den Außengrenzen dieses Regierungsbezirks ein Rechteck definiert, das dann aus der Rasterkarte „ausgeschnitten" wird. Zuletzt werden, wie im vorigen Beispiel, beide Ebenen übereinandergelegt.

```
library(maptools)
library(raster)
library(Cairo)
library(gdata)
png_datei<-"DEA5_crop_raster_overlay.png"
CairoPNG(png_datei,width=1000,height=1000)

x <- brick('G6030_1816_G6_Export_QGIS.tif')
projektion.raster<-"+proj=lcc +lat_1=43 +lat_2=62 +lat_0=30 +lon_0=10
+x_0=0 +y_0=0 +ellps=intl +units=m +no_defs"
projection(x)<-projektion.raster
```

```
nuts2013<-readShapeSpatial("NUTS_2013_03M_SH/data/NUTS_RG_03M_2013.shp",
         proj4string=CRS("+proj=longlat"))
m=spTransform(nuts2013,CRS=CRS("+proj=merc"))
DEU<-m[substr(m$NUTS_ID, 1, 3)=="DE",]
DEA5<-m[m$NUTS_ID=="DEA5",]
DEA5p=spTransform(DEA5,CRS=CRS(projektion.raster))
ausschnitt<-crop(x, DEA5p)
plotRGB(ausschnitt, maxpixels=1000000)
plot(DEA5p, add=T, border=rgb(228,217,202,130,maxColorValue=255),
col=rgb(255,0,0,30,maxColorValue=255))
dev.off()
```

Das Ergebnis ist der Ausschnitt der historischen Karte, der das Gebiet des heutigen Regierungsbezirkes Arnsberg umfasst. In der Mitte der Vergrößerung sieht man deutlich eine Faltkante der Karte.

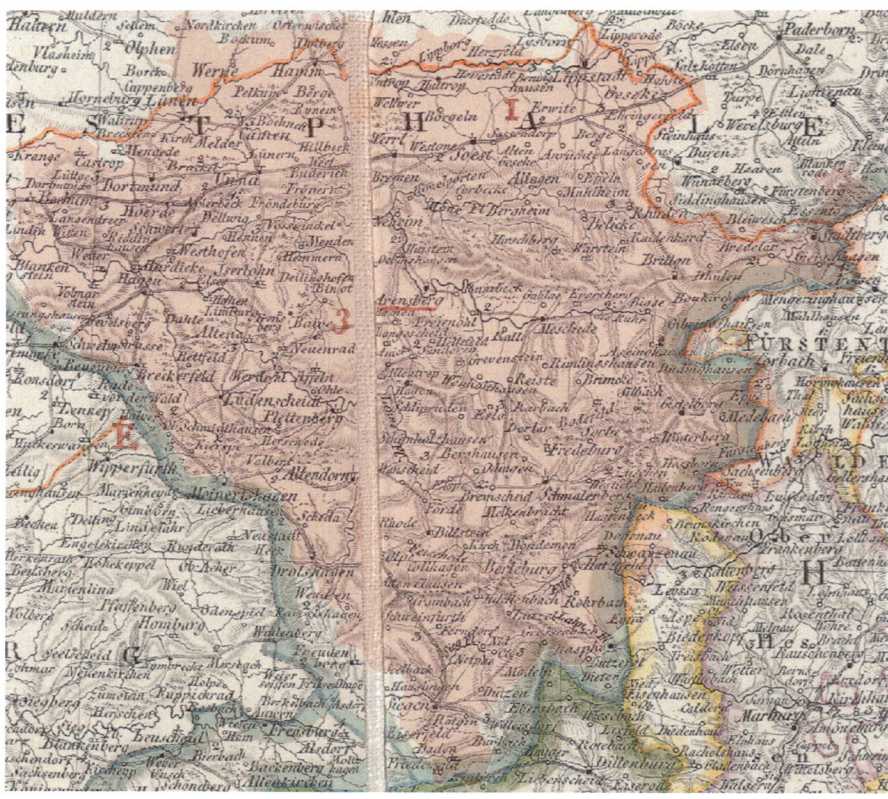

Abb. 10.8 Ausschnitt von NUTS-Region DEA5 (Regierungsbezirk Arnsberg) von 2006 auf historischer Karte von 1816

10.4.4 Cartogram (Panel)

Die Darstellungsform des „Cartogram" ist nicht mit dem deutschen „Kartogramm" zu verwechseln. Letzteres ist als Bezeichnung ein Oberbegriff für statistische Darstellungen auf geographischen Flächen oder, wie bei den Choroplethenkarten, durch die Fläche selbst. Bei all diesen Varianten sind die Flächen maßstabsgetreu. Bei einem Cartogram, das man im deutschen als „Kartenanamorphote" bezeichnen müsste und daher doch lieber den englischsprachigen Ausdruck verwendet, werden die geographischen Flächen (Kontinente, Länder oder Verwaltungseinheiten) aufgrund der Ausprägungen einer statistischen Größe verzerrt. Wenn man also die Bevölkerungsdichte von Deutschland auf diese Weise darstellt, werden die Stadtstaaten erheblich größer, Flächenländer dagegen kleiner. Das ist kein leichtes Unterfangen, da ja die Flächengrößen nicht unabhängig voneinander variiert werden können.

Bruttoinlandsprodukt der Bundesländer 2015

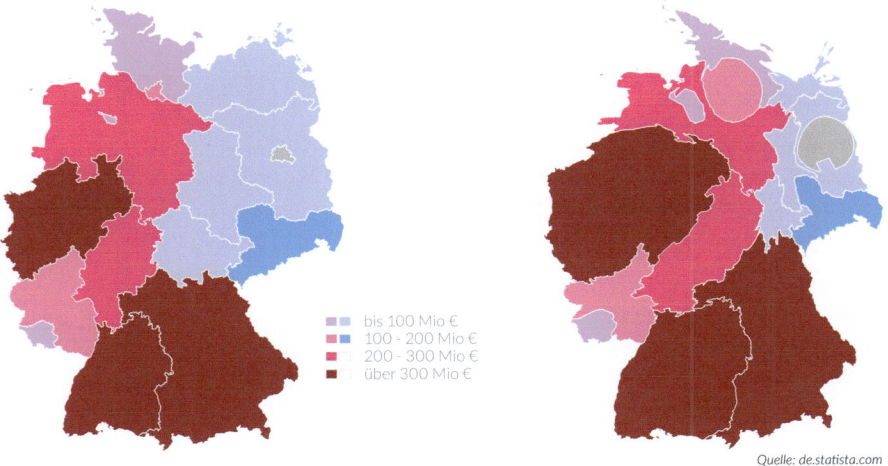

Quelle: de.statista.com

Die Abbildung zeigt einen Vergleich der Bruttoinlandsprodukts der Bundesländer in Deutschland für das Jahr 2015. Dazu haben wir die westlichen und östlichen Bundesländer jeweils mit einer Brewer-Farbpalette abgebildet, und zwar so, dass in beiden Fällen eine Palette mit vier Klassen zugrunde gelegt wurde. Für die östlichen Bundesländer sind dabei allerdings nur die ersten beiden Klassen besetzt. Zu Vergleichszwecken haben wir links eine Darstellung mit den tatsächlichen Proportionen gewählt. Im Vergleich dazu sieht man rechts die verzerrte Karte. Nordrhein-Westfalen und Bayern sowie Bremen, Hamburg und Berlin werden nun erheblich größer, die fünf östlichen Bundesländer werden dagegen zusammengestaucht.

```
pdf_datei<-"pdf/karten_deutschland_cartogram_1x2.pdf"
cairo_pdf(bg="grey98", pdf_datei, width=12,height=6)
```

```
par(omi=c(0.15,0.25,0.55,0.15), mai=c(0,0,0,1), family="Lato Light",
    mfcol=c(1,2))

library(maptools)
library(gdata)
library(cartogram)
library(RColorBrewer)

# Daten einlesen und Grafik vorbereiten

nuts2013<-readShapeSpatial
          ("daten/NUTS_2013_03M_SH/data/NUTS_RG_03M_2013.shp",
          proj4string=CRS("+proj=longlat"))
m=spTransform(nuts2013,CRS=CRS("+proj=merc"))
DE<-m[substr(m$NUTS_ID, 1, 2)=="DE" & m$STAT_LEVL_==1,]

bl<-read.xls("daten/bl.xlsx")
DE@data$BIP<-bl$BIP
DE@data$AUS<-bl$AUS

westfarben<-brewer.pal(5,"PuRd")[2:5]
ostfarben<-brewer.pal(5,"PuBu")[2:5]

farb_nr<-cut(DE$BIP, c(0,100000,200000,300000,650000))
levels(farb_nr)<-c("bis 100 Mio €", "100 - 200 Mio €", "200 - 300 Mio €"
, "über 300 Mio €")

DE@data$farb_nr<-farb_nr
ostwest<-c(2,1,1,1,1,1,0,2,1,1,1,1,1,2,2,1,2)
DE@data$ostwest<-ostwest
DEWest<-DE[DE$ostwest==1, ]
DEOst<-DE[DE$ostwest==2, ]

# Grafik erstellen

plot(DEWest, col=westfarben[DEWest$farb_nr], border="white", new=T)
plot(DEOst, col=ostfarben[DEOst$farb_nr], border="white", add=T)
plot(DE[DE$ostwest==0, ], col="grey", border="white", add=T)
legend(1580000, 6400000, xpd=T, c("", "", "", ""), cex=0.95, border=FALSE,

bty="n", fill=westfarben)
legend(1620000, 6400000, xpd=T, levels(farb_nr), cex=0.95, border=FALSE,
bty="n", fill=c(ostfarben[1], ostfarben[2], "white", "white"), text.col="
darkgrey")

DEC<-cartogram(DE, "BIP", 9)
DECWest<-DEC[DEC$ostwest==1, ]
DECOst<-DEC[DEC$ostwest==2, ]

plot(DECWest, col=westfarben[DECWest$farb_nr], border="white")
```

10.4 Sonderfälle und Spezielles

```
plot(DECOst, col=ostfarben[DECOst$farb_nr], border="white", add=T)
plot(DEC[DEC$ostwest==0, ], col="grey", border="white", add=T)

# Betitelung
mtext("Bruttoinlandsprodukt der Bundesländer 2015", line=0, adj=0,
      cex=2.2, family="Lato Black", outer=T)
mtext("Quelle: de.statista.com", side=1, line=-1, adj=1, cex=0.9,
      font=3, outer=T)
dev.off()
```

Das Skript verwendet das Paket `cartogram` von Sebastian Jeworutzki et al., neben `Rcartogram` eines von zwei derzeit verfügbaren Paketen zur Erzeugung von Cartogrammen in R.[14] Beide unterscheiden sich in der Wahl der Algorithmus: Während das Paket `Rcartogramm` einen Lösungsansatz von Gastner und Newman (2004) verwendet, nutzt `cartogram` denjenigen von Dougenik et al. (1985) und benötigt darüber hinaus auch keine externen Programmbibliotheken. Die Endergebnisse werden in den allermeisten Fällen vergleichbar sein. Nach dem Einlesen des Shapefiles, aus dem wir Deutschland extrahieren, lesen wir die Bruttoinlandsproduktdaten für die Bundesländer ein und ordnen diese dem Shapefile zu. Für die westlichen und östlichen Bundesländer wählen wir jeweils eine Brewer-Farbpalette (die Werte 2 bis 5 von zwei Fünfer-Paletten, da sonst der erste Wert zu hell wird) und kategorisieren die Daten in vier Klassen. Anschließend bilden wir zwei Kartenobjekte `DEWest` und `DEOst`, die wir hintereinander zeichnen. In einem dritten Schritt wird noch Berlin separat in grau eingezeichnet. Nach dem Einzeichnen der Legenden wiederholen wir das Ganze mit der verzerrten Darstellung, indem wir mit der Funktion `cartogram()` aus `DE` das Polygon `DEC` erzeugen. Die übliche Über- und Unterschrift schließen das Skript ab.

---

[14] Für Hinweise zu diesem Abschnitt danke ich Sebastian Jeworutzki.

Kapitel 11
Illustratives

11.1 Tabelle mit Symbolen der Schrift „Symbol Signs"

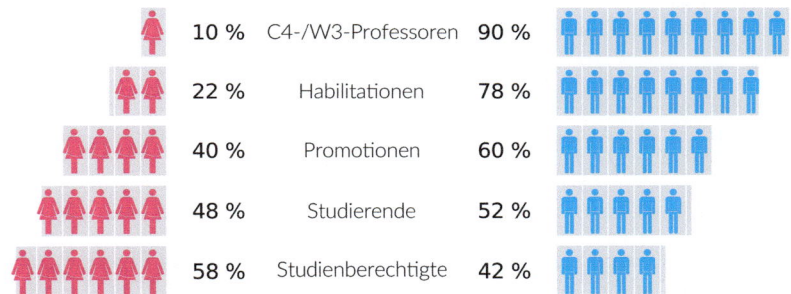

```
pdf_datei<-"grafiktabellen_symbol_signs.pdf"
cairo_pdf(bg="grey98",pdf_datei,width=9,height=4)

par(omi=c(0.5,0.25,0.5,0.25),mai=c(0,0,0,0),family="Lato Light",cex=1.2)

# Daten einlesen
daten<-read.xls("daten/leaking_pipeline.xlsx")
attach(daten)

# Grafiken erstellen
b1<-barplot(Maenner+75,horiz=T,xlim=c(-175,175),border=NA,
    col="gainsboro",axes=F)
barplot(-Frauen-75,horiz=T,border=NA,add=T,col="gainsboro",axes=F)
```

© Springer-Verlag GmbH Deutschland 2018
T. Rahlf, *Datenvisualisierung mit R*, https://doi.org/10.1007/978-3-662-54820-2_11

```
barplot(rep(75,5),horiz=T,border=par("bg"),add=T,col=par("bg"),axes=F)
barplot(rep(-75,5),horiz=T,border=par("bg"),add=T,col=par("bg"),axes=F)
abline(v=seq(-175,195,by=10),col=par("bg"))
text(0,b1,Stufe)

# Betitelung
mtext("Die "Leaky...",3,line=0.25,adj=0,cex=1.75,
      family="Lato Black",outer=T)
mtext("Quelle: Wi...",1,line=0.25,adj=1.0,cex=0.65,outer=T,font=3)

# Symbole
par(family="Symbol Signs")
for (i in 1:5)
{
M_anzahl<-Maenner[i]
text(seq(10,10*round(M_anzahl/10),by=10)+73.5,rep(b1[i],5),rep("M",M_anzahl),
      cex=2.75,col="cornflowerblue")
F_anzahl<-Frauen[i]
text(-seq(10,10*round(F_anzahl/10),by=10)-68,rep(b1[i],5),rep("F",F_anzahl),
      cex=2.75,col="deeppink")
}

par(family="Lato Bold")
text(55,b1,paste(Maenner, "%", sep=" "))
text(-55,b1,paste(Frauen, "%", sep=" "))
dev.off()
```

Die **Abbildung** zeigt die geradezu frappierende „Leaky Pipeline", also den mit steigendem Status immer geringer werdenden Frauenanteil in der Wissenschaft. Während Frauen bei den Studierenden noch die Mehrheit darstellen, sinkt ihr Anteil kontinuierlich mit jeder weiteren Stufe. Bei den C4-/W3-Professuren lag er 2005 nur noch bei 10 Prozent.

Für diesen Sachverhalt bietet sich ein Rücken-an-Rücken-Balkendiagramm an, wobei wir in diesem Fall links die Frauen und rechts die Männer abbilden. Im Sinne von Otto Neurath werden die Anteile in den jeweiligen Stufen als Isotypen abgebildet, Frauen rot, Männer blau. Jedes Symbol steht für zehn Prozentpunkte, wobei wir jeweils auf- oder abrunden.

Die **Daten** wurden einer Publikation des Wissenschaftsrates (Drucksache Drs. 8036-07) entnommen. Die Schrift „Symbol Signs" von Sander Baumann kann unter http://www.fontsquirrel.com/fonts/Symbol-Signs frei heruntergeladen werden.

Im **Skript** legen wir für die Darstellung vier Balkendiagramme übereinander und schreiben in die Mitte den Text. Die Häufigkeiten werden dazu um 75 nach links bzw. rechts verschoben. Das Prinzip entspricht dem Vorgehen bei den Bevölkerungspyramiden in Abschn. 7.2. Den ersten Aufruf von barplot() speichern wir in eine Variable b1, da wir die Y-Positionen der Balken noch benötigen. Anschließend werden auf die Balken mit der Schrift „Symbol Signs" die Symbole für Frauen und Männer gezeichnet. Hierzu werden in Zehnerschritten die auf Zehnerstellen gerundeten Werte verwendet. Da die Glyphen nicht zentriert sind, müssen wir bei den Männern 73.5 addieren und bei den Frauen 68 abziehen. Beide Zahlen findet man durch Ausprobieren heraus.

Zum Schluss werden mit der Schrift „Lato Bold" noch Prozentangaben links und rechts neben den Beschriftungen ergänzt.

11.2 Radialsäulendiagramme mit Beschriftung (Panel)

Bei den hier vorgestellten Radialsäulendiagrammen (im Englischen auch: *Polar Area Chart*) handelt es sich um Varianten der Radialpolygone aus den vorherigen Beispielen. Wie bei diesen wird hier lediglich der Radius der Segmente variiert und nicht der Winkel. Es sind also nichts anderes als gedrehte Säulendiagramme (so wie die originalen Nightingale-Abbildungen). Grundsätzlich ist es möglich, die Segmente zu stapeln. Davon würde ich jedoch Abstand nehmen, da man dann schnell die Übersicht verliert.

Mit diesem und den nächsten beiden Beispielen stellen wir eine Variante vor, die drei Gestaltungsmerkmale aufweist:

- Innen ist ein Loch. Das ist nicht notwendig, sieht aber besser aus als die Spitzen der Segmente alle spitz aufeinander zulaufen zu lassen.
- Außen ist ein Rand. Auch das ist nicht notwendig, ist aber zur Orientierung hilfreich. Der Rand bildet die Grenze, die von den Säulen nicht überschritten werden kann.
- Die Säulen weisen einen Fading-Out-Effekt auf. Das hat lediglich optische Gründe und bei einer radialen Darstellung eine Art Scheinwerfereffekt.

Mit den auf dieser Art gestalteten Radialsäulendiagrammen stellen wir zunächst eine Panel-Abbildung mit zwei Grafiken vor, anschließend eine reduzierte Variante mit 16 Grafiken, schließlich ein „Poster" mit einer Grafik und erläuterndem Text.

Als Basis für die Visualisierung verwenden wir in allen drei Beispielen Daten, die die OECD als „Better Life Index" bezeichnet. Dabei handelt es sich um die Indikatoren „Housing", „Income", „Jobs", „Community", „Education", „Environment", „Civic Engagement", „Health", „Life Satisfaction", „Safety" und „Work-Life Balance". Motivation für die Zusammenstellung ist der Versuch, den Lebensstandard möglichst umfassend zu messen. Moritz Stefaner hat hierfür eine preisgekrönte interaktive Visualisierung entwickelt, die die Daten in Form von Blütenblättern darstellt.

So sehen die Daten aus:

Abb. 11.1 Von der OECD bereitgestellte Daten „Better Life Index"

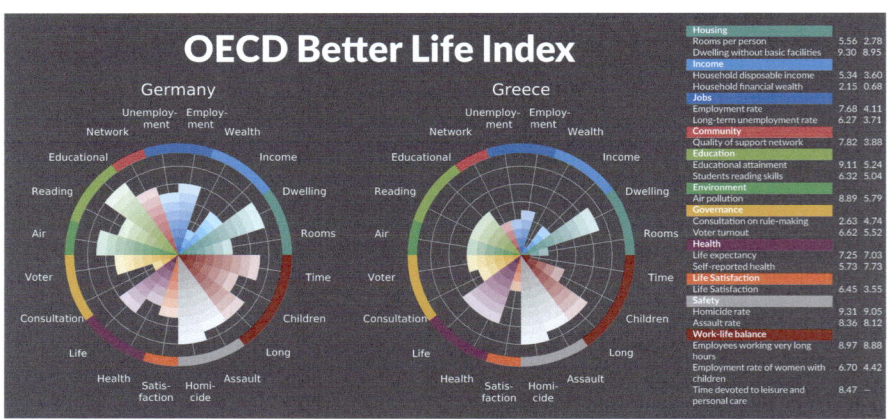

11.2 Radialsäulendiagramme mit Beschriftung (Panel)

Zur **Abbildung**: In diesem Beispiel werden für die beiden Länder Deutschland und Griechenland zwanzig Indikatoren in elf Gruppen dargestellt. Die Farben entsprechen den Farben, die die OECD für die Gruppen in der XLS-Tabelle verwendet hat. Die Indikatoren sind in diesem Beispiel in Kurzform als Beschriftung an dem äußeren Radius angebracht. Die längere Form wird mit den Gruppenüberschriften rechts in der Legende verwendet. Zusätzlich werden hier auch die Werte in zwei Spalten ausgegeben. Aus meiner Sicht kann hier auf Spaltenüberschriften verzichtet werden. Die Radialsäulendiagramme weisen wie eingangs erläutert ein Loch in der Mitte, einen Rand, der die maximal möglichen Werte definiert, sowie einen Fading-Out-Effekt auf. Zusätzlich sind zur besseren Orientierung Gitternetzlinien eingezeichnet.

Wie man der Abbildung entnehmen kann, weist Deutschland bei einer Reihe von Indikatoren höhere Werte auf als Griechenland. Bei anderen Bereichen wie der Sicherheit sowie dem geringen Anteil von Wohnungen mit sanitären Einrichtungen (= hoher Indexwert) zeigen sich dagegen geringe Unterschiede.

Daten: Siehe Anhang A, BetterLifeIndex_Data_2011V6.xls.

```
pdf_datei<-"radial_saeulendiagramme_1x2_inc.pdf"
cairo_pdf(bg=rgb(0.3137,0.3137,0.3137),pdf_datei,width=14,height=7)
par(omi=c(0,0,0,0),family="Lato Regular",mfcol=c(1,2),cex.axis=1.25,
col.lab=par("bg"))
library(plotrix)
auswahl<-c("DEU","GRC")
source("skripte/inc_daten_radial_saeulendiagramm.r")
source("skripte/inc_farben_radial_saeulendiagramm.r")
gridfarbe<-"grey"
radial_mar<-c(4,0,6,0)
mlinie<-4
namen<-c(
        "Rooms",
        "Dwelling",
        "Income",
        "Wealth",
        " Employ-\nment",
        "Unemploy- \nment",
        "Network",
        "Educational",
        "Reading",
        "Air",
        "Voter",
        "Consultation",
        "Life",
        "Health",
        "Satis-\nfaction",
```

```
        "Homi-\ncide",
        "Assault",
        "Long",
        "Children","Time")
source("skripte/inc_plot_radial_saeulendiagramme.r")
dev.off()
```

Eingebunden werden

```
# inc_daten_radial_saeulendiagramm.r
daten<-read.xls("daten/BetterLifeIndex_Data_2011V6.xls",
pattern="ISO3",sheet=3)
n<-nrow(daten)-2
daten<-daten[1:n, ]
daten<-daten[,c(1:12,14,13,15:length(daten))]

row.names(daten)<-daten$ISO3
datenrand<-NULL
datenmitte<-NULL
for (i in 3:length(daten))
{
datenrand<-c(datenrand,list(11.5:12.5))
datenmitte<-c(datenmitte,list(0:1))
}
```

und

```
# inc_farben_radial_saeulendiagramm.r
c1<-rgb(0.2392,0.6480,0.5804)
c2<-rgb(0.1725,0.6392,0.8784)
c3<-rgb(0.1451,0.4980,0.7412)
c4<-rgb(0.8078,0.2824,0.3647)
c5<-rgb(0.4941,0.6627,0.2627)
c6<-rgb(0.1882,0.6431,0.3412)
c7<-rgb(0.8627,0.6627,0.1333)
c8<-rgb(0.4863,0.2275,0.4510)
c9<-rgb(0.8863,0.3843,0.2157)
c10<-rgb(0.6765,0.6765,0.6765)
c11<-rgb(0.5882,0.1569,0.1569)

rfarben<-c(c1,c1,c2,c2,c3,c3,c4,c5,c5,c6,c7,c7,c8,c8,c9,c10,c10,c11,c11,c11)
mfarben<-rep(par("bg"),length(rfarben))
```

11.2 Radialsäulendiagramme mit Beschriftung (Panel)

sowie

```
# inc_plot_radial_saeulendiagramme.r

# alle daten aus der Auswahl durchgehen....

for (i in 1:length(auswahl)) {
land<-daten[auswahl[i],3:length(daten)]+1
land[is.na(land)]<-1 # fehlende Werte ersetzen

# ....fuer jedes Land eine Liste erzeugen

landdaten<-NULL
for (j in 1:length(land))
{
landdaten<-c(landdaten,list(0:as.numeric(land[j])))
}
radial.pie(datenrand,label.prop=1.35,show.grid.labels=F,boxed.radial=F,
        show.radial.grid=F,grid.bg=par("bg"),grid.col=gridfarbe,labels=namen,
        sector.colors=rfarben,mar=radial_mar,radial.lim=c(0,11),xpd=T)
radial.pie(landdaten,label.prop=1.35,show.grid.labels=F,boxed.radial=F,
        show.radial.grid=T,grid.bg=par("bg"),grid.col=gridfarbe,labels=namen,
        sector.colors=rfarben,mar=radial_mar,radial.lim=c(0,11),xpd=T,add=T)
radial.pie(datenmitte,label.prop=1.35,show.grid.labels=F,boxed.radial=F,
        show.radial.grid=F,grid.bg=par("bg"),grid.col=gridfarbe,labels=namen,
        sector.colors=mfarben,mar=radial_mar,radial.lim=c(0,11),xpd=T,add=T)
titel<-daten[auswahl[i], "COUNTRY"]
mtext(titel,3,line=mlinie,adj=0.5,cex=2,col="white")
}
```

Zusätzlich benötigen wir eine LaTeX-Datei:

```
\documentclass{article}
\usepackage[paperheight=14cm, paperwidth=29.7cm, top=0.75cm,left=0cm,
right=0cm,bottom=0cm]{geometry}
\usepackage{colortbl}
\usepackage[abs]{overpic}
\usepackage{fontspec}
\setmainfont[Mapping=text-tex]{Lato Black}
\definecolor{hintergrund}{rgb}{0.3137,0.3137,0.3137}
\pagecolor{hintergrund}
\begin{document}
\pagestyle{empty}
\textcolor{white}{
\fontsize{36pt}{11pt}\selectfont
\vspace{0.35cm}\hspace{5.5cm}OECD Better Life Index}
```

```
\begin{center}
\setmainfont[Mapping=text-tex]{Lato Regular}\fontsize{9pt}{11pt}\selectfont
\hspace{-6.5cm}
\begin{overpic}[scale=0.65,unit=1mm]{radial_saeulendiagramme_1x2_inc.pdf}
\put(229,67){\begin{minipage}[t]{16cm}
\textcolor{white}{
\begin{tabular}{p{4.5cm}p{0.41cm}p{0.41cm}}
\cellcolor[rgb]{0.2392,0.6480,0.5804}\textbf{Housing} & \\
\raggedright Rooms per person & 5.56 & 2.78 \\
...
\end{tabular}
}
\end{minipage}}
\end{overpic}
\end{center}
\end{document}
```

Im **Skript** machen wir in diesem Fall wie schon bei anderen Beispielen mehrfach Gebrauch von der Möglichkeit, Code aus einer externen Datei mit source() einzubinden. Dadurch können wir einen Großteil des benötigten Skriptes im nächsten Beispiel wiederverwenden. Für die Radialsäulendiagramme verwenden wir die Funktion radial.pie() aus dem Paket plotrix von Jim Lemon.

Zunächst definieren wir einen Vektor auswahl mit den Werten DEU und GRC. Anschließend wird über die Datei inc_daten_radial_saeulendiagramm.r der Datensatz eingelesen. Die normalisierten Werte stehen im dritten Tabellenblatt. Wir benötigen nur den Datenteil, lesen die Daten also erst ab der Zeile ein, die in der ersten Spalte mit ISO3 beginnt. Die letzten beiden Zeilen, die das Minimum und Maximum enthalten, benötigen wir ebenfalls nicht. Dann vertauschen wir noch die 13. und 14. Spalte, da sich die Beschriftungen im Diagramm sonst überschneiden würden. Da beide Items derselben Gruppe angehören, hat das keine weiteren Konsequenzen. Aus den ISO3-Code machen wir Zeilennamen und erzeugen zwei Variablen datenrand und datenmitte, die wir als Liste mit jeweils zwei Werten füllen. Die erste Liste wird später den äußeren Rand definieren, die zweite den Punkt in der Mitte.

Anschließend binden wir die Datei inc_farben_radial_saeulendiagramm.r ein, die die Farben definiert. Jede der 11 Gruppen erhält eine Farbe. Mit den Gruppenfarben definieren wir in rfarben die Farben der einzelnen Säulen, die Mitte wird in der Farbe des Hintergrundes definiert. Hierfür benötigen wir genau so viele Elemente wie für die Randfarben, auch wenn die einzelnen Segmente alle die gleiche Farbe haben.

Wieder zurück im aufrufenden Skript wird die gridfarbe definiert. Da wir den gleichen Code auch im nächsten Beispiel verwenden und dort kein Grid einzeichnen, definieren wir die Farbe in den beiden Beispielen jeweils als Variable. Das Gleiche gilt für radial_mar, mit der wir die Abstände innerhalb der Funktion radial.pie definieren, und mlinie, die für die

11.2 Radialsäulendiagramme mit Beschriftung (Panel)

vertikale Position der Grafiküberschriften sorgt. Danach werden die Kurzbezeichnungen für die Beschriftungen der Segmente definiert, bevor die Datei `inc_plot_radial_saeulendiagramme.r` aufgerufen wird, die die Diagramme zeichnet.

Dort wird zunächst eine Schleife definiert, die alle Elemente von `auswahl` durchläuft, in diesem Beispiel also die Elemente `DEU` und `GRC`. Zunächst werden alle Werte der Index-Variablen des Landes in eine Variable `land` geschrieben. Zu jedem Wert wird 1 addiert, da wir ja in der Mitte mit einem Kreis vom Umfang 1 beginnen (das „Loch"). Fehlende Werte müssen mit 1 (oder 0) ersetzt werden.

Dann wird für jedes Land eine Liste `landdaten` erzeugt, die die Indexwerte enthält. Nun haben wir drei Listen, `datenrand`, `landdaten` und `datenmitte`, die wir jeweils der Funktion `radial.pie()` übergeben. Der zweite und dritte Aufruf erfolgt mit dem Parameter `add=T`, so dass alle drei übereinander gezeichnet werden: zuerst der Rand, dann die eigentlichen Daten, zum Schluss das „Loch" in der Mitte. Am Ende wird noch der Ländername, der im Datensatz in der Spalte `COUNTRY` gespeichert ist, als Titel ausgegeben.

Damit haben wir eine Abbildung mit zwei Radialsäulendiagrammen erstellt. Nun müssen wir das Ergebnis noch in LaTeX einbinden, wo wir die Legende erzeugen. Das machen wir wie in Abschn. 4.1 beschrieben.

Dazu wird zunächst das Paket `colortable` geladen, mit dem die Zellhintergründe gefärbt werden können. Die weiteren Anweisungen entsprechen den bisherigen Beispielen. Allerdings machen wir hier mehrfach Gebrauch von der Möglichkeit, den Text vertikal oder horizontal mit \vspace{} oder \hspace{} zu verschieben.

Nach dem Einbinden der Abbildung mit der Anweisung `overpic` wird mit \put(229,67){\begin{minipage}[t]{16cm} eine Position definiert, an der dann mit der `tabular`-Umgebung die Legende als Tabelle erzeugt wird. Dabei können mit dem Befehl \cellcolor als Option dieselben RGB-Werte wie in dem R-Skript angegeben werden.

11.3 Radialsäulendiagramme ohne Beschriftung (Panel)

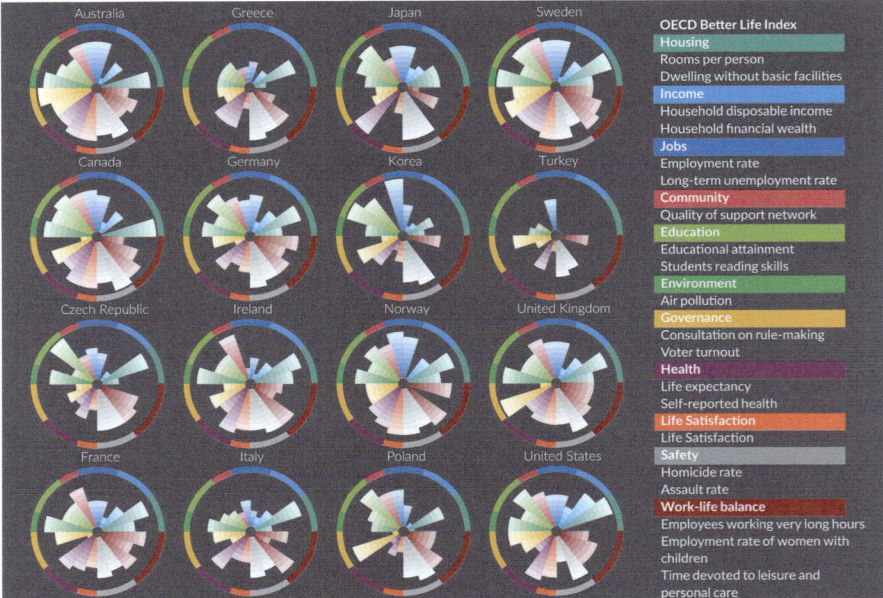

Zur **Abbildung**: In diesem Fall stellen wir 16 Länder dar. Bei so vielen Grafiken sollte die Darstellung reduziert werden. Daher verzichten wir hier auf die Gitternetzlinien sowie auf die Beschriftung der einzelnen Grafiken. In der Legende beschränken wir uns auf die Bezeichnungen.

Hier sehen wir deutliche Unterschiede in den Ländern. Insbesondere die Türkei weist bei einer Reihe von Indikatoren vergleichsweise geringe Werte auf.

Daten: Siehe Anhang A, BetterLifeIndex_Data_2011V6.xls.

```
pdf_datei<-"radial_saeulendiagramme_4x4_inc.pdf"
cairo_pdf(bg=rgb(0.3137,0.3137,0.3137),pdf_datei,width=18,height=18)

par(omi=c(0,0,0,0),family="Lato Light",mfcol=c(4,4))
library(plotrix)
auswahl<-c("AUS","CAN","CZE","FRA","GRC","DEU","IRL","ITA","JPN","KOR",
           "NOR","POL","SWE","TUR","GBR","USA")
source("skripte/inc_daten_radial_saeulendiagramm.r")
source("skripte/inc_farben_radial_saeulendiagramm.r")
gridfarbe<-par("bg")
radial_mar<-c(0,0,2,0)
mlinie<-0
namen<-rep("", (length(daten)-2))
```

11.3 Radialsäulendiagramme ohne Beschriftung (Panel)

```
source("skripte/inc_plot_radial_saeulendiagramme.r")
dev.off()
```

Die LaTeX-Datei:

```
\documentclass{article}
\usepackage[paperheight=21cm,paperwidth=29.7cm, top=0.25cm, left=0cm,
    right=0cm, bottom=0cm]{geometry}
\usepackage{graphicx,color}
\usepackage{fontspec}
\usepackage{colortbl}
\usepackage[abs]{overpic}
\setmainfont[Mapping=text-tex]{Lato Regular}
\definecolor{hintergrund}{rgb}{0.3137,0.3137,0.3137}
\definecolor{text}{gray}{.95}
\pagecolor{hintergrund}
\begin{document}
\pagestyle{empty}
\begin{center}
\fontsize{11pt}{17pt}\selectfont
\hspace{-8cm}
\begin{overpic}[scale=0.45,unit=1mm]{radial_saeulendiagramme_4x4_inc.pdf}
\put(213,100){\begin{minipage}[t]{16cm}
\textcolor{text}{
\begin{tabular}{p{6.0cm}p{0.01cm}}
\textbf{OECD Better Life Index}\\
\cellcolor[rgb]{0.2392,0.6480,0.5804}\textbf{Housing} & \\
\raggedright Rooms per person & \\
...
\end{tabular}
}
\end{minipage}}
\end{overpic}
\end{center}
\end{document}
```

Im **Skript** können wir bei diesem Beispiel im Wesentlichen die Elemente des letzten Beispiels wiederverwenden. Hier definieren wir zunächst mit `mfcol` ein Layout von 4 mal 4 Abbildungen und benennen 16 ISO3-Kürzel als Länderauswahl. Damit werden nun die im vorigen Beispiel beschriebenen Dateien zum Import der Daten und zur Definition der Farben eingelesen. Die `gridfarbe` wird hier mit der Farbe des Hintergrunds definiert, so dass die Gitternetzlinien nicht sichtbar sind, die Ränder werden schmaler als im vorigen Beispiel eingestellt. Die vertikale Position der Überschrift ist hier 0, also die Grundlinie. Die Bezeichnungen werden unterdrückt, indem wir den Vektor `namen` leer lassen.

Mit diesen Angaben wird dann wie im vorigen Beispiel wieder die Datei aufgerufen, die die – in diesem Fall 16 – Radialsäulendiagramme zeichnet.

Zuletzt wird die so erzeugte Abbildung wiederum in eine LaTeX-Datei eingebunden. Diese entspricht weitgehend dem vorherigen Beispiel, wobei wir hier auf die Zahlenangaben in der Tabellen-Legende verzichten.

```
# inc_plot_radial_saeulendiagramme.r

# alle daten aus der Auswahl durchgehen....

for (i in 1:length(auswahl)) {
land<-daten[auswahl[i],3:length(daten)]+1
land[is.na(land)]<-1 # fehlende Werte ersetzen

# ....fuer jedes Land eine Liste erzeugen

landdaten<-NULL
for (j in 1:length(land))
{
landdaten<-c(landdaten,list(0:as.numeric(land[j])))
}
radial.pie(datenrand,label.prop=1.35,show.grid.labels=F,boxed.radial=F,
       show.radial.grid=F,grid.bg=par("bg"),grid.col=gridfarbe,labels=namen,
       sector.colors=rfarben,mar=radial_mar,radial.lim=c(0,11),xpd=T)

radial.pie(landdaten,label.prop=1.35,show.grid.labels=F,boxed.radial=F,
       show.radial.grid=T,grid.bg=par("bg"),grid.col=gridfarbe,labels=namen,
       sector.colors=rfarben,mar=radial_mar,radial.lim=c(0,11),xpd=T,add=T)

radial.pie(datenmitte,label.prop=1.35,show.grid.labels=F,boxed.radial=F,
       show.radial.grid=F,grid.bg=par("bg"),grid.col=gridfarbe,labels=namen,
       sector.colors=mfarben,mar=radial_mar,radial.lim=c(0,11),xpd=T,add=T)

titel<-daten[auswahl[i], "COUNTRY"]
mtext(titel,3,line=mlinie,adj=0.5,cex=2,col="white")
}
```

11.4 Radialsäulendiagramm (Poster)

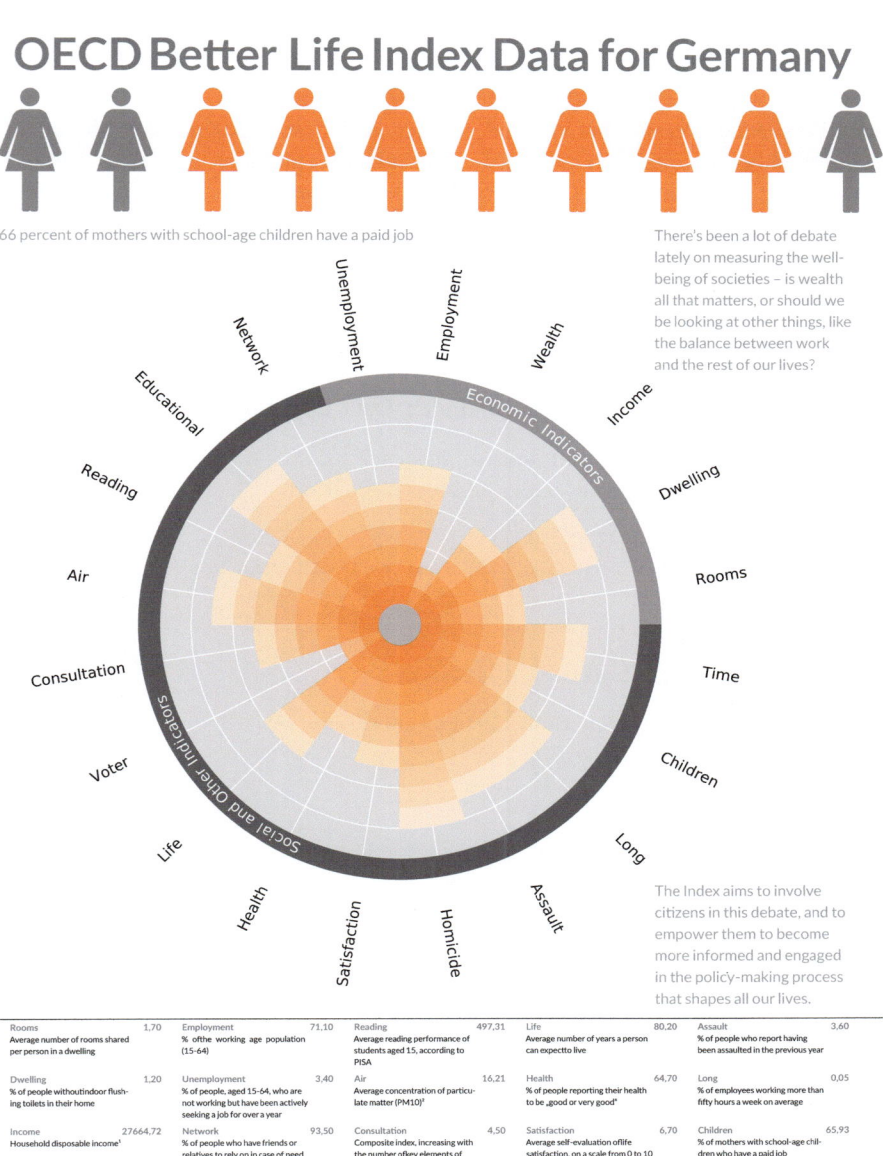

Die **Abbildung** orientiert sich an einer Vorlage von DensityDesign, einem „Research Lab" des Design-Departments der Polytechnischen Universität von Mailand. Gregor Aisch hat auf eine Reihe von Detailfehlern der Darstellung aufmerksam gemacht, sie ist aber insgesamt eine gelungene Visualisierung.[1]

In diesem Fall beschränken wir uns auf ein Land und ergänzen die Grafik durch eine Personenleiste am oberen Rand, die den Anteil der berufstätigen Mütter mit schulpflichtigen Kindern zeigt. Das Radialsäulendiagramm ist in diesem Fall einfarbig. Die Kurznamen der Indikatoren werden hier jeweils in Richtung der Winkelhalbierenden der Sektoren angebracht. Die Indikatoren lassen sich zwei Gruppen zuordnen, „Economic Indicators" and „Social and Other Indicators". Diese Gruppenbezeichnungen werden in den äußeren Rand geschrieben. Der äußere Rand wird mit unterschiedlichen Grautönen gestaltet.

Die Kurzbezeichnungen werden unten in einer ausführlichen Legende erläutert. Dabei werden auch die nicht normalisierten Originalwerte angegeben.

Daten: Siehe Anhang A, BetterLifeIndex_Data_2011V6.xls.

```
pdf_datei<-"radial_saeulendiagramme_inc.pdf"
cairo_pdf(bg=par("bg"),pdf_datei,width=9,height=9)

par(bg=rgb(0.8627,0.8627,0.8627))
par(omi=c(0,0,0,0),mai=c(0,2,0,0.5),family="Droid Sans Mono",
    col.lab=par("bg"))
library(plotrix)

# Daten einlesen und Grafik vorbereiten

source("skripte/inc_daten_radial_saeulendiagramm.r")
namen<-c("Rooms",
         "Dwelling",
         "Income",
         "Wealth",
         "Employment",
         "Unemployment",
         "Network",
         "Educational",
         "Reading",
         "Air",
         "Consultation",
         "Voter",
         "Life",
         "Health",
         "Satisfaction ",
         " Homicide",
         "Assault",
         "Long",
```

---

[1] http://vis4.net/blog/posts/mistakes-in-infographics-italian-poverty/.

11.4 Radialsäulendiagramm (Poster)

```
                    "Children",
                    "Time")
g1<-rgb(150,150,150,maxColorValue=255)
g2<-rgb(80,80,80,maxColorValue=255)
m<-rgb(180,180,180,maxColorValue=255)
n<-length(namen)
radialfarben<-rep(rgb(255,128,0,maxColorValue=255),n)
randfarben<-c(rep(g1,6),rep(g2,n-6))
mittefarben<-rep(m,n)

radial_mar<-c(7,7,7,7)

land<-daten["DEU",3:length(daten)]+1
land[is.na(land)]<-1

landdaten<-NULL

for (j in 1:length(land)) landdaten<-c(landdaten,list(0:as.numeric(land[j])))

# Grafik erstellen

radial.pie(datenrand,label.prop=1.35,show.grid.labels=F,radlab=T,
        boxed.radial=F,show.radial.grid=F,grid.bg=par("bg"),
        grid.col="white",labels=namen,sector.colors=randfarben,
        mar=radial_mar,radial.lim=c(0,11),xpd=T)

radial.pie(landdaten,label.prop=1.35,show.grid.labels=F,radlab=T,
        boxed.radial=F,show.radial.grid=T,grid.bg=par("bg"),
        grid.col="white",labels=namen,sector.colors=radialfarben,
        mar=radial_mar,radial.lim=c(0,11),xpd=T,add=T)

radial.pie(datenmitte,label.prop=1.35,show.grid.labels=F,radlab=T,
        boxed.radial=F,show.radial.grid=F,grid.bg=par("bg"),
        grid.col="white",labels=namen,sector.colors=mittefarben,
        mar=radial_mar,radial.lim=c(0,11),xpd=T,add=T)

par(family="Droid Sans Mono")
arctext("Economic Indicators",col="white",radius=12,start=1.3)
arctext("Social and Other Indicators",col="white",radius=12,start=4.3)
dev.off()
```

Einbindung in LaTeX:

```
\documentclass{article}
\usepackage[paperheight=29.7cm, paperwidth=21cm, top=1cm, left=0.5cm,
right=1cm, bottom=0cm]{geometry}
\usepackage{graphicx,color}
\usepackage{fontspec}
\usepackage[abs]{overpic}
```

```
\setmainfont[Mapping=text-tex]{Lato Regular}
\definecolor{hintergrund}{rgb}{0.8627,0.8627,0.8627}
\definecolor{text}{gray}{.55}
\newcommand{\titel}[1]{{\fontspec[Color=808080,Scale=3]{Lato Bold} #1}}
\newcommand{\maennerg}[1]{{\fontspec[Color=808080, Scale=1.5]{Symbol Signs} #1}}
\newcommand{\maennero}[1]{{\fontspec[Color=FF8000, Scale=1.5]{Symbol Signs} #1}}
\pagecolor{hintergrund}
\linespread{1.2}
\begin{document}
\pagestyle{empty}
\vspace*{-0.5cm}
\hspace*{0cm}\titel{OECD Better Life Index Data for Germany}\\[0.2cm]
\fontsize{72pt}{20pt}\selectfont\maennerg{FF}\maennero{FFFFFF}\maennerg{F}\\
\vspace*{-0.8cm}
\begin{figure}[h!]
\begin{overpic}[scale=0.82,unit=1mm]{radial_saeulendiagramme_inc.pdf}
\put(0,185)
{\begin{minipage}[t]{10cm}
\raggedright \textcolor{text}{66 percent of mothers with school-age
    children have a paid job}
\end{minipage}}
\put(152,185)
{\begin{minipage}[t]{4.6cm}
\raggedright \textcolor{text}{There's been a lot of debate lately on
    measuring the well- being of societies - is wealth all that matters,
    or should we be looking at other things, like the balance between
    work and the rest of our lives?}
\end{minipage}}
\put(152,30)
{\begin{minipage}[t]{4.6cm}
\raggedright \textcolor{text}{The Index aims to involve citizens in this
    debate, and to empower them to become more informed and engaged in
    the policy-making process that shapes all our lives.}
\end{minipage}}
\put(5,-55)
{\begin{overpic}[scale=0.65,unit=1mm]{tabellen_multivariat_manuell.pdf}
\end{overpic}}
\end{overpic}
\end{figure}
\end{document}
```

Das **Skript** entspricht im Aufbau im Wesentlichen den beiden vorherigen Beispielen. Zuerst werden wieder die Daten eingelesen und die Kurzbezeichnungen definiert. Im Gegensatz zu den vorherigen Beispielen benötigen wir hier nur zwei Farben für den Rand sowie eine für die Mitte. Die Ränder werden auch hier indivi-

11.4 Radialsäulendiagramm (Poster)

duell eingestellt und anschließend ein Vektor `land` erzeugt, der für die Verwendung in der Funktion `radial.pie()` in eine Liste umgewandelt wird. Diese Funktion wird wiederum dreimal aufgerufen. Der erste Aufruf zeichnet den äußeren Rand, wobei hier mit `radlab=T` die Beschriftungen in Richtung der Winkelhalbierenden der Sektoren angebracht werden. Der zweite Aufruf erstellt die eigentlichen Radialsäulendiagramme, der dritte wiederum das „Loch" in der Mitte. Zum Schluss werden in den äußeren Rand noch die Beschriftungen für die beiden Gruppen „Economic Indicators" und „Social and Other Indicators" geschrieben. Hierzu verwenden wir eine nichtproportionale Schrift „Droid Sans Mono", die auf http://www.google.com/fonts/specimen/Droid+Sans+Mono frei erhältlich war.

Die fertige Abbildung wird in eine LaTeX-Datei eingebunden. Die Legende ist in diesem Fall etwas umfangreicher, so dass wir auf eine detaillierte Erläuterung verzichten und stattdessen auf den Quelltext auf der Website des Buches verweisen. Auch bei der Legende handelt es sich um eine (separat) in LaTeX erstellte Datei, die wie das von R erzeugte PDF mit der Umgebung `overpic` eingebunden wird.

428   11 Illustratives

11.5 Nacht-Karte von Deutschland als Streudiagramm

Zur **Abbildung**: Eigentlich handelt es sich hierbei natürlich nicht um eine Nachtkarte, sondern eher um eine Effektillustration. Wir haben hier für den Hintergrund Schwarz gewählt. Der Radius ist die Quadratwurzel der Bevölkerungsgröße der rund 3000 Gemeinden in Deutschland über 5000 Einwohnern. Als Farbe für die Punkte wurde ein transparentes Gelb gewählt, um ein Leuchten nachzuempfinden. Da es sich ja um ein „Pseudo-Nachtbild" handeln soll, haben wir auf eine Legende oder Titel verzichtet. Durch die große Anzahl und Verteilung der Punkte ist hier

11.5 Nacht-Karte von Deutschland als Streudiagramm

wie in Abschn. 9.2.3 Deutschland als Karte erkennbar, ohne dass wir einen Umriss benötigen.
Daten: Siehe Anhang A, v_frauen_maenner.

```
pdf_datei<-"karten_deutschland_streudiagramm_schwarz.pdf"
cairo_pdf(bg="grey98",pdf_datei,width=9,height=11)

par(bg="black",mai=c(0,0,0,0),omi=c(0.5,1,1,0.5),family="Lato Light",las=1)
library(RColorBrewer)

# Daten einlesen
source("skripte/0inc_datendesign_dbconnect.r")
sql<-"select * from v_frauen_maenner"
dataset<-dbGetQuery(con,sql)
attach(dataset)

# Grafik definieren und weitere Elemente
plot(lng,lat,type="n",axes=F)
gelb<-rgb(255,255,0,100,maxColorValue=255)
points(lng,lat,pch=19,col=gelb,cex=4*sqrt(bevinsg),lwd=0)

# Betitelung
mtext("Deutschlan...",side=3,adj=0,line=1,cex=3,family="Lato Black",
      col="white")
mtext("Quelle: ww...",side=1,adj=1,line=0,cex=1,font=3,col="white")
dev.off()
```

Im **Skript** können wir uns in diesem Fall auf wenige Zeilen beschränken. Den Hintergrund färben wir schwarz. Die Daten werden aus der MySQL-Tabelle eingelesen, ein `plot()` definiert und ein transparenter Gelbton. Die Punkte werden mit `points()` als Streudiagramm ohne Achsen gezeichnet, wobei die Punktgröße die Wurzel der Bevölkerung insgesamt ist, multipliziert mit dem Faktor 4. Die Wurzel verwenden wir hier, da eine Verdoppelung des Radius eines Kreises eine Vervierfachung seiner Fläche bewirkt und wir somit proportionale Flächen erhalten.

11.6 Streudiagramm Gapminder

Gapminder World Map 2010

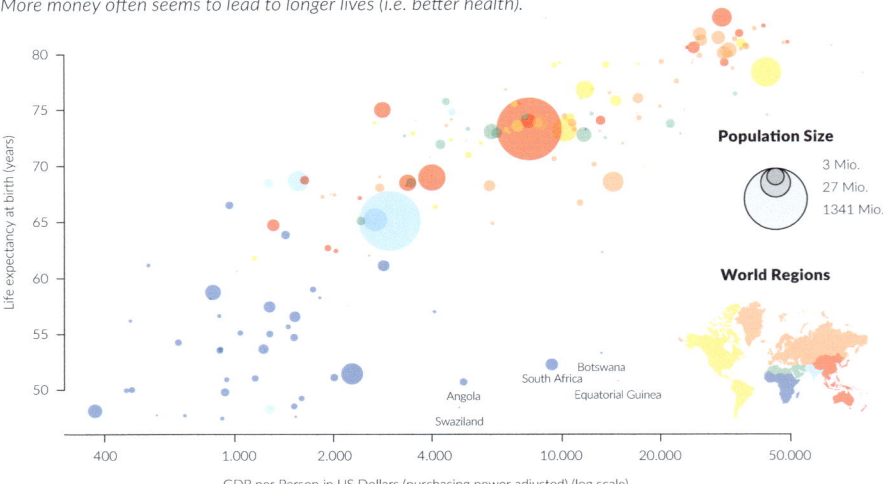

Quelle: http://www.gapminder.org/

Zur **Abbildung**: Kaum eine Statistik-Visualisierung hat in den vergangenen Jahren so viel Beachtung gefunden wie die animierten Abbildungen von Hans Rosling auf http://www.gapminder.org. Dabei werden für zahlreiche Länder makrostatistische Größen in historischer Perspektive zueinander in Beziehung gesetzt. Dazu kann man sich auf der Website Streudiagramme jeweils zweier ausgewählter Variablen als Animation ansehen, bei der die Positionen der Punkte in Abhängigkeit der Zeit variieren. So lässt sich eindrucksvoll die Entwicklung des Zusammenhangs etwa des Nationaleinkommens und der Lebenserwartung von 1800 bis zur Gegenwart nachvollziehen. Neben diesen animierten Versionen bietet die Website auch eine statische Abbildung als PDF-Version an, die aufwändiger gestaltet ist.[2] Diese Abbildung dient unserem Beispiel als Orientierung, wobei wir hier eine etwas „schlankere" Version präsentieren. Deren wichtigste Elemente sind:

- Das Einkommen auf der X-Achse wird logarithmisch dargestellt.
- Die Bevölkerungsgröße wird als dritte Variable aufgenommen und definiert die Punktgröße.
- Die Punktgröße wird in einer Legende erläutert.
- Die Farbe der Punkte weist auf die Weltregion hin, in der sich das Land befindet.
- Die Weltregion wird in einer zweiten Legende in Form einer Weltkarte erläutert.
- Einige Punkte (im Original: alle) werden mit einer Beschriftung versehen.

---

[2] http://www.gapminder.org/downloads/world-pdf/.

11.6 Streudiagramm Gapminder

Daten: Die XLS-Dateien für das Streudiagramm können von der Seite http://www.gapminder.org/data/ heruntergeladen werden. Die Zuordnung der Länder zu den Kontinentalregionen wird nicht als XLS-Datei angeboten, sondern als Liste, wenn Sie in der Abbildung oben rechts in der Legende auf „Gapminder Geographic Regions" klicken. Daraufhin öffnet sich im Browser eine Tabelle, die man per Copy&Paste in eine lokale XLS-Datei abspeichern kann. Sie können die XLS-Datei regionen.xlsx von der Webseite des Buches herunterladen.

```
pdf_datei<-"streudiagramme_gapminder.pdf"
cairo_pdf(bg="grey98",pdf_datei,width=13,height=9)

par(omi=c(0.25,0.25,1.25,0.25),mai=c(1.5,0.85,0,0.5),
        family="Lato Light",las=1)

# Daten einlesen und Grafik vorbereiten

gdp<-read.xls("daten/gapminder/indicatorgapmindergdp_per_capita_ppp.xls")
auswahl<-c("X","X2010")
gdp2010<-gdp[auswahl]
exp<-read.xls("daten/gapminder/indicatorlife_expectancy_at_birth.xls")
auswahl<-c("Life.expectancy.at.birth","X2010")
exp2010<-exp[auswahl]
gdpexp2010<-merge(gdp2010,exp2010,by.x="X",by.y="Life.expectancy.at.birth",
        all =T)

pop<-read.xls("daten/gapminder/indicatorgapminderpopulation.xls",dec=".")
auswahl<-c("Total.population","X2010")
pop2010<-pop[auswahl]
gdpexppop2010<-merge(gdpexp2010,pop2010,by.x="X",by.y="Total.population",
        all =T)

regionen<-read.xls("daten/gapminder/regionen.xlsx")

daten<-merge(gdpexppop2010,regionen,by.x="X",by.y="Entity",all=T)
daten<-na.omit(daten)

attach(daten)
X2010<-as.numeric(gsub(",","",X2010))/10000000

xmax<-round(max((X2010)),1)
x75<-round(quantile((X2010),probs=0.75),1)
x25<-round(quantile((X2010),probs=0.25),1)

xmax_leg<-round(max((X2010)^0.5)/3,1)
x75_leg<-round(quantile((X2010)^0.5,probs=0.75)/3,1)
x25_leg<-round(quantile((X2010)^0.5,probs=0.25)/3,1)

groesse<-(X2010)^0.5
daten$groesse<-groesse
```

```
alt<-c("Sub-Saharan Africa","South Asia","Middle East &amp; North Africa",
       "America","Europe &amp; Central Asia","East Asia &amp; Pacific")
neu<-c(rgb(0,115,157,150,maxColorValue=255),
         rgb(158,202,229,150,maxColorValue=255),
         rgb(84,196,153,150,maxColorValue=255),
         rgb(255,255,0,150,maxColorValue=255),
         rgb(246,161,82,150,maxColorValue=255),
         rgb(255,0,0,150,maxColorValue=255))
farben<-as.character(Group)
for (i in 1:length(alt)) {farben[farben == alt[i]]<-neu[i]}

# Grafik definieren und weitere Elemente

plot(log10(X2010.x),X2010.y,type="n",axes=F,xlab="",ylab="")
points(log10(X2010.x),X2010.y,cex=groesse,pch=19,col=farben,lwd=0)
axis(1,at=log10(c(200,400,1000,2000,4000,10000,20000,50000)),
       label=format(c(200,400,1000,2000,4000,10000,20000,50000),
       big.mark=".")) 
axis(2)
title(xlab="GDP per Person in US Dollars (purchasing power adjusted)
      (log scale)",
      ylab="Life expectancy at birth (years)",font=3)

fit<-lm(X2010.y ~ log10(X2010.x))
daten$resid<-residuals(fit)
daten$fit<-fitted(fit)

daten.sort<-daten[order(-abs(daten$resid)) ,]
daten.sort_anfang<-daten.sort[1:5,]
attach(daten.sort_anfang)
text(log10(X2010.x),X2010.y,X,cex=0.95,pos=1,offset=0.8)

# Betitelung

mtext("Gapminder ...",3,line=3,adj=0,cex=3,family="Lato Black",outer=T)
mtext("More money...",3,line=0,adj=0,cex=1.75,font=3,outer=T)
mtext("Quelle: ht...",1,line=5.5,adj=1.0,cex=1.55,font=3)

text(log10(30000),72.5,"Population Size",family="Lato Black",cex=1.35,adj=0)
text(log10(65000),70,paste(10*x25," Mio.",sep=""),adj=0)
text(log10(65000),68,paste(10*x75," Mio.",sep=""),adj=0)
text(log10(65000),66,paste(10*xmax," Mio.",sep=""),adj=0)

# Legende

library(mapplots)
legend.bubble(log10(45000),67,z=c(x25_leg,x75_leg,xmax_leg*0.7),
       maxradius=xmax_leg*0.7,bg=NA,
       txt.cex=0.01,txt.col=NA,pch=21,pt.bg="#00000020",bty="n",round=1)
```

11.6 Streudiagramm Gapminder

```r
# Einbindung der Karte

par(new=T, mai=c(1,9,3.5,0.75))
library(maptools) # enthält wrld_simpl
library(rgdal) # für spTransform

data(wrld_simpl)
w<-wrld_simpl[wrld_simpl@data[,"NAME"] != "Antarctica",]
m<-spTransform(w,CRS=CRS("+proj=merc"))

laender<-m@data$ISO2
n<-length(laender)
kartenfarben<-numeric(n)

r1<-"Sub-Saharan Africa"
r2<-"South Asia"
r3<-"Middle East &amp; North Africa"
r4<-"America"
r5<-"Europe &amp; Central Asia"
r6<-"East Asia &amp; Pacific"

f1<-rgb(0,115,157,150,maxColorValue=255)
f2<-rgb(158,202,229,150,maxColorValue=255)
f3<-rgb(84,196,153,150,maxColorValue=255)
f4<-rgb(255,255,0,150,maxColorValue=255)
f5<-rgb(246,161,82,150,maxColorValue=255)
f6<-rgb(255,0,0,150,maxColorValue=255)

region<-c(r1,r2,r3,r4,r5,r6)
farbe<-c(f1,f2,f3,f4,f5,f6)

regionen<-read.xls("daten/gapminder/regionen.xlsx")

for (i in 1:length(region))
{
regionauswahl<-subset(regionen$ID,regionen$Group==region[i])
laenderauswahl<-NULL
for (j in 1:length(regionauswahl)) laenderauswahl<-c(laenderauswahl,
trim(as.character(regionauswahl[j])))
for (j in 1:length(laenderauswahl))
{
kartenfarben[grep(paste("^",laenderauswahl[j],"$",sep=""),laender)]<-farbe[i]
}
}

plot(m,col=kartenfarben,border=F,bg=NA)
mtext("World Regions",3,line=-2,adj=0.5,cex=1.25,family="Lato Black")

dev.off()
```

Im **Skript** lesen wir zunächst aus vier verschiedenen XLS-Tabellen die benötigten Daten ein. Mit der Funktion `merge()` werden die Daten verknüpft. Dazu müssen ähnlich wie bei einer SQL-Anweisung die Variablen angegeben werden, über deren Werte die Daten verbunden werden sollen. `all=T` bedeutet, dass auch die Daten in das Ergebnis übernommen werden sollen, die kein Verknüpfungspendant haben.

Die Datensätze sind so aufgebaut, dass die Länder zeilen- und die Jahre spaltenweise angeordnet sind. Das uns interessierende Jahr befindet sich also in einer Spalte mit der Überschrift „2010". Die Länderspalte ist jeweils mit dem Titel der Datei überschrieben, also zum Beispiel bei `indicatorlife_expectancy_at_birth.xls` lautet die Überschrift „Life expectancy at birth". Da Variablennamen in R keine Leerstellen enthalten dürfen und mit einem Buchstaben anfangen müssen, erstellt R daraus Variablennamen in der Form `Life.expectancy.at.birth` und `X2010`. Da wir drei Datensätze miteinander verknüpfen, in denen jeweils eine Variable mit Namen `X2010` vorkommt, und Variablennamen eindeutig sein müssen, werden bei der Verknüpfung der ersten beiden Dateien die Variablen `X2010` in `X2010.x` und `X2010.y` umbenannt. Wenn wir diesen neuen Datensatz dann wiederum mit dem dritten verknüpfen, kann die Bezeichnung `X2010` aus dem dritten Datensatz erhalten bleiben, da die ersten beiden ja umbenannt wurden. Es sind dann

`X2010.x` GDP per Person in US Dollars (purchasing power adjusted)
`X2010.y` Life Expectancy at birth (years)
`X2010` Total Population

Für die Legende werden zwei mal drei Werte festgelegt: der maximale Wert der Daten sowie das erste und dritte Quartil, einmal für die Anzeige der Zahlen als Beschriftung und ein zweites Mal jeweils als Wurzel für die Radien der Kreise. Als Größe für die Punkte wird die Quadratwurzel der Bevölkerung (`X2010`) definiert.

Nun müssen wir die Weltregionen in geeignete Farben umwandeln. Dazu wird aus der Variable `Group` ein Vektor `farben` angelegt und die Regionenbezeichnungen mit `farben[farben == alt[i]]<-neu[i]` durch die Farbdefinitionen ersetzt. Da R aus `Group` automatisch eine Faktorvariable gemacht hat, müssen wir sie zuerst mit `as.character()` umwandeln.

Anschließend werden das logarithmierte GDP und die Lebenserwartung mit `plot()` und `points()` gezeichnet. Die X-Achse erhält dabei Beschriftungen mit Tausendertrennpunkten. Die X- und Y-Achsentitel werden hier mit `title()` eingefügt und kursiv gesetzt (`font=3`).

Danach benötigen wir noch die 5 Punkte mit den größten Abweichungen von dem unterstellten (log-)linearen Zusammenhang, um diese zu beschriften. Dazu gehen wir wie in Abschn. 9.1.2 vor.

Zum Schluss folgen noch die Überschrift und Quellenangaben sowie die Legende. Dazu hatten wir bereits die entsprechenden Beschriftungen und Größen definiert. Nach der Beschriftung können wir schließlich mit der Funktion `legend.bubble()` aus dem Paket `mapplots` die Legende zeichnen.

11.7 Karte von Napoleons Rußlandfeldzug von 1812/13 von Charles Joseph Minard, 1869   435

Zuletzt wird die Karte mit den Weltregionen eingezeichnet. Hierzu verwenden wir den Code des Skriptes Abschn. 10.3.5, den wir dort erläutert haben. Die Karte positionieren wir mit `new=T` und geeigneten Randeinstellungen in die untere rechte Ecke der Abbildung.

11.7 Karte von Napoleons Rußlandfeldzug von 1812/13 von Charles Joseph Minard, 1869

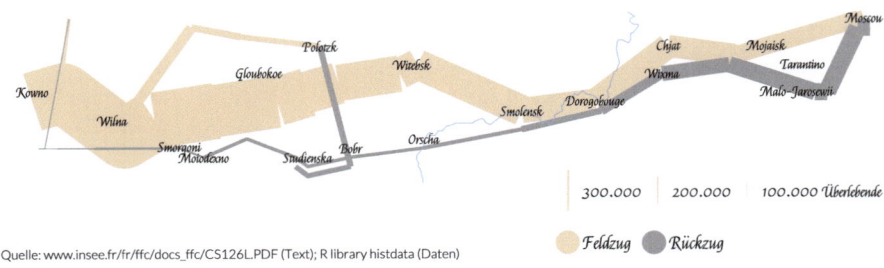

Quelle: www.insee.fr/fr/ffc/docs_ffc/CS126L.PDF (Text); R library histdata (Daten)

Zur **Abbildung**: Im letzten Beispiel wollen wir auf die „vermutlich beste Infografik aller Zeiten" (Edward Tufte) eingehen. Es gibt mittlerweile eine Reihe von mit aktueller Software erstellten Versionen dieser Abbildung, die Michael Friendly zusammengestellt hat.[3] Darunter befindet sich auch eine mit R erstellte Version, die allerdings von `ggplot` Gebrauch macht und vom Stil her erheblich vom Original abweicht. Die hier vorgestellte Variante versucht ebenfalls nicht, das Original möglichst exakt zu kopieren, möchte aber deren *Anmutung* nachempfinden. Dazu wählen wir aus dem Angebot der Google Fonts die Schrift „Dr Sugiyama" für den Erläuterungstext sowie die Schrift „Felipa" für die Beschriftung der Karte. Beide sind unter der SIL Open Font License bei Google Fonts erhältlich.

Den Erläuterungstext setzen wir rechtsbündig. Bei der Abbildung der Truppenbewegungen orientieren wir uns weitgehend am Original, ergänzen sie lediglich um eine moderne Legende.

Die **Daten** stammen aus dem Datensatz „HistData". Sie wurden für dieses Beispiel lediglich um einige deutsche Übersetzungen ergänzt.

---

[3] http://www.datavis.ca/gallery/re-minard.php.

```
pdf_datei<-"karten_minard_napoleon_inc.pdf"
cairo_pdf(bg="grey98",pdf_datei,width=11.69,height=7.26)

par(omi=c(1,0.1,0.75,0.1),mai=c(0.25,0,3,0),lend=1,family="Felipa",las=1)
library(HistData); library(mapdata)

# Daten einlesen

load("daten/Minard.troops_de"); data(Minard.cities)
hin_alle<-subset(Minard.troops,Richtung=="Feldzug")
zurueck_alle<-subset(Minard.troops,Richtung=="Rückzug")

# Grafik definieren und weitere Elemente
plot(Minard.troops$long,Minard.troops$lat,type="n",axes=F,
     xlab="",ylab="")
for (i in 1:3)
{
hin<-hin_alle[hin_alle$group==i,]
n<-nrow(hin)-1
for (j in 1:n)
{
z<-j+1
x<-hin[j:z,]
x
lines(x$long,x$lat,type="l",col="bisque2",lwd=x$Überlebende[1]/4500)
}
zurueck<-zurueck_alle[zurueck_alle$group==i,]
n<-nrow(zurueck)-1
for (j in 1:n)
{
zurueck<-zurueck_alle[zurueck_alle$group==i,]
z<-j+1
x<-zurueck[j:z,]
x
lines(x$long,x$lat,type="l",col="azure4",lwd=x$Überlebende[1]/4500)
}
}
attach(Minard.cities)
text(long,lat,city)
fluesse<-map("rivers",plot=F,add=T)
points(fluesse$x,fluesse$y,col=rgb(0,0,255,120,maxColorValue=255),type="
l")
par(xpd=T)
legend(32.5,54.15,c("300.000","200.000","100.000"),border=F,pch="|",
       col=c("bisque2","bisque2","bisque2"),bty="n",cex=1.3,pt.cex=c(3,2,1),
       xpd=NA,ncol=3)
```

11.7 Karte von Napoleons Rußlandfeldzug von 1812/13 von Charles Joseph Minard, 1869

```
legend(32.5,53.6,c("Feldzug","Rückzug"),border=F,pch=19,pt.cex=4,
       col=c("bisque2","azure4"),bty="n",cex=1.3,xpd=NA,ncol=3)
text(37.4,53.93,"Überlebende",cex=1.1,xpd=T)
par(family="Dr Sugiyama")

# Betitelung

mtext("Carte figu...",line=-0.5,adj=0.12,cex=3,col="azure4",outer=T)
mtext("des pertes...",line=-0.5,adj=0.80,cex=1.5,col="azure4",outer=T)
par(family="Lato Light")
mtext(side=1,adj=0,line=3,"Quelle: ww...",outer=T)
dev.off()
```

Die Einbindung in LaTeX:

```
\documentclass{article}
\usepackage[paperheight=18.5cm, paperwidth=29.7cm, top=0cm, left=0cm,
    right=0cm, bottom=0cm]{geometry}
\usepackage{graphicx,color}
\usepackage{fontspec}
\usepackage[abs]{overpic}
\setmainfont[Mapping=text-tex]{Dr Sugiyama}
\definecolor{hintergrund}{rgb}{0.9412,0.9412,0.9412}
\definecolor{text}{gray}{.55}
\pagecolor{hintergrund}
\linespread{1.2}
\begin{document}
\pagestyle{empty}
\begin{center}
\fontsize{18pt}{20pt}\selectfont
\begin{overpic}[scale=1,unit=1mm]{karten_minard_napoleon_inc.pdf}
\put(23.5,144){\begin{minipage}[t]{25cm}
\raggedleft\textcolor{text}{Les nombres d'hommes présents sont ...}
\end{minipage}}
\end{overpic}
\end{center}
\end{document}
```

Das **Skript**: Der Datensatz `Minard.troops` enthält 51 Zeilen und ist wie folgt aufgebaut:

```
> Minard.troops[1:7,]
   long  lat Überlebende Richtung group
1  24.0 54.9      340000  Feldzug     1
2  24.5 55.0      340000  Feldzug     1
3  25.5 54.5      340000  Feldzug     1
```

```
4 26.0 54.7      320000    Feldzug     1
5 27.0 54.8      300000    Feldzug     1
6 28.0 54.9      280000    Feldzug     1
7 28.5 55.0      240000    Feldzug     1
```

Der Datensatz `Minard.cities` enthält für 20 Städte jeweils den Längen- und Breitengrad sowie den Namen. Zunächst stellen wir die Ränder der Abbildung so ein, dass oben genug Platz für den Text gelassen wird, den wir später mit LaTeX einfügen.

Dann werden zwei Teildatensätze gebildet: ein Datensatz `hin_alle` für den Feldzug und ein Datensatz `zurueck_alle` für den Rückzug.

Insgesamt gibt es drei Gruppen, für die die Bewegungen eingezeichnet werden. Dazu wird in einer Schleife von jeder im Datensatz festgehaltenen Position `j` bis zur nächsten Position `j+1` eine Linie mit der Farbe `bisque2` in der Stärke der Überlebenden gezeichnet. Um die Darstellungsabmessungen zu berücksichtigen, wird die Anzahl durch 4500 dividiert. Anschließend wird das gleiche in der Farbe `azure4` für den Rückzug gemacht.

Nun müssen nur noch die Städte und der Fluss eingezeichnet und eine Legende erstellt werden. Für Letztere verwenden wir zweimal die Funktion `legend()` und einmal die Funktion `text()`. Bevor am Ende die Überschrift ausgegeben wird, wird noch die Schrift „Dr Sugiyama" ausgewählt, schließlich wieder „Lato Light" für die Quellenangbe.

In LaTeX ergänzen wir den Text oberhalb der Abbildung. Der Aufbau der LaTeX-Datei entspricht den vorherigen Beispielen. Lediglich der Text wird hier mit \definecolor{text}{gray}{.55} grau gefärbt und mit \raggedleft rechtsbündig gesetzt.

Kapitel 12
Interaktive Visualisierung mit JavaScript: Highcharts und Mapael

Will man animierte, dynamische oder interaktive Visualisierungen erstellen, führte lange Zeit kaum ein Weg an Adobes Flash vorbei. Mittlerweile hat sich jedoch ein Wandel vollzogen: Mit der ungeahnten Dynamik, die JavaScript in den letzten Jahren erlebt und mit der Möglichkeit, mit Canvas Pixel- oder mit SVG sogar Vektorgrafiken direkt im Browser darzustellen und zu animieren, stehen nun sehr mächtige alternative Werkzeuge bereit. Wikipedia listet fast 40 JavaScript-Baukästen zur Visualisierung auf. D3 gehört dabei sicher zu den prominentesten. Wer sich einmal die spektakulären Beispiele von Mike Bostok angesehen hat, der ahnt, dass hier ein schier unerschöpfliches Potential für zukünftige Datenvisualisierungen schlummert. Kein Wunder, dass es mittlerweile rund ein Dutzend Bücher alleine zu D3 gibt. Im Vergleich zu statischen Visualisierungen ist der Programmieraufwand hier allerdings deutlich höher. Man muss sich mit vier verschiedenen Sprachen/Formaten beschäftigen (HTML, CSS, SVG, JavaScript), und die Anzahl der Programmzeilen ist erheblich größer als beispielsweise bei R.

R stellt mittlerweile mehrere Konzepte bzw. Pakete bereit, mit denen mehr oder weniger direkt JavaScript-Visualisierungen erzeugt werden können. Solche Pakete bilden letztendlich eine Art Container in R, bei dem eine jeweils spezifische und eigens entwickelte Syntax die so geschriebenen Skripte in die notwendige Notation der zugrunde liegenden JavaScript-Bibliothek übersetzt. Man ist dadurch auf den Sprachumfang des R-Paketes sowie die Qualität und Flexibilität der Übersetzungsroutinen angewiesen. Wir wollen hier einen anderen Weg empfehlen: Mit Mapael und Highcharts erhält man vorgefertigte Lösungen rund um eine JavaScript-Bibliothek, die leicht zu verwenden ist und deren Grafiken hervorragend aussehen. Highcharts wird von der norwegischen Firma Highsoft entwickelt und angeboten: Ergänzend dazu gibt es Highstock (speziell für die Darstellung von Aktienkursen), Highmaps (für Karten), Highcharts Cloud (eine Online-Plattform zur Bereitstellung von Highcharts-Grafiken) und Highslide JS (eine Art Bildbetrachter). Highcharts ist für den persönlichen Gebrauch sowie für Non-Profit-Organisationen frei verwendbar. In allen anderen Fällen fallen für die Verwendung Lizenzkosten an. In Version 4 werden derzeit als vorgefertigte Grafiken 9 Linien-, 10 Flächen-, 13 Balken-/Säulen-, 7 Kreis- und 3 Streudiagrammtypen bereitgestellt, darüber hinaus 3 dynamisch-aktualisierte Diagramme, 6 Kombinationsdiagramme bestehend aus verschiedenen Elementen, 6 (Pseudo-) 3D-Diagramme, 5 offenbar in den BI-Abteilungen von manchen Unternehmen beliebte Tachometer-Diagramme, 2 Heat- und 3 Treemaps sowie 10 exotischere Diagrammtypen, wie verschiedene Radialdiagramme oder Boxplots. Für alle Grafiken kann man zwischen vier verschiedenen CSS-Themen wählen. Die Einfachheit der Bedienung sowie das gelungene Aussehen hat Highcharts zu einer schnellen Verbreitung verholfen.

Der Aufwand für die Programmierung von JavaScript-Choroplethenkarten ist etwas größer. Dafür bieten sie einen echten Mehrwert, wie zum Beispiel die Wahl-Zeitmaschine: Sie zeigen die Ergebnisse aller Bundestagswahlen von SPIEGEL Online[1] oder zensus-unzensiert[2]. Für technisch nicht ganz so anspruchsvolle Lösungen gibt es mittlerweile eine Reihe von „Baukästen", die die Erstellung animierter Visualisierungen deutlich vereinfachen. Ein Beispiel hierfür ist Datawrapper, das in Deutschland entwickelt wird oder das bereits erwähnte Highmaps. Bei beiden sind aber die Karten jeweils vorgegeben, so dass eigene Karten nicht ohne weiteres verwendet werden können.

Dafür benötigt man ein Tool, bei dem die Karten frei definiert werden können. Eine solche Möglichkeit ist Kartograph von Gregor Aisch, das aber leider nicht mehr weiterentwickelt wird. Eine Alternative bietet Mapael von Vincent Brouté. Mapael ist ein jQuery-Plugin, das auf raphael.js basiert. Mapael hat darüber hinaus den großen Vorteil, dass damit Choroplethenkarten auch in solchen Fällen erzeugt werden können, in denen nicht für alle Polygone Statistik-Daten vorliegen.

Wir werden R im Folgenden verwenden, um Daten so aufzubereiten, dass sie in den JavaScript-Code zur Erstellung der Visualisierungen eingebaut werden können.

Zur Ansicht muss entweder eine HTML-Seite erstellt werden, die den JavaScript-Code zur Einbindung und Visualisierung der Karte beinhaltet, oder ein neuer Beitrag in einem Content Management System (CMS). Wenn als CMS WordPress benutzt wird, benötigen wir noch zusätzlich ein Plugin, da man JavaScript-Code nicht unmittelbar in einem WordPress-Beitrag ausführen kann. Hierfür kann man das Plugin „Header and Footer Scripts" von Anand Kumar installieren, das für jeden Beitrag ein separates Feld „Insert Script to " bereitstellt. In dieses Feld wird die Definition von CSS-Klassen sowie die Einbindung der benötigten Javascript-Quellen eingefügt:

Im Beitrag wird die Abbildung dann mit

```
<div id="container" style="min-width: 310px; height: 400px; margin: 0 auto"></div>
```

eingebunden.

Wir wollen im Folgenden anhand von drei Beispielen die Verwendung interaktiver Visualisierungen mit JavaScript illustrieren: einem Streudiagramm und einer Zeitreihe mit Highcharts sowie Choroplethenkarten mit Mapael.

---

[1] http://www.spiegel.de/politik/deutschland/wahl-zeitmaschine-ergebnisse-aller-bundestagswahlen-a-918701.html.
[2] http://zensus-unzensiert.de.

12.1 Streudiagramm in Highcharts

Noch einmal zur Wiederholung (siehe Kap. 9): In einem Streudiagramm können bis zu vier Variablen abgebildet werden: zwei numerische auf der X- und Y-Achse, eine numerische oder ordinale kann die Größe der Punkte definieren und eine nominale kann durch unterschiedliche Farben eingebunden werden. Ergänzende Elemente können sein: eine Glättung (z.B. eine Regressionsgerade), Beschriftungen einzelner Datenpunkte, ein Mittelwertkreuz, eine Fläche oder Linie (Ellipse), die die bivariate Verteilung kennzeichnet sowie eine Linie, die die einzelnen Punkte miteinander verbindet.

Wir zeigen hier anhand eines Beispiels für den Zusammenhang des Anteils der Beschäftigten in Industrie und Gewerbe 1907 und dem SPD-Stimmenanteil 1912 in den Wahlkreisen des Deutschen Reichs, wie man ein Streudiagramm mit zwei Variablen mit Javascript darstellt. Als dritte Variable, die die Größe der Punkte definiert, wählen wir die Anzahl der Wahlberechtigten, für die Farbe der Punkte die Wahlkreisprovinz bzw. den Bundesstaat. Zu Demonstrationszwecken wählen wir drei Wahlkreisprovinzen/Bundesstaaten aus.

Der Datensatz kann bei GESIS heruntergeladen werden (http://dx.doi.org/10.4232/1.8145).

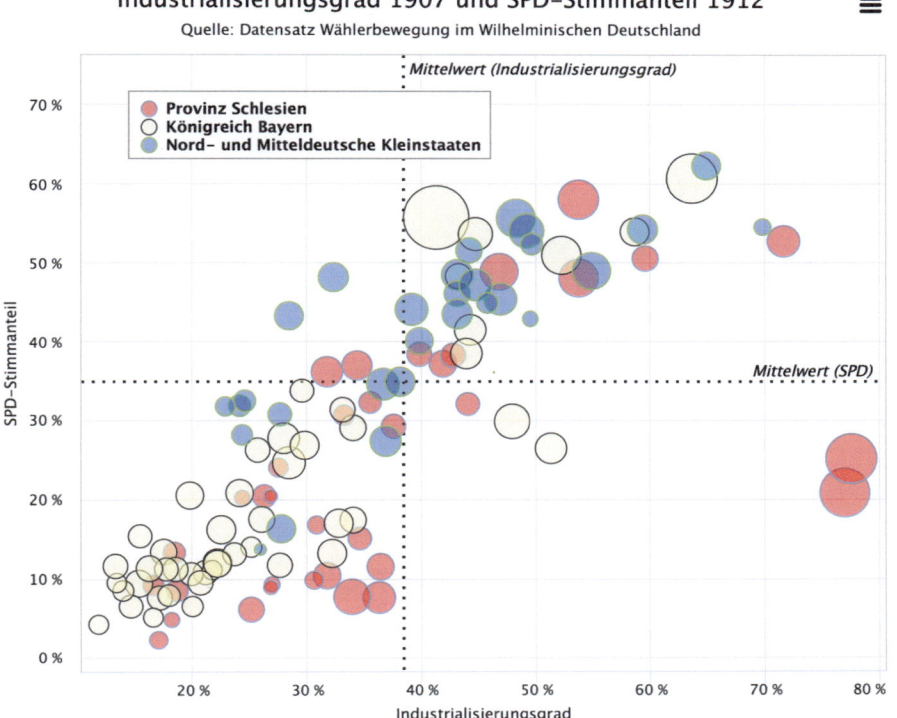

Dazu schauen wir uns zunächst mit R die Daten an. Hierfür verwenden wir das Paket sjmisc, das den Import von SPSS-Daten mit Variable- und Value-Labels auf einfache Weise ermöglicht.

```
library(sjmisc)
ZA8145 <- read_spss("daten/ZA8145_wdk_1912.sav")
attach(ZA8145)
plot(kbe07igp, spd12p, cex=sqrt(bev10abs/100000), col=prov, pch=19)
```

Als Bild erhalten wir ein Streudiagramm, das – wenig überraschend – einen steigenden SPD-Stimmanteil bei steigendem Anteil der Beschäftigten in Industrie und Gewerbe zeigt.

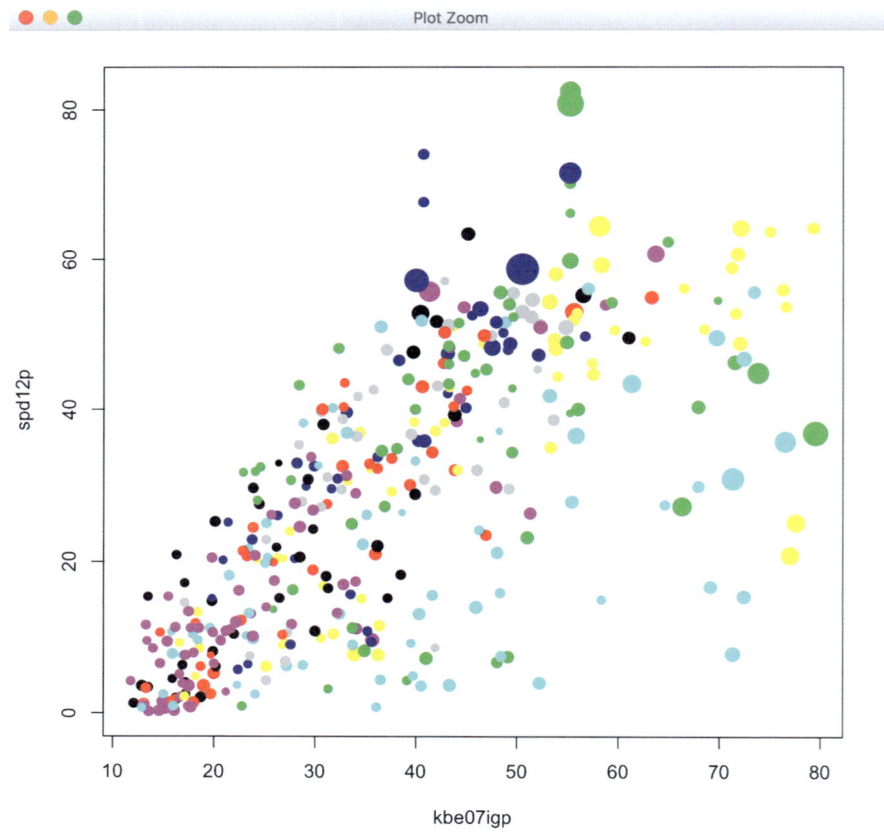

Abb. 12.1 SPD-Stimmanteil und Anteil der Beschäftigten in Industrie und Gewerbe

Mit der Funktion `frq(ZA8145$wkrprov)` können wir eine Häufigkeitsauszählung der Wahlkreisprovinzen/Bundesstaaten ausgeben:

12.1 Streudiagramm in Highcharts

```
> frq(ZA8145$wkrprov)
   val                               label frq raw.prc valid.prc cum.prc
    1                   Provinz Ostpreußen  17    4.28      4.28    4.28
    2                   Provinz Westpreußen 13    3.27      3.27    7.56
    3                         Stadt Berlin   6    1.51      1.51    9.07
    4                Potsdam/Frankfurt a.d. O. 20  5.04      5.04   14.11
    5                      Provinz Pommern  14    3.53      3.53   17.63
    6                        Provinz Posen  15    3.78      3.78   21.41
    7                     Provinz Schlesien 35    8.82      8.82   30.23
    8                      Provinz Sachsen  20    5.04      5.04   35.26
    9            Provinz Schleswig-Holstein  10    2.52      2.52   37.78
   10                     Provinz Hannover  19    4.79      4.79   42.57
   11                     Provinz Westfalen 17    4.28      4.28   46.85
   12                Provinz Hessen-Nassau  14    3.53      3.53   50.38
   13                    Provinz Rheinland  36    9.07      9.07   59.45
   14                     Königreich Bayern 48   12.09     12.09   71.54
   15                   Königreich Sachsen  23    5.79      5.79   77.33
   16                Königreich Württemberg 17    4.28      4.28   81.61
   17                  Grossherzogtum Baden 14    3.53      3.53   85.14
   18                 Grossherzogtum Hessen  9    2.27      2.27   87.41
   19 Nord- und Mitteldeutsche Kleinstaaten 30    7.56      7.56   94.96
   20                           Hansestädte  5    1.26      1.26   96.22
   21            Reichsland Elsas-Lothringen 15   3.78      3.78  100.00
   22                                    NA  0    0.00        NA      NA
```

Für das Streudiagramm mit JavaScript wählen wir die Provinz Schlesien, das Königreich Bayern sowie die Nord- und Mitteldeutschen Kleinstaaten aus. Fährt man mit der Maus über einen Punkt, wird als Beschriftung der Name des Wahlkreises sowie die Anzahl der Wahlberechtigten angezeigt. Über die Legende können die einzelnen Gruppen durch Anklicken ein- oder ausgeblendet werden. Die Skalierung der X- und Y-Achsen passt sich dann automatisch an die vorhandenen Daten an.

Die Erstellung erfolgt nach einem Prinzip, das wir auch in den folgenden Beispielen anwenden werden: Wir verwenden ein vorgefertigtes Schema aus dem Angebot von Highcharts, das wir geringfügig anpassen. Für die Erstellung der Daten in der notwendigen Struktur benutzen wir dabei R, ersetzen also die in der Vorlage vorhandenen Beispieldaten durch unsere eigenen. Folgende Schritte sind notwendig:

1. (Einmalig) Installation der Javascript-Bibliotheken von Highcharts. Dieser Schritt kann unterbleiben, wenn man auf die Skript-Versionen verweist, die auf der Highcharts-Website liegen.
2. (Einmalig, bei der Verwendung von WordPress) Installation des Plugins Header and Footer Scripts.
3. Herunterladen des Datensatzes.
4. Erstellen des Beitrags mit dem Code (via Header and Footer Scripts).

5. Manuelles Bearbeiten der Legende.
6. Erzeugung des einzubindenden Codes mit R.
7. Einfügen des von R erzeugten Codes in das Header-Feld des Beitrags in den Javascript-Abschnitt „areas".

Für das Streudiagramm wählen wir eine Bubbleplot-Vorlage von Highcharts. Highcharts bietet ab Version 4 ein entsprechendes Template an, bei dem die Größe der Punkte automatisch korrekt skaliert wird. Es ist also nicht wie bei dem Streudiagramm in R erst eine Wurzeltransformation notwendig.

Das fertige Skript sieht wie folgt aus:

```
<script type="text/javascript" src=
"https://ajax.googleapis.com/ajax/libs/jquery/1.8.2/jquery.min.js">
</script>
<style type="text/css">
${demo.css}
</style>
<script type="text/javascript">
$(function () {
    Highcharts.chart('container', {

        chart: {
            type: 'bubble',
            plotBorderWidth: 1,
            zoomType: 'xy'
        },

         legend: {
            enabled: false
        },

        title: {
            text: 'Industrialisierungsgrad 1907 und SPD-Stimmanteil 1912'
        },

        subtitle: {
            text: 'Source: Datensatz Wählerbewegung im Wilhelminischen
                Deutschland'
        },

        xAxis: {
            gridLineWidth: 1,
            title: {
                text: 'Industrialisierungsgrad'
            },
            labels: {
                format: '{value} %'
            },
```

12.1 Streudiagramm in Highcharts

```
            plotLines: [{
                color: 'black',
                dashStyle: 'dot',
                width: 2,
                value: 38.4,
                label: {
                    rotation: 0,
                    y: 15,
                    style: {
                        fontStyle: 'italic'
                    },
                    text: 'Mittelwert (Industrialisierungsgrad)'
                },
                zIndex: 3
            }]
        },
        yAxis: {
            startOnTick: false,
            endOnTick: false,
            title: {
                text: 'SPD-Stimmanteil'
            },
            labels: {
                format: '{value} %'
            },
            maxPadding: 0.2,
            plotLines: [{
                color: 'black',
                dashStyle: 'dot',
                width: 2,
                value: 34.8,
                label: {
                    align: 'right',
                    style: {
                        fontStyle: 'italic'
                    },
                    text: 'Mittelwert (SPD)',
                    x: -10
                },
                zIndex: 3
            }]
        },
        tooltip: {
            useHTML: false,
```

```
            headerFormat: '<table>',
            pointFormat: '<tr><th colspan="2"><h3>{point.name}</h3></th>
                </tr>' +
                '<tr><th> - Wahlber.: </th><td>{point.bev}</td>
                </tr>',
            footerFormat: '</table>',
            followPointer: true
    },
    legend: {
        layout: 'vertical',
        align: 'left',
        verticalAlign: 'top',
        x: 100,
        y: 80,
        floating: true,
        backgroundColor: (Highcharts.theme && Highcharts.theme.
                legendBackgroundColor) || '#FFFFFF',
        borderWidth: 1
    },
    plotOptions: {
      bubble: {
            minSize: 1,
            maxSize: 50
        }, series: {
            dataLabels: {
                enabled: false,
                format: '{point.name}'
            }
        }
    },
    series: [{           name: 'Provinz Schlesien',
        data: [
            { x: 18.6, y: 8.5, z: 22300, name: 'Memel Heydekrug',
                bev: 22.300' },
            { x: 16.6, y: 9.2, z: 21443, name: 'Labiau Wehlau',
                bev: 21.443' },
    .
    .
            { x: 46.8, y: 48.8, z: 48593, name: 'Berlin Ost',
                bev: 48.593' },
            { x: 37.6, y: 29.2, z: 25343, name: 'Berlin Innen-Nord',
                bev: 25.343' }
        ],
        marker: {
```

12.1 Streudiagramm in Highcharts 447

```
                    fillColor: '#d7191c'
                }
            }, {
                name: 'Königreich Bayern',
                data: [
                    { x: 44.3, y: 41.4, z: 34639, name: 'Memel Heydekrug',
                        bev: 34.639' },
                    { x: 41.3, y: 55.7, z: 128912, name: 'Labiau Wehlau',
                        bev: 128.912' },


                    { x: 20.7, y: 9.5, z: 25834, name: 'Arnswalde',
                        bev: 25.834' },
                    { x: 32.2, y: 13.2, z: 31372, name: 'Landsberg - Soldin',
                        bev: 31.372' }
                ],
                marker: {
                    fillColor: '#ffffbf'
                }
            }, {
                name: 'Nord- und Mitteldeutsche Kleinstaaten',
                data: [
                    { x: 24.1, y: 31.8, z: 21848, name: 'Memel Heydekrug',
                        bev: 21.848' },
                    { x: 28.4, y: 43.2, z: 30486, name: 'Labiau Wehlau',
                        bev: 30.486' },


                    { x: 46.3, y: 36, z: 10709, name: 'Flatow',
                        bev: 10.709' },
                    { x: 36.9, y: 27.3, z: 34648, name: 'Deutschkrone',
                        bev: 34.648' }
                ],
                marker: {
                    fillColor: '#2c7bb6'
                }
            }]
        });
    });
                </script>
            </head>
            <body>
```

```
<script src="https://code.highcharts.com/highcharts.js"></script>
<script src="https://code.highcharts.com/highcharts-more.js"></script>
<script src="https://code.highcharts.com/modules/exporting.js"></script>
```

Im wesentlichen können wir die Voreinstellungen übernehmen. Lediglich die Größe der Punkte wurde mit bubble: minSize: 1, maxSize: 50 ergänzt, eine Legende eingefügt und die Beschriftung der Punkte etwas schlanker gestaltet. Die Mittelwerte der Anteile der Beschäftigten in Industrie und Gewerbe 1907 sowie des SPD-Stimmenanteils werden als gestrichelte Linien eingezeichnet.

Für die Erstellung des Datenteils kommt nun R zur Anwendung. Als erstes erzeugen wir eine temporäre Datei. Die Daten sollen dann für die Provinzen/Bundesstaaten 7, 14, und 19 ausgegeben werden. Dazu werden für diese drei Teilmengen Farben definiert (aus einer Colorbrewer-Farbpalette). Nun folgen zwei Schleifen: Die äußere durchläuft die drei Teilmengen (Provinzen/Bundesstaaten), die innere für diese jeweils die Daten. Da die Bezeichnungen der Provinzen/Bundesstaaten ebenso wie die Wahlkreise in der SPSS-Datei als Value-Labels abgespeichert sind, werden sie zunächst mit der Funktion get_labels() des sjmisc-Paketes als ZA8145.val abgespeichert.

```
ZA8145.val <- get_labels(ZA8145)
file.create("temp.txt")
d<-c(7, 14, 19)

farbe<-1:19
farbe[7]<-"#d7191c"
farbe[14]<-"#ffffbf"
farbe[19]<-"#2c7bb6"

for(i in d)
{
auswahl<-ZA8145[ZA8145$wkrprov==i, ]
attach(auswahl)
n<-nrow(auswahl)

output<-paste("           name: '", ZA8145.val$prov[i], "',\n
       data: [\n", sep="")
write(output, file="temp.txt", append=T)
for(j in 1:n)
{
output<-paste("              { x: ", kbe07igp[j], ", y: ", spd12p[j], ",
    z: ", wbr12abs[j], ", name: '", ZA8145.val$wkr_nr[j], "',
    bev: '", format(wbr12abs[j], big.mark=".",
    scientific=FALSE), "' },", sep="")
write(output, file="temp.txt", append=T)
}
```

```
output<-paste("                 ],\n            marker: {\n
         fillColor: '", farbe[i], "'\n              }\n         }, {", sep="")
write(output, file="temp.txt", append=T)
}
```

Zum Schluss muss dann nur noch per copy-and-paste der Inhalt der Datei temp.txt in den Javascript-Code übernommen werden:Wir ersetzen also den vorhandenen Datenabschnitt durch den durch R erzeugten.[3]

12.2 Zeitreihe in Highcharts

Bei Zeitreihen ist gelegentlich mit fehlenden Werten zu rechnen. Hierbei sind bei Abbildungen von Zeitreihen als Liniendiagramme zwei Fälle zu unterscheiden: Fehlen einzelne oder aufeinanderfolgende Werte innerhalb einer Reihe, machen sich diese fehlenden Werte als Unterbrechungen der Linie bemerkbar. Das ist hinsichtlich des Layouts kein großes Problem. Schwieriger wird es, wenn einzelne vorhandene Werte von Lücken umgeben sind. In diesen Fällen sollte als Darstellung eine Kombination aus Punkten und Linien gewählt werden (vgl. Abschn. 8.4.2).

Im Folgenden verwenden wir als Beispiel die Abbildung einer Zeitreihe zur Lebenserwartung in Deutschland. Es handelt sich hierbei um vier Zeitreihen für das Deutsche Reich, die Bundesrepublik, die DDR sowie Deutschland seit 1990.

Die Daten können bei GESIS heruntergeladen werden (http://dx.doi.org/10.4232/1.12202).

---

[3] Alternativ könnte man hier auch die Verwendung des Paketes RSJONIO erwägen (siehe Abschn. 3.2), das die benötigte Datenstruktur direkt erzeugt.

Lebenserwartung in Deutschland bei Geburt: Männer

Quelle: Deutschland in Daten (Reihe x 0204)

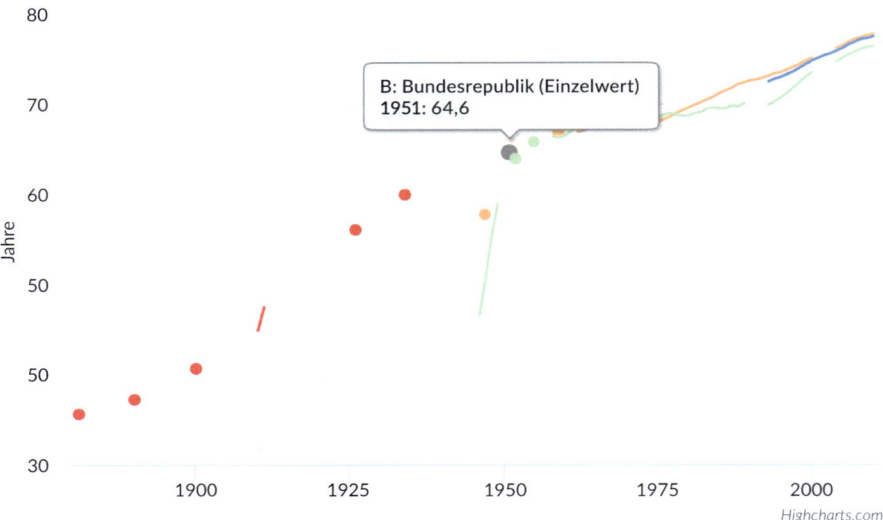

Highcharts.com

Für die Darstellung kommt, wie schon bei dem Streudiagramm, die JavaScript-Bibliothek Highcharts zum Einsatz. Wir gehen wiederum von einer vorhandenen Vorlage aus, die wir nun jedoch in einigen Punkten abändern.

```
<script type="text/javascript" src=
"https://ajax.googleapis.com/ajax/libs/jquery/1.8.2/jquery.min.js">
</script>
<style type="text/css">
${demo.css}
</style>
<script type="text/javascript">
$(function () {
        $('#container').highcharts({
            chart:{
                type:'scatter'
            },
            tooltip: {
            backgroundColor: '#F0F0F0',
            borderColor: 'grey',
            borderRadius: 10,
            borderWidth: 1,
            formatter: function() {
```

12.2 Zeitreihe in Highcharts

```
                return this.series.name + '<br /><b>' + this.x + '</b>: '
                + this.y ;
            }
        },
        title: {
        text: 'Lebenserwartung bei Geburt: Männer'
        },
        subtitle: {
        text: 'Quelle: <a href="http://www.deutschland-in-daten.de">
        Deutschland in Daten (Reihe x0204)</a>'
        },
        legend: {
        enabled: false
        },
        yAxis: {
        title: {
            text: 'Jahre'
            }
        },
        plotOptions:{
            scatter:{
                lineWidth:2
            },
            series: {
            marker: {
                enabled: false, symbol: 'circle',
states: {hover: {fillColor: 'grey'}}
            },
            states: {
                hover: {
                    enabled: true
                },
            }
        }
        },
        series: [{
   name: ' A: Zollverein / Deutsches Reich ',
   data: [
[1881,35.6],[1882,null],[1883,null],[1884,null],[1885,null],[1886,null],
[1887,null],[1888,null],[1889,null],[1890,37.2],[1891,null],[1892,null],
[1893,null],[1894,null],[1895,null],[1896,null],[1897,null],[1898,null],
[1899,null],[1900,40.6],[1901,null],[1902,null],[1903,null],[1904,null],
[1905,null],[1906,null],[1907,null],[1908,null],[1909,null],[1910,44.8],
[1911,47.4],[1912,null],[1913,null],[1914,null],[1915,null],[1916,null],
```

[1917,null],[1918,null],[1919,null],[1920,null],[1921,null],[1922,null],
[1923,null],[1924,null],[1925,null],[1926,56],[1927,null],[1928,null],
[1929,null],[1930,null],[1931,null],[1932,null],[1933,null],[1934,59.9]
], lineColor: 'rgba(215,25,28, .9)'},
{
    name: 'A: Zollverein / Deutsches Reich (Einzelwert)',
    color: 'rgba(215,25,28, .9)',
    data: [
[1881,35.6],
[1890,37.2],
[1900,40.6],
[1926,56],
[1934,59.9]
], marker: {enabled: true}, lineWidth: 0},
{
    name: ' B: Bundesrepublik ',
    data: [
[1947,57.7],[1948,null],[1949,null],[1950,null],[1951,64.6],[1952,null],
[1953,null],[1954,null],[1955,null],[1956,null],[1957,null],[1958,null],
[1959,66.8],[1960,null],[1961,null],[1962,66.9],[1963,67.1],[1964,67.3],
[1965,67.4],[1966,67.6],[1967,67.6],[1968,67.6],[1969,67.4],[1970,67.2],
[1971,67.3],[1972,67.4],[1973,67.6],[1974,67.9],[1975,68],[1976,68.3],
[1977,68.6],[1978,69],[1979,69.3],[1980,69.6],[1981,69.9],[1982,70.2],
[1983,70.5],[1984,70.8],[1985,71.2],[1986,71.5],[1987,71.8],[1988,72.2],
[1989,72.4],[1990,72.6],[1991,72.7],[1992,72.9],[1993,73.1],[1994,73.4],
[1995,73.5],[1996,73.8],[1997,74.1],[1998,74.4],[1999,74.8],[2000,75.1],
[2001,null],[2002,null],[2003,null],[2004,76.2],[2005,76.5],[2006,76.9],
[2007,77.2],[2008,77.4],[2009,77.6],[2010,77.8]
], lineColor: 'rgba(253,174,97, .9)'},
{
    name: 'B: Bundesrepublik (Einzelwert)',
    color: 'rgba(253,174,97, .9)',
    data: [
[1947,57.7],
[1951,64.6],
[1959,66.8],
], marker: {enabled: true}, lineWidth: 0},
{
    name: ' C: Deutsche Demokratische Republik ',
    data: [
[1946,46.6],[1947,50.8],[1948,55.3],[1949,58.9],[1950,null],[1951,null],
[1952,63.9],[1953,null],[1954,null],[1955,65.8],[1956,null],[1957,null],
[1958,66.4],[1959,66.3],[1960,66.5],[1961,67.1],[1962,67.3],[1963,67.9],
[1964,67.7],[1965,68],[1966,68.2],[1967,68.4],[1968,68],[1969,67.8],
[1970,68.1],[1971,68.5],[1972,68.5],[1973,68.8],[1974,68.9],[1975,68.5],

12.2 Zeitreihe in Highcharts

```
[1976,68.8],[1977,69],[1978,68.8],[1979,68.7],[1980,68.7],[1981,69],
[1982,69.1],[1983,69.5],[1984,69.6],[1985,69.5],[1986,69.5],[1987,69.8],
[1988,69.7],[1989,70.1],[1990,null],[1991,null],[1992,null],[1993,69.9],
[1994,70.3],[1995,70.7],[1996,71.2],[1997,71.8],[1998,72.4],[1999,73],
[2000,73.5],[2001,null],[2002,null],[2003,null],[2004,74.7],[2005,75.1],
[2006,75.5],[2007,75.8],[2008,76.1],[2009,76.3],[2010,76.4]
], lineColor: 'rgba(171,221,164, .9)'},
{
    name: 'C: Deutsche Demokratische Republik (Einzelwert)',
    color: 'rgba(171,221,164, .9)',
    data: [
[1952,63.9],
[1955,65.8],
], marker: {enabled: true}, lineWidth: 0},
{
    name: ' D: Deutschland ',
    data: [
[1993,72.5],[1994,72.8],[1995,73],[1996,73.3],[1997,73.6],[1998,74],
[1999,74.4],[2000,74.8],[2001,75.1],[2002,75.4],[2003,75.6],[2004,75.9],
[2005,76.2],[2006,76.6],[2007,76.9],[2008,77.2],[2009,77.3],[2010,77.5]
], lineColor: 'rgba(43,131,186, .9)'},
{
    name: 'D: Deutschland (Einzelwert)',
    color: 'rgba(43,131,186, .9)',
    data: [
], marker: {enabled: true}, lineWidth: 0}]
        });
    });
</script>
</head>
<body>
<script src="https://code.highcharts.com/highcharts.js"></script>
<script src="https://code.highcharts.com/modules/exporting.js"></script>
```

Als Chart Type wählen wir hier „scatter" und können damit in einer Abbildung sowohl Punkte als auch Linien anzeigen. Als nächstes definieren wir einen spezifischen Tooltip, der den Namen der Reihe umfasst sowie die Jahreszahl und den konkreten Wert des Jahres. Da es sich hier um vier Reihen mit jeweils demselben Sachverhalt handelt, der im Titel angegeben ist, ist die Anzeige einer Legende hier überflüssig.

Die meisten Elemente, die das Aussehen der Abbildung beeinflussen, können an verschiedenen Stellen angegeben werden: Je nachdem, an welcher Stelle sie eingefügt werden, beziehen sie sich dann entweder auf einen einzelnen Datenpunkt, auf eine einzelne Reihe, auf alle Reihen oder auf die gesamte Abbildung. Wir definieren hier zunächst allgemein für alle Reihen ein Punktsymbol und eine Linienstärke, passen dies aber bei den einzelnen Reihen an. Die Reihen werden so eingebunden, dass zunächst für jeden Jahreswert ein Wertepaar angegeben wird. Fehlt der entsprechende Reihenwert (der y-Wert), wird ein „null" eingetragen. Die Reihe wird als Linie dargestellt. Dadurch wird eine Linie erzeugt, die bei den fehlenden Werten unterbrochen ist. Hätten wir diese „null"-Werte nicht eingetragen, wäre eine interpolierte Linie zwischen den vorhandenen Werten gezogen worden.

Nun werden in einem zweiten Schritt jeweils dort, wo einzelne Werte vorhanden sind, diese als Punkte gezeichnet. Dazu wird ein Verfahren verwendet, das solche „Einzelwerte" automatisch heraussucht und das wir schon in Abschn. 8.4.2 kennengelernt hatten.

Die Werte für die Reihen werden der XLS-Tabelle „K05_1_Gesundheitswesen_-_Lebenserwartungen_nach_Geschlecht_für_ausgewählte_Perioden.xls" entnommen, die von GESIS heruntergeladen werden kann (http://dx.doi.org/10.4232/1.12202).

```
library(gdata)
daten<-read.xls("daten/K05_1_Gesundheitswesen_-_Lebenserwartungen_nach_
    Geschlecht_für_ausgewählte_Perioden.xls", skip=10)

file.create("temp.txt")

A<-daten[1:7, c(1,2)]
jahre<-1881:1934
reihenname<-"A: Zollverein / Deutsches Reich"
names(A)<-c("x", "y")
A<-merge(jahre, A, by=1, all.x=T)
attach(A)
farbe<-"rgba(215,25,28, .9)"
source("r-Skripte/inc_highcharts_zeitreihen.r")

B<-daten[9:67, c(1,8)]
jahre<-1947:2010
reihenname<-"B: Bundesrepublik"
names(B)<-c("x", "y")
B<-merge(jahre, B, by=1, all.x=T)
attach(B)
farbe<-"rgba(253,174,97, .9)"
source("r-Skripte/inc_highcharts_zeitreihen.r")

C<-daten[8:67, c(1,14)]
jahre<-1946:2010
reihenname<-"C: Deutsche Demokratische Republik"
names(C)<-c("x", "y")
C<-merge(jahre, C, by=1, all.x=T)
attach(C)
farbe<-"rgba(171,221,164, .9)"
source("r-Skripte/inc_highcharts_zeitreihen.r")
```

12.2 Zeitreihe in Highcharts

```
D<-daten[50:67, c(1,20)]
jahre<-1993:2010
reihenname<-"D: Deutschland"
names(D)<-c("x", "y")
D<-merge(jahre, D, by=1, all.x=T)
attach(D)
farbe<-"rgba(43,131,186, .9)"
source("r-Skripte/inc_highcharts_zeitreihen.r")
```

Im Wesentlichen werden hier die Daten aus vier verschiedenen Spalten der XLS-Tabelle eingelesen, und anschließend wird ein Unterprogramm aufgerufen, das die Daten in der benötigten Struktur herausschreibt: zuerst in der Form für die Liniendarstellung, anschließend die isolierten Werte als Punkte.

```
# erst die Linien -----------
output<-paste("{
   name: '", reihenname, "',
   data: [")
write(output, file="temp.txt", append=T)

output<-paste("[", as.character(x), ",", as.character(y), "]",
        collapse=",", sep="")
write(output, file="temp.txt", append=T)
write(paste("], lineColor: '",farbe,"'},", sep=""), file="temp.txt",
        append=T)

# dann die Punkte ------------
output<-paste("{
   name: '", reihenname, " (Einzelwert)',
   color: '",farbe,"',
   data: [", sep="")
write(output, file="temp.txt", append=T)

# erst vorne ...
if (!is.na(y[1]) & is.na(y[2]))
{
output<-paste("[", x[1], ",", y[1], "],", sep="")
write(output, file="temp.txt", append=T)
}

# ... dann die Mitte ...
von<-2; bis<-length(y)-1
for (i in von:bis)
{
if (is.na(y[i-1]) & !is.na(y[i]) & is.na(y[i+1]))
```

```
{
output<-paste("[", x[i], ",", y[i], "],", sep="")
write(output, file="temp.txt", append=T)
}
}

# ... und noch hinten
if (!is.na(y[length(y)]) & is.na(y[length(y)-1]))
{
output<-paste("[", x[length(y)], ",", y[length(y)], "]", sep="")
write(output, file="temp.txt", append=T)
}
write("], marker: {enabled: true}, lineWidth: 0},", file="temp.txt",
      append=T)
```

Am Schluss muss dann wiederum per copy-and-paste der Inhalt der Datei temp.txt in den Javascript-Code übernommen werden: wir ersetzen also wie im vorigen Beispiel den vorhandenen Datenabschnitt mit dem durch R erzeugten.

Im Beitrag wird die Abbildung dann wiederum mit

```
<div id="container" style="min-width: 310px; height: 400px;
margin: 0 auto"></div>
```

eingebunden.

12.3 Choroplethenkarten mit Mapael

Um das Grundprinzip der Verknüpfung von statistischen Daten mit Kartengeometrien zu verstehen, ist es hilfreich, zunächst die Erstellung „statischer" Choroplethenkarten mit R nachzuvollziehen, wie sie in Abschn. 10.3 erläutert wurde.

12.3 Choroplethenkarten mit Mapael

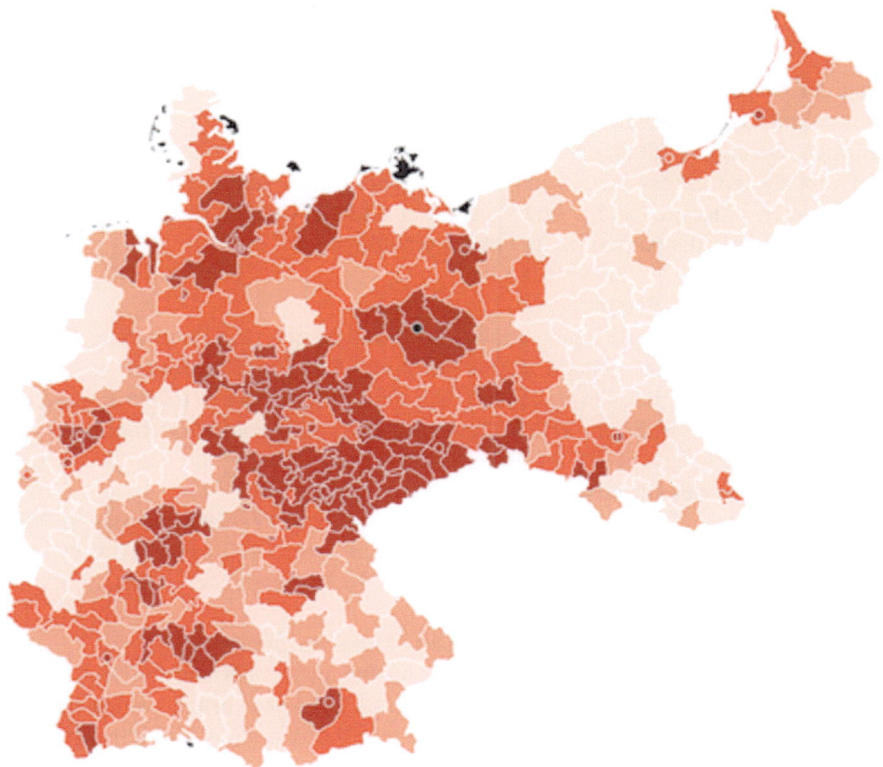

Abb. 12.2 Choroplethenkarte mit Mapael (1)

Die Erstellung interaktiver Choroplethenkarten erfolgt hier in den folgenden Schritten:

1. (einmalig) Installation der Javascript-Bibliotheken von Mapael,
2. (einmalig, bei der Verwendung von WordPress) Installation des Plugins Header and Footer Scripts,
3. Herunterladen des Datensatzes,
4. Herunterladen der Kartendaten im SHP-Format,
5. Konvertierung der SHP-Datei in eine SVG-Datei mit mapshaper,
6. Konvertierung der SVG-Datei in JS,
7. Erstellen des Beitrags mit dem Code (via Header and Footer Scripts),
8. manuelles Bearbeiten der Legende,
9. Erzeugung des einzubindenden Codes mit R,
10. Einfügen des von R erzeugten Codes in das Header-Feld des Beitrags in den Javascript-Abschnitt „areas".

12.3.1 Installation der Javascript-Bibliotheken von Mapael

Von der Mapael-Website kann das Paket jQuery-Mapael heruntergeladen werden. Wir nehmen aus dem Verzeichnis „examples/basic" die Datei legend_areas.html als Vorlage. Den dort enthaltenen Quellcode bearbeiten und integrieren wir in die hier verwendete WordPress-Seite. Zum Ausführen des Codes genügt es, auf dem Server die Dateien jquery.mapael.js und jquery.mapael.min.js sowie in einem Unterverzeichnis „maps" die Karten im .js-Format abzulegen.

Header and Footer Scripts
Benutzt man wie im vorliegenden Fall WordPress, ist noch ein Plugin wie „Header and Footer Scripts" von Anand Kumar nötig, um JavaScript ausführen zu können (siehe die beiden vorherigen Beispiele). Mit dem Plugin kann in jedem Beitrag ein separates Feld „Insert Script to head" mit JavaScript-Code befüllt werden.

Herunterladen des Datensatzes und der Kartendaten
Wir verwenden im Folgenden als Beispiel den Datensatz Wählerbewegung im Wilhelminischen Deutschland. Die Reichstagswahlen von 1890 bis 1912 sowie die dazu passende Karte, die wir bereits in Abschn. 10.3.2 verwendet hatten.

Konvertierung der SHP-Datei in eine SVG-Datei mit mapshaper
Die Karte, die wir hier verwenden, ist eine von Daniel Zieblatt und Jeffrey C. Blossom erstelltes Shapefile, das zunächst in das SVG-Format umgewandelt werden muss. Ein geeignetes Tool hierfür ist mapshaper,[4] das über eine Vielzahl von Möglichkeiten verfügt.

---

[4] http://mapshaper.org.

12.3 Choroplethenkarten mit Mapael

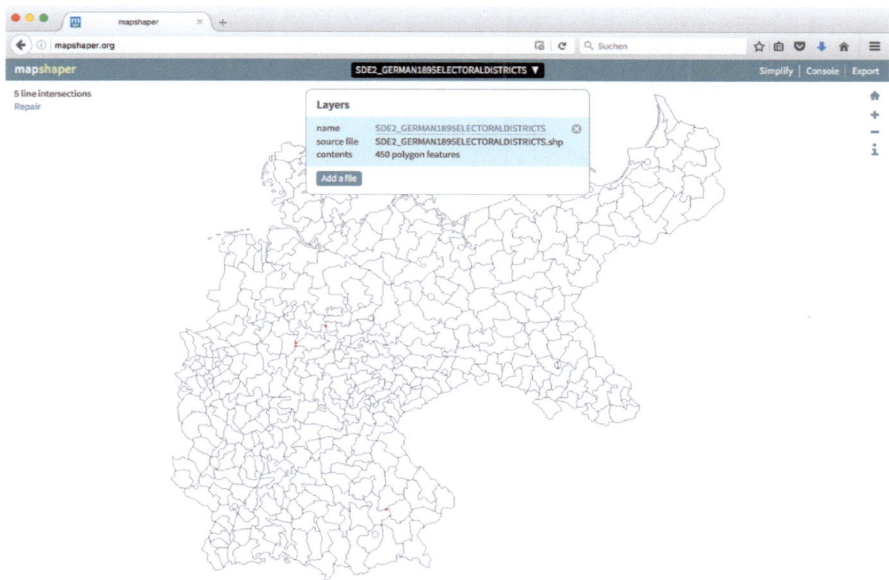

Abb. 12.3 Mapshaper: Anzeige des Shapefiles

Hier muss angegeben werden, welches ID-Feld verwendet werden soll (in diesem Beispiel: `id-field=OBJECTID`). Außerdem kann die Karte „vereinfacht" werden, damit die Polygone nicht unnötig viele Ecken und Kanten aufweisen.

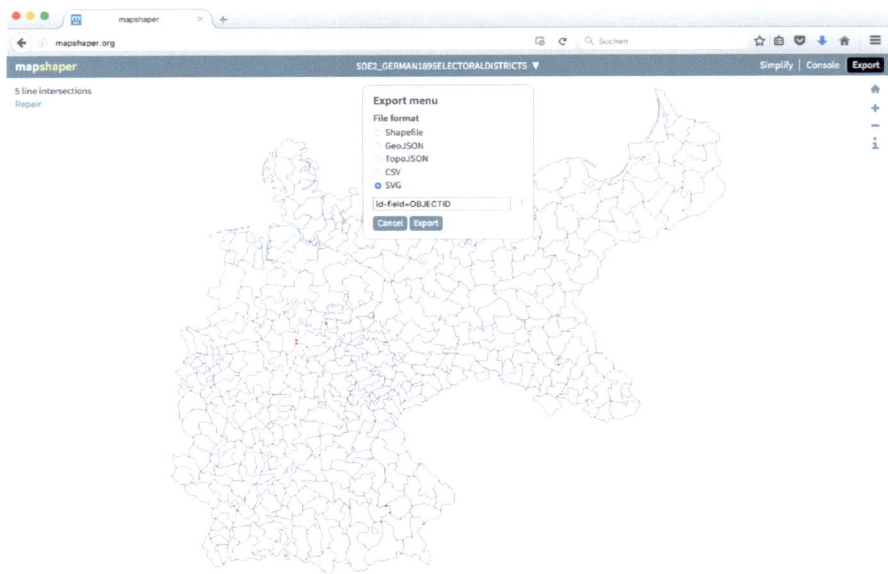

Abb. 12.4 Mapshaper: Export als SVG-Datei

Das Ergebnis des Exports ist eine SVG-Datei (also eine XML-Datei), die so aussieht (gekürzt):

```
<?xml version="1.0"?>
<svg xmlns="http://www.w3.org/2000/svg" version="1.2" baseProfile="tiny"
     width="800" height="728" viewBox="0 0 800 728"
     stroke-linecap="round" stroke-linejoin="round">
<g id="SDE2_GERMAN1895ELECTORALDISTRICTS">
<path d="M 57.3058 667.944 ... 57.3058 667.944 Z" id="6"/>
<path d="M 159.7408 655.7696 ... 655.7696 Z" id="7"/>
...
<path d="M 767.4287 85.1217 ... 767.4287 85.1217 Z" id="435"/>
</g>
</svg>
```

Konvertierung der SVG-Datei in JS
Für Mapael muss die Karte im JS-Format vorliegen. Dazu kann das Online-Tool SVG To Mapael von Vincent Brouté verwendet werden:

12.3 Choroplethenkarten mit Mapael

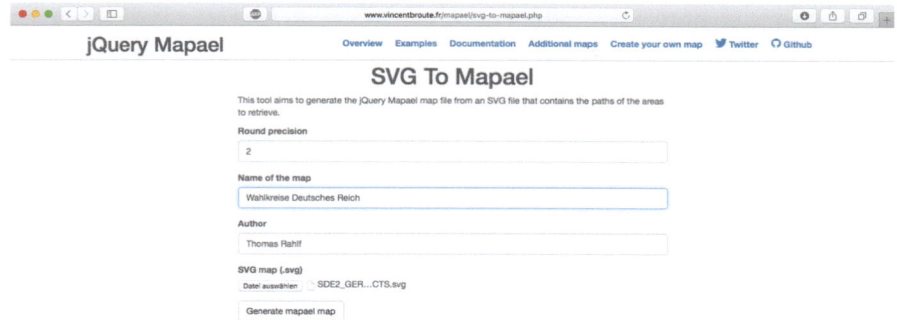

Abb. 12.5 SVGToMapael

Die exportierte Karte sieht so aus (gekürzt):

```
/*!
 *
 * Jquery Mapael - Dynamic maps jQuery plugin (based on raphael.js)
 * Requires jQuery and Mapael >=2.0.0
 *
 * Map of Germany 1895
 *
 * @author Daniel Zieblatt / Jeffrey C. Blossom (Shapefile)
 */
(function (factory) {
    if (typeof exports === 'object') {
        // CommonJS
        module.exports = factory(require('jquery'), require('mapael'));
    } else if (typeof define === 'function' && define.amd) {
        // AMD. Register as an anonymous module.
        define(['jquery', 'mapael'], factory);
    } else {
        // Browser globals
        factory(jQuery, jQuery.mapael);
    }
}(function ($, Mapael) {

    "use strict";

    $.extend(true, Mapael,
        {
            maps : {
                germany_1895 : {
                    width : 800,
                    height : 728,
                    getCoords : function (lat, lon) {
```

```
                        // todo
                        return {"x" : lat, "y" : lon};
                    },
                    'elems' : {
                        "6"   : "M 57.31 667.94 57.35 669.24 .... Z",
                        "7"   : "M 159.74 655.77 160.37 656.05 .... Z",
                        "9"   : "M 80.74 653.86 81.28 654.17 81.61 .... Z",
                        ...
                        "435" : "M 767.43 85.12 767.67 85.62 .... Z"
                    }
                }
            }
        }
    );

    return Mapael;
}));
```

Erstellen der Seite bzw. des Beitrags mit dem Code

Hierfür hatten wir bereits das Plugin „Header and Footer Scripts" installiert, das für jeden Beitrag ein separates Feld „Insert Script to " bereitstellt. In dieses Feld wird zunächst die Definition von CSS-Klassen sowie die Einbindung der benötigten Javascript-Quellen eingetragen:

```
<style type="text/css">
        .container {
            max-width: 800px;
            margin: auto;
        }

        /* Specific mapael css class are below
         * 'mapael' class is added by plugin
         */

        .mapael .map {
            position: relative;
        }

        .mapael .mapTooltip {
            position: absolute;
            background-color: #fff;
            moz-opacity: 0.70;
            opacity: 0.70;
            filter: alpha(opacity=70);
            border-radius: 10px;
            padding: 10px;
            z-index: 1000;
```

12.3 Choroplethenkarten mit Mapael

```
            max-width: 200px;
            display: none;
            color: #343434;
        }
    </style>
<script src="https://cdnjs.cloudflare.com/ajax/libs/jquery/
    3.0.0/jquery.min.js"charset="utf-8"></script>
<script src="https://cdnjs.cloudflare.com/ajax/libs/jquery-mousewheel/
    3.1.13/jquery.mousewheel.min.js" charset="utf-8"></script>
<script src="https://cdnjs.cloudflare.com/ajax/libs/raphael/
    2.2.0/raphael-min.js"charset="utf-8"></script>
<script src="../../js/jquery.mapael.js"charset="utf-8"></script>
<script src="../../js/maps/wahlkreise_deutsches_reich.js"charset="utf-8"
></script>
```

Manuelles Bearbeiten der Legende

Daran schließt sich unmittelbar der Hauptteil an. In diesem wird zunächst die Legende definiert. Mit der Definition der Legende werden auch die Klasseneinteilungen vorgenommen: Die Polygone werden dann anhand der hier definierten Werte klassifiziert und eingefärbt. Die Legende kann zunächst aus der Beispieldatei übernommen und anschließend ggf. durch verschiedene Optionen angepasst werden.

```
    <script type="text/javascript">
        $(function () {
            $(".mapcontainer").mapael({
                map: {
                    name:"wahlkreise_deutsches_reich",
                    defaultArea: {
                        attrs: {
                            stroke:"#fff",
                            "stroke-width": 1
                        },
                        attrsHover: {
                            "stroke-width": 2
                        }
                    }
                },
                legend: {
                    area: {
                        title:"Legende",
                        titleAttrs: {"font-family":"Oxygen"},
                        labelAttrs: {"font-family":"Oxygen"},
                        slices: [
                            {
                                max: 10,
```

```
                            attrs: {
                                fill:"#fee5d9"
                            },
                            label:"bis 10 Prozent"
                        },
                        {
                            min: 10,
                            max: 20,
                            attrs: {
                                fill:"#fcae91"
                            },
                            label:"10 bis 20 Prozent"
                        },
                        {
                            min: 20,
                            max: 40,
                            attrs: {
                                fill:"#fb6a4a"
                            },
                            label:"20 bis 40 Prozent"
                        },
                        {
                            min: 40,
                            attrs: {
                                fill:"#cb181d"
                            },
                            label:"über 40 Prozent"
                        }
                    ]
                }
            },
```

Als nächstes folgt der Datenteil. Wir nehmen als Beispiel die Stimmanteile für die SPD bei der Reichstagswahl 1912. Das Ergebnis muss am Ende aussehen wie folgt: Die einzelnen Absätze beginnen mit der jeweiligen Wahlkreis-ID in Anführungsstrichen, gefolgt von dem eigentlichen Wert (dem ganzzahligen SPD-Stimmanteil) und einem Tooltip, der die Beschriftung (Name und Prozentwert) einblendet, wenn man mit der Maus über die entsprechende Fläche fährt.

```
            areas: {
"6": {
                    value:"24",
                    href:"#",
```

12.3 Choroplethenkarten mit Mapael

```
                    tooltip: {content:"<span style=\"font-weight:bold;\">
Altkirch - Thann </span><br />Prozent :  24.2"}
                },
"7": {
                    value:"11",
                    href:"#",
                    tooltip: {content:"<span style=\"font-weight:bold;\">
Überlingen-Meßkirch-Stockach-Konstanz </span><br />Prozent :  10.8"}
                },
"9": {
                    value:"33",
                    href:"#",
                    tooltip: {content:"<span style=\"font-weight:bold;\">
Colmar Elsass </span><br />Prozent :  33.2"}
                },
...
"434": {
                    value:"3",
                    href:"#",
                    tooltip: {content:"<span style=\"font-weight:bold;\">
Goldap - Darkehmen </span><br />Prozent :  3.4"}
                },
"435": {
                    value:"15",
                    href:"#",
                    tooltip: {content:"<span style=\"font-weight:bold;\">
Gumbinnen - Insterburg </span><br />Prozent :  14.8"}
                }
            }
        });
    });
</script>
```

Erzeugung des einzubindenden Codes mit R

Um den Datenteil zu erzeugen, benötigen wir die Statistik-Angaben aus dem Datensatz. Die einfachste Möglichkeit besteht darin, den benötigten Code direkt aus R heraus zu erzeugen.

```
library(Hmisc)
library(maptools)
```

```
library(plyr)

ZA8145<-spss.get("daten/ZA8145_wdk_1912.sav", use.value.labels=F)

vars <- c("wkr.nr", "spd12p")
auswahl<-ZA8145[vars]

ZA8145<-spss.get("daten/ZA8145_wdk_1912.sav", use.value.labels=T)
auswahl$wkr.nr2<-ZA8145$wkr.nr

x<-readShapeSpatial("shp/SDE2_GERMAN1895ELECTORALDISTRICTS.shp")

xdata<-x@data

auswahl$DISTRICT<-auswahl$wkr.nr
xdata$DISTRICT<-xdata$DISTRICT_N
z<-join(xdata, auswahl, type="left")

file.create("temp.txt")

attach(z)
n<-nrow(z)
for(i in 1:n)
{
output<-paste('"',OBJECTID[i],'": {\n                        value: "',
round(spd12p[i], digits=0),'",\n
href: "#",\n
tooltip: {content: "<span style=\"font-weight:bold;\">',wkr.nr2[i],
'</span><br />Prozent : ',spd12p[i],'"}\n                      },')
write(output, file="temp.txt", append=T)
}
```

Den Datensatz lesen wir zwei mal ein, um einmal die Wahlkreis-Nummern und einmal die Wahlkreisbezeichnungen zu erhalten (die Wahlkreisbezeichnungen sind in dem Datensatz als „Labels" gespeichert). Da wir mehr Polygone als Wahlkreise haben, müssen wir zuerst den Shapefile mit dem Datensatz per „left join" verknüpfen. Andernfalls hätte es gereicht, nur den Datensatz einzulesen. Anschließend werden in einer Schleife für jedes Polygon die notwendigen Angaben in der im JavaScript-Code benötigten Form in eine temporäre Datei geschrieben. Zuletzt muss dieser Teil noch in den Bereich „areas:" in dem JavaScript-Block eingefügt werden.

Choroplethenkarte Volkszählung 1925: Arbeiter in Industrie und Handwerk
Anhand eines zweiten Beispiels wollen wir noch zeigen, wie wir Karten verwenden können, bei denen die statistischen Daten mehreren Gebieten zugeordnet werden müssen. Das ist zum Beispiel immer dann der Fall, wenn ein Verwaltungskreis aus mehreren Teilgebieten besteht. Die folgende Karte zeigt auf der Basis der Volkszählung 1925 für rund eintausend kleine Verwaltungsbezirke (Kreise) den Anteil der Arbeiter in Industrie und Handwerk an den Erwerbstätigen insgesamt. Sie ba-

siert auf einem Datensatz der Wahl- und Sozialdaten der Kreise und Gemeinden des Deutschen Reiches von 1920 bis 1933 sowie einer Karte mit den Verwaltungsgrenzen, die vom Max-Planck-Instituts für demografische Forschung in Rostock erstellt, wurde. Der Datensatz kann bei GESIS (http://dx.doi.org/10.4232/1.8013), die Karte von der Webseite censusmosaic.org heruntergeladen werden.

Arbeiter in Industrie und Handwerk 1925

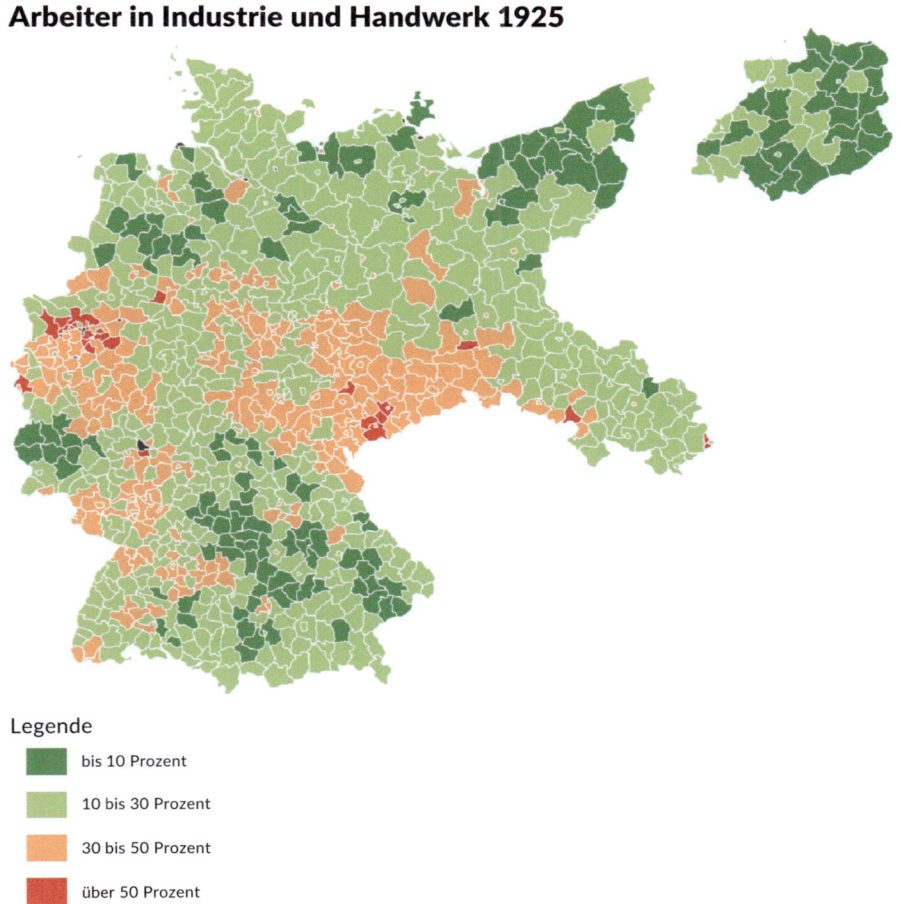

Abb. 12.6 Choroplethenkarte mit Mapael (2)

1925 waren über vierzig Prozent aller Erwerbstätigen in Industrie und Handwerk beschäftigt. Die Verteilung war regional sehr unterschiedlich. Neben dem Ruhrgebiet bildete Sachsen einen zweiten industriellen Ballungsraum.

Erstellung der Karte
Die grundsätzliche Vorgehensweise entspricht der im vorherigen Abschnitt beschriebenen. In dem vorliegenden Fall ist ein zusätzlicher Schritt notwendig, da die IDs

der Gebietseinheiten in dem Datensatz nicht mit denjenigen im Shapefile übereinstimmen.

Zunächst wird die Karte `German_Empire_1925_v.1.0.shp` wie oben beschrieben mit Mapshaper in eine SVG-Datei umgewandelt. Dabei können wir für unsere Zwecke ohne Informationsverlust die Komplexität der Polygone auf 10 Prozent vereinfachen (über einen Schieberegler in Mapshaper). Dadurch wird die Dateigröße erheblich verringert und die Ladezeit der Seite, auf der die Karte dargestellt wird, beschleunigt. Als ID geben wir die Spalte „ID" an.

Anders als bei der Karte der Wahlkreise des Deutschen Reichs sind hier jedoch die auseinanderliegen Gebietseinheiten, die zu einem Kreis gehören, nicht mit der gleichen (Kreis-)ID gekennzeichnet, sondern zu einer Gruppe zusammengefasst, wie man in QGIS am Beispiel von Bernburg sehen kann.

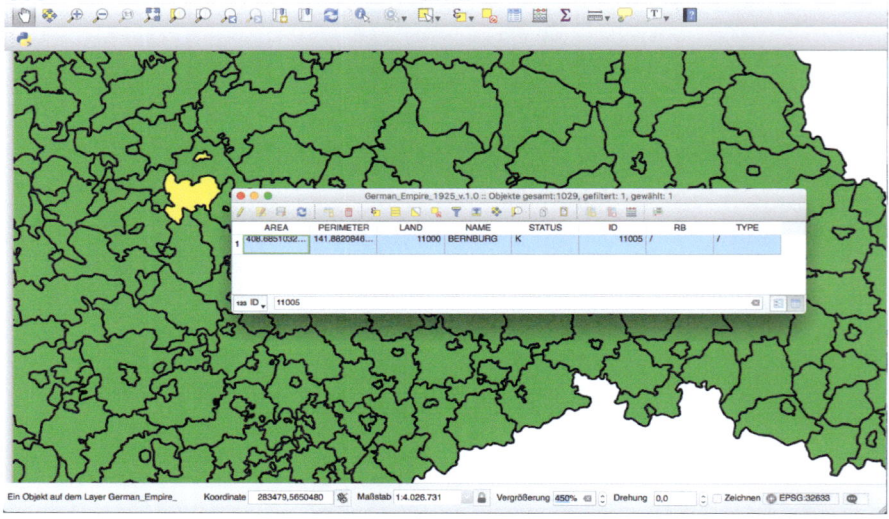

Abb. 12.7 Beispiel für zwei getrennte Gebiete mit gleicher ID (Bernburg)

Im SVG-Export ergibt das eine Gruppierung mit dem Tag „g":

```
<g id="11005">
<path d="M 290.0323 266.5992 ..... 266.5992 Z"/>
<path d="M 294.9746 279.2339 ..... 279.2339 Z"/>
</g>
```

Solche Gebietsgruppen müssen zunächst aufgelöst werden, bevor wir sie in Mapael zur Verwendung in einer Choroplethenkarte anzeigen können. Dazu müssen wir die Gruppen-Tags ("<g id="11005" >... </g >") löschen und die darin enthaltenen IDs unmittelbar den einzelnen Pfaden zuordnen. Der jeweils erste Pfad bekommt die ID, die eigentlich der Gruppe zugeordnet war. Alle folgenden

12.3 Choroplethenkarten mit Mapael

Pfade erhalten die gleiche ID, jedoch gefolgt von einem Bindestrich und einer Nummer 2, 3 usw. Im konkreten Beispiel sieht das so aus:

```
<path id="11005" d="M 290.0323 266.5992 ..... 266.5992 Z"/>
<path id="11005-2" d="M 294.9746 279.2339 ..... 279.2339 Z"/>
```

Anschließend kann die so bearbeitete SVG-Datei mit dem Tool SVG To Mapael in eine JS-Datei umgewandelt werden, die dann die Grundlage für die Darstellung in Mapael bildet. Als Ergebnis erhalten wir eine JS-Version der Karte, in der die Polygone korrekt übernommen wurden:

```
/*!
 *
 * Jquery Mapael - Dynamic maps jQuery plugin (based on raphael.js)
 * Requires jQuery and Mapael >=2.0.0
 *
 * Map of Kreise Deutsches Reich 1925
 *
 * @author MPIDR Population History GIS Collection
 */
(function (factory) {
    if (typeof exports === 'object') {
        // CommonJS
        module.exports = factory(require('jquery'), require('mapael'));
    } else if (typeof define === 'function' && define.amd) {
        // AMD. Register as an anonymous module.
        define(['jquery', 'mapael'], factory);
    } else {
        // Browser globals
        factory(jQuery, jQuery.mapael);
    }
}(function ($, Mapael) {

    "use strict";

    $.extend(true, Mapael,
        {
            maps : {
                kreise_deutsches_reich_1925 : {
                    width : 800,
                    height : 626,
                    getCoords : function (lat, lon) {
                        // todo
                        return {"x" : lat, "y" : lon};
                    },
                    'elems': {
                        "11001" : "M 330.61 268.17 ... 268.17 Z",
                        "11003" : "M 326.57 276.86 ... 276.86 Z",
```

```
            "11005"   : "M 290.03 266.6 ... 266.6 Z",
            "11005-2" : "M 294.97 279.23 ... 279.23 Z",
            "11004"   : "M 303.26 279.78 ... 279.78 Z",
                .
                .
                .
```

Der Beginn des JavaScript-Codes für die Anzeige der Karte entspricht weitgehend demjenigen aus dem vorangegangenen Beispiel, nur dass wir hier eine andere Karte (`kreise_deutsches_reich_1925.js`) einbinden:

```
<style type="text/css">
    .container {
        max-width: 800px;
        margin: auto;
    }

    /* Specific mapael css class are below
     * 'mapael' class is added by plugin
     */

    .mapael .map {
        position: relative;
    }

    .mapael .mapTooltip {
        position: absolute;
        background-color: #fff;
        moz-opacity: 0.70;
        opacity: 0.70;
        filter: alpha(opacity=70);
        border-radius: 10px;
        padding: 10px;
        z-index: 1000;
        max-width: 200px;
        display: none;
        color: #343434;
    }
</style>
<script src="https://cdnjs.cloudflare.com/ajax/libs/jquery/
    3.0.0/jquery.min.js"charset="utf-8"></script>
<script src="https://cdnjs.cloudflare.com/ajax/libs/jquery-mousewheel/
    3.1.13/jquery.mousewheel.min.js" charset="utf-8"></script>
<script src="https://cdnjs.cloudflare.com/ajax/libs/raphael/
    2.2.0/raphael-min.js"charset="utf-8"></script>
<script src="../../js/jquery.mapael.js"charset="utf-8"></script>
```

12.3 Choroplethenkarten mit Mapael

```
<script src="../../js/maps/kreise_deutsches_reich_1925.js"
    charset="utf-8"></script>
    <script type="text/javascript">
        $(function () {
            $(".mapcontainer").mapael({
                map: {
                    name:"kreise_deutsches_reich_1925",
                    defaultArea: {
                        attrs: {
                            stroke:"#fff",
                            "stroke-width": 1
                        },
                        attrsHover: {
                            "stroke-width": 2
                        }
                    }
                },
```

Für die Klasseneinteilung, die wiederum über die Legende definiert wird, schauen wir uns in R mit der Funktion hist() die Verteilung der Daten an.

```
hist(daten$p25iarb)
```

Das ist das Ergebnis:

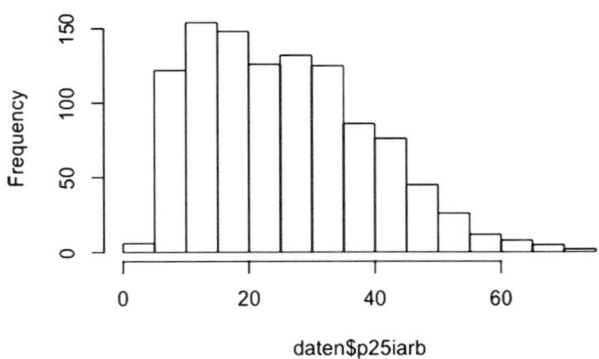

Abb. 12.8 Histogram der Variable p25iarb

Insgesamt bieten sich demnach vier Klassen an: „bis 10 Prozent", „10 bis 30 Prozent", „30 bis 50 Prozent" und „über 50 Prozent". Als Farbpalette wählen wir „4-class RdYlGn" von der Seite colorbrewer2.org. Dort findet man auch die Farbbezeichnungen in Hexadezimalform. Wir tragen also die Klassengrenzen sowie in Hexadezimalform die Farben ein:

```
legend: {
    area: {
        title:"Legende",
        titleAttrs: {"font-family":"Oxygen"},
        labelAttrs: {"font-family":"Oxygen"},
        slices: [
            {
                max: 10,
                attrs: {
                    fill:"#bae4bc"
                },
                label:"bis 10 Prozent"
            },
            {
                min: 10,
                max: 30,
                attrs: {
                    fill:"#7bccc4"
                },
                label:"10 bis 30 Prozent"
            },
            {
                min: 30,
                max: 50,
                attrs: {
                    fill:"#43a2ca"
                },
                label:"30 bis 50 Prozent"
            },
            {
                min: 50,
                attrs: {
                    fill:"#0868ac"
                },
                label:"über 50 Prozent"
            }
        ]
    }
}
```

12.3 Choroplethenkarten mit Mapael

Anschließend folgt der „Datenteil":

```
                areas: {
"2": {
                    value: "16",
                    href: "#",
                    tooltip: {content: "<span style=\"font-weight:bold;\">
FISCHHAUSEN</span><br />Prozent : 16"}
                },
"4": {
                    value: "21",
                    href: "#",
                    tooltip: {content: "<span style=\"font-weight:bold;\">
KOENIGSBERG (PR) S</span><br />Prozent : 21"}
                },
"5": {
                    value: "11",
                    href: "#",
                    tooltip: {content: "<span style=\"font-weight:bold;\">
KOENIGSBERG (PR) L</span><br />Prozent : 11"}
                },
.
.
.
.
.
"19085": {
                    value: "21",
                    href: "#",
                    tooltip: {content: "<span style=\"font-weight:bold;\">
DONAUESCHINGEN</span><br />Prozent : 21"}
                },
"19086": {
                    value: "37",
                    href: "#",
                    tooltip: {content: "<span style=\"font-weight:bold;\">
MANNHEIM</span><br />Prozent : 37"}
                }
            }
        });
```

```
    });
</script>
```

Die Daten lesen wir mit R aus dem SPSS-Datensatz aus und erzeugen damit wiederum die notwendigen Angaben. Die Verknüpfung zwischen der Karte und dem Datensatz muss anhand der Namensbezeichnungen der Verwaltungseinheiten in den beiden Dateien erfolgen, die nicht identisch sind. Eine Möglichkeit der Verknüpfung besteht darin, über ein „fuzzy matching" die Daten automatisch zu verbinden, wie dies zum Beispiel Mark Heckmann für eine aktuelle Choroplethenkarte vorschlägt. Für unsere Zwecke wäre das Resultat aber unbefriedigend, da die Schreibvariationen in den beiden Dateien doch nicht unerheblich sind. Hier ist die bessere (wenngleich auch arbeitsaufwändigere) Variante, die rund tausend Einträge manuell zu vergleichen und eine Konkordanztabelle anzulegen, die die Gebietseinheiten des Datensatzes jeweils eindeutig denjenigen der Karte zuordnet (Konkordanz.xlsx).

```
# ZA8013_to_mapael.r

library(gdata)
library(memisc)
library(plyr)

konkordanz<-read.xls("konkordanz.xlsx")

ZA8013<-spss.system.file("daten/ZA8013_Sozialdaten.sav")
daten<-subset(ZA8013, select=c(lfnr, krnr, agglvl, name, wkr,
       regbez, c25iarb, c25wohn))
daten<-daten[daten$agglvl %in% c(4, 5, 6) & daten$c25iarb>0, ]
daten$p25iarb<-100*daten$c25iarb/daten$c25wohn

dfdaten<-as.data.frame(daten)

z<-join(konkordanz, dfdaten, by="krnr", type="left")

file.create("temp.txt")

attach(z)
n<-nrow(z)
for(i in 1:n)
{
for(j in 1:Anzahl[i])
{
mapael_id<-ID[i]
if (j>1) mapael_id<-paste(toString(mapael_id), "-", toString(j))
output<-paste('"',toString(mapael_id),'": {\n
       value: "',round(p25iarb[i], digits=0),'",\n
       href: "#",\n
       tooltip: {content: "<span style=\\\"font-weight:bold;\\\">',
       name[i],'</span><br />Prozent : ',
```

12.3 Choroplethenkarten mit Mapael 475

```
            round(p25iarb[i], digits=0),'"}\n
        },', sep="")
write(output, file="temp.txt", append=T)
}
}
```

Nachdem die benötigten Variablen des SPSS-Datensatzes importiert wurden (hier mit dem Paket memisc), beschränken wir die Daten auf die Kreisebene (`agglvl %in% c(4, 5, 6)`). Anschließend werden wiederum, wie schon im Beispiel der SPD-Stimmanteile von 1912, in einer Schleife für jedes Polygon die notwendigen Angaben in der im JavaScript-Code benötigten Form in eine temporäre Datei geschrieben. Das Ergebnis muss dann noch in den Bereich „areas:" in dem JavaScript-Block eingefügt werden.

Anhang A. Verwendete Daten

Hier werden alle Daten beschrieben, die im vorliegenden Buch mindestens dreimal verwendet werden.

A.1. ZA2391: Politbarometer 1977-2011 (Partielle Kumulation)

Das „Politbarometer" gehört sicher zu den bekanntesten Umfrageprogrammen in Deutschland. Die von der Forschungsgruppe Wahlen durchgeführten Erhebungen bilden die Grundlage einer gleichnamigen Fernsehsendung im ZDF, die in der Regel monatlich ausgestrahlt wird. Die Erhebung wird seit 1977, meist monatlich, durchgeführt. Der Datensatz enthält rund 80 ausgewählte Variablen aus den Politbarometern der Jahre 1977 bis 2010 zu Themen wie „Wahlbeteiligungsabsicht und Parteipräferenz (Sonntagsfrage)", „Wahlverhalten bei der letzten Bundestagswahl", „Sympathie-Skalometer für die Parteien" etc. Darüber hinaus werden eine Reihe demografischer Merkmale erhoben. Grundgesamtheit sind alle Wahlberechtigten (seit August 1988: solche mit Telefonanschluss) in Deutschland, aus denen eine Zufallsauswahl befragt wird. Der kumulierte Datensatz enthält 454.089 Einheiten. Er kann unter dem Titel ZA2391 nach einmaliger Anmeldung bei http://gesis.org heruntergeladen werden (doi:10.4232/1.11608). Der Datensatz hat die Zugangsklasse A (Daten und Dokumente sind für die akademische Forschung und Lehre freigegeben).

A.2. ZA4753: European Values Study 2008: Germany (EVS 2008)

Die „European Values Study" ist eine Langzeitstudie mit wiederholten Befragungen verschiedener Personen. Basis sind Umfragen in 33 europäischen Ländern. Die Studie basiert auf einem informellen Zusammenschluss von Wissenschaftlern und wird von einer Stitfung getragen. Die Umfragen sollen alle neun Jahre wiederholt werden, befragt wurden bislang Personen in den Jahren 1981, 1990, 1999/2000 und 2008. Gegenstand der Befragungen sind insbesondere Themen zu Werteeinstellungen und Religion. Der Erhebungszeitraum der bislang letzten Studie war für Deutschland vom 17.09.2008 bis zum 10.02.2009. Die hier verwendete Befragung in Deutschland kann unter dem Titel ZA4753 nach einmaliger Anmeldung bei http://gesis.org heruntergeladen werden (doi:10.4232/1.10151). Befragt wurden Personen ab 18 Jahren in Privathaushalten in einer mehrstufig geschichtete Zufallsauswahl. Die Studie für das Jahr 2008 umfasst 2.075 Personen und 457 Variablen. Der Datensatz wird in mehreren Formaten bereitgestellt, für das Beispiel wurde er im SPSS-Format heruntergeladen. Der Datensatz hat die Zugangsklasse A (Daten und Dokumente sind für die akademische Forschung und Lehre freigegeben).

A.3. ZA4804: European Values Study Longitudinal Data File 1981–2008 (EVS 1981–2008)

Aus den Umfragen der Euopean Values-Langzeitstudie wurde auch ein kumulierter Datensatz der vier EVS Wellen 1981, 1990, 1999 und 2008 erstellt. Der Datensatz kann unter dem Titel ZA4804 nach einmaliger Anmeldung bei http://gesis.org heruntergeladen werden (doi:10.4232/1.11005). Er enthält 865 Variablen und 166.502 Einheiten (Befragte). Der Datensatz wird in mehreren Formaten bereitgestellt, für das Beispiel wurde er im SPSS-Format heruntergeladen. Der Datensatz hat die Zugangsklasse A (Daten und Dokumente sind für die akademische Forschung und Lehre freigegeben).

A.4. ZA4972: Eurobarometer 71.2 (May–Jun 2009)

Die Europäische Kommission gibt seit den 1970er Jahren Meinungsumfragen zur Ermittlung der Meinungsentwicklung der europäischen Bevölkerung in Auftrag. Neben regelmäßig wiederkehrenden Fragen werden dabei auch jeweils Themenschwerpunkte gebildet. Die Umfragen finden halbjährlich statt, und befragt werden pro Mitgliedsstaat in aller Regel etwa 1000 Personen ab 15 Jahren. Der Eurobarometer 71.2 wurde im Mai/Juni 2009 durchgeführt. Er enthält 549 Variablen und 29.768 Einheiten (Befragte). Der Datensatz kann unter dem Titel ZA4972 nach einmaliger Anmeldung bei http://gesis.org heruntergeladen werden (doi:10.4232/1.10990). Er wird in mehreren Formaten bereitgestellt, für das Beispiel wurde er im SPSS-Format heruntergeladen. Der Datensatz hat die Zugangsklasse A (Daten und Dokumente sind für die akademische Forschung und Lehre freigegeben). Die View wurde wie folgt erzeugt:

```
CREATE VIEW v_za4972_laender AS
(
select
(
case when (za4972.v7 in (4,14)) then 4
     when (za4972.v7 in (9,10)) then 10
     else za4972.v7 end) AS v7,
avg(za4972.v84) AS v84,
avg(za4972.v85) AS v85,
avg((case when (za4972.v100 = 1) then 1
          when (za4972.v100 = 2) then -(1)
          when (za4972.v100 = 3) then 0 end)) AS v100,
avg((case when (za4972.v114 = 1) then 1
          when (za4972.v114 = 2) then -(1)
          when (za4972.v114 = 3) then 0 end)) AS v114
from za4972
group by
(
case when (za4972.v7 in (4,14)) then 4
     when (za4972.v7 in (9,10)) then 10
     else za4972.v7 end));
```

A.5. BetterLifeIndex_Data_2011V6.xls

Die OECD bietet auf der Seite http://www.oecdbetterlifeindex.org einen XLS-Datensatz an, der für die 34 Mitgliedsänder elf „Better-Life"-Indikatoren bereitstellt. Auf dem Datensatz aufbauend wird eine interaktive Webseite angeboten, mit der die Lebensbedingungen verglichen werden können. Dazu kann man die einzelnen Indikatoren nach eigenen Vorstellungen mit verschiedenen Gewichten versehen. Die Daten entstammen amtlichen Statistiken sowie dem Gallup World Poll.

A.6. weltenergiemix.xlsx

Die Daten zum Weltenergiemix wurden einer Abbildung der Bundeszentrale für Politische Bildung entnommen (http://www.bpb.de/nachschlagen/zahlen-und-fakten/globalisierung/52750/energiemix), die auf Angaben der International Energy Agency (IEA): Energy Statistics Division basiert. Die Daten wurden von mir in eine XLSX-Tabelle eingetragen.

A.7. personen.xlsx

Die Daten zu Körpergröße und Gewicht ausgewählter Prominenter wurde den Angaben der Webseiten http://www.celebheights.com und http://www.howmuchdotheyweigh.com entnommen. Ja, so etwas gibt es. Die Daten wurden von mir in eine XLSX-Tabelle eingetragen.

A.8. v_frauen_maenner

Die View besteht aus einer Verknüpfung der vier Tabellen `gemeinden`, `zipcode`, `city` und `state`. Die Tabellen `zipcode`, `city` und `state` sind Teil des von Daniel Lichtblau bereitgestellten SQL-Dumps auf der Seite http://www.lichtblau-it.de/downloads. Die Tabelle `gemeinden` ist aus dem „Gemeindeverzeichnis Informationssystem (GV-ISys)" von http://destatis.de. Dort gibt es unter dem Abschnitt „Administrative Gebietsgliederungen" einen Punkt „Gemeinden mit 5000 und mehr Einwohnern nach Fläche und Bevölkerung", hinter dem sich eine XLS-Tabelle 07Gemeinden.xls verbirgt. Die ersten neun Zeilen sowie die letzten drei Zeilen der Tabelle wurden gelöscht und im CSV-Format abgespeichert, anschließend in die SQL-Datenbank importiert. Die Erstellung der View sieht so aus:

```
CREATE ALGORITHM=UNDEFINED DEFINER='datendesign'@'localhost'
SQL SECURITY DEFINER VIEW 'v_frauen_maenner' AS
(
select
'd'.'name' AS 'bundesland',
'c'.'state_id' AS 'state_id',
'a'.'gemeinde' AS 'gemeinde',
('a'.'bevinsg' / 1000000) AS 'bevinsg',
(8 * sqrt(('a'.'bevinsg' / 1000000))) AS 'transbev',
'c'.'lat' AS 'lat','c'.'lng' AS 'lng',
('a'.'bevw' / 'a'.'bevm') AS 'wm'
from
((('gemeinden' 'a' join 'zipcode' 'b')
join 'city' 'c')
join 'state' 'd')
where (('a'.'plz' = 'b'.'zipcode')
and ('b'.'city_id' = 'c'.'id')
and ('c'.'state_id' = 'd'.'id')));
```

A.9. gadm.org

Kartendaten für zahlreiche Länder stehen auf http://www.gadm.org bereit. Die Betreiber der Seite mit dem Titel „Global Administrative Areas" (und dem schönen Untertitel „Boundaries without limits") haben es sich zur Aufgabe gemacht, weltweit admininstrative Grenzen auch unterhalb nationalstaatlicher Ebenen zu sammeln und bereitzustellen. Die Betreiber bemühen sich, für die Einheiten auch einige Attribute zusammenzustellen, etwa neben den Namen auch Namensvarianten. Die Daten sind als Shapefile, ESRI geodatabase, RData, und im Google Earth kmz format verfügbar. Die Daten können länderweise oder für die gesamte Welt heruntergeladen werden. Die Datenbank basiert auf freiwilliger Unterstützung und entstand aus dem BioGeomancer-Projekt. Für Deutschland stehen die Dateien DEU_adm0.RData, DEU_adm1.RData, DEU_adm2.RData und DEU_adm3.RData bereit, die die nationale, Bundesland-, Regierungsbezirks- und Kreisebene enthalten. Auf der Kreisebene sind die Kreisreformen der letzten Jahre in Sachsen-Anhalt nicht berücksichtigt.

A.10. NUTS-Karten

Die in dreijährigem Abstand aktualisierte Systematik NUTS (Nomenclature des unités territoriales statistiques; „Systematik der Gebietseinheiten für die Statistik") wird von der Europäischen Union zur Identifizierung und Klassifizierung verwendet. Es gibt mehrere Ebenen, die sich an den Verwaltungseinheiten der einzelnen Länder orientieren oder diese zusammenfassen. Für Deutschland bilden die Bundesländer die NUTS-Ebene 1. Die zweite Ebene, bestehend aus 39 Regionen, ist eine Mischung aus Regierungsbezirken, ehemaligen Regierungsbezirken, Bundesländern und Bundeslandunterteilungen. Die dritte Ebene bildet die Kreise in Deutschland ab. Eurostat stellt Kartendaten in verschiedenen geometrischen Auflösungen (1:3, 10, 20, 60 Millionen) als Shapefile oder Personal GDB für 2003, 2006 und 2012 zur Verfügung. Darüber hinaus gibt es eine Korrespondenztabelle zwischen Postleitzahlen und NUTS-Ebenen.

Literatur

B.1. Bücher und Artikel

Adler, Joseph (2010): R in a Nutshell (Deutsche Ausgabe, Übersetzung von Jörg Bayer). Sebastopol, CA: O'Reilly Verlag.

Annink, Ed / Bruinsma, Max (Hrsg.) (2010): Gerd Arntz, graphic designer. Rotterdam: NAi 010 Publishers.

Barker, Tom (2013): Pro Data Visualization using R and JavaScript. Berkeley, CA: Apress.

Brath, Richard / Jonker, David (2015): Graph analysis and visualization: discovering business opportunity in linked data, Indianapolis, Ind.: Wiley.

Bergerhausen, Johannes / Poarangan, Siri (2011): Decodeunicode: Die Schriftzeichen der Welt. Mainz: Hermann Schmidt Verlag.

Bertin, Jacques (2011): Semiology of Graphics: Diagrams, Networks, Maps. Redlands, CA: Esri Press. (orig. frz. Ausgabe 1967).

Bivand, Roger S. / Pebesma, Edzer J. / Gómez-Rubio, Virgilio (2008): Applied Spatial Data Analysis with R. New York: Springer Verlag.

Breidbach, Olaf (2005): Bilder des Wissens: zur Kulturgeschichte der wissenschaftlichen Wahrnehmung. München: Fink Verlag.

Breidbach, Olaf (2006): Ernst Haeckel: Bildwelten der Natur. München u.a.: Prestel Verlag. Engl. Ausgabe: Breidbach, Olaf (2006): Visions of nature: the art and science of Ernst Haeckel. München u.a.: Prestel Verlag.

Brewer Cynthia A. (1999), Color Use Guidelines for Data Representation, in: Proceedings of the Section on Statistical Graphics, American Statistical Association, S. 55–60.

Brewer, Cynthia (2005): Designing Better Maps: A Guide for GIS Users. Redlands, CA: ESRI Press.

Burlingame, Noreen (2012): The Little Book of Data Science. Wickford, RI: New Street Communications LLC.

Cairo, Alberto (2012): The Functional Art: An Introduction to Information Graphics and Visualization. Berkeley, CA: New Riders Publishers.

Chang, Winston (2013): R Graphics Cookbook. Sebastopol, CA: O'Reilly Verlag.

Chen, Chun-houh / Härdle, Wolfgang / Unwin, Antony (Hrsg.) (2008): Handbook of Data Visualization (Springer Handbooks of Computational Statistics). Berlin u.a.: Springer Verlag.

Cleveland, William S. (1994): The Elements of Graphing Data. 2. Aufl., Murray Hill, NJ: AT & T Bell Laboratories.

Cleveland, William S. (1993): Visualizing Data. Murray Hill, NJ: AT & T Bell Laboratories.

Crawley, Michael J.(2012): The R Book. 2. Aufl., Chichester: John Wiley & Sons.

de Vries, Andrie / Meys, Joris (2012): R For Dummies. 2. Aufl., Chichester: John Wiley & Sons.

Dougenik, J. A. / Chrisman, N. R. / Niemeyer D.R. (1985): An Algorithm to construct continuous area cartograms, in: Professional Geographer, 37(1), S. 75–81.

Eve, Matthew / Burke, Christopher (Hrsg.) / Otto Neurath (2010): From Hieroglyphics to Isotype: A Visual Autobiography. London: Hyphen Press.

Few, Stephen (2009): Now You See It: Simple Visualization Techniques for Quantitative Analysis. Burlingame, CA: Analytics Press.

Few, Stephen (2012): Show Me the Numbers: Designing Tables and Graphs to Enlighten. 2. Aufl., Burlingame, CA: Analytics Press.

Few, Stephen (2013): Information Dashboard Design: Displaying Data for At-A-Glance Monitoring. 2. Aufl., Burlingame, CA: Analytics Press.

Friendly, Michael (2008): The Golden Age of Statistical Graphics. In: Statistical Science 23/4 (2008), S. 502–535. Verfügbar unter: http://www.datavis.ca/papers/golden-STS268.pdf.

Gastner, M. T. / Newman, M. E. J. (2004): Diffusion-based method for producing density equalizing maps, in: Proceedings of the NAS, 101(20), S. 7499–7504.

Gelman, Andrew / Unwin, Antony (2013): Infovis and Statistical Graphics: Different Goals, Different Looks. In: Journal of Computational and Graphical Statistics 22/1, S. 2–28. Diskussionsbeiträge von Robert Kosara: InfoVis Is So Much More: A Comment on Gelman and Urwin and an Invitation to Cosider the Opportunities; Paul Murrell: Comment; Hadley Wickham: Graphical criticism: some historical notes, S. 29–44. Antwort S. 45–49.

Grauel, Ralf / Schwochow, Jan (2012): Deutschland verstehen: Ein Lese-, Lern- und Anschaubuch. Berlin: Gestalten Verlag.

Gray, Jonathan / Bounegru, Liliana / Chambers, Lucy (Hrsg.) (2011): The Data Journalism Handbook. How Journalists Can Use Data to Improve the News. Verfügbar unter: http://datajournalismhandbook.org/1.0/en/index.html.

Harmon, Katharine A. (2009): The Map as Art: Contemporary Artists Explore Cartography. New York, NY: Princeton Architectural Press.

Hornik, Kurt / Zeileis, Achim / Meyer, David (2006): The Strucplot Framework: Visualizing Multiway Contingency Tables with vcd, in: Journal of Statistical Software 17/3, S. 1–48.

Kabacoff, Robert I. (2011): R in Action: Data Analysis and Graphics with R. Shelter Island: Manning Verlag.

Kenthirapalan, Sanketha et al. (2016): Functional profiles of orphan membrane transporters in the life cycle of the malaria parasite, in: Nature Communications 7, http://dx.doi.org/10.1038/ncomms10519

Loukides, Mike (2012): What Is Data Science? Sebastopol, CA: O'Reilly Verlag.

Mittal, Hrishi V. (2011): R Graphs Cookbook. Birmingham: Packt Publishing.

Murrell, Paul (2011): R Graphics. 2. Aufl., Boca Raton, Fla. [u.a.]: Chapman & Hall / CRC Press.

Neurath, Otto (1930): Gesellschaft und Wirtschaft: Bildstatistisches Elementarwerk. Leipzig: Bibliografisches Institut.

Neurath, Otto (1939): Modern Man in the Making. 1st edition. New York u.a.: Alfred A. Knopf Verlag, Random House LLC.

Paál, Gábor (2003): Was ist schön?: Ästhetik und Erkenntnis. Würzburg: Königshausen u. Neumann Verlag.

Parker, Heidi G. et al (2017): Genomic Analyses Reveal the Influence of Geographic Origin, Migration, and Hybridization on Modern Dog Breed Development, in: Cell Reports 19/4, S. 697–708

Phillips, David / Barker, Gwendolyn E. / Brewer, Kimberly M. (2010): Christmas and New Year as Risk Factors for Death. Social Science & Medicine 71, S. 1463–1471.

Pohlen, Joep (2011): Letterfontäne. Die Anatomie der Schrift. Köln: Taschen Verlag.

Rädeker, Jochen / Dietz, Kirsten (2011): Reporting, Unternehmenskommunikation als Imageträger – ausgesuchte Finanz- und Nachhaltigkeitsberichte weltweit. Mainz: Hermann Schmidt Verlag.

Rahlf, Thomas (1995): Neue Literatur zur statistischen Graphik und graphisch gestützten Datenanalyse, in: ZUMA-Nachrichten 36, S. 151–165.

Rogowitz, Bernice E. / Treinish, Lloyd A., Why Should Engineers and Scientists Be Worried About Color?, http://www.research.ibm.com/people/l/lloydt/color/color.HTM

Segel, Edward / Heer, Jeffrey (2010): Narrative Visualization: Telling Stories with Data. In: IEEE Trans. Visualization & Comp. Graphics (Proc. InfoVis). Verfügbar unter: http://vis.stanford.edu/papers/narrative

Siegers, Pascal (2012): Alternative Spiritualitäten: neue Formen des Glaubens in Europa: eine empirische Analyse. Akteure und Strukturen (= Studien zur vergleichenden empirischen Sozialforschung 1), Frankfurt/New York: Campus.

Slocum, Terry A. / McMaster, Robert B. / Kessler, Fritz / Howard, H. H. (Hrsg.) (2010): Thematic Cartography and Geovisualization, 3. Aufl., Upper Saddle River, NJ: Pearson Prentice Hall.

Steele, Julia / Iliinsky, Noah P. N. (Hrsg.) (2010): Beautiful Visualization: Looking at Data through the Eyes of Experts (Theory in Practice). Beijing [u.a.]: O'Reilly Verlag.

Symons, John / Pombo, Olga / Torres, Juan Manuel (2011): Logic, Epistemology, and the Unity of Science Volume 18. Otto Neurath and the Unity of Science. Dordrecht u.a.: Springer Science+Business Media.

Tufte, Edward (1990): Envisioning Information. Cheshire, CT: Graphics Press.

Tufte, Edward (1997): Visual Explanations. Images and Quantities, Evidence and Narrative. Cheshire, CT: Graphics Press.

Tufte, Edward (2000): The Visual Display of Quantitative Information, 2. Aufl., Cheshire, CT: Graphics Press.

Unwin, Antony (2015): Graphical Data Analysis with R, Boca Raton, FL: CRC Press.

van der Loo, Mark, P. J. / de Jonge, Eswin (2012): Learning RStudio for R Statistical Computing. Birmingham: Packt Publishing.

Voß, Herbert (2012): Einführung in LaTeX unter Berücksichtigung von pdfLaTeX, XeLaTeX und LuaLaTeX, Berlin: Lehmanns.

Wallace, Timothy R. / Huffman, Daniel P. (Hrsg.) (2012): Atlas of Design, Bd.1. Milwaukee, WI: nacis.

Wäger, Markus (2011): Grafik und Gestaltung. Das umfassende Handbuch. Bonn: Galileo Press.

Wilkinson, Leland (2005): The Grammar of Graphics. 2.Aufl., New York: Springer Verlag.

Wong, Dona M. (2010): The Wall Street Journal Guide to Information Graphics: The Dos and Don'ts of Presenting Data, Facts, and Figures. New York u.a.: W.W. Norton & Co. Im Deutschen erschienen unter Wong, Dona M. (2011): Die perfekte Infografik: Wie man Zahlen, Daten, Fakten richtig präsentiert – und wie nicht. München: Redline Verlag.

Yau, Nathan (2011): Visualize This: The FlowingData Guide to Design, Visualization, and Statistics. Indianapolis, Ind.: John Wiley & Sons.

Yau, Nathan (2013): Data Points: Visualization That Means Something. Indianapolis, Ind.: John Wiley & Sons.

Zeileis, Achim / Hornik, Kurt / Murrell, Paul (2009): Escaping RGBland: Selecting Colors for Statistical Graphics. In: Computational Statistics & Data Analysis 53/9, S. 3259–3270.

B.2. Websites zum Einstieg

http://flowingdata.com

http://driven-by-data.net

http://marijerooze.nl/thesis

http://visualizingeconomics.com

http://rgraphgallery.blogspot.de

Sachverzeichnis

A

abline(), 124, 133, 135, 138, 161, 215, 219, 225, 235, 257, 265, 303, 306, 315, 317, 335
abs(), 225, 235, 330, 430
Abstoßungskraft, 185
Abwanderungen, 330
achse(), 124, 207, 260, 269, 271, 286, 289, 311, 317, 319, 323, 327, 333, 335, 343
Achsenbeschriftungen, 54, 60, 77, 106, 124, 133, 219, 225, 235, 238, 253, 340
Adobe Illustrator, 369
aggregate(), 136, 180, 215, 219
agrep(), 386
Aisch, Gregor, 423
ALLBUS, 244
Altersaufbau, 228
Annotationen, 9, 106
any(), 303
API, 40
Arbeitslose, 330, 375
Arbeitszeit, 311
arctext(), 423
array(), 242, 244, 246
Arrays, 31, 77
arrows(), 106, 111, 119, 121, 225, 242, 244, 249, 251, 253, 286, 289, 340
as.character(), 161, 175, 291, 377, 430
as.data.frame(), 175, 238
as.Date(), 161, 291, 296, 298, 303, 306
as.factor(), 215, 291, 383, 386
as.matrix(), 161, 170, 225, 235, 249, 251, 333
as.numeric(), 106, 180, 215, 225, 291, 303, 327, 343, 377, 383, 386, 420, 430
as.yearmon(), 303
Atlético Madrid, 188

attach(), 338, 343
Ausreißer, 215, 289, 330
axis(), 127, 138, 161, 213, 257, 263, 265, 269, 271, 274, 278, 283, 286, 289, 291, 296, 303, 306, 309, 311, 338, 340, 430

B

balloonplot(), 175
Banking, 298, 306
barp(), 133, 135
barplot(), 106, 111, 116, 119, 121, 127, 142, 209, 225, 235, 238, 249, 251, 253, 257, 260, 317, 377
Baumann, Sander, 22, 124, 411
Bayern München, 188
Bertin, Jaques, 99
Bevölkerungsprognose, 274, 278
Beziehungsmatrix, 186
Binnenmigration, 191, 196
Bivand, Roger, 76
BMW, 340
box(), 213
boxplot(), 215, 219
Boxplots, 77, 99, 207, 215, 219
Brewer, Cynthia A., 26
brewer.pal(), 146, 153, 170, 173, 180, 209, 327, 349, 375, 386
Bryer, Jason, 127
Bubbleplot, 444
bumpchart(), 167
Bundeshaushalt, 177
Bundeszentrale für Politische Bildung, 479
Butler, Paul, 391

C

cairo_pdf, 65
Carmody, Sean, 173

cartogram, 407, 409
cartogram(), 409
cbind(), 116, 119, 121, 127, 180, 315, 317, 356
Champions League, 185, 188
chisq.test(), 173
chordDiagram(), 194, 195
circlize, 194
circos.clear(), 194
circos.par(), 195
Cleveland, William S., 1, 12, 99, 298, 306
close(), 359, 362
col(), 106, 215, 278, 377, 394
col2rgb(), 153
colnames(), 136, 225, 228
colSums(), 170
cor(), 335
CRAN, 359
crop(), 404
curve(), 333
cut(), 180, 209, 375, 377, 383, 386

D
Daimler, 340
dante, 87
data(), 173, 175, 253, 365, 383, 386, 389, 392, 435
data.frame(), 225, 228, 235, 362
Datenjournalismus, 1
DAX, 306
dbGetQuery(), 207, 267, 271, 298, 301, 303, 309, 335, 346, 356, 386, 428
definieren, 124
Deutsche Forschungsgemeinschaft, 142, 148
dotchart2(), 138

E
E(), 197
Eigentumswohnungen, 362
Einkommen, 213, 215, 241, 242, 244, 249, 309, 430
Elff, Martin, 35, 73, 111, 213
else if(), 161
Energie, 156, 280
ESRI-Shapefiles, 349, 352
Eurobarometer, 209, 386, 478
European Values Study, 111, 116, 119, 121, 124, 136, 213, 215, 219, 383, 477, 478
evangelisch, 377
exists(), 333

F
Facebook, 291, 340, 391
factor(), 215, 219
Farbpaletten, 24

fehlende Werte, 267, 283, 311, 383, 413
Feitelson, D. R., 153
Few, Stephen, 1
fitted(), 330, 430
floating.pie(), 148, 150, 359, 369
floor(), 173
Fonts, 18, 20, 24, 87, 92, 94, 435
fontsize.labels(), 180
for(), 106, 111, 121, 124, 127, 142, 148, 153, 156, 161, 213, 225, 228, 238, 249, 251, 253, 260, 263, 265, 269, 271, 274, 291, 306, 309, 311, 315, 323, 340, 346, 359, 362, 369, 375, 377, 383, 386, 389, 392, 420, 423, 430, 435
format(), 111, 127, 133, 135, 142, 148, 153, 161, 235, 257, 260, 274, 278, 283, 286, 289, 291, 296, 303, 306, 346, 349
Fragebatterie, 111, 124, 127, 136
Frauen, 24, 124, 207, 225, 228, 231, 335, 346, 411, 480
freie, 19
Freundschaftsbeziehung, 184
Friendly, Michael, 73, 435
frq(), 442
Fry, Ben, 1, 153
function(), 124, 369
Fußball, 185

G
GADM, 481
Galton, Francis, 73
Gantt, Henry L., 160
GAPMINDER, 1, 389
Gestorbene, 269
get.adjacency(), 186, 206
get_labels(), 448
Goodrich, Bryan, 40
Google Trends, 298
graph_from_data_frame(), 186, 190, 197
grep(), 389
grid(), 278
Grothendieck, Gabor, 73, 75, 303
gsub(), 249, 253, 430
GTiff-Format, 402
Guardian, 1

H
Handelsbeziehung, 184
Hansen, Kasper, 359
Harrell, Frank Jr., 35, 75, 138, 238
Hassan, Mira, 383
Heatmap, 99, 160, 170, 177, 201
Heckmann, Mark, 375

Sachverzeichnis

Hichert, Rolf, 260
Highcharts, 439
hist(), 207, 213, 471
Hornik, Kurt, 26, 70

I

Iconathon-Workshop, 94
iconv(), 327, 330, 335
if, 161
if(), 106, 111, 121, 148, 153, 213, 225, 238, 253, 260, 263, 265, 271, 274, 278, 291, 303, 309, 311, 330, 333, 346
ifelse(), 203
igraph, 186, 190, 197, 198
in Abbildungen, 66
inflate.labels(), 180
Inkscape, 369
International Social Survey Programme (ISSP), 138, 238
is.na(), 238, 301, 311, 383, 394, 420, 423

K

Kanten, 184
Kartenanamorphote, 407
katholisch, 377
Kauppinen, Tomi, 40
Knoten, 184, 185
Kolde, Raivo, 170
Kontingenztabelle, 173
Körpergewicht, 480
Körpergröße, 480
Kosara, Robert, 1
Kumm, Martin, 160

L

labels(), 283
Lang, Duncan Temple, 40
Lange, Alexander, 356
Lato Schrift, 19, 106, 124, 219, 411, 435
layout(), 121, 249, 251, 253, 306
Lebendgeborene, 269
Lebenserwartung, 449
Lebenszufriedenheit, 209, 386
legend(), 127, 138, 150, 159, 165, 180, 207, 209, 219, 274, 278, 291, 296, 317, 346, 356, 362, 375, 383, 386, 394, 435
legend.bubble(), 430
Lemon, Jim, 133, 148, 150, 167, 223, 280, 359, 413
length(), 106, 127, 133, 135, 146, 156, 213, 215, 219, 238, 244, 257, 260, 263, 265, 269, 271, 274, 289, 291, 309, 311, 315, 330, 346, 365, 369, 375, 377, 383, 389, 420, 423, 430

length()) indexterm:[rgb(), 246
Leseverhalten, 127
levels(), 180, 375, 377, 383, 386
library(ellipse), 335
library(fBasics), 249, 251
library(fields), 327, 330, 333
library(geoR), 356
library(geosphere), 392
library(ggplot2), 435
library(gplots), 175, 263, 315
library(HistData), 435
library(Hmisc), 138, 238, 244, 246
library(ineq), 244, 246
library(mapdata), 365, 392, 435
library(mapplots), 430
library(maptools), 343, 349, 371, 375, 377, 383, 386, 389, 394
library(memisc), 111, 213, 215, 219
library(pheatmap), 170
library(plotrix), 133, 135, 148, 150, 156, 159, 167, 359, 369, 413, 420, 423
library(RColorBrewer), 116, 119, 121, 146, 153, 170, 173, 180, 209, 327, 349, 356, 375, 377, 383, 386, 428
library(reshape), 127
library(rgdal), 349, 371, 383, 386, 389, 394
library(scatterplot3d), 365
library(sp), 356, 359, 362, 369, 383, 386
library(treemap), 177, 180
library(xtable), 319
library(zoo), 303
Lichtblau, Daniel, 356, 480
Ligges, Uwe, 365
lines(), 161, 242, 244, 246, 265, 269, 271, 274, 278, 286, 296, 311, 335, 338, 362, 392, 435
Linux, 18, 19, 24, 29, 63
list(), 175, 215, 219, 420, 423
lm(), 330, 430
load(), 127, 180, 356, 359
Lorenz, Max Otto, 241, 242
Lorenzkurven, 75, 77, 99, 241, 244, 246
lowess(), 289, 296
Lufthansa, 392

M

Mac OS X, 18, 19, 24, 29, 63, 87
makeriver(), 200
Malmö, 188
Männer, 124, 207, 225, 228, 231, 333, 335, 346, 411, 480
map(), 365, 392
Mapael, 439

mapshaper, 458
match(), 375, 377, 383
matrix(), 121, 136, 249, 251, 253
max(), 148, 153, 161, 260, 283, 323, 346, 356, 430
mean(), 327, 330, 333, 335
Medical Expenditure Panel Survey (MEPS), 153
merge(), 430
mfcol(), 173
Microsoft, 18, 20, 167
Migrationsstrom, 184
min(), 161, 283, 323
Minard, Charles Joseph, 73, 435
missing values, 267, 311
monthplot(), 319
mosaicplot(), 173
Mulbrandon, Catherine, 1
multivariat, 43, 99
Murrell, Paul, 26, 70, 73, 75
MySQL, 35, 66, 73, 77, 207, 267, 298, 335, 386, 428

N
Nakazawa, Minato, 223
names(), 127, 146, 249, 253
names.arg(), 209, 251
na.omit(), 430
Napoleon, 435
Nature, 1
nchar(), 161
Netzwerk, 184
Neurath, Otto, 1, 124, 411
Neuwirth, Erich, 70
New York Times, 1
Noun Project, 94, 343
nrow(), 153, 156, 161, 167, 225, 291, 323, 333, 335, 338, 359, 362, 371, 392, 435
numeric(), 389
NUTS, 481

O
OECD, 479
order(), 106, 133, 135, 138, 170, 215, 219, 291, 330, 383, 386, 430

P
Paletten, 26, 70, 75, 209, 249, 349
Panel, 9, 60, 121, 148, 150, 153, 156, 158, 173, 180, 209, 213, 228, 231, 234, 238, 246, 271, 274, 278, 286, 291, 298, 301, 309, 315, 356, 377, 386, 394, 413, 420
panel.first, 219, 315
par(), 343

paste(), 127, 142, 146, 148, 153, 161, 173, 225, 228, 246, 249, 251, 253, 271, 291, 309, 346, 386, 430
PDF, 4, 65, 87, 283, 362, 423
Pebesma, Edzer, 76
Perry, David J., 87
pheatmap, 203
pheatmap(), 170, 177
pie(), 146, 153
pie.labels(), 148, 150
plot(), 124, 127, 148, 150, 161, 177, 180, 238, 242, 244, 246, 265, 267, 269, 271, 274, 278, 283, 286, 289, 291, 296, 298, 301, 303, 306, 309, 311, 323, 327, 330, 333, 335, 338, 340, 343, 346, 349, 356, 359, 362, 371, 375, 377, 383, 386, 389, 392, 394, 428, 430, 435
plot.new(), 153, 170, 209
plotRGB(), 403
points(), 116, 119, 161, 219, 242, 265, 267, 286, 289, 291, 301, 303, 306, 309, 311, 330, 340, 346, 356, 369, 392, 394, 428, 430, 435
Pola Area Chart, 413
Politbarometer, 267, 301, 303, 477
polygon(), 242, 244, 269, 271, 274, 278, 283
Porzak, Jim, 215
Postleitzahlen, 349, 352
PostScript, 18
pretty(), 274, 283, 286, 289
print(), 127, 356, 359, 362, 369, 392
Profildatei, 85
profile.plot(), 136
Projektplan, 161
prop.table(), 238

Q
quantile(), 346, 430

R
radial.pie(), 420, 423
radial.plot(), 156, 159
Rasterformat, 400
Rasterkarte, 404
rbind(), 138, 260
Rcartogram, 409
RColorBrewer, 194, 203
RDF, 40, 177
read.csv(), 173, 225, 228, 274, 278, 289, 291, 296, 327, 330, 375, 383
readr, 194
readShapeSpatial, 386
readShapeSpatial(), 349, 371, 375, 377, 394

Sachverzeichnis

read.xls(), 106, 133, 135, 138, 156, 159, 161, 167, 170, 177, 235, 242, 249, 251, 253, 263, 265, 283, 286, 306, 311, 315, 317, 323, 333, 343, 359, 362, 371, 377, 389, 392, 430
read.xlsx(), 153, 269
Real Madrid, 188
rect(), 106, 111, 121, 161, 206, 246, 286, 309, 392
reorder.factor(), 175
rep(), 106, 116, 119, 153, 156, 167, 219, 225, 257, 260, 263, 265, 291, 306, 333, 335, 365, 369
residuals(), 330, 430
rev(), 242, 244, 263, 265, 269, 271, 274, 278, 296
rgb(), 106, 111, 116, 119, 121, 124, 136, 138, 153, 159, 161, 207, 225, 228, 235, 242, 244, 253, 265, 267, 269, 271, 274, 278, 283, 286, 289, 296, 301, 303, 306, 309, 311, 323, 330, 333, 340, 346, 349, 356, 359, 365, 377, 383, 386, 389, 392, 394, 423, 428, 430, 435
riverplot(), 200
rnorm(), 136
Rosling, Hans, 1, 389, 430
round(), 111, 124, 127, 142, 148, 246, 251, 253, 257, 260, 430
row.names(), 138, 156
rownames(), 138, 167, 170, 225, 228
rowSums(), 170
rückwarts, 263
runif(), 124
Russlandfeldzug Napoleons, 435

S

sample(), 349
sapply(), 335
scatterplot3d(), 365
Schmädeke, Jürgen, 377
Schmid, Patrick R., 136
Schriften, 16, 18, 20, 65, 77, 356
Schüler, 127
Schulnoten, 156, 170, 209
segments(), 311, 323
seq(), 213, 225, 228, 235, 249, 251, 253, 296, 303, 306
seqPalette(), 251
Shapefiles, 42, 77, 371
simplify(), 190, 197
Sitzverteilung, 77, 150
sjmisc, 448
Skalometer, 301, 477

Snow, Charles, 73
sort(), 215, 219
sortieren, 133
sort.links(), 135
SPARQL, 40
SPD-Stimmenanteil, 441
Spielpaarung, 185
splinefun(), 338
spss.get(), 238, 244, 246
spss.system.file(), 111, 213, 215, 219
spTransform(), 349, 371, 394
SQL, 40, 73, 301, 319
sqldf, 190
sqrt(), 148, 153, 330, 428
stackpoly(), 280
staxlab(), 133
Stefaner, Moritz, 413
strsplit(), 249, 251, 253
strwrap(), 249, 251, 253
subset(), 111, 161, 180, 207, 213, 215, 219, 238, 244, 246, 263, 265, 267, 269, 274, 278, 283, 291, 301, 327, 330, 333, 335, 346, 356, 365, 375, 389, 392, 435
substr(), 127, 257
substring(), 303
sum(), 111, 150
Symbole, 9, 20, 22, 24, 51, 54, 94, 124, 327, 343, 356, 371, 411
symbols(), 327, 330, 333, 335, 338

T

t(), 116, 119, 225, 235, 253, 260, 315, 317
table(), 111, 173, 209, 238, 377
Takahashi, Kohske, 338
Temperaturdaten, 315, 317
Tennekes, Martijn, 177
text(), 206, 343, 371
title(), 249, 253, 346, 430
Todesrisiko, 289
treemap(), 177, 180
Truppen, 435
ts(), 265, 283, 311
Tufte, Edward, 1, 435

U

Umsatz, 167, 340
Ungleichheit, 99, 241, 244, 309
Unicode, 20, 22, 24, 356
Unicodeblock, 356
unique(), 127, 213, 215, 219, 263
url(), 359

V

V(), 197

van Hage, Willem Robert, 40
Vau, Nathan, 392
vector(), 338, 375, 377, 383, 386
Vogel, Jakob, 94, 343
Voß, Herbert, 87

W
Wahlkreise, 330, 375
Warnes, Gregory R., 175
Wechselkurs, 296
weekdays(), 291
Weltregion, 184, 191, 196
which(), 346
Wickham, Hadley, 43, 73, 75, 127
Wilkinson, Leland, 43, 75
window(), 283

Windows, 18, 19, 24, 29, 63, 65
Wolfram, Stephen, 1
world.cities, 365

Y
Yau, Nathan, 1, 42, 87

Z
ZA2391, 267, 301, 303, 477
ZA4753, 111, 116, 119, 121, 124, 136, 477
ZA4804, 213, 215, 219, 478
ZA4972, 209, 386, 478
Zeileis, Achim, 26, 70, 75
Zeisel, Achim, 75, 303
Ziblatt, Daniel, 377
Zufallsgenerator, 190

springer.com

T. Rahlf
Data Visualisation with R
100 Examples
2017. XV, 385 S. 19 illu. 162 illu. in colour.
Hardcover.
€ (D) 53,49 | € (A) 54,99 | *sFr 55,00
ISBN 978-3-319-49750-1 (Print)

€ 41,64 | *sFr 44,00
ISBN 978-3-319-49751-8 (eBook)

Comprehensive introduction to creating presentation graphics with R

This book introduces readers to the fundamentals of creating presentation graphics using R, based on 100 detailed and complete scripts. It shows how bar and column charts, population pyramids, Lorenz curves, box plots, scatter plots, time series, radial polygons, Gantt charts, heat maps, bump charts, mosaic and balloon charts, and a series of different thematic map types can be created using R's Base Graphics System. Every example uses real data and includes step-by-step explanations of the figures and their programming.

The open source software R is an established standard and a powerful tool for various visualizing applications, integrating nearly all technologies relevant for data visualization. The basic software, enhanced by more than 7000 extension packs currently freely available, is intensively used by organizations including Google, Facebook and the CIA. The book serves as a comprehensive reference guide to a broad variety of applications in various fields.

- Offers a comprehensive introduction to creating presentation graphics with R
- Presents the complete code of 100 examples from various fields
- Includes step-by-step explanations of the programming of figures, based on real data

The first € price and the £ and $ price are net prices, subject to local VAT. Prices indicated with * include VAT for books; the €(D) includes 7% for Germany, the €(A) includes 10% for Austria. Prices indicated with ** include VAT for electronic products; 19% for Germany, 20% for Austria. All prices exclusive of carriage charges. Prices and other details are subject to change without notice. All errors and omissions excepted.

Part of **SPRINGER NATURE**

 Springer

springer.com

Willkommen zu den Springer Alerts

Jetzt anmelden!

- Unser Neuerscheinungs-Service für Sie:
  aktuell *** kostenlos *** passgenau *** flexibel

Springer veröffentlicht mehr als 5.500 wissenschaftliche Bücher jährlich in gedruckter Form. Mehr als 2.200 englischsprachige Zeitschriften und mehr als 120.000 eBooks und Referenzwerke sind auf unserer Online Plattform SpringerLink verfügbar. Seit seiner Gründung 1842 arbeitet Springer weltweit mit den hervorragendsten und anerkanntesten Wissenschaftlern zusammen, eine Partnerschaft, die auf Offenheit und gegenseitigem Vertrauen beruht.

Die SpringerAlerts sind der beste Weg, um über Neuentwicklungen im eigenen Fachgebiet auf dem Laufenden zu sein. Sie sind der/die Erste, der/die über neu erschienene Bücher informiert ist oder das Inhaltsverzeichnis des neuesten Zeitschriftenheftes erhält. Unser Service ist kostenlos, schnell und vor allem flexibel. Passen Sie die SpringerAlerts genau an Ihre Interessen und Ihren Bedarf an, um nur diejenigen Information zu erhalten, die Sie wirklich benötigen.

Mehr Infos unter: springer.com/alert

MIX
Papier aus verantwortungsvollen Quellen
Paper from responsible sources
FSC® C105338

If you have any concerns about our products,
you can contact us on
ProductSafety@springernature.com

In case Publisher is established outside the EU,
the EU authorized representative is:
**Springer Nature Customer Service Center GmbH
Europaplatz 3, 69115 Heidelberg, Germany**

Printed by Libri Plureos GmbH
in Hamburg, Germany